建设工程现场试验检测技术手册

侯永生　焦永顺　何勇海　郭晓华　编著

中　国　铁　道　出　版　社

2012年·北 京

U0882384

图书在版编目(CIP)数据

建设工程现场试验检测技术手册/侯永生等编著.
—北京:中国铁道出版社,2012.3
ISBN 978-7-113-14112-7

Ⅰ.①建… Ⅱ.①侯… Ⅲ.①建筑工程-现场试验-技术手册 Ⅳ.①TU712-62

中国版本图书馆CIP数据核字(2012)第004927号

书　　名:建设工程现场试验检测技术手册
作　　者:侯永生　焦永顺　何勇海　郭晓华

责任编辑:徐　艳　　**电话:**010-51873193　　**电子信箱:**xy810@eyou. com
编辑助理:曹　旭
封面设计:郑春鹏
责任校对:孙　玫
责任印制:郭向伟

出版发行:中国铁道出版社(100054,北京市西城区右安门西街8号)
网　　址:http://www.tdpress.com
印　　刷:三河市华丰印刷厂
版　　次:2012年3月第1版　2012年3月第1次印刷
开　　本:787 mm×1 092 mm　1/16　印张:27.75　字数:700千
印　　数:0001～4 000册
书　　号:ISBN 978-7-113-14112-7
定　　价:75.00元

版权所有　侵权必究

凡购买铁道版的图书,如有缺页、倒页、脱页者,请与本社读者服务部联系调换。

电　　话:市电(010)51873170,路电(021)73170(发行部)

打击盗版举报电话:市电(010)63549504,路电(021)73187

前　言

“十一五”期间，建筑业年完成总产值达9.5万亿元，建筑业增加值年均增长20.6%，建筑业增加值占国内生产总值的比重保持在6%左右，成为拉动国民经济发展的重要产业，在国民经济中的支柱地位不断加强。“十二五”规划提出，全国建筑业总产值、建筑业增加值年均增长15%以上；C60以上的混凝土用量达到总用量10%，HRB400以上钢筋用量达到总用量45%，钢结构工程比例增加；完善法规制度和标准规范，建立健全施工图审查、质量监督、质量检测、竣工验收备案、质量保修、质量保险、质量评价等工程质量法规制度。随着建筑业的发展，作为建设工程质量控制一部分的试验检测工作也越来越重要，而作为试验检测工作的基础环节，工程现场试验检测的工作质量直接关系着工程实体质量的最终实现。

近年来，不严格执行工程建设强制性标准规范等情况较为普遍，工程质量安全事故时有发生。另一方面，随着技术进步，建筑行业的规范标准修订频繁，主要材料标准、施工规范近半数进行了修订，这些标准的宣传贯彻对施工质量的保证起着极大的作用。本书以2011年底最新标准为依据进行编制，给现场试验人员提供最新现行标准规范信息。

建筑业从业人员流动性较大，尤其是试验检测人员，随着其参与检测工作的深入，熟练的试验人员大都上升到一定管理岗位或进行转岗，现场试验人员大都是刚刚接触试验检测工作的新员工，对试验检测知识和工作程序不熟悉，而现场试验人员的工作质量直接关系到工程质量。本书旨在为广大现场试验人员提供基本的基础性试验检测知识，指导实际工作。

为增加可查阅性及条理性，对工程材料部分按以下十个方面进行编写：概述、执行标准、相关标准、性能指标、验收批量、取样方法、样品数量、检测项目、质量评定、使用注意事项；对现场试验部分按以下九个方面编写：试验目的、适用范围、试验原理、执行标准、仪器设备、试验准备、试验步骤、数据处理、试验注意事项；对配合比设计部分，按以下十个方面进行编写：设计目的、适用范围、设计原理、执行标准、相关标准、设计准备、设计内容、检测项目、试配调整、设计注意事项。

本书共分为六章。第一章建设工程现场试验检测概述，主要介绍建设工程现场试验检测的目的和意义、任务和内容以及现场试验管理的方法。第二章地基基础工程材料及现场检测，主要介绍换填地基、复合地基、特殊地基处理方法及桩基础的施工及现场检测。第三章钢筋混凝土工程材料及现场检测，主要介绍钢筋混凝土使用到的钢材、水泥、砂石料、外加剂、掺合料的材料检测及混凝土现场试验检测。第四章砌体结构工程材料及现场检测，主要介绍砌筑工程用的胶凝材料、墙体材料、砂浆配合比及砌体工程现场试验检测内容。第五章工民建工程材料及现场检测，主要介绍工民建工程常用防水材料、装饰材料、保温材料等材料的质量检测及工程现场检测。第六章钢结构工程材料及现场检测，主要介绍钢结构工程用钢材、螺栓连接副、焊接材料的质量检测及现场试验。

编写本书的过程中，得到河北省道路结构与材料工程技术研究中心的大力支持与帮助，在此致以深深的谢意。由于书中涉及面广、内容较多，编者知识与经验有限，不足和错误之处，敬请指正。

作者

2011 年 10 月

目　录

第一章　建设工程现场试验检测概述

第一节　试验检测的现状与发展

一、试验检测的内涵

试验检测，从字面意思理解就是通过试一试来验证某个产品的性能是不是符合要求。在GB/T 27000—2006标准中，检测的定义是：按照程序确定合格评审对象的一个或多个特性的活动。工程试验检测技术是一门正在发展的新兴学科，涉及材料学、电子学、机械学、化工学以及波动理论等学科，是融试验检测基础理论、测试操作技能以及建设工程相关学科基础知识于一体的学科，是工程设计参数、施工质量控制、施工验收评定、工程维护管理决策的主要手段。按试验检测目的分类，则试验检测可分成：作为学术研究手段进行的试验检测；作为设计依据参数进行的试验检测；作为工程质量控制检查或质量保证进行的试验检测；作为竣工验收评定进行的试验检测；作为积累技术资料进行的养护管理或后评估试验检测；作为工程质量事故调查分析进行的试验检测。

（一）试验检测的目的和意义

建设工程，百年大计，质量第一，建设工程质量是城乡建设发展的基础和保障。工程试验检测工作在工程建设中占有重要的地位，是整个质量保证体系的重要组成部分，是施工中对工程质量预控制及验明其结果的必要技术手段。试验检测工作采用先进的技术手段，精密的仪器设备，规范的试验检测程序，科学的数据统计方法，采集工程所用原材料、半成品、结构构件的物理、化学、力学和工艺性能指标数据，用于评定原材料、半成品、结构构件的性能品质、使用品质和施工质量。通过试验检测工作，可以合理地选择原材料，优化原材料的组合，提高工程质量，降低工程成本，节约工程造价；通过试验检测工作，可以确定新材料的使用品质，并不断为新材料品质的提高提供技术支撑，为发展新技术作出贡献；通过试验检测工作，可以不断地改进施工工艺，优化施工流程，保证施工质量；通过试验检测工作，可以确定工程内在和外观质量，验证施工与设计的一致性，发现工程质量隐患，为工程质量的评定提供依据；通过试验检测工作，可以了解老旧工程的使用性能，为其改造提供设计原始数据；通过试验检测工作，可以为分析工程质量事故的原因提供佐证，为工程质量事故的处理提供依据。

（二）试验检测的任务和职责

建设工程试验检测工作的任务是向社会出具科学、公正、准确的检测结果，为建设工程质量的判定提供依据。检测机构出具的检测报告不仅建设方要用，监理方要用，设计方要用，施工单位要用，质量监督部门、建设行政主管部门也要用，若干年后，如果出现工程质量问题，鉴定、仲裁机构还要用。因此，其在整个建设工程质量管理中起到的是基础和手段作用，保证了检测工作质量，就保证了建设工程质量。

试验检测工作有判定职责（原材料、工程）、出具标准数据职责、现场质量监控职责。具体如下：

1. 试验鉴定各种主要工程材料的质量是否符合现行国家标准和行业标准；判定原材料、半成品、结构构件是否合格。为工程合理地选择原材料，优化原材料的组合，提高工程质量，降低工程成本。

2. 检验、测试工程的结构和构件成品、半成品的质量是否符合设计和施工的技术要求。

3. 通过现场测试及施工过程中的监督检查，控制工程施工过程质量，确保工程整体质量。

4. 监督检查主要工程材料的合理保管和正确使用；为改进施工工艺，优化施工流程，提供数据。

5. 试验研究新材料和新的测试方法，推广应用有关新技术、新工艺和新材料，不断提高测试水平，促进施工技术发展。

6. 配合设计和施工，为其提供有关试验数据和技术参数，并做好收集、统计工作。

7. 为施工提供可执行的标准数据，例如配合比、最佳含水率、最大干密度。

8. 为分析工程质量事故的原因提供佐证，为工程质量事故的处理提供依据。

二、国外试验检测的模式

1. 德国工程质量检测行业的发展现状

德国政府对工程质量的监督管理，主要采取由州政府建设主管部门委托和授权，由国家认可的质监工程师组建的质量监督审查公司，代表政府对所有新建工程和涉及结构安全的改建工程的质量实行强制性监督审查。

德国政府对建筑工程质量的监督体制有两种，一种是政府直接监督检查；另一种是政府委托私人质监公司对建筑工程进行监督检查。德国对于政府投资项目的质监检查是全过程监督检查，一般均由政府直接监督；对私人工程则采用抽查方式。

德国政府对工程质量检测企业无资质要求，但对检测企业内执业人员个人的执业资格却有严格的要求。德国政府规定，取得政府认定的质量监督检查工程师才有资格组建建筑工程质量监督检查公司，每位质监工程师允许带 8～10 名工程师。整个柏林地区仅有 40 位质监工程师，而且要进行严格考试和高标准的从业经历审核，并实行总量控制，一般情况下，去世一名（或个人提出退出），才能再考核增补一名。

德国政府规定，出了质量事故或设计、施工存在质量问题，质检人员在设计图纸审查、施工检查时未发现，首先是设计和施工单位负责，质检人员一般不承担责任，但影响到以后政府对他的监督工程的委托。由于质监工程师过错造成损失的，由其个人承担经济赔偿。

2. 英国工程质量检测行业的发展现状

英国政府是将建筑人员执业资格管理委托给英国皇家土木工程师协会、英国皇家测量师协会、英国建筑师注册委员会等协会和学会，由协会和学会对个人执业资格进行严格的注册管理。

英国对建筑工程质量监督检查方式为抽查，重点是关键部位。抽查按照预定的检查表进行打"√"检查。

英国政府规定，政府质监人员由于工作失职，不承担刑事法律责任，但应承担民事法律责任；政府委托的私人质监公司人员则需承担刑事法律责任。承包商、建筑设计师必须建立各自的质量保证体系，不能因为政府或私人质监公司的检查而放松自己的检查管理。政府及私人公司的检查不能代替承包商、建筑师自己的检查，设计建筑师、承包商应承担刑事法律责任。

3. 法国工程质量检测行业的发展现状

法国政府主管部门不直接参与工程项目的质量监督检查，而是运用法律和经济手段，促使建筑企业提高工程质量。法国工程项目的质量监督检查一般由私人质检企业承担。法国私人检测企业在称谓上叫做“质量检查公司”，质量检查公司在营业前，必须取得由政府有关部门组成的委员会审批颁发的证书，并每2～3年经发证机构复审一次。

为了保证质量，检查公司能保持其第三方客观公正地位，质量检查公司不得在国内参与除质检以外的任何商业活动。质量检查公司在接受工程项目的质量检查任务后，从工程的设计、施工招标阶段开始，直到工程竣工，最后提交工程质量评价报告送与工程建设的有关各方。法国的质检公司均配备完善的检测设备，以保证质量检验的准确性和及时性。

4. 美国工程质量检测行业的发展现状

美国政府主管部门直接参与工程项目质量的监督和检查。在美国，政府参加工程项目质量监督检查的人员分为两类，一类是政府自己的检查人员；另一类是政府临时聘请或要求业主聘请的，属于政府认可的外部的专业人员。后一类监督检查人员都直接参与每道重要工序和每个分部分项工程的检查验收，由他们认定合格后，方可进行下一道工序。对工程材料、制品质量的检验都由相对独立的法定检测机构检测，在所有监督检查中，又以地基基础和主体结构的隐蔽工程作为重点。

美国对工程质量检测企业并没有强制性的资质管理，企业获取资质的行为是为提高自己的业务水平，更重要的是为企业的竞争力增加砝码。

三、国内试验检测的发展与现状

(一)试验检测行业的发展

建设工程质量检测行业一直伴随着我国的经济改革和建筑业管理体制的变革而不断加强和发展。上世纪80年代在计划经济体制下，建立了服务于企业质保体系的内部试验室。80年代末到90年中期，我国进入了改革开放新的时期，根据当时改革形势的要求，建立了承担一定行政职能的工程质量检测机构。1996年为进一步加强建设工程质量监督管理工作，提高工程质量整体水平，建设部明确要求建立质量监管与检测一体化的工程质量检测机构。2005年10月，《建设工程质量检测管理办法》(建设部令第141号)明确将检测机构定性为“是具有独立法人资格的中介机构”，不得与行政机关，法律、法规授权的具有管理公共事务职能的组织以及所检测工程项目相关的设计单位、施工单位、监理单位有隶属关系或者其他利害关系。

目前，社会上的试验检测工作承担者有以下几种：一种是建筑施工企业的内部试验室；一种是科研院校内部的教学科研性质的试验室；一种是由各级质量监督管理部门带有政府色彩的监督检测室改制出来的独立法人资格检测机构；一种是以独立法人检测公司成立的试验检测公司。前两种形式的检测单位一直以来按照各自的工作领域开展检测工作，并且一直按照附属于母体的部门形式进行运作，还没有形成独立企业运作的理念。

(二)试验检测行业的现状

1. 检测任务日益繁重。一方面近几年来国家基础设施建设大规模进行，建设工程数量巨大，另一方面随着人们对工程质量的重视，各种过程控制试验检测和竣工验收试验检测数量也大大增加。这样大规模、超常规建设为检测行业提供了快速发展机遇，也对如何在行业队伍快速发展壮大的同时，保证人员素质、保证检测质量，维护检测工作的公正、独立、准确提出了高要求。

2. 检测新业务不断涌现。近年来超高层建筑、地铁、轻轨、大型桥梁、深基坑等对检测技术要求越来越高的项目越来越多，这批项目具有高、大、深等特点，决定检测工作的技术风险、质量责任越来越大。

3. 检测方法、检测设备相对于建筑市场的发展明显滞后。我国工程质量检测使用的仪器设备明显落后，检测行业的信息化水平低。一些重要的工程质量检测项目无法进行。我国工程质量检测机构大多只限于传统的检测项目，检测方法跟不上新型建筑材料、现代施工工艺的发展。另外我国的检测类的标准、规范的制定和执行与国际接轨程度不高。

4. 试验人员责权利不相平衡。一方面试验检测持证人员短缺，专业领军人物、业务精湛的把关人员等高素质专业人才更是稀缺。另一方面现场试验检测枯燥、繁重、工作环境差、人员待遇低、行政干预多等问题，造成"有证的不在岗，在岗的没有证"和持证人员"挂证"现象突出。工地试验室人员结构不稳定，流动频繁，致使群体归属感和责任感不强，短期行为明显。

5. 虚假报告依然存在。虚假报告的发生有以下几个方面的因素，一是一些委托单位对试验检测工作重要性认识不到位，忽略了试验检测对控制工程质量和指导施工的重要作用，将工地试验室视为履约、应付检查和为工序交验提供"合格"数据的工具。试验检测工作独立性不足，受外部干扰大，编造或修改调整数据的现象时有发生。二是偏低的检测费用和要求较高的检测频率之间的矛盾，加重了个别不诚信检测机构为降低成本而少做甚至不做试验就出具报告的现象。三是在大建设模式下，检测的业务量急剧增加，这就导致市场需求扩大和检测资源缺乏之间的矛盾更加突出，有的试验检测机构业务膨胀，其设置的工地试验室数量过多，造成了管理的不利，试验检测人员职业素养不高，影响数据真实性。

6. 运行机制尚不完善。按照现行的工程管理模式，工地试验室隶属于施工、监理单位，处于从属地位，人员和经费受到比较大的制约，试验室既是母体的授权机构，同时又作为项目经理部或监理的组成部门，接受双重管理，客观上受到的外部干扰较多，有可能造成其不能独立开展工作，导致试验检测工作在施工过程中的质量控制作用没有真正发挥，数据的真实性受到项目进度和效益影响。有的委托检测合同将提交检测结论为合格的检测报告作为合同履约条款，迫使检测机构伪造、篡改检测报告。虽然各地在保证工地试验室独立性方面做了许多探索和努力，但独立公正开展试验检测工作的有效运行机制尚未形成。

7. 检测监管力度与发展的需求还不相适应。一方面是大规模、高速度的建设，另一方面是建筑市场法律体系不完善，检测工作涉及的各质量责任主体信用缺失，对检测工作的重要性认识不够，使得施工单位对检测工作进行干预、检测市场中低价竞争、出具虚假报告等违法违规现象时有出现，建设行政主管部门对检测结果的真实性、准确性也缺乏有效监督，对于检测活动中的弄虚作假行为缺乏行政处罚等制约措施。

四、试验检测的未来展望

质量是建设工程的核心和灵魂，关系到国民经济的长远发展，更关系到人民群众的生命财产安全和安居乐业。我国当前正处于建设高峰时期，不仅建设规模大，工程建设的复杂程度远超过以往。但由于行业特点、人员素质、管理难度等原因以及文化观念、社会发展水平等社会现实，市场违规行为和工程质量安全事故时有发生，制约了建筑业的健康发展。这一状况的产生，将使广大工程质量检测机构担负起更加重要的责任，对相关质检机构本身的技术能力和管理水平也提出了更高的要求。

1. 提高从业人员素质

工程质量检测行业的发展，其核心是检测队伍素质的提高。随着检测技术的不断发展，需要促使检测人员以更高标准工作，不断更新知识层面、优化知识结构。检测人员素质高低和对工程建设强制性标准的理解把握的程度直接影响到检测工作质量。

提高从业人员素质一是指检测的业务素质，二是指检测的职业道德。要求检测人员既要有专业知识，又要有良好的职业道德。

在实际工作中可建立完备的执业资格制度，提高检测人员准入门槛和提供职业发展长远规划，提高从业人员待遇和工作地位，用岗位吸引人才，不仅有利于后继人才的培养，还能盘活已有检测人才，稳定检测人员队伍。

建立人员信用档案，完善《试验检测信用评价办法》，开展对试验检测机构和人员的信用评价工作，是政府引导检测行业走入健康发展轨道和规范检测行业管理最有效的手段之一。

2．规范检测收费标准

目前在试验检测收费工作的宏观管理、统一收费标准等方面依然存在不少问题，试验检测收费标准偏低且各地区各自为政，从上到下都没有一个统一的标准来参考。对此，业内人士认为，应尽快将验收检测和施工控制检测费用列入到概预算编制办法，明确列入统一收费标准的检测项目和参数。同时，为扶持检测水平较高的大型检测机构的快速发展，应按照检测单位的资质等级制定不同的收费标准或增加不同比例的技术服务费，适当提高采用先进的自动化程度高的仪器设备的检测收费标准。可以制定一套类似于监理服务收费一样的最低收费标准，各地区可在此基础上结合实际情况作出相应的上下浮动，并确定最高限和最低限，一方面确保试验检测机构的利润，进而可以提高专业化试验检测队伍的造血功能，另一方面也不可盲目提高收费标准，使试验检测演变成“高消费”项目。

3．促进检测行业社会化，发展第三方检测

第三方检测又称公正检验，第三方检测机构以独立、公正、权威的非当事人身份，根据有关法律、标准或合同进行检验活动。第三方检测的模式是，建设工程质量检测业务，由工程项目建设单位通过招标或其他方式委托给具有相应资质的检测机构。委托方与被委托方签订书面合同，明确投标单位的资质等级、人员和设备要求，运行费用由建设单位承担，与施工单位不发生经济往来。需设立工地试验室的其工地试验室组织机构应齐全，设主任、技术负责人、质量负责人和检测室主任等，按照试验室质量体系和程序文件进行分工和管理。这种模式下，作为建设单位直接委托下的工地试验室，履行业主对施工单位工地试验室监管职能、代表业主对原材料和工程实体检测，同时还要完成监理抽检的室内试验、工程实体抽检以及相关产品的对外委托试验。质量检测的取样、送检及现场检测在建设单位或者工程监理单位监督下见证实施。提供质量检测试样的单位和个人，应当对试样的真实性、代表性负责。由于工地试验室和施工单位无直接利益关系，试验检测结果客观、公正、可靠性提高。

推行第三方试验检测可在合理利用资源的基础上，建立一个高效的试验检测体系，从而使将来的检测市场向三个方向发展，一是具有明确法律地位的、客观公正的第三方试验检测机构，在工程建设领域提供与工程质量安全相关的检测数据和结果，承担相应的法律责任；对因过失而造成其他公民、组织的损失，还要承担相应的民事责任。对于检测机构来讲，必须建立起现代企业管理观念，借鉴和利用一切企业管理的先进手段和方法来帮助检测机构健康发展。二是作为为企业内部质量控制，保证顺利施工的试验室，服务于企业自身的产品质量管控需求，不再承担对外检测职能。三是以保护人民生命财产安全为目的政府检验检测，政府检验检测机构的业务来源主要在市场准入、监督检验检测、3C认证、生产许可证、定检、评优、免检等方面。严守质量底线。

第三方检测是试验检测发展的未来趋势，通过市场化运作，利用市场各种调节功能，有效地配置并优化质量检测资源，净化和扩充市场，使工程质量检测行业走上可持续发展的道路。

4. 专业化与综合化相结合

一方面现代管理分工专业强，其质量安全的辨别能力要求更具专业性，特别是鉴别工程质量安全和使用功能质量的检测更需具有特殊的专业能力，因此对工程质量检测业务范围、具备的工程检测实力、技术能力标准和人员素质的要求更高。充分发挥检测资源能效，培育一批专业性较强的检测机构，来保证工程建设的质量与安全。另一方面，检测行业应改变以学科而不是以市场服务对象来划分的常规方法，面向客户时应是服务行家角色而不是技术专家角色。检测机构应面向市场认真研究服务对象，建立直接面向用户的综合检测试验室。

5. 提高检测机构技术水平和信息化管理

随着社会的进步和建筑技术的发展，建筑的规模不断巨型化、技术更加复杂化，检测机构要适应这一新形势，不断提高和完善检测技术的水平和手段，提高检测设备仪器的科技含量和先进性，确保检测工作的质量。检测机构的信息化是实施工程检测工作规范化和标准化建设的重点，工程监督机构可及时了解工程质量与安全动态、及时处理质量与安全问题，不断提高工作效率和工作质量。

6. 提供增值服务

检测机构不仅能检测客户提供的样品和出具检测报告，而且还可提供增值服务，为客户找出问题并提供全方位解决方案，这正是国内很多检测机构普遍缺乏的，致使高新技术检测的需求方很难找到能解决问题的服务机构。要积极拓展检测业务领域，不断提高技术服务能力，以满足高端用户需求。

7. 加强对检测机构的动态监管

检测行业已初步建立了行之有效的监督管理方法和制度。但还应加强检测市场的立法与规章制度的建设，建立完善的工程质量监督检测法规体系，包括各种标准和规范，作为工程质量监督检测的依据。对于工程质量检测机构，也应有相应的法规进行管理和约束，以确保检测工作的公正性。从而在制度上完善政府对检测市场的监管。

政府应为工程质量检测机构开展工作创造一个良好的环境。如设定科学合理的工程质量检测机构的分类标准，严格检测机构的市场准入，提高工程质量检测从业人员的门槛，加强工程质量检测机构质量行为和市场行为的监督管理，通过检测能力验证（比对）活动、专项检查活动和施工现场质量监督检查活动等措施，及时对检测机构的违法违规进行查处并予以曝光，以确保检测行业健康有序地发展，提高建设工程质量管理水平，保障人民生命和财产安全。

第二节　现场试验检测基本技术

现场试验检测工作包括两个方面的内容，一是试验检测技术工作，二是试验检测管理工作。试验检测技术工作主要是指某个具体的试验项目，如何按有关操作规程进行测试，得出相应的检测数据，再进行计算、分析和评定，最后跟相关标准、规范或设计文件进行对照，看是否满足要求。满足要求的为合格，否则为不合格。试验检测管理工作包括试验检测机构管理和施工管理两个方面，主要目的是保证试验检测的准确性及施工质量的可靠性。试验检测的管理将在下一节简绍。本节主要介绍试验检测的基本技术。

一、抽样技术

检验可分为全数检验和抽样检验两大类。全数检验是对一批产品中的每一个产品进行检验，从而判断该批产品质量状况；抽样检验是从一批产品中抽出少量的单个产品进行检验，从而推断该批产品质量状况。全数检验较抽样检验可靠性好，但检验工作量非常大，往往难以实现；抽样检验方法以数理统计学为理论依据，具有很强的科学性和经济性，在许多情况下，只能采用抽样检验方法。

(一)抽样的类型

抽样是从总体中抽取样本的过程，并通过样本了解总体。总的来说，抽样检验分为非随机抽样与随机抽样两大类。

1. 非随机抽样

进行人为的有意识的挑选取样即为非随机抽样。非随机抽样中，人的主观因素占主导作用，由此所得到的质量数据，往往会对总体作出错误的判断。因此，采用非随机抽样方法所得的检验结论，其可信度较低。

2. 随机抽样

随机抽样排除了人的主观因素，使待检总体中的每一个产品具有同等被抽取到的机会。只有随机抽取的样本才能客观地反映总体的质量状况。这类方法所得到的数据代表性强，质量检验的可靠性得到了基本保证。随机抽样是以数理统计的原理，根据样本取得的质量数据来推测、判断总体的一种科学抽样检验方法，因而被广泛使用。

(二)随机抽样的方法

1. 单纯随机抽样

在总体中，直接抽取样本的方法即为单纯随机抽样。这是一种完全随机化的抽样方法。

要实现单纯随机抽样，应对总体中各个个体进行编码。随机抽样并不意味着随机地、任意地取样，而是应采取一定的方式获取随机数，以确保抽样的随机性，随机数可以利用随机数表获得，也可以利用掷骰子和抽签的方法获得。

2. 系统抽样

有系统地将总体分成若干部分，然后从每一个部分抽取一个或若干个个体，组成样本。这一方法称之为系统抽样。在工程质量控制中，系统抽样的实现主要有3种方式。

①将比较大的工程分为若干部分，再根据样本容量的大小，在每部分按比例进行单纯随机抽样，将各部分抽取的样品组合成一个样本。

②间隔定时法，每隔一定的时间，从工作面抽取一个或若干个样品。该方法适合于工序质量控制。

③间隔定量法，每隔一定数量的产品，抽取一个或若干个样品，该方法主要适合于工序质量控制。

3. 分层抽样

一项工程或工序往往是由若干不同的班组施工的。分层抽样法就是根据此类情况，将工程或工序分为若干层。如：同一个班组施工的工程或工序作为一层，若某项工程或工序是由3个不同的班组施工的，则可分为3层，然后按一定比例确定每层应抽取样品数，对每层则按单纯随机抽样法抽取样品。分层时，应尽量使层内均匀，而层间不均匀。分层抽样法便于了解每层的质量状况，分析每层产生质量问题的原因。

二、数据处理技术

(一)数值修约与计算

1. 有效数字

测量过程中,由于受到一系列不可控制和不可避免的主观和客观因素的影响,所获得的测量值必定含有误差,即获得的测量值仅仅是被测量的近似值。另一方面,在数据处理过程中引入的诸如 π、$\sqrt{2}$等一些常量,在大多数情况下,是以无穷小数形式的无理数来表示,这就需要确定一项原则,将测得的或计算的数截取到所需的位数。认为在一个数值中小数点后面的位数愈多,这个数值就愈准确;或者在计算中,保留的位数愈多,这个数值就愈准确的想法都是错误的,第一种想法的错误在于没有弄清楚小数点的位置不是决定准确与否的标准,而仅与所用计量单位的大小有关。如长度为 21.3 mm 与 0.021 3 m,其准确程度完全相同;第二种想法的错误在于不了解所有测量由于仪器和人们的感官只能做到一定的准确程度,这个准确程度一方面决定于所用仪器刻度的精细程度;另一方面也与所用方法有关。因此在计算结果中,无论取多少位数都不可能把准确程度增加到超过测量误差所允许的范围。反之,表示一个数值时,如果书写的位数过少,即数值所取的有效位数少于实际所能达到的精度,不能把已经达到的精度表示出来,也是错误的。

有效数字的概念可表述为:由数字组成的一个数,除最末一位数字是不确切值或可疑值外,其他数字皆为可靠值或确切值,则组成该数的所有数字包括末位数字称为有效数字,除有效数字外其余数字为多余数字。

对于“0”这个数字,它在数中的位置不同,可能是有效数字,也可能是多余数字。

整数前面的“0”无意义,是多余数字。对纯小数,在小数点后,数字前的“0”只起定位、决定数量级的作用(相当于所取的测量单位不同),所以,也是多余数字。

处于数中间位置的“0”是有效数字。

处于数后面位置的“0”是否算有效数字可分三种情况。

(1)数后面的“0”,若把多余数字的“0”用 10 的乘幂来表示,使其与有效数字分开,这样在 10 的乘幂前面所有数字包括“0”皆为有效数字。

(2)作为测量结果并注明误差值的数值,其表示的数值等于或大于误差值的所有数字,包括“0”皆为有效数字。

(3)上面两种情况外的数后面的“0”则很难判断是有效数字还是多余数字,因此,应避免采用这种不确切的表示方法。

一个数,有效数字占有的位数,即有效数字的个数,为该数的有效位数。

例如:0.0713,0.0715,7.03,7.03×10^2,这四个数的有效位数均为 3,有效数字都是 3 个。

再如,测量某一试件面积,得其有效面积 $A=0.050\ 150\ 2\ \text{m}^2$,测量的极限误差$=0.000\ 005\ \text{m}^2$。则测量结果应当表示为 $A=(0.050\ 150\pm0.000\ 005)\text{m}^2$。误差的有效数字为 1 位,即 5;而有效面积的有效数字应为 5 个,即 50150;因 2 小于误差的数量级,故为多余数字。

在测量或计量中应取多少位有效数字,可根据下述准则判定:

(1)对不需要标明误差的数据,其有效位数应取到最末一位数字为可疑数字(也称不确切或参考数字)。

(2)对需要标明误差的数据,其有效位数应取到与误差同一数量级。

2. 数值修约规则

(1)数值修约间隔

修约间隔确定修约值的最小数值单位。修约间隔的数值一经确定，修约值即应为该数值的整数倍。例如，指定修约间隔为 0.1，修约值即应在 0.1 的整数倍中选取；指定修约间隔为 100，修约值即应在 100 的整数倍中选取，相当于将数值修约到“百”数位。数值修约时，首先要确定修约数位。

①指定修约间隔为 10^{-n}（n 为正整数），或指明将数值修约到 n 位小数。

②指定修约间隔为 1，或指明将数值修约到个数位。

③指定修约间隔为 10^{n}，或指明将数值修约到 10^{n} 数位（n 为正整数）。

(2)进舍规则

采用四舍六入五奇偶规则。

①拟舍弃数字的最左一位数字小于 5 时，则舍去，保留的各位数字不变。

②拟舍弃数字的最左一位数字大于 5，则进 1，即保留的末位数字加 1。

③拟舍弃数字的最左一位数字是 5，且其后跟有非 0 数字时进 1，即保留数字的末位数字加 1。

④拟舍弃数字的最左一位数字为 5，且其后无数字或皆为 0 时，若所保留的末位数字为奇数(1,3,5,7,9)则进 1，即保留的末位数字加 1；若所保留的末位数字为偶数(0,2,4,6,8)，则舍弃。

⑤负数修约时，先将它的绝对值按上述①～④规定进行修约，然后在所得值前面加上负号。

(3)不允许连续修约

①拟修约数字应在确定修约间隔或指定修约数位后一次修约获得结果，不得多次按上条规则连续修约。

②在具体实施中，有时测试部门与计算部门先将获得数值按指定的修约数多一位或几位报出，而后由其他部门判定。为避免产生连续修约的错误，应按下述步骤进行。

a. 报出数值最右的非 0 数字为 5 时，应在数值右上角加“＋”或加“－”或不加符号，分别表明已进行过舍、进或未舍未进。

例如：16.50^{+} 表示实际值大于 16.50，经修约舍弃为 16.50；16.50^{-} 表示实际值小于 16.50，经修约进 1 为 16.50。

b. 如对报出值需进行修约，当拟舍弃数字的最左一位为 5 而其后无数字或皆为 0 时，数值右上角有“＋”者进 1，数值后面有“－”者舍去，其他仍按进舍规则进行。如：

实测值	报出值	修约值
15.4546	15.5^{-}	15
16.5203	16.5^{+}	17
17.5000	17.5	18

(4)0.5 单位修约与 0.2 单位修约

在对数值进行修约时，若有必要，也可以采用 0.5 单位修约或 0.2 单位修约。

①0.5 单位修约(半个单位修约)

指按指定修约间隔对拟修约的数值 0.5 单位进行的修约，即修约到指定数位的 0.5 单位，修约方法为：将拟修约数值乘以 2，按指定修约间隔依 2 条之规则修约，所得数值再除以 2。例如：将 50.25 修约到个位数的 0.5 单位，先将 50.25 乘以 2 得 100.50，将 100.50 修约到个位得

100，再将 100 除以 2 得 50.0，50.0 即为 50.25 的 0.5 单位个位修约值。

②0.2 单位修约

指按指定修约间隔对拟修约的数值 0.2 单位进行的修约，修约方法为：将拟修约数值乘以 5，按指定修约间隔依 2 条之规则修约，所得数值再除以 5。例如将 563 修约到十位数的 0.2 单位，先将 563 乘以 5 得 2 815，将 2 815 修约到十位数得 2 820，再将 2 820 除以 5 得 564，则 564 即为 563 的 0.2 单位十位修约值。

3. 计算法则

(1)加减运算

应以各数中有效数字末位数的数位最高者为准(小数即以小数部分位数最少者为准)，其余数均比该数向右多保留一位有效数字。

(2)乘除运算

应以各数中有效数字位数最少者为准，其余数均多取一位有效数字，所得积或商也多取一位有效数字。

(3)平方或开方运算

其结果可比原数多保留一位有效数字。

(4)对数运算

所取对数位数应与真数有效数字位数相等。

(5)查角度的三角函数

所用函数值的位数通常随角度误差的减小而增多，一般三角函数表选择如下。

角度误差	表的位数
10″	5
1″	6
0.1″	7
0.01″	8

在所有计算式中，常数 π，e 的数值以及因子等的有效数字位数，可认为无限制，需要几位就取几位。表示精度时，一般取一位有效数字，最多取两位有效数字。

(二)数据统计基础知识

1. 平均值

(1)算术平均值

这是最常用的一种方法，用于了解一批数据的平均水平，度量这些数据的中间位置，其计算公式为：

$$\overline{X}=(X_1+X_2+X_3+\cdots+X_n)/n=\sum X/n$$

式中 $\overline{X}$——算术平均值；

$X_1,X_2,X_3,\cdots,X_n$——各试验数据值；

$\sum X$——各试验数据值的总和；

n——试验数据个数。

(2)均方根平均值

均方根平均值对数据的大小跳动反应较为灵敏，其计算公式为：

$$S=\sqrt{\frac{X_1^2+X_2^2+\cdots+X_n^2}{n}}=\sqrt{\frac{\sum X_n^2}{n}}$$

式中　　　　S——均方根平均值；

$X_1, X_2, X_3, \cdots, X_n$——各试验数据值；

$\sum X_n^2$——各试验数据值的平方和；

n——试验数据个数。

(3)加权平均值

加权平均值是各试验数据和它的对应数的算术平均值。其计算公式为：

$$m=\frac{X_1 g_1+X_2 g_2+\cdots+X_n g_n}{g_1+g_2+\cdots+g_n}=\frac{\sum Xg}{\sum g}$$

式中　　　　m——加权平均值；

$X_1, X_2, X_3, \cdots, X_n$——各试验数据值；

$g_1, g_2, \cdots, g_n$——试验数据的对应数；

$\sum Xg$——各试验数据值和它对应数乘积的总和；

$\sum g$——各对应数的总和。

加权平均值也可用随机的试验数据值与其对应各值概率的乘积之和来计算，其公式为：

$$m=X_1 g_2+X_2 g_2+\cdots+X_n g_n$$

式中　　　　m——加权平均值；

$X_1, X_2, X_3, \cdots, X_n$——各试验数据值；

$g_1, g_2, \cdots, g_n$——和试验数据对应各值的概率。

2. 偏差值

(1)范围偏差

范围偏差也叫极差，是试验数据中最大值和最小值之差。常用于测定数值的离散程度，可了解数据的波动范围和波动程度，但易受异常值影响，不能表示频数的分布情况。

(2)算术平均偏差

算术平均偏差计算公式为：

$$\delta=\frac{|X_1-\overline{X}|+|X_2-\overline{X}|+\cdots+|X_n-\overline{X}|}{n}$$

式中　　　　δ——算术平均值偏差；

$\overline{X}$——试验数据的算术平均值；

$X_1, X_2, X_3, \cdots, X_n$——各试验数据值；

n——试验数据个数；

$|\,|$——取绝对值。

(3)标准差(均方根差、均方差)

只知道数据的平均水平是不够的，要了解数据的波动情况及带来的危险性，标准差(均方根差、均方差)是衡量波动性(离散性大小)的重要指标。其值越大，说明波动离散越大。

试验数据的平均值与每个试验数据值之差称为离差；离差平方和的平均值称为均方(又称方差)；均方的平方根称为均方根差，简称均方差或标准差。

标准差的计算公式为：

$$S=\sqrt{\frac{(X_1-\overline{X}^2)+(X_2-\overline{X}^2)+\cdots+(X_n-\overline{X}^2)}{n-1}}=\sqrt{\frac{\sum(X_i-\overline{X}^2)}{n-1}}$$

式中　　　　S——标准差(均方根差、均方差)；

$X_1, X_2, X_3, \cdots, X_n$——各试验数据值；

$\overline{X}$——试验数据的算术平均值；

n——试验数据个数。

3. 变异系数

标准差是表示绝对波动大小的指标，当测量较大的量值时，绝对偏差一般较大；测量较小的量值时，绝对偏差一般较小。因此要考虑相对波动的大小(相对离散程度)，即用平均值的百分率(变异系数)来表示，变异系数越小，表示测定值离散程度越小，变异系数越大，表示测定值离散程度越大，其计算公式为：

$$C_V=(S/\overline{X})\times 100$$

式中 C_V——变异系数，%；

S——标准差；

$\overline{X}$——试验数据的算术平均值。

由变异系数可以看出标准偏差所表示不出来的数据波动情况。

(三)可疑数据的取舍方法

在一组条件完全相同的重复试验中，个别的测量值可能会出现异常。如测量值过大或过小，这些过大或过小的测量数据是不正常的，或称为可疑的。对于这些可疑数据应该用数理统计的方法判别其真伪，并决定取舍。常用的方法有拉依达法、肖维纳特(Chavenet)法、格拉布斯(Grubbs)法等。

1. 拉依达法

当试验次数较多时，可简单地用3倍标准偏差(3S)作为确定可疑数据取舍的标准。当某一测量数据(x_i)与其测量结果的算术平均值($\bar{x}'$)之差大于3倍标准偏差时，用公式表示为：

$$|x_i-\bar{x}'|>3S$$

则该测量数据应舍弃。

这是美国混凝土标准中所采用的方法，由于该方法是以3倍标准偏差作为判别标准，所以亦称3倍标准偏差法，简称3S法。

取3S的理由是：根据随机变量的正态分布规律，在多次试验中，测量值落在$\bar{x}'-3S$与$\bar{x}'+3S$之间的概率为99.73%，出现在此范围之外的概率仅为0.27%，也就是在近400次试验中才能遇到一次，这种事件为小概率事件，出现的可能性很小，几乎是不可能。因而在实际试验中，一旦出现，就认为该测量数据是不可靠的，应将其舍弃。

另外，当测量值与平均值之差大于2倍标准偏差(即$|x_i-\bar{x}'|>2S$)时，则该测量值应保留，但需存疑。如发现生产(施工)、试验过程中有可疑的变异时，该测量值则应予舍弃。

拉依达法简单方便，不需查表，但要求较宽，当试验检测次数较多或要求不高时可以应用，当试验检测次数较少时(如$n<10$)在一组测量值中即使混有异常值，也无法舍弃。

2. 肖维纳特法

进行n次试验，其测量值服从正态分布，以概率$1/(2n)$设定一判别范围$(-k_nS, k_nS)$，当偏差(测量值x_i与其算术平均值$\bar{x}'$之差)超出该范围时，就意味着该测量值x_i是可疑的，应予舍弃。判别范围由下式确定：

肖维纳特法可疑数据舍弃的标准为：

$$|x_i-\bar{x}'|/S\geqslant k_n$$

3. 格拉布斯法

格拉布斯法假定测量结果服从正态分布，根据顺序统计量来确定可疑数据的取舍。进行 n 次重复试验，试验结果为 $x_1, x_2, \cdots, x_i, \cdots, x_n$，而且 x_i 服从正态分布。为了检验（$i=1,2,\cdots,n$）中是否有可疑值，可按其值由小到大顺序重新排列，根据顺序统计原则，给出标准化顺序统计量 g。

当最小值 $x_{(1)}$ 可疑时，则：　　　$g=(\bar{x}'-x_{(1)})/S$

当最大值 $x_{(n)}$ 可疑时，则：　　　$g=(x_{(n)}-\bar{x}')/S$

根据格拉布斯统计量的分布，在指定的显著性水平 β（一般 $\beta=0.05$）下，求得判别可疑值的临界值 $g_0(\beta,n)$，格拉布斯法的判别标准为：

$$g \geqslant g_0(\beta,n)$$

利用格拉布斯法每次只能舍弃一个可疑值，若有两个以上的可疑数据，应该一个一个数据的舍弃，舍弃第一个数据后，试验次数由 n 变为 $n-1$，以此为基础再判别第二个可疑数据。

（四）数据表达方法

1. 表格法

用表格来表示函数的方法，在自然科学和工程技术上用得特别多。在科学试验中一系列测量数据都是首先列成表格，然后再进行其他的处理。表格法简单方便，但要进行深入的分析，表格就不能胜任了。首先，尽管测量次数相当多，但它不能给出所有的函数关系；其次，从表格中不易看出自变量变化时函数的变化规律，而只能大致估计出函数是递增的、递减的或是周期性变化的等。列成表格是为了表示出测量结果，或是为了以后的计算方便，同时也是图示法和经验公式法的基础。

表格有两种：一种是试验检测数据记录表，另一种是试验检测结果表。

试验检测数据记录表是该项试验检测的原始记录表，它包括的内容应有试验检测目的，内容摘要、试验日期、环境条件、检测仪器设备、原始数据、测量数据、结果分析以及参加人员和负责人等。

试验检测结果表只反映试验检测结果的最后结论，一般只有几个变量之间的对应关系。试验检测结果表应力求简明扼要，能说明问题。

2. 图示法

在自然科学和工程技术中用图形来表示测量数据是最普遍的一种方法。图示法的最大优点是一目了然，即从图形中可非常直观地看出函数的变化规律，如递增性或递减性，最大值或最小值，是否具有周期性变化规律等。但是，从图形上只能得到函数变化关系而不能进行数学分析。

图示法的基本要点如下(1)～(4)。

(1)在直角坐标系中绘制测量数据的图形时，应以横坐标为自变量，纵坐标为对应的函数量。

(2)坐标纸的大小与分度的选择应与测量数据的精度相适应。分度过粗时，影响原始数据的有效数字，绘图精度将低于试验中参数测量的精度；分度过细时会高于原始数据的精度。

坐标分度值不一定自零起，可用低于试验数据的某一数值作起点和高于试验数据的某一数值作终点，曲线以基本占满全幅坐标纸为宜。

(3)坐标轴应注明分度值的有效数字和名称、单位，必要时还应标明试验条件，坐标的文字书写方向应与该坐标轴平行，在同一图上表示不同数据时应该用不同的符号加以区别。

(4)曲线平滑方法。测量数据往往是分散的，如果用短线连接各点得到的就不是光滑的曲线，而是折线。由于每一个测点总存在误差，按带有误差的各数据所描的点不一定是真实值的正确位置。根据足够多的测量数据，完全有可能作出一光滑曲线，决定曲线的走向应考虑曲线尽可能通过或接近所有的点，但曲线不必强求通过所有的点，尤其是两端的点，当不可能时，则应移动曲线尺，顾及到所绘制的曲线与实测值之间的误差的平方和最小。此时曲线两边的点数接近于相等。

3. 经验公式法

测量数据不仅可用图形表示出函数之间的关系，而且可用与图形对应的一个公式来表示所有的测量数据，当然这个公式不可能完全准确地表达全部数据。因此，常把与曲线对应的公式称为经验公式，在回归分析中则称之为回归方程。

把全部测量数据用一个公式来代替，不仅有紧凑扼要的优点，而且可以对公式进行必要的数学运算，以研究各自变量与函数之间的关系。

根据一系列测量数据，如何建立公式，建立什么形式的公式，这是首先需要解决的问题。所建立的公式能正确表达测量数据的函数关系，往往不是一件容易的事情，在很大程度上取决于试验人员的经验和判断能力，而且建立公式的过程比较繁琐，有时还要多次反复才能得到与测量数据更接近的公式。

建立公式的步骤大致可归纳如下。

(1)描绘曲线。以自变量为横坐标，函数量为纵坐标，将测量数据描绘在坐标纸上，并把数据点描绘成测量曲线(详见图示法)。

(2)对所描绘的曲线进行分析，确定公式的基本形式。

如果数据点描绘的基本上是直线，则可用一元线性回归方法确定直线方程。如果数据点描绘的是曲线，则要根据曲线的特点判断曲线属于何种类型。判断时可参考现成的数学曲线形状加以选择，对选择的曲线则按一元非线性回归方法处理。如果测量曲线很难判断属何种类型，则可按多项式回归处理。

(3)曲线化直。如果测量数据描绘的曲线被确定为某种类型的曲线，则可先将该曲线方程变换为直线方程，然后按一元线性回归方法处理。

(4)确定公式中的常量。代表测量数据的直线方程或经曲线化直后的直线方程表达式为$y=a+bx$，可根据一系列测量数据确定方程中的常量a和b，其方法一般有图解法、端值法、平均法和最小二乘法等。

(5)检验所确定的公式的准确性，即用测量数据中自变量值代入公式计算出函数值，看它与实际测量值是否一致，如果差别很大，说明所确定的公式基本形式可能有错误，则应建立另外形式的公式。

三、材料基本性质

(一)物理性质

1. 密度

密度(ρ)是指材料在规定条件下单位体积的质量，可用下式表达：

$$\rho=\frac{m}{V}$$

式中　ρ——材料的密度，g/cm^3(或 kg/m^3)；

m——材料在干燥状态下的质量，g(或 kg)；

V——材料的体积，cm^3（或 m^3）。

排除材料内所有孔隙所测得的体积为"绝对密实体积"，"绝对密实体积"下所求得的密度称为真密度。通常把材料磨成细粉，干燥后用比重瓶来测试其密实状态下的体积，磨得越细，测试的体积就越接近"绝对密实体积"，所得密度就越接近真密度。但由于条件所限，绝大多数材料的测试体积中，都含有少量孔隙，此时所得材料密度为其真密度的近似值。

散粒材料，如混凝土用砂、石等，其"体积"是指不包括颗粒之间的空隙但包括颗粒内部孔隙的体积，测试时不必磨成细粉，而用排水法求得其密实体积的近似值，所得密度称为表观密度；在土的颗粒密度测试中，又称为毛体积密度。

散粒材料在自然堆积状态下包括了孔隙和空隙在内的体积，称为"自然状态体积"，所得密度称为堆积密度。

2. 密实度

密实度(D)是指材料体积内固体物质所占的比例，即材料的密实体积与总体积之比：

$$D=\frac{V}{V'}=\frac{\rho'}{\rho}$$

式中 D——材料的密实度，%；

V——材料的密实体积，m^3；

V'——材料的总体积，m^3。

凡含有孔隙的材料其密实度均小于1，材料的 ρ' 与 ρ 愈接近，材料就愈密实。材料的很多性质，如强度、吸水性、耐久性、导热性等均与其密实度有关。

3. 孔隙率

孔隙率(P)是指材料体积内孔隙所占的比例。可按下式计算：

$$P=\frac{V'-V}{V'}=1-\frac{V}{V'}=1-\frac{\rho'}{\rho}=1-D$$

式中 P——材料的孔隙率，%。

对于散粒材料，如砂、石等的堆积致密程度一般用"空隙率"表示。空隙率是指散粒材料颗粒之间的空隙所占的百分比，其计算方法见砂、石材料试验部分。

材料的孔隙率与密实度是从两个不同方面反映材料的同一性质。材料许多与密实度有关的性质，也与孔隙率有关。除此之外，材料性质还与其孔隙结构特征有关。孔隙结构特征主要指孔隙的形状、大小、分布等。孔隙形状指连通孔与封闭孔；孔隙分布指孔隙在材料中分布的均匀程度。从对材料性质的影响来说，均匀分布的封闭小孔比不均匀分布的开口或连通大孔好。

4. 吸水性

材料的能吸收水分的性质称为吸水性。吸水性的大小可用"吸水率"表示。吸水率分质量吸水率和体积吸水率。

①质量吸水率。

材料所吸收水分的质量占材料干燥质量的百分比，按下式计算：

$$W_{质}=\frac{m_{湿}-m_{干}}{m_{干}}\times 100$$

式中 $W_{质}$——材料的质量吸水率，%；

$m_{湿}$——材料吸水饱和后的质量，g；

$m_{干}$——材料烘干至恒重时的质量，g。

②体积吸水率。

材料所吸收水分的体积占材料干燥质量的百分比，按下式计算：

$$W_{体}=\frac{m_{湿}-m_{干}}{V'}\times100$$

式中 $W_{体}$——材料的体积吸水率，%；

V'——干燥材料在自然状态下的体积，cm^3。

水的密度为 1 g/cm^3，所以材料吸收水分的质量在数值上等于其体积。

材料的吸水率大小与材料的孔隙率和孔隙结构特征有关。如果材料的孔隙是细微而连通的，则孔隙率越大吸水率就越大。但在材料孔隙中，不是所有的孔隙都能被水充满，若是封闭孔隙，水分就不易渗入，而粗大的孔隙水分不易存留，所以具有封闭或粗大孔隙的材料的吸水率常小于孔隙率，这类材料常用质量吸水率表示其吸水性。

各种材料的吸水率相差很大，如花岗岩等致密坚硬的岩石，吸水率仅 0.5%～0.7%，普通混凝土为 2%～3%。某些轻质材料如木材等，由于具有许多细小的开口孔隙，质量吸水率往往超过 100%，即湿质量为干质量的几倍，此时，最好用体积吸水率表示其吸水性。

5. 吸湿性

材料在潮湿空气中吸收水分的性质称为吸湿性。吸湿性的大小用"含水率"表示，即材料所含水的质量占材料干燥状态下质量的百分比，用下式计算：

$$W_{含}=\frac{m_{含}-m_{干}}{m_{干}}\times100$$

式中 $W_{含}$——材料的含水率，%；

$m_{含}$——材料含水时的质量，g；

$m_{干}$——材料烘干至恒重时的质量，g。

材料的含水率大小除与材料本身的成分、结构有关外，还与环境相对湿度有关。相对湿度愈大，材料的含水率也愈大。

相对湿度是在同温度下，空气中实际所含水蒸气的质量与饱和水蒸气质量之比，以百分率表示。绝对干燥空气的相对湿度为 0，被水蒸气饱和的空气，其相对湿度为 100%。

6. 耐水性

材料长期在水饱和状态下不被破坏、强度也不显著降低的性质称为耐水性。材料耐水性用"软化系数"表示，按下式计算：

$$K_{软}=\frac{R_{饱}}{R_{干}}$$

式中 $K_{软}$——材料的软化系数；

$R_{饱}$——材料在水饱和状态下的抗压强度，MPa；

$R_{干}$——材料在干燥状态下的抗压强度，MPa。

材料的软化系数范围在 0～1 之间。一般材料随着含水率的增加，水分会渗入材料微粒之间的缝隙中，降低微粒之间的结合力，使材料的强度降低。所以，用于严重受水侵蚀或潮湿环境中的材料，其软化系数应在 0.85～0.9 之间；用于受水侵蚀较轻或次要结构物的材料，则不宜小于 0.7～0.85。通常软化系数大于 0.85 的材料称为耐水材料。经常处于干燥环境中的材料可不考虑软化系数。

7. 抗冻性

材料在水饱和状态下，抵抗多次冻融作用而不破坏，同时也不严重降低强度的性质，称为抗冻性。

为试验材料的抗冻性，通常在－15 ℃的温度（水在微小毛细管中低于－15 ℃才会冻结）冻结后，再在20 ℃的水中融化，这样一个过程称为一次冻融循环。经多次冻融交替作用后，由表及里，材料将出现剥落、裂纹，产生质量损失，强度也会随之下降。冻融循环次数愈多，对材料的破坏也愈大。

材料的抗冻性用“抗冻等级”表示，如 D_{15}，D_{50} 等，分别表示该材料在规定条件下、经过规定的冻融次数（15次、50次、…）的质量损失和抗压强度不低于规定值。

8. 抗渗性

材料在水、油等液体压力作用下抵抗渗透的性质称为抗渗性（不透水性）。材料的抗渗性通常用“抗渗等级”或“渗透系数”表示。我国混凝土的抗渗性用“抗渗等级”表示，如 P_6、P_8 等，它是以28天龄期的标准试件，在标准试验条件下，以不透水时所能承受的最大水压力（MPa）来确定。

材料抗渗性的好坏主要与材料的孔隙率和孔隙结构特征有关。材料愈密实、孔隙率愈低或具有不连通的孔，则其抗渗性愈高。材料抗渗性的好坏对地下建筑物、构筑物的使用功能影响较大，混凝土的抗渗性还对其抵抗环境腐蚀的能力及耐久性有很大影响。

9. 导热性

热量由材料的一面传到另一面的性质称为导热性。材料的导热性用导热系数（λ）表示。

实验证明，材料的导热能力与传热面积、传热时间及两面温差成正比，与材料厚度成反比。可用下式表示：

$$Q=\lambda\frac{F\cdot Z\cdot(t_2-t_1)}{a}$$

由上式可得：

$$\lambda=\frac{Q\cdot a}{F\cdot Z\cdot(t_2-t_1)}$$

式中 λ——导热系数，kJ/(m·h·℃)；
F——传热面积，m^2；
Z——传热时间，h；
t_2-t_1——传热时材料两面的温差，℃；
a——传热厚度，m；
Q——传导热量，kJ。

导热系数：是在规定传热条件下，材料两面温度差为1 ℃时，在1 h里通过垂直于传热方向的面积为1 m^2、厚度为1 m所传递的热量。

导热系数表征了材料传递热量的能力，导热系数愈小，则材料的热传递能力愈差，即保温性能愈好。一般建筑材料的导热系数在（0.10～12.54）kJ/(m·h·℃)之间。导热系数低于0.84 kJ/(m·h·℃)的材料，称为保温隔热材料。空气的导热系数只有0.084 kJ/(m·h·℃)，因此多孔材料的导热系数较小，保温性能较好。水的导热系数约为2.09 kJ/(m·h·℃)，冰的导热系数约为8.36 kJ/(m·h·℃)，因此，受潮或受冻的材料，其导热系数较大，保温性能较差。

10. 热膨胀系数

随着温度的升高或降低，材料的体积会膨胀或收缩，其比率如果以面上两点之间的距离计算时，称为线膨胀系数；如果以材料的体积计算时，则称为体膨胀系数，其单位为 1/℃(275.4/K)。

线膨胀系数：材料由于温度上升或下降 1℃所引起的线度增长或缩短与其在 0℃时的线度之比值。如钢筋的线膨胀系数为(10～12)×10^{-6}/℃，混凝土的线膨胀系数为(5.8～12.6)×10^{-6}/℃。

线膨胀系数是计算材料在温度变化时所引起的变形以及计算温度应力等时常用的参数。

(二)力学性质

1. 强度

材料在外力(荷载)作用下抵抗破坏的能力称为强度。当材料承受外力作用时，内部就产生应力，随着外力的增大，应力值也相应地增大，直至材料破坏，此时的应力值为材料的极限应力，单位受力面积上的极限应力即为材料的极限强度。

根据外力作用的方式不同，材料强度分为抗压强度、抗拉强度、抗弯强度、抗剪强度等，如图 1-1 所示。

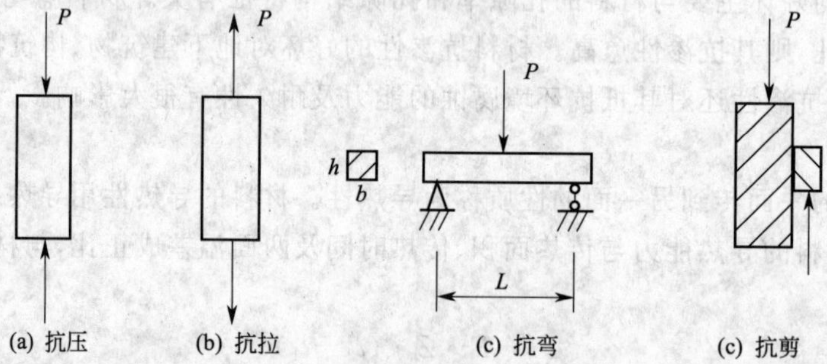

图 1-1 材料承受各种外力示意图

材料抗压、抗拉、抗剪强度可按下式计算：

$$R=\frac{P}{A}$$

式中 R——材料的抗压、抗拉、抗剪强度，MPa；

P——材料受压、受拉、受剪破坏时的荷载，N；

A——材料的受力面积，mm^2。

材料的抗弯强度(也称抗折强度)与材料受力情况有关。对于矩形截面的条形试件，两支点中间作用一集中荷载时，其抗弯强度可按下式计算：

$$R_{弯}=\frac{3PL}{2bh^2}$$

式中 $R_{弯}$——抗弯强度，MPa；

P——受弯破坏荷载，N；

L——两支点间的距离，mm；

b——试件截面宽度，mm；

h——试件截面高度，mm。

强度是材料很重要的一项指标，可按规定的标准试验方法通过试验确定。

2. 弹性与塑性

材料在外力作用下会产生变形，当外力除去后，仍能恢复原来的形状，这种性质称为材料的弹性，这种可以完全恢复的变形称为弹性变形(瞬时变形)；反之，当外力除去后，不能完全恢复原来的形状，并不产生裂缝的性质称为材料的塑性，这种不能恢复的变形称为塑性变形（永久变形）。

3. 冲击韧性与脆性

材料在冲击荷载或震动作用下，能承受较大变形而不致于破坏的性能，称为冲击韧性。对于路面、吊车梁以及有抗震要求的结构所使用的材料，应有较高的冲击韧性。

当外力达到一定限度后材料突然破坏，而破坏时无明显的塑性变形，这种性能称为材料的脆性，如生铁、混凝土、玻璃、石材等都是脆性材料。

4. 硬度与耐磨性

硬度是材料抵抗其他较硬物体压入的能力。根据材料的不同，硬度的测定方法也不相同：矿物的硬度用刻痕法测定；钢材、木材及混凝土等的硬度用钢球压入法测定。此外，材料的硬度还可以用钻孔、射击等方法测定。

耐磨性是材料抵抗磨损的能力。耐磨性用磨损率表示：

$$N=\frac{G_1-G_2}{F}$$

式中 N——材料的磨损率，g/cm^2；

G_1——试件磨损前的质量，g；

G_2——试件磨损后的质量，g；

F——试件磨损面积，cm^2。

四、质量管理的统计技术

质量管理的统计就是运用统计性规律，收集、整理、分析、利用数据，并以这些数据作为判断、决策和解决质量问题的依据。质量数据中比较常用而有效的统计方法有直方图法、排列图法、因果分析图法、控制图法、分层法、相关图法和统计调查分析法等。

（一）直 方 图

直方图即质量分布图，是把收集到的工序质量数据，用相等的组距进行分组，按要求进行频数（每组中出现数据的个数）统计，再在直角坐标系中以组界为顺序、组距为宽度在横坐标上描点，以各组的频数为高度在纵坐标上描点，然后画成长方形（柱状）连接图。

作直方图的目的，是通过观察图的形状来判断质量是否稳定，质量分布状态是否正常，预测不合格率。直方图在质量控制中的用途，主要有估计可能出现的不合格率、考察工序能力、判断质量分布状态和判断施工能力。

1. 估算可能出现的不合格率

质量评定标准，一般都有上、下两个标准界限值，上限为 T_u，下限为 T_L，故不合格率有超上限不合格率 P_u 和超下限不合格率 P_L，总的不合率则为：$P=P_u+P_L$。

为了计算 P_u 和 P_L，引入相应的系数 K_u 和 K_L，

$$\left.\begin{aligned}K_u&=\frac{|T_u-\bar{x}|}{S}\\K_L&=\frac{|T_L-\bar{x}|}{S}\end{aligned}\right\}$$

根据 K_u 和 K_L 查《正态分布概率系数表》，即可确定相应的超上限不合格率 P_u 和超下线不合格率 P_L。从而计算总的不合格概率。

2. 判断质量分布状态

当生产条件正常时，直方图应该是中间高，两侧低，左右接近对称的正常型图形，如图 1-2(a)所示。当出现非正常型图形时，就要进一步分析原因，并采取措施加以纠正。常见的非正常型图形有图 1-2(b)～(f)五种类型。

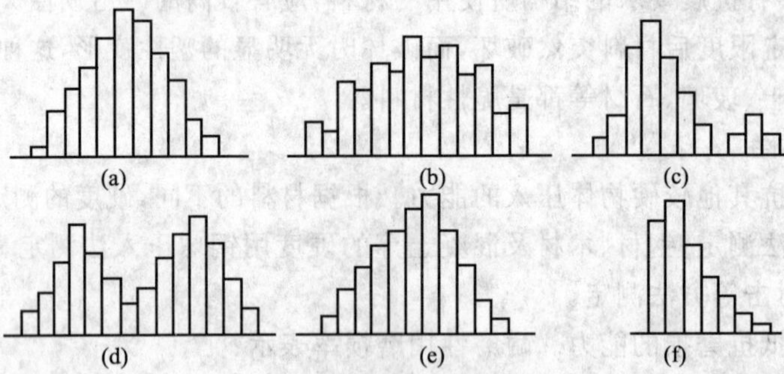

图 1-2　常见直方图图形

(1)折齿型。图形出现凹凸状，如图 1-2(b)所示，这多是由于分组不当或组距确定不当所致。

(2)孤岛型。出现孤立的小直方图，如图 1-2(c)所示，这是由于少量材料不合格，或短时间内工人操作不熟练所造成的。

(3)双峰值。图形出现了两个峰顶，如图 1-2(d)所示，一般是由于两组生产条件不同的数据混淆在一起所造成的。

(4)缓坡型。图形向左或向右呈缓坡状，即平均值，过于偏左或偏右，如图 1-2(e)所示，这是由于工序施工过程中的上控制界限或下控制界限控制太严所造成的。

(5)绝壁型。直方图的分布中心偏向一侧，如图 1-2(f)所示，常是由操作者的主观因素所造成的，或是在工序检验中出现了人为干扰现象。这时应重新进行数据统计或重新按规定检验。

3. 判断施工能力

将正常型直方图与质量标准进行比较，即可判断实际生产施工能力。如图 1-3 所示，T 表示质量标准要求的界限，B 代表实际质量特性值分布范围。比较结果如图 1-3 所示。

(1)B 在 T 中间，两边各有一定余地，这是理想的控制状态，如图 1-3(a)所示。

(2)B 虽在 T 之内，但偏向一侧，有可能出现超上限或超下限不合格品，要采取纠偏措施，如图 1-3(b)所示。

(3)B 与 T 相重合，实际分布太宽，极易产生超上限或超下限的不合格品，要采取措施提高工序能力，如图 1-3(c)所示。

(4)B 过分小于 T，说明工序能力过大，不经济，如图 1-3(d)所示。

(5)B 过分偏离 T 的中心，已经产生超上限或下限的不合格品，需要调整，如图 1-3(e)所示。

(6)B 大于 T，已经产生大量超上限与超下限的不合格品，说明工序能力不能满足技术要求，如图 1-3(f)所示。

(二)控　制　图

直方图是质量控制的静态分析法，反映的是质量在某一段时间里的静止状态。然而工程

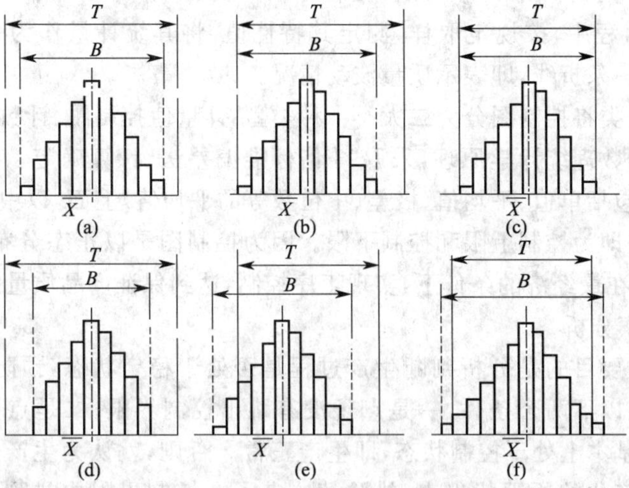

图 1-3　实际质量分布与质量标准的关系

质量都是在动态的施工过程中形成的，因此，在质量控制中单用静态分析法是不够的，还必须有动态分析法。采用这种方法，可随时了解施工过程中质量的变化情况，及时采取措施，使质量处于稳定状态。控制图法就是典型动态分析法。

1. 质量波动原因

工程质量总是具有波动性，质量数据总是具有差异性。影响工程质量波动的原因有很多，一般包括人、机具设备、材料、工艺方法和环境五方面的因素。这五个方面的原因又可归纳为两类，即偶然性原因和系统性原因。

偶然性原因是经常对产品质量起作用的因素，但其出现带有随机性质的特点，如原材料成分和性能发生微小变化，工人操作的微小变化，周围环境的微小变化等。这些因素在生产施工中大量存在，但对产品质量影响程度很小，而且不容易识别和消除，甚至消除这些因素在经济上也不合算，所以又称这类因素为不可避免的原因。由这类原因造成的质量波动是正常的波动，不需加以控制，即认为生产过程处于稳定状态。在此状态下，当有大量的质量特性值量，其分布服从正态分布规律。

系统性原因是对产品质量影响很大的异常性因素，如原材料质量规格的显著变化，工人不遵守操作规程，机械设备的调整不当，检测仪器的使用不合理，周围环境的显著变化等等。这类原因一般比较容易识别，并且一经消除，其作用和影响不复存在，所以这类因素是可以避免的。质量控制就是要防止、发现、排除这些异常因素，保证生产过程在正常稳定状态下进行。

控制图法就是利用生产过程处于稳定状态下的产品质量特性值分布服从正态分布这一统计规律，来识别生产过程的异常因素，控制生产过程中由于系统性原因造成的质量波动，保证工序处于控制状态。

2. 控制图的基本形式与分类

控制图是判断生产过程的质量状态和控制工序质量的一种有效的工具。控制图的基本形式如图 1-4 所示。

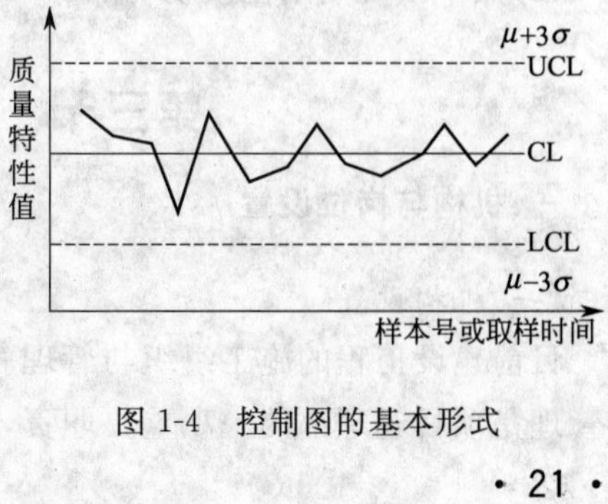

图 1-4　控制图的基本形式

控制图一般有三条线：上面的一条线为控制上限，

用符号 UCL 表示；中间的一条叫中心线，用符号 CL 表示；下面的一条叫控制下限，用符号 LCL 表示。在生产过程中，按规定取样，测定其特性值，将其统计量作为一个点画在控制图上，然后连接各点成一条折线，即表示质量波动情况。

根据质量数据种类将控制图分为二大类十种类型：计量值控制图、计数值控制图。控制图中的控制界限是根据数理统计学原理，采取“3 倍标准偏差法”计算确定。即将中心线定在被控制对象的平均值（包括单值、平均值、极差、中位数等的平均值）上面，以中心线为基准向上向下各量 3 倍标准偏差即为控制上限和控制下限。因为控制图是以正态分布为理论依据，采用 3 倍标准偏差法可以在最经济的条件下，实现工序控制，达到保证产品质量的目的。

3. 控制图的观察分析

应用控制图的主要目的是分析判断生产过程是否处于稳定状态，预防不合格品的发生。当控制图的点子满足以下两个条件：一是点子没有跳出控制界限；二是点子随机排列没有缺陷，就认为生产过程基本上处于控制状态，即生产正常。否则，就认为生产过程发生了异常变化，必须把引起这种变化的原因找出来，排除掉。点子在控制界限内排列的缺陷如图 1-5 所示。

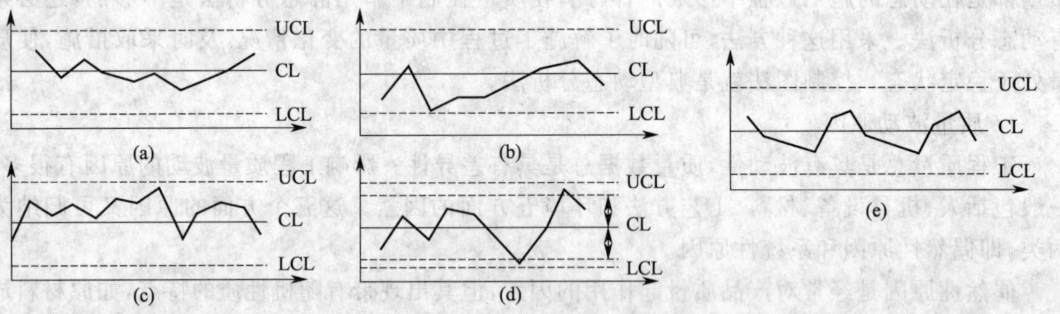

图 1-5　控制图的异常现象

（1）点子连续在中心线一侧出现 7 个以上，如图 1-5(a)所示。

（2）连续 7 个以上点子上升或下降，如图 1-5(b)所示。

（3）点子在中心线一侧多次出现，如连续 11 个点中至少有 10 个点在同一侧，如图 1-5(c)所示或连续 14 点中至少有 12 点，连续 17 点中至少有 14 点，连续 20 点中至少有 16 点出现在同一侧。

（4）点子接近控制界限，如连续 3 个点中至少有 2 点在中心线上或下 2 倍标准偏差横线以外出现，如图 1-5(d)所示；或连续 7 点中至少有 3 点或连续 10 点中至少有 4 点在该横线外出现。

（5）点子出现周期性波动，如图 1-5(e)所示。

第三节　现场试验检测的管理

一、机构与岗位设置

（一）机构设置

目前建设工程的施工组织与管理一般以项目经理部为单位进行，建设工程的现场试验检测管理是项目经理部的一项重要职责，项目经理部均设置与工程技术管理、安全质量管理、物资设备管理等部门平行的现场试验管理机构。依据施工现场是否设置现场试验室的不同,项目现场试验管理机构的设置也稍有不同,对设置现场试验室的项目经理部,现场试验管理机构的设置可参照以下形式组织。其行政管理归属项目经理部,业务上受上级授权检测机构管理与指导。项目经理部试验室组织机构图如图 1-6 所示。

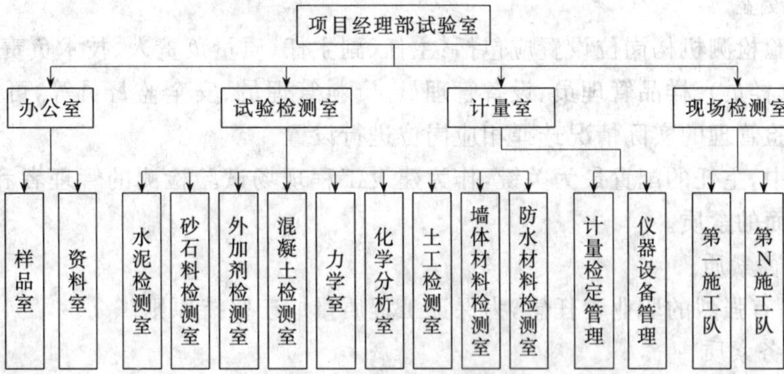

图 1-6　项目经理部试验室组织机构图

对施工现场不设置现场试验室,仅设置现场试验管理机构负责试验管理和取送样的项目经理部,现场试验管理机构应根据工程项目情况具体设置,但至少应设置现场取样检测组、现场质量管理组、资料组,相关人员分工必须明确。

试验机构应视工作需要,合理选配高级工程师、工程师、助理工程师、技术员和试验员。试验人员岗位确定后不得随意更换。确因工作或其他原因需要更换时,必须经过分管领导同意,更换后应及时补充新的试验人员。

(二)机构职责

1. 工程试验要始终坚持为施工生产服务的方向,深入施工现场,贯彻执行新标准,坚持试验工作公正性,坚持原则,用科学态度搞好施工过程控制。

2. 基本任务如下。

(1)试验鉴定主要工程材料质量是否符合国家和部颁标准及规定。

(2)检验工程结构和构件的成品及半成品的质量是否符合国家和部颁标准,是否满足设计和施工技术要求。

(3)通过现场测试及监督检验,保证工程质量。

(4)结合工程任务,试验研究、推广应用新技术、新材料、新工艺和新的测试方法。

(5)为施工和现场变更设计提供有关技术资料、试验报告和依据。

3. 具体职责如下。

(1)严格按照有关标准规范要求进行施工过程的试验检验,禁止不合格材料流入施工现场。

(2)结合施工生产,进行必要的课题研究,积极推广新材料、新工艺、新技术和新的测试方法。

(3)根据工程需要提出仪器设备的购置计划,经批准后组织实施。

(4)建立健全试验仪器设备台账,做好仪器设备的使用与维护保养。

(5)编制试验仪器设备的周检计划并组织实施。

(6)负责对施工现场材料检验和试验状态标识进行监督检查。

(7)对不能试验的试验项目，选定具有资质的试验单位，并委托检验。

(8)不定期对所辖工程进行抽样检查。

(9)做好试验原始资料的整理、保管工作，保证其真实、可靠、有效，实现可追溯性。

(10)参加有关工程质量检查及质量事故的调查分析。

(三)岗位设置

完整的试验检测机构岗位设置应包括：主任、副主任、质量负责人、技术负责人、试验员、现场试验员(或取样员)、样品管理员、设备管理员、资料管理员、安全监督员等，可根据工程项目具体情况及试验管理的实际情况选择相应岗位进行设置。

各种岗位中，主任的配置最为关键，作为建设工程现场试验检测的管理者和组织者，应具备以下几个方面的素质。

1. 职业道德素质

爱岗敬业，有强烈的职业责任感，为保证工程质量敢于坚持原则。

2. 技术业务素质

熟练掌握工程各种试验检测的技术，熟悉相关规范和标准，能够解决施工过程中可能出现的有关试验检测的疑难问题。

3. 组织协调能力

不仅能够合理安排试验人员的试验工作，正确处理本部门内部和项目经理部各部门之间的关系。而且应该正确处理和对待业主、监理及地方质量监督部门的检查和抽检工作等外部关系。

(四)岗位职责

1. 主任

(1)负责试验系统业务管理工作，组织试验机构测试工作的全面实施。

(2)贯彻执行国家各项产品质量监督检验的方针、政策、标准、制度。

(3)负责试验工作的计划编制、检查、落实和总结，接受上级下达的各项任务，试验系统管理制度的建设。建立检验工作质量保证体系，组织制定有关措施和实施办法。

(4)参与重大质量事故的调查与技术鉴定。

(5)掌握工程项目施工有关动态和情况，指导试验业务开展，协调各项工作，解决有关技术问题。

(6)督促、检查各级人员岗位责任制的执行情况。考核各类人员的工作质量，并对人员的培训、考核、提职、晋级提出意见或建议。

(7)组织解决项目施工中试验技术难题，制定试验检测课题研究方案。

(8)负责召开试验工作会议，组织人员培训、交流经验、表彰先进。

2. 副主任

(1)协助主任落实试验系统业务管理工作。

(2)负责组织起草试验系统管理制度。

(3)参与重大质量事故的调查与技术鉴定。

(4)掌握所管工程项目施工有关动态和情况，指导试验业务开展，协调各项工作，解决有关问题。组织开展检验活动过程的监督与控制。

(5)负责分管业务的具体实施，相关人员、设备、环境及制度的配置与建设。

(6)落实国家各项产品质量监督检验的方针、政策、标准、制度。

(7)负责处理试验工作中出现的异常和质量事故，负责检验质量争议审查、处理、复检工作，并将具体的质量情况报主任，处理质量事故。

(8)完成领导临时交办的其他工作。

3. 技术负责人

(1)负责试验检测技术工作，对检测项目的技术把关；制定技术工作计划，并组织实施；总结技术工作经验。

(2)检查、指导、督促试验检测人员严格执行现行标准、规范，正确选用仪器设备、遵照检测程序完成检测工作。

(3)参与重大质量事故的调查与技术鉴定。负责对检测过程中出现的异常情况及事故进行分析，查找原因，提出处理意见。

(4)负责收集、整理、研究技术资料，积极推广新技术、新材料、新工艺在检测工作中的应用。

(5)负责重大检测项目的检测工作，确定检验操作规程及非标设备、检测仪器的暂行校验方法。

(6)对非常规检验项目，负责拟定检测方案，进行技术交底，指导检测人员完成检测工作。

(7)协助主任解决项目施工中重要技术难题，参与施工现场技术攻关，提供现场技术支持服务。

(8)负责检测数据异常值判定及首次测值超差或测值结果离散太大的处理。

(9)负责实施人员培训，完成主任安排的其他任务。

4. 质量负责人

(1)在主任的领导下，负责试验室的质量管理工作。

(2)负责制定、修订试验室的质量保证措施。

(3)对试验的各项检测质量负责，领导质量保证体系的正常运行。

(4)审查检测报告，负责质量事故的处理和对检测质量争议的协调。

(5)负责试验人员的检测质量和工作质量。

(6)主持事故分析会和质量分析会。

(7)完成领导临时交办的任务。

5. 试验员

(1)了解试验室的基本任务、工作分类、试验内容及所试验材料的用途、性能。

(2)熟悉本专业各种试验仪器的用途、操作性能和维护方法。

(3)负责试验前的准备工作和测试仪器的日常维护、管理和清洁卫生。

(4)完成本专业的委托试验和施工测试任务。

(5)根据操作规程正确使用本专业的仪器设备，配合做好计量器具的周期检定和送检工作。

(6)熟悉安全操作规程和用电常识，做到安全生产。

(7)完成试件的加工、制作及测试，并提出完整的测试记录及试验报告。

6. 现场试验员(取样员)

(1)负责本工点试验工作的现场管理。

(2)贯彻执行国家、部、公司、业主、监理有关计量、试验的标准、规范、规程、方法及规章制度。

(3)对工程使用的材料、混凝土砂浆试件、工程用水、环境水、填土等应根据设计文件和有关施工技术规范和标准提前取样送试验室检验，并对样品的代表性负责。

(4)根据施工计划和工程进度，及时提出混凝土(砂浆)、防水材料等配合比选定计划，按时送试验室选定配合比。

(5)及时测定砂、石含水率，换算施工配合比，填发配料单，经主管技术负责人签证后，交付施工；记录当地气象、养护温度及冬季测温等；协同工地负责人填写混凝土(砂浆)灌注日志及试件检查报告。

(6)认真按混凝土(砂浆)施工规范的要求进行施工控制，检查拌和物拌和、运输、浇筑、振捣、养护的质量，按规定制作试件和养护，并按期送检。

(7)及时做好试验原始资料的整理和保管工作。并按监理实施细则报送驻地监理站审核。

(8)做好现场材料堆放管理及状态标识的控制，材料堆放应分类堆放，堆放条件不得影响材料性能，状态标识应根据材料的实际情况及检验状态变化及时更新，标识内容应包括：材料名称、产地、规格型号、出厂编号、进场数量、检验情况、进场日期、拟用工程部位，做到材料实物、合格证、标识、试验报告一一对应。

(9)施工中发现违背规范规定影响质量时，有权制止施工，并及时向负责人反映，必要时可以直接向项目经理报告。

7. 资料管理员

(1)负责试验室所有检测原始记录、检测报告及其他有关资料的存档管理。

(2)负责接收试验资料和有关文件，并做好登记工作。

(3)跟踪样品检测工作的全过程，发现试验质量或试验进度问题及时向主任报告。

(4)收集各试验人员送来的试验结果，打印试验报告，签名确认，妥善保管。

(5)严格遵守保密制度，不得随意复制、散发检测报告，不得泄露原始数据。

(6)严格遵守试验室制定的档案入库制度，做好分类登记工作，对各类资料的分类应科学管理，便于查找。

8. 仪器设备管理员

(1)严格执行计量法，根据各种仪器设备的性能和检测频率等情况，确定检定周期，按时送检。

(2)定期检查和抽查在用仪器设备的技术状况，发现不正常或损坏时，有权立即停用，贴“停用”标志，做好相应记录。

(3)建立详尽的仪器设备档案。

(4)妥善保存各种仪器的使用说明书及有关资料。

9. 样品管理员

(1)在技术负责人的指导下参加样品的接收与回退。

(2)建立样品台账、档案、标识、状态的管理系统。

(3)监督样品的制备和传递，按照样品的检验要求对样品进行管理，有权制止违反样品管理程序的偏离行为，并责成当事人予以纠正。

(4)对样品的保密负责。

10. 安全监督员

(1)熟悉、掌握安全管理规定和安全处置措施的实施。

(2)对机构的人员伤害、样品、药品、设施和设备的安全实施定期检查，并对防火、防盗、易燃、易爆、有毒物品的保管与发放进行检查。

(3)有权对违反安全的一切行为实施坚决的制止。

二、试验人员管理

(一)基本要求

1. 试验人员包括试验员、取样员及试验管理人员。

试验员是指在建设工程检测试验活动中，从事建筑材料、构配件、设备及室内环境、桩基、结构及工程实体质量的检测试验或审核、签发检测试验报告的专业技术人员；取样员是指在建设工程现场负责原材料、构配件进场取样、样品制备和送检到有资质试验室的试验人员，试验管理人员是指不进行具体试验操作，协调试验工作内、外部管理的试验人员。

2. 试验员必须严格执行国家有关法规和技术标准，从事与岗位证书相适应的检测试验工作。任何单位和个人不得干涉检测试验员公正履行职责。

3. 为提高试验人员的技术素质，应按人员结构配置要求，有计划地安排业务培训，使之胜任本职工作。

(二)资格条件

试验人员必须具备下列条件。

1. 遵守国家法律、法规，恪守检测试验员职业道德。

2. 具有中等专业以上学历且专业对口，工作满一年；或具有高中以上文化程度，工作满两年。

3. 具备相应的试验法律法规以及试验专业知识；熟练掌握所从事项目的试验标准等有关知识和操作技能。

4. 经过相关检测试验业务培训，并且考核合格，取得上岗证书。

(三)权利和义务

1. 试验人员享有以下权力。

(1)在岗位资格证书登记范围内进行建设工程检测试验活动。

(2)独立行使检测、签字权力，出据真实准确的检测报告。

(3)有权拒绝执行各种违反检测规章的意见和命令，对弄虚作假行为进行抵制。

(4)参加本专业继续教育。

2. 试验人员应履行以下义务。

(1)对检测试验项目所依据检验标准的有效性和原始数据负责，对其所审核项目工作质量和报告结论负责。

(2)熟悉并严格执行国家和行业有关法规、技术标准和规范。

(3)熟练掌握所承担试验项目的检验方法、规程，恪守职业道德，秉公办事。

(4)对提供的检测试验成果质量负责，对检测试验仪器设备负有日常维护保养、保证仪器设备正常安全运行的责任。

(5)在检测试验中发现有严重质量、安全问题时，应向所在单位或有关主管部门及时报告。

(6)保护委托方的合法权益及专利权，不得将委托方提供的专有资料翻印传播或用于技术性开发。

(四)培　训

1. 试验人员培训分为内部技术培训和试验员上岗资格培训。

2. 试验人员内部技术培训根据工程实际情况，制定长期培养提高规划和年度培训计划，经审批同意后组织实施。

3. 试验员上岗资格培训根据国家相关部委具体规定，组织试验人员报考取证。

（五）考　　核

1. 考核原则

（1）考核以定性考核与定量考核相结合，以定量考核为主。

（2）考核结合试验人员岗位职责的要求进行。

2. 考核办法

（1）由项目经理部每半年组织对试验人员考核一次。

（2）每半年试验人员应对自己完成的工作进行书面总结。

（3）考核可从出勤率（按时上下班、有无缺岗现象、请假率等）、工作态度及质量（服从意识、主动性、责任心；是否按时、保质保量完成任务等）、技术水平及提高（掌握试验相关标准、规范的能力，试验数据处理能力、解决试验问题能力）、试验设备保养维护完好率（试验仪器设备维护、保养及维修情况）、群众评议几个方面进行。

（4）考核分优秀、合格、不合格三级，无名额限定。考核结果存入个人的业务档案。对表现突出、成绩显著者，评优、晋升等优先。

三、仪器设备及检测环境管理

（一）采　　购

1. 根据所承担的工程任务、性质以及开展的试验检测项目配备相应的、满足过程控制所需的检验测试仪器设备。

2. 现场试验室根据本项目工程实际情况和开展试验检测项目编制试验设备需求计划，经批准后，方可进行购置，必须做好合格分供方的评价工作、合同评审工作及设备验收工作。

3. 建立健全仪器设备档案并实行规范化管理，做到账、卡、物相符，测试数据准确可靠。

4. 仪器设备的操作人员必须持有试验员上岗证以及经过必要的培训考核后方可操作。

（二）使用保养

1. 设备使用

（1）试验仪器设备由使用单位负责设备的保管、使用、检定、维护保养。

（2）试验仪器设备按“固定资产”和“一般仪器”分别建立仪器设备台账、使用卡片和技术档案，实行彩色标签管理。所有仪器设备按计量器具类别编制计量号，按使用分类建立管理号，并制成统一标识牌，贴挂在仪器设备易于观察的部位。

（3）对贵重、精密、特殊仪器设备应指定仪器负责人，不定时对仪器进行检修保养，及时填写检修记录。

（4）使用人必须经过培训考核，取得岗位操作合格证方可上岗操作。

（5）仪器设备使用前必须检查，运转正常后，方可进行试验、检测，检测结束后必须重新检查仪器状况，并作好仪器设备使用记录备查。

（6）仪器设备出现故障，应立即停机，保持现状，由使用操作人员详细填写故障或损坏原因记录，并报告设备管理员及技术负责人。

（7）仪器设备的修理应送维修部门，任何人不得私自拆卸，维修情况应记入维修记录并存档。

(8)维修后的计量仪器设备,应由计量部门检定合格后方可使用。

(9)对长期不使用或其他原因需要检修的仪器设备,应办理停用手续,经申请,由试验室负责人批准后,可停用或封存,并进行标识。

2. 养护室管理

(1)标准养护室仪器设备和试件养护工作由主任指定专人负责管理。

(2)接收试件,应按要求注明试件型号、强度等级和制作日期,并仔细核对送样单。

(3)试件摆放应整齐有序,登记后用计算机录入试件数据库进行管理。

(4)养护设备每天早中晚检查一次,同时记录室内温度和湿度。

(5)进入养护室应先断电,再开灯,然后进行工作,离开养护室先关门,再闭灯,最后接通电源。

(6)发现设备运转不正常或停电、停水情况,应及时报告并采取措施。

(三)检　　定

1. 试验仪器设备,应按国家规范规定周期,编制周检计划并实施检定,取得检定合格证后才能使用。

2. 对国家无检定规程的仪器设备,应编制《工程试验仪器校验检验方法》,并按其进行校验。

3. 仪器设备均应根据其状态(合格、停用)用彩色标志进行标识。

4. 新购置的仪器设备和经搬动后重新安装的压力机、万能材料试验机要重新进行检定或校准,合格后方可使用。

5. 停用或封存的仪器设备在启用时,经申请批准,重新进行检定校验,合格后方可使用。

6. 与检验试验无关人员不得进行试验仪器的操作使用。仪器在使用前应作适当的检查,确保其测试结果的准确度。

7. 在测试过程中,当仪器设备发现偏差不符合要求时,可用相同等级满足测试工作要求的仪器重新测试,无代用仪器者,应对该仪器重新检定和校验,合格后方能使用,并形成记录;对以往的测试结果进行分析,评价其有效性,形成记录,必要时可重新取样测试。

8. 试验设备利用计算机软件进行试验时,应按要求由有资质单位进行周期检定或确认后方能使用;必要时,在试验前进行比对后再使用。

(四)标准物质管理

1. 标准物质的购置和验收

(1)试验室负责人根据检测工作的需要,提出标准物质的购置申请,经项目经理批准后购置。

(2)所购置的标准物质应是有证标准物质,或经国家批准生产的,并在有效期内,其功能应符合相关的技术要求。

(3)新购置的标准物质,由试验室负责人组织验收,合格后,对标准物质进行编号、登记台账并建档,纳入《仪器设备管理档案》统一管理。

2. 使用管理规定

(1)需要检定的标准物质,使用时应在检定有效期内。

(2)标准物质的使用由试验室负责人批准,并有使用记录。

(3)标准物质应存放于卫生整洁的环境中。

(4)有毒或有辐射的标准物质应建立专门的使用说明。

(5)过期或失效的标准物质，应报试验室主任批准后销毁。

(五)报　废

对不能满足精度要求又不能修复和新标准明令废止的试验设备的报废，应办理报废手续，经分管领导批准后办理报废手续。

(六)检测环境

1. 试验室平面布置和房间分配合理、结构牢固安全，并根据需要设置牢固平整的试验操作台，仪器设备布局合理、试验操作方便，试验室内干净整洁。房屋使用面积和环境条件应满足所开展试验检测项目的工作需要及业主的要求。

2. 办公座椅、电脑等满足工作和信息化管理需要。

3. 室内通风、采光良好，沥青及沥青混凝土室应配置通风设备。

4. 试验室要综合考虑供电、排水、消防等措施，做到设施完善、功能良好。

5. 试验室遗弃的废液等有害物质的处理符合环保要求。

四、现场试验管理

(一)基本原则

1. 凡工程用材料必须按规定在使用前，根据国家标准、设计文件和施工技术规范及验交评定标准要求进行抽样试验和检验，合格后方能使用。禁止不合格材料流入施工现场。

2. 对于当地自产砂、石等材料应先取样试验选场，合格后方准开采，进入施工现场的地材按相应标准要求，进行抽样试验和检验后方能使用。

3. 工程材料的取样及频次，应按国家标准、规范、评定标准的规定进行。

4. 试验单位接到物资部门或其他单位委托后，应按物资部门批次编号进行来样登记、样品检查制备、试验和检验、做好原始记录、出具试验报告，并将试验报告发送给相关部门。试验报告必须填写完善，保证其真实、可靠、有效，实现可追朔性。

5. 工程施工现场应根据试验和检验结果对现场的工程材料按试验和检验四种状态(未检、待判、合格、不合格)进行标识；项目经理部试验室应不定期组织对其检验和试验状态标识情况进行检查。

(二)工作流程

1. 试验流程

(1)工作职责。试验工作包括样品的接受、分发、检验、记录、出具报告和签发几个环节，各岗位人员及相关部门的职责如下。

①样品管理员负责样品的接收、分发和留样管理。

②检验人员负责对样品的检验、记录和检验结果的报告。

③检测组长负责安排样品的检验，负责对检验记录报告的校验。

④技术负责人审查签发检验报告书。

⑤资料员负责报告书的打印、校对和发送以及试验报告的归档整理。

(2)工作程序

①样品管理员负责样品的检查、核对、接收，并进行登记。样品的识别按分类、编号填写标签。根据样品所处的试验状态，分别加贴“待检”或“已检”标签，对待检样品填写检测任务单，分发样品移交各检测室。样品在不同试验状态或样品制备、流转、贮存过程，都应做好标识转移工作，以保持样品识别的唯一性，保证必要时的可追溯性。对于存放条件有特殊要求的样品

(如需养护的样品),应按照相应的规定对样品进行维护并记录。对于贵重样品必须存放于指定地点,并采取防护措施;对于易燃、有毒的危险样品应隔离存放,做出明显标记。

②各检测人员收到样品后,在试验前应对样品进行检查确认,如发现状态与要求不符或对所要求的试验规定得不够具体时,试验人员必须询问委托方,要求给予进一步的说明并记录。当委托方要求对样品进行准备(包括制备、装配等)时,相关操作人员应按作业指导书的要求妥善完成,并应检查和确认。样品在制备、试验、传递过程中应加以防护,严格遵守有关样品的使用说明,避免受到非正常损坏,样品如遇意外损坏或丢失,应详细记录其情况,报质量主管追查责任,并及时与客户联系采取补救措施。

③检测人员接到检测样品和检测任务后,根据委托检测内容选定技术标准和试验规程,在检测前检查检测环境是否满足标准要求,在检测过程中严格依据检验标准进行检验并做好原始记录,检测过程中若出现异常情况及时向技术负责人汇报,检测完毕后对检测数据进行整理和复核。

④检测人员根据试验记录出具报告,把检验报告、原始记录一并交组长审核、校对。

⑤检测人员将检验报告,交资料员打印,经技术负责人签字,由资料员发出报告及存档。

2. 委托试验

项目经理部试验室对本室不能完成的工程试验项目,负责选定有试验能力、可出具有效检测数据的试验单位进行委托试验。项目经理部试验室本着经济合理、就近就地的原则,对选定的试验单位进行评价,择优选择,经项目经理部负责人批准后,实施工程试验委托。

(三)质量控制

1. 试验质量控制制度

(1)测试工作应严格按现行标准规范的测试方法进行。在任何情况下,测试人员都必须始终坚持"质量第一"的方针。考核测试人员的工作成绩时,首先考核测试质量。

(2)测试人员应取得检验员上岗证,方能参加测试工作;每项测试工作的人员一般不少于两人。

(3)因外界干扰(如停电停水等)而中断试验,凡影响检测质量者,测试工作必须重新取样检验。因检测仪器、设备故障或损坏而中断试验者,可用相同等级的、满足检测工作要求的代用仪器重新进行检测,无代用仪器设备者,必须将损坏的仪器设备修复,重新检定或检验合格后,才能开始测试,发生问题要记录在案。

(4)凡因检测工作失误,造成在检测工作中试件损坏,无法得出完整检测数据者,所有检测数据作废,重新取样完成全过程检测。

(5)检测过程中,如发生仪器设备损坏事故,试件毁坏事故、人员伤亡事故时,应保护现场,同时向技术负责人报告,待事故进行处理后再进行检测。

(6)检测工作结束后,全部检测数据应进行复核,应有专人对仪器、设备的技术状态,试件状态,环境条件进行检查并有记录。

(7)原始记录是反映测试数据的原始记载,任何人不得随意更改,不得删减,不允许无关人员查阅。确需更改,作废数据用两条横线划掉,将正确数据填在上方并盖更改人印章。内容填写应完整,必须有测试人员和复核人员签名,否则无效。

2. 施工过程试验控制

(1)严格试验制度,依据标准规范要求的抽检频次实行对原材料、焊件、构件、地基、混凝土、砂浆、路基填筑等的检验。凡用于工程的材料由供料部门提供出厂证明或检验报告,材料进厂后应取样进行复试。

(2)试验所需样品由现场试验员和材料员按规定共同取样。

(3)取样送试,应考虑试验过程所需时间,以免影响施工,试验室收样后,应及时安排试验。

(4)对施工过程中与试验工作相关项目进行监督检查,发现使用未经检验或检验不合格材料、违规操作、弄虚作假等情况,有权制止施工,及时上报项目总工或越级上报,并作好记录。

(5)现场混凝土拌制前,应测定砂、石料含水率,换算施工配合比;检查计量器具的准确度;拌制过程中测定拌和物坍落度;冬期施工要作好气温记录,及时采取冬季施工措施。

(6)在混凝土的施工过程中对混凝土的质量实行过程监控。发现问题及时调整。

(四)工作制度

工程项目试验室应结合工程特点,制定工程试验工作制度,工作制度的编制应做到思路清晰、内容全面、方法流程正确、责任明确、操作性强,并通过项目技术负责人的审批。工作制度内容应至少包括以下方面:(1)组织与管理机构图;(2)质量手册、作业指导书;(3)工作程序与质量管理;(4)岗位责任制;(5)仪器设备的计量检定、校准及管理;(6)仪器设备操作规程、保养维修及管理;(7)试验室管理制度、环境卫生、安全管理;(8)样品、资料、档案管理制度;(9)试验室、养护室温湿度管理;(10)执行标准、规范、规程、方法等技术文件的控制。

与试验检测工作质量相关的工作制度有以下几个方面。

1. 测试数据校验制度

(1)测试数据有下列现象之一者,均为差错。

①数据读错或记错。

②使用超过计量有效期的仪器进行测试所得的数据。

③测试环境条件不符合要求。

④由于试样错误造成的读数错误。

⑤漏记测试记录项目。

⑥记错样品编号。

⑦其他人为原因造成的数据错误。

⑧不按规定读取测试数据有效值。

(2)为防止差错,实行试验数据自检、专检和抽检等制度,力求数据准确无误。

①自检:是指测试人员和数据记录员对测试数据的自行检验,发现差错找出原因予以纠正,自检中发现的错误不作记录。

②专检:由本专业组长负责对测试数据进行检验,如发现错误应会同测试人员找出差错原因,并采取正确措施予以纠正,专检中发现的差错应由测试人员、记录人员负责。

③抽检:由质量保证负责人(或技术负责人)对测试数据进行检验,如发现差错,应由本专业检测室测试人员找出原因,并采取正确处理措施。

④试验检测人员应在检测原始记录和检测报告上签字,对检测数据负责。

2. 事故分析报告制度

(1)在测试过程中如出现停电情况,应及时通知配电室,立即查找原因。

(2)测试人员应将停电原因、时间、处理经过等书面记录,附于试验记录后。

(3)如停电不能立即恢复供电,应通知配电室启动备用电源。

(4)测试过程中,如仪器设备发生故障,测试人员应立即切断电源并向主任汇报。

(5)测试中断后,根据不同项目按其操作规程对试样做适当处理。

(6)测试人员应将设备故障原因、处理措施等记入档案。

3. 异常处理制度

(1)委托单位自接到报告之日起，应在十天内将申诉书面材料送试验室。

(2)申诉书经室主任审查确认理由充足，则登记编号，责成质量负责人进行处理并应在三日内做出答复。

(3)质量负责人根据申诉内容，认真核对原始记录、检测报告，并对检测仪器设备、环境条件进行检查，详细查看整机、附件、备品、技术资料等是否完好，然后查看电路、电源、机器性能等各项技术指标是否合格，同时办理入账建档手续。

(4)经过检查核实，由于试验结论错误，给委托单位造成经济损失的，应按有关规定予以赔偿，造成不良影响的应消除影响。

4. 保密制度

(1)有关保密资料按密级要求设置专柜。

(2)保密资料一般不能外借，特殊情况需要借阅时需办理借阅手续。

(3)工作外出时一般不得携带保密资料，必须携带时应采取适当安全措施。

(4)职工调离时不得将有关的保密资料带走。

(5)经常对工作人员进行保密教育。

(6)不遵守保密制度，造成泄密的要按事故处理，并追究其责任。

5. 安全制度

(1)安全管理职责

①主任是安全管理的第一责任人，对试验室的安全管理全面负责。

②技术负责人、质量负责人负责试验室的消防安全管理，落实主任布置的各项安全生产目标任务。

③试验室设兼职安全管理员一人，负责巡查本室安全生产设施的完好情况，监督所有人员的安全生产执行情况。

④试验检测人员负责执行工作范围内的安全程序。

(2)试验检测安全管理制度

①仪器、设备的安装，操作应符合有关安全技术标准，电动设备应有良好的接地装置，并经检查确认后方可使用。

②在进行各类强度试验时，应设置有效防护，防止试件飞溅伤害人员及设备。

③仪器设备使用中，操作人员不得擅自离开，防止安全事故的发生。

④加强仪器设备检查维修，确保其性能稳定、示值准确，严禁“带病”使用。

⑤有毒、易燃、易爆物品及强酸、强碱等化学品的存放、使用处理应符合国家安全规程的规定。

⑥试验检测人员必须持有试验检测上岗证书，并参加安全技术培训。

⑦试验检测人员应熟悉设备仪器性能，严格遵守操作规程。

⑧操作中若发现设备仪器运转异常或有异味、或遇停电、停水、漏油、漏水时，应立即停机，切断电源、水源，属故障停机时应排除故障。

⑨预制构件检验或现场结构试验，必须采取符合要求的安全措施。

⑩杂物应专区分类堆放，不得随处乱放。

(3)消防安全管理制度

①试验室应定期对安全设施的有效性及存储情况、安全标志的有效性及完整性进行检查，

安全员应经常检查上述情况，发现问题，及时上报并处理。

②在检测过程中如果采用酒精燃烧法检测材料含水量时，试验点应远离酒精桶及附近易燃物品并处于下风口位置。点火应采用长杆一头缠绕棉纱引燃酒精。再次加注酒精时应该仔细确认第一次酒精燃烧已完全熄灭后间隔一段时间再加注酒精。在试验过程中，严禁吸烟，防止因意外点燃酒精伤人或引起火灾。

③沥青抽提试验时，现场人员严禁吸烟，防止引燃三氯乙烯溶剂造成火灾。

④钢筋切割时，应远离易燃、易爆物品，防止因火花飞溅造成火灾。

（五）不合格试验管理

1. 不合格试验品确定方法

（1）不合格原材料的确定方法

现场试验员按材料进场验收报检程序在相关人员的见证下取样，送试验室按有关规范、规程进行检测，确认材料合格与否。

（2）不合格工程实体的确认方法

混凝土实体通过对同等条件养护或标准养护条件下的试件进行抗压强度试验，确定混凝土强度合格与否；路基强度指标及物理指标通过现场检测确定；隧道锚杆锚固强度通过抗拔试验确定；其他钢筋骨架或钢构件通过现场尺量或目视确定；桩基强度通过委托单位检测报告确定；基坑基底承载力或软基处理复合地基承载力通过现场检测确定。

2. 不合格试验品台账建立

试验室建立不合格试验品的台账，试验员按标准规范进行检测发现不合格试验品应留样，并进行登记。

3. 不合格试验品处理程序

当出现不合格试验品时，试验室按如下程序办理。

（1）发现人应及时报告试验室主任，试验室主任立即检查原因，如果不是设备、操作、环境等检验方面原因所致，确系不合格，应及时通知监理工程师和项目总工共同深入现场按标准规范二次双倍取样进行复检并通知现场对材料进行受控处理。

（2）复检后仍然不合格，应及时通知上级部门。其中，影响结构安全的建材、制品、构件等项目，应在 12 h 内告知。

（3）试验室根据不合格品复检结果出据不合格报告，并上报技术质量部，由总工组织相关人员对结果进行评审、并研究处理方案，根据造成损失的程度对相关责任人进行处理。

（4）施工现场在接到试验室的《不合格试验品控制报告》后，要立即对相对的材料进行标识、隔离并严禁私自用于工程施工。这批材料应该降级使用或者退场，如果降级使用必须通过项目总工的签字同意方可使用。

（5）现场发现不合格实体立即进行标识，同时向项目经理部汇报，由项目经理部召开质量分析会确定该不合格实体的处置方式（返工或返修）。进行返修处置的要制定返修方案。施工现场按照返修方案实施返修。

五、试验资料管理

（一）基本原则

1. 各种检验、测试原始记录和报告必须实事求是、一律采用法定计量单位，尽量采用计算机出具报告或用黑色笔认真填写。

2. 试验记录、报告必须签署完善，经技术负责人签字并加盖公章后方可发送及存档。经计量认证的试验项目，应加盖认证标志章，以保证试验报告的法律效力。

3. 工程试验报告格式，应满足当地政府质检部门、建设单位或监理部门的要求。

4. 试验资料(试验记录、试验报告)应登记保存，保管期一般为工程验交后五年。

(二)试验记录管理

1. 记录的填写

(1)检测人员根据需要，设计各种记录表格格式，技术负责人和质量负责人组织审批各种记录表格格式。如果启用新记录表格格式，由技术负责人和质量负责人审核批准后使用，原有旧的记录表格格式废除停用。

(2)记录人填写记录时，应真实、齐全、及时、清晰、明了。

(3)记录上应有记录人和复核人签字。

(4)填写原始记录时，应特别注意试样(件)的顺序编号、制作或抽取日期、试验检测日期等。

(5)检测所用主要仪器设备名称、规格、型号及完好状况，测试环境(如温度、湿度、天气)等均应填写完整。

2. 记录收集、编目和存档

(1)各种记录由资料员负责收取、存档。

(2)资料员按记录的内容分类编目，汇总登记，归档。

3. 记录的查阅

(1)查阅人员查阅记录应得到主任批准。

(2)资料员应登记每次查阅的情况。

4. 记录的修改

(1)已存档的记录需修改时，技术负责人必须签字，并得到质量负责人同意。

(2)记录修改时，应遵循记录的修改原则，采用“杠改法”，被更改处必须清淅可见，在更改处附近应有更改人的签名或盖章。

(3)资料员归档记录进行妥善保管。

5. 记录保密

(1)试验室人员不得将试验室检测记录拷贝、复印和泄露给别的单位和个人。

(2)资料员在没有主任允许的情况下，不得将存档记录借给他人。

6. 记录清理、销毁和处理

记录保存到期，经过评审和试验室主任签字同意后，在有监督的情况下进行销毁。

(三)试验报告的管理

1. 检测报告由有上岗证的试验员填写，亲笔签上自己的全称姓名，以示对测试数据和结论负责。

2. 检测室组长对检测试验人员编写的检测试验报告进行复核，主要是检查所用技术标准是否合适、测试方法是否正确、检验报告的数据、图表、曲线与原始记录是否相符合，检验结论是否准确恰当，然后亲笔全称签名，以示对检验质量负责。

3. 技术负责人负责报告的审核、签发；如技术负责人不在由主任审核、签发；若主任也不在，由质量负责人负责审核、签发。

4. 签审完成的报告，交给资料员盖上试验室的印鉴后发放、归档保管。归档报告需建立试验报告台账，便于查阅和管理。

5. 在报告发放时，报告领取人应在《报告发放登记表》中签字确认。

6. 如果在报告审查时发现错误，将追究其上一级责任人的责任，并按规定处理。如果报告发出后存在不足时，应及时就该报告进行补充说明；如果报告发出后存在错误时，应立即回收该报告，修改无误后重新发放。

7. 审查中，任何一级负责人都无权更改检测数据，即使发现错误，也应由原检验人员按有关规定负责更改后，再逐级履行报告审批手续。

（四）标准图书资料的管理

1. 新购进的图书、标准、规范资料或有关学术会议、技术鉴定会议的资料，都交室内资料管理员统一登记、编号，并加盖公章，妥善保管。

2. 室内人员借阅，需办理借阅手续。

3. 常用标准规范，应做到人手一册，由个人保管。

4. 专业资料仅供本室人员使用，外单位借阅，需经领导批准，任何人不准私自外借。

5. 资料管理中应随时注意新标准、新规范的颁发、出版情况，及时进行更新。

（五）档案管理

1. 需管理的文件资料

(1)国家、行业等发放的有关标准、规范、规程等。

(2)业主发放的有关文件、资料等。

(3)本试验室发放的有关文件、规章制度、办法等。

(4)仪器设备汇总表、台账等。

(5)仪器设备说明书、计量检定合格证、验收、维修、使用、记录等。

(6)样品、物资入库及发放登记等。

(7)各类检验原始记录、委托单和检测报告书等。

(8)用户反馈的质量意见及处理方法。

2. 职责分工

(1)外发文件由办公室制定，并由试验室主任负责审核、批准。

(2)《质量手册》、《程序文件》由质量负责人组织有关人员编写并由质量负责人完成修订和审核。

(3)技术负责人组织作业指导书和记录表格的编制、审核和修订。

(4)试验室办公室负责各类文件的分类、编号、归档、管理和处理过期文件。

3. 文件管理

(1)办公室应建立文件档案目录，并由档案管理员专人管理。

(2)文件的借阅应向办公室办理相关手续，阅读完后应马上返还，文件复印应经主任批准，办公室办理登记后方为有效。

(3)技术档案是试验室的技术机密，要编号造册并妥善存放在条件较好、温度、湿度适当的房间里，防止虫蛀霉烂，所有的技术档案由办公室统一保管。

第四节　现场试验方案的编制

一、编制要求

现场试验方案是一个工程项目有关试验工作组织及实施的纲领性文件，解决本工程中试验工作要干什么、怎么干及如何保证工作质量的问题。一个完整的施工试验方案应该包括以下九个方面的内容：编制依据、工程概况、设计要求、试验资源配置、预控计划、原材料试验、施工试验、试验资料、试验质量保证措施。

1. 编制依据，是制定施工试验方案的根据，一般包括工程设计图纸、施工合同、施工组织设计、相关施工验收规范、应用到的各种材料的产品标准、试验标准以及国家、行业和地方有关试验检测的规定等。

2. 工程概况，简要介绍工程的规模及组成部分，结构形式及特点，对质量等的主要要求，以及工程参与各方的情况等。

3. 设计要求，把工程项目在设计上有关试验的要求摘录与统计，例如使用到的各种原材料及数量、混凝土的强度等级、耐久性要求及方量，以及地基基础的处理方式、钢筋的搭接方式等设计方面的要求。

4. 试验资源配置，说明为保证工程试验工作以及施工的正常开展，就试验方面的人员安排、岗位设置、设备投入、环境建设等情况。

5. 预控计划，是对工程试验的提前策划与安排，说明本工程的主要试验内容、原材料的控制程序、施工过程关键试验点的控制程序等。

6. 原材料试验，对工程使用到的原材料确定使用数量、执行标准、检测项目、检测频次、取样方法等。

7. 施工试验，对主要施工环节中的试验所依据的试验标准、取样方法、试验频次、关键试验步骤进行论述。

8. 试验资料，对本工程涉及的试验报告、台账、各种记录进行梳理细化。

9. 试验质量保证措施，对为保证工程试验顺利进行制定的各种规章制度进行规定。

具体到某一工程的现场试验方案编制要紧密结合工程项目的组织形式、工程特点、施工方式等多种情况有针对性的对以上九个方面的内容进行论述，没必要严格按九个条目进行编制，但涉及内容应包含上述九个方面。以下给出某交通枢纽土建工程试验方案供参考。

二、试验方案示例(某交通枢纽土建工程试验方案)

1. 编制依据

(1)交通枢纽项目工程合同。

(2)交通枢纽项目施工图纸。

(3)交通枢纽项目施工组织设计。

(4)《建筑地基基础工程施工质量验收规范》(GB 50202—2002)。

(5)《混凝土结构工程施工质量验收规范》(GB 50204—2002)。

(6)《地下工程防水技术规范》(GB 50108—2008)。

(7)《地下防水工程施工质量验收规范》(GB 50208—2002)。

(8)《钢筋机械连接通用技术规程》(JGJ 107—2010)。

(9)《混凝土质量控制标准》(GB 50164—2011)。

(10)《混凝土强度检验评定标准》(GB 50107—2009)。

(11)《混凝土泵送施工技术规程》(JGJ/T 10—2011)。

(12)《公共建筑节能设计标准》(DBJ 01—621—2005)。

(13)《北京市建设工程施工试验实行有见证取样送检制度的暂行规定》。

(14)《民用建筑工程室内环境污梁控制规范》(GB 50325—2010)。

(15)《混凝土外加剂应用技术规范》(GB 50119—2003)。

(16)《屋面工程施工质量验收规范》(GB 50207—2002)。

(17)《建筑工程施工质量验收统一标准》(GB 50300—2001)。

(18)《砌体工程施工质量验收规范》(GB 50203—2011)。

2. 工程概况及设计要求

某交通枢纽工程位于北京市，是一座集轨道交通、市区公交、办公等功能为一体的综合性建筑，包括自行车等多种方式相互衔接的综合客运枢纽，是以换乘功能为主的大型交通枢纽。本工程为现浇钢筋混凝土框架结构，总用地面积4.2公顷，总建筑面积52 597 m^2，地上四层，建筑面积29 042 m^2，地下一层，局部有一层夹层，建筑面积23 555 m^2，建筑总高度22.95 m。该工程为三类民用建筑，抗震设防等级8度。地下设有甲类五级防空地下室，防化等级丙级。本工程地下室防水设防等级为Ⅰ级。混凝土强度等级为C20～C40，地下防水部分抗渗等级要求P8。钢筋连接采用直螺纹连接。

本工程建设单位为××××××公司，设计单位为××××××公司，监理单位为××××××公司。

3. 现场试验工作总体安排

(1)试验管理目标及要求

①试验管理目标。

a. 保证试验和检验工作及时、真实、准确、不漏项。

b. 保证分项、分部和单位工程的送检次数为试验总次数的100%，见证试验达到100%。

②下列涉及结构安全的试块、试件和材料应100%实行见证取样和送检。

a. 用于承重结构的混凝土试块。

b. 用于承重墙体的砌筑砂浆试块。

c. 用于承重结构的钢筋及连接接头试件。

d. 用于承重墙的砖和混凝土小型砌块。

e. 用于拌制混凝土和砌筑砂浆的水泥。

f. 用于承重结构的混凝土中使用的掺合料和外加剂。

g. 防水材料。

h. 预应力钢绞线、锚夹具。

i. 建筑外窗。

j. 建筑节能工程用保温材料、绝热材料、黏结材料、增强网、幕墙玻璃、隔热型材、散热器、风机盘管机组、低压配电系统选择的电缆、电线等。

k. 钢材及焊接材料、高强度螺栓预拉力、扭矩系数、摩擦面抗滑移系数和网架节点承载力试验。

l. 国家及地方标准、规范规定的其他见证检验项目。

(2)试验人员安排

针对本工程特点，项目部成立试验管理小组，组长：×××；副组长：×××；组员：各专业工长、材料员、取样员、试验员、资料员。

×××：审核《施工试验方案》，领导试验工作全面开展。

×××：编制《施工试验方案》，具体负责项目试验工作，监督、检查试验工作的运行，验收试验结果和参加有见证试验。

×××:负责对试验全过程的监督、检查、控制。

工　长:负责过程检验的监控,及时办理过程试验委托单,配合试验取样。

材料员:负责提供进入施工现场原材的材质单,及时办理试验委托,并对物资进行标识。

取样员:负责各种原材料的取样与送检。

试验员:负责施工过程中的试验(如混凝土的入模温度、坍落度、含气量、凝结时间、泌水率等试验),对现场试验室进行日常管理。

资料员:负责试验资料收集、整理、归档。

试验员必须持证上岗,辅助试验人员应具备相关的试验知识,项目部试验管理员每月对试验员进行一次试验专业技术知识的培训。

(3)试验工作原则

①原材料必须先试验合格后才能使用,以防止不合格品用于工程上,造成质量事故。原材料试验委托由物资部办理,现场试验室对如何取样、组批原则进行指导,接受委托后,现场试验室应及时送试验室试验并取回试验报告。

②试验流程如下。

a. 钢筋,如图 1-7 所示。

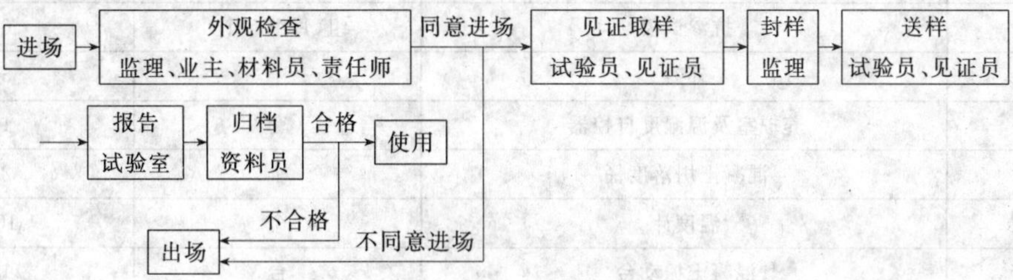

图 1-7　钢筋试验流程

b. 试块,如图 1-8 所示。

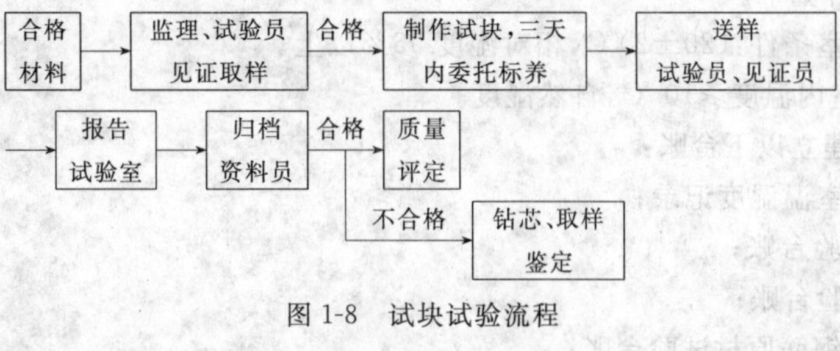

图 1-8　试块试验流程

c. 其他材料试验,如图 1-9 所示。

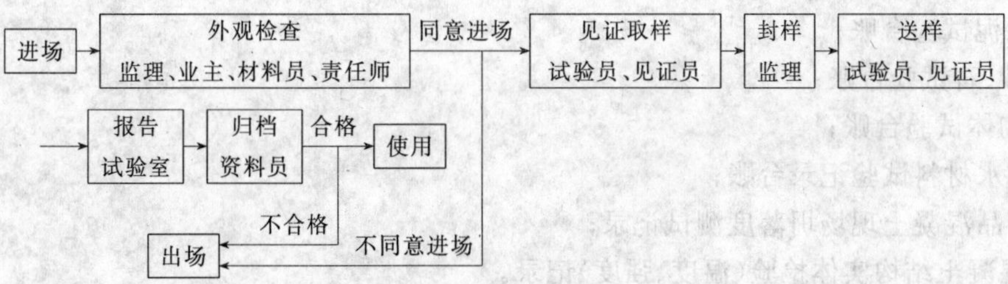

图 1-9　其他材料试验流程

③上道工序必试项目经试验合格后才能进入下道工序。

a. 钢筋连接，在正式使用前，必须先做工艺检验试件，试验合格后方可正式连接。在工程正式使用中，应按现场检验批量抽样试验，合格后才能浇筑混凝土。

b. 回填土试验，在正式回填前，要先将准备回填用土料，送试验室做标准击实试验，得出控制干密度指标。正式回填时，分层取样，测试干密度、含水率。合格后，才允许回填上一层。

④取样要有代表性。各种材料要按规定的取样方法取样，确保试样的代表性。

(4)现场试验室的建立

①现场试验室主要是为了保证标养试块在送检之前的养护和储存以及其他待送检试件的周转存放。在现场东南侧建 40 m^2 的试验室，其中标养室 30 m^2，操作间 10 m^2。

②试验设备的准备。针对本工程特点及试验需要，购置下列试验设备或工具，见表 1-1。

表 1-1 试验设备配置表

序号	名 称	单 位	数 量
1	架盘天平(500 g)，M2 级砝码	架	1
2	干湿温度计	支	1
3	混凝土试模	组(每组 3 个)	50
4	砂浆试模	组	6
5	抗渗试模	组(每组 6 个)	6
6	环刀	个	5
7	养护室及温湿度自控器	套	1
8	混凝土坍落度桶	个	2
9	温度计	个	10
10	混凝土振动台	台	1
11	烘箱	台	1

③试验室条件如下。

a. 标准养护室条件：(20±2)℃，相对湿度 95%以上。

b. 操作间：室内温度≥10 ℃，自然湿度。

④试验室应建立以下台账：

a. 标准养护室温湿度记录；

b. 混凝土试验台账；

c. 回填土试验台账；

d. 施工现场钢筋原材试验台账；

e. 钢筋直螺纹接头试验台账；

f. 水泥试验台账；

g. 砂、石试验台账；

h. 砌体试验台账；

i. 防水材料试验记录台账；

j. 商品混凝土现场坍落度测试记录；

k. 混凝土结构实体检验(温度、强度)记录。

⑤根据本工程的实际情况，主要试验内容如下。

a. 混凝土试样的制作、成型、养护、送检；

b. 砌筑砂浆试件制作、成型、养护、送检；

c. 土壤击实试验取样、送检；

d. 回填土干密度取样、试验；

e. 钢筋原材料进场复试取样、送检；

f. 钢筋直螺纹接头取样、送检；

g. 水泥、砂石原材料进场复试取样、送检；

h. 砌体材料进场复试取样、送检；

i. 防水材料进场复试取样、送检；

j. 混凝土坍落度测试。

(5)外委试验室的选择

依据公司分供方评审与选择程序，经对多家试验检测单位考核和评审，本工程试验委托×××检测技术开发有限公司承担，并已报监理单位审定批准。

4. 原材料的试验检验

(1)钢筋

①取样方法

钢筋以同一牌号、同一炉罐号，同一规格，每 60 t 为一验收批，不足 60 t 也按一批计。每一验收批任取两根钢筋，每根去掉端头 50 cm 后，取 1 根拉伸试样，1 根冷弯试样，这样共 4 根钢筋组成一组试件(拉伸 2 个、弯曲各 2 个)。超过 60 t 的部分，每增加 40 t(或不足 40 t 的余数)，增加一个拉伸试件和一个弯曲试件。具体的试验数量按表 1-2 执行。

表 1-2 钢筋原材料试验计划表

序号	名称	规格	重量(t)	取样批量	总计划试验量	见证计划数量	见证率
1	盘条钢筋	φ6	4.44	≤60 t	1	1	100%
2	盘条钢筋	φ6.5	57.58	≤60 t	1	1	100%
3	盘条钢筋	φ8	307.33	≤60 t	6	6	100%
4	HPB235 钢筋	φ10	286.29	≤60 t	5	5	100%
5	HPB235 钢筋	φ12	91.32	≤60 t	2	2	100%
6	HRB335 钢筋	Φ12	124.12	≤60 t	3	3	100%
7	HRB335 钢筋	Φ16	138.88	≤60 t	3	3	100%
8	HRB400 钢筋	Φ16	588.27	≤60 t	11	11	100%
9	HRB400 钢筋	Φ18	1 225.42	≤60 t	21	21	100%
10	HRB400 钢筋	Φ20	502.30	≤60 t	9	9	100%
11	HRB400 钢筋	Φ25	1 015.7	≤60 t	17	17	100%
12	HRB400 钢筋	Φ28	546.28	≤60 t	10	10	100%

生产厂家标识炉号的钢制标牌物资部应妥善保存，并将复印件交技术部存档备查。

②外观检查

从每批钢筋中抽取 5%进行外观检查。钢筋表面不得有裂纹、结疤和折叠。钢筋表面允许有凸块，但不得超过横肋的高度，钢筋表面上其他缺陷的深度和高度不得大于所在部位尺寸的允许偏差。钢筋每 1 m 的弯曲度不得大于 4 mm。

③力学性能试验

a. 从每批钢筋中任选两根钢筋，每根取两个试样分别进行拉伸试验(包括屈服点、抗拉强度和伸长率)和冷弯试验。

b. 试验结果中如有一项不符合规范要求，则从同一批中另取双倍数量的试样重作各项试验。如仍有一个试样不合格，则该批钢筋判定为不合格品并退回厂家。

④强屈比及屈标比值

对纵向受力钢筋进行检验，检验所得的强度实测值应符合下列要求：

a. 钢筋的抗拉强度实测值与屈服强度实测值的比值不应小于 1.25；

b. 钢筋的屈服强度实测值与强度标准值的比值，按一级抗震设计，不应大于 1.30。

(2)防水卷材(略)

(3)砌体材料

①取样方法

本工程所用砌筑材料为轻集料混凝土空心砌块和实心蒸压灰砂砖。

轻集料混凝土空心砌块需作抗压强度试验。每 10 000 块为一检验批，不足 10 000 块也为一个检验批。每批从尺寸偏差和外观检查合格的砖中随机抽取一组(5 块)砌块作抗压强度试验。

实心蒸压灰砂砖需作抗压强度试验及抗折强度试验。同品种、同规格、同等级的砌块以 100 000 块为一个检验批，不足 100 000 块也为一个检验批。每批从尺寸偏差和外观检查合格的砖中随机抽取，一组 10 块做试验。

②相关资料

产品合格证、出厂检验报告、进场复验报告。

(4)水泥

①取样方法

对同一水泥厂生产的同期出厂的同品种、同强度等级的袋装水泥，以一次进场的同一出厂编号的水泥为一批，但一批的总量不得超过 200 t。随机地从 20 袋中取等量水泥，经混拌均匀后，再从中称取不少于 12 kg 水泥作为检验试样。取样采用“取样管”，将取样管插入水泥适当深度，用大拇指按住气孔，小心抽出样管，将所取样品放入洁净、干燥、不易受污染的容器中。

取样要有代表性，每批所取试样总数不少于 12 kg，拌和均匀后分成两等份，一份送往试验室按标准进行试验，一份密封保存，以备复验用。

②试验项目

a. 水泥胶砂强度(抗压、抗折)；

b. 水泥安定性；

c. 水泥凝结时间。

③相关资料

产品合格证、出厂检验报告、进场复验报告及按照北京市建委《材料供应备案管理》条例规定的备案书复印件。

(5)砂(略)

5. 施工过程中的试验检验

(1)直螺纹接头检验

①加工质量检验

对于本工程中所采用的直螺纹接头，应要求供货单位提交有效的型式检验报告与出厂合格证。

螺纹加工质量检验按表1-3的要求检查丝头的加工质量，每加工10个丝头用通、止环规检查一次。

表1-3 钢筋丝头质量检验的方法及要求

序号	检验项目	量具名称	检验要求
1	螺纹牙型	目测、卡尺	牙型完整，螺纹大径低于中径的不完整丝扣，累计长度不得超过两个螺纹周长
2	丝头长度	卡尺或专用量具	丝头长度为标准套筒长度的1/2，公差为$+2P$(P为螺距)
3	螺纹直径	通端螺纹环规	能顺利旋入螺纹
		止端螺纹环规	允许环规与端部螺纹部分旋合，旋入量不应超过$3P$(P为螺距)

经自检合格的丝头，应由质检员随机抽样检验，以一个工作班内生产的丝头为一个验收批，随机抽检10%，且不得少于10个，并按表1-3的形式填写钢筋丝头检验记录表。当合格率小于95%时，应加倍抽检，复验中合格率仍小于95%时，应对全部钢筋丝头逐个进行检验，切去不合格丝头，查明原因并解决后重新加工螺纹。

②现场检验

现场检验应进行拧紧力矩检验和单向拉伸试验。

用力矩扳手按表1-4规定的接头拧紧力矩值抽检接头的施工质量。抽检数量：梁、柱构件按接头数的15%，且每个构件的接头抽检数不得少于一个；抽检的接头应全部合格，如有一个接头不合格，则该批应逐个检查并拧紧。

表1-4 接头拧紧力矩

钢筋直径(mm)	20～22	25	28
拧紧力矩(N·mm)	200	250	280

③工艺检验

钢筋连接工程开始前及施工过程中，应对每批进场钢筋进行接头工艺检验，工艺检验应符合下列要求：

a. 每种规格钢筋的接头试件不应少于3根；

b. 对接头试件的钢筋母材应进行抗拉强度试验。

④直螺纹接头试验

a. 取样方法

单向拉伸强度试验按验收批进行。同一施工条件下采用同一批材料的同等级、同型式、同规格接头，以500个为一个验收批进行检验和验收，不足500个也作为一个验收批。

对每一验收批均应按《钢筋机械连接通用技术规程》(JGJ 107—2010)中A级接头的性能(可参见表1-5)进行检验与验收，在工程结构中随机抽取3个试件做单向拉伸试验，并按规定的格式作好记录。

当3个试件单向拉伸试验结果均符合下表的强度要求时，该验收批为合格。如有一个试件的强度不符合要求，再取6个试件进行复检。复检中如果仍有一个试件结果不符合要求，则该验收批被视为不合格。

表 1-5　接头性能检验指标

等　级		A　级
单向拉伸	强度	$f^0_{mst} \geqslant f_{tk}$
	割线模量	$E_{0.7} \geqslant E^0_s$ 且 $E_{0.9} \geqslant 0.9E_s$
	极限应变	$\varepsilon_u \geqslant 0.04$
	残余变形	$u \leqslant 0.3$ mm

在现场检验合格的基础上，连续 10 个验收批单向拉伸试验合格率为 100％时，可以扩大验收批所代表的接头数量一倍(1 000 个)。

b. 钢筋直螺纹接头试验计划(表 1-6)

表 1-6　钢筋直螺纹接头试验计划

试验内容	用量	取样批量	试验数量	见证试验数量
ϕ22	24 750 个	≤500 个	50 组	50 组
ϕ25	29 580 个	≤500 个	60 组	60 组
ϕ28	11 300 个	≤500 个	23 组	23 组

(2)砂浆

①砌筑砂浆

砌筑砂浆在进场后应检验其稠度和抗压强度。砂浆应在砌筑地点在搅拌机出料口随机取样制作试样，试件一组 3 块。砂浆的抽样频率应符合下列规定。

以每一楼层或 250 m^3 砌体中的每一种强度等级、同一配合比、同种原材料的砂浆，每台搅拌机应至少检查一次，每次至少应制作一组试块(3 块)。基础砌筑按一个楼层计算。

施工中取样进行砂浆试验时，其取样方法和原则按相应的施工验收规范执行。

试模为 70.7 mm×70.7 mm×70.7 mm 立方体，应具有足够的刚度并拆模方便。试模内一次注满砂浆，用捣棒插捣 25 次，使砂浆高出试模 6～8 mm，当砂浆表面开始出现麻斑状态时，将高出部分砂浆削去抹平。拆模后的试件应在标准条件下养护 28 天时试压。

试块成型后要及时登记砂浆试块成型记录，并依取样顺序在试件上编号，拆模、养护，到 28 天龄期送检。

养护条件：水泥混合砂浆为温度(20±3)℃，相对湿度 60％～80％；水泥砂浆为温度(20±2)℃，相对湿度 95％以上。养护至 28 天龄期时试压，作为评定砂浆的强度。

②建筑地面砂浆

建筑地面用水泥砂浆，以每一层或至少 1 000 m^2 为一检验批，不足 1 000 m^2 也按一批计。每批砂浆至少取样一组。当配合比变化时也应相应的留置试块。

③相关资料

配合比申请单、开盘鉴定、砂浆试块试验报告。

(3)混凝土

①取样方法

a. 混凝土现场检测

在施工现场交货点应进行坍落度检查，实测的混凝土坍落度与要求坍落度之间的允许偏差小于等于 2 cm。在混凝土浇筑过程中，试验人员应对每一罐车测定混凝土坍落度至少一次，并做好坍落度检测记录。

b. 试块取样原则

每拌制 100 盘或不超过 100 m^3 的同配合比混凝土，取样不少于一次。

每工作班同配合比混凝土不足 100 盘时，取样不少于一次。

当一次连续浇筑超过 1 000 m^3 时，同一配合比的混凝土每 200 m^3 取样不少于一次。

每一楼层同配合比混凝土取样不少于一次。

c. 试块制作

每一取样批至少成型一组标养 28 天试块。对每段顶板应留置一组同条件试块，以备检查拆模时的强度。结构实体检验的同条件试块留设按表 1-7 执行。有抗渗要求的混凝土，每 500 m^3 成型二组抗渗试块，每组 6 块。混凝土冬季施工按规范规定，必须另增加两组同条件养护试块，其中一组测抗冻临界强度（即在构件实际测温，混凝土即将受冻，不掺抗冻剂的达零度前；掺抗冻剂的，达抗冻剂规定温度前）；另外一组留置转常温养护 28 天测强度（在同条件下养护 28 天后，标准养护 28 天）。冬施留置的同条件试块组数应增加 1～2 组备用。

抗冻临界强度应符合下列规定。(1)采用硅酸盐或普通硅酸盐水泥配置的混凝土为设计值的 30%，矿渣水泥混凝土为设计值的 40%。(2)C10 及以下混凝土，不小于 5 N/mm^2。(3)掺防冻剂的混凝土最低气温不小于－15 ℃时不小于 4.0 N/mm^2，最低气温不小于－30 ℃，不小于 5.0 N/mm^2。

标养试块在混凝土进场后入泵或入塔吊料斗前制作，同条件试块在浇筑点入模前制作。试件采用标准钢模制作。试模应具有足够的刚度并拆装方便并经法定检测单位检测合格。

制作试块前应将试模清擦干净并在其内壁涂上一层脱模剂。每一组三个试件应在同一车运送的混凝土中取样制作，应在卸料量的 1/4 至 3/4 之间采取，每个试样量应满足混凝土质量检验项目所需量的 1.5 倍且不少于 0.02 m^3。强度试块的制作应在 40 min 内完成。

标养试块在现场标养室养护至 28 天龄期时送试验室，在每一层设置 200 mm×200 mm×400 mm 的试块同条件养护钢筋笼子，靠结构放置，加锁保护，并在笼子上设标签，标明单体工程同条件试块分段号（部位）。

所有多留置的试块必须全部进行试验，并参与混凝土的强度评定。

d. 混凝土试块的强度评定

(a)混凝土抗压强度评定（略）

(b)抗渗混凝土试验结果的评定（略）

②试验计划（表 1-7）

③相关资料

混凝土申请浇灌记录、混凝土开盘鉴定、混凝土出厂质量证明书、混凝土含碱量计算书（本工程混凝土结构的环境类别：地上为一类，地下为二 b 类。应使用 B 种低碱活性集料配置混凝土，其混凝土碱含量不超过 3 kg/m^3）、混凝土小票、标养试块养护记录、同条件试块养护记录。

(4)回填土工程

土方正式回填前，选定经业主、监理批准的土源，取 30 kg 土样（密封，保持自然含水率）送至试验室进行标准击实试验并确定土样的最大干密度和最佳含水率，以此作为控制回填土质量的指标。

表 1-7　试验取样计划表

序号	部位	强度	流水段取样组数									备注
			1	2	3	4	5	6	7	8	9	共计
1	垫层	C15	2	2	2	2	2	2	2	2	2	18
2	底板、梁	C35P8	9	9	9	9	9	9	9	9	9	81
3	B01 层外墙	C35P8	2	2	2	2	2	2	2	2	2	18
4	B01 层内墙、楼梯	C30	2	2	2	2	2	2	2	2	2	18
5	B01 层柱	C40	1	1	1	1	1	1	1	1	1	9
6	B01 层梁、板	C40	6	6	6	6	6	6	6	6	6	54
7	B01 夹层外墙	C35P8	1	1	1	1	1	1	1	1	1	9
8	B01 夹层内墙、楼	C30	2	2	2	2	2	2	2	2	2	18
9	B01 夹层柱	C40	1	1	1	1	1	1	1	1	1	9
10	B01 夹层梁、板	C40	3	3	3	3	3	3	3	3	3	27
11	首层墙	C30	1			1				1		3
12	首层柱	C40	2	2	2	2	2	2	2	2	2	18
13	首层梁、板	C40	3	3	3	3	3	3	3	3	3	27
14	二层柱	C40	1	1	1	1	1	1	1	1	1	9
15	二层梁、板	C40	3	3	3	3	3	3	3	3	3	27
16	三层柱	C40	1	1	1	1	1	1	1	1	1	9
17	三层梁、板	C40	3	3	3	3	3	3	3	3	3	27
18	四层柱	C40	1	1	1	1	1	1	1	1	1	9
19	四层顶板、梁	C40	3	3	3	3	3	3	3	3	3	27

要对每层回填土的质量进行检验。回填土施工过程中，现场试验人员负责回填土干密度试验取样及试验，同时填写试验记录。一般采用环刀法取样测定土的干密度，求出土的密实度，符合设计要求后，方可回填上层。对不符合设计及规范要求的土层，必须重新压实，并再次试验，直至合格。

基坑回填土，每层按 50～100 m^2 取样一组；基槽回填每 10～20 延米取样一组，取样部位在每层压实后的下半部(2/3 深处)。

取样方法如下所述。

取样时应在环刀壁内侧涂一层凡士林，刀口向下放在取样处，将环刀垂直下压，并用切土刀沿环刀外侧切削土样，边压边削至土样高出环刀，用钢丝锯整平环刀两端土样，擦净环刀外壁，称环刀和土的总重量。土样在试验前应妥善保管，应用塑料袋密封以防止水分蒸发。

环刀法密度试样进行两次平行测定，两次测定的差值不得大于 0.03 g/cm^3，取两次测值的平均值。

填土压实后的干密度应有 90%以上符合设计及规范要求，其余 10%的最低值与设计值之差，不得大于 0.08 g/cm^3，而且不应集中。

6. 室内环境检测

(1)进场前材料检测

①无机非金属建筑材料和装修材料(略)

②人造木板及饰面人造木板(略)

③涂料(略)

(2)室内空气环境检测(略)

7. 结构实体检验

(1)同条件混凝土试块强度检验

①基本要求

a. 结构实体检验同条件试块所对应的结构部位,由业主、监理与试验室共同选定。

b. 对各混凝土强度等级,均留置同条件养护试块。

c. 对同一强度等级的混凝土使用部位较多的,同条件养护试块不少于 10 组,对同一强度等级的混凝土使用部位较少的,同条件养护试块不少于 3 组。

d. 同条件养护试块,用钢筋笼存储,放置在靠近相应结构构件的适当位置,如某一层同一个流水段的楼板和墙、柱的同条件试块可存放在同一地点,一般应放置在紧贴竖向构件的楼板上。

e. 同条件养护试块在达到等效养护龄期时进行强度试验。

f. 等效养护龄期按照日平均气温逐日累计达到 600 ℃ · 日所对应的龄期确定,0℃以下的龄期不计入。一般不应小于 14 天,不宜大于 60 天。

g. 同条件试块的强度代表值根据强度试验结果按照《混凝土强度检验评定标准》(GB 50107—2009)的规定确定后,乘折算系数 1.1 取用。

②取样计划(表 1-8)

表 1-8 取样计划表

序号	施工部位	强度等级	取样分布图										备注
			1	2	3	4	5	6	7	8	9	合计	
1	基础底板、梁	C35			1		1		1		1	4	
2	地下一层柱	C40		1				1				2	
3	地下一层外墙	C35	1			1		1		1		4	
4	地下一层楼内墙	C30			1				1		1	3	
5	地下一层梁、板	C40	1				1		1			3	
6	地下夹层柱	C40					1			1		2	
7	地下夹层外墙	C35	1			1						2	
8	夹层内墙楼梯	C30		1				1			1	3	
9	地下夹层梁、板	C40				1					1	2	
10	首层柱	C40	1							1		2	取样总组数40组
11	首层内墙楼梯	C30			1				1			2	
12	首层梁、板	C40				1					1	2	
13	二层柱	C40							1			1	
14	二层梁、板	C40	1								1	2	
15	三层柱	C40		1								1	
16	三层梁、板	C40			1						1	2	
17	三层楼梯	C30					1					1	
18	四层柱	C40							1			1	
19	四层梁、板	C40				1						1	

(2)结构实体钢筋保护层厚度检验(略)

8. 预应力工程(略)

9. 试验质量保证措施

(1)试验委托单制度

在办理试验手续时,委托单必须认真填写。原材复试由技术部根据进场材料的性能及进场数量,填写好委托单,委托现场试验室进行取样试验。施工试验由工程部专业工长根据施工情况填写试验委托单,委托现场试验室进行取样试验。现场试验室根据委托单的要求,及时进行取样、送检。

(2)试验仪器、计量器具的检定制度

所有的试验仪器、计量都应进行检定,只有检定合格并在检定有效期内的仪器、计量器具方可使用。如果需要其他的试验、计量仪器,试验室及时提出申请,经项目技术质量部审核同意后外借或购买,并保证在检测有效期内,方可使用。试验室负责对各种仪器设备的维护和保养。

(3)检查制度

项目技术质量部对现场试验室进行管理,每月对试验室的工作进行二次检查,检查内容有:试验设备的检定、各种试验台账、试验室的管理、养护室的养护条件。

(4)资料的管理

试验员同步建立各种试验台账,作好试验记录。及时到试验室取回试验报告,并将试验结果反馈给各相关部门。将试验报告一式三份交给资料员,由资料员进行归档。需要借阅的可向资料员办理借阅。物资部根据试验结果,作好现场材料标识,未按照规定进行复试的材料不能用于工程上。

(5)过程控制

①了解工程的特点及结构类型,形象进度,做好试验准备工作。

②建立试验管理台账。

③按规定及时对混凝土、砂浆取样,制作试块,每工作台班坍落度测试至少两次。

④按规定对钢筋连接试件进行取样试验。

⑤按规定对回填土分层分步取样作密度试验。

⑥对工作要认真负责。试验取样要真实且具有代表性,资料的填写要清楚整齐。

⑦试验值班人员每天做好试验记录,将每天的试验取样项目填写清楚。

第二章　地基基础工程材料及现场试验

第一节　换填地基

换填地基是挖去地表浅层软弱土层或不均匀土层，回填坚硬、较粗粒径的材料，并夯压密实，形成垫层的地基处理方法。适用于浅层软弱地基及不均匀地基的处理。

换填地基的作用表现在以下几个方面。

(1)提高浅基础下地基的承载力。因地基中的剪切破坏是从基础底面开始，随应力增大逐渐向纵深发展。故以抗剪强度较大的砂或其他回填材料置换掉可能产生剪切破坏的软弱土层，就可避免地基的破坏。

(2)减少沉降量。一般浅层土的侧向变形引起地基的竖向沉降量占地基的总沉降量比例较大。因此，用密实砂或经夯压振密的回填材料替代浅层软弱土后，就可减少大部分沉降量。同时，由于垫层对应力的扩散，作用在下卧土层上的压力较小，下卧土层的沉降也相应减少。

(3)加速软弱土层的排水固结。砂、碎石或砂石等垫层材料的透水性大，软弱土层受压后，垫层可作为良好的排水面，使基础下面的孔隙水压力迅速消散，加速了垫层下软弱土层的排水固结，并使其强度提高。

具体的换填地基应根据建筑体型、结构特点、荷载性质、岩土工程条件、施工机械设备及填料性质和来源等进行综合分析，进行换填垫层的设计和选择施工方法。

一、灰土地基

(一)概　　述

灰土地基是将基础底面下要求范围内的软弱土层挖去，用一定比例的石灰与土，在最优含水量情况下，充分拌和，分层回填夯实或压实而成。灰土地基具有一定的强度、水稳性和抗渗性，施工工艺简单，费用较低，是一种应用广泛、经济、实用的地基加固方法。适于加固深1～4 m厚的软弱土、湿陷性黄土、杂填土等，还可用作结构的辅助防渗层。

(二)执行标准

《建筑地基基础工程施工质量验收规范》(GB 50202—2002)。

(三)相关标准

《建筑地基处理技术规范》(JGJ 79—2002)。

《建筑地基处理设计规范》(GB 50007—2002)。

(四)性能指标

1. 材料要求

(1)土料

采用就地挖出的黏性土及塑性指数大于4的粉土，土内有机质含量不得超过5%。土料应过筛，其颗粒不应大于5 mm。严禁采用冻土、膨胀土和盐渍土等活动性较强的土料。

(2)石灰

石灰应符合《建筑生石灰》(JGJ 479),含氧化钙、氧化镁愈高愈好,使用前1～2日消解并过筛,其颗粒不得大于5 mm,且不应夹有未熟化的生石灰块粒及其他杂质,也不得含有过多的水分。

2. 灰土配合比,应符合设计要求,确定最大干密度和最佳含水率。施工时配合比应符合设计的体积比,施工中实际含水率与最佳含水率的偏差应不大于±2%。

3. 灰土应搅拌均匀,铺设厚度应符合设计要求。当设计无明确要求时,可参考表2-1的厚度值。

表2-1　灰土最大虚铺厚度

序号	夯实机具	质量(t)	厚度(mm)	备　注
1	石夯、木夯	0.04～0.08	200～250	人力送夯,落距400～500 mm,每夯搭接半夯
2	轻型夯实机械	—	200～250	蛙式或柴油打夯机
3	压路机	机重6～10	200～300	双轮

施工中分层厚度偏差应不大于设计值的±50 mm。

4. 每一施工层压实系数及施工结束后灰土地基的地基承载力应满足设计要求。当设计无明确压实系数设计值时,灰土压实系数宜选为0.95。

(五)验收批量

垫层的施工质量检验必须分层进行。

(六)取样方法

1. 原材料的取样按材料标准规定进行。

2. 采用环刀法检验垫层的施工质量时,取样点应位于每层厚度的2/3深度处。

3. 承载力检验采用载荷试验法。

(七)样品数量

1. 原材料的取样数量应符合相关材料标准要求。

2. 压实系数每单位工程不应少于3点,对大基坑每50～100 m² 不应少于1个检验点;1 000 m² 以上工程,每100 m² 至少应有1点;3 000 m² 以上工程,每300 m² 至少应有1点;每一独立基础下至少应有1点,基槽每20延米应有1点。采用贯入仪或动力触探检验垫层的施工质量时,每分层检验点的间距应小于4 m。

3. 竣工验收采用载荷试验检验垫层承载力时,每个单体工程不宜少于3点;对于大型工程则应按单体工程的数量或工程的面积确定检验点数。

(八)检测项目

原材料检验、压实系数、地基承载力。

(九)质量评定

1. 合格的原材料方可用于工程实体。

2. 每层的压实系数符合设计要求后铺填上层土。

3. 承载力检验不符合要求不能进入下一道工序。

(十)使用注意事项

1. 对基槽(坑)应先验槽,消除松土,并打两遍底夯,要求平整干净。如有积水、淤泥应晾干;局部有软弱土层或孔洞,应及时挖除后用灰土分层回填夯实。

2. 灰土配合比应符合设计规定,一般用3∶7或2∶8(石灰∶土,体积比)。多用人工翻拌，不少于3遍，使达到均匀，颜色一致，并适当控制含水量，现场以手握成团，两指轻捏即散为宜，一般最优含水量为14%～18%；如含水分过多或过少时，应稍晾干或洒水湿润，如有球团应打碎，要求随拌随用。

3. 铺灰应分段分层夯筑，夯实机具可根据工程大小和现场机具条件用人力或机械夯打或碾压，遍数按设计要求的干密度由试夯（或碾压）确定，一般不少于4遍。

4. 灰土分段施工时，不得在墙角、柱基及承重窗间墙下接缝，上下两层的接缝距离不得小于500 mm，接缝处应夯压密实，并作成直槎。当灰土地基高度不同时，应做成阶梯形，每阶宽不少于500 mm；对作辅助防渗层的灰土，应将地下水位以下结构包围，并处理好接缝，同时注意接缝质量，每层虚土从留缝处往前延伸500 mm，夯实时应夯过接缝300 mm以上；接缝时，用铁锹在留缝处垂直切齐，再铺下段夯实。

5. 灰土应当日铺填夯压，入槽（坑）灰土不得隔日夯打。夯实后的灰土3日内不得受水浸泡，并及时进行基础施工与基坑回填，或在灰土表面作临时性覆盖，避免日晒雨淋。雨季施工时，应采取适当防雨、排水措施，以保证灰土在基槽（坑）内无积水的状态下进行。刚打完的灰土，如突然遇雨，应将松软灰土除去，并补填夯实；稍受湿的灰土可在晾干后补夯。

6. 冬期施工，必须在基层不冻的状态下进行，土料应覆盖保温，冻土及夹有冻块的土料不得使用；已熟化的石灰应在次日用完，以充分利用石灰熟化时的热量，当日拌和灰土应当日铺填夯完，表面应用塑料面及草袋覆盖保温，以防灰土垫层早期受冻降低强度。

二、砂和砂石地基

（一）概　　述

砂和砂石地基（垫层）采用砂或砂砾石（碎石）混合物，经分层夯（压）实，作为地基的持力层，提高基础下部地基强度，并通过垫层的压力扩散作用，降低地基的压力，减少变形量，同时垫层可起排水作用，地基土中孔隙水可通过垫层快速地排出，能加速下部土层的沉降和固结。

砂和砂石地基应用范围广泛；不用水泥、石材；由于砂颗粒大，可防止地下水因毛细作用上升，地基不受冻结的影响；能在施工期间完成沉陷；用机械或人工都可使地基密实，施工工艺简单，可缩短工期，降低造价。适于处理3.0 m以内的软弱、透水性强的黏性土地基，包括淤泥、淤泥质土；不宜用于加固湿陷性黄土地基及渗透系数小的黏性土地基。

（二）执行标准

《建筑地基基础工程施工质量验收规范》(GB 50202—2002)。

（三）相关标准

《建筑地基处理技术规范》(JGJ 79—2002)。

《建筑地基处理设计规范》(GB 50007—2002)。

（四）性能指标

1. 砂。宜用颗粒级配良好、质地坚硬的中砂或粗砂，当用细砂、粉砂时，应掺加粒径20～50 mm的卵石（或碎石）至少30%。砂中有机质含量不超过5%，含泥量应小于5%，兼作排水垫层时，含泥量不得超过3%。

2. 砂石。用自然级配的砂砾石（或卵石、碎石）混合物，粒级应在50 mm以下，其含量应在50%以内，不得含有植物残体、垃圾等杂物，含泥量小于5%。

3. 施工过程中必须检查分层厚度、加水量。砂和砂石地基每层铺筑厚度及最优含水量可参考表 2-2 的所示数值。施工中实际含水率与最佳含水率的偏差应不大于±2%。施工中分层厚度偏差应不大于设计值的±50 mm。

表 2-2 铺筑厚度及最优含水量

序号	压实方法	每层铺筑厚度(mm)	施工时的最优含水量(%)	施工说明	备 注
1	平振法	200～250	15～20	用平板式振捣器往复振捣	不宜使用干细砂或含泥量较大的砂所铺筑的砂地基
2	插振法	振捣器插入深度	饱和	(1)用插入式振捣器 (2)插入点间距可根据机械振幅大小决定 (3)不应插至下卧黏性土层 (4)插入振捣完毕后，所留的孔洞，应用砂填实	不宜使用细砂或含泥量较大的砂所铺筑的砂地基
3	水撼法	250	饱和	(1)注水高度应超过每次铺筑面层 (2)用钢叉摇撼捣实插入点间距为 100 mm (3)钢叉分四齿，齿的间距 80 mm，长 300 mm，木柄长 90 mm	—
4	夯实法	150～200	饱和	(1)用木夯或机械夯 (2)木夯重 40 kg，落距 400～500 mm (3)一夯压半夯全面夯实	—
5	碾压法	250～350	8～12	6～12 t 压路机往复碾压	适用于大面积施工的砂和砂石地基

注：在地下水位以下的地基其最下层的铺筑厚度可比上表增加 50 mm。

4. 砂和砂石地基的配合比、压实遍数、压实系数、地基承载力应符合设计要求。

(五)验收批量

垫层的施工质量检验必须分层进行。

(六)取样方法

1. 原材料的取样按材料标准规定进行。

2. 采用灌水法或灌砂法检测地基压实系数。

3. 承载力检验采用载荷试验法。

(七)样品数量

1. 原材料的取样数量应符合相关材料标准要求。

2. 压实系数每单位工程不应少于 3 点，对大基坑每 50～100 m^2 不应少于 1 个检验点；1 000 m^2 以上工程，每 100 m^2 至少应有 1 点；3 000 m^2 以上工程，每 300 m^2 至少应有 1 点；每一独立基础下至少应有 1 点，基槽每 20 延米应有 1 点。采用贯入仪或动力触探检验垫层的施工质量时，每分层检验点的间距应小于 4 m。

3. 竣工验收采用载荷试验检验垫层承载力时，每个单体工程不宜少于 3 点；对于大型工程则应按单体工程的数量或工程的面积确定检验点数。

(八)检测项目

原材料检验、压实系数、地基承载力。

(九)质量评定

1. 合格的原材料方可用于工程实体。

2. 每层的压实系数符合设计要求后铺填上层土。

3. 承载力检验不符合要求不能进入下一道工序。

(十)使用注意事项

1. 铺设垫层前应验槽，将基底表面浮土、淤泥、杂物清除干净，两侧应设一定坡度，防止振捣时塌方。

2. 垫层底面标高不同时，土面应挖成阶梯或斜坡搭接，并按先深后浅的顺序施工，搭接处应夯压密实。分层铺设时，接头应做成斜坡或阶梯形搭接，每层错开 0.5～1.0 m，并注意充分捣实。

3. 人工级配的砂砾石，应先将砂、卵石拌和均匀后，再铺夯压实。

4. 垫层铺设时，严禁扰动垫层下卧层及侧壁的软弱土层，防止被践踏、受冻或受浸泡，降低其强度。如垫层下有厚度较小的淤泥或淤泥质土层，在碾压荷载下抛石能挤入该层底面时，可采取挤淤处理。先在软弱土面上堆填块石、片石等，然后将其压入以置换和挤出软弱土，再做垫层。

5. 垫层应分层铺设，分层夯或压实，基坑内预先安好 5 m×5 m 网格标桩，控制每层砂垫层的铺设厚度。振夯压要做到交叉重叠 1/3，防止漏振、漏压。夯实、碾压遍数、振实时间应通过试验确定。用细砂作垫层材料时，不宜使用振捣法或水撼法，以免产生液化现象。

6. 当地下水位较高或在饱和的软弱地基上铺设垫层时，应加强基坑内及外侧四周的排水工作，防止砂垫层泡水引起砂的流失，保持基坑边坡稳定；或采取降低地下水位措施，使地下水位降低到基坑底 500 mm 以下。

7. 当采用水撼法或插振法施工时，以振捣棒振幅半径的 1.75 倍为间距(一般为 400～500 mm)插入振捣，依次振实，以不再冒气泡为准，直至完成；同时应采取措施做到有控制地注水和排水。垫层接头应重复振捣，插入式振动棒振完所留孔洞应用砂填实；在振动首层的垫层时，不得将振动棒插入原土层或基槽边部，以避免使软土混入砂垫层而降低砂垫层的强度。

8. 垫层铺设完毕，应即进行下道工序施工，严禁小车及人在砂层上面行走，必要时应在垫层上铺板行走。

三、土工合成材料地基

(一)概　　述

在土工合成材料上填以土(砂土料)构成建筑物的地基，土工合成材料可以是单层，也可以是多层。一般为浅层地基。作为加筋的土工合成材料应采用抗拉强度较高、受力时伸长率在4%～5%、耐久性好、抗腐蚀的土工格栅、土工格室、土工垫或土工织物等土工合成材料；垫层填料宜用碎石、角砾、砾砂、粗砂、中砂或粉质黏土等材料。当工程要求垫层具有排水功能时，垫层材料应具有良好的透水性。

在软土地基上使用加筋垫层时，应保证建筑稳定并满足允许变形的要求。

(二)执行标准

《建筑地基基础工程施工质量验收规范》(GB 50202—2002)。

(三)相关标准

《建筑地基处理技术规范》(JGJ 79—2002)。

《建筑地基处理设计规范》(GB 50007—2002)。

(四)性能指标

1. 土工合成材料的物理性能(单位面积的质量、厚度、比重)、强度、延伸率等性能指标应符合相关产品质量标准要求。

2. 填筑的土、砂石等材料应符合灰土地基或砂碎石地基对材料的要求。

3. 土工合成材料地基的承载力应满足设计要求。质量检验标准应符合表 2-3 的规定。

表 2-3　土工合成材料地基质量检验标准

项	序	检查项目	允许偏差或允许值		检查方法
			单位	数值	
主控项目	1	土工合成材料强度	%	≤5	置于夹具上做拉伸试验(结果与设计标准相比)
	2	土工合成材料延伸率	%	≤3	置于夹具上做拉伸试验(结果与设计标准相比)
	3	地基承载力	设计要求		按规定方法
一般项目	1	土工合成材料搭接长度	mm	≥300	用钢尺量
	2	土石料有机质含量	%	≤5	焙烧法
	3	层面平整度	mm	≤100	用 2 m 靠尺
	4	每层铺设厚度	mm	±25	水准仪

(五)验收批量

1. 土工合成材料以 100 m^2 为一批,每批应抽查 5%。

2. 垫层的施工质量检验必须分层进行。

(六)取样方法

1. 原材料的取样按材料标准规定进行。

2. 采用环刀法、灌水法或灌砂法检测地基压实系数。

3. 承载力检验采用载荷试验法。

(七)样品数量

1. 原材料的取样数量应符合相关材料标准要求。

2. 压实系数每单位工程不应少于 3 点,对大基坑每 50～100 m^2 不应少于 1 个检验点;1 000 m^2 以上工程,每 100 m^2 至少应有 1 点;3 000 m^2 以上工程,每 300 m^2 至少应有 1 点;每一独立基础下至少应有 1 点,基槽每 20 延米应有 1 点。采用贯入仪或动力触探检验垫层的施工质量时,每分层检验点的间距应小于 4 m。

3. 竣工验收采用载荷试验检验垫层承载力时,每个单体工程不宜少于 3 点;对于大型工程则应按单体工程的数量或工程的面积确定检验点数。

(八)检测项目

原材料检验、压实系数、地基承载力。

(九)质量评定

1. 合格的原材料方可用于工程实体。

2. 每层的压实系数符合设计要求后铺填上层土。

3. 承载力检验不符合要求不能进入下一道工序。

(十)使用注意事项

1. 铺设土工合成材料时,下铺地基土层顶面应平整,防止土工合成材料被刺穿、顶破。

2. 铺设时应把土工合成材料张拉平直、绷紧,严禁有折皱;端头应固定或回折锚固;切忌曝晒或裸露。

3. 连结宜用搭接法、缝接法和胶结法,并均应保证主要受力方向的连结强度不低于所采用材料的抗拉强度。

四、粉煤灰地基

(一)概　述

粉煤灰是火力发电厂的工业废料,有良好的物理力学性能,用它作为处理软弱土层的换填材料,已在许多地区得到应用。它具有承载能力和变形模量较大,可利用废料,施工方便、快速,质量易于控制,技术可行,经济效果显著等优点。可用于作各种软弱土层换填地基的处理以及作大面积地坪的垫层等。

(二)执行标准

《建筑地基基础工程施工质量验收规范》(GB 50202—2002)。

(三)相关标准

《建筑地基处理技术规范》(JGJ 79—2002)。

《建筑地基处理设计规范》(GB 50007—2002)。

(四)性能指标

1. 粉煤灰。用一般电厂Ⅲ级以上粉煤灰,含 SiO_2、Al_2O_3 总量不低于 70%,烧失量不大于 12%。宜选择颗粒粒径 0.001～2.0 mm,含 SO_3 小于 0.4%的粉煤灰,以免对地下金属管道等产生一定的腐蚀性。

2. 施工中实际含水率与最佳含水率的偏差应不超出±2%。施工中分层厚度偏差应不大于设计值的±50 mm。

3. 施工压实系数、承载力应符合设计要求。

(五)验收批量

垫层的施工质量检验必须分层进行。

(六)取样方法

1. 原材料的取样按材料标准规定进行。

2. 采用环刀法检验垫层的施工质量时,取样点应位于每层厚度的 2/3 深度处。

3. 承载力检验采用载荷试验法。

(七)样品数量

1. 原材料的取样数量应符合相关材料标准要求。

2. 压实系数每单位工程不应少于 3 点,对大基坑每 50～100 m^2 不应少于 1 个检验点;1 000 m^2 以上工程,每 100 m^2 至少应有 1 点;3 000 m^2 以上工程,每 300 m^2 至少应有 1 点;每一独立基础下至少应有 1 点,基槽每 20 延米应有 1 点。采用贯入仪或动力触探检验垫层的施工质量时,每分层检验点的间距应小于 4 m。

3. 竣工验收采用载荷试验检验垫层承载力时,每个单体工程不宜少于 3 点;对于大型工程则应按单体工程的数量或工程的面积确定检验点数。

(八)检测项目

原材料检验、压实系数、地基承载力。

(九)质量评定

1. 合格的原材料方可用于工程实体。

2. 每层的压实系数符合设计要求后铺填上层土。

3. 承载力检验不符合要求不能进入下一道工序。

(十)使用注意事项

1. 铺设前,应清除地基土垃圾,排除表面积水,平整场地,并用压路机预压两遍,使密实。

2. 垫层应分层铺设与碾压,铺设厚度用机械夯为 200～300 mm,夯完后厚度为 150～200 mm;用压路机为 300～400 mm,压实后为 250 mm 左右。对小面积基坑、槽垫层,可用人工分层摊铺,用平板振动器或蛙式打夯机进行振(夯)实,每次振(夯)板应重叠 1/2～1/3 板,往复压实,由两侧或四侧向中间进行,夯实不少于 3 遍。大面积垫层应采用推土机摊铺,先用推土机预压两遍,然后用压路机碾压,施工时压轮重叠 1/2～1/3 轮宽,往复碾压,一般碾压 4～6 遍。

3. 粉煤灰铺设含水量应控制在最优含水量范围内;如含水量过大时,需摊铺晾干后再碾压。粉煤灰铺设后,应于当天压完;如压实时含水量过小,呈现松散状态,则应洒水湿润再压实,洒水的水质不得含有油质,pH 值应为 6～9。

4. 夯实或碾压时,如出现"橡皮土"现象,应暂停压实,可采取将垫层开槽、翻松、晾晒或换灰等办法处理。

5. 每层铺完经检测合格后,应及时铺筑上层,以防干燥、松散、起尘、污染环境,并严禁车辆在其上行驶;全部粉煤灰垫层铺设完经验收合格后,应及时进行浇筑混凝土垫层,以防日晒、雨淋破坏。

6. 冬期施工,最低气温不得低于 0℃,以免粉煤灰含水冻胀。

五、含水量试验(烘干法)

(一)试验目的

测定土、砂石等路基填料中孔隙间所含水占材料质量的比率。用于计算土的干密度、孔隙比、孔隙率、饱和度等指标。

(二)适用范围

烘干法是测定含水量的标准方法,适用于黏质土、粉质土、砂类土和有机质土类。土中有机质含量即灼失量超过 5%或土中含有石膏和硫酸盐时,应控制温度在 65 ℃～70 ℃,将试样烘至恒重。

(三)试验原理

土中的水分为强结合水、弱结合水及自由水。工程上含水量定义为土中自由水的质量与土粒质量之比的百分数,一般认为在 100 ℃～110 ℃温度下能将土中自由水蒸发掉。

(四)执行标准

《土工试验方法》(GB 50123—1999(2008))。

《公路土工试验规程》(JTG E40—2007)。

《铁路工程土工试验规程》(TB 10102—2010)。

(五)仪器设备

1. 烘箱:可采用电热烘箱或温度能保持 105 ℃～110 ℃的其他能源烘箱,也可用红外线烘箱。

2. 天平:感量 0.01 g。

3. 其他:干燥器、称量盒等。

(六)试验准备

1. 含水率试验的取样应在有代表部位取样,不应该在含水率有明显变化的材料表面、底层等部位取样。

2. 烘干法测定含水率所需试样质量应符合表 2-4 的要求。

表 2-4 试样质量

材料分类	土质	试样质量(g)
细粒土	粉土、黏性土	15～30
	有机土	30～50
粗粒土	砂类土	30～50
	砾石土	500～1 000
巨粒土	碎石土	1 500～3 000

3. 预先在天平上称量称量盒的质量。

(七)试验步骤

1. 取具有代表性试样放入称量盒内，立即盖好盒盖，称量称量盒加湿土质量。扣除称量盒质量后为湿土质量 m_0。

2. 揭开盒盖，将试样和盒放入烘箱内，在温度 105 ℃～110 ℃恒温下烘干。烘干时间对细粒土不得少于 8 h，对砂类土不得少于 6 h。对含有机质超过 5%的土，应将温度控制在 65 ℃～70 ℃的恒温下烘干。

3. 将烘干后的试样和盒取出，放入干燥器内冷却(一般只需 0.5～1 h 即可。冷却后盖好盒盖，称质量，准确至 0.01 g。扣除称量盒质量为干土质量 m_d。

(八)数据处理

1. 土的含水率按下式计算：

$$w=(m_0-m_d)/m_d\times 100\%$$

式中 w——含水率；

m_0——湿试样质量，g；

m_d——干试样质量，g。

2. 含水率试验须进行二次平行测定，取其算术平均值，允许平行差值应符合表 2-5 的要求。

表 2-5 含水率平行测定允许差值

土的类别	含水率		
	$w\leqslant 10$	$10<w\leqslant 40$	$w>40$
砂类土、有机土、粉土、黏性土	0.5	1.0	2.0
砾石类、碎石类	1.0	2.0	—

(九)试验注意事项

1. 含石膏土和有机质土的含水量测试法

含石膏土和有机质土的烘干温度在 110 ℃时，对含石膏土会失去结晶水，对含有机质土其有机成分会燃烧，测试结果将与含水量定义不符。这种试样的干燥宜用真空干燥箱在近乎 1 个大气压力作用下将土干燥，或将烘箱温度控制在 65 ℃～70 ℃，干燥 8 h 以上为好。

2. 无机结合料稳定土的含水量测试法

无机结合料在国外常称为水硬性结合料。它主要指水泥、石灰、粉煤灰和石灰或水泥粉煤灰，所用术语水泥稳定土、石灰稳定土、石灰粉煤灰稳定土等都是总称。

如水泥与水拌和就要发生水化作用，在较高温度下水化作用发生较快。因此，将水泥混合料放在原为室温的烘箱内，再启动烘箱升温，则在升温过程中水泥与水的水化作用发生较快，而烘干法又不能除去已与水泥发生水化作用的水，这样得出的含水量往往偏小，所以应提前将烘箱升温到110 ℃，使放入的水泥混合料一开始就能在105 ℃～110 ℃的环境下烘干。另外，烘干后冷却时应用硅胶作干燥剂。

六、含水量试验(酒精燃烧法)

(一)试验目的

测定土、砂石等路基填料中孔隙间所含水占材料质量的比率。用于计算土的干密度、孔隙比、孔隙率、饱和度等指标。

(二)适用范围

适用于不含有机质的砂类土、粉土、黏性土的含水率快速测定。

(三)试验原理

在土样中加入酒精，利用酒精能在土中燃烧，使土中水分蒸发，将土样烘干。一般应烧三次，本法是快速测定法中较准确的一种，现场测试中用的较多。

(四)执行标准

《土工试验方法》(GB 50123—1999(2008))。

《公路土工试验规程》(JTG E40—2007)。

《铁路工程土工试验规程》(TB 10102—2010)。

(五)仪器设备

1. 称量盒。
2. 天平：感量0.01 g。
3. 酒精：纯度95%。
4. 滴管、火柴、调土刀等。

(六)试验准备

1. 土样应有代表性，黏质土5～10 g，砂类土20～30 g。
2. 试验过程中应预备湿抹布等防火措施，注意试验安全。

(七)试验步骤

1. 将试样放入称量盒内，称湿土质量。
2. 用滴管将酒精注入放有试样的称量盒中，直至盒中出现自由液面为止。为使酒精在试样中充分混合均匀，可将盒底在桌面上轻轻敲击。
3. 点燃盒中酒精，燃至火焰熄灭。
4. 将试样冷却数分钟，按第2、3步的方法重新燃烧两次。
5. 待第三次火焰熄灭后，盖好盒盖，称干土质量，准确至0.1。

其余同烘干法。

(八)数据处理

1. 土的含水率按下式计算：

$$w=(m_0-m_d)/m_d\times100\%$$

式中 w——含水率；

m_0——湿试样质量，g；

m_d——干试样质量，g。

2. 含水率试验须进行二次平行测定，取其算术平均值，允许平行差值应符合表2-6的要求。

表 2-6　含水率平行测定允许差值

土的类别	含水率		
	$w \leqslant 10$	$10 < w \leqslant 40$	$w > 40$
砂类土、有机土、粉土、黏性土	0.5	1.0	2.0
砾石类、碎石类	1.0	2.0	—

（九）试验注意事项

酒精燃烧法测试土的含水率应首先确定是否适用，含有有机质及在高温下宜分解为液体和气体的土不应用燃烧法测试含水率。另一个注意的方面是注意避免烫伤及用火安全。

七、密度试验（环刀法）

（一）试验目的

环刀法是测量现场密度的传统方法。国内习惯采用的环刀容积通常为 200 cm^3，环刀高度通常约 5 cm。

（二）适用范围

适用于小粒径且有一定黏结作用的材料现场检测密度的试验，对于含有粒料的稳定土及松散性材料不适用于环刀法测试。

（三）试验原理

通过一定体积的环刀切取一定状态下的材料，称取其质量，利用密度定义（密度为单位体积的物质质量）求得所测材料的密度。

（四）执行标准

《土工试验方法》（GB 50123—1999(2008)）。

《公路土工试验规程》（JTG E40—2007）。

《铁路工程土工试验规程》（TB 10102—2010）。

（五）仪器设备

1. 环刀：包括环刀、环盖、定向筒和击实锤系统（导杆、落锤、手柄）。环刀内径 6～8 cm，高 2～5.4 cm，壁厚 1.5～2.2 mm。

2. 天平：感量 0.1 g。

3. 其他：镐、小铁锹、修土刀、毛刷、直尺、钢丝锯、凡士林、木板及测定含水量设备等。

（六）试验准备

1. 擦净环刀，称取环刀质量 m_2，准确至 0.1 g。

2. 在试验地点，将面积约 30 cm×30 cm 的地面清扫干净。并将压实层铲去表面浮动及不平整的部分，达到一定深度，使环刀打下后，能达到要求的取土深度，但不得扰动下层。

（七）试验步骤

1. 将定向筒齿钉固定于铲平的地面上，顺次将环刀、环盖放入定向筒内与地面垂直。

2. 将导杆保持垂直状态，用取土器落锤将环刀打入压实层中，至环盖顶面与定向筒上口齐平为止。

3. 去掉击实锤和定向筒，用镐将环刀及试样挖出。

4. 轻轻取下环盖，用修土刀自边至中削去环刀两端余土，用直尺检测直至修平为止。

5. 擦净环刀外壁，用天平称取环刀及试样合计质量 m_1，准确至 0.1 g。

6. 自环刀中取出试样，取具有代表注的试样，测定其含水量。

(八)数据处理

按下式分别计算试样的湿密度 ρ_w 及干密度 ρ_d。

$$\rho_w=(m_1-m_2)/V$$

$$\rho_d=\rho_w/(1+0.01w)$$

式中 ρ_w——湿密度，g/cm³；

ρ_d——干密度，g/cm³；

m_1——环刀及试样质量，g；

m_2——环刀质量，g；

V——环刀体积，cm³；

w——试样含水率，%。

(九)试验注意事项

用环刀法测得的密度是环刀内土样所在深度范围内的平均密度。它不能代表整个碾压层的平均密度。由于碾压土层的密度一般是从上到下减小的，若环刀取在碾压层的上部，则得到的数值往往偏大，若环刀取的是碾压层的底部，则所得的数值将明显偏小，就检查路基土和路面结构层的压实度而言，我们需要的是整个碾压层的平均压实度，而不是碾压层中某一部分的压实度，因此，在用环刀法测定土的密度时，应使所得密度能代表整个碾压层的平均密度。然而，这在实际检测中是比较困难的；只有使环刀所取的土恰好是碾压层中间的土，环刀法所得的结果才可能与灌砂法的结果大致相同。

八、密度试验(灌砂法)

(一)试验目的

测试地基、路基或路面材料压实后材料密度。

(二)适用范围

该方法可用于现场测试细粒土、砂类土和砾石土或路面材料的密度，但需要携带较多量的砂，而且称量次数较多，测试速度较慢。

1. 当集料的最大粒径小于 15 mm、测定层的厚度不超过 150 mm 时，宜采用 ϕ 为 100 mm 的小型灌砂筒测试。

2. 当集料的粒径等于或大于 15 mm，但不大于 40 mm，测定层的厚度超过 150 mm，但不超过 200 mm 时，应用 ϕ150 mm 的大型灌砂筒测试。

(三)试验原理

灌砂法是利用均匀颗粒的砂去置换试洞的体积，再利用试洞中挖出的试样质量求得材料的压实密度。它是当前最通用的现场密度测试方法。

(四)执行标准

《土工试验方法》(GB 50123—1999(2008))。

《公路土工试验规程》(JTG E40—2007)。

《铁路工程土工试验规程》(TB 10102—2010)。

(五)仪器设备

1. 灌砂筒：有大小两种，根据需要采用。储砂筒筒底中心有一个圆孔，下部装一倒置的圆锥形漏斗，漏斗上端开口，直径与储砂筒的圆孔相同，漏斗焊接在一块铁板上，铁板中心有一圆孔与漏斗上开口相接，储砂筒筒底与漏斗之间设有开关。开关铁板上也有一个相同直径的圆孔。

2. 金属标定罐：用薄铁板制作的金属罐，上端周围有一罐缘。

3. 基板：用薄铁板制作的金属方盘，盘的中心有一圆孔。

4. 玻璃板：边长约 500～600 mm 的方形板。

5. 试样盘或密封容器：小筒挖出的试样可用铝盒存放，大筒挖出的试样可用搪瓷盘或塑料袋存放。

6. 天平或台称：称量 10 ～15 kg，感量不大于 1 g。用于含水量测定的天平精度，对细粒土、中粒土、粗粒土宜分别为 0.01 g、0.1 g、1.0 g。

7. 含水量测定器具：铝盒、烘箱等。

8. 量砂：粒径 0.30～0.60 mm 及 0.25～0.50 mm 清洁干燥的均匀砂，约 20～40 kg，使用前须洗净、烘干，并放置足够长的时间，使其与空气的湿度达到平衡。

9. 盛砂的容器：塑料桶等。

10. 其他：凿子、改锥、铁锤、长把勺、小簸箕、毛刷等。

(六)试验准备

1. 标定筒下部圆锥体内砂的质量

①在灌砂筒筒口高度上，向灌砂筒内装砂至距筒顶 15 mm 左右为止。称取装入筒内砂的质量 m_1，准确至 1 g。以后每次标定及试验都应该维持装砂高度与质量不变。

②将开关打开，让砂自由流出，并使流出砂的体积与工地所挖试坑内的体积相当(可等于标定罐的容积)，然后关上开关，称灌砂筒内剩余砂质量 m_5，准确至 1 g。

③不晃动储砂筒的砂，轻轻地将灌砂筒移至玻璃板上，将开关打开，让砂流出，直到筒内砂不再下流时，将开关关上，并小心地取走灌砂筒。

④收集并称量留在板上的砂或称量筒内的砂，准确至 1 g。玻璃板上的砂就是填满锥体的砂 m_2。

⑤重复上述测量三次，取其平均值。

2. 标定量砂的单位质量 γ

①用水确定标定罐的容积 V，准确至 1 mL。

将空罐放在台秤上，使罐的上口处于水平位置，读记罐 m_7，准确至 1 g，向标定罐中灌水，注意不要将水弄到台秤上或罐的外壁；将一直尺放在罐顶，当罐中水面快要接近直尺时，用滴管往罐中加水，直到水面接触直尺；移除直尺，读记罐和水的总质量 m_8。

标定罐体积：$V=(m_8-m_7)/\rho_w$

②在储砂筒中装入 m_1 的砂，并将灌砂筒放在标定罐上，将开关打开，让砂流出，在整个流砂过程中，不要碰动灌砂筒，直到砂不再下流时，将开关关闭，取下灌砂筒，称取筒内剩余砂的质量 m_3，准确至 1 g。

③计算填满标定罐所需砂的质量：$m_a=m_1-m_2-m_3$。

④重复上述测量三次，取其平均值。

⑤计算量砂的单位质量：$\rho_s=m_a/V$

(七)试验步骤

1. 在试验地点，选一块平坦表面，并将其清扫干净，其面积不得小于基板面积。

2. 将基板放在平坦表面上。当表面的粗糙度较大时，则将盛有量砂的灌砂筒放在基板中间的圆孔上，将灌砂筒的开关打开，让砂流入基板的中孔内，直到储砂筒内的砂不再下流时关闭开关。取下灌砂筒，并称量筒内砂的质量 m_6，准确至 1 g。当需要检测厚度时，应先测量厚度后再进行这一步骤。

3. 取走基板，并将留在试验地点的量砂收回，重新将表面清扫干净。

4. 将基板放回清扫干净的表面上(尽量放在原处)，沿基板中孔凿洞(洞的直径与灌砂筒一致)。在凿洞过程中，应注意勿使凿出的材料丢失，并随时将凿出的材料取出装入塑料袋中，不使水分蒸发，也可放在大试样盒内。试洞的深度应等于测定层厚度，但不得有下层材料混入，最后将洞内的全部凿松材料取出。对土基或基层，为防止试样盘内材料的水分蒸发，可分几次称取材料的质量。全部取出材料的总质量为 m_t，准确至 1 g。

5. 从挖出的全部材料中取出有代表性的样品，放在铝盒或洁净的搪瓷盘中，测定其含水量(w，以%计)。样品的数量如下：用小灌砂筒测定时，对于细粒土，不少于 100 g；对于各种中粒土，不少于 500 g。用大灌砂筒测定时，对于细粒土，不少于 200 g；对于各种中粒土，不少于 1 000 g；对于粗粒土或水泥、石灰、粉煤灰等无机结合料稳定材料，宜将取出的全部材料烘干，且不少于 2 000 g，称其质量 m_d，准确至 1 g。

6. 将基板安放在试坑上，将灌砂筒安放在基板中间(储砂筒内放满砂质量 m_1)，使灌砂筒的下口对准基板的中孔及试洞，打开灌砂筒的开关，让砂流入试坑内壁。在此期间，应注意勿碰动灌砂筒，直到储砂筒内的砂不再下流时，关闭开关。小心取走灌砂筒，并称量筒内剩余砂的质量 m_4，准确到 1 g。

7. 如清扫干净的平坦表面的粗糙度不大，也可省去上述第二步和第三步的操作。在试洞挖好后，将灌砂筒直接对准放在试坑上，中间不需要放基板。打开筒的开关，让砂流入试坑内。在此期间，应注意勿碰动灌砂筒。直到储砂筒内的砂不再下流时，关闭开关，小心取走灌砂筒，并称量剩余砂的质量 m_4'，准确至 1 g。

8. 仔细取出试筒内的量砂，以备下次试验时再用，若量砂的湿度已发生变化或量砂中混有杂质，则应该重新烘干、过筛，并放置一段时间，使其与空气的温度达到平衡后再用。

(八)数据处理

1. 计算填满试坑所用的砂的质量 m_b。

灌砂时试洞上放有基板的情况：$m_b = m_1 - m_4 - (m_5 - m_6)$

灌砂时试洞上不放基板的情况：$m_b = m_1 - m_4' - m_2$

2. 计算试坑材料的湿密度：$\rho_w = m_t / m_b \times \rho_s$

3. 计算试坑材料的干密度：$\rho_d = \rho_w / (1 + 0.01w)$

(九)试验注意事项

1. 量砂要规则。量砂如果重复使用，一定要注意晾干，处理一致，否则影响量砂的松方密度。

2. 每换一次量砂，都必须测定松方密度，漏斗中砂的数量也应该每次重做。因此量砂宜事先准备较多数量。切勿到试验时临时找砂，又不作试验，仅使用以前的数据。

3. 地表面处理要平整，只要表面凸出一点，使整个表面高出一薄层，其体积也算到试坑中去了，会影响试验结果。因此一般宜采用放上基板先测定一次粗糙表面消耗的量砂，计算填坑的砂量，只有在非常光滑的情况下方可省去此操作步骤。

4. 在挖坑时试坑周壁应笔直，避免出现上大下小或上小下大的情形：这样就会使检测密度偏大或偏小。

5. 灌砂时检测厚度应为整个碾压层厚，不能只取上部或者取到下部碾压层中。

第二节　复合地基

部分土体被增强或被置换形成增强体，由增强体和周围地基土共同承担荷载的地基称为复合地基。

一、夯实水泥土桩复合地基

（一）概　　述

将水泥和土按设计的比例拌和均匀，在孔内夯实至设计要求的密实度而形成的加固体，并与桩间土组成复合地基的地基处理方法。适用于处理地下水位以上的粉土、素填土、杂填土、黏性土等地基。处理深度不宜超过 10 m。

（二）执行标准

《建筑地基基础工程施工质量验收规范》(GB 50202—2002)。

（三）相关标准

《建筑地基处理技术规范》(JGJ 79—2002)。

（四）性能指标

1. 水泥及夯实用土料的质量应符合设计要求。水泥品种与等级应符合设计要求，土中有机质含量应不大于 5%，粒径应不大于 20 mm，含水量应在最佳含水量±2%之间。

2. 施工中应检查孔位、孔深、孔径、水泥和土的配比、混合料含水量等。桩径允许偏差－20 mm，桩长允许偏差＋500 mm。桩位偏差对满堂布桩小于等于 0.04 桩径，条基布桩小于等于 0.25 桩径。桩孔垂直度应不大于 1.5%。

3. 施工结束后，应对桩体质量及复合地基承载力做检验，褥垫层应检查其夯填度。桩体干密度应符合设计要求，复合地基承载力应符合设计要求。褥垫层夯填度不大于 0.9。

（五）验收批量

每一单位工程的夯实水泥土桩可作为一个验收批次。

（六）取样方法

检测点应选择在有代表性的或土质较差的地段。

（七）样品数量

对夯实水泥土桩的成桩质量，应及时进行抽样检验。抽样检验的数量不应少于总桩数的 20%。地基承载力检验数量为总数量的 0.5%～1%，但每个单体工程不应少于 3 处。其他项目的检验数量应符合设计要求。

（八）检测项目

主控项目：桩径、桩长、桩体干密度、地基承载力。

一般项目：土料有机质含量、含水量、土料粒径、水泥质量、桩位偏差、桩孔垂直度、褥垫层夯填度。

（九）质量评定

1. 主控项目和一般项目的质量经抽样检验合格。

2. 具有完整的施工操作依据、质量检查记录。

（十）使用注意事项

1. 夯实水泥土桩设计前必须进行配比试验，针对现场地基土的性质，选择合适的水泥品种，为设计提供各种配比的强度参数。夯实水泥土桩体强度宜取28d龄期试块的立方体抗压强度平均值。

2. 夯实水泥土桩的施工，应按设计要求选用成孔工艺。挤土成孔可选用沉管、冲击等方法；非挤土成孔可选用洛阳铲、螺旋钻等方法。

3. 夯填桩孔时，宜选用机械夯实。分段夯填时，夯锤的落距和填料厚度应根据现场试验确定，混合料的压实系数不应小于0.93。

4. 施工过程中，应有专人监测成孔及回填夯实的质量，并作好施工记录。如发现地基土质与勘察资料不符时，应查明情况，采取有效处理措施。

5. 雨期或冬期施工时，应采取防雨、防冻措施，防止土料和水泥受雨水淋湿或冻结。

二、土和灰土挤密桩复合地基

(一)概　　述

利用横向挤压设备成孔，使桩间土得以挤密。用灰土或素土填入桩孔内分层夯实形成桩，并与桩间土组成复合地基的地基处理方法。适用于处理地下水位以上的湿陷性黄土、素填土和杂填土等地基，可处理地基的深度为5～15 m。当以消除地基土的湿陷性为主要目的时，宜选用土挤密桩法。当以提高地基土的承载力或增强其水稳性为主要目的时，宜选用灰土挤密桩法。当地基土的含水量大于24%、饱和度大于65%时，不宜选用灰土挤密桩法或土挤密桩法。

(二)执行标准

《建筑地基基础工程施工质量验收规范》(GB 50202—2002)。

(三)相关标准

《建筑地基处理技术规范》(JGJ 79—2002)。

(四)性能指标

1. 施工前对土及灰土的质量、桩孔放样位置等做检查。土中有机质含量应不大于5%，石灰粒径应不大于5 mm，桩位偏差对满堂布桩小于等于0.04桩径，条基布桩小于等于0.25桩径。

2. 施工中应对桩孔直径、桩孔深度、夯击次数、填料的含水量等做检查。桩长允许偏差为+500 mm，桩径允许偏差为－20 mm。桩孔垂直度应不大于1.5%。

3. 施工结束后，应检验成桩的质量及地基承载力。桩体及桩间土干密度应符合设计要求，地基承载力应符合设计要求。

(五)验收批量

每一单位工程的挤密桩可作为一个验收批次。

(六)取样方法

检测点应选择在有代表性的或土质较差的地段。

(七)样品数量

地基承载力检验数量为总数量的0.5%～1%，但每个单体工程不应少于3处。其他项目的检验数量应符合设计要求。一般不应少于桩总数的20%。

(八)检测项目

主控项目：桩径、桩长、桩体及桩间土干密度、地基承载力。

一般项目：土料有机质含量、石灰粒径、含水量、桩位偏差、桩孔垂直度。

（九）质量评定

1. 主控项目和一般项目的质量经抽样检验合格。

2. 具有完整的施工操作依据、质量检查记录。

（十）使用注意事项

1. 成孔应按设计要求、成孔设备、现场土质和周围环境等情况，选用沉管（振动、锤击）或冲击等方法。

2. 成孔时，地基土宜接近最优（或塑限）含水量，当土的含水量低于12%时，宜对拟处理范围内的土层进行增湿。

3. 成孔和孔内回填夯实的施工顺序，当整片处理时，宜从里（或中间）向外间隔1～2孔进行，对大型工程，可采取分段施工；当局部处理时，宜从外向里间隔1～2孔进行。

4. 施工过程中，应有专人监控成孔及回填夯实的质量，并应做好施工记录。如发现地基土质与勘察资料不符，应立即停止施工，待查明情况或采取有效措施处理后，方可继续施工。

5. 雨季或冬季施工，应采取防雨或防冻措施，防止灰土和土料受雨水淋湿或冻结。

三、CFG桩地基

（一）概　述

由水泥、粉煤灰、碎石、石屑或砂等混合料加水拌和形成高黏结强度桩，并由桩、桩间土和褥垫层一起组成复合地基的地基处理方法。适用于处理黏性土、粉土、砂土和已自重固结的素填土等地基。对淤泥质土应按地区经验或通过现场试验确定其适用性。水泥粉煤灰碎石桩的施工，应根据现场条件选用下列施工工艺。

1. 长螺旋钻孔灌注成桩，适用于地下水位以上的黏性土、粉土、素填土、中等密实以上的砂土。

2. 长螺旋钻孔、管内泵压混合料灌注成桩，适用于黏性土、粉土、砂土以及对噪声或泥浆污染要求严格的场地。

3. 振动沉管灌注成桩，适用于粉土、黏性土及素填土地基。

（二）执行标准

《建筑地基基础工程施工质量验收规范》（GB 50202—2002）。

（三）相关标准

《建筑地基处理技术规范》（JGJ 79—2002）。

《建筑基桩检测技术规范》（JGJ 106—2003）。

（四）性能指标

1. 水泥、粉煤灰、砂、碎石等原材料应符合设计要求。

2. 施工中应检查桩身混合料的配合比、坍落度和提拔钻杆速度（或提拔套管速度）、成孔深度、混合料灌入量等。砂性土、砂质黏土、黏土中提拔的速度为1.2～1.5 m/min，在淤泥质土中应当放慢。桩顶标高应高出设计标高0.5 m。由沉管方法成孔时，应注意新施工桩对已成桩的影响，避免挤桩。桩长允许偏差为＋100 mm，桩径允许偏差为－20 mm。桩孔垂直度应不大于1.5%。桩位偏差对满堂布桩小于等于0.04桩径，条基布桩小于等于0.25桩径。

3. 施工结束后，应对桩顶标高、桩位、桩体质量、地基承载力以及褥垫层的质量做检查。地基承载力应符合设计要求。桩身强度、完整性应符合要求，褥垫层夯填度不大于0.9。

(五)验收批量

每一单位工程的CFG桩可作为一个验收批次。

(六)取样方法

检测点应选择在有代表性的或土质较差的地段。

(七)样品数量

1. 水泥粉煤灰碎石桩地基检验应在桩身强度满足试验荷载条件时，并宜在施工结束28天后进行。试验数量宜为总桩数的0.5%～1%，且每个单体工程的试验数量不应少于3点。

2. 应抽取不少于总桩数的10%的桩进行低应变动力试验，检测桩身完整性。

3. 其他检测项目应至少抽查20%的桩进行检验。

(八)检测项目

主控项目:原材料质量、桩径、桩身强度、地基承载力。

一般项目:桩身完整性、桩位偏差、桩孔垂直度、桩长、褥垫层夯填度。

(九)质量评定

1. 主控项目和一般项目的质量经抽样检验合格。

2. 具有完整的施工操作依据、质量检查记录。

(十)使用注意事项

1. 施工前应按设计要求由试验室进行配合比试验，施工时按配合比配制混合料。长螺旋钻孔、管内泵压混合料成桩施工的坍落度宜为160～200 mm，振动沉管灌注成桩施工的坍落度宜为30～50 mm，振动沉管灌注成桩后桩顶浮浆厚度不宜超过200 mm。

2. 长螺旋钻孔、管内泵压混合料成桩施工在钻至设计深度后，应准确掌握提拔钻杆时间，混合料泵送量应与拔管速度相配合，遇到饱和砂土或饱和粉土层，不得停泵待料；沉管灌注成桩施工拔管速度应按匀速控制，拔管速度应控制在1.2～1.5 m/min左右，如遇淤泥或淤泥质土，拔管速度应适当放慢。

3. 施工桩顶标高宜高出设计桩顶标高不少于0.5 m。

4. 成桩过程中，抽样做混合料试块，每台机械一天应做一组(3块)试块(边长为150 mm的立方体)，标准养护，测定其立方体抗压强度。

5. 冬期施工时混合料入孔温度不得低于5℃，对桩头和桩间土应采取保温措施。

四、水泥土搅拌桩复合地基

(一)概　　述

以水泥作为固化剂的主剂，通过特制的深层搅拌机械，将固化剂和地基土强制搅拌，使软土硬结成具有整体性、水稳定性和一定强度的桩体的地基处理方法。水泥土搅拌法分为深层搅拌法(以下简称湿法)和粉体喷搅法(以下简称干法)。水泥土搅拌法适用于处理正常固结的淤泥与淤泥质土、粉土、饱和黄土、素填土、黏性土及无流动地下水的饱和松散砂上等地基。当地基土的天然含水量小于3%(黄土含水量小于25%)、大于70%或地下水的pH值小于4时不宜采用干法。冬期施工时，应注意负温对处理效果的影响。

水泥土搅拌法形成的水泥土加固体，可作为竖向承载的复合地基；基坑工程围护挡墙、被动区加固、防渗帷幕；大体积水泥稳定土等。加固体形状可分为柱状、壁状、格栅状或块状等。

(二)执行标准

《建筑地基基础工程施工质量验收规范》(GB 50202—2002)。

（三）相关标准

《建筑地基处理技术规范》(JGJ 79—2002)。

（四）性能指标

1. 施工前应检查水泥及外掺剂的质量、桩位、搅拌机工作性能及各种计量设备完好程度(主要是水泥浆流量计及其他计量装置)。水泥及外掺剂质量应符合设计要求,桩位偏差应小于 50 mm。

2. 施工中应检查机头提升速度、水泥浆或水泥注入量、搅拌桩的长度及标高。机头提升速度应不大于 0.5 m/min,水泥用量应符合参数指标。桩底标高允许偏差为±200 mm,桩顶标高偏差为(＋100 mm,－50 mm)。桩径偏差应小于 0.04 倍桩径,垂直度偏差应不大于 1.5％,搭接应大于 200 mm。

3. 施工结束后,应检查桩体强度、桩体直径及地基承载力。

（五）验收批量

每一单位工程的水泥土搅拌桩可作为一个验收批次。

（六）取样方法

检测点应选择在有代表性的或土质较差的地段。进行强度检验时,对承重水泥土搅拌桩应取 90 天后的试件;对支护水泥土搅拌桩应取 28 天后的试件。

（七）样品数量

1. 竖向承载混凝土搅拌桩地基竣工验收时,承载力检验应采用复合地基载荷试验和单桩载荷试验。载荷试验必须在桩身强度满足试验荷载条件时,并宜在成桩 28 天后进行,检验数量为桩总数的 0.5％～1％,且每项单体工程不应少于 3 点。

2. 经触探和载荷试验检验后对桩身质量有怀疑时,应在成桩 28 天后,用双管单动取样器钻取芯样作抗压强度检验,检验数量为施工总桩数的 0.5％,且不少于 3 根。

3. 对相邻桩搭接要求严格的工程,应在成桩 15 天后,选取数根桩进行开挖,检查搭接情况。

4. 其他检测项目应至少抽查 20％的桩进行检验。

（八）检测项目

主控项目:原材料质量、水泥用量、桩体强度、地基承载力。

一般项目:机头提升速度、桩底标高、桩顶标高、桩位偏差、桩径、桩孔垂直度、搭接。

（九）质量评定

1. 主控项目和一般项目的质量经抽样检验合格。

2. 具有完整的施工操作依据、质量检查记录。

（十）使用注意事项

1. 水泥土搅拌法施工现场事先应予以平整,必须清除地上和地下的障碍物。遇有明浜、池塘及洼地时应抽水和清淤,回填黏性土料并予以压实,不得回填杂填土或生活垃圾。

2. 水泥土搅拌桩施工前应根据设计进行工艺性试桩,数量不得少于 2 根。当桩周为成层土时,应对相对软弱土层增加搅拌次数或增加水泥掺量。

3. 湿法施工应注意以下事项。

(1)施工前应确定灰浆泵输浆量、灰浆经输浆管到达搅拌机喷浆口的时间和起吊设备提升速度等施工参数,并根据设计要求通过工艺性成桩试验确定施工工艺。

(2)所使用的水泥都应过筛,制备好的浆液不得离析,泵送必须连续,拌制水泥浆液的罐数、水泥和外掺剂用量以及泵送浆液的时间等应有专人记录;喷浆量及搅拌深度必须采用经国家计量部门认证的监测仪器进行自动记录。

(3)搅拌机喷浆提升的速度和次数必须符合施工工艺的要求，并应有专人记录。

(4)当水泥浆液到达出浆口后，应喷浆搅拌 30 s，在水泥浆与桩端土充分搅拌后，再开始提升搅拌头。

(5)搅拌机预搅下沉时不宜冲水，当遇到硬土层下沉太慢时，方可适量冲水，但应考虑冲水对桩身强度的影响。

(6)施工时如因故停浆，应将搅拌头下沉至停浆点以下 0.5 m 处，待恢复供浆时再喷浆搅拌提升。若停机超过 3 h，宜先拆卸输浆管路，并妥加清洗。

(7)壁状加固时，相邻桩的施工时间间隔不宜超过 24 h。如间隔时间太长，与相邻桩无法搭接时，应采取局部补桩或注浆等补强措施。

4. 干法施工应注意以下事项。

(1)喷粉施工前应仔细检查搅拌机械、供粉泵、送气(粉)管路、接头和阀门的密封性、可靠性。送气(粉)管路的长度不宜大于 6 m。

(2)水泥土搅拌法(干法)喷粉施工机械必须配置经国家计量部门确认的具有能瞬时检测并记录出粉量的粉体计量装置及搅拌深度自动记录仪。

(3)搅拌头每旋转一周，其提升高度不得超过 16 mm。

(4)当搅拌头到达设计桩底以上 1.5 m 时，应即开启喷粉机提前进行喷粉作业，当搅拌头提升至地面下 500 mm 时，喷粉机应停止喷粉。

(5)成桩过程中因故停止喷粉，应将搅拌头下沉至停灰面以下 1 m 处，待恢复喷粉时再喷粉搅拌提升。

五、砂、石桩地基

(一)概　　述

采用振动、冲击或水冲等方式在地基中成孔后，再将碎石、砂或砂石挤压入已成的孔中，形成砂石所构成的密实桩体，并和原桩周土组成复合地基的地基处理方法。砂石桩法适用于挤密松散砂土、粉土、黏性土、素填土、杂填土等地基。对饱和黏土地基上对变形控制要求不严的工程也可采用砂石桩置换处理。砂石桩法也可用于处理可液化地基。

(二)执行标准

《建筑地基基础工程施工质量验收规范》(GB 50202—2002)。

(三)相关标准

《建筑地基处理技术规范》(JGJ 79—2002)。

(四)性能指标

1. 施工前应检查砂、石料的含泥量及有机质含量、样桩的位置等。桩体材料可用碎石、卵石、角砾、圆砾、砾砂、粗砂、中砂或石屑等硬质材料，最大粒径不宜大于 50 mm。砂石料的含泥量应不大于 3%，有机质含量应不大于 5%。桩位偏差应不大于 50 mm。

2. 施工中检查每根砂、石桩的桩体、灌砂量、标高、垂直度。实际灌砂量与计算体积比应不大于 0.95。标高偏差为±150 mm，垂直度应不大于 15%。

3. 施工结束后，应检查被加固地基的强度或承载力。地基强度或地基承载力应符合设计要求。

(五)验收批量

每一单位工程的砂、石桩可作为一个验收批次。

（六）取样方法

检测点应选择在有代表性的或土质较差的地段。对饱和黏性土地基应待孔隙水压力消散后进行，间隔时间不宜少于28天；对粉土、砂土和杂填土地基，不宜少于7天。

（七）样品数量

复合地基载荷试验数量不应少于总桩数的0.5%，且每个单体建筑不应少于3点。其他检测数量不应少于桩孔总数的2%。

（八）检测项目

主控项目：灌砂石量、地基强度、承载力。

一般项目：材料含泥量、有机质含量、桩位、标高、垂直度。

（九）质量评定

1. 主控项目和一般项目的质量经抽样检验合格。

2. 具有完整的施工操作依据、质量检查记录。

（十）使用注意事项

1. 砂石桩施工可采用振动沉管、锤击沉管或冲击成孔等成桩法。当用于消除粉细砂及粉土液化时，宜用振动沉管成桩法。

2. 施工中应选用能顺利出料和有效挤压桩孔内砂石料的桩尖结构。当采用活瓣桩靴时，对砂土和粉土地基宜选用尖锥型；对黏性土地基宜选用平底型；一次性桩尖可采用混凝土锥形桩尖。

3. 锤击沉管成桩法施工可采用单管法或双管法。锤击法挤密应根据锤击的能量，控制分段的填砂石量和成桩的长度。

4. 砂石桩的施工顺序，对砂土地基宜从外围或两侧向中间进行，对黏性土地基宜从中间向外围或隔排施工；在既有建（构）筑物邻近施工时，应背离建（构）筑物方向进行。

5. 砂石桩施工后，应将基底标高下的松散层挖除或夯压密实，随后铺设并压实砂石垫层。

第三节　特殊处理地基

一、强夯地基

（一）概　　述

反复将夯锤提到高处使其自由落下，给地基以冲击和振动能量，将地基土夯实的地基处理办法。适用于处理碎石土、砂土、低饱和度的粉土与黏性土、湿陷性黄土、杂填土和素填土等地基。

强夯法加固地基，主要是靠强大的夯击能量在地基中产生的冲击波和动应力对土体作用的结果，但土的类型和饱和程度不同时，其作用机理亦不同。对于非饱和土，巨大的冲击力破坏了土粒间的连接，迫使土体产生塑性变形，土颗粒相互靠拢，孔隙中的水和气体排出后，土粒重新排列而密实。对于饱和土，其作用机理可分为三个阶段。

1. 加载阶段，即夯击的一瞬间，夯锤的冲击使地基土产生强烈的振动和动应力，孔隙水压力急剧上升，但动应力仍大于孔隙水压力。动应力使土体产生塑性变形，破坏土的结构。在无黏性土中，迫使土粒重新排列，孔隙体积减少。对于黏性土，将导致部分结合水从颗粒间析出，土中形成裂缝。

2. 卸载阶段，即夯击能量卸去的一瞬间，动应力迅速消失，但土中孔隙水压力仍然保持较高的水平，此时孔隙水压力大于土中有效应力。砂土中，土颗粒将随水流动，形成液化现象。对于黏性土，土体则会开裂，因此水迅速从孔隙中排出，孔隙水压力下降。

3. 动力固结阶段，卸载之后，土体仍然保持一定的孔隙水压力，土体就在此压力作用下排水固结。此过程在无黏性土中的持续时间很短，黏性土中，因孔隙水压力消散较慢，可能延续较长时间。

（二）执行标准

《建筑地基基础工程施工质量验收规范》(GB 50202—2002)。

（三）相关标准

《建筑地基处理技术规范》(JGJ 79—2002)。

（四）性能指标

1. 施工前应检查夯锤重量、尺寸，落距控制手段，排水设施及被夯地基的土质。锤重偏差±100 kg。

2. 施工中应检查落距、夯击遍数、夯点位置、夯击范围。夯锤落距偏差±300 mm，夯点间距偏差±500 mm。夯击范围、夯击遍数及顺序应符合设计要求。前后两遍的间歇时间应符合设计要求。

3. 施工结束后，检查被夯地基的强度并进行承载力检验。地基强度、地基承载力应符合设计要求。

（五）验收批量

每一单位工程的强夯地基可作为一个验收批次。

（六）取样方法

强夯处理后的地基检测选取有代表性地点进行。承载力检验应在施工结束后间隔一定时间后方能进行，对于碎石土和砂土地基，其间隔时间可取 7～14 日；粉土和黏性土地基可取 14～28 日。

（七）样品数量

每单位工程不应少于 3 点，1 000 m^2 以上工程，每 100 m^2 至少应有 1 点；3 000 m^2 以上工程，每 300 m^2 至少应有 1 点；每一独立基础下至少应有 1 点，基槽每 20 延米应有 1 点。

（八）检测项目

主控项目：地基强度、地基承载力。

一般项目：夯锤落距、锤重、夯击遍数及顺序、夯点间距、夯击范围。

（九）质量评定

1. 主控项目和一般项目的质量经抽样检验合格。

2. 具有完整的施工操作依据、质量检查记录。

（十）使用注意事项

1. 强夯锤质量可取 10～40 t，其底面形式宜采用圆形或多边形，锤底面积宜按土的性质确定，锤底静接地压力值可取 25～40 kPa，对于细颗粒土锤底静接地压力宜取较小值。锤的底面宜对称设置若干个与其顶面贯通的排气孔，孔径可取 250～300 mm。

2. 施工机械宜采用带有自动脱钩装置的履带式起重机或其他专用设备。采用履带式起重机时，可在臂杆端部设置辅助门架，或采取其他安全措施，防止落锤时机架倾覆。

3. 当场地表土软弱或地下水位较高，夯坑底积水影响施工时，宜采用人工降低地下水位或铺填一定厚度的松散性材料，使地下水位低于坑底面以下 2 m。坑内或场地积水应及时排除。

4. 施工前应查明场地范围内的地下构筑物和各种地下管线的位置及标高等，并采取必要的措施，以免因施工而造成损坏。

5. 当强夯施工所产生的振动对邻近建筑物或设备会产生有害的影响时，应设置监测点，并采取隔振或防振措施。

二、注浆地基

（一）概　述

通过机械拌和化学浆液，利用注浆机械将浆液注入土体，使土体发生化学反应并将土粒胶结在一起，从而改善土的性质，提高地基承载力。适用于碎石土、砂土、粉土、黏性土、人工填土、湿陷性黄土等地基处理。

（二）执行标准

《建筑地基基础工程施工质量验收规范》(GB 50202—2002)。

（三）相关标准

《建筑地基处理技术规范》(JGJ 79—2002)。

（四）性能指标

1. 施工前应掌握有关技术文件（注浆点位置、浆液配比、注浆施工技术参数、检测要求等）。浆液组成材料的性能符合设计要求，注浆设备应确保正常运转。水泥应符合设计要求；砂子细度模数应小于2.5，含泥量应小于2.0%，有机物含量应小于3%；注浆用黏土塑性指数应大于14%，含砂量应小于5%，有机物含量小于3%；粉煤灰细度应不粗于所用水泥的细度，烧失量小于3%；水玻璃模数应为2.5～3.3；其他化学浆液应符合设计要求。

2. 施工中应经常抽查浆液的配比及主要性能指标，注浆的顺序、注浆过程中的压力控制等。各种注浆材料称量误差应小于3%，注浆孔位偏差应小于±20 mm，注浆孔深偏差±100 mm，注浆压力应在设计参数±10%范围内。

3. 施工结束后，应检查注浆体强度、承载力等。注浆体强度、地基承载力应符合设计要求。

（五）验收批量

每一单位工程的注浆地基可作为一个验收批次。

（六）取样方法

检测部位应选择有代表性的地点，注浆体强度、承载力检验应在注浆后15天（砂土、黄土）或60天（黏性土）后进行。

（七）样品数量

注浆体强度、承载力等的检查孔数为总量的2%～5%，不合格率大于或等于20%时应进行二次注浆。其他项目的检测数量应符合下列规定：每单位工程不应少于3点，1 000 m^2 以上工程，每100 m^2 至少应有1点；3 000 m^2 以上工程，每300 m^2 至少应有1点；每一独立基础下至少应有1点，基槽每20延米应有1点。

（八）检测项目

主控项目：原材料质量、注浆体强度、地基承载力。

一般项目：材料称量误差、注浆孔位、孔深、注浆压力。

（九）质量评定

1. 主控项目和一般项目的质量经抽样检验合格。

2. 具有完整的施工操作依据、质量检查记录。

(十)使用注意事项

1. 施工前应进行室内浆液配比试验及现场注浆试验,以确定浆液配方及施工参数。常用浆液类型见表 2-7。

表 2-7 常用浆液类型

浆液		浆液类型
粒状浆液(悬液)	不稳定粒状浆液	水泥浆
		水泥砂浆
	稳定粒状浆液	黏土浆
		水泥黏土浆
化学浆液(溶液)	无机浆液	硅酸盐
	有机浆液	环氧树脂类
		甲基丙烯酸脂类
		丙烯酰胺类
		木质素类
		其他

2. 化学注浆加固的施工顺序宜按以下规定进行。

(1)加固渗透系数相同的土层,应自上而下进行。

(2)如土的渗透系数随深度而增大,应自下而上进行。

(3)如相邻土层的土质不同,应首先加固渗透系数大的土层。

三、预压地基

(一)概　　述

对地基进行堆载或真空预压使地基土固结的地基称为预压地基。预压法包括堆载预压法和真空预压法。适用于处理淤泥质土、淤泥和冲填土等饱和黏性土地基。

通过对覆盖于地基表面的不透气薄膜内抽真空,而使地基固结的地基处理方法称为真空预压。

(二)执行标准

《建筑地基基础工程施工质量验收规范》(GB 50202—2002)。

(三)相关标准

《建筑地基处理技术规范》(JGJ 79—2002)。

(四)性能指标

1. 施工前应检查施工监测措施,沉降、孔隙水压力等原始数据,排水设施,砂井(包括袋装砂井)、塑料排水带等位置。砂井或塑料排水带位置偏差为±100 mm,插入深度偏差为±200 mm,插入塑料排水带时的回带长度应不大于 500 mm,塑料排水带或砂井高出砂垫层距离应不小于 200 mm,插入塑料排水带的回带根数应小于 5%。塑料排水带的质量标准应符合以下规定。

(1)不同型号塑料排水带的厚度应符合表 2-8。

表 2-8　不同型号塑料排水带的厚度(mm)

型号	A	B	C	D
厚度	>3.5	>4.0	>4.5	>6

(2)塑料排水带的性能应符合表 2-9。

表 2-9　塑料排水带的性能

项　目		单位	A 型	B 型	C 型	条件
纵向通水量		cm^3/s	≥15	≥25	≥40	侧压力
滤膜渗透系数		cm/s	$\geqslant 5\times 10^{-4}$			试件在水中浸泡 24 h
滤膜等效孔径		μm	<75			以 D_{98} 计,D 为孔径
复合体抗拉强度(干态)		kN/(10 cm)	≥1.0	≥1.3	≥1.5	延伸率 10%时
滤膜抗拉强度	干态	N/cm	≥15	≥25	≥30	延伸率 10%时
	湿态		≥10	≥20	≥25	延伸率 15%时,试件在水中浸泡 24 h
滤膜重度		N/m^2	—	0.8	—	—

注:1. A 型排水带适用于插入深度小于 15 m。
2. B 型排水带适用于插入深度小于 25 m。
3. C 型排水带适用于插入深度小于 35 m。

2. 堆载施工应检查堆载高度、沉降速率、真空预压施工应检查密封膜的密封性能、真空表读数等等。预压荷载偏差应不大于 2%;固结度应与设计要求偏差不大于 2%;沉降速度与控制值的偏差应在±10%范围内。

3. 施工结束后,应检查地基土的强度及要求达到的其他物理力学指标,重要建筑物地基应做承载力检验。各项检验指标应符合设计要求。

(五)验收批量

每一单位工程的预压地基可作为一个验收批次。

(六)取样方法

应在预压区内选择代表性地点预留孔位。

(七)样品数量

每单位工程不应少于 3 点,1 000 m^2 以上工程,每 100 m^2 至少应有 1 点;3 000 m^2 以上工程,每 300 m^2 至少应有 1 点;每一独立基础下至少应有 1 点,基槽每 20 延米应有 1 点。

(八)检测项目

主控项目:预压荷载、固结度、承载力或其他性能指标。

一般项目:沉降速度、砂井或塑料排水带位置、插入深度、插入塑料排水带时的回带长度、塑料排水带或砂井高出砂垫层距离、插入塑料排水带的回带根数。

(九)质量评定

1. 主控项目和一般项目的质量经抽样检验合格。

2. 具有完整的施工操作依据、质量检查记录。

(十)使用注意事项

1. 堆载预压,必须分级堆载,以确保预压效果并避免坍滑事故。一般每天沉降速率控制在 10～15 mm,边桩位移速率控制在 4～7 mm。孔隙水压力增量不超过预压荷载增量 60%,

以这些参考指标控制堆载速率。

2. 砂井的灌砂量，应按井孔的体积和砂在中密状态时的干密度计算，其实际灌砂量不得小于计算值的95%。

3. 塑料排水带施工所用套管应保证插入地基中的带子不扭曲。塑料排水带需接长时，应采用滤膜内芯带平搭接的连接方法，搭接长度宜大于200 mm。袋装砂井施工所用套管内径宜略大于砂井直径。

4. 真空预压的抽气设备宜采用射流真空泵，空抽时必须达到95 kPa以上的真空吸力，真空泵的设置应根据预压面积大小和形状、真空泵效率和工程经验确定，每块预压区至少应设置两台真空泵。

5. 真空管路的连接应严格密封，在真空管路中应设置止回阀和截门。水平向分布滤水管可采用条状，梳齿状及羽毛状等形式，滤水管布置宜形成回路。滤水管应设在砂垫层中，其上覆盖厚度100～200 mm的砂层。滤水管可采用钢管或塑料管，外包尼龙纱或土工织物等滤水材料。

6. 真空预压的真空度可一次抽气至最大，当连续5日实测沉降小于每天2 mm，或固结度大于等于80%，或符合设计要求时，可停止抽气。

四、振冲地基

(一)概　　述

在振冲器水平振动及高压水的共同作用下，使松砂土层振密，或在软弱土层中成孔，然后回填碎石等粗粒料成桩柱，并和原地基土组成复合地基的地基处理方法。适用于处理砂土、粉土、粉质黏土、素填土和杂填土等地基。对于处理不排水抗剪强度不小于20 kPa的饱和黏性土和饱和黄土地基，应在施工前通过现场试验确定其适用性。不加填料振冲加密适用于处理黏粒含量不大于10%的中砂、粗砂地基。

(二)执行标准

《建筑地基基础工程施工质量验收规范》(GB 50202—2002)。

(三)相关标准

《建筑地基处理技术规范》(JGJ 79—2002)。

(四)性能指标

1. 施工前应检查振冲的性能，电流表、电压表的准确度及填料的性能。填料粒径应符合设计要求，石灰、土粒径应不大于5 mm，土料有机质含量应不大于5%，含水量应在最优含水量±2%范围内。

2. 施工中应检查密实电流、供水压力、供水量、填料量、孔底留振时间、振冲点位置、振冲器施工参数等(施工参数由振冲试验或设计确定)。分层厚度偏差为±50 mm；压实系数应符合设计要求；密实电流对黏性土为50～55 A，对砂性土或粉土为40～50 A。

3. 施工结束后，应在有代表性的地段做地基强度或地基承载力检验。地基强度或地基承载力应符合设计要求。

(五)验收批量

每一单位工程的振冲地基可作为一个验收批次。

(六)取样方法

检测点应选择在有代表性的或土质较差的地段。振冲施工结束后，除砂土地基外，应间隔一定时间后方可进行质量检验。对粉质黏土地基间隔时间可取21～28天，对粉土地基可取14～21天。

（七）样品数量

1. 振冲桩的施工质量检验可采用单桩载荷试验，检验数量为桩数的0.5%，并不少于3根。对碎石桩体检验可用重型动力触探进行随机检验。对桩间土的检验可在处理深度内用标准贯入、静力触探等进行检验。

2. 振冲处理后的地基竣工验收时，承载力检验应采用复合地基载荷试验。复合地基载荷试验检验数量不应少于总桩数的0.5%，且每个单体工程不应少于3点。

3. 其他项目的检验数量应不少于桩数的20%。

（八）检测项目

主控项目：填料粒径、密实电流、压实系数、地基承载力。

一般项目：石灰粒径、土料有机质含量、土颗粒粒径、含水量、分层厚度偏差。

（九）质量评定

1. 主控项目和一般项目的质量经抽样检验合格。

2. 具有完整的施工操作依据、质量检查记录。

（十）使用注意事项

1. 振冲施工可根据设计荷载的大小、原土强度的高低、设计桩长等条件选用不同功率的振冲器。施工前应在现场进行试验，以确定水压、振密电流和留振时间等各种施工参数。

2. 振冲置换造孔的方法有排孔法，即由一端开始到另一端结束；跳打法，即每排孔施工时隔一孔造一孔，反复进行；帷幕法，即先造外围2～3圈孔，再造内圈孔，此时可隔一圈造一圈或依次向中心区推进。振冲施工必须防止漏孔，因此要做好孔位编号和施工复查工作。

3. 振冲施工时，水压可用200～600 kPa，水量可用200～400 L/min，将振冲器徐徐沉入土中，造孔速度宜为0.5～2.0 m/min，直至达到设计深度。记录振冲器经各深度的水压、电流和留振时间。

4. 造孔后边提升振冲器边冲水直至孔口，再放至孔底，重复两三次扩大孔径并使孔内泥浆变稀，开始填料制桩。

5. 大功率振冲器投料可不提出孔口，小功率振冲器下料困难时，可将振冲器提出孔口填料，每次填料厚度不宜大于50 cm。将振冲器沉入填料中进行振密制桩，当电流达到规定的密实电流值和规定的留振时间后，将振冲器提升30～50 cm。

6. 重复以上步骤，自下而上逐段制作桩体直至孔口，记录各段深度的填料量、最终电流值和留振时间，并均应符合设计规定。

五、高压喷射注浆地基

（一）概　　述

用高压水泥浆通过钻杆由水平方向的喷嘴喷出，形成喷射流，以此切割土体并与土拌和形成水泥土加固体的地基处理方法。适用于处理淤泥、淤泥质土、流塑、软塑或可塑黏性土、粉土、砂土、黄土、素填土和碎石土等地基。当土中含有较多的大粒径块石、大量植物根茎或有较高的有机质时以及地下水流速过大和已涌水的工程，应根据现场试验结果确定其适用性。

高压喷射注浆法分旋喷、定喷和摆喷三种类别。根据工程需要和土质条件，可分别采用单管法、双管法和三管法。加固形状可分为柱状、壁状、条状和块状。

(二)执行标准

《建筑地基基础工程施工质量验收规范》(GB 50202—2002)。

(三)相关标准

《建筑地基处理技术规范》(JGJ 79—2002)。

(四)性能指标

1. 施工前应检查水泥、外掺剂等的质量,桩位,压力表、流量表的精度或灵敏度,高压喷射设备的性能等。水泥、外掺剂质量应符合设计要求。

2. 施工中应检查施工参数(压力、水泥浆量、提升速度、旋转速度等)及施工程序。水泥用量应符合设计要求;钻孔位置偏差应不大于 50 mm,钻孔垂直度应不大于 1.5%,注浆压力应符合设定参数指标,桩体搭接应大于 200 mm。

3. 施工结束后,应检查桩体强度、平均直径、桩身中心位置、桩体质量及承载力等。桩体强度或完整性检验以及地基承载力检验应符合设计要求。桩体直径偏差应不大于 50 mm,桩身中心允许偏差不大于 0.2 倍桩径。

(五)验收批量

每一单位工程的地基可作为一个验收批次。

(六)取样方法

检测点应选择在有代表性的或土质较差的地段。桩体质量及承载力应在施工结束后 28 天进行。

(七)样品数量

1. 桩体强度及完整性检验可根据工程要求和当地经验采用开挖检查、取芯(常规取芯或软取芯)、标准贯入试验、载荷试验或围井注水试验等方法进行检验,并结合工程测试、观测资料及实际效果综合评价加固效果。检验点的数量为施工孔数的 1%,并不应少于 3 点。

2. 竖向承载旋喷桩地基竣工验收时,承载力检验应采用复合地基载荷试验和单桩载荷试验。载荷试验必须在桩身强度满足试验条件时,并宜在成桩 28 天后进行。检验数量为桩总数的 0.5%~1%,且每项单体工程不应少于 3 点。

3. 其他项目的抽查数量为总桩数的 20%。

(八)检测项目

主控项目:原材料质量、水泥用量、桩体强度或完整性检验、复合地基承载力。

一般项目:钻孔位置、钻孔垂直度、孔深、注浆压力、桩体搭接、桩体直径、桩身中心允许偏差。

(九)质量评定

1. 主控项目和一般项目的质量经抽样检验合格。

2. 具有完整的施工操作依据、质量检查记录。

(十)使用注意事项

1. 高压喷射注浆的施工参数应根据土质条件、加固要求通过试验或根据工程经验确定,并在施工中严格加以控制。单管法及双管法的高压水泥浆和三管法高压水的压力应大于 20 MPa。

2. 高压喷射注浆工艺宜用普遍硅酸盐水泥,强度等级不得低于 32.5,水泥用量,压力宜通过试验确定，如无条件可参考表 2-10。

表 2-10　1 m 桩长喷射桩水泥用量表

桩径(mm)	桩长(m)	强度为 32.5 普硅水泥单位用量	喷射施工方法		
			单管	二重管	三管
600	1	kg/m	200～250	200～250	—
800	1	kg/m	300～350	300～350	—
900	1	kg/m	350～400(新)	350～400	—
1 000	1	kg/m	400～450(新)	400～450(新)	700～800
1 200	1	kg/m	—	500～600(新)	800～900
1 400	1	kg/m	—	700～800(新)	900～1 000

注："新"系指采用高压水泥浆泵，压力为 36～40 MPa，流量 80～110 L/min 的新单管法和二重管法。

3. 高压喷射注浆的施工工序为机具就位、贯入喷射管、喷射注浆、拔管和冲洗等。

4. 当喷射注浆管贯入土中，喷嘴达到设计标高时，即可喷射注浆。在喷射注浆参数达到规定值后，随即分别按旋喷、定喷或摆喷的工艺要求，提升喷射管，由下而上喷射注浆。喷射管分段提升的搭接长度不得小于 100 mm。

5. 在高压喷射注浆过程中出现压力骤然下降、上升或冒浆异常时，应查明原因并及时采取措施。

6. 高压喷射注浆完毕，应迅速拔出喷射管。为防止浆液凝固收缩影响桩顶高程，必要时可在原孔位采用冒浆回灌或第二次注浆等措施。

第四节　桩　基　础

桩基础一般由桩和连接桩的上部结构——承台组成。承台的作用是把上部结构的荷载传递到桩上，桩的作用是把分配到的荷载传递到深层坚实的土层上和桩周的土层上。

承台按与地面的相对位置不同，一般分为低承台(承台底面位于地面以下，常见于一般的房屋建筑中)，高承台(承台底面位于地面以上，常见于桥梁和港口工程中)。

桩的工程分类有以下几种分类方法。

(1)按承载性质分：摩擦型桩(摩擦桩和端承摩擦桩)、端承型桩(端承桩、摩擦端承桩)。摩擦桩：在承载能力极限状态下，桩顶竖向荷载由桩侧阻力承受，桩端阻力小到可忽略不计；端承摩擦桩：在承载能力极限状态下，桩顶竖向荷载主要由桩侧阻力承受。端承桩：在承载能力极限状态下，桩顶竖向荷载由桩端阻力承受，桩侧阻力小到可忽略不计；摩擦端承桩：在承载能力极限状态下，桩顶竖向荷载主要由桩端阻力承受。

(2)按适用功能分：水平抗压桩、竖向抗拔桩、水平荷载桩、复合荷载桩。

(3)按桩身材料分：混凝土桩、钢桩、木桩。

(4)按成桩方法分：非挤土桩、部分挤土桩、挤土桩。非挤土桩：干作业法钻(挖)孔灌注桩、泥浆护壁法钻(挖)孔灌注桩、套管护壁法钻(挖)孔灌注桩；部分挤土桩：长螺旋压灌灌注桩、冲孔灌注桩、钻孔挤扩灌注桩、搅拌劲芯桩、预钻孔打入(静压)预制桩、打入(静压)式敞口钢管桩、敞口预应力混凝土空心桩和 H 型钢桩；挤土桩：沉管灌注桩、沉管夯(挤)扩灌注桩、打入

(静压)预制桩、闭口预应力混凝土空心桩和闭口钢管桩。

(5)按桩制作过程分:预制桩和现场灌注桩。

一、混凝土灌注桩

(一)概　　述

灌注桩是直接在所设计桩位处开孔,然后在孔内加放钢筋笼再浇灌混凝土而成。按其成孔方法不同可分为钻孔灌注桩、沉管灌注桩、人工挖孔和挖孔扩底灌注桩等。

(二)执行标准

《建筑地基基础工程施工质量验收规范》(GB 50202—2002)。

(三)相关标准

《建筑桩基技术规范》(JGJ 94—2008)。

(四)性能指标

1. 施工前应对水泥、砂、石子(如现场搅拌)、钢材等原材料进行检查,对施工组织设计中制定的施工顺序、监测手段(包括仪器、方法)也应检查。

2. 施工中应对成孔、清查、放置钢筋笼、灌注混凝土等进行全过程检查,人工挖孔桩尚应复验孔底持力层土(岩)性。嵌岩桩必须有桩端持力层的岩性报告。

3. 施工结束后,应检查混凝土强度,并应做桩体质量及承载力的检验。

4. 混凝土灌注桩钢筋笼的质量检验标准应符合表 2-11 的规定。

表 2-11　混凝土灌注桩钢筋笼质量检验标准(mm)

项	序	检查项目	允许偏差或允许值	检查方法
主控项目	1	主筋间距	±10	用钢尺量
	2	长度	±10	用钢尺量
一般项目	1	钢筋材质检验	设计要求	抽样送检
	2	箍筋间距	±20	用钢尺量
	3	直径	±10	用钢尺量

5. 混凝土灌注桩的质量检验标准应符合表 2-12 的规定。

表 2-12　混凝土灌注桩质量检验标准

项	序	检查项目	允许偏差或允许值		检查方法
			单位	数值	
主控项目	1	桩位	见表 2-13		基坑开挖前量护筒,开挖后量桩中心
	2	孔深	mm	+300	只深不浅,用重锤测或测钻杆、套管长度,嵌岩桩应确保进入设计要求的嵌岩深度
	3	桩体质量检验	按基桩检测技术规范。如钻芯取样,大直径嵌岩桩应钻至桩尖下 50 mm		按基桩检测技术规范
	4	混凝土强度	设计要求		试件报告或钻芯取样送检
	5	承载力	按基桩检测技术规范		按基桩检测技术规范

续上表

项	序	检查项目	允许偏差或允许值		检查方法
			单位	数值	
一般项目	1	垂直度	见表 2-13		测大管或钻杆，或用超声波探测，干施工时吊垂球
	2	桩径	见表 2-13		井径仪或超声波检测，干施工时吊垂球
	3	泥浆比重(黏土或砂性土中)	1.15～1.20		用比重计测，清孔后在距孔底 50 cm 处取样
	4	泥浆面标高(高于地下水位)	m	0.5～1.0	目测
	5	沉渣厚度：端承桩 摩擦桩	mm mm	≤50 ≤150	用沉渣仪或重锤测量
	6	混凝土坍落度：水下灌注 干施工	mm mm	160～220 70～100	坍落度仪
	7	钢筋笼安装深度	mm	±100	用钢尺量
	8	混凝土充盈系数	>1		检查每根桩的实际灌注量
	9	桩顶标高	mm	+30 −50	水准仪，需扣除桩顶浮浆层及劣质桩体

表 2-13　灌注桩的平面位置和垂直度的允许偏差

序号	成孔方法		桩径允许偏差(mm)	垂直度允许偏差(%)	桩位允许偏差(mm)	
					1～3 根、单排桩基垂直于中心线方向和群桩基础的边桩	条形桩基沿中心线方向和群桩基础的中间桩
1	泥浆护壁	D≤1 000 mm	±50	<1	D/6，且不大于 100	D/4，且不大于 150
		D>1 000 mm	±50		100+0.01H	150+0.01H
2	套管成孔灌注桩	D≤500 mm	−20	<1	70	150
		D>500 mm			100	150
3	干成孔灌注桩		−20	<1	70	150
4	人工挖孔桩	混凝土护壁	+50	<0.5	50	150
		钢套管护壁	+50	<1	100	200

注：1. 桩径允许偏差的负值是指个别断面。

2. 采用复打、反插法施工的桩，其桩径允许偏差不受上表限制。

3. H 为施工现场地面标高与桩顶设计标高的距离，D 为设计桩径。

(五)验收批量

1. 桩体质量、承载力的验收以单位工程总桩数为一批。

2. 原材料、混凝土的验收批量应符合相关标准的规定要求。

3. 其他验收项目应按每根桩进行检查验收。

(六)取样方法

1. 混凝土试件在桩体浇筑现场制作，养护至规定龄期进行试验。

2. 桩体质量、承载力检验应随机抽取试验桩。

3. 对砂、石子、钢材、水泥等原材料的取样方法，应符合国家现行标准的规定。

4. 其他检测项目检查方法见性能指标部分相关表格。

(七)样品数量

1. 混凝土强度试件:直径大于 1 m 或单桩混凝土量超过 25 m^3 的桩,每根桩桩身混凝土应留有 1 组试件;直径不大于 1 m 的桩或单桩混凝土量不超过 25 m^3 的桩,每个灌注台班不得少于 1 组;每组试件应留 3 件。

2. 单桩承载力:当采用静载荷试验时:总桩数的 1%且不少于 3 根。总桩数不少于 50 根时,不应少于 2 根。当采用高应变试验时:总桩数的 5%且不少于 5 根。当采用钻芯法(大直径嵌岩灌注桩)时:总桩数的 10%且不少于 10 根。

3. 桩身完整性:(1)不应少于总桩数的 30%,且不得少于 20 根;(2)每个柱子承台下不得少于 1 根。

4. 对砂、石子、钢材、水泥等原材料的取样数量,应符合国家现行标准的规定。

5. 其他主控项目应全部检查,对一般项目,除已明确规定外,其他可按 20%抽查,但混凝土灌注桩应全部检查。

(八)检测项目

主控项目:钢筋材质、主筋间距、主筋长度、桩位、孔深、桩体质量检验、混凝土强度、承载力。

一般项目:箍筋间距、箍筋直径、垂直度、桩径、泥浆比重、泥浆面标高、沉渣厚度、混凝土坍落度、钢筋笼安装深度、混凝土充盈系数、桩顶标高。

(九)质量评定

1. 主控项目和一般项目的质量经抽样检验合格。

2. 具有完整的施工操作依据、质量检查记录。

(十)使用注意事项

1. 不同桩型的适用条件应符合下列规定。

(1)泥浆护壁钻孔灌注桩宜用于地下水位以下的黏性土、粉土、砂土、填土、碎石土及风化岩层。

(2)旋挖成孔灌注桩宜用于黏性土、粉土、砂土、填土、碎石土及风化岩层。

(3)冲孔灌注桩除宜用于上述地质情况外,还能穿透旧基础、建筑垃圾填土或大孤石等障碍物。在岩溶发育地区应慎重使用,采用时,应适当加密勘察钻孔。

(4)长螺旋钻孔压灌桩后插钢筋笼宜用于黏性土、粉土、砂土、填土、非密实的碎石类土、强风化岩。

(5)干作业钻、挖孔灌注桩宜用于地下水位以上的黏性土、粉土、填土、中等密实以上的砂土、风化岩层。

(6)在地下水位较高,有承压水的砂土层、滞水层、厚度较大的流塑状淤泥、淤泥质土层中不得选用人工挖孔灌注桩。

(7)沉管灌注桩宜用于黏性土、粉土和砂土;夯扩桩宜用于桩端持力层为埋深不超过 20 m 的中、低压缩性黏性土、粉土、砂土和碎石类土。

2. 成孔的控制深度应符合下列要求。

(1)摩擦型桩:摩擦桩应以设计桩长控制成孔深度;端承摩擦桩必须保证设计桩长及桩端进入持力层深度。当采用锤击沉管法成孔时,桩管入土深度控制应以标高为主,以贯入度控制为辅。

(2)端承型桩:当采用钻(冲),挖掘成孔时,必须保证桩端进入持力层的设计深度;当采用锤击沉管法成孔时,沉管深度控制以贯入度为主,以设计持力层标高对照为辅。

3. 泥浆护壁成孔灌注桩施工,除能自行造浆的黏性土层外,均应制备泥浆。泥浆制备应选用高塑性黏土或膨润土。泥浆应根据施工机械、工艺及穿越土层情况进行配合比设计。泥浆护壁应符合下列规定。

(1)施工期间护筒内的泥浆面应高出地下水位 1.0 m 以上，在受水位涨落影响时，泥浆面应高出最高水位 1.5 m 以上。

(2)在清孔过程中，应不断置换泥浆，直至浇注水下混凝土。

(3)浇注混凝土前，孔底 500 mm 以内的泥浆比重应小于 1.25；含砂率不得大于 8%；黏度不得大于 28 s。

(4)在容易产生泥浆渗漏的土层中应采取维持孔壁稳定的措施。

4. 泥浆护壁成孔时，宜采用孔口护筒，护筒设置应符合下列规定。

(1)护筒埋设应准确、稳定，护筒中心与桩位中心的偏差不得大于 50 mm。

(2)护筒可用 4~8 mm 厚钢板制作，其内径应大于钻头直径 100 mm，上部宜开设 1~2 个溢浆孔。

(3)护筒的埋设深度：在黏性土中不宜小于 1.0 m；砂土中不宜小于 1.5 m。护筒下端外侧应采用黏土填实；其高度尚应满足孔内泥浆面高度的要求。

(4)受水位涨落影响或水下施工的钻孔灌注桩，护筒应加高加深，必要时应打入不透水层。

5. 灌注混凝土之前，孔底沉渣厚度指标应符合下列规定。

(1)对端承型桩，不应大于 50 mm。

(2)对摩擦型桩，不应大于 100 mm。

(3)对抗拔、抗水平力桩，不应大于 200 mm。

6. 钢筋笼吊装完毕后，应安置导管或气泵管二次清孔，并应进行孔位、孔径、垂直度、孔深、沉渣厚度等检验，合格后应立即灌注混凝土。

7. 水下灌注的混凝土应符合下列规定。

(1)水下灌注混凝土必须具备良好的和易性，配合比应通过试验确定；坍落度宜为 180~220 mm；水泥用量不应少于 360 kg/m^3(当掺入粉煤灰时水泥用量可不受此限)。

(2)水下灌注混凝土的含砂率宜为 40%~50%，并宜选用中粗砂；粗骨料的最大粒径应小于 40 mm。

(3)水下灌注混凝土宜掺外加剂。

8. 导管的构造和使用应符合下列规定。

(1)导管壁厚不宜小于 3 mm，直径宜为 200~250 mm；直径制作偏差不应超过 2 mm，导管的分节长度可视工艺要求确定，底管长度不宜小于 4 m，接头宜采用双螺纹方扣快速接头。

(2)导管使用前应试拼装、试压，试水压力可取为 0.6~1.0 MPa。

(3)每次灌注后应对导管内外进行清洗。

9. 灌注水下混凝土的质量控制应满足下列要求。

(1)开始灌注混凝土时，导管底部至孔底的距离宜为 300~500 mm。

(2)应有足够的混凝土储备量，导管一次埋入混凝土灌注面以下不应少于 0.8 m。

(3)导管埋入混凝土深度宜为 2~6 m。严禁将导管提出混凝土灌注面，并应控制提拔导管速度，应有专人测量导管埋深及管内外混凝土灌注面的高差，填写水下混凝土灌注记录。

(4)灌注水下混凝土必须连续施工，每根桩的灌注时间应按初盘混凝土的初凝时间控制，对灌注过程中的故障应记录备案。

(5)应控制最后一次灌注量，超灌高度宜为 0.8~1.0 m，凿除泛浆高度后必须保证暴露的桩顶混凝土强度达到设计等级。

10. 人工挖孔桩的孔径(不含护壁)不得小于 0.8 m,且不宜大于 2.5 m;孔深不宜大于30 m。当桩净距小于 2.5 m 时,应采用间隔开挖。相邻排桩跳挖的最小施工净距不得小于 4.5 m。人工挖孔桩混凝土护壁的厚度不应小于 100 mm,混凝土强度等级不应低于桩身混凝土强度等级,并应振捣密实;护壁应配置直径不小于 8 mm 的构造钢筋,竖向筋应上下搭接或拉接。

11. 人工挖孔桩施工应采取下列安全措施。

(1)孔内必须设置应急软爬梯供人员上下;使用的电葫芦、吊笼等应安全可靠,并配有自动卡紧保险装置,不得使用麻绳和尼龙绳吊挂或脚踏井壁凸缘上下。电葫芦宜用按钮式开关,使用前必须检验其安全起吊能力。

(2)每日开工前必须检测井下的有毒、有害气体,并应有足够的安全防范措施。当桩孔开挖深度超过 10 m 时,应有专门向井下送风的设备,风量不宜少于 25 L/s。

(3)孔口四周必须设置护栏,护栏高度宜为 0.8 m。

(4)挖出的土石方应及时运离孔口,不得堆放在孔口周边 1 m 范围内,机动车辆的通行不得对井壁的安全造成影响。

(5)施工现场的一切电源、电路的安装和拆除必须遵守现行行业标准《施工现场临时用电安全技术规范》(JGJ 46)的规定。

二、混凝土预制桩

(一)概　　述

混凝土预制桩是采用钢筋混凝土在现场或工厂制作后以锤击、振动打入、静压或旋转等方式施工的预制桩。

(二)执行标准

《建筑地基基础工程施工质量验收规范》(GB 50202—2002)。

(三)相关标准

《建筑桩基技术规范》(JGJ 94—2008)。

(四)性能指标

1. 桩在现场预制时,应对原材料、钢筋骨架(表 2-14)、混凝土强度进行检查;采用工厂生产的成品桩时,桩进场后应进行外观及尺寸检查。

表 2-14　预制桩钢盘骨架质量检验标准(mm)

项	序	检查项目	允许偏差或允许值	检查方法
主控项目	1	主筋距桩顶距离	±5	用钢尺量
	2	多节桩锚固钢筋位置	5	用钢尺量
	3	多节桩预埋铁件	±3	用钢尺量
	4	主筋保护层厚度	±5	用钢尺量
一般项目	1	主筋间距	±5	用钢尺量
	2	桩尖中心线	10	用钢尺量
	3	箍筋间距	±20	用钢尺量
	4	桩顶钢筋网片	±10	用钢尺量
	5	多节桩锚固钢筋长度	±10	用钢尺量

2. 施工中应对桩体垂直度、沉桩情况、桩顶完整状况、接桩质量等进行检查，对电焊接桩，重要工程应做10%的焊缝探伤检查。

3. 施工结束后，应对承载力及桩体质量做检验。

4. 对长桩或总锤击数超过500击的锤击桩，应符合桩体强度及28天龄期的两项条件才能锤击。

5. 钢筋混凝土预制桩的质量检验标准应符合表2-15的规定。

表2-15　钢筋混凝土预制桩的质量检验标准

项	序	检查项目	允许偏差或允许值		检查方法
			单位	数值	
主控项目	1	桩体质量检验	按基桩检测技术规范		按基桩检测技术规范
	2	桩体偏差	见表2-16		用钢尺量
	3	承载体	按基桩检测技术规范		按基桩检测技术规范
一般项目	1	砂、石、水泥、钢材等原材料（现场预制时）	符合设计要求		查出厂质保文件或抽样送检
	2	混凝土配合比及强度（现场预制时）	符合设计要求		检查称量及查试块记录
	3	成品桩外形	表面平整，颜色均匀，掉角深度<10 mm，蜂窝面积小于总面积0.5%		直观
	4	成品桩裂缝（收缩裂缝或起吊、装运、堆放引起的裂缝）	深度<20 mm，宽度<0.25 mm，横向裂缝不超过边长的一半		裂缝测定仪，该项在地下水有侵蚀地区及锤击数超过500击的长桩不适用
	5	成品桩尺寸：横截面边长 桩顶对角线差 桩尖中心线 桩身弯曲矢高 桩顶平整度	mm mm mm mm	±5 <10 <10 <1/1 000l <2	用钢尺量 用钢尺量 用钢尺量 用钢尺量（l为桩长） 用水平尺量
	6	电焊接桩：焊缝质量 电焊结束后停歇时间 上下节平面偏差 节点弯曲矢高	 min mm 	 >1.0 <10 <1/1 000l	 秒表测定 用钢尺量 用钢尺量（l为两节桩长）
	7	硫磺胶泥接桩：胶泥浇注时间 浇注后停歇时间	min min	<2 >7	秒表测定 秒表测定
	8	桩顶标高	mm	±50	水准仪
	9	停锤标准	设计要求		现场实测或查沉桩记录

表2-16　预制桩桩位的允许偏差(mm)

序号	项　　目	允　许　偏　差
1	盖有基础梁的桩： (1)垂直基础梁的中心线 (2)沿基础梁的中心线	 100+0.01H 150+0.01H
2	桩数为1～3根桩基中的桩	100
3	桩数为4～16根桩基中的桩	1/2桩径或边长
4	桩数大于16根桩基中的桩： (1)最外边的桩 (2)中间桩	 1/3桩径或边长 1/2桩径或边长

注：H为施工现场地面标高与桩顶设计标高的距离。

（五）验收批量

1. 桩体质量、承载力的验收以单位工程总桩数为一批。

2. 原材料、混凝土的验收批量应符合相关标准的规定要求。

3. 其他验收项目应按每根桩进行检查验收。

（六）取样方法

1. 混凝土试件在桩体浇筑现场制作，养护至规定龄期进行试验。

2. 桩体质量、承载力检验应随机抽取试验桩。

3. 对砂、石子、钢材、水泥等原材料的取样方法，应符合国家现行标准的规定。

4. 其他检测项目检查方法见性能指标部分相关表格。

（七）样品数量

1. 混凝土强度试件：每个灌注台班不得少于1组；每组试件应留3件。

2. 单桩承载力：当采用静载荷试验时：总桩数的1%且不少于3根。总桩数不少于50根时，不应少于2根。当采用高应变试验时：总桩数的5%且不少于5根。

3. 桩身完整性：(1)不应少于总桩数的10%，且不得少于10根；(2)每个柱子承台下不得少于1根。

4. 对砂、石子、钢材、水泥等原材料的取样数量，应符合国家现行标准的规定。

5. 其他主控项目应全部检查，对一般项目，除已明确规定外，其他可按20%抽查。

（八）检测项目

主控项目：钢筋材质、主筋距桩顶距离、多节桩锚固钢筋位置、多节桩预埋铁件位置、主筋保护层厚度、桩体质量检验、桩位偏差、承载力。

一般项目：主筋间距、桩尖中心线、箍筋间距、桩顶钢筋网片、多节桩锚固钢筋长度、原材料质量、混凝土配合比及强度、成品桩外形、成品桩裂缝、成品桩尺寸、焊接接桩焊缝质量、硫磺胶泥接桩时胶泥浇筑时间、桩顶标高、停锤标准。

（九）质量评定

1. 主控项目和一般项目的质量经抽样检验合格。

2. 具有完整的施工操作依据、质量检查记录。

（十）使用注意事项

1. 钢筋骨架的主筋连接宜采用对焊和电弧焊，当钢筋直径不小于20 mm时，宜采用机械接头连接。主筋接头配置在同一截面内的数量，应符合下列规定。

(1)当采用对焊或电弧焊时，对于受拉钢筋，不得超过50%。

(2)相邻两根主筋接头截面的距离应大于$35d$(主筋直径)，并不应小于500 mm。

(3)必须符合现行行业标准《钢筋焊接及验收规程》(JGJ 18)和《钢筋机械连接通用技术规程》(JGJ 107)的规定。

2. 确定桩的单节长度时应符合下列规定。

(1)满足桩架的有效高度、制作场地条件、运输与装卸能力。

(2)避免在桩尖接近或处于硬持力层中时接桩。

3. 灌注混凝土预制桩时，宜从桩顶开始灌筑，并应防止另一端的砂浆积聚过多。重叠法制作预制桩时，应符合下列规定。

(1)桩与邻桩及底模之间的接触面不得粘连。

(2)上层桩或邻桩的浇筑，必须在下层桩或邻桩的混凝土达到设计强度的30%以上时，方可进行。

(3)桩的重叠层数不应超过4层。

4. 锤击预制桩的骨料粒径宜为5～40 mm。锤击预制桩，应在强度与龄期均达到要求后，方可锤击。

5. 混凝土实心桩的吊运应符合下列规定。

(1)混凝土设计强度达到70%及以上方可起吊，达到100%方可运输。

(2)桩起吊时应采取相应措施，保证安全平稳，保护桩身质量。

(3)水平运输时，应做到桩身平稳放置，严禁在场地上直接拖拉桩体。

6. 桩的连接可采用焊接、法兰连接或机械快速连接(螺纹式、啮合式)。接桩材料应符合下列规定。

(1)焊接接桩：钢钣宜采用低碳钢，焊条宜采用E43；并应符合现行行业标准《建筑钢结构焊接技术规程》(JGJ 81)要求。接头宜采用探伤检测，同一工程检测量不得少于3个接头。

(2)法兰接桩：钢钣和螺栓宜采用低碳钢。

7. 采用焊接接桩除应符合现行行业标准《建筑钢结构焊接技术规程》(JGJ 81)的有关规定外，尚应符合下列规定。

(1)下节桩段的桩头宜高出地面0.5 m。

(2)下节桩的桩头处宜设导向箍。接桩时上下节桩段应保持顺直，错位偏差不宜大于2 mm。接桩就位纠偏时，不得采用大锤横向敲打。

(3)桩对接前，上下端板表面应采用铁刷子清刷干净，坡口处应刷至露出金属光泽。

(4)焊接宜在桩四周对称地进行，待上下桩节固定后拆除导向箍再分层施焊；焊接层数不得少于2层，第一层焊完后必须把焊渣清理干净，方可进行第二层(的)施焊，焊缝应连续、饱满。

(5)焊好后的桩接头应自然冷却后方可继续锤击，自然冷却时间不宜少于8 min；严禁采用水冷却或焊好即施打。

(6)雨天焊接时，应采取可靠的防雨措施。

(7)焊接接头的质量检查，对于同一工程探伤抽样检验不得少于3个接头。

8. 采用机械快速螺纹接桩的操作与质量应符合下列规定。

(1)安装前应检查桩两端制作的尺寸偏差及连接件，无受损后方可起吊施工，其下节桩端宜高出地面0.8 m。

(2)接桩时，卸下上下节桩两端的保护装置后，应清理接头残物，涂上润滑脂。

(3)应采用专用接头锥度对中，对准上下节桩进行旋紧连接。

(4)可采用专用链条式板手进行旋紧，锁紧后两端板尚应有1～2 mm的间隙。

9. 采用机械啮合接头接桩的操作与质量应符合下列规定。

(1)将上下接头钣清理干净，用扳手将已涂抹沥青涂料的连接销逐根旋入上节桩Ⅰ型端头钣的螺栓孔内，并用钢模板调整好连接销的方位。

(2)剔除下节桩Ⅱ型端头钣连接槽内泡沫塑料保护块，在连接槽内注入沥青涂料，并在端头钣面周边抹上宽度20 mm、厚度3 mm的沥青涂料；当地基土、地下水含中等以上腐蚀介质时，桩端钣板面应满涂沥青涂料。

(3)将上节桩吊起，使连接销与Ⅱ型端头钣上各连接口对准，随即将连接销插入连接槽内。

(4)加压使上下节桩的桩头钣接触，接桩完成。

10. 桩锤的选用应根据地质条件、桩型、桩的密集程度、单桩竖向承载力及现有施工条件等因素确定。锤重选择见表 2-17。

表 2-17 锤重选择表

锤型			柴油锤(t)						
			D25	D35	D45	D60	D72	D80	D100
锤的动力性能		冲击部分质量(t)	2.5	3.5	4.5	6.0	7.2	8.0	10.0
		总质量(t)	6.5	7.2	9.6	15.0	18.0	17.0	20.0
		冲击力(kN)	2 000～2 500	2 500～4 000	4 000～5 000	5 000～7 000	7 000～10 000	>10 000	>12 000
		常用冲程(m)	1.8～2.3						
		预制方桩、预应力管桩的边长或直径(mm)	350～400	400～450	450～500	500～550	550～600	600 以上	600 以上
		钢管桩直径(mm)	400		600	900	900～1 000	900 以上	900 以上
持力层	黏性土粉土	一般进入深度(m)	1.5～2.5	2.0～3.0	2.5～3.5	3.0～4.0	3.0～5.0	—	—
		静力触探比贯入阻力 P_s 平均值(MPa)	4	5	>5	>5	>5	—	—
	砂土	一般进入深度(m)	0.5～1.5	1.0～2.0	1.5～2.5	2.0～3.0	2.5～3.5	4.0～5.0	5.0～6.0
		标准贯入击数 $N_{63.5}$(未修正)	20～30	30～40	40～45	45～50	50	>50	>50
锤的常用控制贯入度(cm/10 击)			2～3		3～5	4～8		5～10	7～12
设计单桩极限承载力(kN)			800～1 600	2 500～4 000	3 000～5 000	5 000～7 000	7 000～10 000	>10 000	>10 000

注：1. 本表仅供选锤用。

2. 本表适用于桩端进入硬土层一定深度的长度为 20～60 m 的钢筋混凝土预制桩及长度为 40～60 m 的钢管桩。

11. 桩打入时应符合下列规定：

(1)桩帽或送桩帽与桩周围的间隙应为 5～10 mm；

(2)锤与桩帽、桩帽与桩之间应加设硬木、麻袋、草垫等弹性衬垫；

(3)桩锤、桩帽或送桩帽应和桩身在同一中心线上；

(4)桩插入时的垂直度偏差不得超过 0.5%。

12. 打桩顺序要求应符合下列规定：

(1)对于密集桩群，自中间向两个方向或四周对称施打；

(2)当一侧毗邻建筑物时，由毗邻建筑物处向另一方向施打；

(3)根据基础的设计标高，宜先深后浅；

(4)根据桩的规格，宜先大后小，先长后短。

13. 桩终止锤击的控制应符合下列规定：

(1)当桩端位于一般土层时，应以控制桩端设计标高为主，贯入度为辅；

(2)桩端达到坚硬、硬塑的黏性土、中密以上粉土、砂土、碎石类土及风化岩时，应以贯入度控制为主，桩端标高为辅；

(3)贯入度已达到设计要求而桩端标高未达到时，应继续锤击 3 阵，并按每阵 10 击的贯入度不应大于设计规定的数值确认，必要时，施工控制贯入度应通过试验确定。

三、预应力管桩

(一)概　　述

管桩按混凝土强度等级分为预应力混凝土管桩和预应力高强混凝土管桩。预应力混凝土管桩代号为 PC，预应力高强混凝土管桩的代号为 PHC。管桩按外径分为 300 mm、(350 mm)、400 mm、(450 mm)、500 mm、(550 mm)、600 mm、700 mm、800 mm、1 000 mm、1 200 mm、1 300 mm、1 400 mm 等规格(括号内规格为非优选规格)，按管桩的混凝土有效预压应力值分为 A 型、AB 型、B 型和 C 型。

(二)执行标准

《建筑地基基础工程施工质量验收规范》(GB 50202—2002)。

《先张法预应力混凝土管桩》(GB 13476—2009)。

(三)相关标准

《建筑桩基技术规范》(JGJ 94—2008)。

(四)性能指标

1. 施工前应检查进入现场的成品桩，接桩用电焊条等产品质量。

2. 施工过程中应检查桩的贯入情况、桩顶完整状况、电焊接桩质量、桩体垂直度、电焊后的停歇时间。重要工程应对电焊接头做 10% 的焊缝探头检查。

3. 施工结束后，应做承载力检验及桩体质量检验。

4. 先张法预应力管桩的质量检验应符合表 2-18 的规定。

表 2-18　先张法预应力管桩质量检验标准

<table>
<tr><th rowspan="2">项</th><th rowspan="2">序</th><th rowspan="2" colspan="2">检查项目</th><th colspan="2">允许偏差或允许值</th><th rowspan="2">检查方法</th></tr>
<tr><th>单位</th><th>数值</th></tr>
<tr><td rowspan="3">主控项目</td><td>1</td><td colspan="2">桩体质量检验</td><td colspan="2">按基桩检测技术规范</td><td>按基桩检测技术规范</td></tr>
<tr><td>2</td><td colspan="2">桩位偏差</td><td colspan="2">见表 2-19</td><td>用钢尺量</td></tr>
<tr><td>3</td><td colspan="2">承载力</td><td colspan="2">按基桩检测技术规范</td><td>按基桩检测技术规范</td></tr>
<tr><td rowspan="12">一般项目</td><td rowspan="6">1</td><td rowspan="6">成品桩质量</td><td>外观</td><td colspan="2">无蜂窝、露筋、裂缝、色感均匀、桩顶处无孔隙</td><td>直观</td></tr>
<tr><td>桩径</td><td>mm</td><td>±5</td><td>用钢尺量</td></tr>
<tr><td>管壁厚度</td><td>mm</td><td>±5</td><td>用钢尺量</td></tr>
<tr><td>桩尖中心线</td><td>mm</td><td><2</td><td>用钢尺量</td></tr>
<tr><td>顶面平整度</td><td>mm</td><td>10</td><td>用水平尺量</td></tr>
<tr><td>桩体弯曲</td><td></td><td><1/1 000l</td><td>用钢尺量，l 为桩长</td></tr>
<tr><td rowspan="4">2</td><td colspan="2">电焊接桩：焊缝质量</td><td></td><td></td><td></td></tr>
<tr><td colspan="2">电焊结束后停歇时间</td><td>min</td><td>>1.0</td><td>秒表测定</td></tr>
<tr><td colspan="2">上下节平面偏差</td><td>mm</td><td><10</td><td>用钢尺量</td></tr>
<tr><td colspan="2">节点弯曲矢高</td><td></td><td><1/1 000l</td><td>用钢尺量，l 为桩长</td></tr>
<tr><td>3</td><td colspan="2">桩位</td><td colspan="2">设计要求</td><td>现场实测或查沉桩记录</td></tr>
<tr><td>4</td><td colspan="2">砂桩标高</td><td>mm</td><td>±50</td><td>水准仪</td></tr>
</table>

表 2-19 预应力管桩桩位的允许偏差(mm)

序号	项　　目	允许偏差
1	盖有基础梁的桩： (1)垂直基础梁的中心线 (2)沿基础梁的中心线	 100＋0.01H 150＋0.01H
2	桩数为 1～3 根桩基中的桩	100
3	桩数为 4～16 根桩基中的桩	1/2 桩径或边长
4	桩数大于 16 根桩基中的桩： (1)最外边的桩 (2)中间桩	 1/3 桩径或边长 1/2 桩径或边长

注：H 为施工现场地面标高与桩顶设计标高的距离。

(五)验收批量

1. 桩体质量、承载力的验收以单位工程总桩数为一批。

2. 其他验收项目应按每根桩进行检查验收。

(六)取样方法

1. 桩体质量、承载力检验应随机抽取试验桩。

2. 其他检测项目检查方法见性能指标部分相关表格。

(七)样品数量

1. 单桩承载力：当采用静载荷试验时样品为总桩数的 1%且不少于 3 根；总桩数不少于 50 根时，样品不应少于 2 根。当采用高应变试验时：样品为总桩数的 5%且不少于 5 根。

2. 桩身完整性：(1)不应少于总桩数的 20%，且不得少于 20 根；(2)每个柱子承台下不得少于 1 根。

3. 其他主控项目应全部检查，对一般项目，除已明确规定外，其他可按 20%抽查，但混凝土灌注桩应全部检查。

(八)检测项目

主控项目：桩体质量检验、桩位、承载力。

一般项目：成品桩外观及尺寸偏差、电焊接桩的焊缝质量、桩顶标高。

(九)质量评定

1. 主控项目和一般项目的质量经抽样检验合格。

2. 具有完整的施工操作依据、质量检查记录。

(十)使用注意事项

1. 预应力混凝土空心桩的吊运应符合下列规定。

(1)出厂前应作出厂检查，其规格、批号、制作日期应符合所属的验收批号内容。

(2)在吊运过程中应轻吊轻放，避免剧烈碰撞。

(3)单节桩可采用专用吊钩勾住桩两端内壁直接进行水平起吊。

(4)运至施工现场时应进行检查验收，严禁使用质量不合格及在吊运过程中产生裂缝的桩。

2. 预应力混凝土空心桩的堆放应符合下列规定。

(1)堆放场地应平整坚实，最下层与地面接触的垫木应有足够的宽度和高度。堆放时桩应稳固，不得滚动。

(2)应按不同规格、长度及施工流水顺序分别堆放。

(3)当场地条件许可时，宜单层堆放；当叠层堆放时，外径为 500～600 mm 的桩不宜超过4层，外径为 300～400 mm 的桩不宜超过 5 层。

(4)叠层堆放桩时，应在垂直于桩长度方向的地面上设置 2 道垫木，垫木应分别位于距桩端 0.2 倍桩长处；底层最外缘的桩应在垫木处用木楔塞紧。

(5) 垫木宜选用耐压的长木方或枕木，不得使用有棱角的金属构件。

3. 取桩应符合下列规定。

(1)当桩叠层堆放超过 2 层时，应采用吊机取桩，严禁拖拉取桩。

(2)三点支撑自行式打桩机不应拖拉取桩。

4. 预应力管桩的接桩、打桩等施工注意事项参照第二部分预制桩注意事项相关条目。

四、钢　　桩

(一)概　　述

钢桩是以钢材直接压制或加工而成的桩，常用的有钢管桩、H 型钢桩及其他异型钢桩。钢桩具有以下特点。

1. 重量轻、刚性好，装卸、运输、堆放方便，不易破坏。
2. 承载力高，桩身不易破坏，桩长易于调节，接头连接简单。
3. 工程质量可靠，施工速度快。

但钢桩也具有钢材用量大、易腐蚀、造价高、施工机具复杂等缺点。

(二)执行标准

《建筑地基基础工程施工质量验收规范》(GB 50202—2002)。

(三)相关标准

《建筑桩基技术规范》(JGJ 94—2008)。

(四)性能指标

1. 施工前应检查进入现场的成品钢桩，成品桩的质量标准应符合表 2-20 的规定。

表 2-20　成品钢桩质量检验标准

项	序	检查项目	允许偏差或允许值		检查方法
			单位	数值	
主控项目	1	钢桩外径或断面尺寸：桩端 桩身		±0.5%D ±1D	用钢尺量，D 为外径或边长
主控项目	2	矢量		$<1/1\,000l$	用钢尺量 l 为桩长
一般项目	1	长度	mm	+10	用钢尺量
一般项目	2	端部平整度	mm	≤2	用水平尺量
一般项目	3	H 钢桩的方正度 $h>300$ $h<300$	mm mm	$T+T'\leqslant 8$ $T+T'\leqslant 6$	用钢尺量
一般项目	4	端部平面与桩中心线的倾斜值	mm	≤2	用水平尺量

2. 施工中应检查钢桩的垂直度、沉入过程、电焊连接质量、电焊后的停歇时间、桩顶锤击后的完整状况、电焊质量除常规检查外，应做 10%的焊缝探伤检查。

3. 施工结束后应做承载力检验。

4. 钢桩施工质量检验标准应符合表 2-21 的规定。

表 2-21　钢桩施工质量检验标准

项	序	检查项目	允许偏差或允许值		检查方法
			单位	数值	
主控项目	1	桩位偏差	见表 2-22		用钢尺量
	2	承载力	按基桩检测技术规范		按基桩检测技术规范
一般项目	1	电焊接桩焊缝: (1)上下节端部错口(外径≥700 mm) (外径<700 mm) (2)焊缝咬边深度 (3)焊缝加强层高度 (4)焊缝加强层宽度 (5)焊缝电焊质量外观 (6)焊缝探伤检验	mm mm mm mm mm	≤3 ≤2 ≤0.5 2 2	用钢尺量 用钢尺量 焊缝检查仪 焊缝检查仪 焊缝检查仪
			无气孔,无焊瘤,无裂缝满足设计要求		按设计要求
	2	电焊结束后停歇时间	min	>1.0	按设计要求
	3	节点弯曲矢量		<1/1 000l	用钢尺量,l 为两节桩长
	4	桩顶标高	mm	±50	水准仪
	5	停锤标准	设计要求		用钢尺量或沉桩记录

表 2-22　钢桩桩位的允许偏差(mm)

序号	项　目	允　许　偏　差
1	盖有基础梁的桩: (1)垂直基础梁的中心线 (2)沿基础梁的中心线	 100+0.01H 150+0.01H
2	桩数为 1～3 根桩基中的桩	100
3	桩数为 4～16 根桩基中的桩	1/2 桩径或边长
4	桩数大于 16 根桩基中的桩: (1)最外边的桩 (2)中间桩	 1/3 桩径或边长 1/2 桩径或边长

注:H 为施工现场地面标高与桩顶设计标高的距离。

(五)验收批量

1. 桩体质量、承载力的验收以单位工程总桩数为一批。

2. 其他验收项目应按每根桩进行检查验收。

(六)取样方法

1. 桩体质量、承载力检验应随机抽取试验桩。

2. 其他检测项目检查方法见性能指标部分相关表格。

(七)样品数量

1. 单桩承载力:当采用静载荷试验时样品为总桩数的 1%且不少于 3 根;总桩数不少于 50 根时,不应少于 2 根。

2. 桩身完整性:(1)不应少于总桩数的 20%,且不得少于 20 根;(2)每个柱子承台下不得少于 1 根。

3. 其他主控项目应全部检查,对一般项目,除已明确规定外,其他可按 20%抽查。

（八）检测项目

主控项目：钢桩外径或断面尺寸、矢量、桩位偏差、承载力。

一般项目：长度、端部平整度、H 钢桩的方正度、端部平面与桩中心线的倾斜值、电焊接桩焊缝、电焊结束后停歇时间、节点弯曲矢量、桩顶标高、停锤标准。

（九）质量评定

1. 主控项目和一般项目的质量经抽样检验合格。

2. 具有完整的施工操作依据、质量检查记录。

（十）使用注意事项

1. 钢桩的焊接应符合下列规定。

(1)必须清除桩端部的浮锈、油污等脏物，保持干燥；下节桩顶经锤击后变形的部分应割除。

(2)上下节桩焊接时应校正垂直度，对口的间隙宜为 2～3 mm。

(3)焊丝（自动焊）或焊条应烘干。

(4)焊接应对称进行。

(5)应采用多层焊，钢管桩各层焊缝的接头应错开，焊渣应清除。

(6)当气温低于 0 ℃或雨雪天等无可靠措施确保焊接质量时，不得焊接。

(7)每个接头焊接完毕，应冷却 1 min 后方可锤击。

(8)焊接质量应符合国家现行标准《钢结构工程施工质量验收规范》(GB 50205)和《建筑钢结构焊接技术规程》(JGJ 81)的规定。

2. H 型钢桩或其他异型薄壁钢桩，接头处应加连接板，可按等强度设置。

3. 钢桩的运输与堆放应符合下列规定。

(1)堆放场地应平整、坚实、排水通畅。

(2)桩的两端应有适当保护措施，钢管桩应设保护圈。

(3)搬运时应防止桩体撞击而造成桩端、桩体损坏或弯曲。

(4)钢桩应按规格、材质分别堆放，堆放层数：ϕ900 mm 的钢桩，不宜大于 3 层；ϕ600 mm 的钢桩，不宜大于 4 层；ϕ400 mm 的钢桩，不宜大于 5 层；H 型钢桩不宜大于 6 层。支点设置应合理，钢桩的两侧应采用木楔塞住。

4. 钢桩的接桩、打桩、沉桩等施工注意事项参照第二部分预制桩注意事项相关条目。

第三章　钢筋混凝土材料及现场试验

第一节　水　　泥

水泥是以石灰石和黏土为主要原料，经破碎、配料、磨细制成生料，喂入水泥窑中煅烧成熟料，加入适量石膏及混合材料磨细而成的粉末状材料。在水泥中加入适量水后成为塑性浆体，既能在空气中硬化，又能在水中硬化，并能把砂、石等材料牢固地黏结在一起，形成坚固的石状体的水硬性胶凝材料。水泥是无机非金属材料中使用量最大的一种建筑材料和工程材料，广泛用于建筑、水利、道路等工程中。

在距今 5 000 年的大地湾遗址及距今 2 000 多年前古罗马，都发现有利用火山喷发形成的天然胶凝性质材料和火山灰材料做胶凝材料的建筑，这是最早应用水泥的萌芽。1824 年，[英]利兹的一个施工人员约瑟夫・阿斯普丁(Joseph. Aspdin)提出"波特兰"水泥的一个专利。它是由煅烧某些磨细(粉状或弄碎成糊状)的石灰石，掺入分别磨细的黏土，再将混合物在窑内煅烧至 CO_2 被分解逸出，最后将烧成物磨细制成水泥应用。因为硬化后的水泥酷似英国波特兰石场天然建筑石料，故而命名为波特兰水泥。尽管阿斯普丁发明的水泥煅烧温度并未达到真正生产硅酸盐水泥的烧结温度，但因为他命名的波特兰水泥在市场上取得了很大的成功，而被后人确定为水泥的发明人。

水泥原料中的主要化学组成是氧化钙、氧化硅、氧化铝和氧化铁。氧化钙主要来源于石灰质原料，如石灰石、白垩、泥灰岩等；氧化铝、氧化铁和氧化硅则来源于硅铝质材料，如黏土、高炉矿渣、粉煤灰等；当硅铝质材料中氧化铁含量不足时，常用硫铁渣、低品位铁矿或炼铁厂尾矿作为铁质校正材料。

硅酸盐水泥生产工艺流程可分为生料制备、熟料煅烧、水泥粉磨三个阶段。第一阶段是将石灰质材料、硅铝质材料、校正性材料等经破碎或烘干后，按一定比例配合、磨细，调配成质量均匀的生料，生料的制备有干法和湿法两种；第二阶段是在水泥窑内将生料煅烧至部分熔融，得到以硅酸钙为主要成分的熟料；第三阶段是将水泥熟料添加适量石膏，有时还添加部分混合材料共同磨细为水泥。

随着科学技术的发展，现在水泥已发展到 100 多种，其分类方法也各有不同侧重点，目前常将水泥按其性质和用途可基本分为三类：通用水泥、专用水泥和特种水泥。每类水泥都有自己的若干品种和标号。建筑中用量最多的通用水泥有五大品种：硅酸盐水泥、普通硅酸盐水泥、矿渣硅酸盐水泥、火山灰质硅酸盐水泥、粉煤灰硅酸盐水泥。特种水泥有硫铝酸盐水泥、白色水泥、抗硫酸盐水泥、低热水泥等，专用水泥有油井水泥、道路硅酸盐水泥、砌筑水泥等。

一、硅酸盐水泥、普通硅酸盐水泥

(一)概　　述

1. 硅酸盐水泥

凡由硅酸盐水泥熟料、0～5%石灰石或粒化高炉矿渣、适量石膏磨细制成的水硬性胶凝材料，称为硅酸盐水泥。硅酸盐水泥分两种类型，不掺加混合材料的称Ⅰ类硅酸盐水泥，代号P·Ⅰ。在硅酸盐水泥粉磨时掺加不超过水泥质量5%石灰石或粒化高炉矿渣混合材料的称Ⅱ型硅酸盐水泥，代号P·Ⅱ。

2. 普通硅酸盐水泥

凡由硅酸盐水泥熟料、6%～20%混合材料、适量石膏磨细制成的水硬性胶凝材料，称为普通硅酸盐水泥(简称普通水泥)代号P·O。

(二)执行标准

《通用硅酸盐水泥》(GB 175—2007)。

(三)相关标准

《水泥化学分析方法》(GB/T 176—2008)。

《水泥比表面积测定方法(勃氏法)》(GB/T 8074—2008)。

《水泥细度检验方法(筛析法)》(GB/T 1345—2005)。

《水泥标准稠度用水量、凝结时间、安定性检验方法》(GB/T 1346—2001)。

《水泥胶砂强度检验方法》(GB/T 17671—1999)。

《混凝土结构工程施工质量验收规范》(GB 50204—2002)，2011年版。

《砌体结构工程施工质量验收规范》(GB 50203—2011)，2012年5月1日实施。

《水泥取样方法》(GB 12573—2008)。

(四)性能指标

1. 不溶物

Ⅰ型硅酸盐水泥中不溶物不得超过0.75%。

Ⅱ型硅酸盐水泥中不溶物不得超过1.50%。

2. 氧化镁

水泥中氧化镁的含量不得超过5.0%。如果水泥经压蒸安定性试验合格，则水泥中氧化镁含量允许放宽到6.0%。

3. 三氧化硫

水泥中三氧化硫含量不得超过3.5%。

4. 烧失量

Ⅰ型硅酸盐水泥中烧失量不得大于3.0%。

Ⅱ型硅酸盐水泥中烧失量不得大于3.5%。

普通硅酸盐水泥烧失量不得大于5.0%。

5. 氯离子

水泥中氯离子含量不得超过0.06%。

6. 细度(选择性指标)

硅酸盐水泥和普通硅酸盐水泥的细度以比表面积表示，其比表面积不小于300 m^2/kg。

7. 凝结时间

硅酸盐水泥初凝不得早于45 min，终凝不得迟于390 min。普通硅酸盐水泥初凝不得早于45 min，终凝不得迟于600 min。

8. 安定性

用沸煮法检验必须合格。

9. 强度

水泥强度等级按规定龄期的抗压强度和抗折强度来划分，各强度等级水泥的各龄期强度不得低于表 3-1 的数值(单位：MPa)。

表 3-1　水泥强度(MPa)

品种	强度等级	抗压强度		抗折强度	
		3 d	28 d	3 d	28 d
硅酸盐水泥	42.5	17.0	42.5	3.5	6.5
	42.5R	22.0		4.0	
	52.5	23.0	52.5	4.0	7.0
	52.5R	27.0		5.0	
	62.5	28.0	62.5	5.0	8.0
	62.5R	32.0		5.5	
普通水泥	42.5	17.0	42.5	3.5	6.5
	42.5R	22.0		4.0	
	52.5	23.0	52.5	4.0	7.0
	52.5R	27.0		5.0	

10. 碱含量(选择性指标)。

水泥中碱含量按 $Na_2O+0.658K_2O$ 计算值来表示，若使用活性骨料，用户要求提供低碱水泥时，水泥中碱含量应不大于 0.60%或由买卖双方协商确定。

(五)验收批量

同一水泥厂、同品种、同强度等级、同一出厂编号且连续进场的水泥，用于混凝土工程时，袋装不超过 200 t 为一验收批，不足 200 t 亦按一验收批计算；散装不超过 500 t 为一验收批，不足 500 t 亦按一验收批计算。

(六)取样方法

取样要有代表性，一般可以从 20 个以上不同的部位或 20 袋中取等量样品，总数至少 20 kg，拌和均匀后分成两等份：一份送试验室按标准进行检验；一份密封保存备校验用。

(七)样品数量

每一验收批取样一组，数量为 10 kg。

(八)检测项目

不溶物，氧化镁，三氧化硫，烧失量，细度，凝结时间，安定性，强度，碱含量，氯离子含量。

(九)质量评定

1. 合格品。检验结果均符合以上各项质量指标规定的为合格品。

2. 不合格品。检验结果不符合以上各项质量指标规定的任何一项技术要求的为不合格品。

(十)使用注意事项

1. 硅酸盐水泥和普通硅酸盐水泥优先用于一般气候环境、干燥环境、有抗冻要求、有耐磨要求的混凝土，可以用于潮湿环境中的混凝土。硅酸盐水泥在要求快硬高强的混凝土中优先考虑使用，还可以用于有抗渗要求的混凝土，不宜用于大体积混凝土。普通硅酸盐水泥在要求抗渗的混凝土中优先考虑使用，还可以用于大体积混凝土与要求快硬高强的混凝土。

2. 水泥储存期不宜过长，以免受潮变质或降低标号，储存期按出厂日期起，一般为三个月。水泥出厂日期超出三个月需进行复检后，根据检测结果使用。

3. 不同的生产厂，不同品种、标号和不同生产日期的水泥应分别堆放，不得混装。

4. 存放水泥的仓库，必须干燥，注意防潮。门窗不得有漏雨、渗水的情况，以免潮气侵入，导致水泥变质。临时存放的水泥，必须选择地势较高、干燥的场地作料棚，并做好上盖下垫工作。

5. 水泥使用前不仅检验水泥技术指标，还应关注与外加剂等的适应性问题。

6. 水泥温度过高时，会严重影响混凝土的和易性及与外加剂的适应性，一般拌制混凝土的水泥温度以低于40℃为宜。

二、矿渣硅酸盐水泥、火山灰质硅酸盐水泥、粉煤灰硅酸盐水泥、复合硅酸盐水泥

(一)概　　述

1. 矿渣硅酸盐水泥

凡由硅酸盐水泥熟料和粒化高炉矿渣、适量石膏磨细制成的水硬性胶凝材料称为矿渣硅酸盐水泥(简称矿渣水泥)代号P·S。水泥中粒化高炉矿渣掺加量按质量百分比计为20%～70%。其中粒化高炉矿渣掺加量大于20%且不大于50%的为A型，代号P·S·A。粒化高炉矿渣掺加量大于50%且不大于70%的为B型，代号P·S·B。

2. 火山灰质硅酸盐水泥

凡由硅酸盐水泥熟料和大于20%且小于等于40%的火山灰质混合材料、适量石膏磨细制成的水硬性胶凝材料称为火山灰质硅酸盐水泥(简称火山灰水泥)代号P·P。

3. 粉煤灰硅酸盐水泥

凡由硅酸盐水泥熟料和大于20%且小于等于40%的粉煤灰、适量石膏磨细制成的水硬性胶凝材料称为粉煤灰硅酸盐水泥(简称粉煤灰水泥)代号P·F。

4. 复合硅酸盐水泥

由硅酸盐水泥熟料和大于20%且小于等于50%的两种(含)以上混合材料、适量石膏磨细制成的水硬性胶凝材料为复合硅酸盐水泥，代号P·C。

(二)执行标准

《通用硅酸盐水泥》(GB 175—2007)。

(三)相关标准

《水泥化学分析方法》(GB/T 176—2008)。

《水泥比表面积测定方法(勃氏法)》(GB/T 8074—2008)。

《水泥细度检验方法(筛析法)》(GB/T 1345—2005)。

《水泥标准稠度用水量、凝结时间、安定性检验方法》(GB/T 1346—2001)。

《水泥胶砂强度检验方法》(GB/T 17671—1999)。

《水泥胶砂流动度测定方法》(GB/T 2419—2005)。

《混凝土结构工程施工质量验收规范》(GB 50204—2002)，2011年版。

《砌体结构工程施工质量验收规范》(GB 50203—2011)，2012年5月1日实施。

《水泥取样方法》(GB 12573—2008)。

(四)性能指标

1. 氧化镁

水泥中氧化镁的含量不得超过6.0%。如氧化镁的含量大于6.0%时，需进行水泥压蒸安

定性试验并合格。

2. 三氧化硫

矿渣水泥中三氧化硫含量不得超过 4.0%，火山灰水泥、粉煤灰水泥、复合硅酸盐水泥中三氧化硫的含量不得超过 3.5%。

3. 氯离子

水泥中氯离子含量不得超过 0.06%。

4. 细度(选择性指标)

矿渣硅酸盐水泥、火山灰质硅酸盐水泥、粉煤灰硅酸盐水泥和复合硅酸盐水泥的细度以筛余表示，其 80 μm 方孔筛筛余不大于 10%或 45 μm 方孔筛筛余不大于 30%。

5. 凝结时间

初凝不小于 45 min，终凝不大于 600 min。

6. 安定性

用沸煮法检验必须合格。

7. 强度

水泥强度等级按规定龄期的抗压强度和抗折强度来划分，各强度等级水泥的各龄期强度不得低于表 3-2 的数值。

表 3-2　水泥强度(MPa)

强度等级	抗压强度		抗折强度	
	3 d	28 d	3 d	28 d
32.5	10.0	32.5	2.5	5.5
32.5R	15.0		3.5	
42.5	15.0	42.5	3.5	6.5
42.5R	19.0		4.0	
52.5	21.0	52.5	4.0	7.0
52.5R	23.0		4.5	

8. 碱含量(选择性指标)

水泥中碱含量按 $Na_2O+0.658K_2O$ 计算值来表示，若使用活性骨料，用户要求提供低碱水泥时，水泥中碱含量应不大于 0.60%或由买卖双方协商确定。

(五)验收批量

同一水泥厂、同品种、同强度等级、同一出厂编号且连续进场的水泥，用于混凝土工程时，袋装不超过 200 t 为一验收批，不足 200 t 亦按一验收批计算；散装不超过 500 t 为一验收批，不足 500 t 亦按一验收批计算。

(六)取样方法

取样要有代表性，一般可以从 20 个以上不同的部位或 20 袋中取等量样品，总数至少 20 kg，拌和均匀后分成两等份：一份送试验室按标准进行检验；一份密封保存备校验用。

(七)样品数量

每一验收批取样一组，数量为 10 kg。

(八)检测项目

氧化镁，三氧化硫，细度，凝结时间，安定性，强度，碱含量，氯离子含量。

（九）质量评定

1. 合格品。检验结果均符合以上各项质量指标规定的为合格品。

2. 不合格品。检验结果不符合以上各项质量指标规定的任何一项技术要求的为不合格品。

（十）使用注意事项

1. 矿渣硅酸盐水泥优先用于潮湿环境或水下混凝土、厚大体积混凝土，可以用于一般气候环境、干燥环境及有抗冻、抗磨要求的混凝土，不宜用于要求快硬高强和有抗渗要求的混凝土。火山灰质硅酸盐水泥、粉煤灰硅酸盐水泥、复合硅酸盐水泥优先用于潮湿环境或水下混凝土、厚大体积混凝土、抗渗混凝土，可以用于一般气候环境下的混凝土，不宜用于干燥环境、有抗冻、抗磨要求及要求快硬高强的混凝土。

2. 水泥储存期不宜过长，以免受潮变质或降低标号，储存期按出厂日期起，一般为三个月。水泥出厂日期超出三个月需进行复检后，根据检测结果使用。

3. 不同的生产厂，不同品种、标号和不同生产日期的水泥应分别堆放，不得混装。

4. 存放水泥的仓库，必须干燥，注意防潮。门窗不得有漏雨、渗水的情况，以免潮气侵入，导致水泥变质。临时存放的水泥，必须选择地势较高、干燥的场地作料棚，并做好上盖下垫工作。

5. 水泥使用前不仅检验水泥技术指标，还应关注与外加剂等的适应性问题。

6. 水泥温度过高时，会严重影响混凝土的和易性及与外加剂的适应性，一般拌制混凝土的水泥温度以低于40℃为宜。

7. 矿渣水泥在使用中应注意避免混凝土产生离析。

8. 掺有大量混合材料的水泥浇筑的混凝土应加强混凝土早期及前期的养护，避免干缩及收缩产生裂缝。

三、道路硅酸盐水泥

（一）概　述

由道路硅酸盐水泥熟料、适量石膏，可加入符合规定的混合材料，磨细制成的水硬性胶凝材料，称为道路硅酸盐水泥，简称道路水泥，代号P·R。

（二）执行标准

《道路硅酸盐水泥》(GB 13693—2005)。

（三）相关标准

《水泥化学分析方法》(GB/T 176—2008)。

《水泥比表面积测定方法(勃氏法)》(GB/T 8074—2008)。

《水泥细度检验方法(筛析法)》(GB/T 1345—2005)。

《水泥标准稠度用水量、凝结时间、安定性检验方法》(GB/T 1346—2001)。

《水泥胶砂强度检验方法》(GB/T 17671—1999)。

《水泥取样方法》)(GB 12573—2008)。

（四）性能指标

1. 氧化镁

道路水泥中氧化镁的含量应不大于5.0％。

2. 三氧化硫

道路水泥中三氧化硫的含量应不大于3.5％。

3. 烧失量

道路水泥的烧失量应不大于3.0%。

4. 比表面积

比表面积为300～450 m^2/kg。

5. 凝结时间

初凝应不早于1.5 h,终凝不得迟于10 h。

6. 安定性

用沸煮法检验必须合格。

7. 干缩率

28天干缩率应不大于0.10%。

8. 耐磨性

28天磨耗量应不大于3.00 m^2/kg。

9. 强度

水泥强度等级按规定龄期的抗压和抗折强度来划分,各强度等级水泥的各龄期强度不得低于表3-3的数值。

表3-3 水泥强度(MPa)

标号	抗压强度		抗折强度	
	3 d	28 d	3 d	28 d
32.5	16.0	32.5	3.5	6.5
42.5	21.0	42.5	4.0	7.0
52.5	26.0	52.5	5.0	7.5

10. 碱含量

碱含量由供需双方商定。若使用活性骨料,用户要求提供低碱水泥时,水泥中碱含量应不超过0.60%。碱含量按 $Na_2O+0.658K_2O$ 计算值来表示。

(五)验收批量

同一水泥厂、同品种、同强度等级、同一出厂编号且连续进场的水泥,用于混凝土工程时,袋装不超过200 t为一验收批,不足200 t亦按一验收批计算;散装不超过500 t为一验收批,不足500 t亦按一验收批计算。

(六)取样方法

取样要有代表性,一般可以从20个以上不同的部位或20袋中取等量样品,总数至少14 kg。

(七)样品数量

每一验收批取样一组,数量为14 kg。

(八)检测项目

氧化镁,三氧化硫,比表面积,凝结时间,安定性,强度,烧失量,干缩性,耐磨性,碱含量。

(九)质量评定

1. 合格品。检验结果均符合标准规定质量指标要求的水泥为合格品。

2. 不合格品。凡比表面积、终凝时间、烧失量、干缩性和耐磨性的任一项不符合标准规定,或强度低于商品等级规定的指标时,均为不合格品。水泥包装标志中水泥品种、等级、生产厂名称和出厂编号不全的也属不合格品。

3. 废品，凡氧化镁、三氧化硫、初凝时间、安定性中的任一项不符合标准规定的指标时，均为废品。

（十）使用注意事项

1. 道路水泥具有良好的抗冲耐磨性，抗冻性和耐久性，干缩率低，适用于道路和对耐磨抗干缩等性能要求较高的工程。

2. 水泥储存期不宜过长，以免受潮变质或降低标号，储存期按出厂日期起，一般为三个月。水泥出厂日期超出三个月需进行复检后，根据检测结果使用。

3. 不同的生产厂，不同品种、标号和不同生产日期的水泥应分别堆放，不得混装。

4. 存放水泥的仓库，必须干燥，注意防潮。门窗不得有漏雨、渗水的情况，以免潮气侵入，导致水泥变质。临时存放的水泥，必须选择地势较高、干燥的场地作料棚，并做好上盖下垫工作。

5. 水泥使用前不仅检验水泥技术指标，还应关注与外加剂等的适应性问题。

6. 水泥温度过高时，会严重影响混凝土的和易性及与外加剂的适应性，一般拌制混凝土的水泥温度以低于40℃为宜。

四、硫铝酸盐水泥、快硬硫铝酸盐水泥、低碱度硫铝酸盐水泥、自应力硫铝酸盐水泥

（一）概　　述

1. 硫铝酸盐水泥，以适当成分的生料，经煅烧所得以无水硫铝酸钙和硅酸二钙为主要矿物成分的水泥熟料掺加不同量的石灰石、适量石膏共同磨细制成，具有水硬性的胶凝材料。硫铝酸盐水泥分为快硬硫铝酸盐水泥、低碱度硫铝酸盐水泥、自应力硫铝酸盐水泥。

2. 快硬硫铝酸盐水泥，由适当成分的硫铝酸盐水泥熟料和不大于水泥质量15%的石灰石、适量石膏共同磨细制成的，具有早期强度高的水硬性胶凝材料，代号R・SAC。

3. 低碱度硫铝酸盐水泥，由适当成分非硫铝酸盐水泥熟料和较多量石灰石、适量石膏共同磨细制成，具有碱度低的水硬性胶凝材料，代号L・SAC。其中石灰石掺加量应不小于水泥质量的15%，且不大于水泥质量的35%。

4. 自应力硫铝酸盐水泥，由适当成分的硫铝酸盐水泥熟料加入适量石膏磨细制成的具有膨胀性的水硬性胶凝材料，代号S・SAC。

（二）执行标准

《硫铝酸盐水泥》(GB 20472—2006)。

（三）相关标准

《铝酸盐水泥化学分析方法》(GB/T 205—2008)。

《自应力水泥物理实验方法》(JC/T 453—2004)。

《水泥标准稠度用水量、凝结时间、安定性检验方法》(GB /T 1346—2001)。

《水泥胶砂强度检验方法》(GB/T 17671—1999)。

《水泥取样方法》(GB 12573—2008)。

《水泥胶砂流动度测定方法》(GB/T 2419—2005)。

《膨胀水泥膨胀率检验方法》(JC/T 313—2009)。

（四）性能指标

1. 比表面积

快硬硫铝酸盐水泥比表面积应不小于350 m^2/kg。低碱度硫铝酸盐水泥比表面积应不小于400 m^2/kg。自应力硫铝酸盐水泥比表面积应不小于370 m^2/kg。

2. 凝结时间

快硬硫铝酸盐水泥、低碱度硫铝酸盐水泥初凝时间不大于 25 min，终凝时间不小于 180 min。自应力硫铝酸盐水泥初凝时间不大于 40 min，终凝时间不小于 240 min。

3. 碱度 pH 值

对低碱度硫铝酸盐水泥应不大于 10.5。

4. 28 天自由膨胀率

低碱度硫铝酸盐水泥 28 天自由膨胀率应在 0～0.15%之间。

5. 自由膨胀率

自应力硫铝酸盐水泥 7 天自由膨胀率应不大于 1.30%，28 天应不大于 1.75%。

6. 碱含量

自应力硫铝酸盐水泥碱含量应小于 0.50%。

7. 28 天自应力增进率

自应力硫铝酸盐水泥 28 天自应力增进率应不大于 0.010 MPa/d。

8. 强度

(1)快硬硫铝酸盐水泥各强度等级水泥应不低于表 3-4 的数值。

表 3-4　快硬硫铝酸盐水泥各龄期强度(单位 MPa)

强度等级	抗压强度			抗折强度		
	1 d	3 d	28 d	1 d	3 d	28 d
42.5	30.0	42.5	45.0	6.0	6.5	7.0
52.5	40.0	52.5	55.0	6.5	7.0	7.5
62.5	50.0	62.5	65.0	7.0	7.5	8.0
72.5	55.0	72.5	75.0	7.5	8.0	8.5

(2)低碱度硫铝酸盐水泥各强度等级水泥应不低于表 3-5 的数值。

表 3-5　低碱度硫铝酸盐水泥各龄期强度(单位 MPa)

强度等级	抗压强度		抗折强度	
	1 d	7 d	1 d	7 d
32.5	25.0	32.5	3.5	5.0
42.5	30.0	42.5	4.0	5.5
52.5	40.0	52.5	4.5	6.0

(3)自应力硫铝酸盐水泥所有自应力等级的水泥抗压强度 7 天不小于 32.5 MPa，28 天不小于 42.5 MPa。

9. 自应力硫铝酸盐水泥各级别各龄期自应力值(表 3-6)

表 3-6　自应力硫铝酸盐水泥各龄期自应力值(单位 MPa)

级别	7 d	28 d	
	≥	≥	≤
3.0	2.0	3.0	4.0
3.5	2.5	3.5	4.5
4.0	3.0	4.0	5.0
4.5	3.5	4.5	5.5

（五）验收批量

同一水泥厂、同品种、同等级、同一出厂编号的水泥，不超过 180 t 为一验收批，不足 180 t 亦按一验收批计算。

（六）取样方法

取样应具有代表性，可连续取，也可以从 20 个以上不同的部位取等量样品，总数至少 12 kg。

（七）样品数量

每一验收批取样一组，数量为 12 kg。

（八）检测项目

比表面积，凝结时间，强度，碱度，28 天自由膨胀率，自由膨胀率，自应力值，28 天自应力增进值，碱含量。

（九）质量评定

1. 合格品

检验结果均符合标准规定质量指标要求的水泥为合格品。

2. 不合格品

(1)快硬硫铝酸盐水泥、低碱度硫铝酸盐水泥、自应力硫铝酸盐水泥的比表面积、凝结时间、强度等级中的任一项不符合标准规定，判为不合格品。

(2)自应力硫铝酸盐水泥的自由膨胀率、自应力值、28 天自应力增进率中任一项不符合标准要求时，判为不合格品。

(3)快硬硫铝酸盐水泥、低碱度硫铝酸盐水泥、自应力硫铝酸盐水泥包装标志中水泥品种、强度等级、自应力等级、生产厂家名称和出厂编号不全时，判为不合格品。

3. 废品

(1)低碱度硫铝酸盐水泥中的碱度和 28 天自由膨胀率中任一项不符合标准要求时，判为废品。

(2)自应力硫铝酸盐水泥自应力值低于最低等级和水泥中的碱含量任一项不符合标准要求时，判为废品。

（十）使用注意事项

1. 快硬硫铝酸盐水泥早期强度高，长期强度稳定不下降，具有很高的抗冻性、高耐腐蚀性和低收缩性。适用于抢修工程、二次补强工程、灌浆工程、海洋及耐腐蚀工程。

2. 低碱度硫铝酸盐水泥适用于生产各类 GRC 轻质内外复合样板、通风道、欧式浮雕、各种构件、网架板及其他小型建筑饰品道路抢修等。低碱度硫铝酸盐水泥与玻璃纤维复合的制品使用环境温度不得大于 80 ℃。

3. 自应力硫铝酸盐水泥主要用于制造输水、输油、输气用自应力水泥钢盘混凝土压力管，配制高膨胀水泥砂浆和混凝土。

4. 硫铝酸盐水泥储存期不宜过长，以免受潮变质或降低标号，储存期按出厂日期起，一般为 45 天。水泥出厂日期超出 45 天需进行复检后，根据检测结果使用。

5. 不同的生产厂，不同品种、标号和不同生产日期的水泥应分别堆放，不得混装。

6. 存放水泥的仓库，必须干燥，注意防潮。门窗不得有漏雨、渗水的情况，以免潮气侵入，导致水泥变质。临时存放的水泥，必须选择地势较高、干燥的场地作料棚，并做好上盖下垫工作。

7. 硫铝酸盐水泥一般不得与硅酸盐等其他品种水泥混合使用。在使用硫铝酸盐水泥之前要对原拌和、运输等设备进行清洗,严格禁止与其他混凝土混拌或交替拌和,但一种混凝土硬化后可以与另一种混凝土接合。

8. 应注意制品脱模后的养护,可采用浇水覆盖草袋或塑料膜的方法进行,养护时间不应低于7天。

9. 硫铝酸盐水泥在使用前应做好准备工作,已加水搅拌的料必须在初凝前用完,失去流动性的料不得二次搅拌后使用。

10. 快硬硫铝酸盐水泥不适用于耐热工程及部位,制品蒸养温度不超过80 ℃。

第二节　骨　　料

骨料也称为集料,分为细骨料和粗骨料,此外还根据骨料的容重分为普通骨料和轻骨料。骨料在混凝土中的用量最大,是混凝土的主要组成材料,约占混凝土体积的3/4左右。骨料在混凝土中既有技术上的作用,又有经济上的意义。在经济上,它比水泥便宜的多,作为廉价的填充材料,降低混凝土的成本;在技术上,骨料的存在使混凝土比单纯的水泥浆具有更高的体积稳定性和更好的耐久性;另外骨料可以减少水泥净浆的发热、干缩等不良作用,作为调节材料。

一、普通混凝土用砂

(一)概　　述

1. 天然砂,由自然条件作用而形成的,公称粒径小于5.00 mm的岩石颗粒,按其产源不同,可分为河砂、海砂、山砂。

2. 人工砂,岩石经除土开采、机械破碎、筛分而成的,公称粒径小于5.00 mm的岩石颗粒。

3. 混合砂,由天然砂与人工砂按一定比例组合而成的砂。

(二)执行标准

《普通混凝土用砂、石质量及检验方法标准》(JGJ 52—2006)。

(三)相关标准

《建筑用砂》(GB/T 14684—2011)。

(四)性能指标

1. 细度模数(μ_f)

砂的粗细程度按细度模数分为粗、中、细、特细四级,其范围应符合下列规定。粗砂:3.7～3.1;中砂:3.0～2.3;细砂:2.2～1.6;特细砂:1.5～0.7。

2. 颗粒级配

除特细砂外,砂的颗粒级配按公称粒径630 μm筛孔的累计筛余量,分成三个级配区,砂的颗粒级配应处于其中的某一区内,见表3-7。

砂的实际颗粒级配,除公称粒径为5.00 mm和630μm筛孔的累计筛余量外,其余公称粒径的累计筛余可稍有超出分界线,但总超出量不应大于5%。

3. 含泥量(表3-8)

对于有抗冻、抗渗或其他特殊要求的小于或等于C25混凝土用砂,含泥量不应大于3.0%。

表 3-7 砂子颗粒级配

累计筛余(%) 级配区 / 公称粒径	1区	2区	3区
10.0 mm	0	0	0
5.00 mm	10～0	10～0	10～0
2.50 mm	35～5	25～5	15～0
1.25 mm	65～35	50～10	25～0
0.630 mm	85～71	70～41	40～16
0.315 mm	95～80	92～70	85～55
0.160 mm	100～90	100～90	100～90

表 3-8 砂子含泥量要求

混凝土强度等级	≥C60	C55～C30	≤C25
含泥量(按质量计,%)	≤2.0	≤3.0	≤5.0

4. 泥块含量(表 3-9)

表 3-9 砂子泥块含量要求

混凝土强度等级	≥C60	C55～C30	≤C25
泥块含量(按质量计,%)	≤0.5	≤1.0	≤2.0

对于有抗冻、抗渗或其他特殊要求的小于或等于 C25 混凝土用砂,泥块含量不应大于1.0%。

5. 石粉含量(表 3-10)

表 3-10 人工砂石粉含量要求

混凝土强度等级		≥C60	C55～C30	≤C25
石粉含量(%)	MB<1.40(合格)	≤5.0	≤7.0	≤10.0
	MB≥1.40(不合格)	≤2.0	≤3.0	≤5.0

6. 坚固性

砂的坚固性采用硫酸钠溶液检验,试样经 5 次循环后,其质量损失应符合表 3-11 的规定。

表 3-11 砂子坚固性要求

混凝土所处的环境条件	5 次循环后的重量损失(%)
在严寒及寒冷地区室外使用并经常处于潮湿或干湿交替状态下的混凝土; 对于有抗疲劳、耐磨、抗冲击要求的混凝土; 有腐蚀介质作用或经常处于水位变化区的地下结构混凝土	≤8
其他条件下使用的混凝土	≤10

7. 总压碎指标

人工砂的总压碎值指标应小于 30%。

8. 云母、轻物质、有机物、硫化物及硫酸盐含量(表 3-12)

表 3-12 砂子有害物质含量

项 目	质量指标
云母含量(按质量计,%)	≤2.0(有抗冻抗渗要求时不大于 1.0)
轻物质含量(按质量计,%)	≤1.0
硫化物及硫酸盐含量(折算成 SO_3 按质量计,%)	≤1.0
有机物含量(用比色法试验)	颜色不应深于标准色,如深于标准色,则应按水泥胶砂强度试验方法,进行强度对比试验,抗压强度比不应低于 0.95

9. 碱活性

对于长期处于潮湿环境的重要混凝土结构用砂,应采用砂浆棒(快速法)或砂浆长度法进行骨料的碱活性检验。经上述检验判断为有潜在危害时,应控制混凝土中的碱含量不超过 3 kg/m³ 或采用能抑制碱-骨料反应的有效措施。

10. 氯离子含量

(1)对于钢筋混凝土用砂,其氯离子含量不得大于 0.06%(以干砂的质量百分率计)。

(2)对于预应力混凝土用砂,其氯离子含量不得大于 0.02%(以干砂的质量百分率计)。

11. 贝壳含量

对于海砂,其贝壳含量应符合表 3-13 的规定。

表 3-13 海砂贝壳含量

混凝土强度等级	≥C40	C35～C30	C25～C15
贝壳含量(按质量计,%)	≤3	≤5	≤8

对于有抗冻、抗渗或其他特殊要求的小于或等于 C25 混凝土用砂,其贝壳含量不应大于 5%。

(五)验收批量

同一产地、同一规格以 400 m³ 或 600 t 为一检验批,不足者亦以一批检验。

(六)取样方法

在料堆上取样时,取样部位应均匀分布,取样前先将取样部位表层铲除,然后由各部位抽取大致相等的砂共 8 份,拌和均匀组成一组样品。

从皮带运输机上取样时,应在皮带运输机机尾的出料处用接料器定时抽取砂 4 份组成一组样品。

从火车、汽车、货船上取样时,从不同部位和深度抽取大致相等的砂 8 份,组成一组样品。

(七)样品数量

每一验收批取样一组。对于每一单项检验项目,每组样品取样数量应满足表 3-14 的规定。当需要做多项检验时,可在确保样品经一项试验后不致影响其他试验结果的前提下,用同组样品进行多项不同的试验。

表 3-14 单项检验项目所需砂的最少取样数量

检验项目	最少取样质量(g)	检验项目	最少取样质量(g)
筛分析	4 400	含水率	1 000
表观密度	2 600	含泥量	4 400

续上表

检验项目	最少取样质量(g)	检验项目	最少取样质量(g)
吸水率	4 000	泥块含量	20 000
紧密密度和堆积密度	5 000	硫化物及硫酸盐含量	50
人工砂压碎指标值	分成公称粒级：5.00～2.50 mm；2.50～1.25 mm；1.25～0.63 mm；0.63～0.315 mm；0.315～0.16 mm。每个粒级各需 1 000 g	坚固性	分成公称粒级：5.00～2.50 mm；2.50～1.25 mm；1.25～0.63 mm；0.63～0.315 mm；0.315～0.16 mm。每个粒级各需 1 000 g
有机物含量	2 000	云母含量	600
轻物质含量	3 200	石粉含量	1 600
氯离子含量	2 000	贝壳含量	10 000
碱活性	20 000		

(八)检测项目

筛分析，颗粒级配，含泥量，泥块含量，坚固性，有害物质含量，表观密度和堆积密度，碱活性，氯离子含量。对人工砂或混合砂，还需检验石粉含量、压碎指标，对海砂还应检验贝壳含量。

(九)质量评定

除筛分外，当其余检验项目存在不合格项时，应加倍取样进行复检。当复检仍有一项不满足标准要求时，应按不合格品处理。

(十)使用注意事项

1. 砂试验前样品的缩分方法如下。

(1)样品的缩分可选择下列二种方法之一。

①用分料器：将样品在潮湿状态下拌和均匀，然后使样品通过分料器。留下接料斗中的其中一份。用另一份再次通过分料器，重复上述过程，直至把样品缩分到试验所需量为止。

②人工四分法缩分：将所取每组样品置于平板上，在潮湿状态下拌和均匀，并堆成厚度约为 20 mm 的“圆饼”。然后沿互相垂直的两条直径把“圆饼”分成大致相等的四份，取其对角的两份重新拌匀，再堆成“圆饼”。重复上述过程，直至缩分后的材料量略多于进行试验所必需的量为止。

(2)对较少的砂样品(如作单项试验时)，可采用较干的原砂样，但应经仔细拌匀后缩分。

砂的堆积密度和紧密密度及含水率检验所用的试样可不经缩分，在拌匀后直接进行试验。

2. 砂子的细度模数太大，混凝土干涩、容易泌水，这是因为砂子中粗颗粒含量多，造成砂子骨架孔隙大，混凝土流动阻力大、保水性差。细骨料中小于 0.3 mm 颗粒含量对混凝土泵送性影响较大，小于 15%含量的砂子不利于混凝土泵送。砂子的细度模数太小，混凝土发黏、需水量大。一般采用细度模数在 2.4～3.0 的砂子配制混凝土较为合适。

3. 砂子含泥量大，混凝土的需水量高，坍落度减少，坍落度损失加大，尤其是对聚羧酸高性能减水剂的影响更大，含泥量超过 3%后，掺聚羧酸外加剂的混凝土坍落度能减少 50～70 mm 的坍落度，坍落度损失半小时能达到初始坍落度的一半。

4. 砂是由天然岩石经自然风化作用而成，机制砂也会含大量风化岩体，在冻融或干湿循环作用下有可能继续风化，因此对某些重要工程或特殊环境下工作的混凝土用砂，应做坚固性检验。

5. 人工砂在应用中应重点关注含粉量、压碎指标和细度模数三项指标。人工砂中含有一定量的石粉对改善中低强度等级混凝土的工作性有较大的帮助，对混凝土强度几乎没有影响。但石粉含量较高时，对配制高强混凝土的强度有不利的影响。压碎指标直接影响所配制混凝土的强度，特别对于高强混凝土的影响最大。人工砂在生产过程中，为能除去大部分石粉，往往将 0.315 mm 以下颗粒清除了大部分，从而造成机制砂颗粒级配不好，使用中可采取混合天然细砂等方式改变颗粒级配来解决。

二、普通混凝土用碎石或卵石

(一)概　述

1. 碎石。由天然岩石或卵石经破碎、筛分而得的，公称粒径大于 5.00 mm 的岩石颗粒。

2. 卵石。由自然条件作用而形成的，公称粒径大于 5.00 mm 的岩石颗粒。

(二)执行标准

《普通混凝土用砂、石质量及检验方法标准》(JGJ 52—2006)。

(三)相关标准

《建筑用卵石、碎石》(GB /T 14685—2011)。

(四)性能指标

1. 颗粒级配(表 3-15)

表 3-15　碎卵石颗粒级配

级配情况	公称粒级(mm)	累计筛余，按质量(%) 方孔筛筛孔边长尺寸(mm)											
		2.50	5.00	10.0	16.0	20.0	25.0	31.5	40.0	50.0	63.0	80.0	100
连续粒级	5～10	95～100	80～100	0～15	0	—	—	—	—	—	—	—	—
	5～16	95～100	85～100	30～60	0～10	0	—	—	—	—	—	—	—
	5～20	95～100	90～100	40～80	—	0～10	0	—	—	—	—	—	—
	5～25	95～100	90～100	—	30～70	—	0～5	0	—	—	—	—	—
	5～31.5	95～100	90～100	70～90	—	15～45	—	0～5	0	—	—	—	—
	5～40	—	95～100	70～90	—	30～65	—	—	0～5	0	—	—	—
单粒级	10～20	—	95～100	85～100	—	0～15	0	—	—	—	—	—	—
	16～31.5	—	95～100	—	85～100	—	—	0～10	0	—	—	—	—
	20～40	—	—	95～100	—	80～100	—	—	0～10	0	—	—	—
	31.5～63	—	—	—	95～100	—	—	75～100	45～75	—	0～10	0	—
	40～80	—	—	—	—	95～100	—	—	70～100	—	30～60	0～10	0

2. 针、片状颗粒含量(表 3-16)

表 3-16　碎卵石针片状含量

混凝土强度等级	≥C60	C55～C30	≤C25
针、片状颗粒含量(按质量计%)	≤8	≤15	≤25

3. 含泥量(表 3-17)

表 3-17 石子含泥量要求

混凝土强度等级	≥C60	C55～C30	≤C25
含泥量(按质量计%)	≤0.5	≤1.0	≤2.0

对于有抗冻、抗渗或其他特殊要求的混凝土,其所用碎石或卵石中含泥量不应大于1.0%。当含泥是非黏土质的石粉时,含泥量可由表中的0.5%、1.0%、2.0%,分别提高到1.0%、1.5%、3.0%。

4. 泥块含量(表 3-18)

表 3-18 石子泥块含量要求

混凝土强度等级	≥C60	C55～C30	≤C25
泥块含量按质量分数计(%)	≤0.2	≤0.5	≤0.7

对于有抗冻、抗渗或其他特殊要求的强度等级小于C30的混凝土,其所用碎石或卵石中泥块含量不应大于0.5%。

5. 抗压强度

对C60及以上混凝土用碎石应进行岩石抗压强度试验,岩石的抗压强度应比所配置的混凝土强度至少高20%。

6. 压碎指标值

(1)碎石的压碎指标值见表 3-19。

表 3-19 碎石压碎指标值规定

岩石品种	混凝土强度等级	碎石压碎指标值(%)
沉积岩	C60～C40	≤10
	≤C35	≤16
变质岩或深成的火成岩	C60～C40	≤12
	≤C35	≤20
喷出的火成岩	C60～C40	≤13
	≤C35	≤30

注:沉积岩包括石灰岩、砂岩等,变质岩包括片麻岩、石英岩等。深成的火成岩包括花岗岩、正长岩、闪长岩和橄榄岩等。喷出的火成岩包括玄武岩和辉绿岩等。

(2)卵石的压碎指标值见表 3-20。

表 3-20 卵石压碎指标值

混凝土强度等级	C60～C40	≤C35
压碎指标值(%)	≤12	≤16

7. 坚固性

碎石或卵石的坚固性用硫酸钠溶液法检验,试样经5次循环后,其质量损失应符合表 3-21的规定。

表 3-21　碎卵石坚固性

混凝土所处的环境条件	循环后的重量损失(%)
在严寒及寒冷地区室外使用,并经常处于潮湿或干湿交替状态下的混凝土;有腐蚀性介质作用或经常处于水位变化区的地下结构或有抗疲劳、耐磨、抗冲击等要求的混凝土	≤8
在其他条件下使用的混凝土	≤12

8. 硫化物、硫酸盐含量、卵石有机物含量等有害物质含量(表 3-22)

表 3-22　碎卵石有害物质含量

项　　目	质量要求
硫化物及硫酸盐含量(折算成 SO_3,按重量计,%)	≤1.0
卵石中有机质含量(用比色法试验)	颜色应不深于标准色。如深于标准色,则应配制成混凝土进行强度对比试验,抗压强度比应不低于 0.95

当碎石或卵石含有颗粒状硫酸盐或硫化物杂质时,应进行专门检验,确认能满足混凝土耐久性要求后,方可采用。

9. 碱活性

对于长期处于潮湿环境的重要结构混凝土,其所用的碎石或卵石应进行碱活性检验。

当判定骨料存在潜在碱-碳酸盐反应危害时,不宜用作混凝土骨料;否则,应通过专门的混凝土试验,做最后评定。当判定骨料存在潜在碱-硅反应危害时,应控制混凝土中的碱含量不超过 3 kg/m^3 或采用能抑制碱-骨料反应的有效措施。

(五)验收批量

同一产地,同一规格以 400 m^3 或 600 t 为一验收批,不足者亦以一批检验。

(六)取样方法

在料堆上取样时,取样部位应均匀分布。取样前先将取样部位表层铲除。然后由各部位抽取大致相等的石子共 16 份,组成一组样品。

从皮带运输机上取样时,应在皮带运输机机尾的出料处用接料器定时抽取石子 8 份组成一组样品。

从火车、汽车、货船上取样时,从不同部位和深度抽取大致相等的石子 16 份,组成一组样品。

(七)样品数量

每一验收批取样一组。对于每一单项检验项目,每组样品取样数量应满足表 3-23 的规定。当需要做多项检验时,可在确保样品经一项试验后不致影响其他试验结果的前提下,用同组样品进行多项不同的试验。

表 3-23　单项检验项目所需碎石或卵石的最少取样数量

检验项目	最大公称粒径(mm)							
	10.0	16.0	20.0	25.0	31.5	40.0	63.0	80.0
筛分析	8	15	16	20	25	32	50	64
表观密度	8	8	8	8	12	16	24	24
含水率	2	2	2	2	3	3	4	6
吸水率	8	8	16	16	16	24	24	32

续上表

检验项目	最大公称粒径(mm)							
	10.0	16.0	20.0	25.0	31.5	40.0	63.0	80.0
堆积密度、紧密密度	40	40	40	40	80	80	120	120
含泥量	8	8	24	24	40	40	80	80
泥块含量	8	8	24	24	40	40	80	80
针片状含量	1.2	4	8	12	20	40	—	—
硫化物及硫酸盐	1.0							

(八)检测项目

颗粒级配,针、片状颗粒含量,含泥量,泥块含量,压碎指标值,坚固性,有害物质含量,表观密度及堆积密度。

(九)质量评定

除筛分外,当其余检验项目存在不合格项时,应加倍取样进行复检。当复检仍有一项不满足标准要求时,应按不合格品处理。

(十)使用注意事项

1. 样品的缩分方法如下。

(1)将每组样品置于铁板上,在自然状态下拌混均匀,并堆成锥体,然后沿互相垂直的两条直径把锥体分成大致相等的四份,取其对角的两份重新拌匀,再堆成锥体,重复上述过程,直至缩分后的材料量略多于进行试验所必需的量为止。

(2)碎石或卵石的含水率、堆积密度、紧密密度检验所用的试样,不经缩分,拌匀后直接进行试验。

2. 骨料粒径越大,其表面积越小,通常空隙率也相应减小,因此所需的水泥浆或砂浆数量也可相应减少,有利于节约水泥、降低成本,并改善混凝土性能。但随着粗骨料最大粒径的增加,颗粒与水泥浆的黏结力下降,颗粒内部的微裂缝几率也增加,对配制高强度等级的混凝土不利,一般规定高强度混凝土用粗骨料最大粒径不大于 25 mm。

3. 具有良好级配的骨料,能够最大限度地减少孔隙率,降低水泥砂浆的用量,从而节约水泥,降低成本。而水泥用量的降低又可以减小混凝土的干缩,降低水化热。除此之外,良好的颗粒级配,还可以在用水量相同的情况下,提高混凝土的和易性,具有显著的技术经济效果。

4. 在选择石子料源时,必须考察其母材的抗压强度与碱活性,必要时进行复检,防止使用中出现石子强度不足或碱-骨料反应现象。

三、轻 集 料

(一)概　　述

轻集料也称轻骨料,是堆积密度不大于 1 200 kg/m^3 的粗细集料的总称。影响轻集料性能的主要因素是材料品种、生产工艺或形成条件、孔隙结构、颗粒形状和级配等。轻集料主要用以配制轻集料混凝土、保温砂浆和耐火混凝土等,还可用作保温松散填充料。轻集料混凝土具有自重轻、保温隔热和耐火性能好等特点。可收到减轻结构自重,提高结构的抗震性能,节约材料用量,提高构件运输和吊装效率,减少地基荷载及改善建筑功能(保温隔热和耐火等)等效益。

1. 人造轻集料，采用无机材料经加工制粒、高温熔烧而制成的轻粗集料(陶粒等)及轻细集料(陶砂等)。常见的有黏土陶粒、页岩陶粒、膨胀珍珠岩、膨胀蛭石、沸石轻集料等。

2. 天然轻集料是由火山爆发形成的多孔岩石经破碎、筛分而制成的轻集料。常见的有浮石、火山渣和多孔凝灰岩等。

3. 工业废料轻集料，由工业副产品或固体废弃物经破碎、筛分而成的一种工业废渣轻集料。如煤渣、自燃煤矸石、多孔烧结料和碎砖等。

(二)执行标准

《轻集料及其试验方法　第1部分:轻集料》(GB/T 17431.1—2010)。

(三)相关标准

《轻集料及其试验方法　第2部分:轻集料试验方法》(GB/T 17431.2—2010)。

《轻骨料混凝土技术规程》(JGJ 51—2002)。

(四)性能指标

1. 颗粒级配

各种轻集料的颗粒级配应符合表3-24的规定，但人造轻粗集料的最大粒径不宜大于19.0 mm。轻细集料的细度模数宜在2.3～4.0范围内。

表3-24　轻集料的颗粒级配

种类	级配类别	公称粒级(mm)	各号筛的累计筛余(按质量计,%)											
			筛孔尺寸(mm)											
			37.5	31.5	26.5	19.0	16.0	9.50	4.75	2.36	1.18	0.600	0.300	0.150
细集料		0～5	—	—	—	—	—	0	0～10	0～35	20～60	30～80	65～90	75～100
粗集料	连续粒级	5～40	0～10	—	—	40～60	—	50～85	90～100	95～100	—	—	—	—
		5～31.5	0～5	0～10	—		40～75	—	90～100	95～100	—	—	—	—
		5～25	—	0～5	0～10	—	30～70	—	90～100	95～100	—	—	—	—
		5～20	—	0～5	—	0～10	—	40～80	90～100	95～100	—	—	—	—
		5～16	—	—	0	0～5	0～10	20～60	85～100	95～100	—	—	—	—
		5～10	—	—	—	—	0	0～15	80～100	95～100	—	—	—	—
	单粒级	10～16	—	—	—	0	0～15	85～100	90～100	—	—	—	—	—

各种粗细混合轻集料，宜满足下列要求:(1)2.36 mm筛累计筛余为(60±2)%;(2)筛除2.36 mm以下颗粒后，2.36 mm筛上的颗粒级配满足上表中公称粒级5～10 mm的颗粒级配要求。

2. 密度等级

轻集料按堆积密度划分密度等级应符合表3-25的规定。

表3-25　轻集料的密度等级

轻集料种类	密度等级		堆积密度范围(kg/m^3)
	轻粗集料	轻细集料	
人造轻集料 天然轻集料 工业废渣轻集料	200	—	>100,≤200
	300	—	>200,≤300
	400	—	>300,≤400
	500	500	>400,≤500
	600	600	>500,≤600

续上表

轻集料种类	密度等级		堆积密度范围(kg/m³)
	轻粗集料	轻细集料	
人造轻集料 天然轻集料 工业废渣轻集料	700	700	>600,≤700
	800	800	>700,≤800
	900	900	>800,≤900
	1 000	1 000	>900,≤1000
	1 100	1 100	>1 000,≤1 100
	1 200	1 200	>1 100,≤1 200

3. 筒压强度与强度标号

(1)不同密度等级轻粗集料的筒压强度应不低于表 3-26 的规定。

表 3-26 轻粗集料筒压强度

轻集料种类	密度等级	筒压强度(MPa)
人造轻集料	200	0.2
	300	0.5
	400	1.0
	500	1.5
	600	2.0
	700	3.0
	800	4.0
	900	5.0
天然轻集料 工业废渣轻集料	600	0.8
	700	1.0
	800	1.2
	900	1.5
	1 000	1.5
工业废渣轻集料中的自然煤矸石	900	3.0
	1 000	3.5
	1 100～1 200	4.0

(2)不同密度等级高强轻粗集料的筒压强度和强度标号均不应低于表 3-27 的规定。

表 3-27 高强轻粗集料的筒压强度和强度标号

轻粗集料种类	密度等级	筒压强度(MPa)	强度标号
人造轻骨料	600	4.0	25
	700	5.0	30
	800	6.0	35
	900	6.5	40

4. 吸水率与软化系数

(1)不同密度等级轻粗集料的吸水率应不大于表 3-28 的规定。

表 3-28 轻粗集料的吸水率

轻集料种类	密度等级	1 h 吸水率(%)
人造轻集料 工业废渣轻集料	200	30
	300	25
	400	20
	500	15
	600～1 200	10
人造轻集料中的粉煤灰陶粒	600～900	20
天然轻集料	600～1 200	—

(2)软化系数。人造轻粗集料和工业废料的软化系数应不小于 0.8;天然轻粗集料的软化系数应不小于 0.7;轻细集料的吸水率和软化系数不做规定。

5. 粒型系数

不同粒径轻粗集料的粒型系数应符合表 3-29 的规定。

表 3-29 轻粗集料的粒型系数

轻粗集料种类	平均粒型系数
人造轻集料	≤2.0
天然轻集料 工业废渣轻集料	不作规定

6. 有害物质含量(表 3-30)

表 3-30 有害物质含量

项 目 名 称	质量指标
含泥量(%)	≤3.0
	结构用轻集料≤2.0
泥块含量(%)	≤2.0
	结构用轻集料≤0.5
煮沸质量损失(%)	≤5.0
烧失量(%)	≤5.0
	天然轻集料不作规定;用于无筋混凝土的煤渣允许量≤18
硫化物和硫酸盐含量(按 SO_3 计,%)	≤1.0
	用于无筋混凝土的自燃煤矸石允许含量≤1.5
有机物含量	不深于标准色,如深于标准色,按 GB/T 17431.2—2010 中 18.6.3 的规定操作,且试验结果不低于 95%
氯化物(以氯离子含量计,%)	≤0.02
放射性	符合 GB 6566 的规定

(五)验收批量

轻集料按类别、名称、密度等级分批检验与验收;每 400 m^3 为一批。不足 400 m^3 亦按一批计。

(六)取样方法

应从每批产品中随机抽取有代表性的试样。初次抽取的试样应不少于10份,并符合下列要求。

1. 生产企业中进行常规检验时,应在通往料仓或料堆的运输机的整个宽度上,在一定的时间间隔内抽取。

2. 对均匀料堆进行取样时,可从料堆锥体从上到下的不同部位,不同方向任选10个点抽取,但要注意避免抽取离析及面层的材料。

3. 从袋装料和散装料(车、船)抽取试样时,应从10个不同位置和高度(或料袋)中抽取。

(七)样品数量

初次抽取的试样应不少于10份,其总料量应多于试验用料量的1倍。见表3-31。

表3-31 轻集料各项试验用料量

序号	试验项目	用料量 L		
		细集料	粗集料	
			D_{max}≤19 mm	D_{max}>19 mm
1	颗粒级配(筛分析)	2	10	20
2	堆积密度	15	30	40
3	表观密度	—	4	4
4	筒压强度	—	5	5
5	强度标号	—	20	20
6	吸水率	—	4	4
7	软化系数	—	10	10
8	粒形系数	—	2	2
9	含泥量及黏土块含量	—	5~7	5~7
10	煮沸质量损失	—	2	4
11	硫化物及硫酸盐含量	1	1	1
12	烧失量	1	1	1
13	有机物含量	6	3~8	4~10
14	氯化物含量	1	1	1
15	放射性	3	3	3

(八)检测项目

颗粒级配,堆积密度,粒型系数,筒压强度,吸水率。高强轻集料应检测强度标号。

(九)质量评定

1. 各项性能指标都符合标准的相应规定时,则判该批产品合格。

2. 若有一项性能指标不符合标准要求时,允许从同一批轻集料中加倍取样,对不符合要求的项目进行复检。复检后,若该项试验结果符合标准规定,则判该批产品合格;否则,判该批产品为不合格。

(十)使用注意事项

1. 轻集料应按类别、密度等级和颗粒级配等分别堆放和运输并应有防雨措施。

2. 轻集料运输过程中应避免污染和压碎,采取措施防止粉尘飞扬和散落。

3. 轻集料混凝土的配合比设计主要应满足抗压强度、密度和稠度的要求,并以合理使用材料和节约水泥为原则。必要时尚应符合对混凝土碳化、抗冻性等特殊要求。

4. 砂轻混凝土和全轻混凝土宜采用松散体积法进行配合比计算，其中粗细骨料用量应以干燥状态为基准。拌制混凝土时，按 1 h 吸水率计算附加水量。

5. 在气温高于或等于 5 ℃的季节施工时，根据工程需要，轻骨料应进行预湿处理，处理时间按外界气温和轻骨料自然含水状态确定，一般应提前半天或一天进行淋水或泡水预湿，使用前滤干水分投料。

第三节　混凝土用水

水是混凝土组成中必不可少的组份，水在混凝土中的作用有三个方面，一是水化作用，提供胶凝材料水化反应所需水，这部分水在混凝土总用水量中所占比例较少，一般为水泥用量的17%左右；二是润滑作用，是混凝土形成可施工性的关键，该部分水量的多少与所要求的坍落度等施工性能有直接关系，而且，各种原材料的种类、用量、需水性大小以及外加剂、纤维掺加与否关系较大。起润滑作用的水在混凝土浇筑振捣完成后逐步向混凝土表面渗透蒸发掉，而在混凝土结构中形成大大小小的渗水通道，这些渗水通道是混凝土在工作状态中遭受环境介质侵害的根本性原因，它的状况直接关系到混凝土的强度与耐久性；水在混凝土中第三个作用是养护，混凝土的水化是一个长期而漫长的过程，而水化必须在水分充足的情况下才能正常进行。

(一)概　　述

混凝土用水是混凝土拌和用水和混凝土养护用水的总称，包括：饮用水、地表水、地下水、再生水、混凝土企业设备洗刷水和海水等。地表水，指存在于江、河、湖、塘、沼泽和冰川等中的水。地下水，指存在于岩石缝隙或土壤孔隙中可以流动的水。再生水，指污水经适当再生工艺处理后具有使用功能的水。

(二)执行标准

《混凝土用水标准》(JGJ 63—2006)。

(三)相关标准

《生活饮用水卫生标准》(GB 5749—2006)。

《水质　pH 值的测定　玻璃电极法》(GB/T 6920—1986)。

《水质　悬浮物的测定　重量法》(GB/T 11901—1989)。

《生活饮用水标准检验法》(GB 5750—2006)。

《水质　氯化物的测定　硝酸银法》(GB/T 11896—1989)。

《水质　硫酸盐的测定　重量法》(GB/T 11899—1989)。

《水泥化学分析方法》(GB/T 176—2008)。

《水泥标准稠度用水量、凝结时间、安定性检验方法》(GB/T 1346—2001)。

《水泥胶砂强度检验方法(ISO 法)》(GB/T 17671—1999)。

《铁路工程水质分析规程》(TB 10104—2003)。

(四)性能指标

1. 混凝土拌和用水

(1)混凝土拌和用水水质要求应符合表 3-32 的规定。对于设计使用年限为 100 年的结构混凝土，氯离子含量不得超过 500 mg/L；对使用钢丝或经热处理钢筋的预应力混凝土，氯离子含量不得超过 350 mg/L。

表 3-32 混凝土拌和用水水质要求

项目	预应力混凝土	钢筋混凝土	素混凝土	项目	预应力混凝土	钢筋混凝土	素混凝土
pH 值	≥5.0	≥4.5	≥4.5	Cl^-	≤500	≤1 000	≤3 500
不溶物	≤2 000	≤2 000	≤5 000	SO_4^{2-}	≤600	≤2 000	≤2 700
可溶物	≤2 000	≤5 000	≤10 000	碱含量	≤1 500	≤1 500	≤1 500

注：碱含量按 Na_2O+K_2O 计算值表示，采用非碱活性骨料时，可不检验碱含量。

(2)地表水、地下水、再生水的放射性应符合国家标准《生活饮用水卫生标准》(GB 5749)的规定。

(3)被检验水样应与饮用水进行水泥凝结时间对比试验。对比试验的水泥初凝时间差及终凝时间差不应大于 30 min；同时，初凝和终凝时间应符合现行国家标准《硅酸盐水泥、普通硅酸盐水泥》(GB 175)的规定。

(4)被检验水样与饮用水样进行水泥胶砂强度对比试验，被检水样配制的水泥胶砂 3 天和 28 天强度不应低于饮用水配制的水泥胶砂 3 天和 28 天的 90%。

(5)混凝土拌和用水不应有漂浮明显的油脂和泡沫，不应有明显的颜色和异味。

(6)混凝土企业设备洗刷水不宜用于预应力混凝土、装饰混凝土活性或潜在碱活性骨料的混凝土。

(7)未经处理的海水严禁用于混凝土和预应力混凝土。在无法获得水源的情况下，海水可用于素混凝土，但不宜用于装饰混凝土。

2. 混凝土养护用水

(1)混凝土养护用水可不检验不溶物和可溶物，其他检验项目与拌和用水的规定相同。

(2)混凝土养护用水可不检验水泥凝结时间和水泥胶砂强度。

(五)验收批量

每一水源按以下频次进行检验和验收。

1. 地表水每 6 个月检验一次。

2. 地下水每年检验一次。

3. 再生水每 3 个月检验一次；在质量稳定一年后，可每 6 个月检验一次。

4. 混凝土企业设备洗刷水每 3 个月检验一次；在质量稳定一年后，可一年检验一次。

5. 当发现水受到污染和对混凝土性能有影响时，应立即检验。

(六)取样方法

1. 采集水样的容器应无污染；容器应用待采集水样冲洗三次再灌装，并应密封待用。

2. 地表水宜在水域中心部位、距水面 100 mm 以下采集，并应记载季节、气候、雨量和周边环境的情况。

3. 地下水应在放水冲洗管道后接取，或直接用容器采集，不得将地下水积存于地表后再从中采集。

4. 再生水应在取水管道终端接取。

5. 混凝土企业设备洗刷水应沉淀后，在池中距水面表面 100 mm 以下采集。

(七)样品数量

水质检验水样不应少于 5 L；用于测定水泥凝结时间和胶砂强度的水样不应少于 3 L。

（八）检测项目

水样检测项目有：放射性、pH 值、不溶物、可溶物、氯离子含量、硫酸盐含量、碱含量以及凝结时间、抗压强度比、外观色泽、气味等指标与观感。

水样检验期限应符合下列要求：

1. 水质全部项目检验宜在取样 7 日后完成；

2. 放射性检验、水泥凝结时间检验和水泥胶砂强度成型宜在取样后 10 日内完成。

（九）质量评定

1. 符合现行国家标准《生活饮用水卫生标准》(GB 5749)的饮用水，可不经检验作为混凝土用水。

2. 符合标准混凝土拌和用水要求的水，可作为混凝土用水；符合标准混凝土养护要求的水，可作为混凝土养护用水。

3. 当水泥凝结时间和水泥胶砂强度的检验不满足要求时，应重新加倍抽样复检一次。

（十）使用注意事项

1. 混凝土的水灰比反应水的"量"对混凝土性能的影响，水灰比不仅影响混凝土的强度，而且也直接影响着混凝土的抗渗性、抗冻性、抗蚀性和抗碳化性能等耐久性。

2. 水经过磁化后，水的光学性能、法拉第磁光效应、离子水合作用、红外吸收光谱、磁化率、电导率、介电常数、黏度和溶液的表面张力、吸附、溶解、结晶、聚合、润湿、凝聚等方面均有变化。磁化水的磁化效果可以通过测试分子的表面张力、电导率、Cl^- 离子浓度、碱度和硬度等验证。

3. 地表水、地下水的检验应在其涨水季节进行。

4. 混凝土冬期施工中需要对原材料加热时，宜采用加热水的方法，水加热温度可达到 100 ℃，但水泥不得与 80 ℃以上的水直接接触。

第四节　混凝土外加剂

混凝土外加剂是一种在混凝土搅拌之前或拌制过程中加入的、用以改善新拌混凝土和（或）硬化混凝土性能的材料。包括化学类外加剂和矿物类外加剂，化学类外加剂的掺量一般小于 5%，矿物类外加剂（磨细矿渣、磨细粉煤灰等）则以改善混凝土的耐久性能为主要目的。目前人们通常所指的混凝土外加剂就是化学类外加剂。混凝土外加剂的特点是品种多、掺量小、在改善新拌和硬化混凝土性能中起着重要的作用，外加剂的研究和应用促进了混凝土施工新技术和新品种混凝土的发展。比如高性能混凝土，混凝土达到高性能的最重要的技术途径是使用优质的高效减水剂和矿物外加剂。前者能降低混凝土的水灰比，增大坍落度和控制坍落度损失，赋予混凝土高密实度和优异施工性能；后者能填充胶凝材料的孔隙，参与胶凝材料的水化，改善混凝土的界面结构，提高混凝土的密实性，强度和耐久性。

混凝土外加剂按其主要使用功能分为四类。

1. 改善混凝土拌和物流变性能的外加剂，包括各种减水剂和泵送剂等。

2. 调节混凝土凝结时间、硬化性能的外加剂，包括缓凝剂、促凝剂和速凝剂等。

3. 改善混凝土耐久性的外加剂，包括引气剂、防水剂、阻锈剂和矿物外加剂等。

4. 改善混凝土其他性能的外加剂，包括膨胀剂、防冻剂、着色剂等。

一、高性能减水剂

(一)概　　述

高性能减水剂,比高效减水剂具有更高减水率、更好坍落度保持性能、较小干燥收缩,且具有一定引气性能的减水剂。分为三种类型:早强型高性能减水剂,代号 HPWR-A;标准型高性能减水剂,代号 HPWR-S;缓凝型高性能减水剂,代号 HPWR-R。

高性能减水剂是国内外近年来开发的新型外加剂品种,目前主要为聚羧酸盐类产品。它具有"梳状"的结构特点,由带有游离的羧酸阴离子团的主链和聚氧乙烯基侧链组成,用改变单体的种类、比例和反应条件可生产具有各种不同性能和特性的高性能减水剂。具有掺量低、减水率高、收缩小、与水泥适应性好、混凝土工作性优良、工作性保持性能较好以及环保等优点。

(二)执行标准

《混凝土外加剂》(GB 8076—2008)。

(三)相关标准

《聚羧酸系高性能减水剂》(JG/T 223—2007)。

《水泥化学分析方法》(GB/T 176—2008)。

《水泥比表面积测定方法　勃氏法》(GB/T 8074—2008)。

《混凝土外加剂的定义、分类、命名和术语》(GB/T 8075—2005)。

《混凝土外加剂匀质性试验方法》(GB/T 8077—2000)。

《建筑用砂》(GB/T 14684—2011)。

《建筑用卵石、碎石》(GB/T 14685—2011)。

《普通混凝土拌和物性能试验方法标准》(GB/T 50080—2002)。

《普通混凝土力学性能试验方法标准》(GB/T 50081—2002)。

《普通混凝土长期性能和耐久性能试验方法》(GB/T 50082—2009)。

《普通混凝土配合比设计规程》(JGJ 55—2011)。

《混凝土用水标准》(JGJ 63—2006)。

《混凝土外加剂应用技术规范》(GB 50119—2003)。

《公路工程混凝土外加剂》(JT/T 523—2004)。

(四)性能指标

1. 受检混凝土性能指标

掺外加剂混凝土性能指标应符合表 3-33 的要求。

表 3-33　高性能减水剂性能要求

项　目		高性能减水剂		
		早期型 HPWR-A	标准型 HPWR-S	缓凝型 HPWR-R
减水率(%),≥		25	25	25
泌水率比(%),≤		50	60	70
含气量(%),≤		6.0	6.0	6.0
凝结时间之差(min)	初凝	−90～+90	−90～+120	>+90
	终凝			—

续上表

项目		高性能减水剂		
		早期型 HPWR-A	标准型 HPWR-S	缓凝型 HPWR-R
1 h经时变化量	坍落度(mm)	—	≤80	≤60
	含气量(%)	—	—	—
抗压强度比(%),≥	1 d	180	170	—
	3 d	170	160	—
	7 d	145	150	140
	28 d	130	140	130
收缩率比(%),≤	28 d	110	110	110
相对耐久性(200 次,%),≥	—	—	—	—

注:1. 表中抗压强度比、收缩率比、相对耐久性为强制性指标,其余为推荐性指标。

2. 除含气量和相对耐久性外,表中所列数据为掺外加剂混凝土与基准混凝土的差值或比值。

3. 凝结时间之差性能指标中的"－"号表示提前,"＋"号表示延缓。

4. 1 h含气量经时变化量指标中的"－"号表示含气量增加,"＋"号表示含气量减少。

5. 当用户产品有特殊要求时,需要进行的补充试验项目、试验方法及指标,由供需双方协商决定。

2. 匀质性指标(表 3-34)

表 3-34　匀质性指标

项　　目	指　　标
氯离子含量(%)	不超过生产厂控制值
总碱量(%)	不超过生产厂控制值
含固量(%)	$s>25\%$时,应控制在 $0.95s \sim 1.05s$;$s \leqslant 25\%$时,应控制在 $0.90s \sim 1.10s$
含水率(%)	$w>5\%$时,应控制在 $0.90w \sim 1.10w$;$w \leqslant 5\%$时,应控制在 $0.80w \sim 1.20w$
密度(g/cm³)	$\rho>1.1$ 时,应控制在 $\rho \pm 0.03$;$\rho \leqslant 1.1$ 时,应控制在 $\rho \pm 0.02$
细度	应在生产厂控制范围内
pH 值	应在生产厂控制范围内
硫酸钠含量(%)	不超过生产厂控制值

注:1. 生产厂应在相关的技术资料中明示产品匀质性指标的控制值;

2. 对相同和不同批次之间的匀质性和等效性的其他要求,可由供需双方商定;

3. 表中的 s、w 和 ρ 分别为含固量、含水率和密度的生产厂控制值。

(五)验收批量

生产厂应根据产量和生产设备条件,将产品分批编号。掺量大于 1%(含 1%)同品种的外加剂每一批号为 100 t,掺量小于 1%的外加剂每一批号为 50 t。不足 100 t 或 50 t 的也应按一个批量计,同一批号的产品必须混合均匀。

(六)取样方法

试样分点样和混合样两种。点样是在一次生产产品时所取得的一个试样。混合样是三个或更多的点样等量均匀混合而取得的试样。每一批号取样应充分混匀，分为两等份，其中一份按表3-33和表3-34规定的项目进行试验，另一份密封保存半年，以备有疑问时，提交国家指定的检验机关进行复验或仲裁。

（七）样品数量

每一批号取样量不少于0.2 t水泥所需用的外加剂量。

（八）检测项目

含固量(含水量)、密度(细度)、pH值、氯离子含量、总碱量、减水率、坍落度经时变化值、含气量及其经时变化量、凝结时间差、抗压强度比、收缩率比、相对耐久性指标。

（九）质量评定

各项检测指标符合标准规定指标时，可判定该批号外加剂合格，如有不合格项目，则判该批号外加剂不合格。

（十）使用注意事项

1. 高性能减水剂使用前应做与水泥等其他材料的适应性试验，选择对选定材料适应性强的减水剂或对减水剂进行复配，满足混凝土性能指标要求。

2. 聚羧酸系高性能减水剂与萘系高效减水剂不能混合使用，使用聚羧酸系高性能减水剂时必须将使用过萘系减水剂的搅拌机和混凝土运输车冲洗干净。

3. 聚羧酸系高性能减水剂减水率高，拌制混凝土和易性好，应严格控制混凝土用水量，用水量应以达到混凝土性能的最小用水量为准。

4. 聚羧酸系高性能减水剂本身带有一定引气性，试配及生产混凝土中应准确添加外加剂，加密监测混凝土含气量，防止出现含气量过大的现象。

5. 使用高性能减水剂的混凝土搅拌时间必须大于120 s，以利于减水剂性能的发挥。

二、高效减水剂

（一）概　　述

高效减水剂，在混凝土坍落度基本相同的条件下，能大幅度减少拌和用水量的外加剂。按性能指标分为两种：标准型高效减水剂，代号HWR-S；缓凝型高效减水剂，代号HWR-R。

高效减水剂是目前我国用量最大的外加剂，按原材料及化学结构分高效减水剂主要有下列几种：萘系减水剂、氨基磺酸盐系减水剂、脂肪族(醛酮缩合物)减水剂、密胺系及改性密胺系减水剂，蒽系减水剂、洗油系减水剂，萘系减水剂是用工业萘经磺化和缩合后制成的减水剂，生产及复配技术成熟，市场占有率较高。氨基磺酸盐系减水剂是用对氨基苯磺酸钠和苯酚等原料生产的。它具有掺量较小，减水率高，对水泥适应性较好的特点。脂肪族高效减水剂是用丙酮和亚硫酸钠等原料生产的，具有良好的减水、增强保塑性能。但其产品具有较深的棕红色，对混凝土外观有一定的影响，使用受到一定限制。密胺系高效减水剂是三聚氰胺、亚硫酸钠(或亚硫酸氢钠)等原料生产，其和萘系减水剂在各自最佳掺量内，有相似的性能，具有较高的早强性能。

（二）执行标准

《混凝土外加剂》(GB 8076—2008)。

（三）相关标准

《水泥化学分析方法》(GB/T 176—2008)。

《水泥比表面积测定方法　勃氏法》(GB/T 8074—2008)。

《混凝土外加剂的定义、分类、命名和术语》(GB/T 8075—2005)。

《混凝土外加剂匀质性试验方法》(GB/T 8077—2000)。

《建筑用砂》(GB/T 14684—2011)。

《建筑用卵石、碎石》(GB/T 14685—2011)。

《普通混凝土拌和物性能试验方法标准》(GB/T 50080—2002)。

《普通混凝土力学性能试验方法标准》(GB/T 50081—2002)。

《普通混凝土长期性能和耐久性能试验方法》(GB/T 50082—2009)。

《普通混凝土配合比设计规程》(JGJ 55—2011)。

《混凝土用水标准》(JGJ 63—2006)。

《混凝土外加剂应用技术规范》(GB 50119—2003)。

《公路工程混凝土外加剂》(JT/T 523—2004)。

(四)性能指标

1. 受检混凝土性能指标

掺外加剂混凝土性能指标应符合表 3-35 的要求。

表 3-35 高效减水剂的性能要求

<table>
<tr><th colspan="2">项　目</th><th>标准型 HWR-S</th><th>缓凝型 HWR-R</th></tr>
<tr><td colspan="2">减水率(%),≥</td><td>14</td><td>14</td></tr>
<tr><td colspan="2">泌水率比(%),≤</td><td>90</td><td>100</td></tr>
<tr><td colspan="2">含气量(%)</td><td>≤3.0</td><td>≤4.5</td></tr>
<tr><td rowspan="2">凝结时间之差(min)</td><td>初凝</td><td>−90～+120</td><td>>+90</td></tr>
<tr><td>终凝</td><td>−90～+120</td><td>—</td></tr>
<tr><td rowspan="2">1 h 经时变化量</td><td>坍落度(mm)</td><td rowspan="2">—</td><td rowspan="2">—</td></tr>
<tr><td>含气量(%)</td></tr>
<tr><td rowspan="4">抗压强度比(%),≥</td><td>1 d</td><td>140</td><td>—</td></tr>
<tr><td>3 d</td><td>130</td><td>—</td></tr>
<tr><td>7 d</td><td>125</td><td>125</td></tr>
<tr><td>28 d</td><td>120</td><td>120</td></tr>
<tr><td>收缩率比(%),≤</td><td>28 d</td><td>135</td><td>135</td></tr>
<tr><td colspan="2">相对耐久性(200 次,%),≥</td><td>—</td><td>—</td></tr>
</table>

注:1. 表中抗压强度比、收缩率比、相对耐久性为强制性指标,其余为推荐性指标。

2. 除含气量和相对耐久性外,表中所列数据为掺外加剂混凝土与基准混凝土的差值或比值。

3. 凝结时间之差性能指标中的“−”号表示提前,“+”号表示延缓。

4. 1 h 含气量经时变化量指标中的“−”号表示含气量增加,“+”号表示含气量减少。

5. 当用户产品有特殊要求时,需要进行的补充试验项目、试验方法及指标,由供需双方协商决定。

2. 匀质性指标(表 3-36)

表 3-36 匀质性指标

项 目	指 标
氯离子含量(%)	不超过生产厂控制值
总碱量(%)	不超过生产厂控制值
含固量(%)	$s>25\%$时,应控制在 $0.95s\sim1.05s$;$s\leqslant25\%$时,应控制在 $0.90s\sim1.10s$
含水率(%)	$w>5\%$时,应控制在 $0.90w\sim1.10w$;$w\leqslant5\%$时,应控制在 $0.80w\sim1.20w$
密度(g/cm^3)	$\rho>1.1$ 时,应控制在 $\rho\pm0.03$;$\rho\leqslant1.1$ 时,应控制在 $\rho\pm0.02$
细度	应在生产厂控制范围内
pH 值	应在生产厂控制范围内
硫酸钠含量(%)	不超过生产厂控制值

注:1. 生产厂应在相关的技术资料中明示产品匀质性指标的控制值。

2. 对相同和不同批次之间的匀质性和等效性的其他要求,可由供需双方商定。

3. 表中的 s、w 和 ρ 分别为含固量、含水率和密度的生产厂控制值。

(五)验收批量

生产厂应根据产量和生产设备条件,将产品分批编号。掺量大于1%(含1%)同品种的外加剂每一批号为 100 t,掺量小于1%的外加剂每一批号为 50 t。不足 100 t 或 50 t 的也应按一个批量计,同一批号的产品必须混合均匀。

(六)取样方法

试样分点样和混合样两种。点样是在一次生产产品时所取得的一个试样。混合样是三个或更多的点样等量均匀混合而取得的试样。每一批号取样应充分混匀,分为两等份,其中一份按表 3-35 和表 3-36 规定的项目进行试验,另一份密封保存半年,以备有疑问时,提交国家指定的检验机关进行复验或仲裁。

(七)样品数量

每一批号取样量不少于 0.2 t 水泥所需用的外加剂量。

(八)检测项目

含固量(含水量)、密度(细度)、pH 值、氯离子含量、总碱量、减水率、坍落度经时变化值、含气量及其经时变化量、凝结时间差、抗压强度比、收缩率比、相对耐久性指标。

(九)质量评定

各项检测指标符合标准规定指标时,可判定该批号外加剂合格,如有不合格项目,则判该批号外加剂不合格。

(十)使用注意事项

1. 高效减水剂的使用必须关注其与水泥等材料的适应性,选择与水泥等材料适应性良好的外加剂,发生不相适应的情况时必须调配外加剂配方,消除不适应现象后方可搅拌混凝土。

2. 高效减水剂一般具有自身的适宜掺量或饱和点,掺量小于饱和点时,混凝土性能稳定性较差,在饱和点掺量时,混凝土性能良好,再增加掺量对混凝土性能改善作用不大,反而会增加混凝土成本。

3. 掺加高效减水剂的混凝土采用自然养护时,应加强初期养护;采用蒸养时,混凝土应具有必要的结构强度才能升温，蒸养制度应通过试验确定。

4. 液体减水剂宜与拌和水同时加入搅拌机内，粉剂减水剂宜与胶凝材料同时加入搅拌机内，需二次添加外加剂时，应通过试验确定，混凝土搅拌均匀方可出料。

三、普通减水剂

（一）概　　述

普通减水剂，是在混凝土坍落度基本相同的条件下，能减少拌和用水量的外加剂。按性能指标分为三类：早强型普通减水剂，代号 WR-A；标准型普通减水剂，代号 WR-S；缓凝型普通减水剂，代号 WR-R。

普通减水剂主要是木质素磺酸盐类，如木质素磺酸钙、木质素磺酸钠、木质素磺酸镁等。

（二）执行标准

《混凝土外加剂》（GB 8076—2008）。

（三）相关标准

《水泥化学分析方法》（GB/T 176—2008）。

《水泥比表面积测定方法　勃氏法》（GB/T 8074—2008）。

《混凝土外加剂的定义、分类、命名和术语》（GB/T 8075—2005）。

《混凝土外加剂匀质性试验方法》（GB/T 8077—2000）。

《建筑用砂》（GB/T 14684—2011）。

《建筑用卵石、碎石》（GB/T 14685—2011）。

《普通混凝土拌和物性能试验方法标准》（GB/T 50080—2002）。

《普通混凝土力学性能试验方法标准》（GB/T 50081—2002）。

《普通混凝土长期性能和耐久性能试验方法》（GB/T 50082—2009）。

《普通混凝土配合比设计规程》（JGJ 55—2011）。

《混凝土用水标准》（JGJ 63—2006）。

《混凝土外加剂应用技术规范》（GB 50119—2003）。

《公路工程混凝土外加剂》（JT/T 523—2004）。

（四）性能指标

1. 受检混凝土性能指标

掺外加剂混凝土性能指标应符合表 3-37 的要求。

表 3-37　普通减水剂的技术要求

<table>
<tr><th colspan="2" rowspan="2">项　　目</th><th colspan="3">普通减水剂 WR</th></tr>
<tr><th>早期型 WR-A</th><th>标准型 WR-S</th><th>缓凝型 WR-R</th></tr>
<tr><td colspan="2">减水率（%），≥</td><td>8</td><td>8</td><td>8</td></tr>
<tr><td colspan="2">泌水率比（%），≤</td><td>95</td><td>100</td><td>100</td></tr>
<tr><td colspan="2">含气量（%），≤</td><td>4.0</td><td>4.0</td><td>5.5</td></tr>
<tr><td rowspan="2">凝结时间之差（min）</td><td>初凝</td><td rowspan="2">−90～＋90</td><td rowspan="2">−90～＋120</td><td>＞＋90</td></tr>
<tr><td>终凝</td><td>—</td></tr>
<tr><td rowspan="2">1 h 经时变化量</td><td>坍落度（mm）</td><td>—</td><td>—</td><td>—</td></tr>
<tr><td>含气量（%）</td><td>—</td><td>—</td><td>—</td></tr>
</table>

续上表

项　　目		普通减水剂 WR		
		早期型 WR-A	标准型 WR-S	缓凝型 WR-R
抗压强度比(%),≥	1 d	135	—	—
	3 d	130	115	—
	7 d	110	115	110
	28 d	100	110	110
收缩率比(%),≤	28 d	135	135	135
相对耐久性(200 次,%),≥		—	—	—

注:1. 表中抗压强度比、收缩率比、相对耐久性为强制性指标,其余为推荐性指标。

2. 除含气量和相对耐久性外,表中所列数据为掺外加剂混凝土与基准混凝土的差值或比值。

3. 凝结时间之差性能指标中的"－"号表示提前,"＋"号表示延缓。

4. 1 h 含气量经时变化量指标中的"－"号表示含气量增加,"＋"号表示含气量减少。

5. 当用户产品有特殊要求时,需要进行的补充试验项目、试验方法及指标,由供需双方协商决定。

2. 匀质性指标(表 3-38)

表 3-38　匀质性指标

项　　目	指　　标
氯离子含量(%)	不超过生产厂控制值
总碱量(%)	不超过生产厂控制值
含固量(%)	$s>25\%$时,应控制在 $0.95s\sim1.05s$;$s\leqslant25\%$时,应控制在 $0.90s\sim1.10s$
含水率(%)	$w>5\%$时,应控制在 $0.90w\sim1.10w$;$w\leqslant5\%$时,应控制在 $0.80w\sim1.20w$
密度(g/cm^3)	$\rho>1.1$ 时,应控制在 $\rho\pm0.03$;$\rho\leqslant1.1$ 时,应控制在 $\rho\pm0.02$
细度	应在生产厂控制范围内
pH 值	应在生产厂控制范围内
硫酸钠含量(%)	不超过生产厂控制值

注:1. 生产厂应在相关的技术资料中明示产品匀质性指标的控制值。

2. 对相同和不同批次之间的匀质性和等效性的其他要求,可由供需双方商定。

3. 表中的 s、w 和 ρ 分别为含固量、含水率和密度的生产厂控制值。

(五)验收批量

生产厂应根据产量和生产设备条件,将产品分批编号。掺量大于 1%(含 1%)同品种的外加剂每一批号为 100 t,掺量小于 1%的外加剂每一批号为 50 t。不足 100 t 或 50 t 的也应按一个批量计,同一批号的产品必须混合均匀。

(六)取样方法

试样分点样和混合样两种。点样是在一次生产产品时所取得的一个试样。混合样是三个或更多的点样等量均匀混合而取得的试样。每一批号取样应充分混匀,分为两等份,其中一份按表 3-37 和表 3-38 规定的项目进行试验,另一份密封保存半年,以备有疑问时,提交国家指定的检验机关进行复验或仲裁。

（七）样品数量

每一批号取样量不少于 0.2 t 水泥所需用的外加剂量。

（八）检测项目

含固量（含水量）、密度（细度）、pH 值、氯离子含量、总碱量、减水率、坍落度经时变化值、含气量及其经时变化量、凝结时间差、抗压强度比、收缩率比、相对耐久性指标。

（九）质量评定

各项检测指标符合标准规定指标时，可判定该批号外加剂合格，如有不合格项目，则判该批号外加剂不合格。

（十）使用注意事项

1. 普通减水剂可用于素混凝土、钢筋混凝土、预应力混凝土，普通减水剂宜用于日最低气温 5 ℃以上施工的混凝土，不宜单独用于蒸养混凝土。

2. 当掺用外加剂时应先做水泥适应性试验，合格后方可使用。减水剂掺量应根据供货单位的推荐掺量、气温高低、施工要求，通过试验确定。

3. 液体减水剂宜与拌和水同时加入搅拌机内，外加剂中的水量应从拌和水中扣除。粉剂减水剂宜与胶凝材料同时加入搅拌机内。

四、早 强 剂

（一）概　　述

早强剂是能加速混凝土早期强度发展的外加剂。早强剂的代号是 Ac。掺入混凝土中，早强剂可缩短混凝土养护龄期，加快施工进度，提高模板和场地周转率。早强剂主要是无机盐类、有机物等。无机盐类早强剂主要有硫酸盐、硫酸复盐、硝酸盐、亚硝酸盐、氯盐等；有机类早强剂主要有三乙醇胺、甲酸盐、乙酸盐、丙酸盐等。

（二）执行标准

《混凝土外加剂》(GB 8076—2008)。

（三）相关标准

《水泥化学分析方法》(GB/T 176—2008)。

《水泥比表面积测定方法　勃氏法》(GB/T 8074—2008)。

《混凝土外加剂的定义、分类、命名和术语》(GB/T 8075—2005)。

《混凝土外加剂匀质性试验方法》(GB/T 8077—2000)。

《建筑用砂》(GB/T 14684—2011)。

《建筑用卵石、碎石》(GB/T 14685—2011)。

《普通混凝土拌和物性能试验方法标准》(GB/T 50080—2002)。

《普通混凝土力学性能试验方法标准》(GB/T 50081—2002)。

《普通混凝土长期性能和耐久性能试验方法》(GB/T 50082—2009)。

《普通混凝土配合比设计规程》(JGJ 55—2011)。

《混凝土用水标准》(JGJ 63—2006)。

《混凝土外加剂应用技术规范》(GB 50119—2003)。

《公路工程混凝土外加剂》(JT/T 523—2004)。

（四）性能指标

1. 受检混凝土性能指标

掺外加剂混凝土性能指标应符合表 3-39 的要求。

表 3-39 早强剂的性能要求

项 目		早强剂 Ac
减水率(%),≥		—
泌水率比(%),≤		100
含气量(%)		—
凝结时间之差(min)	初凝	−90～+90
	终凝	
1 h 经时变化量	坍落度(mm)	—
	含气量(%)	
抗压强度比(%),≥	1 d	135
	3 d	130
	7 d	110
	28 d	100
收缩率比(%),≤	28 d	135
相对耐久性(200 次,%),≥		—

注:1. 表中抗压强度比、收缩率比、相对耐久性为强制性指标,其余为推荐性指标。

2. 除含气量和相对耐久性外,表中所列数据为掺外加剂混凝土与基准混凝土的差值或比值。

3. 凝结时间之差性能指标中的“−”号表示提前,“+”号表示延缓。

4. 1 h 含气量经时变化量指标中的“−”号表示含气量增加,“+”号表示含气量减少。

5. 当用户产品有特殊要求时,需要进行的补充试验项目、试验方法及指标,由供需双方协商决定。

2. 匀质性指标(表 3-40)

表 3-40 匀质性指标

项 目	指 标
氯离子含量(%)	不超过生产厂控制值
总碱量(%)	不超过生产厂控制值
含固量(%)	$s>25\%$时,应控制在 $0.95s\sim1.05s$;$s\leqslant25\%$时,应控制在 $0.90s\sim1.10s$
含水率(%)	$w>5\%$时,应控制在 $0.90w\sim1.10w$;$w\leqslant5\%$时,应控制在 $0.80w\sim1.20w$
密度(g/cm^3)	$\rho>1.1$ 时,应控制在 $\rho\pm0.03$;$\rho\leqslant1.1$ 时,应控制在 $\rho\pm0.02$
细度	应在生产厂控制范围内
pH 值	应在生产厂控制范围内
硫酸钠含量(%)	不超过生产厂控制值

注:1. 生产厂应在相关的技术资料中明示产品匀质性指标的控制值。

2. 对相同和不同批次之间的匀质性和等效性的其他要求,可由供需双方商定。

3. 表中的 s、w 和 ρ 分别为含固量、含水率和密度的生产厂控制值。

(五)验收批量

生产厂应根据产量和生产设备条件,将产品分批编号。掺量大于 1%(含 1%)同品种的外加剂每一批号为 100 t,掺量小于 1%的外加剂每一批号为 50 t。不足 100 t 或 50 t 的也应按一个批量计,同一批号的产品必须混合均匀。

（六）取样方法

试样分点样和混合样两种。点样是在一次生产产品时所取得的一个试样。混合样是三个或更多的点样等量均匀混合而取得的试样。每一批号取样应充分混匀，分为两等份，其中一份按表 3-39 和表 3-40 规定的项目进行试验，另一份密封保存半年，以备有疑问时，提交国家指定的检验机关进行复验或仲裁。

（七）样品数量

每一批号取样量不少于 0.2 t 水泥所需用的外加剂量。

（八）检测项目

含固量（含水量）、密度（细度）、pH 值、氯离子含量、总碱量、减水率、坍落度经时变化值、含气量及其经时变化量、凝结时间差、抗压强度比、收缩率比、相对耐久性指标。

（九）质量评定

各项检测指标符合标准规定指标时，可判定该批号外加剂合格，如有不合格项目，则判该批号外加剂不合格。

（十）使用注意事项

1. 早强剂适用于常温、低温和最低温度不低于－5 ℃环境中施工的有早强要求的混凝土工程。炎热环境条件下不宜使用早强剂。

2. 掺入混凝土后对人体产生危害或对环境产生污染的化学物质严禁用作早强剂。含有六价铬盐、亚硝酸盐等有害成分的早强剂严禁用于饮水工程及食品相接触的工程。硝铵类严禁用于办公、居住等建筑工程。

3. 下列结构中严禁采用含有氯盐配制的早强剂。

(1)预应力混凝土结构。

(2)相对湿度大于 80％环境中使用的结构、处于水位变化部位的结构、露天结构及经常受水淋、受水流冲刷的结构。

(3)大体积混凝土。

(4)直接接触酸、碱或其他侵蚀性介质的结构。

(5)经常处于温度为 60 ℃以上的结构，需经蒸养的钢筋混凝土预制构件。

(6)有装饰要求的混凝土，特别是要求色彩一致的或是表面有金属装饰的混凝土。

(7)薄壁混凝土结构，中级和重级吊车的梁、屋架、落锤及锻锤混凝土基础等结构。

(8)使用冷拉钢筋或冷拔低碳钢丝的结构。

(9)骨料具有碱活性的混凝土结构。

4. 在下列混凝土结构中严禁采用含有强电解质无机盐类的早强剂如下。

(1)与镀锌钢材或铝铁相接触部位的结构以及有外露钢筋预埋铁件而无防护措施的结构。

(2)使用直流电源的结构以及距高压直流电源 100 m 以内的结构。

五、缓凝剂

（一）概　述

缓凝剂是可延长混凝土凝结时间的外加剂，代号为 Re。可分为有机和无机两大类。主要有木质素磺酸盐类：木质素磺酸钙、木质素磺酸钠等；糖类及碳水化合物，如糖钙、淀粉、纤维素的衍生物等；羟基羧酸及其盐类，如柠檬酸、酒石酸、葡萄糖酸以及其盐类；可溶酸盐和磷酸盐等。它常用作各种复合型外加剂的组分，调整水泥混凝土凝结硬化时间。

(二)执行标准

《混凝土外加剂》(GB 8076—2008)。

(三)相关标准

《水泥化学分析方法》(GB/T 176—2008)。

《水泥比表面积测定方法　勃氏法》(GB/T 8074—2008)。

《混凝土外加剂的定义、分类、命名和术语》(GB/T 8075—2005)。

《混凝土外加剂匀质性试验方法》(GB/T 8077—2000)。

《建筑用砂》(GB/T 14684—2011)。

《建筑用卵石、碎石》(GB/T 14685—2011)。

《普通混凝土拌和物性能试验方法标准》(GB/T 50080—2002)。

《普通混凝土力学性能试验方法标准》(GB/T 50081—2002)。

《普通混凝土长期性能和耐久性能试验方法》(GB/T 50082—2009)。

《普通混凝土配合比设计规程》(JGJ 55—2011)。

《混凝土用水标准》(JGJ 63—2006)。

《混凝土外加剂应用技术规范》(GB 50119—2003)。

《公路工程混凝土外加剂》(JT/T 523—2004)。

(四)性能指标

1. 受检混凝土性能指标

掺外加剂混凝土性能指标应符合表3-41的要求。

表3-41　缓凝剂的技术指标要求

项　目		缓凝剂 Re
减水率(%),≥		—
泌水率比(%),≤		100
含气量(%)		—
凝结时间之差(min)	初凝	>+90
	终凝	—
1 h经时变化量	坍落度(mm)	—
	含气量(%)	
抗压强度比(%),≥	1 d	—
	3 d	—
	7 d	100
	28 d	100
收缩率比(%),≤	28 d	135
相对耐久性(200次,%),≥		—

注:1. 表中抗压强度比、收缩率比、相对耐久性为强制性指标,其余为推荐性指标。

2. 除含气量和相对耐久性外,表中所列数据为掺外加剂混凝土与基准混凝土的差值或比值。

3. 凝结时间之差性能指标中的"－"号表示提前,"＋"号表示延缓。

4. 1 h含气量经时变化量指标中的"－"号表示含气量增加,"＋"号表示含气量减少。

5. 当用户产品有特殊要求时,需要进行的补充试验项目、试验方法及指标,由供需双方协商决定。

2. 匀质性指标(表 3-42)

表 3-42 匀质性指标

项 目	指 标
氯离子含量(%)	不超过生产厂控制值
总碱量(%)	不超过生产厂控制值
含固量(%)	$s>25\%$时,应控制在 $0.95s\sim1.05s$;$s\leqslant25\%$时,应控制在 $0.90s\sim1.10s$
含水率(%)	$w>5\%$时,应控制在 $0.90w\sim1.10w$;$w\leqslant5\%$时,应控制在 $0.80w\sim1.20w$
密度(g/cm^3)	$\rho>1.1$ 时,应控制在 $\rho\pm0.03$;$\rho\leqslant1.1$ 时,应控制在 $\rho\pm0.02$
细度	应在生产厂控制范围内
pH 值	应在生产厂控制范围内
硫酸钠含量(%)	不超过生产厂控制值

注:1. 生产厂应在相关的技术资料中明示产品匀质性指标的控制值。
2. 对相同和不同批次之间的匀质性和等效性的其他要求,可由供需双方商定。
3. 表中的 s、w 和 ρ 分别为含固量、含水率和密度的生产厂控制值。

(五)验收批量

生产厂应根据产量和生产设备条件,将产品分批编号。掺量大于1%(含1%)同品种的外加剂每一批号为 100 t,掺量小于1%的外加剂每一批号为 50 t。不足 100 t 或 50 t 的也应按一个批量计,同一批号的产品必须混合均匀。

(六)取样方法

试样分点样和混合样两种。点样是在一次生产产品时所取得的一个试样。混合样是三个或更多的点样等量均匀混合而取得的试样。每一批号取样应充分混匀,分为两等份,其中一份按表 3-41 和表 3-42 规定的项目进行试验,另一份密封保存半年,以备有疑问时,提交国家指定的检验机关进行复验或仲裁。

(七)样品数量

每一批号取样量不少于 0.2 t 水泥所需用的外加剂量。

(八)检测项目

含固量(含水量)、密度(细度)、pH 值、氯离子含量、总碱量、减水率、坍落度经时变化值、含气量及其经时变化量、凝结时间差、抗压强度比、收缩率比、相对耐久性指标。

(九)质量评定

各项检测指标符合标准规定指标时,可判定该批号外加剂合格,如有不合格项目,则判该批号外加剂不合格。

(十)使用注意事项

1. 缓凝剂可用于大体积混凝土、碾压混凝土、炎热气候条件下施工的混凝土、大面积浇筑的混凝土、避免冷缝产生的混凝土、需较长时间停放或长距离运输的混凝土、自流平免振混凝土、滑模施工或拉模施工的混凝土及其他需要延缓凝结时间的混凝土。

2. 缓凝剂宜用于日最低气温 5 ℃以上施工的混凝土,不宜单独用于早强要求的混凝土。

3. 缓凝剂的品种及掺量应根据环境温度、施工要求的混凝土凝结时间、运输距离、停放时间、强度等来确定。

4. 缓凝剂掺加时计量必须正确,使用时加入拌和水中,溶液中的水量应从拌和水中扣除。难溶和不溶物较多的应采用干掺法并延长混凝土搅拌时间 30 s。

六、引气剂、引气减水剂

(一)概　　述

引气剂是一种在搅拌过程中具有在砂浆或混凝土中引入大量、均匀分布的微小气泡，而且在硬化后能保留在其中的一种外加剂，代号是 AE。引气剂的种类主要有：松香树脂类：松香热聚物、松香皂类等；烷基和烷基芳烃磺酸盐类：十二烷基磺酸盐、烷基苯磺酸盐、烷基苯酚聚氧乙烯醚等；脂肪醇磺酸盐类：脂肪醇聚氧乙烯醚、脂肪醇聚氧乙烯磺酸钠、脂肪醇硫酸钠等；皂甙类：三萜皂甙等；它可以改善砂浆和混凝土的性能，特别是混凝土的耐久性。

引气减水剂是兼有引气和减水功能的外加剂。它是由引气剂与减水剂复合组成，代号为 AEWR。引气减水剂可以大幅度地提高混凝土抗冻性能，并由于减水作用，可在一定程度上弥补由于引气量过多造成的强度损失。

(二)执行标准

《混凝土外加剂》(GB 8076—2008)。

(三)相关标准

《水泥化学分析方法》(GB/T 176—2008)。

《水泥比表面积测定方法　勃氏法》(GB/T 8074—2008)。

《混凝土外加剂的定义、分类、命名和术语》(GB/T 8075—2005)。

《混凝土外加剂匀质性试验方法》(GB/T 8077—2000)。

《建筑用砂》(GB/T 14684—2011)。

《建筑用卵石、碎石》(GB/T 14685—2011)。

《普通混凝土拌和物性能试验方法标准》(GB/T 50080—2002)。

《普通混凝土力学性能试验方法标准》(GB/T 50081—2002)。

《普通混凝土长期性能和耐久性能试验方法》(GB/T 50082—2009)。

《普通混凝土配合比设计规程》(JGJ 55—2011)。

《混凝土用水标准》(JGJ 63—2006)。

《混凝土外加剂应用技术规范》(GB 50119—2003)。

《公路工程混凝土外加剂》(JT/T 523—2004)。

(四)性能指标

1. 受检混凝土性能指标

掺外加剂混凝土性能指标应符合表 3-43、表 3-44 的要求。

表 3-43　引气剂的技术指标要求

项　　目		引气剂 AE
减水率(%)，≥		6
泌水率比(%)，≤		70
含气量(%)		≥3.0
凝结时间之差(min)	初凝	−90～＋120
	终凝	
1 h 经时变化量	坍落度(mm)	—
	含气量(%)	−1.5～＋1.5

续上表

项　　目		引气剂 AE
抗压强度比(%),≥	1 d	—
	3 d	95
	7 d	95
	28 d	90
收缩率比(%),≤	28 d	135
相对耐久性(200 次,%),≥		80

注:1. 表中抗压强度比、收缩率比、相对耐久性为强制性指标,其余为推荐性指标。
2. 除含气量和相对耐久性外,表中所列数据为掺外加剂混凝土与基准混凝土的差值或比值。
3. 凝结时间之差性能指标中的"－"号表示提前,"＋"号表示延缓。
4. 相对耐久性(200 次)性能指标中的"≥80"表示将 28 d 龄期的受检混凝土试件快速冻融循环 200 次后,动弹性模量保留值≥80%。
5. 1 h 含气量经时变化量指标中的"－"号表示含气量增加,"＋"号表示含气量减少。
6. 当用户产品有特殊要求时,需要进行的补充试验项目、试验方法及指标,由供需双方协商决定。

表 3-44　引气减水剂的技术指标要求

项　　目		引气减水剂 AEWR
减水率(%),≥		10
泌水率比(%),≤		70
含气量(%)		≥3.0
凝结时间之差(min)	初凝	－90～＋120
	终凝	
1 h 经时变化量	坍落度(mm)	—
	含气量(%)	－1.5～＋1.5
抗压强度比(%),≥	1 d	—
	3 d	115
	7 d	110
	28 d	100
收缩率比(%),≤	28 d	135
相对耐久性(200 次,%),≥		80

注:1. 表中抗压强度比、收缩率比、相对耐久性为强制性指标,其余为推荐性指标。
2. 除含气量和相对耐久性外,表中所列数据为掺外加剂混凝土与基准混凝土的差值或比值。
3. 凝结时间之差性能指标中的"－"号表示提前,"＋"号表示延缓。
4. 相对耐久性(200 次)性能指标中的"≥80"表示将 28 d 龄期的受检混凝土试件快速冻融循环 200 次后,动弹性模量保留值≥80%。
5. 1 h 含气量经时变化量指标中的"－"号表示含气量增加,"＋"号表示含气量减少。
6. 当用户产品有特殊要求时,需要进行的补充试验项目、试验方法及指标,由供需双方协商决定。

2. 匀质性指标（表 3-45）

表 3-45　匀质性指标

项　　目	指　　标
氯离子含量(%)	不超过生产厂控制值
总碱量(%)	不超过生产厂控制值
含固量(%)	$s>25\%$时，应控制在 $0.95s\sim1.05s$；$s\leqslant25\%$时，应控制在 $0.90s\sim1.10s$
含水率(%)	$w>5\%$时，应控制在 $0.90w\sim1.10w$；$w\leqslant5\%$时，应控制在 $0.80w\sim1.20w$
密度(g/cm^3)	$\rho>1.1$时，应控制在 $\rho\pm0.03$；$\rho\leqslant1.1$时，应控制在 $\rho\pm0.02$
细度	应在生产厂控制范围内
pH 值	应在生产厂控制范围内
硫酸钠含量(%)	不超过生产厂控制值

注：1. 生产厂应在相关的技术资料中明示产品匀质性指标的控制值。

2. 对相同和不同批次之间的匀质性和等效性的其他要求，可由供需双方商定。

3. 表中的 s、w 和 ρ 分别为含固量、含水率和密度的生产厂控制值。

（五）验收批量

生产厂应根据产量和生产设备条件，将产品分批编号。掺量大于 1%（含 1%）同品种的外加剂每一批号为 100 t，掺量小于 1%的外加剂每一批号为 50 t。不足 100 t 或 50 t 的也应按一个批量计，同一批号的产品必须混合均匀。

（六）取样方法

试样分点样和混合样两种。点样是在一次生产产品时所取得的一个试样。混合样是三个或更多的点样等量均匀混合而取得的试样。每一批号取样应充分混匀，分为两等份，其中一份按表 3-43 或表 3-44 和表 3-45 规定的项目进行试验，另一份密封保存半年，以备有疑问时，提交国家指定的检验机关进行复验或仲裁。

（七）样品数量

每一批号取样量不少于 0.2 t 水泥所需用的外加剂量。

（八）检测项目

含固量（含水量）、密度（细度）、pH 值、氯离子含量、总碱量、减水率、坍落度经时变化值、含气量及其经时变化量、凝结时间差、抗压强度比、收缩率比、相对耐久性指标。

（九）质量评定

各项检测指标符合标准规定指标时，可判定该批号外加剂合格，如有不合格项目，则判该批号外加剂不合格。

（十）使用注意事项

1. 引气剂可用于抗冻混凝土、抗渗混凝土、抗硫酸盐混凝土、泌水严重的混凝土、贫混凝土、轻骨料混凝土、人工骨料配制的普通混凝土、高性能混凝土以及有饰面要求的混凝土。

2. 抗冻性要求高的混凝土，必须掺引气剂，其掺量应根据混凝土的含气量要求，通过试验确定。

掺引气剂及引气减水剂混凝土的含气量，不宜超过下表规定的含气量；对抗冻性要求高的混凝土，宜采用表 3-46 中规定的含气量数值。

表 3-46 掺引气剂及引气减水剂混凝土的含气量

粗骨料最大粒径(mm)	20(19)	25(22.4)	40(37.5)	50(45)	80(75)
混凝土含气量(%)	5.5	5.0	4.5	4.0	3.5

注：括号内数值为《建筑用卵石、碎石》(GB/T 14685)中标准筛的尺寸。

3. 引气剂可与减水剂、早强剂、缓凝剂、防冻剂复合使用。配制溶液时，如产生絮凝或沉淀等现象，应分别配制溶液并分别加入搅拌机内。

4. 施工时，应严格控制混凝土的含气量。当材料、配合比或施工条件变化时，应相应增减引气剂或引气减水剂的掺量。

5. 检验掺气剂及引气减水剂混凝土的含气量，应在搅拌机出料口进行取样，并应考虑混凝土在运输的振捣过程中含气量的损失。对含气量有设计要求的混凝土，施工中应每间隔一定时间进行现场检验。

6. 掺引气剂及引气减水剂混凝土，必须采用机械搅拌，搅拌时间及搅拌量应通过试验确定。出料到浇筑的停放时间也不宜过长，采用插入式振捣时，振捣时间不宜超过 20 s。

七、泵 送 剂

(一)概 述

泵送剂是用改善混凝土泵送性能的外加剂。代号为 PA。它由减水剂、调凝剂、引气剂、润滑剂等多种组分复合而成。泵送剂是泵送和商品混凝土必不可少的组分。

(二)执行标准

《混凝土外加剂》(GB 8076—2008)。

(三)相关标准

《水泥化学分析方法》(GB/T 176—2008)。

《水泥比表面积测定方法 勃氏法》(GB/T 8074—2008)。

《混凝土外加剂的定义、分类、命名和术语》(GB/T 8075—2005)。

《混凝土外加剂匀质性试验方法》(GB/T 8077—2000)。

《建筑用砂》(GB/T 14684—2011)。

《建筑用卵石、碎石》(GB/T 14685—2011)。

《普通混凝土拌和物性能试验方法标准》(GB/T 50080—2002)。

《普通混凝土力学性能试验方法标准》(GB/T 50081—2002)。

《普通混凝土长期性能和耐久性能试验方法》(GB/T 50082—2009)。

《普通混凝土配合比设计规程》(JGJ 55—2011)。

《混凝土用水标准》(JGJ 63—2006)。

《混凝土外加剂应用技术规范》(GB 50119—2003)。

《公路工程混凝土外加剂》(JT/T 523—2004)。

(四)性能指标

1. 受检混凝土性能指标

掺外加剂混凝土性能指标应符合表 3-47 的要求。

表 3-47　泵送剂的技术指标要求

<table>
<tr><th colspan="2">项　目</th><th>泵送剂 PA</th></tr>
<tr><td colspan="2">减水率(%),≥</td><td>12</td></tr>
<tr><td colspan="2">泌水率比(%),≤</td><td>70</td></tr>
<tr><td colspan="2">含气量(%)</td><td>≤5.5</td></tr>
<tr><td rowspan="2">凝结时间之差(min)</td><td>初凝</td><td rowspan="2">—</td></tr>
<tr><td>终凝</td></tr>
<tr><td rowspan="2">1 h 经时变化量</td><td>坍落度(mm)</td><td>≤80</td></tr>
<tr><td>含气量(%)</td><td>—</td></tr>
<tr><td rowspan="4">抗压强度比(%),≥</td><td>1 d</td><td>—</td></tr>
<tr><td>3 d</td><td>—</td></tr>
<tr><td>7 d</td><td>115</td></tr>
<tr><td>28 d</td><td>110</td></tr>
<tr><td>收缩率比(%),≤</td><td>28 d</td><td>135</td></tr>
<tr><td colspan="2">相对耐久性(200 次,%),≥</td><td>—</td></tr>
</table>

注:1. 表中抗压强度比、收缩率比、相对耐久性为强制性指标,其余为推荐性指标。

2. 除含气量和相对耐久性外,表中所列数据为掺外加剂混凝土与基准混凝土的差值或比值。

3. 凝结时间之差性能指标中的"－"号表示提前,"＋"号表示延缓。

4. 1 h 含气量经时变化量指标中的"－"号表示含气量增加,"＋"号表示含气量减少。

5. 当用户产品有特殊要求时,需要进行的补充试验项目、试验方法及指标,由供需双方协商决定。

2. 匀质性指标(表 3-48)

表 3-48　匀质性指标

项　目	指　标
氯离子含量(%)	不超过生产厂控制值
总碱量(%)	不超过生产厂控制值
含固量(%)	$s>25\%$时,应控制在 $0.95s\sim1.05s$;$s\leq25\%$时,应控制在 $0.90s\sim1.10s$
含水率(%)	$w>5\%$时,应控制在 $0.90w\sim1.10w$;$w\leq5\%$时,应控制在 $0.80w\sim1.20w$
密度(g/cm^3)	$\rho>1.1$ 时,应控制在 $\rho\pm0.03$;$\rho\leq1.1$ 时,应控制在 $\rho\pm0.02$
细度	应在生产厂控制范围内
pH 值	应在生产厂控制范围内
硫酸钠含量(%)	不超过生产厂控制值

注:1. 生产厂应在相关的技术资料中明示产品匀质性指标的控制值;

2. 对相同和不同批次之间的匀质性和等效性的其他要求,可由供需双方商定;

3. 表中的 s、w 和 ρ 分别为含固量、含水率和密度的生产厂控制值。

(五)验收批量

生产厂应根据产量和生产设备条件,将产品分批编号。掺量大于 1%(含 1%)同品种的外加剂每一批号为 100 t,掺量小于 1%的外加剂每一批号为 50 t。不足 100 t 或 50 t 的也应按一个批量计，同一批号的产品必须混合均匀。

（六）取样方法

试样分点样和混合样两种。点样是在一次生产产品时所取得的一个试样。混合样是三个或更多的点样等量均匀混合而取得的试样。每一批号取样应充分混匀，分为两等份，其中一份按表 3-47 和表 3-48 规定的项目进行试验，另一份密封保存半年，以备有疑问时，提交国家指定的检验机关进行复验或仲裁。

（七）样品数量

每一批号取样量不少于 0.2 t 水泥所需用的外加剂量。

（八）检测项目

含固量（含水量）、密度（细度）、pH 值、氯离子含量、总碱量、减水率、坍落度经时变化值、含气量及其经时变化量、凝结时间差、抗压强度比、收缩率比、相对耐久性指标。

（九）质量评定

各项检测指标符合标准规定指标时，可判定该批号外加剂合格，如有不合格项目，则判该批号外加剂不合格。

（十）使用注意事项

1. 含有水不溶物的粉状泵送剂应与胶凝材料一起加入搅拌机中；水溶性粉状泵送剂宜用水溶解后或直接加入搅拌机中，应延长混凝土搅拌时间 30 s。

2. 液体泵送剂应与拌和水一起加入搅拌机中，溶液中的水应从拌和水中扣除。

3. 泵送剂的品种、掺量应按供货单位提供的推荐掺量和环境温度、泵送高度、泵送距离、运输距离等要求经混凝土试配后确定。

4. 在不可预测情况下造成商品混凝土坍落度损失过大时，可采用后添加泵送剂的方法掺入混凝土搅拌运输车中，必须快速运转，搅拌均匀后，测定坍落度符合要求后方可合使用。后添加的量应预先试验确定。

八、膨胀剂

（一）概　述

膨胀剂是与水泥、水拌和后经水化反应生成钙矾石、氢氧化钙或钙矾石和氢氧化钙，使混凝土产生体积膨胀的外加剂。混凝土膨胀剂按水化产物分为硫铝酸钙类混凝土膨胀剂（代号 A），氧化钙类混凝土膨胀剂（代号 C），硫铝酸钙-氧化钙类混凝土膨胀剂（代号为 AC）。混凝土膨胀剂按限制膨胀率分为Ⅰ型和Ⅱ型两种。

膨胀剂主要作用是补偿混凝土硬化过程中的干缩和冷缩，避免混凝土开裂。可以应用于各种抗裂防渗混凝土，尤其适用于与防水有关的地下、水工、海工、地铁、隧道和水电等钢筋混凝土结构工程。

（二）执行标准

《混凝土膨胀剂》（GB 23439—2009）。

（三）相关标准

《水泥化学分析方法》（GB/T 176—2008）。

《水泥比表面积测定方法　勃氏法》（GB/T 8074—2008）。

《普通混凝土力学性能试验方法标准》（GB/T 50081—2002）。

《混凝土用水标准》（JGJ 63—2006）。

《混凝土外加剂》(GB 8076—2008)。

《水泥细度检验方法(筛析法)》(GB/T 1345—2005)。

《水泥标准稠度用水量、凝结时间、安定性检验方法》(GB/T 1346—2001)。

《水泥胶砂强度检验方法》(GB/T 17671—1999)。

《水泥取样方法》(GB 12573—2008)。

(四)性能指标

1. 化学成分

(1)氧化镁

混凝土膨胀剂中的氧化镁含量应不大于5%。

(2)碱含量(选择性指标)

混凝土膨胀剂中的碱含量按 $Na_2O+0.658K_2O$ 计算值来表示,若使用活性骨料,用户要求提供低碱混凝土膨胀剂时,混凝土膨胀剂中的碱含量应不大于0.75%或由供需双方协商确定。

2. 物理性能

混凝土膨胀剂的物理性能指标应符合表3-49的规定。

表3-49 混凝土膨胀剂性能指标

项目		指标值	
		Ⅰ型	Ⅱ型
细度	比表面积(m^2/kg),≥	200	
	1.18 mm 筛筛余(%),≤	0.5	
凝结时间	初凝(min),≥	45	
	终凝(min),≤	600	
限制膨胀率(%)	水中7 d,≥		
	空气中21 d,≥		
抗压强度(MPa)	7 d,≥		
	28 d,≥		
限制膨胀率为强制性的,其余为推荐性的。			

(五)验收批量

膨胀剂按同类型编号,袋装和散装膨胀剂应分别进行编号。膨胀剂出厂编号按生产能力规定:日产量超过200 t,以不超过200 t为一批量,不足200 t时,以日产量为一批量。

(六)取样方法

取样方法按GB/T 12573进行,取样应具有代表性,可连续取,也可从20个以上不同部位抽取等量样品。取出的试样充分混匀后,分成两等份,一份试验,一份备份密封保存180日。

(七)样品数量

20个以上不同部位取等量样品,总量不少于10 kg。

(八)检测项目

细度、凝结时间、限制膨胀率、抗压强度。

(九)质量评定

试验结果符合性能指标要求时,判该批产品合格;否则为不合格。

（十）使用注意事项

1. 储存期为180日，过期应重新进行物理性能检验。

2. 含硫铝酸钙类、硫铝酸钙-氧化钙类膨胀剂的混凝土（砂浆）不得用于长期环境温度为80 ℃以上的工程。

3. 含氧化钙类膨胀剂配制的混凝土（砂浆）不得用于海水或有侵蚀性水的工程。

4. 掺膨胀剂的混凝土适用于钢筋混凝土工程和填充性混凝土工程。掺膨胀剂的大体积混凝土，其内部最高温度应符合有关标准的规定，混凝土内外温差宜小于25 ℃。

5. 混凝土养护应符合下列规定。

（1）对于大体积混凝土和大面积板面混凝土，表面抹压后用塑料薄膜覆盖，混凝土硬化后，宜采用蓄水养护或用湿麻袋覆盖，保持混凝土表面潮湿，养护时间不应少于14日。

（2）对于墙体等不易保水的结构，宜从顶部设水管喷淋，拆模时间不宜少于3日，拆膜后宜用湿麻袋紧贴墙体覆盖并浇水养护，保持混凝土表面潮湿，养护时间不宜少于14日。

（3）冬期施工时，混凝土浇筑后，应立即用塑料薄膜和保温材料覆盖，养护期应不少于14日。对于墙体，带模板养护不应少于7日。

九、防 冻 剂

（一）概　　述

防冻剂是能使混凝土在负温下硬化，并在规定时间内达到足够防冻强度的外加剂。目前，防冻剂品种适用于0～－15 ℃的气温，当在更低气温下施工时，应增加其他混凝土冬季施工措施。防冻剂是复合外加剂的一种，由减水组分、引气组分、防冻组分，有时还掺有早强组分等组成。

防冻剂的主要品种有强电解质无机盐类、水溶性有机化合物类和复合类，其中强电解质无机盐类包括氯盐类、氯盐阻锈类、无氯盐类三种。

氯盐类：以氯盐为防冻组分的外加剂。

氯盐阻锈类：以氯盐与阻锈剂为防冻组分的外加剂。

无氯盐类：以亚硝酸盐、硝酸盐等无机盐为防冻组分的外加剂。

水溶性有机化合物类：以某些醇类等有机化合物为防冻组分的外加剂。

复合型防冻剂：以无机盐类和有机化合物复合或以防冻组分复合早强、引气、减水等组分的外加剂。

（二）执行标准

《混凝土防冻剂》（JC 475—2004）。

（三）相关标准

《混凝土外加剂》（GB 8076—2008）。

《混凝土外加剂匀质性试验方法》（GB/T 8077—2000）。

《普通混凝土拌和物性能试验方法标准》（GB/T 50080—2002）。

《普通混凝土力学性能试验方法标准》（GB/T 50081—2002）。

《普通混凝土长期性能和耐久性能试验方法》（GB/T 50082—2009）。

《普通混凝土配合比设计规程》（JGJ 55—2011）。

《混凝土用水标准》（JGJ 63—2006）。

《混凝土外加剂应用技术规范》（GB 50119—2003）。

《混凝土外加剂中释放氨的限量》(GB 18588—2001)。

(四)性能指标

1. 匀质性

防冻剂匀质性应符合表 3-50 的要求。

表 3-50 防冻剂匀质性指标

试验项目	指标
固体含量(%)	液体防冻剂： $s \geqslant 20\%$时，$0.95s \leqslant x < 1.05s$； $s < 20\%$时，$0.90s \leqslant x < 1.10s$； s 是生产厂提供的固体含量(质量%)，x 是测试的固体含量(质量%)
含水率(%)	粉状防冻剂： $w \geqslant 5\%$时，$0.90w \leqslant x < 1.10w$； $w < 5\%$时，$0.80w \leqslant x < 1.20w$； w 是生产厂提供的含水率(质量%)，x 是测试的含水率(质量%)
密度	液体防冻剂： $\rho > 1.1$ 时，要求 $\rho \pm 0.03$； $\rho \leqslant 1.1$ 时，要求 $\rho \pm 0.02$； ρ 是生产厂提供的密度值
氯离子含量(%)	无氯盐防冻剂：小于等于 0.1%(质量百分比)
	其他防冻剂：不超过生产厂控制值
碱含量(%)	不超过生产厂提供的最大值
水泥净浆流动度(mm)	应不小于生产厂控制值的 95%
细度(%)	粉状防冻剂细度应在生产厂提供的最大值内

2. 掺防冻剂混凝土性能

掺防冻剂混凝土性能应符合表 3-51 的要求。

表 3-51 掺防冻剂混凝土性能指标

<table>
<tr><td colspan="2" rowspan="2">试验项目</td><td colspan="6">性能指标</td></tr>
<tr><td colspan="3">一等品</td><td colspan="3">合格品</td></tr>
<tr><td colspan="2">减水率(%)，≥</td><td colspan="3">10</td><td colspan="3">—</td></tr>
<tr><td colspan="2">泌水率比(%)，≤</td><td colspan="3">80</td><td colspan="3">100</td></tr>
<tr><td colspan="2">含气量(%)，≥</td><td colspan="3">2.5</td><td colspan="3">2.0</td></tr>
<tr><td rowspan="2">凝结时间差(min)</td><td>初凝</td><td colspan="3" rowspan="2">−150～+150</td><td colspan="3" rowspan="2">−210～+210</td></tr>
<tr><td>终凝</td></tr>
<tr><td rowspan="5">抗压强度比(%)，不小于</td><td>规定温度</td><td>−5</td><td>−10</td><td>−15</td><td>−5</td><td>−10</td><td>−15</td></tr>
<tr><td>R_{-7}</td><td>20</td><td>12</td><td>10</td><td>20</td><td>10</td><td>8</td></tr>
<tr><td>R_{28}</td><td colspan="2">100</td><td>95</td><td colspan="2">95</td><td>90</td></tr>
<tr><td>R_{-7+28}</td><td>95</td><td>90</td><td>85</td><td>90</td><td>85</td><td>80</td></tr>
<tr><td>R_{-7+56}</td><td colspan="3">100</td><td colspan="3">100</td></tr>
<tr><td colspan="2">28 天收缩率比(%)，≤</td><td colspan="6">135</td></tr>
<tr><td colspan="2">渗透高度比(%)，≤</td><td colspan="6">100</td></tr>
<tr><td colspan="2">50 次冻融强度损失率比(%)，≤</td><td colspan="6">100</td></tr>
<tr><td colspan="2">对钢筋锈蚀作用</td><td colspan="6">应说明对钢筋有无锈蚀作用</td></tr>
</table>

3. 释放氨量

含有氨或氨基类的防冻剂释放氨量应符合 GB 18588 规定的限值。

(五)验收批量

同一品种的防冻剂,每 50 t 为一批,不足 50 t 也可为一批。

(六)取样方法

取样应具有代表性,可连续取,也可以从 20 个以上的不同部位取等量样品。液体防冻剂取样应注意从容器的上、中、下三层分别取样。

每批取得的样应充分混匀,分为两等份,一份按本标准规定的方法项目进行试验,另一份密封保存半年,以备有疑问时交国家指定的检验机构进行复试或仲裁。

(七)样品数量

每批取样量不少于 0.15 t 水泥所需用的防冻剂量(以其最大掺量计)。

(八)检测项目

固体含量、含水率、密度、氯离子含量、水泥净浆流动度、细度、减水率、泌水率比、含气量、凝结时间差、抗压强度比、收缩率比、50 次冻融强度损失率比、对钢筋锈蚀作用。

(九)质量评定

产品经检验,其匀质性指标、混凝土拌和物的含气量、硬化混凝土性能(抗压强度、收缩率比、抗渗高度比、50 次冻融强度损失率比)、钢筋锈蚀全部符合标准的要求,则可判定为相应等级的产品。否则判为不合格。

(十)使用注意事项

1. 含强电解质无机盐的防冻剂用于混凝土时,下列结构中严禁采用含有氯盐配制的防冻剂。

(1)预应力混凝土结构。

(2)相对湿度大于 80%环境中使用的结构、处于水位变化部位的结构、露天结构及经常受水淋、受水流冲刷的结构。

(3)大体积混凝土。

(4)直接接触酸、碱或其他侵蚀性介质的结构。

(5)经常处于温度为 60 ℃以上的结构,需经蒸养的钢筋混凝土预制构件。

(6)有装饰要求的混凝土,特别是要求色彩一致的或是表面有金属装饰的混凝土。

(7)薄壁混凝土结构,中级和重级工作制吊车的梁、屋架、落锤及锻锤混凝土基础等结构。

(8)使用冷拉钢筋或冷拔低碳钢丝的结构。

(9)骨料具有碱活性的混凝土结构。

2. 下列混凝土结构中严禁采用含有强电解质无机盐类的防冻剂。

(1)与镀锌钢材或铝铁相接触部位的结构以及有外露钢筋预埋铁件而无防护措施的结构。

(2)使用直流电源的结构以及距高压直流电源 100 m 以内的结构。

3. 含亚硝酸盐、碳酸盐的防冻剂严禁用于预应力混凝土结构。

4. 含有六价铬盐、亚硝酸盐等有害成分的防冻剂,严禁用于饮水工程及食品相接触的工程,严禁食用。

5. 含有硝铵、尿素等产生刺激性气味的防冻剂,严禁用于办公、居住等建筑工程。

6. 有机化合物类防冻剂可用于素混凝土、钢筋混凝土及预应力混凝土工程。

7. 有机化合物与无机盐复合防冻剂及复合型防冻剂可用于素混凝土、钢筋混凝土及预应力混凝土工程，并应符合上述1～5条的规定。

8. 对水工、桥梁及有特殊抗冻融性要求的混凝土工程，应通过试验确定防冻剂品种及掺量。

9. 在日最低气温为0～−5 ℃，混凝土采用塑料薄膜和保温材料覆盖养护时，可采用早强剂或早强减水剂；在日最低气温为−5 ℃～−10 ℃、−10 ℃～−15 ℃、−15 ℃～−20 ℃，采用上述保温措施时，宜分别采用规定温度为−5 ℃、−10 ℃、−15 ℃的防冻剂。

10. 常用防冻剂掺量应符合表3-52的规定：

表3-52 防冻剂掺量

混凝土种类	使用环境	防冻剂名称	掺量限值(水泥重量%)，不大于
预应力混凝土	干燥环境	三乙醇胺	0.05
		硫酸钠	1.0
钢筋混凝土	干燥环境	氯离子[Cl^-]	0.6
		硫酸钠	2.0
钢筋混凝土	干燥环境	与缓凝剂复合的硫酸钠	3.0
		三乙醇胺	0.05
	潮湿环境	硫酸钠	1.5
		三乙醇胺	0.05
有饰面要求的混凝土	—	硫酸钠	0.8
素混凝土	—	氯离子[Cl^-]	1.8

十、防 水 剂

(一)概 述

防水剂是能降低混凝土静水压力的透水性的外加剂。适用于工业与民用建筑的屋面、地下室、隧道、巷道、给排水池、水泵站等有防水抗渗要求的混凝土工程。主要品种有如下。

1. 无机化合物类：氯化铁、硅灰粉末、锆化合物等。

2. 有机化合物类：脂肪酸及其盐类、有机硅表面活性剂(甲基硅醇钠、乙基硅醇钠、聚乙基羟基硅氧烷)、石蜡、地沥青、橡胶及水溶性树脂乳液等。

3. 混合物类：无机类混合物、有机类混合物、无机类与有机类混合物。

4. 复合类：上述各类与引气剂、减水剂、调凝剂等外加剂复合的复合型防水剂。

(二)执行标准

《砂浆、混凝土防水剂》(JC 474—2008)。

(三)相关标准

《水泥化学分析方法》(GB/T 176—2008)。

《水泥标准稠度用水量、凝结时间、安定性检验方法》(GB/T 1346—2001)。

《水泥胶砂流动度测定方法》(GB/T 2419—2005)。

《混凝土外加剂》(GB 8076—2008)。

《混凝土外加剂匀质性试验方法》(GB/T 8077—2000)。

《普通混凝土长期性能和耐久性能试验方法》(GB/T 50082—2009)。

《建筑砂浆基本性能试验方法标准》(JGJ 70—2009)。

(四)性能指标

1. 均质性指标

防水剂匀质性指标应符合表3-53的要求。

表 3-53 防水剂匀质性指标

试验项目	指标	
	液体	粉状
密度(g/cm^3)	$\rho>1.1$ 时，要求为 $\rho\pm0.03$； $\rho\leqslant1.1$ 时，要求为 $\rho\pm0.02$； ρ 为生产厂提供的密度值	—
氯离子含量(%)	应小于生产厂最大控制值	应小于生产厂最大控制值
总碱量(%)	应小于生产厂最大控制值	应小于生产厂最大控制值
细度(%)	—	0.315 mm 筛筛余应小于 15
含水率(%)	—	$w\geqslant5\%$时，$0.90w\leqslant x<1.10w$ $w<5\%$时，$0.80w\leqslant x<1.20w$ w 为生产厂提供的含水率，x 是测试的含水率
固体含量(%)	$s\geqslant20\%$时，$0.95s\leqslant x<1.05s$； $s<20\%$时，$0.90s\leqslant x<1.10s$； s 为生产厂提供的固体含量，x 是测试的固体含量	—

注：生产厂应在产品说明书中明示产品匀质性指标的控制值。

2. 受检砂浆的性能指标

受检砂浆的性能应符合表 3-54 的规定。

表 3-54 受检砂浆性能

试验项目		性能指标	
		一等品	合格品
安定性		合格	
凝结时间	初凝(min)，⩾	45	
	终凝(h)，⩽	10	
抗压强度比(%)	7 d，⩾	100	85
	28 d，⩾	90	80
透水压力比(%)，⩾		300	200
吸水量比(48 h，%)，⩽		65	75
收缩率比(28 d，%)，⩽		125	135
安定性和凝结时间为受检净浆的试验结果，其他项目数据为受检砂浆与基准砂浆的比值。			

3. 受检混凝土的性能指标

受检混凝土的性能应符合表 3-55 的规定。

表 3-55 受检混凝土的性能

试验项目		性能指标	
		一等品	合格品
安定性		合格	
泌水率比(%)，⩽		50	70
凝结时间差	初凝(min)，⩾	−90	−90

续上表

试验项目		性能指标	
		一等品	合格品
抗压强度比(%)	3 d,≥	100	90
	7 d,≥	110	100
	28 d,≥	100	90
渗透高度比(%),≤		30	40
吸水量比(48 h,%),≤		65	75
收缩率比(28 d,%),≤		125	135
安定性为受检净浆的试验结果,凝结时间差为受检混凝土与基准混凝土的差值,其他项目数据为受检混凝土与基准混凝土的比值。"一"表示提前			

(五)验收批量

生产厂根据产量和生产设备条件将产品分批编号,年产不小于500 t每50 t为一批;年产500 t以下的每30 t为一批;不足50 t或30 t的,也按照一个批量计。

(六)取样方法

试样分点样和混合样。点样是在一次生产的产品所得试样,混合样是三个或更多的点样等量均匀混合而取得的试样。

取出的试样应充分混匀后,分成两等份,一份试验,另一份密封保存半年,以备有疑问时,提交国家指定的检验机构进行复验或仲裁。

(七)样品数量

每一批量取样不少于0.2 t水泥所需的防水剂。

(八)检测项目

含固量(含水量)、总碱量、氯离子含量、细度(或密度)、pH值、密度(或细度)、氯离子含量、安定性、凝结时间差、抗压强度比、渗透高度比、吸水量比、收缩率比等。

(九)质量评定

经检验,产品各项指标均应符合要求,若有一项指标不符合标准要求,则判不合格品。

(十)使用注意事项

1. 含氯盐的防水剂可用于素混凝土、钢筋混凝土工程,严禁用于预应力混凝土工程,下列结构中严禁采用含有氯盐配制的防水剂。

(1)预应力混凝土结构。

(2)相对湿度大于80%环境中使用的结构,处于水位变化部位的结构,露天结构及经常受水淋、受水流冲刷的结构。

(3)大体积混凝土。

(4)直接接触酸、碱或其他侵蚀性介质的结构。

(5)经常处于温度为60 ℃以上的结构,需经蒸养的钢筋混凝土预制构件。

(6)有装饰要求的混凝土,特别是要求色彩一致的或是表面有金属装饰的混凝土。

(7)薄壁混凝土结构,中级和重级工作制吊车的梁、屋架、落锤及锻锤混凝土基础等结构。

(8)使用冷拉钢筋或冷拔低碳钢丝的结构。

(9)骨料具有碱活性的混凝土结构。

2. 下列混凝土结构中严禁采用含有强电解质无机盐类的防水剂。

(1)与镀锌钢材或铝铁相接触部位的结构以及有外露钢筋预埋铁件而无防护措施的结构。

(2)使用直流电源的结构以及距高压直流电源 100 m 以内的结构。

3. 防水剂混凝土应加强早期养护,潮湿养护不得少于 7 日。

4. 处于侵蚀介质中的防水剂混凝土,当耐腐蚀系数小于 0.8 时,应采取防腐措施。防水剂混凝土结构表面温度不应超过 100 ℃,否则必须采取隔断热源的保护措施。

十一、速 凝 剂

(一)概　　述

速凝剂是指能使混凝土迅速凝结硬化的外加剂。主要用于矿山井巷、铁路隧道、饮水涵洞、地下工程以及喷锚支护时的喷射混凝土或喷射砂浆工程中。最常用的传统速凝剂是硅酸钠(水玻璃,改性硅酸钠)、铝酸盐速凝剂(两种都是液体形式),碱土金属的碳酸盐或其氢氧化物(粉状)以及无碱速凝剂。

(二)执行标准

《混凝土速凝剂》(JC 477—2005)。

(三)相关标准

《水泥细度检验方法(筛析法)》(GB /T 1345—2005)。

《水泥标准稠度用水量、凝结时间、安定性检验方法》(GB/T 1346—2001)。

《混凝土外加剂》(GB 8076—2008)。

《混凝土外加剂匀质性试验方法》(GB/T 8077—2000)。

《水泥胶砂强度检验方法》(GB/T 17671-1999)。

(四)性能指标

1. 匀质性指标

匀质性指标应符合表 3-56 的要求。

表 3-56　速凝剂匀质性指标

试验项目	指　标	
	液体	粉状
密度	应在生产厂所控制值的±0.2 g/cm² 之内	—
氯离子含量	应小于生产厂最大控制值	应小于生产厂最大控制值
总碱量	应小于生产厂最大控制值	应大于生产厂最大控制值
pH 值	应在生产厂控制值±1 之内	—
细度	—	80 μm 筛余应小于 15%
含水率	—	≤2.0%
含固量	应小于生产厂最小控制值	—

2. 掺速凝剂的净浆和硬化砂浆性能指标

掺速凝剂净浆及硬化砂浆的性能应符合表 3-57 的要求。

表 3-57 掺速凝剂净浆及硬化砂浆的性能要求

产品等级	试验项目			
	净浆		砂浆	
	初凝时间(min),≤	终凝时间(min),≤	1 d 抗压强度(MPa),≥	28 d 抗压强度(MPa),≥
一等品	3	8	7.0	75
合格品	5	12	6.0	70

(五)验收批量

每 20 t 为一批,不足 20 t 也按一批计。

(六)取样方法

一批应于 16 个不同点取样,每个点取样不少于 250 g,总量不少于 4 000 g。将试样充分混合均匀,分为两等份,其中一份用作试验;另一份密封保存 5 个月,以备有疑问时,交国家规定的检验机构进行复验或仲裁。

(七)样品数量

每一批样品总量不少于 4 000 g。

(八)检测项目

凝结时间、细度、含水率、密度和 1 天抗压强度

(九)质量评定

所有项目都符合标准规定的相应等级要求,则判定为相应等级的产品。不符合相应等级要求,则判定为不合格品。对于不合格品,可重新抽样,按照型式检验项目复验一次。

(十)使用注意事项

1. 速凝剂在包装无破损的条件下,应贮存在干燥通风的库房中,距地面 100 mm 以上。在正常运输与贮存条件下,贮存期从产品包装之日起为 5 个月。

2. 喷射混凝土施工应选用与水泥适应性好、凝结硬化快、回弹小、28 天强度损失少、低掺量的速凝剂品种。

3. 速凝剂掺量一般为 2%~8%,掺量可随速凝剂品种、施工温度和工程要求适当增减。

4. 喷射混凝土施工时,应采用新鲜的硅酸盐水泥、普通硅酸盐水泥、矿渣硅酸盐水泥,不得使用过期或受潮结块的水泥。

5. 喷射混凝土施工人员应注意劳动防护和人身安全。

第五节 掺合料

掺合料是配制高性能混凝土的必要材料之一,有人把掺合料称之为制作高性能混凝土的功能性组分材料。它不仅改善混凝土的工作性能,而且对强度和耐久性等都有十分显著的提高。目前,我国使用较广的掺合料有粉煤灰、磨细矿渣、沸石粉及硅灰、磷矿渣等。而用量最大的还是粉煤灰、磨细矿渣粉。同时,掺合料通过精细加工或改性,也正在逐步向矿物外加剂的方向发展。

对于掺合料在混凝土中的作用及机理,目前普遍认为有三个方面。

1. 改善硬化混凝土力学行为机理。主要指掺合料的火山灰效应、自紧密堆积效应、形状因子效应。

2. 改善混凝土和易性机理。主要有辅助减水机理、改善坍落度损失机理。

3. 改善混凝土耐久性机理。掺合料对混凝土耐久性的改善主要得益于掺合料对混凝土密实度的提高，因为掺加掺合料的混凝土可形成比较致密的结构，而且显著改善了新拌混凝土的泌水性，避免形成连通的毛细孔，因此掺合料可改善混凝土的抗渗性。同理，由于水泥石结构致密，二氧化碳难以侵入混凝土内部，所以，掺合料混凝土具有优良的抗碳化性能。

一、粉 煤 灰

(一)概　　述

粉煤灰是火力发电厂炼粉锅炉排除的一种工业废渣，是一种人工火山灰质材料。化学组成来看，主要是硅质和硅铝质材料，其中氧化硅、氧化铝及氧化铁等的含量一般在85%左右，其他氧化钙、氧化镁和氧化硫的含量较低，主要由晶体矿物和玻璃体组成。就粉煤灰的颗粒特性来看，主要由玻璃珠、多孔玻璃体及碳粒组成，其粒径在0.001～0.1 mm之间。

粉煤灰按煤种分为F类和C类。F类粉煤灰由无烟煤或烟煤煅烧收集的粉煤灰。C类粉煤灰由褐煤或次烟煤煅烧收集的粉煤灰，其氧化钙含量一般大于10%。

拌制混凝土和砂浆用粉煤灰分为三个等级：Ⅰ级，Ⅱ级，Ⅲ级。

(二)执行标准

《用于水泥和混凝土中的粉煤灰》(GB/T 1596—2005)。

(三)相关标准

《水泥化学分析方法》(GB/T 176—2008)。

《水泥细度检验方法(筛析法)》(GB/T 1345—2005)。

《水泥标准稠度用水量、凝结时间、安定性检验方法》(GB/T 1346—2001)。

《水泥胶砂强度检验方法》(GB/T 17671—1999)。

《水泥胶砂流动度测定方法》(GB/T 2419—2005)。

《建筑材料放射性核素限量》(GB 6566—2010)。

《水泥取样方法》(GB 12573—2008)。

《高强高性能混凝土用矿物外加剂》(GB/T 18736—2002)。

(四)性能指标

1. 拌制混凝土和砂浆用粉煤灰技术要求(表3-58)

表3-58　拌制混凝土和砂浆用粉煤灰技术要求

项　目		技术要求		
		Ⅰ级	Ⅱ级	Ⅲ级
细度(45 μm方孔筛余,%),不小于	F类粉煤灰	12.0	25.0	45.0
	C类粉煤灰			
需水量比(%),不大于	F类粉煤灰	95	105	115
	C类粉煤灰			
烧失量(%),不大于	F类粉煤灰	5.0	8.0	15.0
	C类粉煤灰			
含水量(%),不大于	F类粉煤灰	1.0		
	C类粉煤灰			

续上表

项目		技术要求		
		Ⅰ级	Ⅱ级	Ⅲ级
三氧化硫(%),不大于	F类粉煤灰	3.0		
	C类粉煤灰			
游离氧化钙(%),不小于	F类粉煤灰	1.0		
	C类粉煤灰	4.0		
安定性 雷氏夹沸煮增加距离(mm),不大于	C类粉煤灰	5.0		

2. 放射性

合格。

3. 碱含量

粉煤灰中的碱含量由 $Na_2O+0.658K_2O$ 计算表示,当粉煤灰用于活性骨料混凝土,要限制掺合料的碱含量时,由买卖双方协商确定。

4. 均匀性

以细度(45μm 方孔筛筛余)为考核依据,单一样品的细度不应超过前10个样品细度的平均值的最大偏差,最大偏差范围由买卖双方协商确定。

(五)验收批量

以连续供应的200 t相同等级、相同种类的粉煤灰为一编号。不足200 t按一个编号论,粉煤灰质量按干灰(含水量小于1%)的质量计算。

(六)取样方法

1. 每一编号为一取样单位,当散装粉煤灰运输工具的容量超过该厂规定出厂编号吨数时,允许该编号的数量超过取样规定吨数。

2. 取样方法按GB 12573进行。取样应有代表性,可连续取,也可从10个以上不同部位取等量样品,总量至少3 kg。

3. 拌制混凝土和砂浆用粉煤灰,必要时,买方可对粉煤灰的技术要求进行随机抽样检验。

(七)样品数量

至少3 kg。

(八)检测项目

细度、需水量比、烧失量、含水量、三氧化硫、游离氧化钙、安定性。

(九)质量评定

拌制混凝土和砂浆用粉煤灰,试验结果符合标准技术要求时为相应等级品。若其中任何一项不符合要求,允许在同一编号中重新加倍取样进行全部项目的复检,以复检结果判定,复检不合格可降级处理。凡低于标准最低级别要求的为不合格品。

(十)使用注意事项

1. 掺粉煤灰混凝土的抗碳化性需要改善。措施包括:适当增加混凝土保护层厚度、混凝土的表面作防护处理,采用双掺技术、在粉煤灰混凝土中掺入耐久性改善剂等,以减少和防止掺粉煤灰混凝土的过早碳化。据研究,掺入耐久性改善剂,可提高混凝土的抗碳化性能。例如掺入耐久性改善剂的钢筋混凝土结构(水灰比为0.5,保护层40 mm),其碳化速度极慢,碳化至钢筋表面需 800 年。

2. 粉煤灰混凝土搅拌时，由于粉煤灰遇水易黏结成团，因此应与水泥同时投料并拌匀，然后再加水搅拌，搅拌时间宜延长，其潮湿养护时间也应适当延长。

3. 粉煤灰中的粗颗粒可在混凝土中起稳定体积的作用，故不必追求细度。碳会降低粉煤灰的抗裂性，故对粉煤灰重点应控制烧失量(含碳量)。

4. 掺粉煤灰混凝土比普通混凝土更需要加强养护才能发挥粉煤灰的作用。

二、磨细矿渣

(一)概　　述

矿渣粉是粒化高炉矿渣经粉磨到规定细度的一种粉体材料。粒化高炉矿渣是熔融高炉矿渣经水或空气急冷而成的细小颗粒矿渣，因此矿渣又分为水淬矿渣和气淬矿渣。矿渣含有较多的 CaO，经水淬后的粒化高炉矿渣大部分为非晶质，具有玻璃质结构，这种玻璃体蕴藏有很高的结晶性能量，具有较好的活性。水淬矿渣根据其成分还可以分为酸性矿渣和碱性矿渣，碱性矿渣的活性优于酸性矿渣，矿渣中的 Al_2O_3 含量也是标志矿渣活性的一个重要特征，其含量越高，矿渣的活性也越高。

商品的矿渣粉是以粒化高炉矿渣为主要原料，可掺加少量石膏磨制成一定细度的粉体。

(二)执行标准

《用于水泥和混凝土中的粒化高炉矿渣粉》(GB/T 18046—2008)。

(三)相关标准

《通用硅酸盐水泥》(GB 175—2007)。

《水泥化学分析方法》(GB/T 176—2008)。

《水泥比表面积测定方法(勃氏法)》(GB/T 8074—2008)。

《水泥胶砂强度检验方法》(GB/T 17671—1999)。

《水泥胶砂流动度测定方法》(GB/T 2419—2005)。

《建筑材料放射性核素限量》(GB 6566—2010)。

《水泥取样方法》(GB 12573—2008)。

《高强高性能混凝土用矿物外加剂》(GB/T 18736—2002)。

(四)性能指标

矿渣粉应符合表 3-59 的技术指标规定。

表 3-59　矿渣粉技术指标

项　目		级　别		
		S105	S95	S75
密度(g/cm^3)，≥		2.8		
比表面积(m^2/kg)，≥		500	400	300
活性指数(%)，≥	7 d	95	75	55
	28 d	105	95	75
流动度比(%)，≥		95		
含水量(质量分数，%)，≤		1.0		
三氧化硫(质量分数，%)，≤		4.0		

续上表

项　目	级　别		
	S105	S95	S75
氯离子(质量分数,%),≤	0.06		
烧失量(质量分数,%),≤	3.0		
玻璃体含量(质量分数,%),≥	85		
放射性	合格		

(五)验收批量

以 200 t 相同等级的矿渣粉为一批。不足 200 t 按一批论。

(六)取样方法

取样方法按 GB 12573 进行。取样应有代表性,可连续取,也可从 20 个以上不同部位取等量样品,总量至少 20 kg。试样应混合均匀,按四分法缩取出比试验所需量大一倍的试样。

(七)样品数量

总量至少 20 kg。

(八)检测项目

密度、比表面积、活性指数、流动度比、含水量、三氧化硫、氯离子含量、烧失量。

(九)质量评定

检验结果符合标准规定技术指标要求的为合格品。若任一项不符合要求,应重新加倍取样,对不合格的项目进行复检,评定时以复检结果为准。

(十)使用注意事项

1. 严格控制矿粉质量,特别是矿粉的细度。

目前,大型立磨矿渣粉生产线生产的矿渣粉细度均控制在 400～500 m^2/kg 的范围内。由于其先进的生产工艺,矿渣粉的细度非常稳定,给配制混凝土带来了很大方便。而球磨矿粉的细度较难达到 400 m^2/kg 以上,即使通过延长磨细时间,增加能耗,勉强达到 400 m^2/kg 以上,也难以长期稳定。一旦其细度大幅度降低,会给混凝土带来诸多问题,如:黏聚性下降出现离析和泌水;凝结时间延长;早期强度降低,甚至 28 天强度也会不同程度降低等。因此,在使用矿粉时应加强比表面积检测。

2. 掺量选择要合适。

单掺矿粉时,可按等量取代原则确定矿粉的合适掺量,对于地上结构以及有较高早期强度要求的混凝土结构,掺量一般为 20%～30%;对于地下结构、强度要求中等的混凝土结构,掺量一般为 30%～50%;对于大体积混凝土或有严格温升限制的混凝土结构,掺量一般为 50%～65%;对于有较高耐久性能要求的特殊混凝土结构(如海工防腐蚀结构、污水处理设施等),掺量可达 50%～70%。

尽管在试配时,矿粉掺量在 70%以内对混凝土强度影响不大,但过大的掺量在实际应用中确存在很多问题。一是混凝土凝结时间问题。掺量过高时,薄壁结构由于混凝土温度很快与环境温度相同,其混凝土的凝结时间会明显加长,不利于施工。对于竖向结构,由于混凝土长期处于塑性状态,会使混凝土发生较大沉降收缩,常常出现沿箍筋的环形裂缝。大体积混凝土的凝结时间则不然,由于它能积聚水化热,凝结时间往往比试验要短的多。因此采用大掺量矿粉或矿粉与粉煤灰复配可降低水化热,延缓凝结时间,对大体积混凝土是比较有利的。另一个是混凝土黏聚性问题。随着混凝土强度等级提高，混凝土的黏聚性不断增加，这样配制混凝土就存在着两头难的问题。低强度等级混凝土黏聚性差，需要设法增加其黏度，减少混凝土离析泌水的可能；高强度等级混凝土黏聚性大，需要设法降低其黏度来保证施工性能。由于细度达到 400 m^2/kg 以上的矿粉可增加混凝土黏度，因此它有利于低强度等级混凝土而不利于高强度等级混凝土配制。配制高强度混凝土时需要矿粉和可以降低混凝土黏度的优质粉煤灰复合使用。

3. 养护非常重要。

受施工进度、结构形式、养护手段和人员素质等方面因素的影响，混凝土的养护经常得不到重视。使混凝土的养护出现不少问题。在矿粉或矿粉和粉煤灰复合掺加的情况下，更需要加强养护，只有充分养护才能发挥掺合料的作用。首先早期养护应在混凝土终凝前进行（如喷洒养护剂、覆盖湿麻布或塑料布等）；再者水养护时间至少为 7 天，当掺量达 50%以上时，水养护期应延长至 14 天。在拆模后由专人负责一遍又一遍地用喷雾器在墙上喷水，这样既能长期保持混凝土表面的湿度，又节约用水，还减少了因养护用水四处流淌影响施工。

有时掺矿粉混凝土拆模后常常会出现蓝色斑斓。这是矿粉混凝土的独有特点，属正常现象，说明混凝土在早期得到很好的养护，有利于其强度等性能的充分发挥。出现蓝色斑斓的原因是由于矿粉水化硬化过程中有微量 FeS 和 MnS 生成，该水化物呈蓝色。随着混凝土暴露在空气中 3～5 天后，上述微量化合物会进一步氧化变成 $FeSO_4$ 和 $MnSO_4$，蓝色斑斓也就随之消失。

三、硅　灰

（一）概　述

工业硅及硅铁在高温熔炼的过程中，随废气逸出的粉尘称为硅灰或硅粉，其主要成份是活性 SiO_2（含量约占 90%，其中所含游离态 SiO_2 约占 10%）。颗粒非常小，平均粒径约为 0.3 μm，是水泥粒径的百分之一，容重小、比表面积大，故有微硅粉之称，它能直接通过呼吸进入人体肺泡，对人身体健康危害极大。微硅粉广泛用于建筑、化工、冶金等行业。它可以用于油漆、涂料、树脂及其他高分子材料填充物。用于橡胶可以提高橡胶的延伸性、抗撕裂性和抗拉强度。还可以用于耐火材料和陶瓷制品的生产，有效提高产品的强度和耐久性。在混凝土中主要用于活性掺合料，用于改善水泥或混凝土的性能，配制具有超高强、耐磨、耐冲刷、耐腐蚀、抗渗透抗冻、早强的特种混凝土，可用于大型水电、海港码头、铁路桥梁、高速公路、飞机场跑道、隧道及城市高层建筑等工程。

由于硅粉颗粒细小、比表面积大、活性 SiO_2 纯度高与强火山灰活性等物理化学特点，把硅粉作为掺和剂加入混凝土中改善了混凝土多方面性能。

（二）执行标准

《高强高性能混凝土用矿物外加剂》（GB/T 18736—2002）。

（三）相关标准

《水泥化学分析方法》（GB/T 176—2008）。

《水泥比表面积测定方法（勃氏法）》（GB/T 8074—2008）。

《水泥胶砂强度检验方法》（GB/T 17671—1999）。

《水泥胶砂流动度测定方法》（GB/T 2419—2005）。

《混凝土外加剂》（GB 8076—2008）。

《水泥取样方法》(GB 12573—2008)。

(四)性能指标(表 3-60)

表 3-60 硅灰性能指标

项目			指标
化学性能	MgO(%),≤		—
	SO_3(%),≤		—
	烧失量(%),≤		6
	Cl^-(%),≤		0.02
	SiO_2(%),≥		85
	吸铵值(mmol/100 g),≥		—
物理性能	比表面积(m^2/kg),≥		15 000
	含水率(%),≤		3.0
胶砂性能	需水量比(%),≤		125
	活性指数	3 d(%),≥	—
		7 d(%),≥	—
		28 d(%),≥	—

应测定其总碱量。根据工程要求,由供需双方商定供货指标。

(五)验收批量

以 30 t 为一个取样单位,数量不足者也以一个取样单位计。

(六)取样方法

取样按 GB 12573 规定进行。取样应随机取样,要有代表性。可以连续取样。也可以在20个以上不同部位取等量样品。总质量至少 4 kg。试样混匀后,按四分法缩减取比试验用量多1倍的试样。

(七)样品数量

至少 4 kg。

(八)检测项目

烧失量、氯离子含量、二氧化硅含量、比表面积、含水率、需水率比。

(九)质量评定

检验结果符合标准各项指标规定,则判为合格品,若其中有一项不符合规定指标,则判为不合格品。

(十)使用注意事项

1. 掺量:一般为胶凝材料量的 5%～10%。硅灰的掺加方法分为内掺和外掺。

(1)内掺:在加水量不变的前提下,1 份硅粉可取代 3～5 份水泥(重量)并保持混凝土抗压强度不变而提高混凝土其他性能。

(2)外掺:水泥用量不变,掺加硅灰则显著提高混凝土强度和其他性能。混凝土掺入硅灰时有一定坍落度损失。这点需在配合比试验时加以注意。

硅灰须与减水剂配合使用,建议复掺粉煤灰和磨细矿渣以改善其施工性。用硅灰配制混凝土时,一般与胶凝材料的重量比为:高性能混凝土 5%～10%;水工混凝土 5%～10%;喷射混凝土 5%～10%;助泵剂 2%～3%;耐磨工业地坪 6%～8%;聚合物砂浆、保温砂浆 10%～

15%;不定形耐火浇注料 6%～8%。

使用前请根据实际需要通过实验选定合理、经济的掺量。

2. 掺加方法:硅灰混凝土及浇注料应由试验室作出施工配合比。严格按照配合比施工。在硅灰混凝土的搅拌中硅灰应在骨料投料之后立即加入搅拌机。加入方式有两种程序。

(1)投入骨料,随后投入硅灰、水泥干拌后,再加入水和其他外加剂。

(2)投入粗骨料+75%水+硅灰+50%细骨料,搅拌 15～30 s,然后投入水泥+外加剂+50%细骨料+25%水,搅拌至均匀。搅拌时间比普通混凝土延长 20%～25%或 50～60 s。切忌将硅粉加入已拌和的混凝土中。

3. 施工方法:硅灰混凝土与普通混凝土的施工方法并无重大区别,但施工中良好地组织与振捣密实很有必要。硅灰混凝土早强的性能会使终凝时间提前,在抹面时应加注意;同时掺加硅灰会提高混凝土的粘滞性和大幅度减少泌水,使抹面稍显困难。

4. 施工安全:硅灰混凝土施工安全应严格按照混凝土工程的有关国家施工规范进行操作,但因硅灰较轻,严禁高空抛洒材料,防止硅灰飞扬。

四、沸 石 粉

(一)概　　述

沸石粉是沸石岩经磨细后形成的一种粉状掺合料,沸石岩是含水硅铝酸盐矿物,系火山爆发过程中形成,属于火山灰材料,有三十多个品种,用做混凝土掺合料的主要是斜发沸石和涤光沸石。其主要化学成分是:SiO_2(60%～70%),Al_2O_3(10%～30%),可溶硅(5%～12%),可溶铝(6%～9%)。在沸石结构中形成了许多孔穴和孔道,它们常常被水分子所填充,这些水分子可在某一特定温度下加热而脱除,但不破坏沸石结构,沸石脱水后留下的孔穴和孔道,变成了如海绵或是泡沫的构造,具有吸附的性质。

沸石粉本身没有活性,但在掺入水泥混凝土后,在水泥活性的激发下,沸石粉所含的活性二氧化硅、活性三氧化二铝可以与水泥水化时析出的氢氧化钙作用生成含水的硅酸钙凝胶和含水的铝酸钙凝胶,提高水泥的水化程度,减少混凝土的孔隙率,提高混凝土的强度和其他性能。

天然沸石作为一种火山灰质掺合料,在水泥混凝土中可发挥出火山灰效应,增加混凝土强度与密实度。但沸石粉与一般的火山灰质材料又有所不同,它是细微晶材料,又具有多孔结构、内表面积大、吸附和离子交换能力强的特征。掺入水泥混凝土后,在搅拌初期,由于沸石吸水,一部分自由水被沸石粉所吸附走,在水化硬化过程中,当水泥进一步水化需水时,沸石粉便排出原来吸附的水分,使水泥石的水化更加充分,具有内养护的功能。掺入沸石粉可以显著提高混凝土拌和物的粘聚性和保水性,坍落度略有降低。掺有天然沸石粉的混凝土耐久性具有很大的特点,表现为优良的抗渗性与抗冻性。特别是对降低混凝土的碱含量,预防碱-骨料反应具有优异的抑制作用。之所以能抑制碱-骨料反应,主要是通过离于交换而降低水泥石细孔溶液中的 Na^+ 及 K^+ 的浓度。

(二)执行标准

《高强高性能混凝土用矿物外加剂》(GB/T 18736—2002)。

(三)相关标准

《水泥化学分析方法》(GB/T 176—2008)。

《水泥比表面积测定方法(勃氏法)》(GB/T 8074—2008)。

《水泥胶砂强度检验方法》(GB/T 17671—1999)。

《水泥胶砂流动度测定方法》(GB/T 2419—2005)。

《混凝土外加剂》(GB 8076—2008)。

《水泥取样方法》(GB 12573—2008)。

《混凝土和砂浆用天然沸石粉》(JG/T 3048—1998)。

(四)性能指标(表 3-61)

表 3-61 沸石粉性能指标

项目			指标	
			Ⅰ级	Ⅱ级
化学性能	MgO(%),≤		—	—
	SO_3(%),≤		—	—
	烧失量(%),≤		—	—
	Cl^-(%),≤		0.02	
	SiO_2(%),≥		—	—
	吸铵值(mmol/100g),≥		130	100
物理性能	比表面积(m^2/kg),≥		700	500
	含水率(%),≤		—	—
胶砂性能	需水量比(%),≤		110	115
	活性指数	3 d(%),≥	—	—
		7 d(%),≥	—	—
		28 d(%),≥	90	85

应测定其总碱量。根据工程要求,由供需双方商定供货指标。

(五)验收批量

以 120 t 为一个取样单位,数量不足者也以一个取样单位计。

(六)取样方法

取样按 GB 12573 规定进行。取样应随机取样,要有代表性。可以连续取样。也可以在 20 个以上不同部位取等量样品。总质量至少 12 kg。试样混匀后,按四分法缩减取比试验用量多 1 倍的试样。

(七)样品数量

至少 12 kg。

(八)检测项目

氯离子含量、吸铵值、比表面积、需水率比、28 天活性指数。

(九)质量评定

检验结果符合标准各项指标规定,则判为合格品,若其中有一项不符合规定指标,则判为不合格品。

(十)使用注意事项

1. 沸石粉极易吸潮,在保管中应注意防潮,严禁遭受雨淋。同时应与其他材料分类存放。

2. 沸石粉在混凝土中的掺量一般在 10%～20%,其配合比设计应以基准配合比设计为基础,按照等稠度、等强度的原则,按等量替代法进行。

3. 沸石粉混凝土黏度大,黏聚性好,搅拌时间应比一般混凝土延长 1 min 左右。出现黏罐现象时,可分两次投料,先投入部分石子和水,再投入其他材料。

4. 沸石粉混凝土自流动性较差,振捣时应适当加密振捣点,防止漏振和过振。

五、偏高岭土

偏高岭土是由高岭土在 700 ℃～800 ℃条件下脱水制得的白色粉末,平均粒径 1～2 μm,SiO_2 和 Al_2O_3 含量 90%以上,特别是 Al_2O_3 较高。在混凝土中的作用机理与硅粉及其他火山灰相似,除了微粉的填充效应和对硅酸盐水泥的加速水化作用外,主要是活性 SiO_2 和 Al_2O_3 与 $Ca(OH)_2$ 作用生成 CSH 凝胶和水化铝酸钙(C_4AH_{13}、C_3AH_6)水化硫铝酸钙(C_3ASH_{12})。由于其极高的火山灰活性,故有超级火山灰(Super-Pozzolan)之称。

研究结果表明,掺入偏高岭土能显著提高混凝土的早期强度和长期抗压强度、抗弯强度及劈裂抗拉强度。由于高活性偏高岭土对钾、钠和氯离子的强吸附作用和对水化产物的改善作用,能有效抑制混凝土的碱-骨料反应和提高抗硫酸盐腐蚀能力。一般随着偏高岭土掺量的提高,混凝土的坍落度将有所下降,因此需要适当增加用水量或高效减水剂的用量。

第六节　建筑钢筋

建筑钢材是指用于建筑工程方面的各种钢材,包括各种型材、棒材和异型钢材。钢材具有以下优点:组织均匀密实,强度很高,且具有相当高的塑性和韧性,不仅能铸成各种形状的铸件,而且也能承受各种形式的压力加工,能够进行焊接、铆接和切割,便于装配。但也有一定的缺点,主要是容易锈蚀,维修费用大。建筑钢材属于棒材的范畴,是建筑工程中使用量最大的钢材。

一、低碳钢热轧圆盘条

(一)概　　述

低碳钢热轧圆盘条是指横截面为圆形,表面光滑,经热轧成型并自然冷却的成盘钢筋。适用于供拉丝等深加工及其他一般用途的低碳钢热轧圆盘条。不适用于建筑盘条钢筋、标准件用热轧碳素圆钢、焊接用钢盘条、冷镦钢、易切削结构钢、锚链用圆钢。

(二)执行标准

《低碳钢热轧圆盘条》(GB/T 701—2008)。

(三)相关标准

《金属材料 拉伸试验 第一部分 室温试验方法》(GB/T 228.1—2010)。

《金属材料 弯曲试验方法》(GB/T 232—2010)。

《钢的成品化学成分允许偏差》(GB/T 222—2006)。

《碳素结构钢》(GB/T 700—2006)。

《型钢验收、包装、标志及质量证明书的一般规定》(GB/T 2101—2008)。

《钢及钢产品力学性能试验取样位置及试样制备》(GB/T 2975—1998)。

《热轧圆盘条尺寸、外形、重量及允许偏差》(GB/T 14981—2009)。

(四)性能指标

1. 尺寸、外形、重量及允许偏差(表 3-62)

表 3-62 盘条尺寸、外形、重量及允许偏差(部分)

公称直径(mm)	允许偏差(mm)			不圆度(mm)			横截面积(mm^2)	理论重量(kg/m)
	A 级精度	B 级精度	C 级精度	A 级精度	B 级精度	C 级精度		
5	±0.30	±0.25	±0.15	≤0.48	≤0.40	≤0.24	19.63	0.154
6							28.27	0.187
6.5							33.18	0.260
8							50.26	0.395
10							78.54	0.617
12	±0.40	±0.30	±0.20	≤0.64	≤0.48	≤0.32	113.1	0.888
14							153.9	1.21
16	±0.50	±0.35	±0.25	≤0.80	≤0.56	≤0.40	201.1	1.58
18							254.5	2.00
20							314.2	2.47

每卷盘条由一根组成,盘条重量应不小于 1 000 kg。每批允许有 5%的盘数(不足 2 盘的允许有 2 盘)由两根组成,但每根盘条的重量不少于 300 kg,并且有明显标识。

2. 力学性能和工艺性能

盘条的力学性能和工艺性能应符合表 3-63 的规定。经供需双方协商并在合同中注明,可做冷弯性能试验。直径大于 12 mm 的盘条,冷弯性能指标由供需双方协商确定。

表 3-63 力学性能和工艺性能

牌号	力学性能		冷弯试验 180° d 为弯心直径 a 为试样直径
	抗拉强度 R_m(MPa),不大于	断后伸长率 $A_{11.3}$(%),不小于	
Q195	410	30	$d=0$
Q215	435	28	$d=0$
Q235	500	23	$d=0.5a$
Q275	540	21	$d=1.5a$

3. 表面质量

(1)盘条应将头尾有害缺陷切除。盘条的截面不应有缩孔、分层及夹杂。

(2)盘条表面应光滑,不得有裂纹、折叠、耳子、结疤。允许有压痕及局部的凸块、划痕、麻面,其深度或高度(从实际尺寸算起)B 级和 C 级精度不应大于 0.10 mm,A 级精度不得大于 0.20 mm。

(五)验收批量

盘条应成批验收。每批由同一牌号、同一炉号、同一尺寸的盘条组成。

(六)取样方法

任选两盘钢筋。每盘只能截取 1 根拉伸,1 根冷弯试样。每盘先去掉端部 500 mm 后,再截取试样。拉伸试样长度为 $10d+250\sim300$ mm,冷弯试样长度为 $5d+150$ mm,d 为试样直径。

(七)样品数量

拉伸试样:1 根/批;冷弯试样:2 根/批;尺寸及表面:逐盘检查。

(八)检测项目

屈服点,抗拉强度,伸长率,冷弯试验,尺寸偏差,表面质量。

(九)质量评定

所检项目符合标准规定要求时,判定该批成批合格。当拉伸和弯曲等仅规定单个值的项目试验结果不符合标准规定,按下列规定进行复检。

(1)试验单元是单件产品时,应对不合格项目做相同类型的双倍试验,双倍试验应全部合格,否则,产品应拒收。

(2)试验单元不是单件产品时,除非另有协议,供方可以将抽样产品从试验单元中挑出,也可不挑出。

如果抽样产品不从试验单元中挑出,应从同一批中再任取双倍数量的试样进行该不合格项目的复检,复检结果应全部合格。

如果抽样产品从试验单元中挑出,应随机从同一试验单元中选出另外两个抽样产品。然后从两个抽样产品中分别制取的试样,在与第一次试验相同的条件下再做一次同类型的试验,其试验结果应全部合格。

成卷交货的产品复检不合格时,允许对该批产品逐卷进行检验,合格的单件产品允许交货。

二、钢筋混凝土用热轧光圆钢筋

(一)概　述

经热轧成型,横截面通常为圆形,表面光滑的成品钢筋。包括钢筋混凝土用热轧直条、盘条光圆钢筋,不适用于由产品钢材再次轧制成的再生钢筋。

(二)执行标准

《钢筋混凝土用钢　第1部分　热轧光圆钢筋》(GB 1499.1—2008)。

(三)相关标准

《金属材料　拉伸试验　第一部分　室温试验方法》(GB/T 228.1—2010)。

《金属材料　弯曲试验方法》(GB/T 232—2010)。

《钢的成品化学成分允许偏差》(GB/T 222—2006)。

《型钢验收、包装、标志及质量证明书的一般规定》(GB/T 2101—2008)。

(四)性能指标

1. 公称横截面积和理论重量

热轧光圆钢筋的公称直径范围为6～22 mm,钢筋的公称横截面面积和理论重量见表3-64。

表 3-64　公称横截面面积和理论重量

公称直径 (mm)	公称截面面积 (mm^2)	公称重量 (kg/m)	公称直径 (mm)	公称截面面积 (mm^2)	公称重量 (kg/m)
6	28.27	0.222	14	153.9	1.21
(6.5)	(33.18)	(0.260)	16	201.1	1.58
8	50.27	0.395	18	254.5	2.00
10	78.54	0.617	20	314.2	2.47
12	113.1	0.888	22	380.1	2.98

2. 重量及允许偏差

钢筋按实际重量交货，也可按理论重量交货。直条钢筋实际重量与理论重量的允许偏差应符合表3-65的规定。按盘卷交货的钢筋，每根盘条重量应不小于500 kg，每盘重量应不小于1 000 kg。

表3-65　直条钢筋实际重量与理论重量的允许偏差

公称直径(mm)	实际重量与公称重量的偏差(%)
6～12	±7
14～22	±5

3. 直径允许偏差和不圆度

光圆钢筋的直径允许偏差和不圆度应符合表3-66的规定。钢筋实际重量与理论重量的偏差符合第二条规定的钢筋直径允许偏差不作交货条件。

表3-66　光圆钢筋的直径允许偏差和不圆度

公称直径(mm)	允许偏差(mm)	不圆度(mm)
6	±0.3	≤0.4
6.5		
8		
10		
12		
14	±0.4	
16		
18		
20		
22		

4. 长度及允许偏差

按定尺长度交货的直条钢筋其长度允许偏差范围为0～50 mm。

5. 力学性能、工艺性能

钢筋的屈服强度、抗拉强度、断后伸长率、最大力总伸长率等力学性能特征值应符合表3-67的规定。

表3-67　力学性能、工艺性能

牌号	屈服强度 R_{el} (MPa)	抗拉强度 R_m (MPa)	断后伸长率 A(%)	最大力总伸长率 A_{gt}(%)	冷弯试验180° d—弯心直径 a—钢筋公称直径
	不小于				
HPB235	235	370	25	10	$d=a$
HPB300	300	420			

6. 表面质量

钢筋应无有害的表面缺陷，按盘卷交货的钢筋应将头尾有害缺陷部分切除。

（五）验收批量

每批由同一牌号、同一炉罐、同一尺寸的钢筋组成，每批重量通常不大于 60 t。超过 60 t 的部分，每增加 40 t(或不足 40 t 的余数)，增加一个拉伸试验试样和一个弯曲试验试样。

允许由同一牌号、同一冶炼方法、同一浇注方法的不同炉罐号组成混合批。混合批的重量不大于 60 t。

（六）取样方法

任选两根钢筋。每根最多只能截取 1 根拉伸试样，1 根冷弯试样。每根先去掉端部 500 mm 后，再截取试样。拉伸试样长为 $5d+250\sim300$ mm，冷弯试样长度为 $5d+150$ mm，d 为试样直径。

（七）样品数量

拉伸试样：2 根；冷弯试样：2 根。

（八）检测项目

屈服强度，抗拉强度，伸长率，冷弯试验，尺寸偏差，弯曲度，重量偏差，表面质量。

（九）质量评定

所检项目符合标准规定要求时，判定该批成批合格。当拉伸和弯曲等仅规定单个值的项目试验结果不符合标准规定，按下列规定进行复检。

1. 试验单元是单件产品时，应对不合格项目做相同类型的双倍试验，双倍试验应全部合格，否则，产品应拒收。

2. 试验单元不是单件产品时，除非另有协议，供方可以将抽样产品从试验单元中挑出，也可不挑出。

如果抽样产品不从试验单元中挑出，应从同一批中再任取双倍数量的试样进行该不合格项目的复检，复检结果应全部合格。

如果抽样产品从试验单元中挑出，应随机从同一试验单元中选出另外两个抽样产品。然后从两个抽样产品中分别制取的试样，在与第一次试验相同的条件下再做一次同类型的试验，其试验结果应全部合格。

成卷交货的产品复检不合格时，允许对该批产品逐卷进行检验，合格的单件产品允许交货。

三、钢筋混凝土用热轧带肋钢筋

（一）概　　述

钢筋混凝土用热轧带肋钢筋是指热轧钢筋、热轧后带有控制冷却并自回火处理的钢筋。分为普通热轧钢筋和细晶粒热扎钢筋。不适用于成品钢材再次轧制成的再生钢筋及余热处理钢筋。

普通热轧钢筋是指按热轧状态交货的钢筋。其金相组织主要是铁素体加珠光体，不得有影响使用性能的其他组织(如基圆上出现的回火马氏体组织)存在。细晶粒热轧钢筋是指在热轧过程中，通过控轧和控冷工艺形成的细晶粒钢筋。其金相组织主要是铁素体加珠光体，不得有影响使用性能的其他组织(如基圆上出现的回火马氏体组织)存在，晶粒度不粗于 9 级。

热轧带肋钢筋，公称直径 6～50 mm，HRB335、HRB400、HRB500 三个牌号。横肋为月牙肋，有螺旋形、人字形。

（二）执行标准

《钢筋混凝土用钢 第 2 部分 热轧带肋钢筋》(GB 1499.2—2007)。

(三)相关标准

《金属材料 拉伸试验 第一部分 室温试验方法》(GB/T 228.1—2010)。

《金属材料 弯曲试验方法》(GB/T 232—2010)。

《钢的成品化学成分允许偏差》(GB/T 222—2006)。

《钢及钢产品交货一般技术要求》(GB/T 17505—2008)。

《钢及钢产品力学性能试验取样位置及试样制备》(GB/T 2975—1998)。

(四)性能指标

1. 公称横截面积与理论重量(表 3-68)

表 3-68 公称横截面积与理论重量

公称直径(mm)	公称横截面面积(mm²)	理论重量(kg/m)	公称直径(mm)	公称横截面面积(mm²)	理论重量(kg/m)
6	28.27	0.222	22	380.1	2.98
8	50.27	0.395	25	490.9	3.85
10	78.54	0.617	28	615.8	4.83
12	113.1	0.888	32	804.2	6.31
14	153.9	1.21	36	1 018	7.99
16	201.1	1.58	40	1 257	9.87
18	254.5	2.00	50	1 964	15.42
20	314.2	2.47			

2. 尺寸允许偏差(表 3-69)

表 3-69 尺寸允许偏差

公称直径	内径 d		横肋高 h		纵肋高 h_1(不大于)	横肋宽 b	纵肋宽 a	间距 L		横肋末端最大间隙(公称周长的10%弦长)
	公称尺寸	允许偏差	公称尺寸	允许偏差				公称尺寸	允许偏差	
6	5.8	±0.3	0.6	±0.3	0.8	0.4	1.0	4.0		1.8
8	7.7		0.8	+0.4 −0.3	1.1	0.5	1.5	5.5		2.5
10	9.6		1.0	±0.4	1.3	0.6	1.5	7.0		3.1
12	11.5	±0.4	1.2		1.6	0.7	1.5	8.0	±0.5	3.7
14	13.4		1.4	+0.4 −0.5	1.8	0.8	1.8	9.0		4.3
16	15.4		1.5		1.9	0.9	1.8	10.0		5.0
18	17.3		1.6	±0.5	2.0	1.0	2.0	10.0		5.6
20	19.3		1.7		2.1	1.2	2.0	10.0		6.2
22	21.3	±0.5	1.9		2.4	1.3	2.5	10.5	±0.8	6.8
25	24.2		2.1	±0.6	2.6	1.5	2.5	12.5		7.7
28	27.2		2.2		2.7	1.7	3.0	12.5		8.6
32	31.0	±0.6	2.4	+0.8 −0.7	3.0	1.9	3.0	14.0		9.9
36	35.0		2.6	+1.0 −0.8	3.2	2.1	3.5	15.0	±1.0	11.1
40	38.7	±0.7	2.9	±1.1	3.5	2.2	3.5	15.0		12.4
50	48.5	±0.8	3.2	±1.2	3.8	2.5	4.0	16.0		15.5

3. 长度允许偏差

钢筋按定尺交货时的长度允许偏差为±25 mm。

当要求最小长度时，其偏差为+50 mm。

当要求最大长度时，其偏差为−50 mm。

4. 重量允许偏差

钢筋实际重量与理论重量的允许偏差应符合表3-70的规定。

表3-70 钢筋实际重量与理论重量的允许偏差

公称直径(mm)	实际重量与公称重量的偏差(%)
6～12	±7
14～20	±5
22～50	±4

5. 力学性能

钢筋的屈服强度、抗拉强度、断后伸长率、最大力总伸长率等力学性能特征值应符合表3-71的规定。

表3-71 力学性能

牌号	屈服强度 R_{el} (MPa)	抗拉强度 R_m (MPa)	断后伸长率 A(%)	最大力总伸长率 A_{gt}(%)
	不小于			
HRB335 HRBF335	335	455	17	7.5
HRB400 HRBF400	400	540	16	
HRB500 HRBF500	500	630	15	

直径28～40 mm各牌号钢筋的断后伸长率可降低1%；直径大于40 mm各牌号钢筋的断后伸长率可降低2%。

有较高要求的抗震结构适用牌号为：在上表中已有牌号后加E(例如：HRB400E)的钢筋。该类钢筋除应满足下面三条要求外，其他要求与相对应的已有牌号钢筋相同。

(1)钢筋实测抗拉强度与实测屈服强度之比不小于1.25。

(2)钢筋实测屈服强度与屈服强度特性值之比不大于1.30。

(3)钢筋的最大总伸长率不小于9%。

6. 工艺性能

按表3-72规定的弯心直径弯曲180°后，钢筋受弯曲部位表面不得产生裂纹。

表3-72 工艺性能

牌　　号	公称直径 a	弯心直径
HRB335 HRBF335	6～25	3d
	28～40	4d
	40～50	5d
HRB400 HRBF400	6～25	4d
	28～40	5d
	40～50	6d

续上表

牌　　号	公称直径 a	弯心直径
HRB500 HRBF500	6～25	6d
	28～40	7d
	40～50	8d

根据需方要求，钢筋可进行反向弯曲性能试验。反向弯曲试验的弯心直径比弯曲试验相应增加一个钢筋直径。反向弯曲试验：先正向弯曲 90°，后再反向弯曲 20°。经反向弯曲试验后，钢筋受弯曲部位表面不得产生裂纹。

7. 表面质量

钢筋应无有害的表面缺陷。

(五)验收批量

每批由同一牌号、同一炉罐、同一规格的钢筋组成，每批重量通常不大于 60 t。超过 60 t 的部分，每增加 40 t(或不足 40 t 的余数)，增加一个拉伸试验试样和一个弯曲试验试样。

允许由同一牌号、同一冶炼方法、同一浇注方法的不同炉罐号组成混合批。混合批的重量不大于 60 t。

(六)取样方法

任选两根钢筋。每根最多只能截取 1 根拉伸试样，1 根冷弯试样。每根先去掉端部 500 mm 后，再截取试样。拉伸试样长为 $5d+250\sim300$ mm，冷弯试样长度为 $5d+150$ mm，d 为试样直径。

(七)样品数量

拉伸试样：2 根；冷弯试样：2 根；反向弯曲试样：1 根。

(八)检测项目

屈服强度，抗拉强度，伸长率，冷弯试验，尺寸偏差，弯曲度，重量偏差，表面质量。

(九)质量评定

所检项目符合标准规定要求时，判定该批成批合格。当拉伸和弯曲等仅规定单个值的项目试验结果不符合标准规定，按下列规定进行复检。

1. 试验单元是单件产品时，应对不合格项目做相同类型的双倍试验，双倍试验应全部合格，否则，产品应拒收。

2. 试验单元不是单件产品时，除非另有协议，供方可以将抽样产品从试验单元中挑出，也可不挑出。

如果抽样产品不从试验单元中挑出，应从同一批中再任取双倍数量的试样进行该不合格项目的复检，复检结果应全部合格。

如果抽样产品从试验单元中挑出，应随机从同一试验单元中选出另外两个抽样产品。然后从两个抽样产品中分别制取的试样，在与第一次试验相同的条件下再做一次同类型的试验，其试验结果应全部合格。

四、钢筋混凝土用余热处理钢筋

(一)概　　述

热轧后立即穿水，进行表面控制冷却，然后利用芯部余热自身完成回火处理所得的成品直条钢筋。余热处理带肋钢筋其公称直径 8～40 mm。余热处理带肋钢筋级别为Ⅲ级，强度等级代号为 KL400，一般为月牙肋。

(二)执行标准

《钢筋混凝土用余热处理钢筋》(GB 13014—1991)。

(三)相关标准

《金属材料 拉伸试验 第一部分 室温试验方法》(GB/T 228.1—2010)。

《金属材料 弯曲试验方法》(GB/T 232—2010)。

《钢的成品化学成分允许偏差》(GB/T 222—2006)。

《钢及钢产品交货一般技术要求》(GB/T 17505—2008)。

《钢及钢产品力学性能试验取样位置及试样制备》(GB/T 2975—1998)。

《钢筋混凝土用钢 第 2 部分 热轧带肋钢筋》(GB 1499.2—2007)。

(四)性能指标

1. 公称横截面积与理论重量(表 3-73)

表 3-73 公称横截面积与理论重量

公称直径(mm)	公称横截面面积(mm^2)	理论重量(kg/m)	公称直径(mm)	公称横截面面积(mm^2)	理论重量(kg/m)
8	50.27	0.395	22	380.1	2.98
10	78.54	0.617	25	490.9	3.85
12	113.1	0.888	28	615.8	4.83
14	153.9	1.21	32	804.2	6.31
16	201.1	1.58	36	1 018	7.99
18	254.5	2.00	40	1 257	9.87
20	314.2	2.47			

2. 尺寸允许偏差(表 3-74)

表 3-74 尺寸允许偏差

<table>
<tr><th rowspan="2">公称直径</th><th colspan="2">内径 d</th><th colspan="2">横肋高 h</th><th colspan="2">纵肋高 h_1</th><th rowspan="2">横肋宽 b</th><th rowspan="2">纵肋宽 a</th><th colspan="2">间距 f</th><th rowspan="2">横肋末端最大间隙(公称周长的 10%弦长)</th></tr>
<tr><th>公称尺寸</th><th>允许偏差</th><th>公称尺寸</th><th>允许偏差</th><th>公称尺寸</th><th>允许偏差</th><th>公称尺寸</th><th>允许偏差</th></tr>
<tr><td>8</td><td>7.7</td><td rowspan="6">±0.4</td><td>0.8</td><td>+0.4−0.2</td><td>0.8</td><td rowspan="2">±0.5</td><td>0.5</td><td>1.5</td><td>5.5</td><td rowspan="7">±0.5</td><td>2.5</td></tr>
<tr><td>10</td><td>9.6</td><td>1.0</td><td>+0.4−0.3</td><td>1.0</td><td>0.6</td><td>1.5</td><td>7.0</td><td>3.1</td></tr>
<tr><td>12</td><td>11.5</td><td>1.2</td><td rowspan="3">±0.4</td><td>1.2</td><td rowspan="5">±0.8</td><td>0.7</td><td>1.5</td><td>8.0</td><td>3.7</td></tr>
<tr><td>14</td><td>13.4</td><td>1.4</td><td>1.4</td><td>0.8</td><td>1.8</td><td>9.0</td><td>4.3</td></tr>
<tr><td>16</td><td>15.4</td><td>1.5</td><td>1.5</td><td>0.9</td><td>1.8</td><td>10.0</td><td>5.0</td></tr>
<tr><td>18</td><td>17.3</td><td>1.6</td><td>+0.5−0.4</td><td>1.6</td><td>1.0</td><td>2.0</td><td>10.0</td><td>5.6</td></tr>
<tr><td>20</td><td>19.3</td><td rowspan="3">±0.5</td><td>1.7</td><td>±0.5</td><td>1.7</td><td>1.2</td><td>2.0</td><td>10.0</td><td>6.2</td></tr>
<tr><td>22</td><td>21.3</td><td>1.9</td><td rowspan="3">±0.6</td><td>1.9</td><td rowspan="3">±0.9</td><td>1.3</td><td>2.5</td><td>10.5</td><td rowspan="3">±0.8</td><td>6.8</td></tr>
<tr><td>25</td><td>24.2</td><td>2.1</td><td>2.1</td><td>1.5</td><td>2.5</td><td>12.5</td><td>7.7</td></tr>
<tr><td>28</td><td>27.2</td><td rowspan="3">±0.6</td><td>2.2</td><td>2.2</td><td>1.7</td><td>3.0</td><td>12.5</td><td>8.6</td></tr>
<tr><td>32</td><td>31.0</td><td>2.4</td><td>+0.8−0.7</td><td>2.4</td><td rowspan="3">±1.1</td><td>1.9</td><td>3.0</td><td>14.0</td><td rowspan="3">±1.0</td><td>9.9</td></tr>
<tr><td>36</td><td>35.0</td><td>2.6</td><td>+1.0−0.8</td><td>2.6</td><td>2.1</td><td>3.5</td><td>15.0</td><td>11.1</td></tr>
<tr><td>40</td><td>38.7</td><td>±0.7</td><td>2.9</td><td>±1.1</td><td>2.9</td><td>2.2</td><td>3.5</td><td>15.0</td><td>12.4</td></tr>
</table>

注：1. 纵肋斜角 θ 为 0°～30°；2. 尺寸 a、b 为参考数据。

3. 长度及允许偏差

(1)通常长度

按直条交货时，其通常长度为3.5～12 m。其中长度为3.5 m至小于6 m之间的钢筋不应超过每批重量的3%。

以盘卷钢筋交货时每盘应是一整条钢筋，其盘重及盘径应由供需双方协商。

(2)定尺、倍尺长度

按定尺或倍尺长度交货时，应在合同中注明。其长度允许偏差不应大于+50 mm。

4. 弯曲度

钢筋每米弯曲度不应大于4 mm，总弯曲度不大于钢筋总长度的0.4%。

5. 重量及允许偏差

(1)交货重量

可按实际重量或公称重量交货。

(2)重量允许偏差

根据需方要求，按重量偏差交货时其实际重量与公称重量的允许偏差应符合表3-75的规定。

表3-75 实际重量与公称重量的偏差

公称直径(mm)	实际重量与公称重量的偏差(%)
8～12	±7
14～20	±5
22～40	±4

6. 力学性能和工艺性能(表3-76)

表3-76 力学性能和工艺性能

表面形状	钢筋级别	强度等级代号	公称直径(mm)	屈服点 σ_s (MPa)	抗拉强度 σ_b (MPa)	伸长率 δ_5 (%)	冷弯 d—弯心直径 a—钢筋公称直径
				不小于			
月牙肋	Ⅲ	KL400	8～25 28～40	440	600	14	90° $d=3a$ 90° $d=4a$

注：征得需方同意，在KL400Ⅲ级钢筋性能符合表中规定，且伸长率、冷弯试验符合GB 1499中Ⅱ级钢筋的要求时，可按HRB335Ⅱ级钢筋交货。此时应在质量证明书中注明。

7. 表面质量

钢筋表面不得有裂纹、结疤和折叠。钢筋表面允许有凸块，但不得超过横肋的高度，钢筋表面上其他缺陷的深度和高度不得大于所在部位尺寸的允许偏差。

(五)验收批量

每批同一牌号、同一炉罐、同一规格的钢筋组成，每批重量通常不大于60 t。

公称容量不大于30 t的冶炼炉冶炼的钢坯和连铸坯轧制的钢筋，允许由同一牌号、同一冶炼方法、同一浇注方法的不同炉罐号组成混合批，但每批不多于6个炉罐号。

(六)取样方法

任选两根钢筋。每根最多只能截取1根拉伸试样，1根冷弯试样。每根先去掉端部500 mm后，再截取试样。拉伸试样长为$5d+250$～300 mm，冷弯试样长度$=5d+150$ mm，d为试样直径。

（七）样品数量

拉伸试样：2 根；冷弯试样：2 根。

（八）检测项目

屈服点，抗拉强度，伸长率，冷弯试验，尺寸偏差，弯曲度，重量偏差，表面质量。

（九）质量评定

所检项目符合标准规定要求时，判定该批成批合格。当拉伸和弯曲等仅规定单个值的项目试验结果不符合标准规定，按下列规定进行复检。

1. 试验单元是单件产品时，应对不合格项目做相同类型的双倍试验，双倍试验应全部合格，否则，产品应拒收。

2. 试验单元不是单件产品时，除非另有协议，供方可以将抽样产品从试验单元中挑出，也可不挑出。

如果抽样产品不从试验单元中挑出，应从同一批中再任取双倍数量的试样进行该不合格项目的复检，复检结果应全部合格。

如果抽样产品从试验单元中挑出，应随机从同一试验单元中选出另外两个抽样产品。然后从两个抽样产品中分别制取的试样，在与第一次试验相同的条件下再做一次同类型的试验，其试验结果应全部合格。

五、冷轧带肋钢筋

（一）概　　述

热轧圆盘条经冷轧后，在其表面带有沿长度方向均匀分布有三面或二面横肋的钢筋。冷轧带肋钢筋牌号由冷轧、带肋、钢筋三个词英文首位字母 CRB 加抗拉强度最小值构成。冷轧带肋钢筋共分为 CRB550、CRB650、CRB800、CRB970 四个牌号。CRB550 普通混凝土用钢筋，其他牌号为预应力混凝土用钢筋。

CRB550 钢筋的公称直径范围：4～12 mm。CRB650 及以上牌号钢筋的公称直径为 4 mm、5 mm、6 mm。

（二）执行标准

《冷轧带肋钢筋》(GB 13788—2008)。

（三）相关标准

《金属材料 拉伸试验 第一部分 室温试验方法》(GB/T 228.1—2010)。

《金属材料 弯曲试验方法》(GB/T 232—2010)。

《金属材料 线材 反复弯曲试验方法》(GB/T 238—2002)。

《钢的成品化学成分允许偏差》(GB/T 222—2006)。

《低碳钢热轧圆盘条》(GB/T 701—2008)。

《型钢验收、包装、标志及质量证明书的一般规定》(GB/T 2101—2008)。

《钢丝验收、包装、标志及质量证明书的一般规定》(GB/T 2103—2008)。

《钢及钢产品力学性能试验取样位置及试样制备》(GB/T 2975—1998)。

《热轧圆盘条尺寸、外形、重量及允许偏差》(GB/T 14981—2009)。

《钢及钢产品交货一般技术要求》(GB/T 17505—2008)。

（四）性能指标

1. 尺寸、重量及允许偏差

三面肋和二面肋钢筋的尺寸、重量及允许偏差应符合表 3-77 的规定。

表 3-77　尺寸、重量及允许偏差

公称直径 d(mm)	公称横截面积 (mm^2)	重量		横肋中点高		横肋 1/4 处高 $h_{1/4}$ (mm)	横肋顶宽 b(mm)	横肋间距		相对肋面积 f_r，不小于
		理论重量(g/m)	允许偏差(%)	h(mm)	允许偏差(mm)			l(mm)	允许偏差(mm)	
4	12.6	0.099		0.30		0.24		4.0		0.036
4.5	15.9	0.125		0.32		0.26		4.0		0.039
5	19.6	0.154		0.32		0.26		4.0		0.039
5.5	23.7	0.186		0.40		0.32		5.0		0.039
6	28.3	0.222		0.40		0.32		5.0		0.039
6.5	33.2	0.261		0.46		0.37		5.0		0.045
7	38.5	0.302		0.46	+0.10	0.37		5.0		0.045
7.5	44.2	0.347		0.55	−0.05	0.44		6.0		0.045
8	50.3	0.395	±4	0.55		0.44	～0.2d	6.0	±15	0.045
8.5	56.7	0.445		0.55	±0.10	0.44		7.0		0.045
9	63.6	0.499		0.75		0.60		7.0		0.052
9.5	70.8	0.556		0.75		0.60		7.0		0.052
10	78.5	0.617		0.75		0.60		7.0		0.052
10.5	86.5	0.679		0.75		0.60		7.4		0.052
11	95.0	0.746		0.85		0.68		7.4		0.056
11.5	103.8	0.815		0.95		0.76		8.4		0.056
12	113.1	0.888		0.95		0.76		8.4		0.056

2. 力学性能和工艺性能(表 3-78，表 3-79)

钢筋的力学性能和工艺性能应符合表 3-78 的规定，当进行弯曲试验时，受弯曲部位表面不得产生裂纹。

表 3-78　力学性能和工艺性能

牌　号	屈服强度 $R_{p0.2}$(MPa)，不小于	抗拉强度 R_m (MPa)，不小于	伸长率(%)，不小于		弯曲试验 180°	反复弯曲次数	应力松弛初始应力应相当于公称抗拉强度的 70%
			δ_{10}	δ_{100}			1 000 h(%)，不大于
CRB550	500	550	8.0	—	$D=3d$	—	—
CRB650	585	650	—	4.0	—	3	8
CRB800	720	800	—	4.0	—	3	8
CRB970	875	970	—	4.0	—	3	8

注：D 为弯心直径，d 为钢筋公称直径。

表 3-79　反复弯曲试验的弯曲半径

钢筋公称直径(mm)	4	5	6
弯曲半径(mm)	10	15	15

钢筋的强屈比应不小于 1.03。经供需双方协议可用总伸长率不小于 2.0%代替断后伸长率。

3. 表面质量

钢筋表面不得有裂纹、折叠、结疤、油污及其他影响使用的缺陷。钢筋表面可有浮锈，但不得有锈皮及目视可见的麻坑等腐蚀现象。

(五)验收批量

钢筋应按批进行检查和验收,每批应由同一牌号、同一外形、同一规格、同一生产工艺和同一交货状态的钢筋为一检验批。每批重量不得大于 60 t,小于 60 t 仍按一批计。

(六)取样方法

拉伸试样:逐盘取样;成捆供应的 CRB550 级钢筋随机抽取。每盘先去掉端部 500 mm后,再截取试样。每盘只能截取 1 根拉伸,1 根冷弯试样。拉伸试样长度为 $5d+250\sim300$ mm,弯曲试样长度为 $5d+150$ mm。应力松弛试样长度:不小于 $60d$(d 为试样直径)。

(七)样品数量

1. 拉伸试样:逐盘检测,每盘一个。
2. 弯曲试样:每批 2 个。
3. 尺寸、表面质量:逐盘检测。
4. 反复弯曲实验:每批 2 个。
5. 重量偏差:每盘 1 个。
6. 应力松弛:定期 1 个。

(八)检测项目

屈服强度,抗拉强度,伸长率,弯曲试验,反复弯曲实验,尺寸、表面质量、重量偏差,应力松弛。

(九)质量评定

所检项目符合标准规定要求时,判定该批成批合格。当拉伸和弯曲等仅规定单个值的项目试验结果不符合标准规定,按下列规定进行复检。

1. 试验单元是单件产品时,应对不合格项目做相同类型的双倍试验,双倍试验应全部合格,否则,产品应拒收。

2. 试验单元不是单件产品时,除非另有协议,供方可以将抽样产品从试验单元中挑出,也可不挑出。

如果抽样产品不从试验单元中挑出,应从同一批中再任取双倍数量的试样进行该不合格项目的复检,复检结果应全部合格。

如果抽样产品从试验单元中挑出,应随机从同一试验单元中选出另外两个抽样产品。然后从两个抽样产品中分别制取的试样,在与第一次试验相同的条件下再做一次同类型的试验,其试验结果应全部合格。

六、冷轧扭钢筋

(一)概　　述

低碳钢热轧圆盘条经专用钢筋冷轧扭机调直、冷轧并冷扭(或冷滚)一次成型,具有规定截面形状和相应节距的连续螺旋状钢筋称为冷轧扭钢筋。按其截面形状不同分类可分为三种类型:近似矩形截面为Ⅰ型,近似正方形截面为Ⅱ型,近似圆形截面为Ⅲ型。按其强度级别不同分为两级:550 级和 650 级。

(二)执行标准

《冷轧扭钢筋》(JG 190—2006)。

(三)相关标准

《金属材料 拉伸试验 第一部分 室温试验方法》(GB/T 228.1—2010)。

《金属材料 弯曲试验方法》(GB/T 232—2010)。

《低碳钢热轧圆盘条》(GB/T 701—2008)。

(四)性能指标

1.公称横截面积和理论质量(表 3-80)

表 3-80 公称横截面积和理论质量

强度级别	型号	标志直径 d(mm)	公称截面面积 A_s(mm)	理论质量 G(kg/m)
CTB550	Ⅰ型	6.5	29.50	0.232
		8	45.30	0.356
		10	68.30	0.536
		12	96.14	0.755
	Ⅱ型	6.5	29.20	0.229
		8	42.30	0.332
		10	66.10	0.519
		12	92.74	0.728
	Ⅲ型	6.5	29.86	0.234
		8	45.24	0.355
		10	70.69	0.555
CTB650	Ⅲ型	6.5	28.20	0.221
		8	42.73	0.335
		10	66.76	0.524

2. 截面控制尺寸、节距

冷轧扭钢筋的截面控制尺寸、节距应符合表 3-81 的规定。

表 3-81 截面控制尺寸、节距

强度级别	型号	标志直径 d(mm)	截面控制尺寸(mm),不小于				节距 l_1(mm) 不大于
			轧扁厚度	正方形边长	外圆直径	内圆直径	
CTB550	Ⅰ型	6.5	3.7	—	—	—	75
		8	4.2	—	—	—	95
		10	5.3	—	—	—	110
		12	6.2	—	—	—	150
	Ⅱ型	6.5	—	5.40	—	—	30
		8	—	6.50	—	—	40
		10	—	8.10	—	—	50
		12	—	9.60	—	—	80
	Ⅲ型	6.5	—	—	6.17	5.67	40
		8	—	—	7.59	7.09	60
		10	—	—	9.49	8.89	70

续上表

强度级别	型号	标志直径 d(mm)	截面控制尺寸(mm),不小于				节距 l_1(mm) 不大于
			轧扁厚度	正方形边长	外圆直径	内圆直径	
CTB650	Ⅲ型	6.5	—	—	6.00	5.50	30
		8	—	—	7.38	6.88	50
		10	—	—	9.22	8.67	70

3. 质量偏差

冷轧扭钢筋实际质量与理论质量的负偏差不应大于5%。

4. 长度尺寸允许偏差

单根长度大于 8 m 时为±15 mm;单根长度小于或等于 8 m 时为±10 mm。

5. 力学性能和工艺性能

冷轧扭钢筋力学性能和工艺性能应符合表 3-82 规定。

表 3-82　力学性能和工艺性能

强度级别	型号	抗拉强度	伸长率	弯曲试验(180°,3d)	应力松弛率(%,0.7 强度标准值)	
					10 h	1 000 h
CTB550	Ⅰ	≥550	$A_{11.3}$≥4.5	受弯曲部位钢筋表面不得产生裂纹	—	—
	Ⅱ	≥550	A≥10		—	—
	Ⅲ	≥550	A≥12		—	—
CTB650	Ⅲ	≥650	A_{100}≥4.5		≤5	≤8

6. 外观质量

表面不应有影响力学性能的裂纹、折叠、结疤、压痕、机械损伤或其他影响使用的缺陷。

(五)验收批量

冷轧扭钢筋验收批应由同一型号、同一强度等级、同一规格尺寸、同一台轧机生产的钢筋组成一检验批,且每批不应大于 20 t,不足 20 t 按一批计。

(六)取样方法

试样由验收批中随机抽取。每根钢筋只能截取 1 根拉伸,1 根弯曲试样。先去掉钢筋端部 500 mm 后,再截取试样。试样长度:取偶数倍节距,且不应小于 4 倍节距,同时不小于 500 mm。

(七)样品数量

拉伸试样:2 根;冷弯试样:1 根;外观质量:逐根;轧扁厚度、节距:各 3 根;定尺长度:3 根;重量偏差:3 根。

(八)检测项目

抗拉强度、伸长率、冷弯试验、外观质量、尺寸偏差、定尺长度、重量偏差。

(九)质量评定

当全部检验项目均符合标准规定时,该批冷轧扭钢筋判定为合格。当检验项目中有一项或几项检验结果不符合要求,则应从同一批钢筋中重新加倍随机取样,对不合格项目复验,若试样复验后合格,该批钢筋可判定为合格。否则应根据不同项目按下列规则判定。

1. 当抗拉强度、伸长率、弯曲性能不合格或质量负偏差大于 5%时,判定该批钢筋为不合格。

2. 当感觉力学与工艺性能合格，但截面控制尺寸(轧扁厚度、边长或内外圆直径)小于标准规定或节距大于标准规定时，该批钢筋应降直径规格使用。

七、钢筋混凝土用焊接钢筋网

(一)概　述

钢筋焊接网是采用冷轧带肋钢筋或(和)热轧带肋钢筋，纵向钢筋和横向钢筋分别以一定间距排列且互成直角，全部交叉点均用电阻点焊在一起的钢筋网片，可用于钢筋混凝土结构的配筋和预应力混凝土结构的非预应力钢筋。钢筋焊接网按钢筋的牌号、直径、长度和间距分为定型钢筋焊接网和定制钢筋焊接网两种。定型焊接钢筋网在两个方向上的钢筋牌号、直径、间距和长度可以不同，但在同一个方向上的钢筋应采用同一牌号和直径的钢筋并具有相同的间距和长度。定制钢筋焊接网采用的钢筋及其长度和间距应根据需方要求，由供需双方协商确定，并以设计图表示。

(二)执行标准

《钢筋混凝土用钢　第3部分　钢筋焊接网》(GB/T 1499.3—2010)。

(三)相关标准

《金属材料　拉伸试验　第一部分　室温试验方法》(GB/T 228.1—2010)。

《钢及钢产品交货一般技术要求》(GB/T 17505—2008)。

《钢筋混凝土用钢　第2部分　热轧带肋钢筋》(GB 1499.2—2007)。

《冷轧带肋钢筋》(GB 13788—2008)。

《金属材料　弯曲试验方法》(GB/T 232—2010)。

(四)性能指标

1. 钢筋网制造

(1)钢筋焊接网应采用机械制造，两个方向钢筋的交叉点以电阻焊焊接。

(2)钢筋交叉点开焊数量不得超过整个网片交叉点总数的1%。并且任一根钢筋上开焊点数不得超过该根钢筋上交叉点总数的50%，焊接网最外边钢筋上的交叉点不得开焊。

2. 尺寸及允许偏差

(1)钢筋焊接网纵向钢筋间距宜为50 mm整数倍，横向钢筋间距宜为25 mm的整数倍，最小间距宜采用100 mm，间距的允许偏差取±10 mm和规定间距的±5%的较大值。

(2)钢筋的伸出长度不宜小于25 mm。

(3)网片长度和宽度的允许偏差取±25 mm和规定长度的±0.5%的较大值。

3. 重量及允许偏差

(1)钢筋焊接网宜按实际重量交货，也可按理论重量交货。

(2)钢筋焊接网的理论重量按组成钢筋公称直径和规定尺寸计算，计算时钢的密度采用7.85 g/cm^3。钢筋焊接网实际重量与理论重量的允许偏差为±4%。

4. 性能要求

(1)焊接网钢筋的力学与工艺性能应分别符合相应标准中相应牌号钢筋的规定。对于公称直径不小于6 mm的焊接网用冷轧带肋钢筋，冷轧带肋钢筋的最大力总伸长率应不小于2.5%，钢筋的强屈比应不小于1.05。

(2)钢筋焊接网焊点的抗剪力应不小于试样受拉钢筋规定的屈服力值的0.3倍。

5. 表面质量

(1)钢筋焊接网表面不应有影响使用的缺陷。当性能符合要求时,钢筋表面浮锈和因矫直造成的钢筋表面轻微损伤不作为拒收的理由。

(2)钢筋焊接网允许有因取样产生的局部空缺。

(五)验收批量

钢筋焊接网应按批进行检查验收,每批应由同一型号、同一原材料来源、同一生产设备并在同一连续时间内制造的钢筋网组成一个检验批,重量不大于 60 t。

(六)取样方法

钢筋网试样均应从成品网上截取,但试样所包含的交叉点不得开焊。除去掉多余的部分以外,试样不得进行其他加工。

1. 拉伸试样应在纵、横向钢筋上各截取 1 根试样,每个试样应含有不少于一个交叉点,进行拉伸试验,试样长度应足够,以保证夹具之间的距离不小于 20 倍试样直径或 180 mm(取二者之较大者)。对于并筋,非受拉钢筋应在离交叉焊点约 20 mm 处切断。拉伸试样上的横向钢筋宜距交叉点约 25 mm 处切断。拉伸试样尺寸如图 3-1 所示。

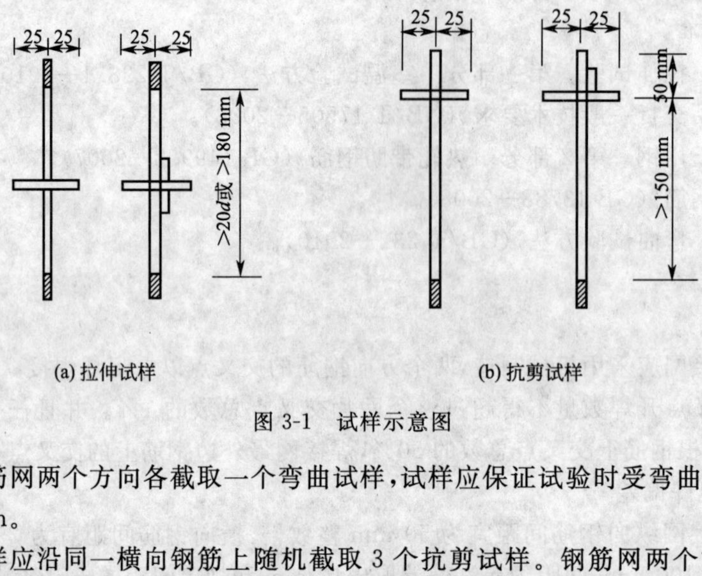

(a) 拉伸试样 (b) 抗剪试样

图 3-1 试样示意图

2. 应沿钢筋网两个方向各截取一个弯曲试样,试样应保证试验时受弯曲部分离开交叉点焊点至少 25 mm。

3. 抗剪试样应沿同一横向钢筋上随机截取 3 个抗剪试样。钢筋网两个方向均为单根钢筋时,较粗钢筋为受拉钢筋;对于并筋,其中之一为受拉钢筋,另一支非受拉钢筋应在交叉焊点处切断,但不应损伤受拉钢筋焊点,抗剪试样尺寸,如上图所示。横向钢筋宜距交叉点约 25 mm处切断。

4. 重量偏差试样应截取 5 个试样,每个试样至少有 1 个交叉点,纵向并筋与横筋的每一交叉点处只算一个交叉点,试样长度应不小于拉伸试样的长度。

(七)样品数量

1. 拉伸:纵向钢筋 1 个,横向钢筋 1 个。

2. 弯曲:纵向钢筋 1 个,横向钢筋 1 个。

3. 抗剪:两个方向任意截取 3 个。

4. 重量偏差:5 个。

(八)检测项目

拉伸,弯曲,抗剪,重量偏差,形状尺寸,外观质量。

(九)质量评定

焊接网的拉伸、弯曲和抗剪力试验结果如不合格,则应从该批焊接网中再取双倍试样进行不合格项目的检验,复验结果全部合格时,该批焊接网方可判定为合格。

八、建筑钢筋使用注意事项

(一)选择适宜的场地和库房

1. 保管钢筋的场地或仓库,应选择在清洁干净、排水通畅的地方,远离产生有害气体或粉尘的厂矿。在场地上要清除杂草及一切杂物,保持钢筋干净。

2. 在仓库里不得与酸、碱、盐、水泥等对钢筋有侵蚀性的材料堆放在一起。不同品种的钢筋应分别堆放,防止混淆,防止接触腐蚀。

3. 钢筋可在通风良好的料棚内存放,但必须上苫下垫。

4. 库房应根据地理条件选定,一般采用普通封闭式库房,即有房顶有围墙、门窗严密,设有通风装置的库房。

5. 库房要求晴天注意通风,雨天注意关闭防潮,经常保持适宜的储存环境。

(二)合理堆码、先进先放

1. 堆码的原则要求是在码垛稳固、确保安全的条件下,做到按品种、规格码垛,不同品种的材料要分别码垛,防止混淆和相互腐蚀。

2. 禁止在垛位附近存放对钢筋有腐蚀作用的物品。

3. 垛底应垫高、坚固、平整,防止材料受潮或变形。

4. 同种材料按入库先后分别堆码,便于执行先进先发的原则。

5. 露天堆放的钢筋,下面必须有木垫或条石,垛面略有倾斜,以利排水,并注意材料安放平直,防止造成弯曲变形。

6. 堆垛高度,人工作业的不超过 1.2 m,机械作业的不超过 1.5 m,垛宽不超过 2.5 m。

7. 垛与垛之间应留有一定的通道,检查道一般为 0.5 m,出入通道视材料大小和运输机械而定,一般为 1.5～2.0 m。

8. 垛底垫高,若仓库为朝阳的水泥地面,垫高 0.1 m 即可;若为泥地,须垫高 0.2～0.5 m。若为露天场地,水泥地面垫高 0.3～0.5 m,沙泥面垫高 0.5～0.7 m。

(三)运输中的相关注意事项

1. 钢筋本身沉重,装运时车辆应备有垫木,注意装运安全。

2. 不同品种的钢筋不要混装或有明显隔离措施。

3. 应配备油布等防潮、防湿工具。

4. 装载时应避免钢筋超出车外,货物分布要均匀。

第七节 钢筋连接

钢筋连接有三种常用的连接方法:绑轧连接、焊接连接、机械连接。目前除在小型工程和不具备使用焊接或机械连接的部位和环境下采用绑扎连接外,大多数情况下采用焊接连接或机械连接。不仅可以保证质量,而且提高效率和节约钢材。钢筋焊接分为压焊和熔焊两种形式。压焊包括闪光对焊、电阻点焊和气压焊;熔焊包括电弧焊和电渣压力焊。此外,钢筋与预埋件 T 形接头的焊接应采用埋弧压力焊等。钢筋机械连接是通过钢筋与连接件的机械咬合作用或钢筋端面的承压作用，将一根钢筋中的力传递至另一根钢筋的连接方法。常见的接头形式有套筒挤压接头、锥螺纹接头、镦粗直螺纹接头、滚轧直螺纹接头、熔融金属充填接头、水泥灌浆充填接头等形式。

钢筋的焊接质量与钢材的可焊性、焊接工艺有关。可焊性与含碳量、合金元素的数量有关，含碳、锰数量增加，则可焊性差；而含适量的钛可改善可焊性。焊接工艺（焊接参数与操作水平）亦影响焊接质量，即使可焊性差的钢材，若焊接工艺合宜，亦可获得良好的焊接质量。

钢筋机械连接是近20年来发展起来的，被称为及绑扎、焊接之后的第三代钢筋连接技术，具有接头质量稳定可靠，不受钢筋化学成分的影响，人为因素影响较小，操作简便、施工速度快等优点。

一、电阻点焊——钢筋焊接骨架

（一）概　述

将两钢筋安放成交叉叠接形式，压紧于两电极之间，利用电阻热熔化母材金属，加压形成焊点的一种压焊方法。

（二）执行标准

《钢筋焊接及验收规程》（JGJ 18—2003）。

（三）相关标准

《钢筋焊接接头试验方法》（JGJ/T 27—2001）。

《钢筋混凝土用钢　第1部分　热轧光圆钢筋》（GB 1499.1—2008）。

《钢筋混凝土用钢　第2部分　热轧带肋钢筋》（GB 1499.2—2007）。

《冷轧带肋钢筋》（GB 13788—2008）。

《钢筋混凝土用钢　第3部分　钢筋焊接网》（GB/T 1499.3—2010）。

（四）性能指标

1. 外观质量

焊接骨架外观质量：每件制品的焊点脱落、漏焊数量不得超过焊点总数的4%，且相邻两焊点不得有漏焊及脱落。

焊接网交叉点开焊数量不得大于整个网片交叉点总数的1%，并且任一根横筋上开焊点数不得大于该根横筋交叉点总数的1/2；焊接网最外边钢筋上的交叉点不得开焊。

焊接网组成的钢筋表面不得有裂纹、折叠、结疤、凹坑、油污及其他影响使用的缺陷；但焊点处可有不大的毛刺和表面浮锈。

2. 尺寸允许偏差

焊接网的长度、宽度及网格尺寸的允许偏差均为±10 mm；网片两对角线之差不得大于10 mm；网格数量应符合设计规定。

应量测焊接骨架的长度和宽度，并应抽查纵、横方向3～5个网格的尺寸，其允许偏差应符合表3-83的规定。

3. 力学性能

（1）钢筋焊接骨架、焊接网焊点剪切试验结果，3个试件抗剪力平均值应符合下式要求：

$$F \geqslant 0.3A_0\delta_s$$

式中　F——抗剪力，N；

A_0——纵向钢筋的横截面面积，mm^2；

δ_s——纵向钢筋规定的屈服强度，N/mm²。

表 3-83　焊接骨架的允许偏差表

项　　目		允许偏差(mm)
焊接骨架	长　　度	±10
	宽　　度	±5
	高　　度	±5
骨架箍筋间距		±10
受力主筋	间　　距	±15
	排　　距	±5

冷轧带肋钢筋的屈服强度按 440 N/mm² 计算。

(2)冷轧带肋钢筋试件拉伸试验结果，其抗拉强度不得小于 550 N/mm²。

(3)其他类型钢筋试件拉伸试验结果，应满足相应标准的规定。

(五)验收批量

凡钢筋牌号、直径及尺寸相同的焊接骨架和焊接网片应视为同一类型制品，为一批。每 300 件为一批，一周内不足 300 件的亦应按一批计。由几种直径钢筋组合的焊接骨架或焊接网，应对每种组合的焊点作力学性能检验。

(六)取样方法

1. 外观检查应按同一类型制品分批检查，每批抽查 5%，且不得少于 5 件。

2. 力学性能检验的试件，应从每批成品中切取；切取过试件的制品，应补焊同牌号、同直径的钢筋，其每边的搭接长度不应小于 2 个孔格的长度。

3. 当焊接骨架所切取试件的尺寸小于规定的试件尺寸时，或受力钢筋直径大于 8 mm 时，可在生产过程中焊接试验用网片，从中切取试件，试验用网片尺寸如图 3-2 所示。

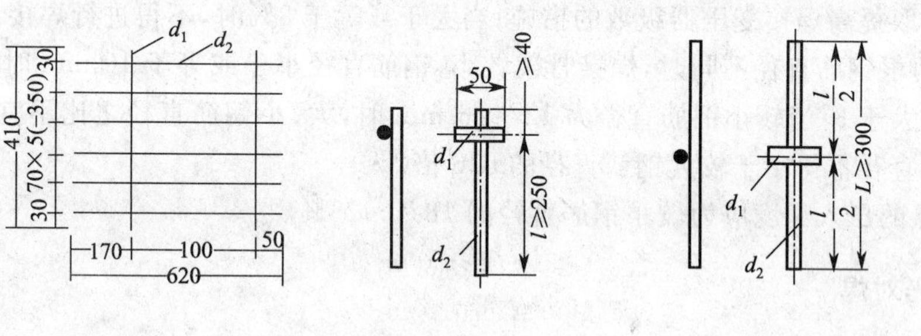

试验网片尺寸($d_1 \geq d_2$)　剪切试样尺寸($d_1 \geq d_2$)　拉伸试样尺寸($d_1 \geq d_2$)

图 3-2　试样示意图

4. 剪切试件尺寸：

纵筋长度应大于或等于 290 mm，横筋长度应大于或等于 50 mm；

焊接网应沿同一横向钢筋随机切取；应使制品中的纵向钢筋成为试件的受拉钢筋。

5. 拉伸试件尺寸：纵筋长度应大于或等于 300 mm。

(七)样品数量

1. 剪切试验：3 件。

2. 拉伸试验：纵向、横向钢筋各取 1 个试件。

3. 外观检查：每批抽查 5%，且不少于 5 件。

（八）检测项目

剪切试验，拉伸试验，外观质量及尺寸偏差。

热轧钢筋焊点只作剪切试验；冷轧带肋钢筋焊点除作剪切试验外，尚应对纵向和横向冷轧带肋作拉伸试验。

（九）质量评定

1. 焊接骨架外观检查不符合要求时，应逐件检查，并挑出不合格品。对不合格品整修后，可提交二次验收。

2. 当拉伸试验不合格时，应再切取双倍试件进行复检；复检结果均合格时应评定该批焊接制品拉伸试验合格。

3. 当剪切试验结果不合格时，应从该批制品中再取 6 个试件进行复验；全部试件平均值达到要求时，应评定该批焊接制品剪切试验合格。

（十）使用注意事项

1. 采用点焊代替绑扎可提高工效、节约劳动力，成品刚性好，便于运输。钢筋点焊参数主要有：通电时间、电流强度、电极压力及焊点压入深度等。应根据钢筋级别、直径及焊机性能合理选择。

2. 电阻点焊 HPB235、HRB335、HRB400 级 8～16 mm 直径钢筋的焊接、CRB550 级 4～12 mm 钢筋的焊接。

3. 在工程开工正式焊接之前，参与该项施焊的焊工应进行现场条件下的焊接工艺试验，并经试验合格后，方可正式生产。试验结果应符合质量检验与验收时的要求。

4. 钢筋焊接施工之前，应清除钢筋。钢板焊接部位以及钢筋与电极接触处表面上的锈斑、油污、杂物等；钢筋端部当有弯折、扭曲时，应予以矫直或切除。

5. 进行电阻点焊时，应随时观察电源电压的波动情况，当电源电压下降大于 5%，小于 8%时，应采取提高焊接变压器级数的措施；当大于或等于 8%时，不得进行焊接。

6. 当两根钢筋直径不同时，焊接骨架较小，钢筋直径小于或等于 10 mm 时，大、小钢筋直径之比不宜大于 3；当较小钢筋直径为 12～16 mm 时，大、小钢筋直径之比不宜大于 2。焊接网较小钢筋直径不得小于较大钢筋直径的 0.6 倍。

7. 焊点的压入深度应为较小钢筋直径的 18%～25%。

二、闪光对焊

（一）概　　述

将两钢筋安放成对接形式，利用电阻热使接触点金属熔化，产生强烈飞溅，形成闪光，迅速施加顶锻力完成的一种压焊方法。

（二）执行标准

《钢筋焊接及验收规程》(JGJ 18—2003)。

（三）相关标准

《钢筋焊接接头试验方法》(JGJ/T 27—2001)。

《钢筋混凝土用钢 第 1 部分 热轧光圆钢筋》(GB 1499.1—2008)。

《钢筋混凝土用钢 第 2 部分 热轧带肋钢筋》(GB 1499.2—2007)。

《钢筋混凝土用余热处理钢筋》(GB 13014—1991)。

《低碳钢热轧圆盘条》(GB/T 701—2008)。

(四)性能指标

1. 外观质量

(1)接头处不得有横向裂纹。

(2)与电极接触的钢筋表面不得有明显烧伤。

(3)接头处的弯折角不得大于3°。

(4)接头处的轴线偏移,不得大于钢筋直径的0.1倍,且不得大于2 mm。

2. 力学性能及工艺性能

(1)三个热轧钢筋接头试件的抗拉强度均不得小于该牌号钢筋规定的抗拉强度;RRB4钢筋接头试件的抗拉强度均不得小于570 N/mm^2。

(2)弯曲试件至90°不得出现开裂和破断。闪光对焊接头弯曲试验指标见表3-84。

表3-84 闪光对焊接头弯曲试验指标

钢筋牌号	弯心直径(mm)	弯曲角(°)
HPB235	$2d$	90
HRB335	$4d$	90
HRB400、RRB400	$5d$	90
HRB500	$7d$	90

注:1. d为钢筋直径,mm。

2. d>25 mm的钢筋弯心直径应增加一倍钢筋直径。

(五)验收批量

在同一台班内,由同一焊工完成的300个同牌号、同直径钢筋焊接接头应作为一批。当同一台班内焊接的接头数量较少,可在一周之内累计计算;累计仍不足300个接头时,应按一批计算。

封闭环式箍筋闪光对焊接头,以600个同牌号。同规格的接头作为一批,只做拉伸试验。

(六)取样方法

1. 应从每批接头中随机切取。

2. 力学性能检验时,应从每批接头中随机切取6个接头,其中3个做拉伸试验,3个做弯曲试验。拉伸试件长度$=8d+250$ mm,弯曲试件长度$=5d+150$ mm。

3. 焊接等长的预应力钢筋(包括螺丝端杆与钢筋)可按生产时同等条件制作模拟试件,螺丝端杆接头只可作拉伸试验。

4. 弯曲试件受压面的毛刺和镦粗变形部分应消除,且与母材外表齐平。

(七)样品数量

拉伸试件:3个;弯曲试件:3个;外观检查:每批中随机抽取10%的接头。

(八)检测项目

拉伸试验,弯曲试验,外观检查。

(九)质量评定

1. 外观质量评定

纵向受力钢筋焊接接头外观检查时,每一检验批中应随机抽取10%的焊接接头。检查结果,当外观质量各小项不合格数均小于或等于抽检数的10%,则该批焊接接头外观质量评为合格。

当某一小项不合格数超过抽检数的10%时，应对该批焊接接头该小项逐个进行复检，并剔出不合格接头；对外观检查不合格接头采取修整或焊补措施后，可提交二次验收。

2. 力学性能评定

(1)3个热轧钢筋接头试件的抗拉强度均不得小于该牌号钢筋规定的抗拉强度；RRB400钢筋接头试件的抗拉强度均不得小于570 N/mm^2。

(2)至少应有2个试件断于焊缝之外，并应呈延性断裂。当达到上述2项要求时，应评定该批接头为抗拉强度合格。

当试验结果有2个试件抗拉强度小于钢筋规定的抗拉强度；或3个试件均在焊缝或热影响区发生脆性断裂时，则一次判定该批接头为不合格品。

当试验结果有1个试件的抗拉强度小于规定值，或2个试件在焊缝或热影响区发生脆性断裂，其抗拉强度均小于钢筋规定抗拉强度的1.10倍时，应进行复验。

复验时，应再切取6个试作。复验结果，当仍有1个试件的抗拉强度小于规定值，或有3个试件断于焊缝或热影响区呈脆性断裂，其抗拉强度小于钢筋规定抗拉强度的1.10倍时，应判定该批接头为不合格品。

注：当接头试件虽断于焊缝或热影响区，呈脆性断裂，但其抗拉强度大于或等于钢筋规定抗拉强度的1.10倍时，可按断于焊缝或热影响区之外，呈延性断裂同等对待。

3. 弯曲实验评定

当试验结果，弯至90°，有2个或3个试件外侧(含焊缝和热影响区)未发生破裂，应评定该批接头弯曲试验合格。

当3个试件均发生破裂，则一次判定该批接头为不合格品。

当有2个试件试件发生破裂，应进行复验。

复验时，应再切取6个试件。复验结果，当有3个试件发生破裂财，应判定该接头为不合格品。

注：当试件外侧横向裂纹宽度达到0.5 mm时，应认定已经破裂。

4. 复验

当模拟试件试验结果不符合要求时，应进行复验。复验应从现场焊接接头中切取，其数量和要求与初始试验相同。

(十)使用注意事项

1. 闪光对焊的适用范围，见表3-85。

表3-85 闪光对焊适用范围

焊接方法	接头型式	适用范围	
		钢筋牌号	钢筋直径(mm)
闪光对焊	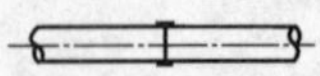	HPB235 HRB335，HRB400 RRB400 HRB500 Q235	8～20 6～40 10～32 10～40 6～14

2. 钢筋在环境温度低于−5 ℃的条件下进行对焊则属低温对焊。在低温条件下焊接时，焊件冷却快，容易产生淬硬现象，内应力也将增大，使接头力学性能降低，给焊接带来不利因素。因此在低温条件下焊接时，应掌握好冷却速度。为使加热均匀，增大焊件受热区域，宜采

用预热闪光焊或闪光-预热闪光焊。

3. 闪光对焊时，应选择合适的调伸长度、烧化留量、顶锻留量以及变压器缀数等焊接参数。连续闪光焊时的留量应包括烧化留量。有电顶锻留量和无电顶锻留量；闪光-预热闪光焊时的留量应包括：一次烧化留量、预热留量、二次烧化留量。有电顶锻留量和无电顶锻留量。

4. RRB400 钢筋闪光对焊时，与热轧钢筋比较，应减小调伸长度，提高焊接变压器级数，缩短加热时间，快速顶锻，形成快热快冷条件，使热影响区长度控制在钢筋直径的 0.6 倍范围之内。

5. HRB500 钢筋焊接时，应采用预热闪光焊或闪光-预热闪光焊工艺。当接头拉伸试验结果发生脆性断裂，或弯曲试验不能达到规定要求时，尚应在焊机上进行焊后热处理。

三、电 弧 焊

(一)概　　述

电弧焊以焊条作为一极，钢筋为另一极，利用焊接电流通过产生的电弧热进行焊接的一种熔焊方法。钢筋电弧焊包括帮条焊、搭接焊、坡口焊、窄间隙焊和熔槽帮条五种接头型式。

钢筋窄间隙电弧焊是将两钢筋安放成水平对接形式，并置于铜模内，中间留有少量间隙，用焊条从接头根部引弧，连续向上焊接完成的一种电弧焊方法。

(二)执行标准

《钢筋焊接及验收规程》(JGJ18—2003)。

(三)相关标准

《钢筋焊接接头试验方法》(JGJ/T 27—2001)。

《钢筋混凝土用钢 第 1 部分 热轧光圆钢筋》(GB 1499.1—2008)。

《钢筋混凝土用钢 第 2 部分 热轧带肋钢筋》(GB 1499.2—2007)。

《钢筋混凝土用余热处理钢筋》(GB 13014—1991)。

《低碳钢热轧圆盘条》(GB/T 701—2008)。

(四)性能指标

1. 力学性能

三个热轧钢筋接头试件的抗拉强度均不得小于该级别钢筋规定的抗拉强度；RRB400 钢筋接头试件的抗拉强度均不得小于热轧Ⅲ级钢筋抗拉强度 570 N/mm^2。

2. 外观质量及尺寸偏差

(1)焊缝表面应平整，不得有凹陷或焊瘤。

(2)焊接接头区域不得有肉眼可看见的裂纹。

(3)坡口焊、熔槽帮条焊和窄间隙焊接头的焊缝余高不得大于 3 mm。

(4)帮条焊接头或搭接焊接头的焊缝厚度 s 不应小于主筋直径的 0.3 倍；焊缝宽度 b 不应小于主筋直径的 0.8 倍。

(5)帮条焊、搭接焊长度，见表 3-86。

表 3-86　帮条焊、搭接焊长度

钢筋牌号	焊缝型式	帮条、搭接长度 l
HPB235	单面焊	$\geqslant 8d$
	双面焊	$\geqslant 4d$

续上表

钢筋牌号	焊缝型式	帮条、搭接长度 l
HRB335 HRB400 RRB400	单面焊	$\geqslant 10d$
	双面焊	$\geqslant 5d$

注：d 为主筋直径，mm。

(6)咬边深度、气孔、夹渣等缺陷允许值及接头尺寸的允许偏差，应符合表 3-87 的规定。

表 3-87 接头尺寸偏差及缺陷允许值

名称		单位	接头型式		
			帮条焊	搭接焊	坡口焊窄间隙焊熔槽帮条焊
棒体沿接头中心线的纵向偏移		mm	$0.3d$	—	—
接头处弯折角		度	3	3	3
接头处钢筋轴线的偏移		mm	$0.1d$	$0.1d$	$0.1d$
焊缝厚度		mm	$+0.05d$	$+0.05d$	—
焊缝宽度		mm	$+0.1d$	$+0.1d$	—
焊缝长度		mm	$-0.3d$	$-0.3d$	—
横向咬边深度		mm	0.5	0.5	0.5
在长 $2d$ 焊缝表面上的气孔及夹渣	数量	个	2	2	—
	面积	mm^2	6	6	—
在全部焊缝表面上的气孔及夹渣	数量	个	—	—	2
	面积	mm^2	—	—	6

注：1. d 为钢筋直径，mm；

2. 负温电弧焊接头咬边深度不得大于 0.2 mm。

(五)验收批量

1. 在现浇混凝土结构中，应以 300 个同牌号钢筋、同型式接头作为一批；在房屋结构中，应以不超过二楼层中 300 个同牌号钢筋、同型式接头作为一批。每批随机切取 3 个接头，做拉伸试验。

2. 在装配式结构中，可按生产条件制作模拟试件，每批 3 个，做拉伸试验。

3. 钢筋与钢板电弧搭接焊接头可只进行外观检查。

在同一批中若有几种不同直径的钢筋焊接接头，应在最大直径钢筋接头中切取 3 个试件。

(六)取样方法

1. 应从每批接头中随机切取。

2. 力学性能检验时，应从每批接头中随机切取 3 个接头做拉伸试验，拉伸试件长度 $=8d+250$ mm。

3. 在装配式结构中，可按生产条件制作模拟试件。

(七)样品数量

拉伸试验试件：3 个。

(八)检测项目

拉伸试验，外观检查。

(九)质量评定

1. 外观质量评定

纵向受力钢筋焊接接头外观检查时,每一检验批中应随机抽取10%的焊接接头。检查结果,当外观质量各小项不合格数均小于或等于抽检数的10%,则该批焊接接头外观质量评为合格。

当某一小项不合格数超过抽检数的10%时,应对该批焊接接头该小项逐个进行复检,并剔出不合格接头;对外观检查不合格接头采取修整或焊补措施后,可提交二次验收。

2. 力学性能评定

(1)3个热轧钢筋接头试件的抗拉强度均不得小于该牌号钢筋规定的抗拉强度;RRB400钢筋接头试件的抗拉强度均不得小于570 N/mm^2。

(2)至少应有2个试件断于焊缝之外,并应呈延性断裂。当达到上述两项要求时,应评定该批接头为抗拉强度合格。

当试验结果有2个试件抗拉强度小于钢筋规定的抗拉强度或3个试件均在焊缝或热影响区发生脆性断裂时,则一次判定该批接头为不合格品。

当试验结果有1个试件的抗拉强度小于规定值或2个试件在焊缝或热影响区发生脆性断裂,其抗拉强度均小于钢筋规定抗拉强度的1.10倍时,应进行复验。

复验时,应再切取6个试件。复验结果,当仍有1个试件的抗拉强度小于规定值或有3个试件断于焊缝或热影响区呈脆性断裂,其抗拉强度小于钢筋规定抗拉强度的1.10倍时,应判定该批接头为不合格品。

注:当接头试件虽断于焊缝或热影响区,呈脆性断裂,但其抗拉强度大于或等于钢筋规定抗拉强度的1.10倍时,可按断于焊缝或热影响区之外,呈延性断裂同等对待。

3. 复验

当模拟试件试验结果不符合要求时,应进行复验。复验应从现场焊接接头中切取,其数量和要求与初始试验相同。

(十)使用注意事项

1. 电弧焊的适用范围,见表3-88。

表3-88 电弧焊的适用范围

焊接方法			接头型式	适用范围	
				钢筋牌号	钢筋直径(mm)
电弧焊	帮条焊	双面焊		HPB235 HRB335 HRB400 RRB400	10～20 10～40 10～40 10～25
		单面焊	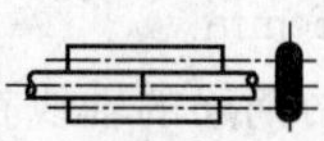	HPB235 HRB335 HRB400 RRB400	10～20 10～40 10～40 10～25
	搭接焊	双面焊	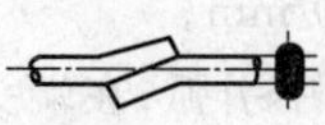	HPB235 HRB335 HRB400 RRB400	10～20 10～40 10～40 10～25
		单面焊	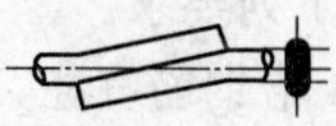	HPB235 HRB335 HRB400 RRB400	10～20 10～40 10～40 10～25

续上表

焊接方法			接头型式	适用范围	
				钢筋牌号	钢筋直径(mm)
电弧焊	熔槽帮条焊			HPB235 HRB335 HRB400 RRB400	20 20～40 20～40 20～25
电弧焊	坡口焊	平焊		HPB235 HRB335 HRB400 RRB400	18～20 18～40 18～40 18～25
电弧焊	坡口焊	立焊		HPB235 HRB335 HRB400 RRB400	18～20 18～40 18～40 18～25
电弧焊	钢筋与钢板搭接焊		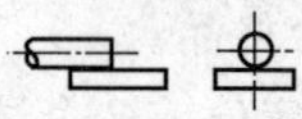	HPB235 HRB335 HRB400	8～20 8～40 8～25
电弧焊	窄间隙焊			HPB235 HRB335 HRB400	16～20 16～40 16～40
预埋件电弧焊	角焊		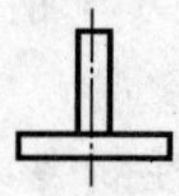	HPB235 HRB335 HRB400	8～20 6～25 6～25
预埋件电弧焊	穿孔塞焊		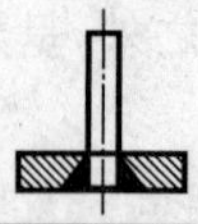	HPB235 HRB335 HRB400	20 20～25 20～25

2. 应根据钢筋牌号、直径、接头型式和焊接位置，选择焊条。焊接工艺和焊接参数。

3. 当采用低氢型碱性焊条时，应按使用说明书的要求烘焙，且宜放入保温筒内保温使用；酸性焊条若在运输或存放中受潮，使用前亦应烘焙后方能使用。

焊剂应存放在干燥的库房内，当受潮时，在使用前应经 250 ℃～300 ℃烘焙 2 h。

使用中回收的焊剂应清除熔渣和杂物，并应与新焊剂混合均匀后使用。

4. −5 ℃条件下施焊时，电弧帮条焊或搭接焊时，第一层焊缝应从中间引弧，向两端施焊；以后各层控温施焊，层间温度控制在 150 ℃～350 ℃之间。多层施焊时，可采用回火焊道施焊。

5. 帮条焊或搭接焊时，钢筋的装配和焊接应符合下列要求。

(1)帮条焊时，两主筋端面的间隙应为 2～5 mm。

(2)搭接焊时，焊接端钢筋应预弯，并应使两钢筋的轴线在同一直线上。

(3)帮条焊时，帮条与主筋之间应用四点定位焊固定；搭接焊时，应用两点固定；定位焊缝与帮条端部或搭接端部的距离宜大于或等于 20 mm。

(4)焊接时，应在帮条焊或搭接焊形成焊缝中引弧；在端头收弧前应填满弧坑，并应使主焊缝与定位焊缝的始端和终端熔合。

6. 钢筋与钢板搭接焊时，焊接接头应符合下列要求。

(1)HPB235 钢筋的搭接长度①不得小于 4 倍钢筋直径，HRB335 和 HRB400 钢筋搭接长度②不得小于 5 倍钢筋直径。

(2)焊缝宽度不得小于钢筋直径的 0.6 倍，焊缝厚度不得小于钢筋直径的 0.35 倍。

四、电渣压力焊

(一)概　　述

将两钢筋安放成竖向对接形式，利用焊接电流通过两钢筋端面间隙，在焊剂层下形成电弧过程和电渣过程，产生电弧热和电阻热，熔化钢筋加压完成的一种压焊方法。

(二)执行标准

《钢筋焊接及验收规程》(JGJ18—2003)。

(三)相关标准

《钢筋焊接接头试验方法》(JGJ/T 27—2001)。

《钢筋混凝土用钢 第 1 部分 热轧光圆钢筋》(GB 1499.1—2008)。

《钢筋混凝土用钢 第 2 部分 热轧带肋钢筋》(GB 1499.2—2007)。

《钢筋混凝土用余热处理钢筋》(GB 13014—1991)。

《低碳钢热轧圆盘条》(GB/T 701—2008)。

(四)性能指标

1. 力学性能

三个热轧钢筋接头试件的抗拉强度均不得小于该级别钢筋规定的抗拉强度；RRB400 钢筋接头试件的抗拉强度均不得小于热轧Ⅲ级钢筋抗拉强度 570 N/mm^2。

2. 外观质量及尺寸偏差

(1)四周焊包凸出钢筋表面的高度不得小于 4 mm。

(2)钢筋与电极接触处，应无烧伤缺陷。

(3)接头处的弯折角不得大于 3°。

(4)接头处的轴线偏移不得大于钢筋直径的 0.1 倍，且不得大于 2 mm。

(五)验收批量

在现浇钢筋混凝土结构中，应以 300 个同牌号钢筋接头作为一批；在房屋结构中，应在不超过二楼层中 300 个同牌号钢筋接头作为一批；当不足 300 个接头时，仍应作为一批。

(六)取样方法

1. 应从每批接头中随机切取。

2. 力学性能检验时，应从每批接头中随机切取 3 个接头做拉伸试验，拉伸试件长度＝$8d+250$ mm。

(七)样品数量

每批随机切取 3 个接头做拉伸试验。

(八)检测项目

拉伸试验；外观检查。

(九)质量评定

1. 外观质量评定

纵向受力钢筋焊接接头外观检查时，每一检验批中应随机抽取 10%的焊接接头。检查结果，当外观质量各小项不合格数均小于或等于抽检数的 10%，则该批焊接接头外观质量评为合格。

当某一小项不合格数超过抽检数的 10%时，应对该批焊接接头该小项逐个进行复检，并剔出不合格接头；对外观检查不合格接头采取修整或焊补措施后，可提交二次验收。

2. 力学性能评定

(1)3 个热轧钢筋接头试件的抗拉强度均不得小于该牌号钢筋规定的抗拉强度；RRB400 钢筋接头试件的抗拉强度均不得小于 570 N/mm^2。

(2)至少应有 2 个试件断于焊缝之外，并应呈延性断裂。当达到上述 2 项要求时，应评定该批接头为抗拉强度合格。

当试验结果有 2 个试件抗拉强度小于钢筋规定的抗拉强度；或 3 个试件均在焊缝或热影响区发生脆性断裂时，则一次判定该批接头为不合格品。

当试验结果有 1 个试件的抗拉强度小于规定值，或 2 个试件在焊缝或热影响区发生脆性断裂，其抗拉强度均小于钢筋规定抗拉强度的 1.10 倍时，应进行复验。

复验时，应再切取 6 个试作。复验结果，当仍有 1 个试件的抗拉强度小于规定值或有 3 个试件断于焊缝或热影响区呈脆性断裂，其抗拉强度小于钢筋规定抗拉强度的 1.10 倍时，应判定该批接头为不合格品。

注：当接头试件虽断于焊缝或热影响区，呈脆性断裂，但其抗拉强度大于或等于钢筋规定抗拉强度的 1.10 倍时，可按断于焊缝或热影响区之外，呈延性断裂同等对待。

3. 复验

当模拟试件试验结果不符合要求时，应进行复验。复验应从现场焊接接头中切取，其数量和要求与初始试验相同。

(十)使用注意事项

1. 电渣压力焊适用于柱、墙、构筑物等现浇混凝土结构中竖向受力钢筋的连接；不得在竖向焊接后横置于梁、板等构件中作水平钢筋用。

2. 电渣压力焊适用的 HPB235 级 14～20 mm 直径钢筋和 HRB335、HRB400 级 14～32 mm直径钢筋的焊接。

3. 电渣压力焊焊接参数应包括焊接电流、焊接电压和通电时间，应根据焊机及焊剂类型具体选择。

五、钢筋气压焊

(一)概　　述

采用氧乙炔火焰对两钢筋对接处加热，使其达到塑性状态或熔化状态后，加压完成的一种压焊方法。气压焊按加热温度和工艺方法的不同，可分为熔态气压焊(开式)和固态气压焊(闭式)两种；在一般情况下，宜优先采用熔态气压焊。

(二)执行标准

《钢筋焊接及验收规程》(JGJ 18—2003)。

(三)相关标准

《钢筋焊接接头试验方法》(JGJ/T 27—2001)。

《钢筋混凝土用钢 第 1 部分 热轧光圆钢筋》(GB 1499.1—2008)。

《钢筋混凝土用钢 第 2 部分 热轧带肋钢筋》(GB 1499.2—2007)。

(四)性能指标

1. 外观质量

(1)接头处的轴线偏移 e 不得大于钢筋直径的 0.15 倍，且不得大于 4 mm；当不同直径钢筋焊接时，应按较小钢筋直径计算；当大于上述规定值，但在钢筋直径的 0.30 倍以下时，可加热矫正；当大于 0.30 倍时，应切除重焊。

(2)接头处的弯折角不得大于 3°；当大于规定值时，应重新加热矫正。

(3)镦粗直径 d 不得小于钢筋直径的 1.4 倍；当小于上述规定值时，应重新加热镦粗。

(4)镦粗长度 l 不得小于钢筋直径的 1.0 倍，且凸起部分平缓圆滑；当小于上述规定值时，应重新加热镦长。

2. 力学性能

(1)三个热轧钢筋接头试件的抗拉强度均不得小于该牌号钢筋规定的抗拉强度；RRB400 钢筋接头试件的抗拉强度均不得小于 570 N/mm^2。

(2)弯曲试件至 90°，不得出现开裂和破断。气压焊接头弯曲试验指标见表 3-89。

表 3-89 气压焊接头弯曲试验指标

钢筋牌号	弯心直径(mm)	弯曲角(°)
HPB235	$2d$	90
HRB335	$4d$	90
HRB400、RRB400	$5d$	90
HRB500	$7d$	90

注：1. d 为钢筋直径，mm。

2. d>25 mm 的钢筋弯心直径应增加一倍钢筋直径。

(五)验收批量

在现浇钢筋混凝土结构中，应以 300 个同牌号钢筋接头作为一批；在房屋结构中，应在不超过二楼层中 300 个同牌号钢筋接头作为一批；当不足 300 个接头时，仍应作为一批。

(六)取样方法

在柱、墙的竖向钢筋连接中，应从每批接头中随机切取 3 个接头做拉伸试验；在梁、板的水平钢筋连接中，应另切取 3 个接头做弯曲试验。拉伸试件长度$=8d+250$ mm，弯曲试件长度$=5d+250$ mm。

(七)样品数量

拉伸试样，3 个；弯曲试样，3 个。

(八)检测项目

拉伸试验、弯曲试验、外观质量。

(九)质量评定

1. 外观质量评定

纵向受力钢筋焊接接头外观检查时，每一检验批中应随机抽取 10%的焊接接头。检查结果，当外观质量各小项不合格数均小于或等于抽检数的 10%时，则该批焊接接头外观质量评为合格。

当某一小项不合格数超过抽检数的 10%时，应对该批焊接接头该小项逐个进行复检，并剔出不合格接头；对外观检查不合格接头采取修整或焊补措施后，可提交二次验收。

2. 力学性能评定

(1)3 个热轧钢筋接头试件的抗拉强度均不得小于该牌号钢筋规定的抗拉强度；RRB400 钢筋接头试件的抗拉强度均不得小于 570 N/mm^2。

(2)至少应有 2 个试件断于焊缝之外,并应呈延性断裂。当达到上述 2 项要求时,应评定该批接头为抗拉强度合格。

当试验结果有 2 个试件抗拉强度小于钢筋规定的抗拉强度或 3 个试件均在焊缝或热影响区发生脆性断裂时,则一次判定该批接头为不合格品。

当试验结果有 1 个试件的抗拉强度小于规定值或 2 个试件在焊缝或热影响区发生脆性断裂,其抗拉强度均小于钢筋规定抗拉强度的 1.10 倍时,应进行复验。

复验时,应再切取 6 个试作。复验结果,当仍有 1 个试件的抗拉强度小于规定值或有 3 个试件断于焊缝或热影响区呈脆性断裂,其抗拉强度小于钢筋规定抗拉强度的 1.10 倍时 ,应判定该批接头为不合格品。

注:当接头试件虽断于焊缝或热影响区,呈脆性断裂,但其抗拉强度大于或等于钢筋规定抗拉强度的 1.10 倍时,可按断于焊缝或热影响区之外,呈延性断裂同等对待。

3. 弯曲实验评定

当试件弯至 90°,有 2 个或 3 个试件外侧(含焊缝和热影响区)未发生破裂,应评定该批接头弯曲试验合格。

当 3 个试件均发生破裂,则一次判定该批接头为不合格品。

当有 2 个试件发生破裂,应进行复验。

复验时,应再切取 6 个试件。复验结果,当有 3 个试件发生破裂时,应判定该接头为不合格品。

注:当试件外侧横向裂纹宽度达到 0.5 mm 时,应认定已经破裂。

4. 复验

当模拟试件试验结果不符合要求时,应进行复验。复验应从现场焊接接头中切取,其数量和要求与初始试验相同。

(十)使用注意事项

1. 气压焊适用于直径 14～20 mm 之间的 HPB235 钢筋和直径 14～40 mm 之间的 HRB335、HRB400 钢筋。

2. 气压焊设备应符合下列要求。

(1)供气装置应包括氧气瓶、溶解乙炔气瓶或液化石油气瓶、干式回火防止器、减压器及胶管等。氧气瓶、溶解乙炔气瓶或液化石油气瓶的使用分别按照国家质量技术监督局颁发的现行《气瓶安全监察规程》和劳动部颁发的现行《溶解乙炔气瓶安全监察规程》中有关规定执行。

(2)焊接夹具应能夹紧钢筋,当钢筋承受最大轴向压力时,钢筋与夹头之间不得产生相对滑移;应便于钢筋的安装定位,并在施焊过程中保持刚度;动夹头应与定夹头同心,并且当不同直径钢筋焊接时,亦应保持同心;动夹头的位移应大于或等于现场最大直径钢筋焊接时所需要的压缩长度。

六、预埋件钢筋埋弧压力焊

(一)概　述

将钢筋与钢板安放成 T 型接头形式,利用焊接电流通过,在焊剂层下产生电弧,形成熔池,加压完成的一种压焊方法。

(二)执行标准

《钢筋焊接及验收规程》(JGJ18—2003)。

（三）相关标准

《钢筋焊接接头试验方法》(JGJ/T 27—2001)。

《钢筋混凝土用钢 第1部分 热轧光圆钢筋》(GB 1499.1—2008)。

《钢筋混凝土用钢 第2部分 热轧带肋钢筋》(GB 1499.2—2007)。

（四）性能指标

1. 力学性能

钢筋接头试件的抗拉强度均不得小于该牌号钢筋规定的抗拉强度。

2. 外观质量

(1)四周焊包凸出钢筋表面的高度应大于或等于4 mm。

(2)钢筋咬边深度不得超过0.5 mm。

(3)钢板应无焊穿，根部应无凹陷现象。

(4)钢筋相对钢板的直角偏差不得大于3°。

（五）验收批量

1. 300件同类型预埋件作为一批。

2. 一周内连续焊接可累计计算，但不足300件亦应按一批。

（六）取样方法

1. 从每批中随机切取。

2. 试件的钢筋长度应大于或等于200 mm，钢板的长度和宽度均应大于或等于60 mm。

（七）样品数量

1. 拉伸试件：3个。

2. 外观质量：应从同一台班内完成的同类型预埋件中抽取5%；且不得少于10件。

（八）检测项目

拉伸试验；外观质量。

（九）质量评定

1. 预埋件外观检查，当有3个接头不符合要求时，则应逐个检查，并剔出不合格品，不合格接头经补焊后可提交二次验收。

2. 拉伸试验如有一个试件抗拉强度小于规定值时，应再取六个试件复验，复验仍有一个不合格，则该批为不合格，重新处理再验收。

（十）使用注意事项

1. 气压焊适用于直径8～20 mm之间的HPB235钢筋和直径6～25 mm之间的HRB335、HRB400钢筋。

2. 埋弧压力焊工艺过程应符合下列要求。

(1)钢板应放平，并与铜板电极接触紧密。

(2)将锚固钢筋夹于夹钳内，应夹牢；并应放好挡圈，注满焊剂。

(3)接通高频引弧装置和焊接电源后，应立即将钢筋上提，引燃电弧，使电弧稳定燃烧，再渐渐下送。

(4)迅速顶压，不得用力过猛。

(5)敲去渣壳，四周焊包凸出钢筋表面的高度不得小于4 mm。

3. 埋弧压力焊的焊接参数效应包括引弧提升高度、电弧电压、焊接电流和焊接通电时间。

4. 在埋弧压力焊生产中，引弧、燃弧（钢筋维持原位或缓慢下送）和顶压等环节应密切配合；焊接地线应与铜板电极接触紧密并应及时消除电极钳口的铁锈和污物，修理电极钳口的形状。

七、钢筋机械连接

（一）概　　述

钢筋机械连接是通过钢筋与连接件的机械咬合作用或钢筋端面的承压作用，将一根钢筋的力传递至另一根钢筋的连接方法。

钢筋机械连接接头依据其抗拉强度、残余变形以及高应力和大变形条件下的反复拉压性能的差异，分下列三个性能等级。

Ⅰ级：接头抗拉强度等于被连接钢筋实际抗拉强度或不小于1.10倍钢筋抗拉强度标准值，残余变形小并具有高延性及反复拉压性能。

Ⅱ级：接头抗拉强度不小于被连接钢筋抗拉强度标准值，残余变形小并具有高延性及反复拉压性能。

Ⅲ级：接头抗拉强度不小于被连接钢筋屈服强度标准值的1.25倍，残余变形小并具有一定的延性及反复拉压性能。

（二）执行标准

《钢筋机械连接技术规程》(JGJ 107—2010)。

（三）相关标准

《钢筋混凝土用钢 第2部分 热轧带肋钢筋》(GB 1499.2—2007)。

（四）性能指标

1. 用于机械连接的钢筋应符合现行国家标准《钢筋混凝土用钢 第2部分 热轧带肋钢筋》(GB 1499.2)的规定。

2. 接头连接件的屈服承载力和受拉承载力的标准值不应小于被连接钢筋的屈服承载力和受拉承载力标准值的1.10倍。

3. Ⅰ级、Ⅱ级、Ⅲ级接头的拉伸强度必须符合表3-90的规定。

表3-90　接头的抗拉强度

接头等级	Ⅰ级	Ⅱ级	Ⅲ级
拉伸强度	$f^{o}_{mst} \geqslant f_{stk}$ 断于钢筋 或 $f^{o}_{mst} \geqslant 1.10 f_{stk}$ 断于接头	$f^{o}_{mst} \geqslant f_{stk}$	$f^{o}_{mst} \geqslant 1.25 f_{yk}$

注：f^{o}_{mst}——接头试件实际抗拉强度；

f_{stk}——接头试件中钢筋抗拉强度标准值；

f_{yk}——钢筋屈服强度标准值。

4. Ⅰ级、Ⅱ级、Ⅲ级接头应能经受规定的高应力和大变形反复拉压循环，且在经历拉压循环后，其抗拉强度仍应符合上表的规定。

5. Ⅰ级、Ⅱ级、Ⅲ级接头的变形性能应符合表3-91的规定。

6. 对直接承受动力荷载的结构构件，设计应根据钢筋应力变化幅度提出接头的抗疲劳性能要求，当设计无专门要求时，接头的疲劳应力幅限值不应小于普通钢疲劳应力幅限值的80%。

表 3-91　接头变形性能

接头等级		Ⅰ级	Ⅱ级	Ⅲ级
单向拉伸	残余变形(mm)	$U_0 \leqslant 0.10 (d \leqslant 32)$ $U_0 \leqslant 0.14 (d > 32)$	$U_0 \leqslant 0.14 (d \leqslant 32)$ $U_0 \leqslant 0.16 (d > 32)$	$U_0 \leqslant 0.14 (d \leqslant 32)$ $U_0 \leqslant 0.16 (d > 32)$
	最大力总伸长率(%)	$A_{sgt} \geqslant 6.0$	$A_{sgt} \geqslant 6.0$	$A_{sgt} \geqslant 3.0$
高应力反复拉压	残余变形(mm)	$U_{20} \leqslant 0.3$	$U_{20} \leqslant 0.3$	$U_{20} \leqslant 0.3$
大变形反复拉压	残余变形(mm)	$U_4 \leqslant 0.3$ 且 $U_8 \leqslant 0.6$	$U_4 \leqslant 0.3$ 且 $U_8 \leqslant 0.6$	$U_4 \leqslant 0.6$

A_{sgt}——接头试件的最大力总伸长率；

U_0——接头试件加载至 $0.60 f_{yk}$ 并卸载后在规定标距内的残余变形；

U_{20}——接头试件按规定加载制度经高应力反复拉压 20 次后的残余变形；

U_4——接头试件按规定加载制度经大变形反复拉压 4 次后的残余变形；

U_8——接头试件按规定加载制度经大变形反复拉压 8 次后的残余变形

7. 工程中应用钢筋机械接头时，应由该技术提供单位提交有效的型式检验报告。

8. 工艺检验中每根试件的抗拉强度和 3 根接头试件的残余变形的平均值应符合上述各表的要求。

(五)验收批量

钢筋机械连接接头的检验分为：型式检验和工艺检验、施工检验。

本文所述的钢筋机械连接接头验收是指接头的施工现场检验与验收。

工艺检验：钢筋连接工程开始前及施工过程中，应对每批钢筋进行接头工艺检验。

施工检验如下所述。

1. 同一施工条件下采用同一批材料的同等级、同型式、同规格的接头，以 500 个为一个验收批，不足 500 个也作为一个验收批。

2. 锥螺纹接头抽取其中 10%的接头进行拧紧扭矩校核。

3. 在现场连续 10 个验收批抽样试件抗拉强度试验 1 次合格率 100%时，验收批接头数量可扩大一倍。

(六)取样方法

1. 钢筋母材抗拉强度试件应取自接头试件的同一根钢筋。

2. 接头抗压强度试件，必须在工程结构中随机截取。

3. 拉伸试件长度：$5d+250\sim300$ mm，d 为试样直径。

(七)样品数量

1. 工艺检验

每种规格接头抗拉强度试件：3 个。

钢筋母材抗拉强度试件：3 个。

2. 现场检验

接头抗拉强度试件：3 个；锥螺纹接头抽取 10%进行扭矩校核。

(八)检测项目

1. 工艺检验

(1)接头试件抗拉强度试验。

(2)接头试件残余变形试验。

(3)钢筋母材抗拉强度试验(应取自接头试件的同一根钢筋)。

2. 施工检验

(1)接头试件抗拉强度试验。

(2)锥螺纹接头应进行拧紧扭矩校核。

(九)质量评定

1. 工艺检验的判定

工艺检验中每根试件的抗拉强度和3根接头试件的残余变形的平均值符合相应接头等级的要求,判定为工艺检验合格。第一次工艺检验中1根试件抗拉强度或3根试件的残余变形平均值不合格时,允许再抽3根试件进行复检,复检仍不合格时判为工艺检验不合格。

2. 施工检验

(1)锥螺纹拧紧扭矩值不合格数超过被校核接头数的5%时,应重新拧紧全部接头,直到合格为止。

(2)每批随机截取的3个接头试件的抗拉强度均符合相应等级的要求时,该验收批评为合格。如有1个试件的抗拉强度不符合要求,则该验收批应评为不合格。

(十)使用注意事项

1. 混凝土结构中要求充分发挥钢筋强度或对延性要求高的部位应优先选用Ⅱ级接头。当在同一连接区段内必须实施100%钢筋接头的连接时,应采用Ⅰ级接头。

2. 混凝土结构中钢筋应力较高但对延性要求不高的部位可采用Ⅲ级接头。

3. 钢筋连接件的混凝土保护层厚度不得小于15 mm。连接件之间的横向净距不宜小于25 mm。

4. 结构构件中纵向受力钢筋的接头宜相互错开。钢筋机械连接的连接区段长度按35d计算。

5. 直螺纹接头的现场加工应符合下列规定。

(1)钢筋端部应切平或镦平后加工螺纹。

(2)镦粗头不得有与钢筋轴线相垂直的横向裂纹。

(3)钢筋丝头长度应满足企业标准中产品设计要求。

(4)钢筋丝头宜满足6f级精度要求,抽检数量10%,检验合格率不应小于95%。

6. 锥螺纹接头的现场加工应符合下列规定。

(1)钢筋端部不得有影响螺纹加工的局部弯曲。

(2)钢筋丝头长度满足设计要求,使拧紧后的钢筋丝头不得相互接触。

(3)钢筋丝头的锥度和螺距应使用专用锥螺纹量规检验,抽检数量10%,检验合格率不应小于95%。

7. 直螺纹接头的安装质量应符合下列要求。

(1)安装接头时可用管钳扳手拧紧,应使钢筋丝头在套筒中央位置相互顶紧。

(2)安装后应用扭力扳手校核拧紧扭矩,拧紧扭矩值应符合表3-92的规定。

表3-92 拧紧扭矩值

钢筋直径(mm)	≤16	18～20	22～25	28～32	36～40
拧紧扭矩(N·m)	100	200	260	320	360

(3)校核用扭矩扳手的准确度级别可选用10级。

8. 锥螺纹接头的安装质量应符合下列要求。

(1)接头安装时应严格保证钢筋与连接套的规格相一致。

(2)接头安装时应用扭力扳手拧紧,拧紧扭矩值应符合表 3-93 的规定。

表 3-93 拧紧扭矩值

钢筋直径(mm)	≤16	18～20	22～25	28～32	36～40
拧紧扭矩(N·m)	100	180	240	300	360

(3)校核用扭力扳手与安装用扭力扳手应区分使用。

9. 套筒挤压钢筋接头的安装质量应符合下列要求。

(1)钢筋端部不得有局部弯曲,不得有严重锈蚀和附着物。

(2)钢筋端部应有检查插入套筒深度的明显标记,钢筋端头离套筒长度中点不宜超过 10 mm。

(3)挤压应从套筒中央开始,依次向两端挤压,压痕直径的波动范围应控制在供应商认定的允许波动范围内。

(4)挤压后的套筒不得有肉眼可见裂纹。

第八节 普通混凝土配合比设计

一、设计目的

普通混凝土配合比设计就是按照工程设计和施工的要求选择适用于制作所需混凝土的材料,根据工程设计中指定的混凝土性能和经济原则,选择混凝土组分的最佳配合比和用料量,满足混凝土的强度、工作性、耐久性和经济性。

二、适用范围

普通混凝土指干表观密度为 2 000～2 800 kg/m³ 的混凝土。是适用于工业与民用建筑及一般构筑物的混凝土。包括一般干硬性混凝土、塑性混凝土、流动性混凝土、大流动性混凝土、抗渗混凝土、抗冻混凝土、高强混凝土、泵送混凝土、大体积混凝土。

三、设计原理

混凝土配合比设计的基本原理是建立在混凝土和混凝土混合料性能变化规律的基础上的。在普通混凝土配合比中有四个基本变量:水泥、水、细骨料、粗骨料。配合比设计就是确定这四个变量的值。这就需要根据混凝土和混凝土混合料性能的变化规律建立四个表示各个未知数之间相互关系的方程。

1. 确定用水量的方程——需水性定则

它表示在实际应用的情况下,混凝土混合料的流动性和用水量之间的依赖关系。

$$m_{w0}=10/[3(T+K)]$$

式中 m_{w0}——每立方米混凝土用水量,kg;

T——塌落度,cm;

K——集料常数。

2. 确定水灰比和水泥用量的方程——水灰比定则

它阐明水和水泥(胶结材料)的质量比与混凝土抗压强度之间的依赖关系,用它就可以根据混凝土配制强度确定水灰比。

$$W/C=(a_a f_{ce})/(f_{cu0}+a_a a_b f_{ce})$$

式中　W/C——水灰比或水胶比;

f_{cu0}——配制强度,MPa;

f_{ce}——水泥实测强度,MPa;

a_a,a_b——回归系数。

3. 确定集料总用量的方程——绝对体积法和假定质量法的假设

(1)绝对体积法,这种方法假设混凝土组成绝对体积的总和等于混凝土的体积。因此得下列方程式。

$$m_{c0}/\rho_c+m_{s0}/\rho_s+m_{g0}/\rho_g+m_{w0}/\rho_w+10a=1\ 000$$

式中　m_{c0},m_{s0},m_{g0},m_{w0}——分别为每立方米混凝土中水泥、砂、石、水的用量,kg;

ρ_c,ρ_s,ρ_g,ρ_w——分别为水泥、砂、石、水的视密度,g/cm^3;

1 000——指 1 m^3 的体积 1 000 L;

a——混凝土含气量百分数,在不使用引气型外加剂时,可取 1。

(2)假定质量法,这种方法假定混凝土混合物湿表观密度值(又称计算湿表观密度)为已知,求单位体积混凝土的集料总用量。

$$m_{c0}+m_{s0}+m_{g0}+m_{w0}=m_{cp}$$

式中　m_{cp}——每立方米混凝土拌和物的假定质量,kg。

4. 确定粗细骨料比例的方程——颗粒级配问题

通过求得最佳含砂率,即在保证混凝土强度与和易性要求的情况下用水量或水泥用量为最小时的含砂率,反映骨料的颗粒级配。

$$\beta_s=m_{s0}/(m_{s0}+m_{g0})\times 100\%$$

式中　β_s——砂率,%。

四、执行标准

《普通混凝土配合比设计规程》(JGJ 55—2011)。

五、相关标准

《普通混凝土拌和物性能试验方法标准》(GB/T 50080—2002)。

《普通混凝土力学性能试验方法标准》(GB/T 50081—2002)。

《普通混凝土长期性能和耐久性能试验方法标准》(GB/T 50082—2009)。

《混凝土结构工程施工质量验收规范》(GB 50204—2002,2011 年版)。

《混凝土强度检验评定标准》(GB 50107—2010)。

《混凝土结构设计规范》(GB 50010—2010)。

《铁路混凝土工程施工质量验收标准》(TB 10424—2010)。

六、设计准备

1. 混凝土质量指标的确定

根据设计要求、相关验收标准、施工规范等要求,结合混凝土所处环境、使用部位、构件状况、施工方式、当地原材料状况，编制混凝土配合比设计计划，做好如下资料收集工作，确定混凝土各项质量指标。

(1)要求的混凝土强度等级。

(2)要求的混凝土施工流动性(如坍落度或维勃稠度)。

(3)使用的水泥品种和水泥强度。

(4)使用骨料的情况：如粗骨料的种类、最大粒径、母岩强度、密度、颗粒级配、含泥量、泥块含量、SO_3 含量、针片状颗粒含量等；细骨料的颗粒级配、细度模数、含泥量、泥块含量、SO_3 含量、云母含量、轻物质含量等。

(5)使用的外加剂与外掺料的要求及技术资料。

(6)施工条件：如搅拌方式、运输方式、运输距离、灌注高度、振动密实方式以及结构物的钢筋布置情况等。

(7)施工和使用的环境条件：如春、夏、秋、冬及风、雨、霜、雪、温度、湿度、环境水以及环境介质是否有侵蚀性等。

(8)养护方法：如自然养护、蒸汽养护、压蒸养护等。

2. 原材料的选择

(1)水泥

水泥属水硬性胶凝材料，在混凝土中主要起胶结作用。水泥按大类可分为通用水泥、特种水泥和专用水泥。土建工程常用的为通用水泥，即常说的五大水泥。五大水泥各有各的特点与适用范围，在选择时应尽可能选择最适合的水泥品种。水泥强度等级的选择，在没有减水剂的情况下应比混凝土强度等级高，一般情况下，配制低强度混凝土(30 MPa 以下)时，水泥强度为混凝土强度的 1.5～2.0 倍为宜；配制高强度混凝土(30 MPa 以上)时，水泥强度等级可降低为混凝土强度等级的 0.9～1.5 倍。同时，水泥强度等级的选择应保证混凝土的和易性、施工性及其他性能指标。五大水泥的选用见表 3-94。

表 3-94　五大水泥的选用

项　目		硅酸盐水泥	普通水泥	矿渣水泥	火山灰水泥	粉煤灰水泥
环境条件	在普通气候环境中的混凝土		√√	√	√	√
	在干燥环境下的混凝土		√√	√	×	×
	在高湿度环境中或永远处在水下的混凝土			√√	√	√
	在严寒地区的露天混凝土、寒冷地区的经常处在水位升降范围内的混凝土		√√	√	×	×
	严寒地区处在水位升降范围内的混凝土(水泥强度等级大于等于 42.5)		√√	×	×	×
工程特点	厚大体积的混凝土			√√	√√	√√
	要求快硬的混凝土	√√	√	×	×	×
	C40 以上的混凝土	√√	√	√	×	×
	有抗渗要求的混凝土		√√	√	√√	√
	有耐磨性要求的混凝土	√√	√√	√	×	×

注：符合意义：√√优先选用，√可以选用，×不得选用。受侵蚀性环境水或侵蚀性气体作用的混凝土，应根据侵蚀性介质的种类、浓度等具体条件，按专门或设计规定选用。蒸汽养护用的水泥品种，宜根据具体条件通过试验确定。

(2)砂

一般认为，砂子在混凝土中与石子共同起骨架作用，砂子是来填充石子的空隙的。砂子的选择可根据本地砂源情况结合混凝土性能与经济性进行综合考虑确定。一般混凝土用砂子最好选择Ⅱ区中砂，如用特细砂配制混凝土时，其细度模数不得小于0.7，平均粒径不得小于0.15 mm。如混凝土强度为C25～C30时，细度模数不得小于0.9，平均粒径不得小于0.18 mm，C30以上混凝土，最好选择级配良好的砂子。同时，混凝土用砂的含泥量、泥块含量、有害物质含量、坚固性等指标应满足相应混凝土的要求。

(3)石子

石子的选择与砂子类似，应根据本地资源情况结合混凝土性能与经济性进行综合考虑确定。一般应选择级配好、空隙率小、与水泥浆黏结力好的石子。同时石子的含泥量、泥块含量、有害物质含量、坚固性、针片状含量、压碎值指标等指标应满足相应混凝土的要求。石材的水饱和抗压强度应不小于45 MPa，其极限抗压强度与所浇筑混凝土的强度之比一般不宜小于1.5倍。

卵石表面光滑且多呈圆形，碎石表面粗糙多棱角，在水泥用量相同的情况下，卵石混凝土拌和物的流动性大于碎石的，但其与水泥浆的黏结力较碎石的差。因此在同样配合比情况下，卵石混凝土的强度较碎石混凝土的低，但在相同流动度、相同水灰比的情况下，卵石混凝土的用水量较碎石的小，卵石混凝土比碎石混凝土节约水泥。

石子分为连续粒级和单粒级。连续粒级的石子其分级尺寸是相互衔接的，拌制的混凝土和易性较好，不易发生离析现象。单粒级的石子分级尺寸不相衔接，有意剔除某些中间尺寸的粒级，因而减少集料间的干扰，大颗粒集料的空隙直接由比它小的多的小集料来填充，使空隙率降低，密度增大，密实性增加，可节约水泥，但混凝土拌和物易产生离析现象。

粗集料的最大粒径应符合下列要求：

①不得大于构件截面最小边长的1/4；

②对于实心板，允许采用最大粒径等于板厚1/2的颗粒级配，但不得超过50 mm；

③不得大于钢筋间最小间距的3/4。

(4)水

符合标准的生活饮用水都可以用来拌制混凝土。使用其他水源时，水质应不影响混凝土的和易性和凝结，不影响强度的发展，不降低混凝土的耐久性。用于拌制混凝土的水质标准参见《混凝土用水标准》(JGJ 63—2006)。

(5)外加剂

外加剂是指在混凝土拌和过程中掺入的能显著改善混凝土的性能的物质。其掺量一般不大于水泥质量的5%。由于外加剂对混凝土性能的改善，它在工程中应用的比例越来越大，已成为混凝土的第五组份。在普通混凝土中使用最多的是减水剂，它可以起到增加坍落度提高工作性能、提高强度、降低混凝土成本的作用。

3. 配合比设计的委托及原材料取样

(1)配合比设计任务的委托应注明混凝土的使用环境等级、设计强度等级、耐久性等要求和原材料品质以及施工工艺等。

(2)原材料取样。按水泥、砂、石、外加剂等取样规定抽取各种原材料试样。如采用非饮用水拌和混凝土时，应按混凝土用水取样规定抽取水试样。取样数量：水泥约50 kg，砂约100 kg，石约150 kg，水约20 kg，外加剂约1.5 kg。

七、设计内容

1. 混凝土试配强度

(1)当混凝土的设计强度等级小于 C60 时，配制强度应按下式确定：

$$f_{cuo}=f_{cu.k}+1.645\sigma$$

式中 f_{cuo}——混凝土配制强度，MPa；

$f_{cu.k}$——混凝土立方体抗压强度标准值，一般取混凝土设计强度等级值，MPa；

σ——混凝土强度标准差，MPa。

(2)当设计强度等级不小于 C60 时，配制强度应按下式确定：

$$f_{cuo}=1.15f_{cu.k}$$

(3)混凝土强度标准差应按下列规定确定。

①当具有近 1～3 个月的同一品种、同一强度等级混凝土的强度资料，且试件组数不小于 30 时，其混凝土强度标准差 σ 应按下式计算：

$$\sigma=[(\sum f_{cu,i}^2-nmf_{cu}^2)/(n-1)]^{1/2}$$

式中 $f_{cu,i}$——第 i 组混凝土试件强度代表值，MPa；

mf_{cu}——统计周期内混凝土试件强度平均值，MPa；

n——统计周期内混凝土试件总组数。

对于强度等级不大于 C30 的混凝土，当混凝土强度标准差计算值不小于 3.0 MPa 时，应按计算结果取值；当混凝土强度标准差计算值小于 3.0 MPa 时，应取 3.0 MPa。

对于强度等级大于 C30 且小于 C60 的混凝土，当混凝土强度标准差计算值不小于 4.0 MPa时，应按计算结果取值；当混凝土强度标准差计算值小于 4.0 MPa 时，应取 4.0 MPa。

②当没有近期的同一品种、同一强度等级混凝土强度资料时，其强度标准差 σ 可按表 3-95 取值。

表 3-95 标准差 σ 值(MPa)

混凝土强度标准值	≤C20	C25～C45	C50～C55
σ	4.0	5.0	6.0

2. 水胶比

(1)当混凝土强度等级小于 C60 时，混凝土水胶比宜接下式计算：

$$W/B=(a_a f_b)/(f_{cu0}+a_a a_b f_b)$$

式中 W/B——水胶比；

f_{cu0}——配制强度，MPa；

f_b——胶凝材料 28 d 胶砂抗压强度，MPa，可实测，且试验方法按现行国家标准《水泥胶砂强度检验方法(ISO 法)》(GB/T 17671)执行，也可按第 3 条确定；

a_a，a_b——回归系数，按第 2 条规定取值。

(2)回归系数(a_a，a_b) 宜按下列规定确定。

①根据工程所使用的原材料，通过试验建立的水胶比与混凝土强度关系式来确定。

②当不具备上述试验统计资料时，可按表 3-96 选用。

表 3-96 a_a，a_b 回归系数

系数 \ 石子品种	碎石	卵石
a_a	0.53	0.49
a_b	0.20	0.13

(3)当胶凝材料28天胶砂抗压强度值(f_b) 无实测值时，可按下式计算：

$$f_b = r_f r_s f_{ce}$$

式中 f_{ce}——水泥28天胶砂抗压强度，无实测值时，可按 $f_{ce}=r_c f_{cer}$ 计算，水泥富裕系数对32.5水泥可选用1.12,42.5水泥可选用1.16,52.5水泥可选用1.10；

$r_f r_s$——粉煤灰影响系数和粒化高炉矿渣粉影响系数，按表3-97选用。

表3-97　粉煤灰影响系数(r_f)和粒化离炉矿渣粉影响系数(r_s)

掺量(%) \ 种类	粉煤灰影响系数(r_f)	粒化离炉矿渣粉影响系数(r_s)
0	1.00	1.00
10	0.85～0.95	1.00
20	0.75～0.85	0.95～1.00
30	0.65～0.75	0.90～1.00
40	0.55～0.65	0.80～0.90
50	—	0.70～0.85

注：1. 采用Ⅰ级、Ⅱ级粉煤灰宜取上限值。

2. 采用S75级粒化高炉矿渣粉宜取下限值，采用S95级粒化高炉矿渣粉宜取上限值，采用S105级粒化高炉矿渣粉宜取上限值加0.05。

3. 超出表中的掺量时，粉煤灰和粒化高炉矿渣粉影响系数应经试验确定。

(4)上式计算得出的水灰比仅满足了试配强度的要求，从耐久性的角度出发，混凝土还必须满足最大水胶比的要求。混凝土的最大水胶比应符合现行国家标准《混凝土结构设计规范》(GB 50010)的规定。设计使用年限为50年的混凝土结构，混凝土最大水胶比应符合表3-98的规定。

表3-98　混凝土最大水胶比

环境等级	一	二a	二b	三a	三b
最大水胶比	0.60	0.55	0.50	0.45	0.40

3. 用水量

(1)干硬性或塑性混凝土的用水量当水胶比在0.40～0.80范围时，按表3-99和表3-100选择，混凝土水胶比小于0.40时，可通过试验确定。

表3-99　干硬性混凝土的用水量 (kg/m^3)

拌和物稠度		卵石最大粒径(mm)			碎石最大粒径(mm)		
项目	指标	10	20	40	16	20	40
维勃稠度(s)	16～20	175	160	145	180	170	155
	11～15	180	165	150	185	175	160
	5～10	185	170	155	190	180	165

(2)掺外加剂的混凝土用水量按下式计算。

$$m_{wa} = m_{w0}(1-\beta)$$

式中 m_{wa}——掺外加剂混凝土每立方米混凝土的用水量，kg；

m_{w0}——未掺外加剂混凝土每立方米混凝土的用水量(kg)，以上表中坍落度 90 mm 的用水量为基础，按坍落度每增加 20 mm，用水量增加 5kg，当坍落度增大到 180 mm 以上时，随坍落度相应增加的用水量可减少；

β——外加剂减水率，%，其值应经试验确定。

表 3-100　塑性混凝土的用水量（kg/m^3）

拌和物稠度		卵石最大粒径(mm)				碎石最大粒径(mm)			
项目	指标	10	20	31.5	40	16	20	31.5	40
坍落度(mm)	10～30	190	170	160	150	200	185	175	165
	35～50	200	180	170	160	210	195	185	175
	55～70	210	190	180	170	220	205	195	185
	75～90	215	195	185	175	230	215	205	195

注：1. 上述表格中的用水量系采用中砂时的平均取值，采用细砂时，每立方米混凝土用水量可增加 5～10 kg；采用粗砂时，则可减少 5～10 kg。

2. 掺用各种掺合料时，用水量应相应调整。

4. 胶凝材料、矿物掺合料和水泥用量

(1)每立方米混凝土的胶凝材料用量(m_{b0}) 应按下式计算，并应进行试拌调整，在拌和物性能满足的情况下，取经济合理的胶凝材料用量。

$$m_{b0}=m_{w0}/(W/B)$$

式中　m_{b0}——计算配合比每立方米混凝土中胶凝材料用量，kg/m^3；

W/B——混凝土水胶比；

m_{w0}——计算配合比每立方米混凝土的用水量(kg/m^3)。

混凝土的胶凝材料用量还必须满足耐久性的要求。除配制 C15 及其以下强度等级的混凝土外，混凝土最小胶凝材料用量应符合表 3-101 的规定。

表 3-101　普通混凝土的最小胶凝材料用量

最大水胶比	最小胶凝材料用量		
	素混凝土	钢筋混凝土	预应力混凝土
0.60	250	280	300
0.55	250	300	300
0.50	320		
≤0.45	330		

(2)每立方米混凝土的矿物掺合料用量(m_{f0})应按下式计算：

$$m_{f0}=m_{b0}\beta_f$$

式中　m_{f0}——计算配合比每立方米混凝土中矿物掺合料用量，kg/m^3；

β_f——矿物掺合料掺量，%。

矿物掺合料在混凝土中的掺量宜通过试验确定。采用硅酸盐水泥或普通硅酸盐水泥时，钢筋混凝土、预应力混凝土中矿物掺合料最大掺量宜符合表 3-102 的规定。对基础大体积混凝土，粉煤灰、粒化高炉矿渣粉和复合掺合料的最大掺量可增加 5% 。采用掺量大于 30% 的 C 类粉煤灰的混凝土应以实际使用的水泥和粉煤灰掺量进行安定性检验。

表 3-102　钢筋混凝土中矿物掺合料最大掺量表

矿物掺合料种类	水胶比	最大掺量(%)	
		采用硅酸盐水泥时	采用普通硅酸盐水泥时
粉煤灰	≤0.40	45	35
	>0.40	40	30
粒化高炉矿渣粉	≤0.40	65	55
	>0.40	55	45
钢渣粉	—	30	20
磷渣粉	—	30	20
硅灰	—	10	10
复合掺合料	≤0.40	65	55
	>0.40	55	45

注：1. 采用其他通用硅酸盐水泥时，宜将水泥混合材掺量 20% 以上的混合材量计入矿物掺合料。

2. 复合掺合料各组分的掺量不宜超过单掺时的最大掺量。

3. 在混合使用两种或两种以上矿物掺合料时，矿物掺合料总掺量应符合表 3-103 中复合掺合料的规定。

表 3-103　预应力混凝土中矿物掺合料最大掺量

矿物掺合料种类	水胶比	最大掺量(%)	
		采用硅酸盐水泥时	采用普通硅酸盐水泥时
粉煤灰	≤0.40	35	30
	>0.40	25	20
粒化高炉矿渣粉	≤0.40	55	45
	>0.40	45	35
钢渣粉	—	20	10
磷渣粉	—	20	10
硅灰	—	10	10
复合掺合料	≤0.40	55	45
	>0.40	45	35

注：1. 采用其他通用硅酸盐水泥时，宜将水泥混合材掺量 20% 以上的混合材量计入矿物掺合料。

2. 复合掺合料各组分的掺量不宜超过单掺时的最大掺量。

3. 在混合使用两种或两种以上矿物掺合料时，矿物掺合料总掺量应符合表中复合掺合料的规定。

(3)每立方米混凝土的水泥用量(m_{c0}) 应按下式计算：

$$m_{c0}=m_{b0}-m_{f0}$$

式中　m_{c0}——计算配合比每立方米混凝土中水泥用量，kg/m^3。

5. 外加剂用量

每立方米混凝土中外加剂用量(m_{a0}) 应按下式计算：

$$m_{a0}=m_{b0}\beta_a$$

式中　m_{Ao}——计算配合比每立方米混凝土中外加剂用量，kg/m^3；

m_{b0}——计算配合比每立方米混凝土中胶凝材料用量，kg/m^3；

β_a——外加剂掺量，%，应经混凝土试验确定。

6. 砂率

砂率(β_s)应根据骨料的技术指标、混凝土拌和物性能和施工要求，参考既有历史资料确定。当缺乏砂率的历史资料时，混凝土砂率的确定应符合下列规定。

(1)坍落度小于 10 mm 的混凝土，其砂率应经试验确定。

(2) 坍落度为 10～60 mm 的混凝土，其砂率可根据粗骨料品种、最大公称粒径及水胶比按下表选取。

(3) 坍落度大于 60 mm 的混凝土，其砂率可经试验确定，也可在表 3-104 的基础上，按坍落度每增大 20 mm、砂率增大 1%的幅度予以调整。

表 3-104　混凝土的砂率(%)

水灰比	卵石最大粒径(mm)			碎石最大粒径(mm)		
	10	20	40	10	20	40
0.40	26～32	25～31	24～30	30～35	29～34	27～32
0.50	30～35	29～34	28～33	33～38	32～37	30～35
0.60	33～38	32～37	31～36	36～41	35～40	33～38
0.70	36～41	35～40	34～39	39～44	38～43	36～41

注：1. 本表系中砂的选用砂率，对细砂或粗砂，可相应地减少或增大砂率。

2. 采用人工砂配制混凝土时，砂率可适当增大。

3. 只用一个单粒级粗骨料配制混凝土时，砂率应适当增大。

7. 骨料用量

(1)体积法

$$m_{f0}/\rho_f + m_{c0}/\rho_c + m_{s0}/\rho_s + m_{g0}/\rho_g + m_{w0}/\rho_w + 0.01a = 1$$

$$\beta_s = m_{s0}/(m_{s0} + m_{g0}) \times 100\%$$

式中　$m_{f0}, m_{c0}, m_{s0}, m_{g0}, m_{w0}$——分别为每立方米混凝土中掺合料、水泥、砂、石、水的用量，kg；

$\rho_f, \rho_c, \rho_s, \rho_g, \rho_w$——分别为掺合料、水泥、砂、石、水的视密度，$kg/m^3$；

a——混凝土含气量百分数，在不使用引气型外加剂时，可取 1；

β_s——砂率，%。

(2)质量法

$$m_{f0} + m_{c0} + m_{s0} + m_{g0} + m_{w0} = m_{cp}$$

$$\beta_s = m_{s0}/(m_{s0} + m_{g0}) \times 100\%$$

式中　$m_{f0}, m_{c0}, m_{s0}, m_{g0}, m_{w0}$——分别为每立方米混凝土中掺合料、水泥、砂、石、水的用量，kg；

m_{cp}——每立方米混凝土拌和物的假定质量，kg，其值可根据本单位积累的试验资料确定，如缺乏资料，可根据集料的表观密度、粒径及混凝土强度等级在 2 350～2 450 kg 的范围内选定。

β_s——砂率，%。

八、检测项目

混凝土配合比选定试验常见检验项目见表 3-105。

表 3-105　混凝土配合比选定试验的检验项目

序　号	检验项目	序　号	检验项目
1	坍落度	7	弹性模量
2	泌水率	8	抗冻性
3	含气量	9	耐磨性
4	抗裂性	10	抗渗性
5	抗压强度	11	抗蚀系数
6	电通量		

九、试配调整

1. 配合比试配

混凝土试配应采用工程中实际使用的原材料。粗细骨料的称量均以干燥状态为基准，如采用的骨料不是干料，则应根据它们的含水率修正每盘混凝土的材料用量。混凝土的搅拌方法宜采用强制式搅拌机。试配时所需混凝土数量取决于集料的最大粒径、混凝土检验项目及搅拌机容量。每盘混凝土的最小搅拌量应符合表 3-106 的规定，当采用机械搅拌时，其搅拌量应不小于搅拌机额定搅拌量的 1/4。

表 3-106　最小搅拌量

骨料最大粒径(mm)	拌和物数量(L)
31.5 及以下	20
40	25

进行试配时，首先应进行试拌，计算水胶比宜保持不变，通过调整配合比其他参数使混凝土拌和物性能符合设计和施工要求，然后修正计算配合比，提出试拌配合比。

在试拌配合比的基础上进行混凝土强度试验，并应符合下列规定。

应采用三个不同的配合比。其中一个应为按上述过程确定的试拌配合比，另外两个配合比的水胶比宜较试拌配合比分别增加和减少 0.05；用水量应与试拌配合比相同，砂率可分别增加和减少 1%。

进行混凝土强度试验时，拌和物性能应符合设计和施工要求。每个配合比应至少制作一组试件，并标准养护到 28 天或设计规定龄期试压。

2. 配合比的调整与确定

根据试验得出的混凝土强度结果，宜绘制强度和胶水比线性关系图，或插值法确定略大于配制强度对应的胶水比。

在试拌配合比的基础上，用水量和外加剂用量应根据确定的水胶比作调整。

胶凝材料用量应以水量乘以确定的胶水比计算得出。

粗细骨料的用量应根据用水量和胶凝材料用量进行调整。

按上述方法确定配合比后计算表观密度的计算值 $\rho_{c,c}$：

$$\rho_{c,c}=m_f+m_c+m_g+m_s+m_w$$

按下式计算混凝土配合比校正系数 δ：

$$\delta=\rho_{c,t}/\rho_{c,c}$$

式中 $\rho_{c,t}$——混凝土表观密度实测值，kg/m^3；

$\rho_{c,c}$——混凝土表观密度计算值，kg/m^3。

当混凝土表观密度实测值与计算值之差的绝对值不超过计算值的 2%时，按上述步骤确定的配合比即为确定的设计配合比；当二者之差超过 2%时，应将配合比中每项材料的用量乘以矫正系数 δ，即为确定的设计配合比。

十、设计注意事项

1. 一般注意事项

(1)混凝土拌和物中水溶性氯离子最大含量应符合表 3-107 的规定，其测试方法应符合现行行业标准《水运工程混凝土试验规程》(JTJ 270)中混凝土拌和物中氯离子含量的快速测定方法的规定。

表 3-107 混凝土拌和物中水溶性氯离子最大含量

环 境 条 件	水溶性氯离子最大含量(%，水泥用量的质量百分比)		
	钢筋混凝土	预应力混凝土	素混凝土
干燥环境	0.30	0.06	1.00
潮湿但不含氯离子的环境	0.20		
潮湿且含有氯离子的环境、盐渍土环境	0.10		
除冰盐等侵蚀性物质的腐蚀环境	0.06		

(2)长期处于潮湿或水位变动的寒冷和严寒环境以及盐冻环境的混凝土应掺用引气剂。引气剂掺量应根据混凝土含气量要求经试验确定，混凝土最小含气量应符合表 3-108 的规定，最大不宜超过 7.0% 。

表 3-108 混凝土最小含气量

粗骨料最大公称粒径(mm)	混凝土最小含气量(%)	
	潮湿或水位变动的寒冷和严寒环境	盐冻环境
40.0	4.5	5.0
25.0	5.0	5.5
20.0	5.5	6.0

注：含气量为气体占混凝土体积的百分比。

(3)对于有预防混凝土碱-骨料反应设计要求的工程，宜掺用适量粉煤灰或其他矿物掺合料，混凝土中最大碱含量不应大于 3.0 kg/m^3；对于矿物掺合料碱含量，粉煤灰碱含量可取实测值的 1/6 ，粒化高炉矿渣粉碱含量可取实测值的 1/2 。

2. 抗渗混凝土配合比设计注意事项

(1)抗渗混凝土所用原材料应符合下列规定：

①水泥宜采用普通硅酸盐水泥；

②粗骨料宜采用连续级配，其最大粒径不宜大于 40 mm，含泥量不得大于 1.0%，泥块含量不得大于 0.5%；

③细骨料宜采用中砂，含泥量不得大于 3.0%，泥块含量不得大于 1.0%；

④抗渗混凝土宜掺用外加剂和矿物掺合料，粉煤灰等级应为Ⅰ级、Ⅱ级。

(2)抗渗混凝土配合比的计算方法和试配步骤除应遵守普通混凝土配合比设计的规定外，尚应符合下列规定：

①每立方米混凝土中的胶凝材料总量不宜小于 320 kg。

②砂率宜为 35%～45%。

③供试配用的最大水灰比应符合表 3-109 的规定。

表 3-109 抗渗混凝土最大水灰比

抗渗等级	最大水灰比	
	C20～C30 混凝土	C30 以上混凝土
P6	0.60	0.55
P8～P12	0.55	0.50
P12 以上	0.50	0.45

(3) 掺用引气剂或引气型外加剂的抗渗混凝土，应进行含气量试验，其含气量宜控制在 3%～5%。

(4)进行抗渗混凝土配合比设计时，尚应增加抗渗性能试验，并应符合下列规定。

①试配要求的抗渗水压值应比设计值提高 0.2 MPa。

②试验结果应符合下式要求：

$$P_t \geqslant -\frac{p}{10}+0.2$$

式中 P_t—— 6 个试件中 4 个未出现渗水时的最大水压值，MPa；

p——设计要求的抗渗等级值。

3. 抗冻混凝土

(1)抗冻混凝土的原材料应符合下列规定。

①水泥应采用硅酸盐水泥或普通硅酸盐水泥。

②粗骨料宜采用连续级配，含泥量不得大于 1.0%，泥块含量不得大于 0.5%。

③细骨料含泥量不得大于 3.0%，泥块含量不得大于 1.0%。

④粗细骨料均应进行坚固性试验，并应符合现行行业标准《普通混凝土用砂、石质量及检验方法标准》(JGJ 52)的规定。

⑤抗冻等级不小于 F100 的抗冻混凝土宜掺用引气剂。

⑥在钢筋混凝土和预应力混凝土中不得掺用含有氯盐的防冻剂。在预应力混凝土中不得掺用含有亚硝酸盐或碳酸盐的防冻剂。

(2)抗冻混凝土配合比应符合下列规定。

①最大水胶比与最小胶凝材料用量应符合表 3-110 的规定。

表 3-110 抗冻混凝土最大水胶比与最小胶凝材料用量

设计抗冻等级	最大水胶比		最小胶凝材料用量
	无引气剂时	掺引气剂时	
F50	0.55	0.60	300
F100	0.50	0.55	320
不低于 F150	—	0.50	350

②复合矿物掺合料掺量应符合表 3-111 的规定。

表 3-111　复合矿物掺合料掺量

水胶比	最大掺量(%)	
	采用硅酸盐水泥时	采用普通硅酸盐水泥时
≤0.40	60	50
>0.40	50	40

注:采用其他通用硅酸盐水泥时,可将水泥混合材掺量 20% 以上的混合材计入矿物掺合料。

4. 高强混凝土

(1)配制高强混凝土所用原材料应符合下列规定。

①水泥应选用硅酸盐水泥或普通硅酸盐水泥。

②粗骨料宜采用连续级配,其最大粒径不应大于 25 mm,针片状颗粒含量不宜大于 5.0%,含泥量不应大于 0.5%,泥块含量不宜大于 0.2%。

③细骨料的细度模数宜为 2.6~3.0,含泥量不应大于 2.0%,泥块含量不应大于 0.5%。

④宜采用减水率不小于 25%的高性能减水剂。

⑤宜复合掺用粒化高炉矿渣粉、粉煤灰和硅灰等矿物掺合料;粉煤灰等级不应低于Ⅱ级;对强度等级不低于 C80 的高强混凝土宜掺用硅灰。

(2)高强混凝土配合比设计宜符合下列规定。

①水胶比、胶凝材料用量和砂率可按表 3-112 选取,并经试配确定。

表 3-112　水胶比、胶凝材料用量和砂率

强度等级	水胶比	胶凝材料用量	砂　率
≥C60,<C80	0.28~0.34	480~560	35~42
≥C80,<100	0.26~0.28	520~580	
C100	0.24~0.26	550~600	

②水泥用量不宜大于 500 kg/m³;掺合料掺量宜为 25%~40%。

③计算高强度混凝土配合比时,其用水量可按表 3-99 和表 3-100 的规定确定。

④高强混凝土的水泥用量不应大于 550 kg/m³;水泥和矿物掺合料的总量不应大于 600 kg/m³。

(3) 应采用三个不同的配合比进行混凝土强度试验,其中一个应为试拌配合比,另外两个配合比的水灰比,宜较试拌配合比分别增加和减少 0.02。

(4) 高强混凝土设计配合比确定后,尚应用该配合比进行不少于三盘混凝土的重复试验,每盘混凝土应至少成型一组试件,每组混凝土抗压强度不应低于配制强度。

5. 泵送混凝土

(1)泵送混凝土所采用的原材料应符合下列规定。

①宜选用硅酸盐水泥、普通硅酸盐水泥、矿渣硅酸盐水泥和粉煤灰硅酸盐水泥。

②粗骨料宜选用连续级配,其针片状颗粒含量不宜大于 10%,粗骨料的最大粒径与输送管径之比宜符合表 3-113 的规定。

③细骨料宜采用中砂,其通过 0.315 mm 筛孔的颗粒含量不应少于 15%。

④泵送混凝土应掺用泵送剂或减水剂,并宜掺用矿物掺合料。

(2)泵送混凝土配合比应符合下列规定。

表 3-113　粗骨料的最大粒径与输送管径之比

石子品种	泵送高度(m)	最大粒径与输送管径比	石子品种	泵送高度(m)	最大粒径与输送管径比
碎石	<50	≤1∶3.0	卵石	<50	≤1∶2.5
	50～100	≤1∶4.0		50～00	≤1∶3.0
	>100	≤1∶5.0		>100	≤1∶4.0

①胶凝材料不宜小于 300 kg/m³。

②砂率宜为 35%～45%。

③试配时应考虑坍落度损失。

6. 大体积混凝土

(1)大体积混凝土所用的原材料应符合下列规定。

①水泥宜选用低热硅酸盐水泥或低热矿渣硅酸盐水泥，当采用硅酸盐水泥或普通硅酸盐水泥时，应掺加矿物掺合料。

②粗骨料宜采用连续级配，最大公称粒径不宜小于 31.5 mm，含泥量不应大于 1.0%。细骨料宜采用中砂，含泥量不应大于 3.0%。

③宜掺用矿物掺合料和缓凝型减水剂。

(2)当采用混凝土 60 天或 90 天龄期设计强度时，宜采用标准尺寸试件进行强度试验。

(3)大体积混凝土配合比应符合下列规定。

①水胶比不宜大于 0.55，用水量不宜大于 175 kg/m³。

②保证混凝土性能前提下，宜提高粗骨料用量，砂率宜为 38%～42%。

③保证混凝土性能的前提下，应减少水泥用量。

④控制混凝土绝热温升不宜大于 50 ℃。

第九节　混凝土现场试验

一、坍落度与坍落扩展度试验

(一)试验目的

检测混凝土的坍落度及坍落度扩展度，表征混凝土的和易性，主要反映混凝土的流动性。

(二)适用范围

适用于骨料最大粒径不大于 40 mm、坍落度不小于 10 mm 的混凝土拌和物稠度测定。

(三)试验原理

用一个上口 100 mm、下口 200 mm、高 300 mm 喇叭状的坍落度筒，灌入混凝土后捣实，然后拔起坍落度筒，混凝土因自重产生坍落现象，用桶高(300 mm)减去塌落后混凝土最高点的高度，称为坍落度。

(四)执行标准

《普通混凝土拌和物性能试验方法标准》(GB/T 50080—2002)。

(五)仪器设备

1. 坍落度筒为薄钢板制成的截头圆锥筒。混凝土坍落度筒应符合《混凝土坍落度仪》(JG/T 248—2009)中有关技术要求的规定。圆锥筒内壁应光滑，顶、底应和轴线垂直。筒外上部有两个把手，下部有两个脚踏板。顶部内径：(100±1)mm；底部内径：(200±1)mm；高度:(300±1)mm;采用整体铸造加工时,筒壁厚度不应小于 4 mm;采用整体冲压加工时,筒壁厚度不应小于 1.5 mm。

2. 铁板尺寸为 600 mm×60 mm,厚度不宜小于 6 mm,能保证足够刚度。

3. 钢制捣棒直径(16±0.2)mm,长(600±5)mm,一端做成弹头状。

4. 钢直尺长 500 mm。

5. 测量标尺高度不低于 350 mm,标尺长(300±1)mm。

6. 小铁铲、抹刀等。

(六)试验准备

1. 同一组混凝土拌和物的取样应从同一盘混凝土或同一车混凝土中取样。取样量应多于试验所需量的 1.5 倍且宜不小于 20 L。

2. 混凝土拌和物的取样应具有代表性,宜采用多次采样的方法。一般在同一盘混凝土或同一车混凝土中的约 1/4 处、1/4 处和 3/4 处之间分别取样,从第一次取样到最后一次取样不宜超过 15 min,然后人工搅拌均匀。

3. 从取样完毕到开始做各项性能试验不宜超过 5 min。

4. 施工中混凝土坍落度应每 50 m^3 试验一次。

(七)试验步骤

1. 湿润坍落度筒及底板,在坍落度筒内壁和底板上应无明水。底板应放置在坚实水平面上,并把筒放在底板中心,然后用脚踩住两边的脚踏板,坍落度筒在装料时应保持固定的位置。

2. 把按要求取得的混凝土试样用小铲分三层均匀地装入筒内,使捣实后每层高度为筒高的 1/3 左右。每层用捣棒插捣 25 次。插捣应沿螺旋方向由外向中心进行,各次插捣应在截面上均匀分布。插捣筒边混凝土时,捣棒可以稍稍倾斜。插捣底层时,捣棒应贯穿整个深度,插捣第二层和顶层时,捣棒应插透本层至下一层的表面;浇灌顶层时,混凝土应灌到高出筒口。插捣过程中,如混凝土沉落到低于筒口,则应随时添加。顶层插捣完后,刮去多余的混凝土,并用抹刀抹平。

3. 清除筒边底板上的混凝土后,垂直平稳地提起坍落度筒。坍落度筒的提离过程应在 5～10 s 内完成;从开始装料到提坍落度筒的整个过程应不间断地进行,并应在 150 s 内完成。

4. 提起坍落度筒后,测量筒高与坍落后混凝土试体最高点之间的高度差,即为该混凝土拌和物的坍落度值;坍落度筒提离后,如混凝土发生崩坍或一边剪坏现象,则应重新取样另行测定;如第二次试验仍出现上述现象,则表示该混凝土和易性不好,应予记录备查。

5. 观察坍落后的混凝土试体的黏聚性及保水性。黏聚性的检查方法是用捣捧在已坍落的混凝土锥体侧面轻轻敲打,此时如果锥体逐渐下沉,则表示黏聚性良好,如果锥体倒塌、部分崩裂或出现离析现象,则表示黏聚性不好。保水性以混凝土拌和物稀浆析出的程度来评定,坍落度筒提起后如有较多的稀浆从底部析出,锥体部分的混凝土也因失浆而骨料外露,则表明此混凝土拌和物的保水性能不好;如坍落度筒提起后无稀浆或仅有少量稀浆自底部析出,则表示此混凝土拌和物保水性良好。

6. 当混凝土拌和物的坍落度大于 220 mm 时,用钢尺测量混凝土扩展后最终的最大直径和最小直径,在这两个直径之差小于 50 mm 的条件下,用其算术平均值作为坍落扩展度值;否则,此次试验无效。

如果发现粗骨料在中央集堆或边缘有水泥浆析出,表示此混凝土拌和物抗离析性不好,应予记录。

(八)数据处理

混凝土拌和物坍落度和坍落扩展度值以毫米为单位,测量精确至 1 mm,结果表达修约至 5 mm。

(九)试验注意事项

1. 混凝土的取样应具有代表性,严禁用做完其他试验的混凝土进行坍落度检测。

2. 施工现场检测混凝土坍落度必须在专用底板上检测,严禁用模板等简易材料代替钢底板。

3. 混凝土的填装量应满足高度要求,不得一次装满后插捣。

4. 注意混凝土的插捣,不得带有冲击性,捣帮应在接触混凝土表面后用力向下插捣,插捣深度及方向应满足试验要求。

5. 混凝土坍落度筒在试验过程中应固定牢固,在提起坍落度筒之前,坍落度筒应与底板保持紧密接触,防止混凝土从坍落度筒下方挤出。

6. 坍落度筒的提起必须垂直、连续,满足 5～10 s 的要求,严禁倾斜提起或在提起过程中有意改变混凝土坍落方向。

二、维勃稠度试验

(一)试验目的

测定干硬性混凝土的维勃稠度。混凝土维勃稠度是反映干硬性混凝土流动性和易密实性的试验指标。

(二)适用范围

适用于骨料最大粒径不大于 40 mm,维勃稠度在 5～30 s 之间的混凝土拌和物稠度测定。

(三)试验原理

维勃稠度试验是将混凝土拌和物按一定方法装入坍落度筒内,按一定方法捣实,装满刮平后,将坍落度筒垂直向上提起,把透明圆盘转到混凝土截头圆锥体顶面,开启振动台,同时计时,记录当圆盘底面布满水泥浆时所用时间,超过所读秒数即为该混凝土拌和物的维勃稠度值。

(四)执行标准

《普通混凝土拌和物性能试验方法标准》(GB/T 50080—2002)。

(五)仪器设备

1. 维勃稠度仪(图 3-3),应符合《维勃稠度仪》(JG/T 250—2009)要求。震动频率:(50±2) Hz;振幅:(0.5±0.02) mm;容器内径:(240±2)mm,内高(200±2)mm。

2. 小铁铲、抹刀等。

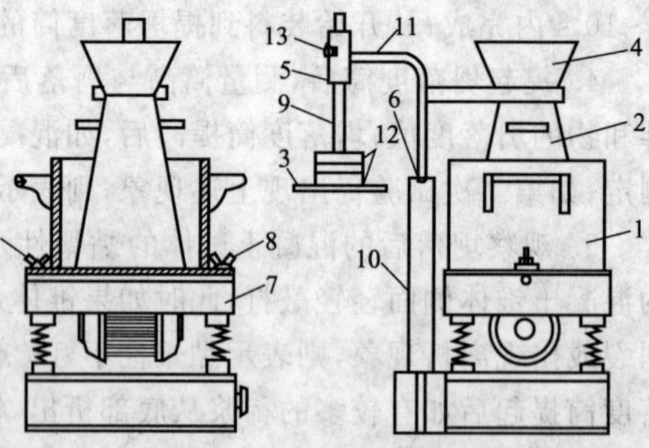

图 3-3　维勃稠度试验仪

1—容器;2—坍落度筒;3—圆盘;4—漏斗;5—套筒;6—定位器;7—振动台;8—固定螺丝;9—滑杆;10—支柱;11—旋转架;12—砝码;13—测杆螺丝

(六)试验准备

1. 同一组混凝土拌和物的取样应从同一盘混凝土或同一车混凝土中取样。取样量应多于试验所需量的 1.5 倍;且宜不小于 20 L。

2. 混凝土拌和物的取样应具有代表性,宜采用多次采样的方法。一般在同一盘混凝土或同一车混凝土中的约 1/4 处、1/4 处和 3/4 处之间分别取样，从第一次取样到最后一次取样不宜超过 15 min，然后人工搅拌均匀。

3. 从取样完毕到开始做各项性能试验不宜超过 5 min。

(七)试验步骤

1. 维勃稠度仪应放置在坚实水平面上，用湿布把容器、坍落度筒、喂料斗内壁及其他用具润湿。

2. 将喂料斗提到坍落度筒上方扣紧，校正容器位置，使其中心与喂料中心重合，然后拧紧固定螺丝。

3. 把按要求取样或制作的混凝土拌和物试样用小铲分三层经喂料斗均匀地装入筒内，装料及插捣的方法按坍落度试验的装料方法执行。

4. 把喂料斗转离，垂直地提起坍落度筒，此时应注意不使混凝土试体产生横向的扭动。

5. 把透明圆盘转到混凝土圆台体顶面，放松测杆螺钉，降下圆盘，使其轻轻接触到混凝土顶面。

6. 拧紧定位螺钉，并检查测杆螺钉是否已经完全放松。

7. 在开启振动台的同时用秒表计时，当振动到透明圆盘的底面被水泥浆布满的瞬间停止计时，并关闭振动台。

(八)数据处理

由秒表读出时间即为该混凝土拌和物的维勃稠度值，精确至 1 s。

(九)试验注意事项

1. 每使用一次必须将容器、喂料口、坍落度筒及透明圆盘洗净，并用布擦净，尤其是透明圆盘上的泥浆必须擦净，以便下次观察(清洗仪器后将仪器擦干，特别是电器部分一定要注意防潮)。

2. 人工计时时应注意透明圆盘的底面被水泥浆布满瞬间的掌握。

3. 应定期检查压盘的质量及压盘滑动的流畅程度。

三、凝结时间试验

(一)试验目的

测定混凝土的凝结时间，反映混凝土可施工时间及开始具有强度时间。

(二)适用范围

适用于从混凝土拌和物中筛出的砂浆用贯入阻力法来确定坍落度值不为零的混凝土拌和物凝结时间的测定。

(三)试验原理

其原理由手柄给压力通过试针轴向下滑动，使试针插入试模内砂浆里，由于砂浆随着时间长短而凝结硬度变化，使试针得到不同的贯入阻力，最后通过贯入阻力与凝结程度的关系，确定混凝土的凝结时间。

(四)执行标准

《普通混凝土拌和物性能试验方法标准》(GB/T 50080—2002)。

(五)仪器设备

贯入阻力仪应由加荷装置、测针、砂浆试样筒和标准筛组成，可以是手动的，也可以是自动的。贯入阻力仪应符合下列要求。

1. 加荷装置：最大测量值应不小于 1 000 N，精度为±10 N。

2. 测针：长为 100 mm，承压面积为 10 mm^2、50 mm^2 和 100 mm^2 三种测针；在距贯入端 25 mm 处刻有一圈标记。

3. 砂浆试样筒：上口径为 160 mm，下口径为 150 mm，净高为 150 mm 刚性不透水的金属圆筒，并配有盖子。

4. 标准筛：筛孔为 5 mm 的符合现行国家标准《试验筛》(GB/T 6005—2008)规定的金属圆孔筛。

（六）试验准备

1. 制备所需测定的混凝土的拌和物（不同的混凝土拌和物的制备参照各自不同的标准）。

2. 立即将拌和物通过 5 mm 筛，每次应筛净并充分拌匀筛出砂浆，装入砂浆容器内，混凝土坍落度不大于 70 mm 的混凝土宜用振动台振实砂浆；混凝土坍落度大于 70 mm 的宜用捣捧人工捣实。用振台振实砂浆时，振动应持续到表面出浆为止，不得过振；用捣棒人工捣实时，应沿螺旋方向由外向中心均匀插捣 25 次，然后用橡皮独锤轻轻敲打筒壁，直至插捣孔消失为止。振实或插捣后，砂浆表面应低于砂浆试样筒口约 10 mm；砂浆试件筒应立即加盖。

（七）试验步骤

1. 砂浆试样制备完毕，编号后应置于温度为(20±2)℃的环境中或现场同条件下待试，并在以后的整个测试过程中，环境温度应始终保持(20±2)℃。现场同条件测试时，应与现场条件保持一致。在整个测试过程中，除在吸取泌水或进行贯入试验外，试样筒应始终加盖。

2. 凝结时间测定从水泥与水接触瞬间开始计时。根据混凝土拌和物的性能，确定测针试验时间，以后每隔 0.5 h 测试一次，在临近初、终凝时可增加测定次数。

3. 在每次测试前 2 min，将一片 20 mm 厚的垫块垫入筒底一侧使其倾斜，用吸管吸去表面的泌水，吸水后平稳地复原。

4. 测试时将砂浆试样筒置于贯入阻力仪上，测针端部与砂浆表面接触，然后在(10±2)s 内均匀地使测针贯入砂浆(25±2)mm 深度，记录贯入压力，精确至 10 N；记录测试时间，精确至 1 min；记录环境温度，精确至 0.5 ℃。

5. 各测点的间距应大于测针直径的两倍且不小于 15 mm，测点与试样筒壁的距离应不小于 25 mm。

6. 贯入阻力测试在 0.2～28 MPa 之间应至少进行 6 次，直至贯入阻力大于 28 MPa 为止。

7. 在测试过程中应根据砂浆凝结状况，适时更换测针，更换测针宜按表 3-114 选用。

表 3-114 测针的使用

贯入阻力(MPa)	0.2～3.5	3.5～20	20～28
测针面积(mm^2)	100	50	20

（八）数据处理

1. 贯入阻力计算

$$f_{PR}=P/A$$

式中 f_{PR}——贯入阻力值，MPa；

P——贯入深度达 25 mm 时所需的净压力，N；

A——试针面积，mm^2。

2. 凝结时间计算

(1)凝结时间宜通过线性回归方法确定，是将贯入阻力和时间分别取自然对数 $\ln(f_{PR})$ 和 $\ln(t)$，然后把 $\ln(f_{PR})$ 当自变量，$\ln(t)$ 当因变量作线性回归得到回归方程式：$\ln(t)=A+B\ln(f_{PR})$。

(2)根据回归方程式求出贯入阻力值达 3.5 MPa 时所对应的时间即为初凝时间，贯入阻力值达 28 MPa 时所对应时间即为终凝时间。

(3)凝结时间也可用绘图拟合方法确定，是以贯入阻力为纵坐标，经过的时间为横坐标(精确至 1 min)，绘制出贯入阻力与时间之间的关系曲线，以 3.5 MPa 和 28 MPa 划两条平行于横坐标的直线，分别与曲线相交的两个交点的横坐标即为混凝土拌和物的初凝和终凝时间。

(4)用三个试验结果的初凝和终凝时间的算术平均值作为此次试验的初凝和终凝时间。如果三个测值的最大值或最小值中有一个与中间值之差超过中间值的 10%，则以中间值为试验结果；如果最大值和最小值与中间值之差均超过中间值的 10%时，则此次试验无效。

(5)凝结时间用 h:min 表示，并修约至 5 min。

(九)试验注意事项

1. 一般基准混凝土在成型后 3～4 h，掺早强剂的在成型后 1～2 h，掺缓凝剂的在成型后 4～6 h 开始测定。

2. 筛制砂浆时尽量将混凝土中砂浆筛出来，保持筛出的砂浆与混凝土中砂浆材料比例一致。

3. 贯入过程应用力均匀，使得贯入力与砂浆凝结情况真实对应。

4. 一定要掌握好测针的更换，不得错误使用测针。

四、泌水率试验

(一)试验目的

测试混凝土的泌水率，反映混凝土的保水性及和易性。

(二)适用范围

适用于骨料最大粒径不大于 40 mm 的混凝土拌和物泌水测定。

(三)试验原理

通过测量混凝土在沉实过程中有内部分泌到混凝土表面的水量分析混凝土的泌水率。

(四)执行标准

《普通混凝土拌和物性能试验方法标准》(GB/T 50080—2002)。

(五)仪器设备

1. 试样筒：容积为 5 L 的容量筒并配有盖子。

2. 台秤：称量为 50 kg、感量为 50 g。

3. 量筒：容量为 10 mL、50 mL、100 mL 的量筒及吸管。

4. 振动台：应符合《混凝土试验室用振动台》(JG/T 245—2009)中技术要求的规定。

5. 捣棒：直径(16±0.2)mm，长(600±5)mm，一端做成弹头状。

(六)试验准备

1. 同一组混凝土拌和物的取样应从同一盘混凝土或同一车混凝土中取样。取样量应多于试验所需量的 1.5 倍；且宜不小于 20 L。

2. 混凝土拌和物的取样应具有代表性，宜采用多次采样的方法。一般在同一盘混凝土或同一车混凝土中的约 1/4 处、1/4 处和 3/4 处之间分别取样，从第一次取样到最后一次取样不宜超过 15 min，然后人工搅拌均匀。

3. 从取样完毕到开始做各项性能试验不宜超过 5 min。

（七）试验步骤

1. 应用湿布湿润试样筒内壁后立即称量，记录试样筒的质量。再将混凝土试样装入试样筒，混凝土的装料及捣实方法有两种：

(1)方法 A：用振动台振实。将试样一次装入试样筒内，开启振动台，振动应持续到表面出浆为止，且应避免过振；并使混凝土拌和物表面低于试样筒筒口(30±3)mm，用抹刀抹平。抹平后立即计时并称量，记录试样筒与试样的总质量。

(2)方法 B：用捣棒捣实。采用捣棒捣实时，混凝土拌和物应分两层装入，每层的插捣次数应为 25 次；捣棒由边缘向中心均匀地插捣，插捣底层时捣棒应贯穿整个深度，插捣第二层时，捣棒应插透本层至下一层的表面；每一层捣完后用橡皮锤轻轻沿容量外壁敲打 5～10 次，进行振实，直至拌和物表面插捣孔消失并不见大气泡为止；并使混凝土拌和物表面低于试样筒筒口(30±3)mm，用抹刀抹平。抹平后立即计时并称量，记录试样筒与试样的总质量。

2. 在以下吸取混凝土拌和物表面泌水的整个过程中，应使试样筒保持水平、不受振动；除了吸水操作外，应始终盖好盖子；室温应保持在(20±2)℃。

3. 从计时开始后 60 min 内，每隔 10 min 吸取 1 次试样表面渗出的水。60 min 后，每隔 30 min 吸 1 次水，直至认为不再泌水为止。为了便于吸水，每次吸水前 2 min，将一片 35 mm 厚的垫块垫入筒底一侧使其倾斜，吸水后平稳地复原。吸出的水放入量筒中，记录每次吸水的水量并计算累计水量，精确至 1mL。

（八）数据处理

1. 泌水量按下式计算：

$$B_a = V/A$$

式中 B_a——泌水量，mL/mm^2；

V——最后一次吸水后累计泌水量，mL；

A——试样外露表面面积，mm^2。

计算应精确至 $0.01mL/mm^2$。泌水量取三个试样测试值的平均值，三个测试值中的最大值或最小值，如果有一个与中间之差超过中间值的 15%，则以中间值为试验结果；如果最大值和最小值与中间值之差均超过中间值的 15%，则此次试验无效。

2. 泌水率按下式计算：

$$B = V_W / [(W/G)(G_1 - G_0)]$$

式中 B——泌水率(%)；

V_W——泌水总质量，g；

W——混凝土拌和物的用水量，g；

G——混凝土拌和物的总质量，g；

G_1——筒及试样质量，g；

G_0——筒质量，g。

计算应精确至 1%。泌水率取三个试样测值的平均值。三个测值中的最大值或最小值，如果有一个与中间值之差超过中间值的 15%，则以中间值为试验结果；如果最大值和最小值与中间值之差均超过中间值的 15%时，则此次试验无效。

(九)试验注意事项

泌水率试验中泌水的收集是关键,因此,试件成型后应严格保持混凝土密封,防止水分的蒸发。

五、含气量试验

(一)试验目的

测定混凝土中由于搅拌、引气剂作用带入的气体占混凝土总量的比例。

(二)适用范围

适于骨料最大粒径不大于 40 mm 的混凝土拌和物含气量测定。

(三)试验原理

以气体波义尔定律为基础,有一定初始压力和体积的空气,引入装有新拌混凝土的量钵中,当压力平衡时,由压力的改变来确定新拌混凝土的含气量。

混凝土含气量测定仪的结构见图,由量钵和上盖两部分组成。空气室置于上盖顶部内部是空的。充填混凝土表面的水,由注水排水阀注入,并由排水排气阀 将量钵内的空气排出。测试前所有的阀门均处于关闭状态。空气室的初始压力,由 打气筒往气室加压经操作阀引入。打开操作阀,空气室的压力空气进入混凝土量钵中,当压力平衡时,压力表度盘上指示出被测定新拌混凝土的含气量。

(四)执行标准

《普通混凝土拌和物性能试验方法标准》(GB/T 50080—2002)。

(五)仪器设备

1. 含气量测定仪(图 3-4),由容器和盖体两部分组成。容器容积为 7 L,直径与高度相等。盖体用与容器相同的材料制成,包括有气室、水找平室、加水阀、排水阀、操作阀、进气阀、排气阀及压力表。

2. 振动台:应符合《混凝土试验室用振动台》(JG/T 245—2009)中技术要求的规定。

3. 捣棒:直径(16±0.2)mm,长(600±5)mm,一端做成弹头状。

4. 台秤:称量 50 kg,感量 50 g。

5. 橡皮锤:应带有质量约 250 g 的橡皮锤头。

(六)试验准备

1. 同一组混凝土拌和物的取样应从同一盘混凝土或同一车混凝土中取样。取样量应多于试验所需量的 1.5 倍;且宜不小于 20 L。

2. 混凝土拌和物的取样应具有代表性,宜采用多次采样的方法。一般在同一盘混凝土或同一车混凝土中的约 1/4 处、1/4 处和 3/4 处之间分别取样,从第一次取样到最后一次取样不宜超过 15 min,然后人工搅拌均匀。

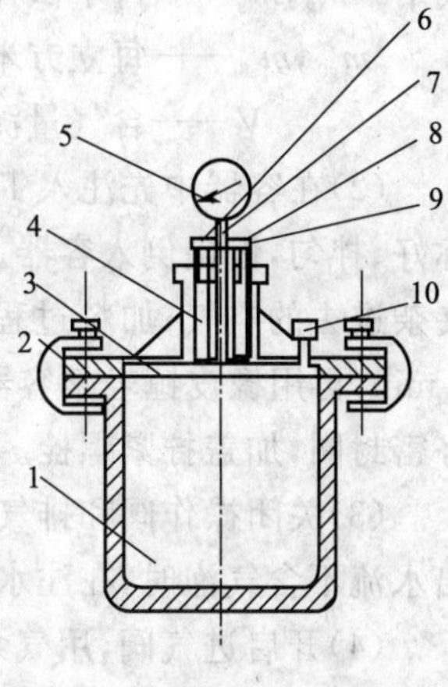

图 3-4　混凝土含气量测定仪

1—容器;2—盖体;3—水找平室;4—气室;5—压力表;6—排气阀;7—操作阀;8—排水阀;9—进气阀;10—加水阀

3. 从取样完毕到开始做各项性能试验不宜超过 5 min。

4. 混凝土含气量仪的标定如下。

(1)量钵容积的标定

先称量含气量测定仪量钵和玻璃板总重，然后将钵体加满水，用玻璃板沿量钵顶面平推，使量钵内盛满水且玻璃板下无气泡。擦干钵体外表面后连同玻璃板一起称重。两次质量的差值除以该温度下水的密度即为量钵的容积 V。

(2)含气量0%点的标定

把量钵加满水，校正管接在钵盖下面小龙头的端部。将钵盖轻放在量钵上，用夹子夹紧使其气密良好并用水平仪检查仪器的水平。打开小龙头，松开排气阀，用注水器从小龙头处加水，直至排气阀出水口冒水为止。然后拧紧小龙头和排气阀，此时钵盖和钵体之间的空隙被水充满。用水泵向气室充气，使表压稍大于0.1 MPa，然后用微调阀调整表压使其为0.1 MPa。按下阀门杆1～2次，使气室的压力气体进入量钵内，读压力表读数，此时指针所示压力相当于含气量0%。

(3)含气量1%～10%的标定

含气量0%标定后，将校正管接在钵盖小龙头的上端，然后按一下阀门杆，慢慢打开小龙头，量钵中的水就通过校正管流到量筒中。当量筒中的水为量钵容积的1%时，关闭小龙头。

打开排气阀，使量钵内的压力与大气压平衡，然后重新用水泵加压，并用微调阀准确地调到0.1 MPa。按1～2次阀门杆，此时测得的压力表读值相当于含气量1%，同样方法可测得含气量2%、3%～10%的压力表读值。

以压力表读值为横坐标，含气量为纵坐标，绘制含气量与压力表读值关系曲线。

(七)试验步骤

1. 骨料含气量的测定

(1)计算每个试样中粗细骨料的质量

$$m_g = m_{g0}V/1\,000$$

$$m_s = m_{s0}V/1\,000$$

式中　m_g，m_s——每个试样中粗细骨料质量，kg；

m_{g0}，m_{s0}——每立方米混凝土中粗细骨料质量，kg；

V——含气量测定仪容积。

(2)在容器中先注入1/3高度的水，然后把通过40 mm筛的上一步确定质量的粗细骨料称好、拌匀，慢慢倒入容器。水面每升高25 mm左右就应轻轻插捣10次，并略予搅动，以排除夹杂进去的空气；加料过程中应始终保持水面高出骨料的顶面；骨料全部加入后，应浸泡约5 min，再用橡皮锤轻敲容器外壁，排净气泡，除去水面气泡，加水至满，擦净容器上口边缘；装好密封圈，加盖拧紧螺栓。

(3)关闭操作阀和排气阀，开启进气阀和加水阀，通过加水阀向容器内注入水；当排水阀流出水流不含气泡时，在注水状态下，同时关闭加水阀和排水阀。

(4)开启进气阀，用气泵向气室内注入空气，使气室的压力略大于0.1 MPa，待压力表显示值稳定后，微开排气阀，调整压力至0.1 MPa，然后关紧所用阀门。

(5)开启操作阀，使气室里的压缩空气进入容器，待压力表显示稳定后记录显示值 P_{g1}，然后开启排气阀，压力仪表应归零。

(6)重复(4)、(5)步骤，对容器内的试样再检测一次，记为 P_{g2}。

2. 混凝土拌和物含气量试验

(1)用湿布擦净容器和盖的内表面，装入混凝土拌和物试样。

(2)捣实可采用手工或机械方法。当拌和物坍落度大于70 mm时，宜采用手工插捣，当拌和物坍落度不大于 70 mm 时，宜采用机械振捣，如振动台或插入式振捣器等；用捣棒捣实时，应将混凝土拌和物分 3 层装入，每层捣实后高度约为 1/3 容器高度；每层装料后由边缘向中心均匀地插捣 25 次，捣棒应插透本层高度，再用木锤沿容器外壁重击 10～15 次，使插捣留下的插孔填满。最后一层装料应避免过满；采用机械捣实时，一次装入捣实后体积为容器容量的混凝土拌和物，装料时可用捣棒稍加插捣，振实过程中如拌和物低于容器口，应随时添加；振动至混凝土表面平整、表面出浆即止，不得过度振捣；若使用插入式振动器捣实，应避免振动器触及容器内壁和底面；在施工现场测定混凝土拌和物含气量时，应采用与施工振动频率相同的机械方法捣实。

(3)捣实完毕后立即用刮尺刮平，表面如有凹陷应予填平抹光；如需同时测定拌和物表观密度时，可在此时称量和计算；然后在正对操作阀孔的混凝土拌和物表面贴一小片塑料薄膜，擦净容器上口边缘，装好密封垫圈，加盖并拧紧螺栓。

(4)关闭操作阀和排气阀，打开排水阀和加水阀，通过加水阀，向容器内注入水；当排水阀流出的水流不含气泡时，在注水的状态下，同时关闭加水阀和排水阀。

(5)然后开启进气阀，用气泵注入空气至气室内压力略大于 0.1 MPa，待压力示值仪表示值稳定后，微微开启排气阀，调整压力至 0.1 MPa，关闭排气阀。

(6)开启操作阀，使气室里的压缩空气进入容器，待压力表显示稳定后记录显示值 P_{01}，然后开启排气阀，压力仪表应归零。

(7)重复(4)、(5)步骤，对容器内的试样再检测一次，记为 P_{02}。

(八)数据处理

1. 如果 P_1 和 P_2 的相对误差小于 0.2%，以两次测值的算术平均值按压力与含气量关系曲线图查得含气量值(精确至 0.1%)作为试验结果；如果不满足，则进行第三次试验，测得压力值 P_3。当 P_3 与 P_1、P_2 中较接近一个值的相对误差不大于 0.2%时，则取两值的算术平均值，按压力与含气量关系曲线图查得所测混凝土样品的仪器测定含气量值(精确至 0.1%)作为试验结果。当仍大于 0.2%时，须重作试验。

2. 混凝土拌和物含气量按下式计算：

$$A=A_0-A_g$$

式中 A——拌和物含气量；

A_0——拌和物实测的含气量平均值；

A_g——骨料含气量。

(九)试验注意事项

1. 含气量仪容器为进行含气量试验专用器具，不得用容器进行表观密度的试验，且容器应经常进行校正。

2. 含气量仪含气量 0～10%的标定是进行含气量试验的基础，直接关系着混凝土含气量试验是否准确，一定要严格标定，对直读式含气量仪也应进行 0～10%含气量的标定。

3. 通过加水阀向容器内注入水是保证含气量仪气室固定体积的关键一步，必须在排水阀流出的水流不含气泡时，在注水的状态下，同时关闭加水阀和排水阀。

六、表观密度试验

(一)试验目的

检测混凝土拌和物的实际表观密度。表观密度一定程度上能够反映混凝土拌和的均匀性、含气量大小及混凝土与其配合比的相符性。

(二)适用范围

适用于测定混凝土拌和物捣实后的单位体积质量(即表观密度)。

(三)试验原理

通过测定在规定体积容器中混凝土的质量,利用密度计算公式求得混凝土的表观密度。

(四)执行标准

《普通混凝土拌和物性能试验方法标准》(GB/T 50080—2002)。

(五)仪器设备

1. 容量筒:金属制成的圆筒,两旁装有提手。对骨料最大粒径不大于 40 mm 的拌和物采用容积为 5 L 的容量筒,其内径与内高均为(186±2)mm,筒壁厚为 3 mm;骨料最大粒径大于 40 mm 时,容量筒的内径与内高均应大于骨料最大粒径的 4 倍。容量筒上缘及内壁应光滑平整,顶面与底面应平行并与圆柱体的轴垂直。

容量筒容积应予以标定,标定方法可采用一块能覆盖住容量筒顶面的玻璃板,先称出玻璃板和空桶的质量,然后向容量筒中灌入清水,当水接近上口时,一边不断加水,一边把玻璃板沿筒口徐徐推入盖严,应注意使玻璃板下不带入任何气泡;然后擦净玻璃板面及筒壁外的水分,将容量筒连同玻璃板放在台秤上称其质量;两次质量之差(kg)即为容量筒的容积 L。

2. 台秤:称量 50 kg,感量 50 g。

3. 振动台:应符合《混凝土试验室用振动台》(JG/T 245—2009)中技术要求的规定。

4. 捣棒:直径(16±0.2)mm,长(600±5)mm,一端做成弹头状。

(六)试验准备

1. 同一组混凝土拌和物的取样应从同一盘混凝土或同一车混凝土中取样。取样量应多于试验所需量的 1.5 倍;且宜不小于 20 L。

2. 混凝土拌和物的取样应具有代表性,宜采用多次采样的方法。一般在同一盘混凝土或同一车混凝土中的约 1/4 处、1/4 处和 3/4 处之间分别取样,从第一次取样到最后一次取样不宜超过 15 min,然后人工搅拌均匀。

3. 从取样完毕到开始做各项性能试验不宜超过 5 min。

(七)试验步骤

1. 用湿布把容量筒内外擦干净,称出容量筒质量,精确至 50 g。

2. 混凝土的装料及捣实方法应根据拌和物的稠度而定。坍落度不大于 70 mm 的混凝土,用振动台振实为宜;大于 70 mm 的用捣棒捣实为宜。采用捣棒捣实时,应根据容量筒的大小决定分层与插捣次数:用 5 L 容量筒时,混凝土拌和物应分两层装入,每层的插捣次数应为 25 次;用大于 5 L 的容量筒时,每层混凝土的高度不应大于 100 mm,每层插捣次数应按每 10 000 mm^2 截面不小于 12 次计算。各次插捣应由边缘向中心均匀地插捣,插捣底层时捣棒应贯穿整个深度,插捣第二层时,捣棒应插透本层至下一层的表面;每一层捣完后用橡皮锤轻轻沿容器外壁敲打 5~10 次,进行振实,直至拌和物表面插捣孔消失并不见大气泡为止。

采用振动台振实时,应一次将混凝土拌和物灌到高出容量筒口。装料时可用捣棒稍加插捣,振动过程中如混凝土低于筒口,应随时添加混凝土,振动直至表面出浆为止。

3. 用刮尺将筒口多余的混凝土拌和物刮去,表面如有凹陷应填平;将容量筒外壁擦净,称出混凝土试样与容量筒总质量,精确至 50 g。

(八)数据处理

1. 混凝土拌和物容重 r_h 应按下式计算:

$$r_h = (W_2 - W_1)/(V \times 1\ 000)$$

式中　W_1——容量筒重量,kg;

W_2——容量筒及试样总重,kg;

V——容量筒体积,L。

2. 试验结果精确至 10 kg/m³。

(九)试验注意事项

1. 容量筒容积应经常予以校正。

2. 对骨料最大粒径不大于 40 mm 的拌和物采用容积为 5L 的容量筒,骨料最大粒径大于 40 mm 时,容量筒的内径与内高均应大于骨料最大粒径的 4 倍。

七、强度试件的取样、养护及评定

(一)试验目的

通过试验拌制混凝土或施工现场取样混凝土,将混凝土装入立方体抗压强度试模、轴心抗压强度试模、抗折强度试模、弹性模量试模内成型,并按规定养护至设定龄期,通过各种强度试验取得混凝土抗压强度、劈裂强度、轴心抗压强度、抗折强度、混凝土弹性模量等强度类指标。

(二)适用范围

适用于混凝土立方体强度、劈裂抗拉强度、轴心抗压强度、抗折强度、弹性模量试验的混凝土取样、试件制作、养护及试验结果评定。

(三)试验原理

主要是利用材料强度计算公式,强度等于承受破坏力与承压面积的比值,测定混凝土的各类强度指标。

(四)执行标准

《普通混凝土力学性能试验方法标准》(GB/T 50081—2002)。

《混凝土结构工程施工质量验收规范》(GB 50204—2002,2011 年版)。

《混凝土强度检验评定标准》(GB 50107—2010)。

《预拌混凝土》(GB/T 14902—2003)。

(五)仪器设备

1. 振动台:应符合《混凝土试验室用振动台》(JG/T 245—2009)中技术要求的规定。

2. 捣棒:直径(16±0.2)mm,长(600±5)mm,一端做成弹头状。

3. 混凝土试模:应符合《混凝土试模》(JG 237—2008)标准要求。试模内部尺寸误差不应大于公称尺寸的 0.2%,且不大于 1 mm。立方体和棱柱体试模各相邻面之间的夹角应为直角,其误差不应大于 0.2°。平面度误差每 100 mm 不应大于 0.04 mm。

4. 养护箱(室):满足相关标准对养护要求的规定。

(六)试验准备

1. 混凝土取样的一般规定

(1)同一组混凝土拌和物的取样应从同一盘混凝土或同一车混凝土中取样。取样量应多于试验所需量的 1.5 倍;且宜不小于 20 L。

(2)混凝土拌和物的取样应具有代表性,宜采用多次采样的方法。一般在同一盘混凝土或同一车混凝土中的约 1/4 处、1/4 处和 3/4 处之间分别取样,从第一次取样到最后一次取样不宜超过 15 min,然后人工搅拌均匀。

(3)取样或试验室拌制的混凝土应在拌制后尽短的时间内成型，一般不宜超过 15 min。

(4)根据混凝土拌和物的稠度确定混凝土成型方法，坍落度不大于 70 mm 的混凝土宜用振动振实；大于 70 mm 的宜用捣棒人工捣实；检验现浇混凝土或预制构件的混凝土，试件成型方法宜与实际采用的方法相同。

2. 抗压强度试件取样规定

(1)现场搅拌混凝土

根据《混凝土结构工程施工质量验收规范》(GB 50204—2002)和《混凝土强度检验评定标准》(GB50107—2010)的规定，用于检查结构构件混凝土强度的试件，应在混凝土的浇筑地点随机抽取。取样与试件留置应符合以下规定。

①每拌制 100 盘但不超过 100 m^3 的同配合比的混凝土，取样次数不得少于一次。

②每工作班拌制的同一配合比的混凝土不足 100 盘时，其取样次数不得少于一次。

③当一次连续浇筑超过 1 000 m^3 时，同一配合比的混凝土每 200 m^3 取样不得少于一次。

④同一楼层、同一配合比的混凝土，取样不得少于一次。

⑤每次取样应至少留置一组标准养护试件，同条件养护试件的留置组数应根据实际需要确定。

(2)结构实体检验用同条件养护试件

根据《混凝土结构工程施工质量验收规范》(GB 50204—2002)的规定，结构实体检验用同条件养护试件的留置方式和取样数量应符合以下规定。

①对涉及混凝土结构安全的重要部位应进行结构实体检验，其内容包括混凝土强度、钢筋保护层厚度及工程合同约定的项目等。

②同条件养护试件应由各方在混凝土浇筑入模处见证取样。

③同一强度等级的同条件养护试件的留置不宜少于 10 组，留置数量不应少于 3 组。

④当试件达到等效养护龄期时，方可对同条件养护试件进行强度试验。所谓等效养护龄期，就是逐日累计养护温度达到600 ℃ · d，且龄期宜取 14～60 d。一般情况，温度取当天的平均温度。

(3)预拌(商品)混凝土

预拌(商品)混凝土，除应在预拌混凝土厂内按规定留置试块外，混凝土运到施工现场后，还应根据《预拌混凝土》(GB 14902—2003)规定取样。

①用于交货检验的混凝土试样应在交货地点采取。每 100 m^3 相同配合比的混凝土取样不少于一次；一个工作班拌制的相同配合比的混凝土不足 100 m^3 时，取样也不得少于一次；当在一个分项工程中连续供应相同配合比的混凝土量大于 1 000 m^3 时，其交货检验的试样为每 200 m^3 混凝土取样不得少于一次。

②用于出厂检验的混凝土试样应在搅拌地点采取，按每 100 盘相同配合比的混凝土取样不得少于一次；每一工作班组相同的配合比的混凝土不足 100 盘时，取样亦不得少于一次。

③混凝土试样的组批条件，应符合《混凝土强度检验评定标准》(GB 50107—2010)的规定。

④对于预拌混凝土拌和物的质量，每车应目测检查；混凝土坍落度检验的试样，每 100 m^3 相同配合比的混凝土取样检验不得少于一次；当一个工作班相同配合比的混凝土不足 100 m^3 时，也不得少于一次。

3. 抗折强度试件取样规定

(1)公路、城市道路、厂矿道路混凝土每天或铺筑 200 m^3，抽取 2 组。每 1 000～2 000 m^3 再增加 1 组。

(2)民航机场路面,高速公路混凝土板铺筑 400 m^3 抽取 2 组,每 1 000～2 000 m^3 再增加 1 组。

4. 劈裂抗拉强度试件取样规定

(1)按每拌制 100 盘且不超过 100 m^3 的相同配合比的混凝土取样不得少于一次;每一工作班组相同的配合比的混凝土不足 100 盘时,取样亦不得少于一次。

(2)现浇混凝土的每一结构部位取样不得少于 1 次。

(3)每次取样至少留置一组试件。

5. 弹性模量试件取样规定

(1)每一预应力构件应留置 28 天标准养护弹性模量试件不少于 1 组。

(2)每一预应力构件应留置初张拉、终张拉同条件养护弹性模量试件不少于 1 组。

(七)试验步骤

1. 试模类型及选用

混凝土试件以 3 个为一组。试模类型及选用应符合下列要求。

(1)立方体抗压强度试件(表 3-115)

表 3-115 混凝土试件尺寸选用表

试件尺寸(mm)	骨料最大粒径
100×100×100	31.5
150×150×150	40
200×200×200	63

边长为 150 mm 的立方体试件是标准试件。边长为 100 mm 和 200 mm 的立方体试件是非标准试件。在特殊情况下,可采用 ϕ150 mm×300 mm 的圆柱体标准试件或 ϕ100 mm×200 mm 和 ϕ200 mm×400 mm 的圆柱体非标准试件。

(2)劈裂抗拉强度试件(表 3-116)

表 3-116 混凝土试件尺寸选用表

试件尺寸(mm)	骨料最大粒径
100×100×100	20
150×150×150	40
200×200×200	—

边长为 150 mm 的立方体试件是标准试件。边长为 100 mm 和 200 mm 的立方体试件是非标准试件。在特殊情况下,可采用 ϕ150 mm×300 mm 的圆柱体标准试件或 ϕ100 mm×200 mm和 ϕ200 mm×400 mm 的圆柱体非标准试件。

(3)轴心抗压强度试件(表 3-117)

表 3-117 混凝土试件尺寸选用表

试件尺寸(mm)	骨料最大粒径
100×100×300	31.5
150×150×300	40
200×200×400	63

边长为150 mm×150 mm×300 mm的棱柱体试件是标准试件。边长为100 mm×100 mm×300 mm和200 mm×200 mm×400 mm的棱柱体试件是非标准试件。在特殊情况下,可采用ϕ150 mm×300 mm的圆柱体标准试件或ϕ100 mm×200 mm和ϕ200 mm×400 mm的圆柱体非标准试件。

(4)静力受压弹性模量试件(表3-118)

表3-118 混凝土试件尺寸选用表

试件尺寸(mm)	骨料最大粒径
100×100×300	31.5
150×150×300	40
200×200×400	63

边长为150 mm×150 mm×300 mm的棱柱体试件是标准试件。边长为100 mm×100 mm×300 mm和200 mm×200 mm×400 mm的棱柱体试件是非标准试件。在特殊情况下,可采用ϕ150 mm×300 mm的圆柱体标准试件或ϕ100 mm×200 mm和ϕ200 mm×400 mm的圆柱体非标准试件。

(5)抗折强度试件(表3-119)

表3-119 混凝土试件尺寸选用表

试件尺寸(mm)	骨料最大粒径
100×100×400	31.5
150×150×600(550)	40
200×200×400	63

边长为150 mm×150 mm×600 mm(或550 mm)的棱柱体试件是标准试件。边长为100 mm×100 mm×400 mm的棱柱体试件是非标准试件。

2. 试件的成型

(1)取样或拌制好的混凝土拌和物应至少用铁锹再来回拌和3次。

(2)用振动台振实制作试件应按下述方法进行。

①将混凝土拌和物一次装入试模,装料时应用抹刀沿各试模壁插捣,并使混凝土拌和物高出试模口。

②试模应附着或固定在振动台上,振动时试模不得有任何跳动,振动应持续到表面出浆为止;不得过振。

(3)用人工插捣制作试件应按下述方法进行。

①混凝土拌和物应分两层装入模内,每层的装料厚度大致相等。

②插捣应按螺旋方向从边缘向中心均匀进行。在插捣底层混凝土时,捣棒应达到试模底部;插捣上层时,捣棒应贯穿上层后插入下层20~30 mm;插捣时捣棒应保持垂直,不得倾斜。然后应用抹刀沿试模内壁插拔数次。

③每层插捣次数按在10 000 mm^2截面积内不得少于12次。

④插捣后应用橡皮锤轻轻敲击试模四周,直至插捣棒留下的空洞消失为止。

(4)用插入式振捣棒振实制作试件应按下述方法进行。

①将混凝土拌和物一次装入试模,装料时应用抹刀沿各试模壁插捣,并使混凝土拌和物高

出试模口。

②宜用直径为25mm的插入式振捣棒，插入试模振捣时，振捣棒距试模底板10～20 mm且不得触及试模底板，振动应持续到表面出浆为止，且应避免过振，以防止混凝土离析；一般振捣时间为20 s。振捣棒拔出时要缓慢，拔出后不得留有孔洞。

③刮除试模上口多余的混凝土，待混凝土临近初凝时，用抹刀抹平。

(5)用离心法、压浆法、真空作业法及喷射法等特殊方法成型混凝土，抗折强度试件制作方法应按相应规定进行。

3. 试件的养护

(1)试件成型后应立即用不透水的薄膜覆盖表面。

(2)采用标准养护的试件，应在温度为(20±5)℃的环境中静置一昼夜至二昼夜，然后编号、拆模。拆模后应立即放入温度为(20±2)℃，相对湿度为95%以上的标准养护室中养护，或在温度为(20±2)℃的不流动的氢氧化钙饱和溶液中养护。标准养护室内的试件应放在支架上，彼此间隔10～20mm，试件表面应保持潮湿，并不得被水直接冲淋。

(3)同条件养护试件的拆模时间可与实际构件的拆模时间相同，拆模后，试件仍需保持同条件养护。

(4)标准养护龄期为28天(从搅拌加水开始计时)。

(八)数据处理

1. 立方体抗压强度试验结果的评定

(1)三个试件测值的算术平均值作为该组试件的强度值(精确至0.1 MPa)。

(2)三个测值中的最大值或最小值中如有一个与中间值的差值超过中间值的15%时，则把最大及最小值一并舍除，取中间值作为该组试件的抗压强度值。

(3)如最大值和最小值与中间值的差均超过中间值的15%，则该组试件的试验结果无效。

(4)混凝土强度等级<C60时，用非标准试件测得的强度值均应乘以尺寸换算系数，其值为对200 mm×200 mm×200 mm试件为1.05；对100 mm×100 mm×100 mm试件为0.95。当混凝土强度等级≥C60时，宜采用标准试件；使用非标准试件时，尺寸换算系数应由试验确定。

2. 轴心抗压强度试验结果的评定

(1)三个试件测值的算术平均值作为该组试件的强度值(精确至0.1 MPa)。

(2)三个测值中的最大值或最小值中如有一个与中间值的差值超过中间值的15%时，则把最大及最小值一并舍除，取中间值作为该组试件的抗压强度值。

(3)如最大值和最小值与中间值的差均超过中间值的15%，则该组试件的试验结果无效。

(4)混凝土强度等级<C60时，用非标准试件测得的强度值均应乘以尺寸换算系数，其值对200 mm×200 mm×400 mm试件为1.05；对100 mm×100 mm×300 mm试件为0.95。当混凝土强度等级≥C60时，宜采用标准试件；使用非标准试件时，尺寸换算系数应由试验确定。

3. 静力受压弹性模量试验结果的评定

弹性模量按3个试件测值的算术平均值计算。如果其中有一个试件的轴心抗压强度值与用以确定检验控制荷载的轴心抗压强度值相差超过后者的20%时，则弹性模量值按另两个试件测值的算术平均值计算；如有两个试件超过上述规定时，则此次试验无效。

4. 劈裂抗拉强度试验结果的评定

(1)三个试件测值的算术平均值作为该组试件的强度值(精确至0.01 MPa)。

(2)三个测值中的最大值或最小值中如有一个与中间值的差值超过中间值的15%时，则把最大及最小值一并舍除，取中间值作为该组试件的抗压强度值。

(3)如最大值与最小值与中间值的差均超过中间值的15%，则该组试件的试验结果无效。

(4)采用100 mm×100 mm×100 mm非标准试件测得的劈裂抗拉强度值，应乘以尺寸换算系数0.85；当混凝土强度等级≥C60时，宜采用标准试件；使用非标准试件时，尺寸换算系数应由试验确定。

5. 抗折强度试验结果评定

(1)三个试件中若有一个折断面位于两个集中荷载之外，则混凝土抗折强度值按另两个试件的试验结果计算。若这两个测值的差值不大于这两个测值的较小值的15%时，则该组试件的抗折强度值按这两个测值的平均值计算，否则该组试件的试验无效。若有两个试件的下边缘断裂位置位于两个集中荷载作用线之外，则该组试件试验无效。

(2)当试件尺寸为100 mm×100 mm×400 mm非标准试件时，应乘以尺寸换算系数0.85；当混凝土强度等级≥C60时，宜采用标准试件；使用非标准试件时，尺寸换算系数应由试验确定。

6. 混凝土强度批量合规性评定

(1)检验批的组成

一个检验批的混凝土由强度等级相同、试验龄期相同、生产工艺条件和配合比基本相同的混凝土组成。

(2)统计方法评定

①当连续生产的混凝土，生产条件在较长时间内保持一致，且同一品种、同一强度等级Ⅰ混凝土的强度变异性保持稳定时，一个检验批的样本容量应为连续的3组试件，其强度应同时符合下列规定：

$$mf_{cu} \geqslant f_{cu,k} + 0.7\sigma_0$$

$$f_{cu,min} \geqslant f_{cu,k} - 0.7\sigma_0$$

检验批混凝土立方体抗压强度的标准差应按下式计算：

$$\sigma_0 = \sqrt{\frac{\sum_{i=1}^{n} f_{cu,i}^2 - nm_{f_{cu}}^2}{n-1}}$$

当混凝土强度等级不高于C20时，其强度的最小值尚应满足下式要求：

$$f_{cu,min} \geqslant 0.85 f_{cu,k}$$

当混凝土强度等级高于C20时，其强度的最小值尚应满足下式要求：

$$f_{cu,min} \geqslant 0.90 f_{cu,k}$$

式中 $m_{f_{cu}}$——同一验收批混凝土立方体抗压强度的平均值，N/mm²；

$f_{cu,k}$——混凝土立方体抗压强度标准值，N/mm²；

σ_0——验收批混凝土立方体抗压强度标准差，N/mm²；

$f_{cu,min}$——同一验收批混凝土立方体抗压强度的最小值，N/mm²。

②当样本容量不少于10组时，其强度应同时满足下列要求：

$$m_{f_{cu}} \geqslant f_{cu,k} - \lambda_1 S_{f_{cu}}$$

$$f_{cu,min} \geqslant \lambda_2 f_{cu,k}$$

同一检验批混凝土立方体抗压强度的标准差应按下式计算：

$$S_{f_{cu}} = \sqrt{\frac{\sum_{i=1}^{n} f_{cu,i}^2 - n m_{f_{cu}}^2}{n-1}}$$

式中 $S_{f_{cu}}$——同一验收批混凝土立方体抗压强度标准差(N/mm²)，当 $S_{f_{cu}}$ 的计算值小于2.5 MPa时，应取2.5 MPa；

λ_1，λ_2——合格判定系数，按表3-120取用。

表3-120 混凝土强度的合格判定系数

试件组数	10～14	15～19	≥20
λ_1	1.15	1.05	0.95
λ_2	0.90	0.85	

(3)非统计方法评定

当用于评定的样本容量小于10组时，应采用非统计方法评定混凝土强度。按非统计方法评定混凝土强度时，其强度应同时满足下列要求：

$$m_{f_{cu}} \geqslant \lambda_3 f_{cu,k}$$

$$f_{cu,min} \geqslant \lambda_4 f_{cu,k}$$

式中 λ_3，λ_4——合格评定系数，按表3-121选用。

表3-121 混凝土强度的合格判定系数

混凝土强度等级	＜C60	≥C60
λ_1	1.15	1.10
λ_2	0.95	

(4)判定规则

当检验结果能满足上述的规定时，则该批混凝土强度判定为合格；当不能满足上规定时，该批混凝土强度判定为不合格。

八、耐久性试件的取样、养护

(一)试验目的

通过制作混凝土抗冻性试件、动弹模量试件、抗渗试件、氯离子渗透试件、收缩试件等，并按规定养护到一定龄期按规定方法进行试验，检测混凝土的抗冻性、抗渗性、抗氯离子渗透性、收缩性等混凝土耐久性能。

（二）适用范围

适用于混凝土抗冻性、抗渗性、抗氯离子渗透性、收缩等试件的制作、养护及试验结果的评定。

慢冻法适用于测定混凝土试件在气冻水融条件下，以经受的冻融循环次数来表示的混凝土抗冻性能。

快冻法适用于测定混凝土试件在水冻水融条件下，以经受的快速冻融循环次数来表示的混凝土抗冻性能。

动弹性模量试验适用于采用共振法测定混凝土的动弹性模量。

抗渗性试验适用于以测定硬化混凝土在恒定水压力下的平均渗水高度来表示的混凝土抗水渗透性能。

电通量法适用于测定以通过混凝土试件的电通量为指标来确定混凝土抗氯离子渗透性能。不适用于掺有亚硝酸盐和钢纤维等良导电材料的混凝土抗氯离子渗透试验。

非接触法收缩试验适用于测定早龄期混凝土的自由收缩变形，也可用于无约束状态下混凝土自收缩变形的测定。接触法收缩试验适用于测定在无约束和规定的温湿度条件下硬化混凝土试件的收缩变形性能。

（三）试验原理

抗冻试验是通过冻融试验箱模拟冻融环境下混凝土受冻及融化的现象检测混凝土的抗冻性。可用抗冻标号、混凝土耐久性指标或耐久性系数表示。抗冻标号以同时满足强度损失率不超过25%，重量损失率不超过5%时的最大循环次数来表示 。混凝土耐久性指标是混凝土经受快速冻融循环，同时满足相对动弹性模量值不小于60%和重量损失率不超过5%时的最大循环次数表示。耐久性系数适用于快速冻融试验，用混凝土达到要求（冻融循环300次或相对动弹性模量下降到60%以下，或重量损失率达到5%）时的冻融循环次数乘以此时的相对动弹性模量除以300的计算值表示。

抗渗性试验方法是采用6个高度为180 mm的圆台形试件从0.1 MPa开始施加水压，每隔8 h水压增加0.1 MPa，直至6个试件中有3个被压力水穿透，停止试验，记录此时的水压力值。通过一个简单的线性换算关系，将停止试验时的水压力值换算成一个整数，这个整数即所谓混凝土的抗渗标号，是渗透深度法的一种特例。

电通量法是用通过混凝土试件的电通量来反映混凝土抗氯离子渗透性能的试验方法。

收缩性试验方法是通过测量混凝土试件的收缩值来反映混凝土长度、体积变化大小的试验方法。

（四）执行标准

《普通混凝土长期性能和耐久性能试验方法标准》（GB/T 50082—2009）。

（五）仪器设备

1. 混凝土冻融试验箱：慢冻法使用的试验箱应能使试件静止不动，并应通过气冻水融进行冻融循环。在满载运转的条件下，冷冻期间试验箱内空气的温度应能保持在（－19±1）℃范围内；融化期间试验箱内浸泡混凝土试件的水温能保持在（19±1）℃范围内；满载时试验箱内各点温度极差不应超过2 ℃。

快冻法使用的快速冻融装置应符合现行行业标准《混凝土抗冻试验设备》(JG/T 243—2009)的规定。

2. 动弹模量测定仪，输出频率可调范围为100～20 000Hz，输出功率应能使试件产生受迫振动。

3. 混凝土抗渗仪，应符合现行行业标准《混凝土抗渗仪》(JG/T 249—2009)标准规定。并应能使水压按规定的制度稳定地作用在试件上。抗渗仪施加水压力范围应为(0.1～2.0)MPa。

4. 电通量测定仪，应满足《混凝土氯离子电通量测定仪》(JG/T 261—2009)的有关规定。直流稳压电源的电压范围应为0～80V，电流范围应为0～10A，并能稳定输出60 V直流电压，精度为±0.1 V。

5. 混凝土收缩测定仪，非接触式收缩测量装置应具备自动采集、处理数据的一体化装置。接触式收缩测量装置采用卧式混凝土收缩仪。

(六)试验准备

1. 混凝土取样的一般规定

(1)同一组混凝土拌和物的取样应从同一盘混凝土或同一车混凝土中取样。取样量应多于试验所需量的1.5倍；且宜不小于20 L。

(2)混凝土拌和物的取样应具有代表性，宜采用多次采样的方法。一般在同一盘混凝土或同一车混凝土中的约1/4处、1/4处和3/4处之间分别取样，从第一次取样到最后一次取样不宜超过15 min，然后人工搅拌均匀。

(3)取样或试验室拌制的混凝土应在拌制后尽短的时间内成型，一般不宜超过15 min。

(4)根据混凝土拌和物的稠度确定混凝土成型方法，坍落度不大于70 mm的混凝土宜用振动振实；大于70 mm的宜用捣棒人工捣实；检验现浇混凝土或预制构件的混凝土，试件成型方法宜与实际采用的方法相同。

2. 试件的最小横截面面积的选用(表3-122)

表3-122　混凝土试件尺寸选用表

骨料最大粒径	试件尺寸(mm)
31.5	100×100
40	150×150
63	200×200

3. 抗冻试件的取样频次

有抗冻要求的混凝土，同施工工艺、同配合比混凝土至少进行一次抗冻性检验。当混凝土批量大于20 000 m³时应增加检测一次。

4. 抗渗试件的取样频次

(1)抗渗试件的留置组数是连续浇筑混凝土每500 m³留置一组。每增加250～500 m³混凝土，应增加留置两组(12块)抗渗试块。采用预拌混凝土时可视结构的规模和要求而定。但每单位工程不得少于两组。

(2)应采用在标准条件下养护混凝土抗渗试件的试验结果评定抗渗性能。

5. 电通量试件的取样频次

要求检验混凝土电通量的混凝土，同施工工艺、同配合比混凝土至少进行一次电通量检验。当混凝土批量大于 20 000 m^3 时应增加检测一次。

（七）试验步骤

1. 试件的成型

(1)取样或拌制好的混凝土拌和物应至少用铁锹再来回拌和三次。

(2)在制作混凝土长期性能和耐久性能试验用试件时，不应采用憎水性脱模剂。

(3)在制作混凝土长期性能和耐久性能试验用试件时，宜同时制作与相应耐久性试验龄期对应的混凝土立方体抗压强度用试件。

(4)用振动台振实制作试件应按下述方法进行。

①将混凝土拌和物一次装入试模，装料时应用抹刀沿各试模壁插捣，并使混凝土拌和物高出试模口。

②试模应附着或固定在振动台上，振动时试模不得有任何跳动，振动应持续到表面出浆为止；不得过振。

(5)用人工插捣制作试件应按下述方法进行。

①混凝土拌和物应分两层装入模内，每层的装料厚度大致相等。

②插捣应按螺旋方向从边缘向中心均匀进行。在插捣底层混凝土时，捣棒应达到试模底部；插捣上层时，捣棒应贯穿上层后插入下层 20～30 mm；插捣时捣棒应保持垂直，不得倾斜。然后应用抹刀沿试模内壁插拔数次。

③每层插捣次数按在 10 000 mm^2 截面积内不得少于 12 次。

④插捣后应用橡皮锤轻轻敲击试模四周，直至插捣棒留下的空洞消失为止。

(6)用插入式振捣棒振实制作试件应按下述方法进行。

①将混凝土拌和物一次装入试模，装料时应用抹刀沿各试模壁插捣，并使混凝土拌和物高出试模口。

②宜用直径为 25 mm 的插入式振捣棒，插入试模振捣时，振捣棒距试模底板 10～20 mm 且不得触及试模底板，振动应持续到表面出浆为止，且应避免过振，以防止混凝土离析；一般振捣时间为 20 s。振捣棒拔出时要缓慢，拔出后不得留有孔洞。

③刮除试模上口多余的混凝土，待混凝土临近初凝时，用抹刀抹平。

2. 试件的养护

(1)试件成型后应立即用不透水的薄膜覆盖表面。

(2)采用标准养护的试件，应在温度为(20±5)℃的环境中静置一昼夜至二昼夜，然后编号、拆模。拆模后应立即放入温度为(20±2)℃，相对湿度为 95%以上的标准养护室中养护，或在温度为(20±2)℃的不流动的氢氧化钙饱和溶液中养护。标准养护室内的试件应放在支架上，彼此间隔 10～20mm，试件表面应保持潮湿，并不得被水直接冲淋。

(3)同条件养护试件的拆模时间可与实际构件的拆模时间相同，拆模后，试件仍需保持同条件养护。

(4)标准养护龄期为 28 天(从搅拌加水开始计时)。

3. 慢冻法试验规定

(1)慢冻法采用 100 mm×100 mm×100 mm 的立方体试件。

(2)慢冻法应制作 28 天强度试件、冻融试件及对比试件不少于 5 组。

(3)慢冻法当冻融循环出现下列三种情况之一时，可停止试验：

①已达到规定的循环次数；

②抗压强度损失率已达到25%；

③质量损失率已达到5%。

4. 快冻法试验规定

(1)快冻法抗冻试验采用尺寸为100 mm×100 mm×400 mm的棱柱体试件，每组试件应为3块。

(2)快冻法当冻融循环出现下列三种情况之一时，可停止试验：

①已达到规定的循环次数；

②试件的相对动弹性模量下降到60%；

③试件的质量损失率已达到5%。

5. 动弹性模量试验规定

试验采用尺寸为100 mm×100 mm×400 mm的棱柱体试件，每组试件应为3块。

6. 抗渗性试验规定

(1)试模采用上口内部直径为175 mm、下口内部直径为185 mm和高度为150 mm的圆台体。6个为一组。

(2)当6个试件中有3个试件表面出现渗水时，或加至规定压力在8 h内6个试件中表面渗水试件少于3个时，可停止试验。

7. 电通量试验规定

(1)电通量试验采用直径(100±1) mm，高度(50±2) mm的圆柱体试件。

(2)电通量试验宜在试件养护到28天龄期进行。对于掺有大掺量矿物掺合料的混凝土，可在56天龄期进行试验。

8. 收缩试验规定

收缩试验采用尺寸为100 mm×100 mm×515 mm的棱柱体试件。每组应为3个试件。

(八)数据处理

1. 慢冻法试验结果处理

抗冻标号以抗压强度损失率不超过25%或者质量损失率不超过5%的最大冻融循环次数确定。

2. 快冻法试验结果处理

混凝土抗冻等级应以相对动弹性模量下降至不低于60%或者质量损失率不超过5%时的最大冻融循环次数来确定。

3. 动弹性模量试验结果处理

每组以3个试件动弹性模量的试验结果的算术平均值作为测定值，计算应精确至100 MPa。

4. 抗渗试验结果处理

混凝土抗渗等级以每组6个试件中有4个试件未出现渗水时的最大水压力乘以10来确定。

5. 电通量试验结果处理

每组取3个试件电通量的算术平均值作为该组试件的电通量测定值。当某一个电通量值与中间值差值超过中值的15%时，应取其余两个试件的电通量的算术平均值作为该组试件的试验结果测定值。当两个测值与中值的差值都超过中值的15%时，应取中值作为该组试件的电通量试验结果测定值。

6. 收缩试验结果处理

(1)每组应取 3 个试件收缩率的算术平均值作为该组混凝土试件的收缩率测定值。

(2)作为相互比较的混凝土收缩率值应为不密封试件 180 天所测得的收缩率值。可将不密封试件于 360 天测得的收缩率值作为该混凝土的最终收缩率值。

第四章　砌体结构工程材料及现场试验

第一节　砌筑胶凝材料

一、砌筑水泥

(一)概　　述

凡由一种或一种以上的水泥混合材料，加入适量硅酸盐水泥熟料和石膏，经磨细制成的工作性较好的水硬性胶凝材料，称为砌筑水泥，代号 M。水泥中混合材掺加量按质量百分比计应大于 50%，允许掺入适量的石灰石或窑灰。砌筑水泥分 12.5 和 22.5 两个等级。

砌筑水泥主要用于砌筑和抹面砂浆、垫层混凝土等，不应用于结构混凝土。

(二)执行标准

《砌筑水泥》(GB/T 3183—2003)。

(三)相关标准

《水泥化学分析方法》(GB/T 176—2008)。

《水泥细度检验方法(筛析法)》(GB/T 1345—2005)。

《水泥标准稠度用水量、凝结时间、安定性检验方法》(GB/T 1346—2001)。

《用于水泥和混凝土中的粉煤灰》(GB/T 1596—2005)。

《水泥胶砂流动度测定方法》(GB/T 2419—2005)。

《水泥取样方法》(GB 12573—2008)。

《水泥胶砂强度检验方法(ISO 法)》(GB/T 17671—1999)。

《砌体结构工程施工质量验收规范》(GB 50203—2011)，2012 年 5 月 1 日实施。

(四)性能指标

1. 三氧化硫

水泥中三氧化硫含量应不大于 4.0%。

2. 细度

80 μm 方孔筛筛余不大于 10%。

3. 凝结时间

初凝不早于 60 min，终凝不迟于 12 h。

4. 安定性

用沸煮法检验，应合格。

5. 保水率

保水率应不低于 80%。

6. 强度

各等级水泥各龄期强度不低于表 4-1 的规定。

表 4-1 水泥各龄期强度

水泥等级	抗压强度(MPa)		抗折强度(MPa)	
	7 d	28 d	7 d	28 d
12.5	7.0	12.5	1.5	3.0
22.5	10.0	22.5	2.0	4.0

(五)验收批量

同一水泥厂、同品种、同强度等级、同一出厂编号袋装不超过 200 t 为一验收批。

(六)取样方法

取样方法按 GB 12573 进行,取样要有代表性,可连续取,亦可从 20 个以上不同的部位取等量样品。

(七)样品数量

总数至少 12 kg。

(八)检测项目

三氧化硫、细度、凝结时间、安定性、保水率、强度。

(九)质量评定

1. 废品。凡三氧化硫、初凝时间、安定性中的任一项不符合标准规定或 12.5 级水泥强度低于标准规定时均为废品。

2. 不合格品。凡细度、终凝时间、保水率中的任一项不符合本标准规定或 22.5 级砌筑水泥强度低于标准规定的指标时均为不合格品。水泥包装标志中水泥品种、强度等级、生产者名称和出厂编号不全的也属于不合格品。

(十)使用注意事项

1. 水泥储存期不宜过长,以免受潮变质或降低标号,储存期按出厂日期起,一般为三个月。水泥出厂日期超出三个月需进行复检后,根据检测结果使用。

2. 不同的生产厂,不同品种、标号和不同生产日期的水泥应分别堆放,不得混装。

3. 存放水泥的仓库,必须干燥,注意防潮。门窗不得有漏雨、渗水的情况,以免潮气侵入,导致水泥变质。临时存放的水泥,必须选择地势较高、干燥的场地作料棚,并做好上盖下垫工作。

二、建筑生石灰

(一)概　述

建筑生石灰是指以碳酸钙为主要成分的原料,在低于烧结温度下煅烧的建筑工程用生石灰。按化学成分钙质生石灰氧化镁含量小于等于 5%;镁质生石灰氧化镁含量大于 5%。建筑生石灰分为优等品、一等品、合格品。

(二)执行标准

《建筑生石灰》(JC/T 479—1992)。

(三)相关标准

《建筑石灰试验方法物理试验方法》(JC/T 478.1—1992)。

《建筑石灰试验方法化学试验方法》(JC/T 478.2—1992)。

(四)性能指标

建筑生石灰的技术指标应符合表 4-2。

表 4-2　建筑生石灰的技术指标

项　　目	钙质生石灰			镁质生石灰		
	优等品	一等品	合格品	优等品	一等品	合格品
CaO+MgO 含量(%),不小于	90	85	80	85	80	75
未消化残渣含量(5 mm 圆孔筛余,%),不大于	5	10	15	5	10	15
CO_2 含量(%),不大于	5	7	9	6	8	10
产浆量(L/kg),不小于	2.8	2.3	2.0	2.8	2.3	2.0

(五)验收批量

每批量不大于 100 t,不足 100 t 按一批量计。

(六)取样方法

从整批物料的不同部位选取,取样点不少于 25 个,每个点的取样量不少于 2 kg,缩分至 4 kg装入密封容器内。

(七)样品数量

不少于 4 kg。

(八)检测项目

CaO+MgO 含量,未消化残渣含量,CO_2 含量,产浆量。

(九)质量评定

产品技术指标均达到技术要求中相应等级时判定为该等级,有一项指标低于合格品要求时,判定为不合格品。

(十)使用注意事项

1. 建筑生石灰应分类、分等、储存在干燥的仓库内。

2. 建筑生石灰不准与易燃、易爆和液体物品混装,运输时要采取防水措施。

3. 除地基处理外,一般不用于潮湿部位。

4. 石灰在硬化过程中会引起较大体积收缩,拌制砂浆或灰浆宜掺入纤维材料。

5. 生石灰应注意防潮,不宜长期储存。

6. 抹灰工程应防止爆灰:石灰膏淋制用不大于 3 mm 筛孔过滤,块状生石灰淋制完成后应贮存在沉淀池中,熟化时间常温下不小于 15 天,用于罩面不少于 30 天。石灰膏应细腻洁白,不得含有未熟化颗粒,已冻结、干裂风化的石灰膏不能使用。

三、建筑生石灰粉

(一)概　　述

以建筑生石灰为原料,经研磨所制得的建筑生石灰粉,按化学成分分钙质生石灰粉和镁质生石灰粉。建筑生石灰粉分为优等品、一等品、合格品。

(二)执行标准

《建筑生石灰粉》(JC/T 480—1992)。

(三)相关标准

《建筑石灰试验方法物理试验方法》(JC/T 478.1—1992)。

《建筑石灰试验方法化学试验方法》(JC/T 478.2—1992)。

(四)性能指标

建筑生石灰粉应符合表4-3的技术要求

表4-3 建筑生石灰粉的技术要求

项目		钙质生石灰粉			镁质生石灰粉		
		优等品	一等品	合格品	优等品	一等品	合格品
CaO+MgO含量(%),不小于		85	80	75	80	75	70
CO_2(%),不大于		7	9	11	8	10	12
细度	0.90 mm筛的筛余(%),不大于	0.2	0.2	1.5	0.2	0.5	1.5
	0.125 mm筛的筛余(%),不大于	7.0	12.0	18.0	7.0	12.0	18.0

(五)验收批量

每批量不大于100 t,不足100 t按一批量计。

(六)取样方法

散装生石灰粉:随机取样或使用自动取样器取样。

袋装生石灰粉:应从本批产品中随机抽取10袋,样品总量不少于3 kg。

试样在采集过程中应贮存于密封容器中,采样结束后立即用四分法将样品缩分至300 g,装于磨口广口瓶中,并密封。

(七)样品数量

不少于300 g。

(八)检测项目

CaO+MgO含量,CO_2含量,细度。

(九)质量评定

产品技术指标均达到技术要求相应等级时,判定该等级;有一项指标低于合格品要求时,判为不合格品。

(十)使用注意事项

1. 建筑生石灰粉应分类、分等存放、贮存于干燥的仓库内,不宜长期存贮。不准与易燃、易爆及液体物品同时装运,运输时要采取防水措施。

2. 生石灰粉用于主体砂浆时,必须2天以后。拌制水泥混合砂浆时,块状生石灰熟化成石灰膏时,应采用孔洞不大于3 mm×3 mm的网过筛,熟化时间不得少于7天。

消石灰不得直接使用于砂浆中。

3. 磨细生石灰粉其细度过0.125 mm的方孔筛,累计筛余量不大于13%,用水浸泡使其充分熟化,其熟化时间在7天以上,不得直接拌和使用。

四、建筑消石灰粉

(一)概　述

以建筑生石灰为原料,经水化和加工所制得的建筑消石灰粉。按化学成分可分为钙质消石灰粉和镁质消石灰粉及白云石消石灰粉。建筑消石灰粉分为优等品、一等品、合格品。

(二)执行标准

《建筑消石灰粉》(JC/T 481—1992)。

（三）相关标准

《建筑石灰试验方法物理试验方法》(JC/T 478.1—1992)。

《建筑石灰试验方法化学试验方法》(JC/T 478.2—1992)。

（四）性能指标

建筑消石灰粉技术指标应符合表 4-4 的要求。

表 4-4　建筑消石灰粉技术指标表

项　目		钙质消石灰粉			镁质消石灰粉		
		优等品	一等品	合格品	优等品	一等品	合格品
(CaO+MgO)含量(%)，不小于		70	65	60	65	60	55
游离水(%)		0.4～2	0.4～2	0.4～2	0.4～2	0.4～2	0.4～2
体积安定性		合格	合格	—	合格	合格	—
细度	0.9 mm 筛筛余(%)，不大于	0	0	0.5	0	0	0.5
	0.125 mm 筛筛余(%)，不大于	3	10	15	3	10	15

项　目		白云石消石灰粉		
		优等品	一等品	合格品
(CaO+MgO)含量(%)，不小于		65	60	55
游离水(%)		0.4～2	0.4～2	0.4～2
体积安定性		合格	合格	—
细度	0.9 mm 筛筛余(%)，不大于	0	0	0.5
	0.125 mm 筛筛余(%)，不大于	3	10	15

（五）验收批量

每 100 t 为一批量，小于 100 t 仍作一批量。

（六）取样方法

从每一批量的产品中抽取 10 袋样品，从每袋不同位置抽取 100 g 样品，总数量不少于 1 kg，混合均匀，用四分法缩取，最后取 250 g 样品供试验用。

（七）样品数量

不少于 250 g。

（八）检测项目

(CaO+MgO)含量，游离水，体积安定性。

（九）质量评定

产品技术要求均达到相应等级时，判定为该等级。有一项技术指标低于合格品要求时，判定不合格品。

（十）使用注意事项

1. 贮运过程中严防雨淋或受潮。不得与其他化学物品共贮运。

2. 用作灰土的熟石灰粉应过筛，其粒径不得大于 5 mm，不得夹有未熟化的生石灰块，也不得含有过多的水分。反复搅拌不少于 3 次。应在无水状态下施工，拌匀后随铺随夯实，不得隔日夯实。拌制压好的三七灰土，3 天内不得受水浸泡。

3. 抹灰工程为防止爆灰：石灰膏淋制用不大于 3 mm 筛孔过滤，块状生石灰淋制完成后应贮存在沉淀池中，熟化时间常温下不小于 15 天，用于罩面不少于 30 天。石灰膏应细腻洁白，不得含有未熟化颗粒，已冻结、干裂风化的石灰膏不能使用。

第二节 砌筑用砖

一、烧结普通砖

(一)概　　述

以黏土、页岩、煤矸石、粉煤灰为主要原料经焙烧而成的普通砖，称为烧结普通砖。经烧结而成用于清水墙或带有装饰面的砖即装饰砖属于烧结普通砖的范围。烧结普通砖按原料可分为：黏土砖(N)、页岩砖(Y)、煤矸石砖(M)、粉煤灰砖(F)。按抗压强度分：MU30、MU25、MU20、MU15、MU10 五个强度等级。强度和抗风化性能和放射性物质合格的砖，根据尺寸偏差、外观质量、石灰爆裂、泛霜等指标又可分为优等品(A)、一等品(B)、合格品(C)三个质量等级。

烧结普通砖的外形为直角六面体，公称尺寸为：长 240 mm、宽 115 mm、高 53 mm。

(二)执行标准

《烧结普通砖》(GB 5101—2003)。

(三)相关标准

《砌墙砖试验方法》(GB/T 2542—2003)。

《建筑材料放射性核素限量》(GB 6566—2010)。

《砌墙砖检验规则》(JC/T 466—92(96))。

《墙体材料术语》(GB/T 18968—2003)。

《砌体工程施工质量验收规范》(GB 50203—2011)。

(四)性能指标

1. 尺寸偏差

尺寸允许偏差应符合表 4-5 的要求。

表 4-5　尺寸允许偏差(mm)

公称尺寸	优等品		一等品		合格品	
	样本平均偏差	样本极差，≤	样本平均偏差	样本极差，≤	样本平均偏差	样本极差，≤
240	±2.0	6	±2.5	7	±3.0	8
115	±1.5	5	±2.0	6	±2.5	7
53	±1.5	4	±1.6	5	±2.0	6

2. 外观质量

砖的外观质量应符合表 4-6 的规定。

表 4-6　外观质量(mm)

项　目	优等品	一等品	合格
两条面高度差，≤	2	3	4
弯曲，≤	2	3	4
杂质凸出高度，≤	2	3	4

续上表

项目		优等品	一等品	合格
缺棱掉角的三个破坏尺寸,不得同时大于		5	20	30
裂纹长度,≤	a. 大面上宽度方向及其延伸至条面的长度	30	60	80
	b. 大面上长度方向及其延伸至顶面的长度或条顶面上水平裂纹的长度	50	80	100
完整面[①],不得少于		二条面和二顶面	一条面和一顶面	
颜色		基本一致		

注:为装饰而施加的色差,凹凸纹、拉毛、压花等不算作缺陷。

①:凡有下列缺陷之一者,不得称为完整面。

1. 缺损在条面或顶面上造成的破坏面尺寸同时大于 10 mm×10 mm。

2. 条面或顶面上裂纹宽度大于 1 mm,其长度超过 30 mm。

3. 压陷、粘底、焦花在条面或顶面上的凹陷或凸出超过 2 mm,区域尺寸同时大于 10 mm×10 mm。

3. 强度

强度应符合表 4-7 的规定。

表 4-7 强度(MPa)

强度等级	抗压强度平均值	变异系数 $\delta \leqslant 0.21$	变异系数 $\delta > 0.21$
		强度标准值 f_k,≥	单块最小抗压强度值 f_{min},≥
MU30	30.0	22.0	25.0
MU25	25.0	18.0	22.0
MU20	20.0	14.0	16.0
MU15	15.0	10.0	12.0
MU10	10.0	6.5	7.5

4. 抗风化性能

严重风化区中的 1、2、3、4、5 地区的砖必须进行冻融试验,其他地区砖的抗风化性能符合表 4-8 规定时可不做冻融试验,否则,必须进行冻融试验。

表 4-8 抗风化性能

砖种类	严重风化区				非严重风化区			
	5 h 沸煮吸水率(%)		饱和系数		5 h 沸煮吸水率(%)		饱和系数	
	平均值	单块最大值	平均值	单块最大值	平均值	单块最大值	平均值	单块最大值
黏土砖	18	20	0.85	0.87	19	20	0.88	0.90
粉煤灰砖[①]	21	23			23	25		
页岩砖	16	18	0.74	0.77	18	20	0.78	0.80
煤矸石砖								

①:粉煤灰掺入量(体积比)小于 30%时,按黏土砖规定判定。

冻融试验后,每块砖样不允许出现裂纹、分层、掉皮、缺棱、掉角等冻坏现象;质量损失不得大于 2%。

5. 泛霜

每块砖样应符合下列规定。

(1) 优等品:无泛霜。

(2) 一等品:不允许出现中等泛霜。

(3) 合格品:不允许出现严重泛霜。

6. 石灰爆裂

(1)优等品

不允许出现最大破坏尺寸大于 2 mm 的爆裂区域。

(2) 一等品

①最大破坏尺寸大于 2 mm,且小于等于 10 mm 的爆裂区域,每组砖样不得多于 15 处。

②不允许出现最大破坏尺寸大于 10 mm 的爆裂区域。

(3) 合格品

①最大破坏尺寸大于 2 mm 且小于等于 15 mm 的爆裂区域,每组砖样不得多于 15 处。其中大于 10 mm 的不得多于 7 处。

②不允许出现最大破坏尺寸大于 15 mm 的爆裂区域。

7. 欠火砖、酥砖和螺旋纹砖

产品中不允许出现欠火砖、酥砖和螺旋纹砖。

8. 放射性物质

砖的放射性物质应符合 GB 6566 的规定。

(五)验收批量

同一等级、同一品种 15 万块为一检验批,不足 15 万块的按一批计。

(六)取样方法

1. 外观质量检验的试样采用随机取样法,从每批检验的产品堆垛中抽取。

2. 其他检验项目用随机取样法从外观质量检验合格品中抽取。

(七)样品数量(表 4-9)

表 4-9 抽样数量(块)

序号	检验项目	抽样数量	序号	检验项目	抽样数量
1	外观质量	50($n_1=n_2=50$)	5	石灰爆裂	5
2	尺寸偏差	20	6	吸水率和饱和系数	5
3	强度等级	10	7	冻融	5
4	泛霜	5	8	放射性	4

(八)检测项目

强度,尺寸偏差,外观质量,抗风化性能(吸水率和饱和系数),泛霜,石灰爆裂、冻融、放射性。

(九)质量评定

1. 尺寸偏差

尺寸偏差符合相应等级质量指标规定,判尺寸偏差为该等级。否则,判不合格。

2. 外观质量

外观质量采用 JC/T 466 二次抽样方案,根据规定的质量指标,检验出其中不合格品数 d_1,按下列规则判定。

$d_1 \leqslant 7$ 时，外观质量合格。

$d_1 \geqslant 11$ 时，外观质量不合格。

$d_1 > 7$，且 $d_1 < 11$ 时，需再次从该产品批中抽样 50 块检验，检查出不合格品数 d_2，按下列规则判定：

$(d_1 + d_2) \leqslant 18$ 时，外观质量合格；

$(d_1 + d_2) \geqslant 19$ 时，外观质量不合格。

3. 强度

强度的试验结果应符合质量指标的规定。低于 MU10 判不合格。

4. 抗风化性能

抗风化性能应符合相应质量指标的规定。否则，判不合格。

5. 石灰爆裂和泛霜

石灰爆裂和泛霜试验结果应分别符合相应等级的规定。否则，判不合格。

6. 放射性物质

放射性物质应符合技术指标的规定。否则，判不合格，并停止该产品的生产和销售。

7. 总判定

(1)出厂检验质量等级的判定按出厂检验项目和在时效范围内最近一次型式检验中的抗风化性能、石灰爆裂及泛霜项目中最低质量等级进行判定。其中有一项不合格，则判为不合格。

(2)型式检验质量等级的判定中，强度、抗风化性能和放射性物质合格，按尺寸偏差、外观质量、泛霜、石灰爆裂检验中最低质量等级判定。其中有一项不合格则判该批产品质量不合格。

(3)外观检验中有欠火砖、酥砖和螺旋纹砖则判该批产品不合格。

(十)使用注意事项

1. 风化指数是指日气温从正温降至负温或负温升至正温的每年平均天数与每年从霜冻之日起至消失霜冻之日止这一期间降雨总量(以 mm 计)的平均值的乘积。风化指数大于等于 12 700 为严重风化区，风化指数小于 12 700 为非严重风化区。全国风化区划分见表 4-10。

表 4-10　风化区划分

严重风化区		非严重风化区	
1. 黑龙江省	11. 河北省	1. 山东省	11. 福建省
2. 吉林省	12. 北京市	2. 河南省	12. 台湾省
3. 辽宁省	13. 天津市	3. 安徽省	13. 广东省
4. 内蒙古自治区		4. 江苏省	14. 广西壮族自治区
5. 新疆维吾尔自治区		5. 湖北省	15. 海南省
6. 宁夏回族自治区		6. 江西省	16. 云南省
7. 甘肃省		7. 浙江省	17. 西藏自治区
8. 青海省		8. 四川省	18. 上海市
9. 陕西省		9. 贵州省	19. 重庆市
10. 山西省		10. 湖南省	

2. 烧结普通砖在装卸时应轻拿轻放，避免碰撞摔打。按碰撞、强度等级、质量等级分别整齐堆放，不得混杂。

3. 烧结普通砖应预先 2 天浇水湿润，不能现浇现用。

4. 砌筑时宜采用“三一”砌筑法，一皮砖、一铲灰，一推揉。

二、烧结多孔砖和多孔砌块

(一)概　述

烧结多孔砖是以黏土、页岩、煤矸石、粉煤灰淤泥(江河湖淤泥)及其他固体废弃物等为主要原料，经焙烧而成。主要用于承重部位的多孔砖和多孔砌块。

按主要原料砖分为：黏土砖和黏土砌块(N)、页岩砖和页岩砌块(Y)、煤矸石砖和煤矸石砌块(M)和粉煤灰砖和粉煤灰砌块(F)、淤泥砖和淤泥砌块(U)、固体废弃物砖和固体废弃物砌块(G)。烧结多孔砖和砌块根据抗压强度分为MU30、MU25、MU20、MU15、MU 10五个强度等级。烧结多孔砖的密度等级分为1 000、1 100、1 200、1 300四个等级。砌块的密度等级分为900、1 000、1 100、1 200四个等级。

(二)执行标准

《烧结多孔砖和多孔砌块》(GB 13544—2011)

(三)相关标准

《砌墙砖试验方法》(GB/T 2542—2003)。

《建筑材料放射性核素限量》(GB 6566—2010)。

《墙体材料术语》(GB/T 18968—2003)。

《砌体工程施工质量验收规范》(GB 50203—2011)。

(四)性能指标

1. 尺寸允许偏差(表4-11)

表4-11　尺寸允许偏差

尺　寸	样本平均偏差	样本级差，≤
>400	±3.0	10.0
300～400	±2.5	9.0
200～300	±2.5	8.0
100～200	±2.0	7.0
<100	±1.5	6.0

2. 外观质量(表4-12)

表4-12　外观质量(mm)

项　目	指　标
1.完整面，不得少于	一条面和一顶面
2.缺棱掉角的三个破坏尺寸，不得同时大于	30
3.裂纹长度 (1)大面(有孔面)上深入孔壁15 mm以上宽度方向及其延伸到条面的长度，不大于 (2)大面(有孔面)上深入孔壁15 mm以上长度方向及其延伸到顶面的长度，不大于 (3)条面上的水平裂纹，不大于	 80 100 100
4.杂质在砖或砌块面上造成的凸出高度，不大于	5

注：凡有下列缺陷之一者，不能称为完整面：

1. 缺陷在条面或顶面上造成的破坏面尺寸同时大于20 mm×30 mm；
2. 条面或顶面上裂纹宽度大于1 mm，其长度超过70 mm；
3. 压陷、焦花、粘底在条面或顶面上的凹陷或凸出超过2 mm，区域最大投影尺寸同时大于20 mm×30 mm。

3. 强度等级及密度等级(表 4-13)

表 4-13 强度等级及密度等级

强度等级(MPa)		
强度等级	抗压强度平均值 f,≥	强度标准值 f_k,≥
MU30	30.0	22.0
MU25	25.0	18.0
MU20	20.0	14.0
MU15	15.0	10.0
MU10	10.0	6.5

密度等级(kg/m^3)		
密度等级		3 块砖或砌块干燥表观密度平均值
砖	砌块	
—	900	≤900
1 000	1 000	900～1 000
1 100	1 100	1 000～1 100
1 200	1 200	1 100～1 200
1 300	—	1 200～1 300

4. 孔型、孔结构及孔洞率(表 4-14)

表 4-14 孔型、孔结构及孔洞率

孔型	孔洞尺寸(mm)		最小外径壁厚(mm)	最小肋厚(mm)	孔洞率(%)		孔洞排列
	孔宽度尺寸 b	孔长度尺寸 L			砖	砌块	
矩型条孔或矩型孔	≤13	≤40	≥12	≥5	≥28	≥33	1. 所有孔宽应相等。孔采用单向或双向交错排列； 2. 孔洞排列上下、左右应对称，分布均匀，手抓孔的长度方向尺寸必须平行于砖的条面

注:1. 矩型孔的孔长 L、孔宽 b 满足式 $L=3b$ 时，为矩型条孔。

2. 孔四个角应做成过渡圆角，不得做成直尖角。

3. 如设有砌筑砂浆槽，则砌筑砂浆槽不计算在孔洞率内。

4. 规格大的砖和砌块应设置手抓孔，手抓孔尺寸为(30～40)mm×(75～85)mm。

5. 泛霜

每块砖或砌块不允许出现严重泛霜。

6. 石灰爆裂

(1)破坏尺寸大于 2 mm 且小于或等于 15 mm 的爆裂区域，每组砖和砌块不得多于 15 处。其中大于 10 mm 的不得多于 7 处。

(2)不允许出现破坏尺寸大于 15 mm 的爆裂区域。

7. 关于见火砖、酥砖

产品中不允许有欠火砖(砌块)、酥砖(砌块)

8. 放射性核素限量

砖和砌块的放射性核素限量应符合 GB 6566 的规定。

(五)验收批量

3.5 万～15 万块为一批，不足 3.5 万块按一批计。

（六）取样方法

外观质量检验的试样采用随机抽样法，从每一检验批的产品堆垛中抽取。其他项目的样品用随机抽样法从外观质量检验后的样品中抽取。

（七）样品数量

外观质量：50 块（$n_1=n_2=50$）；泛霜：5 块；密度等级：3 块；尺寸偏差：20 块；石灰爆裂：5 块；放射性核素限量：3 块；强度等级：10 块；吸水率和饱和系数：5 块；孔型孔结构及孔洞率：3 块；冻融：5 块。

（八）检测项目

尺寸允许偏差、外观质量、抗压强度、孔型孔洞率及孔洞排列、泛霜、石灰爆裂、吸水率、饱和系数、冻裂。

（九）质量评定

1. 尺寸允许偏差

尺寸允许偏差应符合表 4-11 规定。否则，判不合格。

2. 外观质量

外观质量采用二次抽样方案，根据外观质量指标，检查出其中不合格数 d_1，按以下规则判定：$d_1 \leqslant 7$ 时，外观质量合格；$d_1 \geqslant 11$ 时，外观质量不合格；$d_1 > 7$ 且 $d_1 < 11$ 时，需再次从该批产品中抽样 50 块检查，检查出不合格品数 d_2，按下列规则判定：$(d_1+d_2) \leqslant 18$ 时，外观质量合格；$(d_1+d_2) \geqslant 19$ 时，外观质量不合格。

3. 密度等级

密度的试验结果应符合表 4-13 的规定。否则，判不合格。

4. 强度等级

强度的试验结果应符合表 4-13 的规定。否则，判不合格。

5. 孔型、孔结构及孔洞率

孔型、孔结构及孔洞率应符合表 4-14 的规定。否则，判不合格。

6. 其他性能指标

各项检验指标符合标准相关指标要求的为合格，否则，判不合格。

7. 总判定

(1)外观检验的样品中有欠火砖（砌块）、酥砖（砌块），则判该批产品不合格。

(2)出厂检验的判定，按出厂检验项目和在时效范围内最近一次型式检验中的石灰爆裂、泛霜、抗风化性能等项目的技术指标进行判定。其中有一项不合格，则判为不合格。

三、烧结空心砖和空心砌块

（一）概　　述

以黏土、页岩、煤矸石、粉煤灰为主要原料，经焙烧而成的主要用于建筑物非承重部位的空心砖和空心砌块，称为烧结空心砖和空心砌块。按主要原料分为黏土砖和砌块（N）、页岩砖和砌块（Y）、煤矸石砖和砌块（M）、粉煤灰砖和砌块（F）。按抗压强度分为 MU10.0，MU7.5，MU5.0，MU3.5，MU2.5。按体积密度分为 800 级，900 级，1 000 级，1 100 级。强度、密度、抗风化性能和放射性物质合格的砖和砌块，根据尺寸偏差、外观质量、孔洞排列及其结构、泛霜、石灰爆裂、吸水率分为优等品（A）、一等品（B）和合格品（C）三个等级。

(二)执行标准

《烧结空心砖和空心砌块》(GB 13545—2003)。

(三)相关标准

《砌墙砖试验方法》(GB/T 2542—2003)。

《建筑材料放射性核素限量》(GB 6566—2010)。

《砌墙砖检验规则》(JC/T 466—92(96))。

《墙体材料术语》(GB/T 18968—2003)。

《砌体工程施工质量验收规范》(GB 50203—2011)。

(四)性能指标

1. 尺寸允许偏差

尺寸允许偏差应符合表4-15规定。

表4-15 尺寸允许偏差(mm)

尺　寸	优等品		一等品		合格品	
	样本平均偏差	样本极差,≤	样本平均偏差	样本极差,≤	样本平均偏差	样本极差,≤
>300	±2.5	6.0	±3.0	7.0	±3.5	8.0
>200～300	±2.0	5.0	±2.5	6.0	±3.0	7.0
100～200	±1.5	4.0	±2.0	5.0	±2.5	6.0
<100	±1.5	3.0	±1.7	4.0	±2.0	5.0

2. 外观质量

砖和砌块的外观质量应符合表4-16规定。

表4-16 外观质量(mm)

项　目	优等品	一等品	合格品
1. 弯曲,不大于	3	4	5
2. 缺棱掉角的三个破坏尺寸,不得同时大于	15	30	40
3. 垂直度差,不大于	3	4	5
4. 未贯穿裂纹长度,不大于			
a. 大面上宽度方向及其延伸到条面的长度	不允许	100	120
b. 大面上长度方向或条面上水平方向的长度	不允许	120	140
5. 贯穿裂纹长度,不大于			
a. 大面上宽度方向及其延伸到条面的长度	不允许	40	60
b. 壁、肋沿长度方向、宽度方向及其水平方向的长度	不允许	40	60
6. 肋、壁内残缺长度,不大于	不允许	40	60
7. 完整面,不少于	一条面和一大面	一条面或一大面	—
8. 欠火砖、酥砖	不允许	不允许	不允许

注:凡有下列缺陷之一者,不能称为完整面:①缺损在大面、条面上造成的破坏面尺寸同时大于20 mm×30 mm。②大面、条面上裂纹宽度大于1 mm,其长度超过70 mm。③压陷、粘底、焦花在大面、条面的凹陷或凸出超过2 mm,区域尺寸同时大于20 mm×30 mm。

3. 强度等级

强度应符合表 4-17 的规定

表 4-17　强度等级（MPa）

强度等级	抗压强度(MPa)			密度等级范围 (kg/m^2)
	抗压强度平均值 f，≥	变异系数 $\delta \leqslant 0.21$	变异系数 $\delta > 0.21$	
		强度标准值 f_k，≥	单块最小抗压强度值 f_{min}，≥	
MU10.0	10.0	7.0	8.0	≤1 100
MU7.5	7.5	5.0	5.8	
MU5.0	5.0	3.5	4.0	
MU3.5	3.5	2.5	2.8	
MU2.5	2.5	1.6	1.8	≤800

4. 密度等级

密度等级应符合表 4-18 规定。

表 4-18　密度等级（kg/m^3）

密　度　级　别	五块密度平均值	密　度　级　别	五块密度平均值
800	≤800	1 000	901～1 000
900	801～900	1 100	1 001～1 100

5. 孔洞及其结构

孔洞率和孔洞数应符合表 4-19 规定。

表 4-19　孔洞排列及其结构

等　级	孔洞排列	孔洞排数(排)		孔洞率(%)
		宽度方向	高度方向	
优等品	有序交错排列	$b \geqslant 200$ mm，≥7 $b < 200$ mm，≥5	≥2	≥40
一等品	有序排列	$b \geqslant 200$ mm，≥5 $b < 200$ mm，≥4	≥2	
合格品	有序排列	≥3	—	

注：b 为宽度的尺寸。

6. 泛霜

每块砖和砌块应符合下列规定。

优等品：无泛霜。

一等品：不允许出现中等泛霜。

合格品：不允许出现严重泛霜。

7. 石灰爆裂

(1)优等品

不允许出现最大破坏尺寸大于 2 mm 的爆裂区域。

(2)一等品

①最大破坏尺寸大于 2 mm 且小于等于 10 mm 的爆裂区域，每组砖和砌块不得多于 15 处。

②不允许出现最大破坏尺寸大于 10 mm 的爆裂区域。

(3)合格品

①最大破坏尺寸大于 2 mm 且小于等于 15 mm 的爆裂区域，每组砖和砌块不得多于 15 处，其中大于 10 mm 的不得多于 7 处。

②不允许出现最大破坏尺寸大于 15 mm 的爆裂区域。

8. 吸水率

每组砖和砌块的吸水率平均值应符合表 4-20 规定。

表 4-20 吸水率表

等级	吸水率，≤	
	黏土砖和砌块、页岩砖和砌块、煤矸石砖和砌块	粉煤灰砖和砌块①
优等品	16.0	20.0
一等品	18.0	22.0
合格品	20.0	24.0

①粉煤灰掺入量(体积比)小于 30%时，按黏土砖和砌块规定判定。

9. 抗风化性能

严重风化区中的 1,2,3,4,5 地区的砖和砌块必须进行冻融试验，其他地区砖和砌块的抗风化性能符合表 4-21 规定时可不做冻融试验，否则必须进行冻融试验。

表 4-21 饱和系数

分类	饱和系数，≤			
	严重风化区		非严重风化区	
	平均值	单块最大值	平均值	单块最大值
黏土砖和砌块 粉煤灰砖和砌块	0.85	0.87	0.88	0.90
页岩砖和砌块 煤矸石砖和砌块	0.74	0.77	0.78	0.80

冻融试验后，每块砖或砌块不允许出现分层、掉皮、缺棱掉角等冻坏现象；冻后裂纹长度不大于外观质量中合格品的规定。

10. 关于欠火砖、酥砖

产品中不允许有欠火砖、酥砖。

11. 放射性物质

原材料中掺入煤矸石、粉煤灰及其工业废渣的砖和砌块，应进行放射性物质检测，放射性物质应符合《建筑材料放射性核素限量》(GB 6566)的规定。

(五)验收批量

同一等级，每 15 万块为一批，不足 15 万块，按一批计。

(六)取样方法

1. 尺寸偏差、外观质量采用随机抽样法在每批产品堆垛中抽取。

2. 其他各检验项目用砖样，从尺寸偏差、外观质量检查合格后的砖样中采用随机抽样法抽取。

(七)样品数量

1. 尺寸偏差 20 块、外观质量:50 块。

2. 强度检验:10 块。

3. 冻融、密度、孔洞及其排数、吸水率、泛霜和石灰爆裂各 5 块,备用 5 块。

4. 放射性物质:3 块。

（八）检测项目

强度、密度、尺寸偏差、外观质量、吸水率、孔洞及其结构、冻融、泛霜、石灰爆裂、抗风化性能、放射性。

（九）质量评定

1. 尺寸偏差:尺寸偏差应符合相应等级规定。否则,判不合格。

2. 外观质量:采用二次抽样方案,根据规定的质量指标,检查出其中不合格品数 d_1,按下列规则判定。

$d_1 \leqslant 7$ 时,外观质量合格;$d_1 \geqslant 11$ 时,外观质量不合格。

$d_1 > 7$ 时且 $d_1 < 11$ 时需要再次从该产品中抽样 50 块进行检验,检查出不合格品数 d_2,按下列规则判定:$(d_1 + d_2) \leqslant 18$ 时,外观质量合格;$(d_1 + d_2) \geqslant 19$ 时,外观质量不合格。

3. 强度和密度:强度和密度的试验结果应符合相关技术指标的规定值,判定相应等级。否则,判不合格。

4. 孔洞排列及其结构:孔洞排列及其结构应符合相应等级的规定。否则,判不合格。

5. 泛霜和石灰爆裂:泛霜和石灰爆裂试验结果应符合相应等级的规定。否则,判不合格。

6. 吸水率:吸水率试验结果应符合相应等级的规定。否则,判不合格。

7. 抗风化性能:抗风化性能应符合相关表格中的规定。否则,判不合格。

8. 放射性物质:原材料中掺入煤矸石、粉煤灰及其他工业废渣的砖和砌块,应进行放射性物质检测,放射性物质应符合《建筑材料放射性核素限量》(GB 6566)的规定。否则,判不合格。

9. 总判定方法如下。

(1)外观检查的样品中有欠火砖、酥砖,则判该批产品不合格。

(2) 出厂检验质量等级的判定

按出厂检验项目和在时效范围内最近一次型式检验中的孔洞排列及其结构、石灰爆裂、泛霜、抗风化性能等项目中最低质量等级进行判定。其中有一项不符合标准要求,则判为不合格。

（十）使用注意事项

1. 装卸时应轻拿轻放,避免碰撞摔打。

2. 按品种、强度等级、质量等级分别整齐堆放,不得混杂。

3. 应预先 2 天浇水湿润,不能现浇现用。

4. 砌空心砖宜采用刮浆法。竖缝应先抹砂浆后再砌筑,灰缝应砂浆饱满。水平灰缝的砂浆饱满度不得低于 80%。竖向灰缝不得出现透明缝。

5. 空心砖墙中不够整砖部分,宜用无齿锯加工制作非整砖块,不得用砍凿方法将砖打断。

6. 空心砖墙底部至少砌 3 皮普通砖,在门窗洞口两侧一砖范围内,也应用普通砖实砌。

7. 地面以下或室内防潮层以下的基础不得使用空心砖砌筑。

四、粉煤灰砖

(一)概　　述

粉煤灰砖是以粉煤灰、石灰或水泥为主要原料，掺加适量石膏、外加剂、颜料和集料等，经坯料制备、成型、高压或常压蒸汽养护而成的实心粉煤灰砖。砖的颜色分为本色和彩色两种。砖的公称尺寸：长 240 mm，宽 115 mm，高 53 mm。强度等级分为：MU30、MU25、MU20、MU15、MU10 五级。根据外观质量、强度、抗冻性和干燥收缩性分为：优等品，一等品，合格品。

粉煤灰砖可用于工业与民用建筑的墙体和基础，但用于基础或用于易受冻融和干湿交替作用的建筑部位必须使用 MU15 及以上强度等级的砖。粉煤砖不得用于长期受热(200℃以上)、受急冷急热和有酸性介质侵蚀的建筑部位。

(二)执行标准

《粉煤灰砖》(JC 239—2001)。

(三)相关标准

《砌墙砖试验方法》(GB/T 2542—2003)。

《建筑材料放射性核素限量》(GB 6566—2010)。

《砌墙砖检验规则》(JC/T 466—92(96))。

《墙体材料术语》(GB/T 18968—2003)。

《砌体工程施工质量验收规范》(GB 50203—2011)。

(四)性能指标

1. 尺寸偏差和外观

尺寸偏差和外观应符合表 4-22 的规定。

表 4-22　尺寸偏差和外观(mm)

项　　目	指　　标		
	优等品(A)	一等品(B)	合格品(C)
尺寸允许偏差： 长 宽 高	 ±2 ±2 ±1	 ±3 ±3 ±2	 ±4 ±4 ±3
对应高度差，不大于	1	2	3
每一缺棱掉角的最小破坏尺度，不大于	10	15	20
完整面，不少于	二条面和一顶面或二顶面和一条面	一条面和一顶面	一条面和一顶面
裂纹长度，不大于 a. 大面上宽度方向的裂纹(包括延伸到条面上的长度) b. 其他裂纹	 30 50	 50 70	 70 100
层裂	不允许		

注：在条面或顶面上破坏面的两个尺寸同时大于 10 mm 和 20 mm 者为非完整面。

2. 色差

色差不显著。

3. 强度等级

强度等级应符合表 4-23 规定，优等品砖的强度等级不低于 MU15。

表 4-23 粉煤灰砖强度指标(MPa)

强度等级	抗压强度		抗折强度	
	10 块平均值，≥	单块值，≥	10 块平均值，≥	单块值，≥
MU30	30.0	24.0	6.2	5.0
MU25	25.0	20.0	5.0	4.0
MU20	20.0	16.0	4.0	3.2
MU15	15.0	12.0	3.3	2.6
MU10	10.0	8.0	2.5	2.0

4. 抗冻性

抗冻性应符合表 4-24 规定。

5. 干燥收缩

干燥收缩值：优等品和一等品应不大于 0.65 mm/m；合格品应不大于 0.75 mm/m。

6. 碳化性能

碳化系数 K_c≥0.8。

(五)验收批量

同一等级、同一强度级别每 10 万块为一批，不足 10 万块亦为一批。

表 4-24 粉煤灰砖的抗冻性

强 度 等 级	抗压强度(MPa)，平均值≥	砖的干质量损失(%)，单块值≤
MU30	24.0	2.0
MU25	20.0	
MU20	16.0	
MU15	12.0	
MU10	8.0	

(六)取样方法

1. 外观质量、尺寸偏差检验样品用随机抽样法取样。

2. 其他检验项目的样品从尺寸偏差和外观质量检验合格的样品中随机抽取。

(七)样品数量

1. 外观质量、尺寸偏差：100 块($n_1=n_2=50$)

2. 强度等级：10 块。

3. 抗冻性：10 块。

4. 干燥收缩性：3 块。

5. 色差：36 块。

6. 碳化性能：15 块。

(八)检测项目

尺寸偏差、外观质量、色差 、强度等级 、抗冻性 、干燥收缩、碳化性能。

(九)质量评定

1. 尺寸偏差和外观质量采用二次抽样方案。第一样本($n_1=50$)按质量指标的规定检查出不合格品数 d_1，按以下规则判定。

$d_1 \leqslant 5$ 时，尺寸偏差和外观质量合格；$d_1 \geqslant 9$ 时，判为不合格。

$d_1 > 5$，且 $d_1 < 9$ 时，需对第二样本($n_2=50$)进行检验，检查出不合格品数 d_2，按以下规定判定：

$(d_1+d_2) \leqslant 12$ 时，尺寸偏差和外观质量合格；

$(d_1+d_2) \geqslant 13$ 时，尺寸偏差和外观质量不合格。

2. 强度等级、干燥收缩值符合质量指标规定时，判为合格，且确定相应等级，否则判为不合格。

3. 抗冻性、碳化性能符合质量指标规定时，判为合格，否则判不合格。

4. 彩色粉煤灰砖符合色差要求时判为合格。

5. 总判定：各项检验结果均符合技术要求相应等级时，则判该批产品符合该等级。

(十)使用注意事项

1. 蒸压成型的粉煤灰砖比黏土砖表面平整、光滑，并可能有少量起粉，这些使与砂浆的黏结力较低，使砌体抵抗横向变形能力减弱。为此应设法提高砖与砂浆的黏结力，应尽可能采用专用砌筑砂浆。

2. 粉煤灰砖的初始吸水能力差，后期的吸水能力较大，由于吸水滞后的特性，使得砖的吸水状况不能满足随浇随砌的施工要求，而须提前湿水，保持砖的含水率在10%左右，才能保证砌筑质量。此特性还要求砂浆的保水性较好。再考虑黏结性，在承重结构中，不能采用强度等级低于 M7.5 的砂浆砌筑，或采用其他措施来保证砌筑质量。

3. 粉煤灰砖蒸养后三天内收缩较大，平均每天收缩 0.019 mm/m；三至十天内平均每天收缩 0.005 mm/m；三十天后收缩逐渐趋于稳定，平均每天收缩 0.003 mm/m。为了避免砖的收缩对建筑物造成不良影响，蒸养后的砖应存放一周以后才能用于砌筑，雨季施工时应及时采取防雨措施。

4. 粉煤砖不得用于长期受热(200 ℃以上)、受急冷急热和有酸性介质侵蚀的建筑部位。

五、蒸压灰砂砖

(一)概　　述

蒸压灰砂砖是以石灰和砂为主要原料，掺入颜料和外加剂，经坯料制备、压制成型、蒸压养护而成的实心灰砂砖。根据灰砂砖的颜色分为：彩色（Co）、本色（N）。砖的公称尺寸：长度 240 mm，宽度 115 mm，高度 53 mm。根据抗压强度和抗折强度分为 MU25，MU20，MU15，MU10 四级。根据尺寸偏差和外观质量、强度及抗冻性分为优等品、一等品、合格品。

MU15、MU20、MU25 的砖可用于基础及其他建筑；MU10 的砖仅可用于防潮层以上的建筑。灰砂砖不得用于长期受热 200 ℃以上、受急冷急热和有酸性介质侵蚀的建筑部位。

(二)执行标准

《蒸压灰砂砖》(GB 11945—1999)。

(三)相关标准

《砌墙砖试验方法》(GB/T 2542—2003)。

《建筑材料放射性核素限量》(GB 6566—2010)。

《砌墙砖检验规则》(JC/T 466—92(96))。

《墙体材料术语》(GB/T 18968—2003)。

《砌体工程施工质量验收规范》(GB 50203—2011)。

《硅酸盐建筑制品用生石灰》(JC/T 621—2009)。

《硅酸盐建筑制品用砂》(JC/T 622—2009)。

(四)性能指标

1. 尺寸偏差和外观

尺寸偏差和外观应符合表 4-25 的规定

表 4-25 尺寸偏差和外观

<table>
<tr><th colspan="4" rowspan="2">项　　目</th><th colspan="3">指　　标</th></tr>
<tr><th>优等品</th><th>一等品</th><th>合格品</th></tr>
<tr><td colspan="2" rowspan="3">尺寸允许偏差(mm)</td><td>长度</td><td>L</td><td>±2</td><td rowspan="3">±2</td><td rowspan="3">±3</td></tr>
<tr><td>宽度</td><td>B</td><td>±2</td></tr>
<tr><td>高度</td><td>H</td><td>±1</td></tr>
<tr><td rowspan="3">缺棱掉角</td><td colspan="3">个数(个),不多于</td><td>1</td><td>1</td><td>2</td></tr>
<tr><td colspan="3">最大尺寸(mm),不得大于</td><td>10</td><td>15</td><td>20</td></tr>
<tr><td colspan="3">最小尺寸(mm),不得大于</td><td>5</td><td>10</td><td>10</td></tr>
<tr><td colspan="4">对应高度差(mm),不得大于</td><td>1</td><td>2</td><td>3</td></tr>
<tr><td rowspan="3">裂纹</td><td colspan="3">条数(条),不多于</td><td>1</td><td>1</td><td>2</td></tr>
<tr><td colspan="3">大面上宽度方向及其延伸到条面的长度(mm),不得大于</td><td>20</td><td>50</td><td>70</td></tr>
<tr><td colspan="3">大面上长度方向及其延伸到顶面上的长度或条、顶面水平裂纹的长度(mm),不得大于</td><td>30</td><td>70</td><td>100</td></tr>
</table>

2. 颜色

颜色应基本一致,无明显色差,但对本色灰砂砖不作规定。

3. 抗压强度和抗折强度

抗压强度和抗折强度应符合表 4-26 规定。

表 4-26 力 学 性 能

强度级别	抗压强度		抗折强度	
	平均值,不小于	单块值,不小于	平均值,不小于	单块值,不小于
MU25	25.0	20.0	5.0	4.0
MU20	20.0	16.0	4.0	3.2
MU15	15.0	12.0	3.3	2.6
MU10	10.0	8.0	2.5	2.0

优等品的强度级别不得低于 MU15。

4. 抗冻性

抗冻性应符合表 4-27 规定。

表 4-27 抗冻性指标

强度级别	冻后抗压强度(MPa),平均值不小于	单块砖的干质量损失(%),不大于
MU25	20.0	2.0
MU20	16.0	
MU15	12.0	
MU10	8.0	

（五）验收批量

同类型的灰砂砖每 10 万块为一批，不足 10 万块亦为一批。

（六）取样方法

尺寸偏差和外观质量检验的样品用随机抽样法从堆场中抽取。其他检验项目的样品用随机抽样法从尺寸偏差和外观质量检验合格的样品中抽取。

（七）样品数量

1. 尺寸偏差和外观质量，50 块。

2. 颜色，36 块。

3. 抗折强度，5 块。

4. 抗压强度，5 块。

5. 抗冻性，5 块。

（八）检测项目

尺寸偏差和外观质量，颜色，抗折强度，抗压强度，抗冻性。

（九）质量评定

1. 尺寸偏差和外观质量评定方法如下。

尺寸偏差和外观质量采用二次抽样方案，根据规定的质量指标，检查出其中不合格品块数 d_1，按下列规则判定。

$d_1 \leqslant 5$ 时，尺寸偏差和外观质量合格。

$d_1 \geqslant 9$ 时，尺寸偏差和外观质量不合格。

$d_1 > 5$，且 $d_1 < 9$ 时，需再次从该产品批中抽样 50 块检验，检查出不合格品数 d_2，按下列规则判定：

$(d_1 + d_2) \leqslant 12$ 时，尺寸偏差和外观质量合格；

$(d_1 + d_2) \geqslant 13$ 时，尺寸偏差和外观质量不合格。

2. 颜色抽检样品应无明显色差判为合格。

3. 抗压强度和抗折强度级别由试验结果的平均值和最小值按标准规定的技术指标判定。

4. 抗冻性如符合相应强度级别时判为符合该级别，否则判不合格。

5. 总判定：

(1)每一批出厂产品的质量等级按出厂检验项目的检验结果和抗冻性检验结果综合判定；

(2)每一型式检验的质量等级按全部检验项目的检验结果综合判定；

(3)抗冻性和颜色合格，按尺寸偏差、外观质量和强度级别中最低的质量等级判定，其中有一项不合格判该批产品不合格。

（十）使用注意事项

1. 因灰砂砖具有生产后 30 天内有收缩、初始吸水小、后期吸水能力强的特点，灰砂砖应在出窑后停放一个月待干缩稳定后再用。为保证其安全使用，当砖运至现场后还应有 7 天的存放期，使用前提前 1～2 天浇水。

2. 灰砂砖的抗剪强度平均值只有烧结黏土砖的 80%，且砖体表面光滑等特点，砌筑时要注意提高砌体砂浆饱满度和黏结率。砌筑时要用“三一”砌砖法。除保证水平缝的粘浆率以外，还要保证竖直灰缝的饱满度，严禁瞎缝的出现，特别是内外墙的转角处和内墙的十字交会处。

3. 砌筑时要先立皮数杆，以保证灰缝的厚度均匀。砌筑时要按“三皮一吊”“五皮一靠”的要求，严格控制墙体的垂直度。

4. 灰砂砖的耐候性、耐久性和表面抗碳化性均较烧结黏土砖差得多，因此，采用这两类砖砌筑的，设计时要对其强度进行折减，并不得用于长期高温、受急冷急热交替和有酸碱介质的部位。对用于基础或用于受冻融和干湿交替作用的建筑部位必须使用MU15等级以上的一等砖，并对砌体表面及时进行抹灰保护。

5. 砖的表面光滑和高干缩率不利于抹灰层的附着，是造成粉煤灰砖和灰砂砖砌体墙面抹灰开裂、空鼓、脱落的主要原因。优先使用专用砂浆砌筑。

六、混凝土实心砖

（一）概　　述

混凝土实心砖是以水泥、骨料以及根据需要加入的掺合料、外加剂等，经加水搅拌、成型、养护制成的混凝土实心砖。主规格尺寸为：长度240 mm，宽度115 mm，高度53 mm。按混凝土自身的密度分为：A级（不小于2 100 kg/m^3）、B级（1 681～2 099 kg/m^3）和C级（不大于1 680 kg/m^3）三个密度等级。根据抗压强度和抗折强度分为MU40、MU35、MU30、MU25、MU20、MU15六个等级。

（二）执行标准

《混凝土实心砖》（GB/T 21144—2007）。

（三）相关标准

《通用硅酸盐水泥》（GB 175—2007）。

《用于水泥和混凝土中的粉煤灰》（GB/T 1596—2005）。

《砌墙砖试验方法》（GB/T 2542—2003）。

《混凝土小型空心砌块试验方法》（GB/T 4111—1997）。

《建筑材料放射性核素限量》（GB 6566—2010）。

《混凝土外加剂》（GB 8076—2008）。

《建筑用砂》（GB/T 14684—2011）。

《建筑用卵石、碎石》（GB/T 14685—2011）。

《轻集料及其试验方法 第1部分 轻集料》（GB/T 17431.1—2010）。

《用于水泥和混凝土中的粒化高炉矿渣粉》（GB/T 18046—2008）。

《墙体材料术语》（GB/T 18968—2003）。

《混凝土用水标准》（JGJ 63—2006）。

（四）性能指标

1. 尺寸偏差

尺寸偏差应符合表4-28的规定。

表4-28　尺寸允许偏差

项 目 名 称	标准值（mm）
长度	－1～＋2
宽度	－2～＋2
高度	－1～＋2

2. 外观质量

外观质量应符合表 4-29 规定。

表 4-29 外 观 质 量

项 目 名 称	标准值(mm)
成型面高度差,不大于	2
弯曲,不大于	2
缺棱掉角的三个方向投影尺寸,不得同时大于	10
裂纹长度的投影尺寸,不大于	20
完整面,不得少于	一条面和一顶面

凡有下列缺陷之一的,不得称为完整面:(1)缺损在条面或顶面上造成的破坏尺寸同时大于 10 mm。(2)条面或顶面上裂纹宽度大于 1 mm,其长度超过 30 mm。

3. 密度等级

密度等级应符合表 4-30 的规定。

表 4-30 密度等级(kg/m³)

密 度 等 级	3 块平均值
A 级	≥2 100
B 级	1 681～2 099
C 级	≤1 680

4. 强度等级

强度等级应符合表 4-31 规定。

表 4-31 抗 压 强 度

强度等级	抗压强度(MPa)		强度等级	抗压强度(MPa)	
	平均值,≥	单块最小值,≥		平均值,≥	单块最小值,≥
MU40	40.0	35.0	MU25	25.0	21.0
MU35	35.0	30.0	MU20	20.0	16.0
MU30	30.0	26.0	MU15	15.0	12.0

密度等级为 B 级和 C 级的砖,其强度等级不小于 MU15;密度等级为 A 级的砖,其密度等级不小于 MU20。

5. 最大吸水率

根据砖的密度等级,吸水率应符合表 4-32 规定。

表 4-32 最大吸水率(%)

不同密度等级混凝土砖的最大吸水率(3 块平均值)		
A 级(≥2 100 kg/m³)	B 级(1 681～2 099 kg/m³)	C 级(不大于 1 680 kg/m³)
≤11	≤13	≤17

6. 干燥收缩率和相对含水率

干燥收缩率和相对含水率应符合表 4-33 规定。

表 4-33　干燥收缩率和相对含水率（%）

<table>
<tr><td rowspan="2">干燥收缩率</td><td colspan="3">相对含水率</td></tr>
<tr><td>潮湿</td><td>中等</td><td>干燥</td></tr>
<tr><td><0.050</td><td>≤40</td><td>≤35</td><td>≤30</td></tr>
<tr><td colspan="4">相对含水率即混凝土多孔砖含水率与吸水率之比。
潮湿指年平均相对湿度大于 75%的地区；中等指年平均相对湿度 50%～75%的地区；干燥指年平均相对湿度小于 50%的地区</td></tr>
</table>

7. 抗冻性

抗冻性应符合表 4-34 的规定。

表 4-34　抗　冻　性

<table>
<tr><td>使用条件</td><td>抗冻指标</td><td>质量损失</td><td>强度损失</td></tr>
<tr><td>夏热冬暖地区</td><td>F15</td><td rowspan="4">不大于 5%</td><td rowspan="4">不大于 25%</td></tr>
<tr><td>夏热冬冷地区</td><td>F25</td></tr>
<tr><td>寒冷地区</td><td>F35</td></tr>
<tr><td>严寒地区</td><td>F50</td></tr>
</table>

8. 碳化系数和软化系数

碳化系数不应小于 0.80；软化系数应不小于 0.80。

(五)验收批量

用同一种原材料、同一工艺生产、相同质量等级的 10 万块为一批，不足 10 万块的亦按一批计。

(六)取样方法

尺寸偏差和外观质量检验的试样采用随机抽样法，其他检验项目的样品用随机抽样法从外观质量检验合格的样品中抽取。

(七)样品数量

1. 外观质量，50 块。
2. 强度，10 块。
3. 密度，3 块。
4. 干燥收缩率、相对含水率，3 块。
5. 最大吸水率，3 块。
6. 抗冻性能，10 块。
7. 碳化系数，10 块。
8. 软化系数，10 块。

(八)检测项目

外观质量，强度，密度，干燥收缩率，相对含水率，最大吸水率，抗冻性能，碳化系数，软化系数。

(九)质量评定

1. 尺寸偏差和外观质量评定方法如下。

尺寸偏差和外观质量采用 JC/T 466 二次抽样方案，根据规定的质量指标，检验出其中不合格品数 d_1，按下列规则判定。

$d_1 \leqslant 7$ 时，尺寸偏差和外观质量合格。

$d_1 \geqslant 11$ 时，尺寸偏差和外观质量不合格。

$d_1 > 7$ 且 $d_1 < 11$ 时，需再次从该产品批中抽样 50 块检验，检查出不合格品数 d_2，按下列规则判定：

$(d_1 + d_2) \leqslant 18$ 时，尺寸偏差和外观质量合格；

$(d_1 + d_2) \geqslant 19$ 时，尺寸偏差和外观质量不合格。

2. 密度、强度、干燥收缩率、相对含水率，最大吸水率，抗冻性能，碳化系数，软化系数检验结果，符合相应质量指标要求时，则判该批产品相应等级合格；其中有一项不合格，则判该批产品相应等级不合格。

（十）使用注意事项

1. 实心砖进入工地必须达到设计强度，养护期必须要在 28 天以上，雨天要注意覆盖。

2. 混凝土砖的吸水率大，在砌筑时不宜浇水，不能和传统黏土砖一样先浇水。

3. 砌墙完毕不宜马上粉刷，最好过 28 天后再粉刷，使砌筑砂浆有个养护周期

七、混凝土多孔砖

（一）概　述

混凝土多孔砖是以水泥为胶结材料，以砂、石等为主要材料，加水搅拌、成型、养护制成的一种多排小孔的混凝土砖。按其尺寸偏差、外观质量分为：一等品及合格品。按其强度等级分为：MU10、MU15、MU20、MU25、MU30。

（二）执行标准

《混凝土多孔砖》(JC 943—2004)。

（三）相关标准

《通用硅酸盐水泥》(GB 175—2007)。

《砌墙砖试验方法》(GB/T 2542—2003)。

《混凝土小型空心砌块试验方法》(GB/T 4111—1997)。

《建筑材料放射性核素限量》(GB 6566—2010)。

《混凝土外加剂》(GB 8076—2008)。

《建筑用砂》(GB/T 14684—2011)。

《建筑用卵石、碎石》(GB/T 14685—2011)。

《墙体材料术语》(GB/T 18968—2003)。

（四）性能指标

1. 尺寸允许偏差

混凝土多孔砖的尺寸允许偏差应符合表 4-35 的规定。

表 4-35　尺寸允许偏差 (mm)

项目名称	一等品	合格品
长度	±1	±2
宽度	±1	±2
高度	±1.5	±2.5

2. 外观质量

外观质量应符合表 4-36 规定。

表 4-36 外观质量（mm）

项目名称		一等品	合格品
弯曲，≤		2	2
缺棱掉角	个数	0	2
	三个方向投影尺寸的最小值，≤	0	20
裂纹延伸投影尺寸累计，≤		0	20

3. 孔洞排列

孔洞排列应符合表 4-37 的规定。

表 4-37 孔洞排列

孔型	孔洞率	孔洞排列
矩形孔或矩形条孔	≥30%	多排、有序交错排列
矩形孔或其他孔形		条面方向至少 2 排以上

4. 强度等级

强度等级应符合表 4-38 规定。

表 4-38 强度等级

强度等级	抗压强度(MPa)		强度等级	抗压强度(MPa)	
	平均值，≥	单块最小值，≥		平均值，≥	单块最小值，≥
MU10	10.0	8.0	MU25	25.0	20.0
MU15	15.0	12.0	MU30	30.0	24.0
MU20	20.0	16.0			

5. 干燥收缩率

干燥收缩率不应大于 0.045%。

6. 相对含水率

相对含水率应符合表 4-39 规定。

表 4-39 相对含水率

干燥收缩率	相对含水率		
	潮湿	中等	干燥
<0.03	≤45	≤40	≤35
0.03～0.045	≤40	≤35	≤30
相对含水率即混凝土多孔砖含水率与吸水率之比。 潮湿指年平均相对湿度大于 75%的地区；中等指年平均相对湿度 50%～75%的地区；干燥指年平均相对湿度小于 50%的地区			

7. 抗冻性

抗冻性应符合表 4-40 的规定。

表 4-40 抗冻性

使用环境		抗冻标号	指标
非采暖地区		D15	强度损失不大于 25% 质量损失不大于 5%
采暖地区	一般环境	D15	
	干湿交替环境	D25	

非采暖地区指最冷月份平均气温高于零下五度的地区；采暖地区指最冷月平均气温低于或等于零下五度的地区。

8. 抗渗性

用于外墙的混凝土多孔砖，其抗渗性应满足表 4-41 的规定。

表 4-41 抗渗性

项目名称	指标
水面下降高度	3 块中任一块不大于 10 mm

9. 放射性

放射性应符合 GB 6566 的规定。

(五)验收批量

混凝土多孔砖按外观质量等级和强度等级分批验收。以用同一种原材料配制成，同一工艺生产的相同外观质量等级、强度等级的 3.5 万块至 15 万块砖为一批，不足 3.5 万块的按一批计。

(六)取样方法

每批随机抽取 50 块做尺寸偏差和外观质量检验。从尺寸偏差和外观检验合格的砖中抽取其他项目的砖样。

(七)样品数量

1. 外观及尺寸偏差，50 块。
2. 强度等级，10 块。
3. 干燥收缩率，3 块。
4. 相对含水率，3 块。
5. 抗冻性，10 块。
6. 孔洞率，3 块。
7. 抗渗性，3 块。
8. 放射性，3 块。

(八)检测项目

外观及尺寸偏差，强度等级，干燥收缩率，相对含水率，抗冻性，孔洞率，抗渗性，放射性。

(九)质量评定

1. 若受检的混凝土多孔砖的尺寸偏差和外观质量均符合指标要求时，判该批混凝土多孔砖符合相应等级。

2. 若受检的 50 块混凝土多孔砖中，尺寸偏差和外观质量不符合要求的试件数量不超过 7 块时，则判该批混凝土多孔砖符合相应等级。

3. 当所有项目的检验结果均符合各项技术要求的等级时，则判该批砖为相应等级。

4. 原材料与产品中的放射性超过 GB 6566 规定时，应停止生产与销售。

(十)使用注意事项

1. 在混凝土多孔砖施工中，砖的排列图应该在施工组织设计预先排列，在需要小尺寸砌块或穿管留洞的部位必须使用专门形块。

2. 现场堆放时应按不同规格和强度等级分别堆放。这样取用方便，避免误用。

3. 砌块具有较大的收缩性，因此必须采取措施以避免在砌筑完成后产生收缩裂缝。一方面要做到砌缝（特别是竖缝）饱满，挤浆严实，保证砂浆和砌块有良好的黏着力；另一方面则要严格控制砌块上墙砌筑刚完成时的含水率（小于等于35%～45%）。

4. 一般情况下，砌筑砌块时应反砌，即砌块的底面朝上。

第三节　砌筑用砌块及板材

一、普通混凝土小型空心砌块

（一）概　　述

普通混凝土小型空心砌块是以水泥、砂、碎石或卵石或重矿渣等材料制作而成。可用于承重或非承重墙体。主规格为390 mm×190 mm×190 mm。按尺寸、外观质量可分为优等品（A），一等品（B）及合格品（C）。按其强度等级可分为MU3.5、MU5.0、MU7.5、MU10.0、MU15.0、MU20.0。

（二）执行标准

《普通混凝土小型空心砌块》（GB 8239—1997）。

（三）相关标准

《通用硅酸盐水泥》（GB 175—2007）。

《混凝土小型空心砌块试验方法》（GB/T 4111—1997）。

《混凝土外加剂》（GB 8076—2008）。

《建筑用砂》（GB/T 14684—2011）。

《建筑用卵石碎石》（GB/T 14685—2011）。

《砌体工程施工质量验收规范》（GB 50203—2011）。

（四）性能指标

1. 最小外壁厚应不小于30 mm，最小肋厚应不小于25 mm。

2. 空心率应不小于25%。

3. 尺寸允许偏差应符合表4-42的规定。

表4-42　尺寸允许偏差

项目名称	优等品(A)(mm)	一等品(B)(mm)	合格品(C)(mm)
长度	±2	±3	±3
宽度	±2	±3	±3
高度	±2	±3	+3,−4

4. 外观质量应符合表4-43的规定。

表4-43　外 观 质 量

项目名称		优等品(A)	一等品(B)	合格品(C)
弯曲(mm)，不大于		2	2	3
掉角缺棱	个数(个)，不多于	0	2	2
	三个方向投影尺寸的最小值(mm)，不大于	0	20	30
裂纹延伸的投影尺寸累计(mm)，不大于		0	20	30

5. 强度等级应符合表 4-44 的规定。

表 4-44 强度等级(MPa)

强度等级	砌块抗压强度		强度等级	砌块抗压强度	
	平均值,不小于	单块最小值,不小于		平均值,不小于	单块最小值,不小于
MU3.5	3.5	2.8	MU10.0	10.0	8.0
MU5.0	5.0	4.0	MU15.0	15.0	12.0
MU7.5	7.5	6.0	MU20.0	20.0	16.0

6. 相对含水率应符合表 4-45 规定。

表 4-45 相对含水率(%)

使用地区	潮湿	中等	干燥
相对含水率,不大于	45	40	35

注:潮湿系指年平均相对湿度大于 75%的地区;中等系指年平均相对湿度 50%～55%的地区;干燥系指年平均相对湿度小于 50%的地区。

7. 用于清水墙的砌块,其抗渗性应满足表 4-46 的规定。

表 4-46 抗渗性(mm)

项目名称	指 标
水面下降高度	三块中任一块不大于 10

8. 抗冻性应符合表 4-47 的规定。

表 4-47 抗 冻 性

使用环境条件		抗冻标号	指标
非采暖地区		不规定	
采暖地区	一般环境	D15	强度损失≤25% 质量损失≤5%
	干湿交替环境	D25	

注:非采暖地区指最冷月份平均气温高于－5 ℃的地区;采暖地区指最冷月份平均气温低于或等于－5 ℃的地区。

(五)验收批量

砌块按外观质量等级和强度等级分批验收。以同一种原材料配制成的相同外观质量等级、强度等级和同一工艺生产的 1 万块砌块为一检验批,每月生产的块数不足 1 万块亦按一批计。

(六)取样方法

1. 尺寸偏差、外观质量的样品从每一检验批的产品堆垛中用随机抽样法抽取。

2. 其他检验项目用样品从尺寸偏差和外观质量合格品中随机抽取。

(七)样品数量

1. 尺寸偏差和外观质量,32 块。

2. 强度等级,5 块。

3. 相对含水率,3 块。

4. 抗渗性,3 块。

5. 抗冻性,10 块。

6. 空心率，3 块。

(八)检测项目

强度、尺寸偏差、外观质量、相对含水率、抗渗性、抗冻性、空心率。

(九)质量评定

1. 尺寸偏差和外观质量检验结果符合相应指标时，则判该批砌块符合相应等级。

2. 在受检的 32 块砌块中，尺寸偏差和外观质量的不合格数不超过 7 块时，则判该批砌块为相应等级。

3. 当所有项目的检验结果均符合各项技术要求的等级时，则判该批砌块为相应等级。

(十)使用注意事项

1. 砌块应按规格、等级分批分别堆放，不得混杂。

2. 砌块堆放运输及砌筑时应有防雨措施。

3. 砌块装卸时，严禁碰撞、扔摔；应轻起轻放，不许翻斗倾卸。

4. 严禁对混凝土小型空心砌块浇水或浸水润湿。但是，当天气干燥炎热时，可稍加喷水润湿。

5. 混凝土小型空心砌块强度等级达不到设计要求和养护龄期不足 28 日不能出厂，更不能用于砌筑施工。

6. 砌筑砂浆要具有高黏结性、良好的和易性、保水性和较高的强度。

7. 砌筑应对孔错缝搭砌，上下皮层砌块错缝搭接长度一般为砌块长度的 1/2，从转角或定位处开始，纵横墙同时砌筑，墙体临时间断处应砌成斜槎，长度不应小于高度的 2/3。

二、轻集料混凝土小型空心砌块

(一)概　　述

用炉渣、粉煤灰陶粒、膨胀珍珠岩等轻集料制成，空心率等于或大于 25%的小型砌块称为轻集料混凝土小型空心砌块。主规格为 390 mm×190 mm×190 mm。按其孔的排数分为：实心、单排孔、双排孔、三排孔、四排孔。按砌块密度等级分为八级：500、600、700、800、900、1 000、1 200、1 400，其中实心砌块不应大于 800。按砌块强度等级分为六级：1.5、2.5、3.5、5.0、7.5、10.0。按砌块尺寸与外观可分：一等品、合格品。

(二)执行标准

《轻集料混凝土小型空心砌块》(GB/T 15229—2002)。

(三)相关标准

《通用硅酸盐水泥》(GB 175—2007)。

《用于水泥和混凝土中的粉煤灰》(GB/T 1596—2005)。

《混凝土小型空心砌块试验方法》(GB/T 4111—1997)。

《建筑材料放射性核素限量》(GB 6566—2010)。

《混凝土外加剂》(GB 8076—2008)。

《轻集料及其试验方法 第 1 部分 轻集料》(GB/T 17431.1—2010)。

《用于水泥和混凝土中的粒化高炉矿渣粉》(GB/T 18046—2008)。

《普通混凝土用砂、石质量标准及检验方法》(JGJ 52—2006)。

《膨胀珍珠岩》(JC/T 209—1992(96))。

《砌体工程施工质量验收规范》(GB 50203—2011)。

(四)性能指标

1. 尺寸允许偏差

尺寸允许偏差应符合表 4-48 的规定。

表 4-48 尺寸偏差(mm)

项目名称	一等品	合格品
长 度	±2	±3
宽 度	±2	±3
高 度	±2	±3

注:1. 承重砌块最小外壁厚不应小于 30 mm,肋厚不应小于 25 mm。
2. 保温砌块最小外壁厚和肋厚不宜小于 20 mm。

2. 外观质量

外观质量应符合表 4-49 的规定。

表 4-49 外 观 质 量

项目名称	一等品	合格品
缺棱掉角个数,不多于	0	2
3 个方向投影的最小尺寸(mm),不大于	0	30
裂缝延伸投影的累计尺寸(mm),不大于	0	30

3. 密度等级

密度等级应符合表 4-50 的要求。

表 4-50 密度等级(kg/m³)

密度等级	砌块干燥表观密度的范围	密度等级	砌块干燥表观密度的范围
500	≤500	900	810～900
600	510～600	1 000	910～1 000
700	610～700	1 200	1 010～1 200
800	710～800	1 400	1 210～1 400

4. 强度等级

强度等级符合表 4-51 的要求者为一等品;密度等级范围不满足要求者为合格品。

表 4-51 强度等级(MPa)

强度等级	砌块抗压强度		密度等级范围
	平均值	最小值	
1.5	≥1.5	1.2	≤600
2.5	≥2.5	2.0	≤800
3.5	≥3.5	2.8	≤1 200
5.0	≥5.0	4.0	
7.5	≥7.5	6.0	≤1 400
10.0	≥10.0	8.0	

5. 吸水率、相对含水率和干缩率

(1)吸水率不应大于20%。

(2)干缩率和相对含水率应符合表4-52的要求。

表4-52　干缩率和相对含水率

干缩率	相对含水率(%),不应大于		
	潮湿	中等	干燥
<0.03	45	40	35
0.03～0.045	40	35	30
0.045～0.065	35	30	25

注:相对含水率即砌块出厂含水率与吸水率之比。潮湿系指平均相对湿度大于75%的地区;中等系指年平均相对湿度50%～75%的地区;干燥系指平均相对湿度小于50%的地区。

6. 碳化系数和软化系数

加入粉煤灰等火山灰质掺合料的小砌块,其碳化系数不应小于0.8;软化系数不应小于0.75。

7. 抗冻性

抗冻性应符合表4-53的要求。

表4-53　抗　冻　性

使用环境条件	抗冻标号	质量损失(%)	强度损失(%)
非采暖地区	F15	≤5	≤25
采暖地区: 相对湿度≤60% 相对湿度>60%	 F25 F35		
水位变化、干湿循环或粉煤灰掺量≥水泥量50%	≥F50		

注:非采暖地区指最冷月份平均气温高于−5 ℃的地区;采暖地区系指最冷月份平均气温低于或等于−5 ℃的地区。

8. 放射性

掺工业废渣的砌块其放射性应符合GB 6566的规定。

(五)验收批量

砌块按密度等级和强度等级分批验收。以同一品种轻集料配制成的相同密度等级、强度等级和同一工艺生产的1万块砌块为一检验批,每月生产的块数不足1万块亦按一批计。

(六)取样方法

1. 尺寸偏差、外观质量的样品从每一检验批的产品堆垛中用随机抽样法抽取。

2. 其他检验项目用样品从尺寸偏差和外观质量合格品中随机抽取。

(七)样品数量

外观质量及尺寸偏差:32块。

抗压强度:5块。

密度、含水率、吸水率和相对含水率:3块。

干缩率:3块。

抗冻性:10块。

放射性:按GB 6566规定。

(八)检测项目

尺寸允许偏差、外观质量、强度等级、密度等级、吸水率和相对含水率、抗冻性、碳化系数和软化系数、放射性。

(九)质量评定

所有检验结果均符合相应等级指标要求时，则可判为该等级；若不符合该标准时，则判定该批产品为不合格。下列情况可进行复检。

1. 尺寸偏差和外观质量检查中，32 个砌块中有 7 块不合格者。

2. 除尺寸偏差和外观质量外的其他性能指标有任一项不合格者。

3. 用户对生产厂家的出厂检验结果有异议时。

复检的抽检数量和检验项目应与前一次检验相同。

复检后，若符合相应等级指标要求时，则判定为该等级；若不符合标准要求时，则判定该批产品为不合格。

(十)使用注意事项

1. 砌块应按规格、等级分批分别堆放，不得混杂。

2. 砌块堆放运输及砌筑时应有防雨措施。

3. 砌块装卸时，严禁碰撞、扔摔；应轻起轻放，不许翻斗倾卸。

4. 严禁对混凝土小型空心砌块浇水或浸水润湿。但是，当天气干燥炎热时，可稍加喷水润湿。

5. 混凝土小型空心砌块强度等级达不到设计要求和养护龄期不足 28 日不能出厂，更不能用于砌筑施工。

6. 砌筑砂浆要具有高黏结性、良好的和易性、保水性和较高的强度。

7. 砌筑应对孔错缝搭砌，上下皮层砌块错缝搭接长度一般为砌块长度的 1/2，从转角或定位处开始，纵横墙同时砌筑，墙体临时间断处应砌成斜槎，长度不应小于高度的 2/3。

三、蒸压加气混凝土砌块

(一)概　　述

蒸压加气混凝土砌块是以水泥、矿渣、砂或水泥、石灰、砂或水泥、石灰、粉煤灰为基本原料，以铝粉为发气剂，经过蒸压养护等工艺加工而成。适用于民用与工业建筑物承重和非承重墙体及保温隔热使用。砌块强度级别有：A1.0、A2.0、A2.5、A3.5、A5.0、A7.5、A10 七个级别。干密度级别有：B03、B04、B05、B06、B07、B08 六个级别。砌块按尺寸偏差与外观质量、干密度、抗压强度和抗冻性分为：优等品、合格品两个等级。

(二)执行标准

《蒸压加气混凝土砌块》(GB 11968—2006)。

(三)相关标准

《通用硅酸盐水泥》(GB 175—2007)。

《建筑材料放射性核素限量》(GB 6566—2010)。

《蒸压加气混凝土性能试验方法》(GB/T 11969—2008)。

《加气混凝土用铝粉膏》(JC/T 407—2008)。

《硅酸盐建筑制品用粉煤灰》(JC/T 409—2001)。

《硅酸盐建筑制品用生石灰》(JC/T 621—2009)。

《硅酸盐建筑制品用砂》(JC/T 622—2009)。

《砌体工程施工质量验收规范》(GB 50203—2011)。

(四)性能指标

1. 尺寸偏差、外观质量

砌块的尺寸允许偏差和外观质量应符合表 4-54 的规定。

表 4-54 尺寸偏差和外观

项目			指标	
			优等品(A)	合格品(B)
尺寸允许偏差(mm)	长度	L_1	±3	±4
	宽度	B_1	±1	±2
	高度	H_1	±1	±2
缺棱掉角	最小尺寸(mm),不得大于		0	30
	最大尺寸(mm),不得大于		0	70
	大于以上尺寸的缺棱掉角个数(个),不多于		0	2
裂纹长度	贯穿一棱二面的裂纹长度不得大于裂纹所在面的裂纹方向尺寸总和的		0	1/3
	任一面上的裂纹长度不得大于裂纹方向尺寸的		0	1/2
	大于以上尺寸的裂纹条数(条),不多于		0	2
爆裂、黏模和损坏深度(mm),不得大于			10	30
平面弯曲			不允许	
表面疏松、层裂			不允许	
表面油污			不允许	

2. 抗压强度

砌块的抗压强度应符合表 4-55 的规定。

表 4-55 砌块的立方体抗压强度

强度等级	立方体抗压强度(MPa)		强度等级	立方体抗压强度(MPa)	
	平均值,不小于	单块最小值,不小于		平均值,不小于	单块最小值,不小于
A1.0	1.0	0.8	A5.0	5.0	4.0
A2.0	2.0	1.6	A7.5	7.5	6.0
A2.5	2.5	2.0	A10.0	10.0	8.0
A3.5	3.5	2.8			

3. 干密度

砌块的干密度应符合表 4-56 的规定。

表 4-56 砌块的干密度(kg/m^3)

干密度级别		B03	B04	B05	B06	B07	B08
干密度(kg/m^3)	优等品(A),≤	300	400	500	600	700	800
	合格品(B),≤	325	425	525	625	725	825

4. 强度级别

砌块的强度级别应符合表 4-57 的规定。

表 4-57 砌块的强度级别

干密度级别		B03	B04	B05	B06	B07	B08
强度级别	优等品(A)	A1.0	A2.0	A3.5	A5.0	A7.5	A10.0
	合格品(B)			A2.5	A3.0	A5.0	A7.5

5. 砌块的干燥收缩、抗冻性和导热系数(干态)

砌块的干燥收缩、抗冻性和导热系数(干态)应符合表 4-58 规定。

表 4-58 干燥收缩、抗冻性和导热系数

干密度级别		B03	B04	B05	B06	B07	B08
干燥收缩值(mm/m)	标准法,≤	0.50					
	快速法,≤	0.80					
抗冻性	质量损失(%),≤	5.0					
	冻后强度(MPa),≥			2.8	4.0	6.0	8.0
导热系数(干态)[W/(M·K)],≤		0.10	0.12	0.14	0.16	0.18	0.20

注:规定采用标准法、快速法测定砌块干燥收缩值,若测定结果发生矛盾不能判定,则以标准法测定的结果为准。

(五)验收批量

同品种、同规格、同等级的砌块以 1 万块为一批量。不足 1 万块亦为一批。

(六)取样方法

1. 从受检的一批产品中,随机抽取,进行尺寸偏差和外观检查的样品。

2. 从尺寸偏差和外观检验合格的砌块中,随机抽取 6 块砌块用于制作其他检验项目的试件。

(七)样品数量

外观质量及尺寸偏差:50 块。

干密度:3 组(9 块)。

强度级别:3 组(9 块)。

(八)检测项目

尺寸允许偏差、外观质量、抗压强度、干密度。

(九)质量评定

1. 尺寸偏差和外观检验中,当受检的 50 块砌块中不符合规定的砌块数量不超过 5 块时,判该批砌块符合相应等级;若不符合规定的数量超过 5 块时,判该批砌块不符合相应等级。

2. 以 3 组干密度试件的测定结果平均值判定砌块的干密度级别,符合规定时则判定该批砌块合格。

3. 以 3 组抗压强度试件测定结果按表 4-57 确定其强度级别。当强度和干密度级别关系符合规定,同时 3 组试件中各个单组抗压强度平均值全部大于规定的此强度级别的最小值时,判定该批砌块符合相应等级,若有 1 组或 1 组以上抗压强度平均值低于此强度级别的最小值时,判定该批砌块不符合相应等级。

4. 出厂检验中受检验产品的尺寸偏差、外观质量、立方体抗压强度、干密度各项检验全部符合相应等级的技术要求规定时，判定为相应等级。否则降等或判定为不合格。

(十)使用注意事项

1. 砌块应存放5天以上方可出厂。砌块贮存堆放应做到：场地平整，同品种、同规格、同等级做好标记，整齐稳妥，宜有防雨措施。

2. 产品运输时，宜成垛绑扎或有其他包装。保温隔热用产品必须捆扎加塑料薄膜封包。运输装卸时，宜用专用机具，严禁摔、掷、翻斗车自翻自卸货。

3. 蒸养加气混凝土砌块的蒸压养护是获得强度等性能的必要条件，不仅关系到制品性能的好坏，也关系到生产效率的高低和能源的消耗。最佳养护制度不仅对坯体进行充分和合理的养护，使制品在较短时间内达到设计强度，而且最大限度地避免了坯体和制品可能受到的损伤。因为托勃莫来石等产物只有在174.5 ℃以上时才会大量生成，因此，蒸压加气混凝土砌块只有在此温度和压力水平上，并保持一定时间，才具有良好的综合物理性能。根据是否真空等情况，蒸压加气混凝土砌块的养护时间一般需要6～12 h。

4. 出釜后须保证有28天的养护期，才能上墙砌筑。由于通常加气混凝土砌块出釜5～7天的收缩率约占了总收缩的50%，如能保证在出釜28天以后才投入使用的话，则可大大减少因为干缩引起裂缝的机会。

5. 砌块的切割、开槽、钻孔等均应采用专用工具，不得用木工手锯、斧子、瓦刀等工具。

6. 砌块上墙时的含水率应与出厂时的含水率基本一致，粉煤灰加气混凝土砌块宜为20%～25%，砂加气混凝土砌块不应大于15%。

四、粉煤灰混凝土小型空心砌块

(一)概　　述

以粉煤灰、水泥、集料、水为主要组分(也可加入外加剂等)制成的混凝土小型空心砌块，称为粉煤灰混凝土小型空心砌块。按砌块孔的排数分为：单排孔、双排孔和多排孔三类。主规格尺寸为390 mm×190 mm×190 mm。砌块按抗压强度分为：MU3.5、MU5.0、MU7.5、MU10.0、MU15.0、MU20.0六个级别。按砌块密度等级分为：600、700、800、900、1 000、1 200和1 400七个级别。

(二)执行标准

《粉煤灰混凝土小型空心砌块》(JC/T 862—2008)。

(三)相关标准

《通用硅酸盐水泥》(GB 175—2007)。

《用于水泥和混凝土中的粉煤灰》(GB/T 1596—2005)。

《混凝土小型空心砌块试验方法》(GB/T 4111—1997)。

《建筑材料放射性核素限量》(GB 6566—2010)。

《混凝土外加剂》(GB 8076—2008)。

《轻集料及其试验方法 第1部分 轻集料》(GB/T 17431.1—2010)。

《用于水泥和混凝土中的粒化高炉矿渣粉》(GB/T 18046—2008)。

《普通混凝土用砂、石质量标准及检验方法》(JGJ 52—2006)。

《砌体工程施工质量验收规范》(GB 50203—2011)。

(四)性能指标

1. 尺寸允许偏差和外观质量

尺寸允许偏差和外观质量应符合表 4-59 的规定。

表 4-59 尺寸允许偏差和外观质量(mm)

项目		指标	项目		指标
尺寸允许偏差(mm)	长度	±3	肋厚(mm),不小于	用于承重墙体	25
	宽度	±3		用于非承重墙体	15
	高度	±3	缺棱掉角	个数不多于	2
最小外壁厚(mm),不小于	用于承重墙体	30		3 个方向投影的最小尺寸(mm),不大于	20
	用于非承重墙体	20	裂缝延伸投影的累计尺寸(mm),不大于		20
			弯曲(mm),不大于		2

2. 密度等级

密度等级应符合表 4-60 的要求。

表 4-60 密度等级(kg/m³)

密度等级	砌块块体密度的范围	密度等级	砌块块体密度的范围
600	≤600	1 000	910~1 000
700	610~700	1 200	1 010~1 200
800	710~800	1 400	1 210~1 400
900	810~900		

3. 强度等级

强度等级符合表 4-61 的要求。

表 4-61 强度等级(MPa)

强度等级	砌块抗压强度		强度等级	砌块抗压强度	
	平均值,不小于	最小值,不小于		平均值,不小于	最小值,不小于
MU3.5	3.5	2.8	MU10	10.0	8.0
MU5	5.0	4.0	MU15	15.0	12.0
MU7.5	7.5	6.0	MU20	20.0	16.0

4. 干燥收缩率

干燥收缩率应不大于 0.060%。

5. 相对含水率

相对含水率应符合表 4-62 的要求。

表 4-62 相对含水率

干缩率	相对含水率(%),不应大于		
适用地区	潮湿	中等	干燥
相对含水率,不大于	40	35	30

注:相对含水率即砌块出厂含水率与吸水率之比。潮湿系指平均相对湿度大于 75%的地区;中等系指年平均相对湿度 50%~75%的地区;干燥系指平均相对湿度小于 50%的地区。

6. 抗冻性

抗冻性应符合表 4-63 的要求。

表 4-63 抗 冻 性

使用环境条件	抗冻标号	质量损失(%)	强度损失(%)
夏热冬暖地区	F15	≤5	≤25
夏热冬冷地区	F25		
寒冷地区	F35		
严寒地区	F50		

7. 碳化系数和软化系数

碳化系数不应小于 0.8;软化系数不应小于 0.80。

8. 放射性

放射性应符合 GB 6566 的规定。

(五)验收批量

以同一种粉煤灰、同一种集料与水泥、同一生产工艺制成的相同密度等级、相同强度等级的 1 万块砌块为一批,每月生产的砌块数不足 1 万块者亦以一批计。

(六)取样方法

每批随机抽取 32 块进行尺寸偏差和外观质量检验;再从尺寸偏差和外观检验合格的砌块中抽取强度试样和密度、相对含水率试样。

(七)样品数量

尺寸偏差和外观质量:32 块。

强度:5 块。

含水率、密度:3 块。

(八)检测项目

尺寸偏差和外观质量、强度、相对含水率、密度。

(九)质量评定

1. 若受检的 32 块砌块中,尺寸偏差和外观质量的不合格数不超过 7 块,则判该批砌块尺寸偏差和外观质量合格。否则为不合格。

2. 所有项目的检验结果符合标准规定的要求时,则判该批产品合格。

3. 产品的放射性超过 GB 6566 规定时,应停止生产与销售。

(十)使用注意事项

1. 砌块在厂内养护 28 天后方可出厂。

2. 砌块应按规格、等级分批分别堆放,不得混杂。砌块堆放运输及砌筑时应有防雨措施。

3. 砌块装卸时,严禁碰撞、扔摔;应轻起轻放,不许翻斗倾卸。

4. 严禁对混凝土小型空心砌块浇水或浸水润湿。但是,当天气干燥炎热时,可稍加喷水润湿。

5. 砌筑砂浆要具有高黏结性、良好的和易性、保水性和较高的强度。

6. 砌筑应对孔错缝搭砌,上下皮层砌块错缝搭接长度一般为砌块长度的 1/2,从转角或定位处开始,纵横墙同时砌筑,墙体临时间断处应砌成斜槎,长度不应小于高度的 2/3。

五、泡沫混凝土砌块

(一)概　　述

用物理方法将泡沫剂水溶液制备成泡沫,再将泡沫加入到由水泥基胶凝材料、集料、掺合料、外加剂和水等制成的料浆中，经混合搅拌、浇注成型、自然或蒸汽养护而成的轻质多孔混凝土砌块。也称发泡混凝土砌块。适用于工业与民用建筑物墙体和屋面及保温隔热使用。砌块强度级别有：A0.5、A1.0、A1.5、A2.5、A3.5、A5.0、A7.5 七个级别。干密度级别有：B03、B04、B05、B06、B07、B08、B09、B10 八个级别。砌块按尺寸偏差与外观质量分为：一等品、合格品两个等级。

（二）执行标准

《泡沫混凝土砌块》(JC/T 1062—2007)。

（三）相关标准

《通用硅酸盐水泥》(GB 175—2007)。

《用于水泥和混凝土中的粉煤灰》(GB/T 1596—2005)。

《建筑材料放射性核素限量》(GB 6566—2010)。

《混凝土外加剂》(GB 8076—2008)。

《蒸压加气混凝土性能试验方法》(GB/T 11969—2008)。

《混凝土用水标准》(JGJ 63—2006)。

《建筑用砂》(GB/T 14684—2011)。

《硅酸盐建筑制品用生石灰》(JC/T 621—2009)。

《用于水泥和混凝土中的粒化高炉矿渣粉》(GB/T 18046—2008)。

《砌体工程施工质量验收规范》(GB 50203—2011)。

（四）性能指标

1. 尺寸偏差

砌块的尺寸允许偏差应符合表 4-64 的规定。

表 4-64　尺 寸 偏 差

项　目	指　标	
	一等品(B)	合格品(C)
长度	±4	±6
宽度	±3	+3，−4
高度	±3	+3，−4

2. 外观质量

外观质量应符合表 4-65 的规定。

表 4-65　外 观 质 量

项　目		指　标	
		一等品(B)	合格品(C)
缺棱掉角	最小尺寸(mm)，不得大于	30	30
	最大尺寸(mm)，不得大于	70	70
	大于以上尺寸的缺棱掉角个数(个)，不多于	1	2
裂纹长度	贯穿一棱二面的裂纹长度不得大于裂纹所在面的裂纹方向尺寸总和的	1/3	1/3
	任一面上的裂纹长度不得大于裂纹方向尺寸的	1/3	1/2
	大于以上尺寸的裂纹条数(条)，不多于	0	2
黏模和损坏深度(mm)，不得大于		20	30
平面弯曲(mm)，不得大于		3	5
表面疏松、层裂		不允许	
表面油污		不允许	

3. 强度等级

砌块的强度等级应符合表 4-66 的规定。

表 4-66 砌块的立方体抗压强度

强度等级	立方体抗压强度(MPa)		强度等级	立方体抗压强度(MPa)	
	平均值,不小于	单块最小值,不小于		平均值,不小于	单块最小值,不小于
A0.5	0.5	0.4	A3.5	3.5	2.8
A1.0	1.0	0.8	A5.0	5.0	4.0
A1.5	1.5	1.2	A7.5	7.5	6.0
A2.5	2.5	2.0			

4. 密度等级

砌块的密度等级应符合表 4-67 的规定。

表 4-67 砌块的密度等级(kg/m^3)

密度等级	B03	B04	B05	B06	B07	B08	B09	B10
干表观密度,≤	330	430	530	630	730	830	930	1030

5. 砌块的干燥收缩和导热系数

砌块的干燥收缩和导热系数应符合表 4-68 的规定。

表 4-68 干燥收缩、抗冻性和导热系数

干密度级别	B03	B04	B05	B06	B07	B08	B09	B10
干燥收缩值(快速法)(mm/m)	—				0.90			
导热系数(干态)[W/(M·K)],≤	0.08	0.10	0.12	0.14	0.18	0.21	0.24	0.27

6. 抗冻性

根据工程需要或环境条件,需要抗冻性的场合,其产品抗冻性应符合表 4-69 的要求。

表 4-69 抗 冻 性

使用环境条件	抗冻标号	质量损失(%)	强度损失(%)
夏热冬暖地区	F15	≤5	≤25
夏热冬冷地区	F25		
寒冷地区	F35		
严寒地区	F50		

7. 碳化系数

碳化系数应不小于 0.80。

(五)验收批量

同品种、同规格、同等级的砌块,以 500 m^3 为一批,不足 500 m^3 亦为一批。

(六)取样方法

1. 随机抽取 50 块进行尺寸偏差、外观检验。

2. 从尺寸偏差与外观检验合格的砌块中,随机抽取 6 块砌块,进行强度和干表观密度的检验。

（七）样品数量

1. 尺寸偏差和外观:50 块。

2. 强度,6 块:3 组。

3. 干表观密度:6 块,3 组。

（八）检测项目

尺寸偏差、外观质量、立方体抗压强度、干表观密度。

（九）质量评定

1. 若受检的 50 块砌块中,尺寸偏差与外观质量不符合规定的砌块数量不超过 5 块时,判定该批砌块符合相应等级,否则判定该批砌块不符合相应等级。

2. 以 3 组试件立方体抗压强度平均值与其中一组试件立方体抗压强度最小平均值,符合标准规定的判定为相应等级。

3. 以 3 组试件干表观密度平均值判定其密度等级。

（十）使用注意事项

1. 砌块必须存放 28 天方可出厂。砌块贮存堆放应做到场地平整,并设有养护喷淋装置和防晒设施。同品种、同规格、同等级做好标记,码放整齐稳妥,不得混杂。14 天后不得喷淋,宜有防雨措施。

2. 产品运输时,宜成垛绑扎或有其他包装。绝热用产品宜捆扎加塑料薄膜封包。运输装卸时,宜用专用机具,严禁摔、掷、翻斗车自翻卸货。

3. 不得用于建筑物的基础、处于浸水、高温和化学腐蚀的环境,承重制品表面温度高于 80 ℃的部位。

4. 其他使用注意事项与加气混凝土相同。

六、建筑用轻质隔墙条板

（一）概　　述

建筑用轻质隔墙条板是采用轻质材料或轻型构造制作,面密度不大于相关规定数值、长宽比不小于 2.5 的适用于工业与民用建筑非承重内隔墙用的轻质条板。按断面构造分为空心条板、实心条板和复合条板三种类别,按板的构件类型分为普通板、门窗框板、异形板。

（二）执行标准

《建筑用轻质隔墙条板》(GB/T 23451—2009)。

（三）相关标准

《建筑材料放射性核素限量》(GB 6566—2010)。

《计数抽样检验程序 第 1 部分 按接收质量限(AQL)检索的逐批检验抽样计划》(GB/T 2828.1—2003)。

《建筑材料及制品燃烧性能分级》(GB 8624—2006)。

《建筑构件耐火试验方法 第 1 部分 通用要求》(GB/T 9978.1—2008)。

《声学 建筑和建筑构件隔声测量 第 3 部分 建筑构件空气隔声的实验室测量》(GB/T 19889.3—2005)。

(四)性能指标

1. 外观质量

外观质量应符合表 4-70 的规定。

表 4-70 外 观 质 量

序号	项 目	指标
1	板面外露筋、纤;飞边毛刺;板面泛霜;板的横向、纵向、厚度方向贯通裂缝	无
2	复合条板面层脱落	无
3	板面裂缝,长度 50～100 mm,宽度 0.5～1.0 mm	≤2 处/板
4	蜂窝气孔,长径 5～30 mm	≤3 处/板
5	缺棱掉角,宽度×长度 10 mm×25 mm～20 mm×30 mm	≤2 处/板
6	壁厚(mm)	≥12
序号 3、4、5 项中低于下限值的缺陷忽略不计,高于上限值的缺陷为不合格 复合条板测面层脱落,空心条板测壁厚		

2. 尺寸允许偏差

尺寸允许偏差应符合表 4-71 的规定。

表 4-71 尺寸允许偏差(mm)

序号	项目	允许偏差	序号	项目	允许偏差
1	长度	±5	4	板面平整度	≤2
2	宽度	±2	5	对角线差	≤6
3	厚度	±1.5	6	侧向弯曲	≤L/1 000

3. 放射性核素限量

放射性核素限量应符合表 4-72 的规定。

4-72 放射性核素限量表

项 目	指 标	
制品中镭 226、钍 232、钾 40 放射性核素限量	实心板	空心板(空心率大于 25%)
内照射指数	≤1.0	≤1.0
外照射指数	≤1.0	≤1.3

4. 物理性能

物理性能应符合表 4-73 的规定。

表 4-73 物理性能指标

序 号	项 目	指 标	
		板厚 90 mm	板厚 120 mm
1	抗冲击性能	经 5 次抗冲击试验后,板面无裂纹	
2	抗弯承载(板自重倍数)	≥1.5	
3	抗压强度(MPa)	≥3.5	
4	软化系数	≥0.8(防水石膏条板≥0.6,普通石膏条板≥0.4)	
5	面密度(kg/m^2)	≤90	≤110
6	含水率(%)	≤12	
7	干燥收缩值(mm/m)	≤0.6	

续上表

序　号	项　目	指　标	
		板厚 90 mm	板厚 120 mm
8	吊挂力	荷载 1 000 N 静置 24 h，板面无宽度超过 0.5 mm 的裂缝	
9	抗冻性	不应出现可见的裂纹且表面无变化	
10	空气声隔声量(dB)	≥35	≥40
11	耐火极限(h)	≥1	
12	燃烧性能	A1 或 A2 级	

(五)验收批量

同类别、同规格的条板为一检验批，不足 151 块，按 151～280 块的批量算。

(六)取样方法

外观质量和尺寸偏差的试样按 GB/T 2828.1 中正常二次抽样进行，面密度、抗弯承载、含水率样本从外观质量和尺寸偏差项目检验合格的产品中随机抽取。具体抽样方案见表 4-74、表 4-75。

表 4-74　外观质量和尺寸允许偏差项目检验抽样方案

批量范围 N	样本	样本大小		合格判定数		不合格判定数	
		n_1	n_2	Ac_1	Ac_2	Re_1	Re_2
151～280	1	8	—	0	—	2	—
	2	—	8	—	1	—	2
281～500	1	13	—	0	—	3	—
	2	—	13	—	3	—	4
501～1 200	1	20	—	1	—	3	—
	2	—	20	—	4	—	5
1 201～3 200	1	32	—	2	—	5	—
	2	—	32	—	6	—	7
3 201～10 000	1	50	—	3	—	6	—
	2	—	50	—	9	—	10
10 001～35 000	1	80	—	5	—	9	—
	2	—	80	—	12	—	13

表 4-75　物理性能项目检验抽检方案

序号	项目	第一样本	第二样本
1	抗弯承载(块)	1	2
2	面密度(组)	1	2
3	含水率(组)	1	2

(七)样品数量

各检测项目样品数量见上表。

（八）检测项目

外观质量、尺寸允许偏差、面密度、抗弯承载、含水率。

（九）质量评定

1. 外观质量和尺寸允许偏差项目检验判定规则

(1)根据样本检验结果，若受检板的外观质量、尺寸允许偏差项目均符合相应规定时，则判该板是合格板，若受检板外现质量、尺寸允许偏差项目中有一项或一项以上不符合相应规定时，则判该板是不合格板。

(2)具体判定过程见表4-76。

表4-76 判定结果

$d_1 \leqslant Ac_1$	合格	$(d_1+d_2) \leqslant Ac_2$	合格
$d_1 \geqslant Re_1$	不合格	$(d_1+d_2) \geqslant Re_2$	不合格
$Ac_1 < d_1 < Re_1$	抽第二样本进行检验		

2. 面密度、抗弯承载、含水率项目均符合相应规定时，则判该批产品为合格品；若两项以上检验不符合相应规定，则判该批产品为不合格。若有一个项目不合格，则对不合格项目抽第二样本进行检验，第二样本检验，若无任一结果不合格，则判该批产品为合格品，若仍有一个结果不合格则判该批产品为批不合格。

（十）使用注意事项

1. 条板短距离可用推车运输，长距离可使用车船等货运方式运输。长距离运输应打捆，每捆不应多于8块，轻吊轻放。运输过程中应用绳索绞紧，支撑合理，防止撞击，避免破损和变形，必要时应有篷布遮盖，防止雨淋。

2. 条板产品应按型号、规格分类储存。存放场地应平整，下部用方木或砖垫高。侧立堆放的条板，板面与铅垂面夹角不应大于15°；堆长不超过4 m，堆层两层。水平堆放的条板，堆高不超过2 m。

3. 产品储存超过6个月，应翻换板面朝向和侧边位置。储存期限超过12个月，产品在出厂或使用前应进行抽检。

七、灰渣混凝土空心隔墙板

（一）概　述

灰渣混凝土空心隔墙板是采用于工业与民用建筑中的非承重内隔墙条板，以水泥为胶凝材料，以灰渣为集料，以纤维或钢筋为增强材料，其构造断面为多孔空心式，长宽比不小于2.5，且灰渣总掺量在40%以上(重量比)。

作为集料的灰渣可以是粉煤灰，经煅烧或自燃的煤矸石、炉渣、矿渣，房屋建筑工程、道路工程、市政工程施工废弃物等废渣。以粉煤灰陶粒和陶砂、页岩陶粒和陶砂、天然浮石等为集料的混凝土空心隔墙墙板也可参照使用。

（二）执行标准

《灰渣混凝土空心隔墙板》(GB/T 23449—2009)。

（三）相关标准

《建筑材料放射性核素限量》(GB 6566—2010)。

《计数抽样检验程序 第1部分 按接收质量限(AQL)检索的逐批检验抽样计划》(GB/T 2828.1—2003)。

《建筑材料及制品燃烧性能分级》(GB 8624—2006)。

《建筑构件耐火试验方法 第1部分 通用要求》(GB/T 9978.1—2008)。

《声学 建筑和建筑构件隔声测量 第3部分 建筑构件空气隔声的实验室测量》(GB/T 19889.3—2005)。

(四)性能指标

1. 外观质量

外观质量应符合表4-77的规定。

表4-77 外观质量

序号	项目	指标
1	板面外露筋、纤;板的横向、纵向、厚度方向贯通裂缝	无
2	板面裂缝,长度50～100 mm,宽度0.5～1.0 mm	≤2处/板
3	蜂窝气孔,长径5～30 mm	≤3处/板
4	缺棱掉角,宽度×长度10 mm×25 mm～20 mm×30 mm	≤2处/板
5	壁厚(mm)	≥12
序号2、3、4项中低于下限值的缺陷忽略不计,高于上限值的缺陷为不合格。		

2. 尺寸允许偏差

尺寸允许偏差应符合表4-78的规定。

表4-78 尺寸允许偏差(mm)

序号	项目	允许偏差	序号	项目	允许偏差
1	长度	±5	4	板面平整度	≤2
2	宽度	±2	5	对角线差	≤6
3	厚度	±2	6	侧向弯曲	≤L/1 000

3. 放射性核素限量

放射性核素限量应符合表4-79的规定。

表4-79 放射性核素限量

项目	指标
制品中镭226、钍232、钾40放射性核素限量	空心板(空心率大于25%)
内照射指数	≤1.0
外照射指数	≤1.3

4. 物理性能

物理性能应符合表4-80的规定。

表 4-80 物理性能指标

序号	项目	指标		
		板厚 90 mm	板厚 120 mm	板厚 150 mm
1	抗冲击性能	经 5 次抗冲击试验后，板面无裂纹		
2	抗弯承载(板自重倍数)	≥1		
3	抗压强度(MPa)	≥5		
4	软化系数	≥0.8		
5	面密度(kg/m^2)	≤120	≤140	≤160
6	含水率(%)	≤12		
7	干燥收缩值(mm/m)	≤0.6		
8	吊挂力	荷载 1 000 N 静置 24 h，板面无宽度超过 0.5 mm 的裂缝		
9	抗冻性	不应出现可见的裂纹且表面无变化(夏热冬暖地区不检验)		
10	空气声隔声量(dB)	≥40	≥45	≥50
11	耐火极限(h)	≥1		

(五)验收批量

同类别、同规格的条板为一检验批，不足 151 块，按 151～280 块的批量算，具体见下表。

(六)取样方法

外观质量和尺寸偏差的试样按 GB/T 2828.1 中正常二次抽样进行，面密度、抗弯承载、含水率样本从外观质量和尺寸偏差项目检验合格的产品中随机抽取。具体抽样方案见表 4-81、表 4-82。

表 4-81 外观质量和尺寸允许偏差项目检验抽样方案

批量范围 N	样本	样本大小		合格判定数		不合格判定数	
		n_1	n_2	Ac_1	Ac_2	Re_1	Re_2
151～280	1	8	—	0	—	2	—
	2	—	8	—	1	—	2
281～500	1	13	—	0	—	3	—
	2	—	13	—	3	—	4
501～1 200	1	20	—	1	—	3	—
	2	—	20	—	4	—	5
1 201～3 200	1	32	—	2	—	5	—
	2	—	32	—	6	—	7
3 201～10 000	1	50	—	3	—	6	—
	2	—	50	—	9	—	10
10 001～35 000	1	80	—	5	—	9	—
	2	—	80	—	12	—	13

表 4-82　物理性能项目检验抽检方案

序号	项目	第一样本	第二样本
1	抗弯承载(块)	1	2
2	面密度(组)	1	2
3	含水率(组)	1	2

(七)样品数量

各检测项目样品数量见上表。

(八)检测项目

外观质量、尺寸允许偏差、面密度、抗弯承载、含水率。

(九)质量评定

1. 外观质量和尺寸允许偏差项目检验判定规则。

(1)根据样本检验结果，若受检板的外观质量、尺寸允许偏差项目均符合相应规定时，则判该板是合格板，若受检板外现质量、尺寸允许偏差项目中有一项或一项以上不符合相应规定时，则判该板是不合格板。

(2)具体判定过程见表 4-83。

表 4-83　判 定 结 果

$d_1 \leqslant Ac_1$	合格	$(d_1+d_2) \leqslant Ac_2$	合格
$d_1 \geqslant Re_1$	不合格	$(d_1+d_2) \geqslant Re_2$	不合格
$Ac_1 < d_1 < Re_1$	抽第二样本进行检验		

2. 面密度、抗弯承载、含水率项目均符合相应规定时，则判该批产品为合格品；若两项以上检验不符合相应规定，则判该批产品为不合格。若有一个项目不合格，则对不合格项目抽第二样本进行检验，第二样本检验，若无任一结果不合格，则判该批产品为合格品，若仍有一个结果不合格则判该批产品为不合格。

(十)使用注意事项

1. 产品应侧立搬运，禁止平抬，短距离可用推车运输，长距离可使用车船等货运方式运输。

2. 长距离运输应打捆，每捆不应多于 8 块，轻吊轻放。运输过程中应侧立贴实，用绳索绞紧，支撑合理，防止撞击，避免破损和变形，必要时应有篷布遮盖，防止雨淋。

3. 墙板产品可库存，亦可露天存放，存放场地应坚实平整，搬抬方便，露天存放时，应备有防雨雪措施。

4. 可在常温常湿条件下储存，环境条件应保持干燥通风，并应采取措施，防止侵蚀介质和雨水侵害。产品成型后，在工厂内存放时间不应少于 28 天。

5. 产品应按型号、规格分类储存。储存应采用侧立方式，下部用方木或砖垫高。板面与铅垂面夹角不应大于 15°；堆长不超过 4 m，堆层两层。

6. 产品储存超过 6 个月，应翻换板面朝向和侧边位置。储存期限超过 12 个月，产品在出厂或使用前应进行抽检。

第四节 砌筑砂浆

一、砌筑砂浆配合比设计

（一）设计目的

砂浆是由胶结料、细集料、掺加料和水配制而成。在建筑工程中起黏结、衬垫和传递应力的作用。砌筑砂浆普遍用于工业与民用建筑及其他工程中承重结构或非承重结构墙体、护坡、挡墙等的砌筑。砌筑砂浆配合比设计的目的就是为了满足设计和施工要求，在保证砌筑砂浆质量的前提下，实现合理的经济性。

砌筑砂浆一般分为现场配制砂浆和预拌砌筑砂浆，现场配制砂浆是由水泥、细骨料和水以及根据需要加入的石灰、活性掺合料或外加剂在现场配制成的砂浆，它又分为水泥砂浆和水泥混合砂浆，水泥砂浆包括单纯用水泥为胶凝材料拌制的砂浆，也包括掺入活性掺合料与水泥共同拌制的砂浆；预拌砌筑砂浆（商品砂浆）是由专业生产厂生产的湿拌砌筑砂浆和干混砌筑砂浆，它的工作性、耐久性优良，生产时不分水泥砂浆和水泥混合砂浆。

（二）适用范围

适用于工业与民用建筑及一般构筑物中所采用的砌筑砂浆的配合比设计。

（三）设计原理

砌筑砂浆配合比设计是根据使用原材料的性能，砂浆技术要求、施工条件、砌体结构等进行计算或查表选择，确定砌筑砂浆中水泥、砂、水及其他掺料的相互比例及用量。水泥用量的确定是依据水泥用量与水泥强度、砂浆强度的回归公式通过设计要求的砂浆强度等级及选用水泥的强度来计算。砂子的用量是依据砂子在砂浆中起骨架作用的理论根据砂子的堆积密度选择砂子用量。水用量是根据砂浆施工稠度的要求在一定合理范围内选定的。水泥混合砂浆石灰膏用量的确定是依据胶凝材料和石灰膏总量为 350 kg/m^3 的经验统计。

（四）执行标准

《砌筑砂浆配合比设计规程》(JGJ 98—2010)。

（五）相关标准

《通用硅酸盐水泥》(GB 175—2007)。

《用于水泥和混凝土中的粉煤灰》(GB/T 1596—2005)。

《建筑材料放射性核素限量》(GB 6566—2010)。

《砌筑水泥》(GB/T 3183—2003)。

《用于水泥和混凝土中的粒化高炉矿渣粉》(GB/T 18046—2008)。

《高强高性能混凝土用矿物外加剂》(GB/T 18736—2002)。

《普通混凝土用砂、石质量及检验方法标准》(JGJ 52—2006)。

《混凝土用水标准》(JGJ 63—2006)。

《建筑砂浆基本性能试验方法标准》(JGJ/T 70—2008)。

《预拌砂浆》(JG/T 230—2007)。

（六）设计准备（包括：指标确定，原材料选择，取样及委托）

1. 砂浆的性能指标

(1)水泥砂浆及预拌砌筑砂浆的强度等级可分为 M5、M7.5、M10、M15、M20、M25、M30；水泥混合砂浆的强度等级可分为 M5、M7.5、M10、M15。

(2)砌筑砂浆拌和物的表观密度宜符合表 4-84 的规定。

表 4-84　砌筑砂浆拌和物的表观密度(kg/m³)

砂 浆 种 类	表 观 密 度
水泥砂浆	≥1 900
水泥混合砂浆	≥1 800
预拌砌筑砂浆	≥1 800

(3)砌筑砂浆的稠度、保水率、试配抗压强度应同时满足要求。

(4)砌筑砂浆施工时的稠度宜按表 4-85 选用。

表 4-85　砌筑砂浆的施工稠度(mm)

砌 体 种 类	施工稠度
烧结普通砖砌体、粉煤灰砖砌体	70～90
混凝土砖砌体、普通混凝土小型空心砌块砌体、灰砂砖砌体	50～70
烧结多孔砖砌体、烧结空心砖砌体、轻集料混凝土小型空心砌块砌体、蒸压加气混凝土砌块砌体	60～80
石砌体	30～50

(5)砌筑砂浆的保水率应符合表 4-86 的规定。

表 4-86　砌筑砂浆的保水率(%)

砂浆种类	保水率
水泥砂浆	≥80
水泥混合砂浆	≥84
预拌砌筑砂浆	≥88

(6)有抗冻性要求的砌体工程,砌筑砂浆应进行冻融试验。砌筑砂浆的抗冻性应符合表 4-87 的规定,且当设计对抗冻性有明确要求时,尚应符合设计规定。

表 4-87　砌筑砂浆的抗冻性

使用条件	抗冻指标	质量损失率(%)	强度损失率(%)
夏热冬暖地区	F15	≤5	≤25
夏热冬冷地区	F25		
寒冷地区	F35		
严寒地区	F50		

(7)砌筑砂浆中的水泥和石灰膏、电石膏等材料的用量可按表 4-88 选用。

表 4-88　砌筑砂浆的材料用量(kg/m³)

砂浆种类	材料用量
水泥砂浆	≥200
水泥混合砂浆	≥350
预拌砌筑砂浆	≥200

2. 原材料的选择

(1)砌筑砂浆所用原材料不应对人体、生物与环境造成有害的影响,并应符合现行国家标准《建筑材料放射性核素限量》(GB 6566)的规定。

(2)水泥宜采用通用硅酸盐水泥或砌筑水泥,且应符合现行国家标准《通用硅酸盐水泥》(GB 175)和《砌筑水泥》(GB/T 3183)的规定。水泥强度等级应根据砂浆品种及强度等级的要求进行选择。M15 及以下强度等级的砌筑砂浆宜选用 32.5 级的通用硅酸盐水泥或砌筑水泥；M15 以上强度等级的砌筑砂浆宜选用 42.5 级通用硅酸盐水泥。

(3)砂宜选用中砂,并应符合现行行业标准《普通混凝土用砂、石质量及检验方法标准》(JGJ 52)的规定,且应全部通过 4.75 mm 的筛孔。

(4)砌筑砂浆用石灰膏、电石膏应符合下列规定。

①生石灰熟化成石灰膏时,应用孔径不大于 3 mm×3 mm 的网过滤,熟化时间不得少于7 天。磨细生石灰粉的熟化时间不得少于 2 天。沉淀池中储存的石灰膏,应采取防止干燥、冻结和污染的措施。严禁使用脱水硬化的石灰膏。

②制作电石膏的电石渣应用孔径不大于 3 mm×3 mm 的网过滤,检验时应加热至 70 ℃后至少保持 20 min,并应待乙炔挥发完后再使用。

③消石灰粉不得直接使用于砌筑砂浆中。

④石灰膏、电石膏试配时的稠度,应为(120±5)mm。

(5)粉煤灰、粒化高炉矿渣粉、硅灰、天然沸石粉应分别符合国家现行标准《用于水泥和混凝土中的粉煤灰》(GB/T 1596)、《用于水泥和混凝土中的粒化高炉矿渣粉》(GB/T 18046)、《高强高性能混凝土用矿物外加剂》(GB/T 18736)和《天然沸石粉在混凝土和砂浆中应用技术规程》(JGJ/T 112)的规定。当采用其他品种矿物掺合料时,应有可靠的技术依据,并应在使用前进行试验验证。

(6)采用保水增稠材料时,应在使用前进行试验验证,并应有完整的型式检验报告。

(7)外加剂应符合国家现行有关标准的规定,引气型外加剂还应有完整的型式检验报告。

(8)拌制砂浆用水应符合现行行业标准《混凝土用水标准》(JGJ 63)的规定。

3. 配合比设计的委托及原材料取样

(1)配合比设计任务的委托应注明砂浆的使用环境、设计强度等级、耐久性等要求和原材料品质以及施工工艺等。

(2)原材料取样

按水泥、砂、外加剂等取样规定抽取各种原材料试样。如采用非饮用水拌和混凝土时,应按混凝土用水取样规定抽取水试样。取样数量:水泥约 20 kg,砂约 50 kg,水约 10 kg,石灰膏约 10 kg,外加剂约 0.5 kg。

(七)设计内容

1. 现场配制水泥混合砂浆的配合比设计

(1)配合比应按下列步骤进行计算。

①计算砂浆试配强度(f_{m0})。

②计算每立方米砂浆中的水泥用量 (Q_c)。

③计算每立方米砂浆中石灰膏用量(Q_D)。

④确定每立方米砂浆中的砂用量(Q_s)。

⑤按砂浆稠度选每立方米砂浆用水量(Q_w)。

(2)砂浆的试配强度应按下式计算：

$$f_{m0}=kf_2$$

式中 f_{m0}——砂浆的试配强度(MPa)，精确至0.1 MPa；

f_2——砂浆强度等级值(MPa)，精确至0.1 MPa；

k——系数，按表4-89取值。

表4-89 砂浆强度标准差σ及k值

强度等级／施工水平	强度标准差(MPa)							k值
	M5	M7.5	M10	M15	M20	M25	M30	
优良	1.00	1.50	2.00	3.00	4.00	5.00	6.00	1.15
一般	1.25	1.88	2.50	3.75	5.00	6.25	7.50	1.20
较差	1.50	2.25	3.00	4.50	6.00	7.50	9.00	1.25

(3)砂浆强度标准差的确定应符合下列规定。

①当有统计资料时，砂浆强度标准差应按下式计算：

$$\sigma=\sqrt{\frac{\sum_{i=1}^{n}f_{m,i}^2-n\mu^2 f_m}{n-1}}$$

式中 $f_{m,i}$——统计周期内同一品种砂浆第i组试件的强度，MPa；

μf_m——统计周期内同一品种砂浆n组试件强度的平均值，MPa；

n——统计周期内同一品种砂浆试件的总组数，$n\geqslant25$。

②当无统计资料时，砂浆强度标准差可按上表取值。

(4)水泥用量的计算应符合下列规定。

每立方米砂浆中的水泥用量，应按下式计算：

$$Q_c=1\,000(f_{m0}-\beta)/(\alpha f_{ce})$$

式中 Q_c——每立方米砂浆的水泥用量(kg)，精确至1 kg；

f_{ce}——水泥的实测强度(MPa)，精确至0.1 MPa；在无法取得水泥的实测强度值时，可按水泥强度等级乘以富裕系数取值，富裕系数没有统计资料时取1；

α,β——砂浆的特征系数，其中α取3.03，β取15.09。

(5)石灰膏用量按下式计算。

$$Q_D=D_A-Q_C$$

式中 Q_D——每立方米砂浆的石灰膏用量(kg)，精确至1 kg，石灰膏使用时的稠度宜为120 mm±5 mm；

Q_C——每立方米砂浆的水泥用量(kg)，应精确至1 kg；

D_A——每立方米砂浆中水泥和石灰膏总量，应精确至1 kg，可为350 kg。

(6)每立方米砂浆中的砂用量，应按干燥状态(含水率小于0.5%)的堆积密度值作为计算值，kg。

(7)每立方米砂浆中的用水量，可根据砂浆稠度等要求选用210～310 kg。混合砂浆中的用水量，不包括石灰膏中的水，采用细砂或粗砂时，用水量分别取上限或下限；稠度小于70 mm时，用水量可小于下限；施工现场气候炎热或干燥季节，可酌量增加用水量。

2. 现场配制水泥砂浆的配合比设计

(1)水泥砂浆的材料用量按表4-90选用。

表4-90 每立方米水泥砂浆材料用量(kg/m³)

强度等级	水泥	砂	用水量
M5	200～230	砂的堆积密度值	270～330
M7.5	230～260		
M10	260～290		
M15	290～330		
M20	340～400		
M25	360～410		
M30	430～480		

M15及以下强度等级水泥砂浆，水泥强度等级为32.5级；M15以上强度等级水泥砂浆，水泥强度等级为42.5级；当采用细砂或粗砂时，用水量分别取上限或下限；稠度小于70 mm时，用水量可小于下限；施工现场气候炎热或干燥季节，可酌量增加用水量。

(2)水泥粉煤灰砂浆材料用量可按表4-91选用。

表4-91 每立方米水泥粉煤灰砂浆材料用量(kg/m³)

强度等级	水泥	粉煤灰	砂	用水量
M5	210～240	粉煤灰掺量可占胶凝材料总量的15%～25%	砂的堆积密度值	270～330
M7.5	240～270			
M10	270～300			
M15	300～330			

水泥强度等级为32.5级；当采用细砂或粗砂时，用水量分别取上限或下限；稠度小于70 mm时，用水量可小于下限；施工现场气候炎热或干燥季节，可酌量增加用水量。

3. 预拌砌筑砂浆的配合比设计

(1)预拌砌筑砂浆应符合下列规定。

①在确定湿拌砌筑砂浆稠度时应考虑砂浆在运输和储存过程中的稠度损失。

②湿拌砌筑砂浆应根据凝结时间要求确定外加剂掺量。

③干混砌筑砂浆应明确拌制时的加水量范围。

④预拌砌筑砂浆的搅拌、运输、储存等应符合现行行业标准《预拌砂浆》(JG/T 230)的规定。

⑤预拌砌筑砂浆性能应符合现行行业标准《预拌砂浆》(JG/T 230)的规定。

(2)预拌砌筑砂浆的试配应符合下列规定。

①预拌砌筑砂浆生产前应进行试配，试配强度应按试配强度公式计算确定，试配时稠度取70～80 mm。

②预拌砌筑砂浆中可掺入保水增稠材料、外加剂等，掺量应经试配后确定。

(八)检测项目

强度、稠度、保水性、抗冻性。

(九)试配调整

1. 按计算或查表所得配合比进行试拌时，应按现行行业标准《建筑砂浆基本性能试验方法标准》(JGJ/T 70)测定砌筑砂浆拌和物的稠度和保水率。当稠度和保水率不能满足要求时，应调整材料用量，直到符合要求为止，然后确定为试配时的砂浆基准配合比。

2. 试配时至少应采用三个不同的配合比，其中一个配合比应为按标准得出的基准配合比，其余两个配合比的水泥用量应按基准配合比分别增加及减少10% 。在保证稠度、保水率合格的条件下，可将用水量、石灰膏、保水增稠材料或粉煤灰等活性，掺合料用量作相应调整。

3. 砌筑砂浆试配时稠度应满足施工要求，并应按现行行业标准《建筑砂浆基本性能试验方法标准》(JGJ/T 70)分别测定不同配合比砂浆的表现密度及强度并应选定符合试配强度及和易性要求、水泥用量最低的配合比作为砂浆的试配配合比。

4. 砌筑砂浆试配配合比尚应按下列步骤进行校正。

(1)按下式计算砂浆的理论表现密度值：

$$\rho_t = Q_C + Q_D + Q_S + Q_W$$

式中 ρ_t——砂浆的理论表观密度值。

(2)应按下式计算砂浆配合比校正系数

$$\delta = \rho_c / \rho_t$$

式中 ρ_c——砂浆表观密度实测值，kg/m^3；

ρ_t——砂浆表观密度计算值，kg/m^3。

(3)当砂浆的实测表观密度值与理论表观密度值之差的绝对值不超过理论值的2%时，可将按标准得出的试配配合比确定为砂浆设计配合比；当超过2%时，应将试配配合比中每项材料用量均乘以校正系数(δ)后，确定为砂浆设计配合比。

(4)预拌砌筑砂浆生产前应进行试配、调整与确定，并应符合现行行业标准《预拌砂浆》(JG/T 230)的规定。

(十)设计注意事项

1. 为合理利用资源、节约材料，在配制砂浆时要尽量选用低强度等级的通用硅酸盐水泥和砌筑水泥。M15及以下强度等级的砌筑砂浆宜选用32.5级的通用硅酸盐水泥或砌筑水泥。M15以上强度等级的砌筑砂浆所用水泥宜选用42.5级通用硅酸盐水泥。

2. 砂中含泥量过大，不但会增加砂浆的水泥用量，还会使砂浆的收缩值增大、耐久性降低，影响砌筑质量，需特别关注。

3. 砂浆配制时，膏类(石灰膏、电石膏等)材料的含水量不计人砂浆用水量中，为了使膏类材料的含水率有一个统一的标准，根据国内外常规做法，规定其稠度一般为(120±5)mm。如稠度不在规定范围可按表4-92进行换算。

表4-92 石灰膏不同稠度的换算系数

稠度(mm)	120	110	100	90	80	70	60	50	40	30
换算系数	1.00	0.99	0.97	0.95	0.93	0.92	0.90	0.88	0.87	0.86

二、混凝土小型空心砌块和混凝土砖砌筑砂浆

(一)概　　述

砌筑砂浆：由水泥、砂、水以及根据需要掺入的掺合料和外加剂等组成部分，按一定比例，

采用机械拌和制成，用于砌筑混凝土小型空心砌块和混凝土砖的砂浆。

干拌砂浆：由水泥、钙质消石灰粉、砂、掺合料以及外加剂按一定比例干混合制成的混合物称为干拌砂浆。干拌砂浆在施工现场加水经机械拌和后即成为砌筑砂浆。

混凝土小型空心砌块的砌筑砂浆用 Mb 标记，强度分为 Mb5.0、Mb7.5、Mb10.0、Mb15.0、Mb20.0、Mb25.0 六个等级。按抗渗性分为普通型和防水型。

（二）执行标准

《混凝土小型空心砌块和混凝土砖砌筑砂浆》(JC 860—2008)。

（三）相关标准

《通用硅酸盐水泥》(GB 175—2007)。

《用于水泥和混凝土中的粉煤灰》(GB/T 1596—2005)。

《建筑材料放射性核素限量》(GB 6566—2010)。

《砌筑水泥》(GB/T 3183—2003)。

《用于水泥和混凝土中的粒化高炉矿渣粉》(GB/T 18046—2008)。

《高强高性能混凝土用矿物外加剂》(GB/T 18736—2002)。

《普通混凝土用砂、石质量及检验方法标准》(JGJ 52—2006)。

《混凝土用水标准》(JGJ 63—2006)。

《建筑砂浆基本性能试验方法标准》(JGJ/T 70—2008)。

《混凝土外加剂》(GB 8076—2008)。

（四）性能指标

1. 颜色

彩色砂浆的颜色应与样品一致。

2. 物理力学性能（表 4-93）

表 4-93 物理力学性能

项 目	指 标					
强度等级	Mb5	Mb7.5	Mb10	Mb15	Mb20	Mb25
抗压强度(MPa)	≥5.0	≥7.5	≥10.0	≥15.0	≥20.0	≥25.0
稠度(mm)	50～80					
保水性(%)	≥88					
密度(kg/m³)	≥1 800					
凝结时间(h)	4～8					
砌块砌体抗剪强度(MPa)	≥0.16	≥0.19	≥0.22	≥0.22	≥0.22	≥0.22

3. 抗冻性

抗冻性应符合表 4-94 的规定。

表 4-94 抗 冻 性

使用条件	抗冻指标	质量损失率(%)	强度损失率(%)
夏热冬暖地区	F15	≤5	≤25
夏热冬冷地区	F25		
寒冷地区	F35		
严寒地区	F50		

4. 抗渗压力

防水型砌筑砂浆的抗渗压力不小于 0.60 MPa。

5. 放射性

应符合 GB 6566 的规定。

(五)验收批量

1. 砌筑砂浆:取样应在施工现场进行,每 50 m^3 砂浆为一批。

2. 干拌砂浆:按同强度等级、同颜色、同批号取样。每一批号为一取样单位。每 400 t 或不足 400 t 为一批号。

(六)取样方法

1. 砌筑砂浆:取样在施工现场进行,在搅拌机出料口随机取样。

2. 干拌砂浆:在每批产品中随机抽样,从 20 个以上不同部位取等量样品。

(七)样品数量

1. 砌筑砂浆每批取样不少于一组(六个试件)。

2. 每批号干拌砂浆取样总质量不少于 15 kg。

(八)检测项目

抗压强度、密度、稠度、分层度、抗冻性。

(九)质量评定

产品试验结果符合质量要求,则判该批产品合格。产品放射性超过 GB 6566 规定时,应停止生产与销售。

(十)使用注意事项

1. 干混砂浆在运输及储存过程中不得受潮和混入杂物。不同品种、不同等级的干混砂浆应分别储运,不得混杂。

2. 砂浆储存期为 3 个月。

三、预拌砂浆

(一)概　　述

预拌砂浆是由专业生产厂生产的湿拌砂浆或干混砂浆。

湿拌砂浆是指水泥、细集料、外加剂和水以及根据性能确定的各种组分,按一定比例,在搅拌站经计量、拌制后,采用搅拌运输车运至使用地点、放入专用容器储存,并在规定时间内使用完毕的湿拌拌和物。湿拌砂浆常用的有湿拌砌筑砂浆、湿拌抹灰砂浆、湿拌地面砂浆、湿拌防水砂浆。

干混砂浆是经干燥筛分处理的集料与水泥以及根据性能确定的各种组分,按一定比例在专业生产厂混合而成,在使用地点按规定比例加水或配套液体拌和使用的干混拌和物。干混砂浆也称场外干拌砂浆,可分为普通干混砂浆和特种干混砂浆。普通干拌砂浆包括干混砌筑砂浆、干混抹灰砂浆、干混地面砂浆、干混普通防水砂浆。特种干混砂浆包括干混瓷砖黏结砂浆、干混耐磨地坪砂浆、干混界面处理砂浆、干混特种防水砂浆、干混自流平砂浆、干混灌浆砂浆、干混外保温黏结砂浆、干混外保温抹面砂浆、干混聚苯颗粒保温砂浆、干混无机集料保温砂浆。普通干混砂浆分类见表 4-95。

表 4-95 普通干混砂浆分类

项目	干混砌筑砂浆	干混抹灰砂浆	干混地面砂浆	干混普通防水砂浆
强度等级	M5、M7.5、M10、M15、M20、M25、M30	M5、M10、M15、M20	M15、M20、M25	M10、M15、M20
抗渗等级	—	—	—	P6、P8、P10

(二)执行标准

《预拌砂浆》(JG/T 230—2007)。

(三)相关标准

《通用硅酸盐水泥》(GB 175—2007)。

《用于水泥和混凝土中的粉煤灰》(GB/T 1596—2005)。

《建筑材料放射性核素限量》(GB 6566—2010)。

《砌筑水泥》(GB/T 3183—2003)。

《用于水泥和混凝土中的粒化高炉矿渣粉》(GB/T 18046—2008)。

《高强高性能混凝土用矿物外加剂》(GB/T 18736—2002)。

《普通混凝土用砂、石质量及检验方法标准》(JGJ 52—2006)。

《混凝土用水标准》(JGJ 63—2006)。

《建筑砂浆基本性能试验方法标准》(JGJ/T 70—2008)。

《混凝土外加剂》(GB 8076—2008)。

(四)性能指标

1. 湿拌砂浆

(1)湿拌砌筑砂浆的砌体力学性能应符合 GB 50003 的规定,湿拌砌筑砂浆拌和物的密度不应小于 188 kg/m^3。

(2)湿拌砂浆性能应符合表 4-96 的要求。

表 4-96 湿拌砂浆性能指标

项目	湿拌砌筑砂浆	湿拌抹面砂浆		湿拌地坪砂浆	湿拌防水砂浆
强度等级	M5、M7.5、M10、M15、M20、M25、M30	M5	M10、M15、M20	M15、M20、M25	M10、M15、M20
稠度(mm)	50、70、90	70、90、110		50	50、70、90
凝结时间(h),≥	8、12、24	8、12、24		4、8	8、12、24
保水性(%),≥	88	88		88	88
14 天拉伸黏结强度(MPa),≥	—	0.15	0.20	—	0.20
抗渗等级	—	—		—	P6、P8、P10

(3)湿拌砂浆稠度实测值与合同规定的稠度值之差应符合表 4-97 的规定。

表 4-97 湿拌砂浆稠度允许偏差

规定稠度(mm)	允许偏差(mm)
50、70、90	±10
110	−10～+5

2. 普通干混砂浆

(1)干混砌筑砂浆的砌体力学性能应符合 GB 50003 的规定，干混砌筑砂浆拌和物的密度不应小于 1 800 kg/m³。

(2)普通干混砂浆性能应符合表 4-98 的要求。

表 4-98 普通干混砂浆性能指标

<table>
<tr><td>项目</td><td>干混砌筑砂浆</td><td colspan="2">干混抹灰砂浆</td><td>干混地面砂浆</td><td>干混普通防水砂浆</td></tr>
<tr><td>强度等级</td><td>M5、M7.5、M10、M15、M20、M25、M30</td><td>M5</td><td>M10、M15、M20</td><td>M15、M20、M25</td><td>M10、M15、M20</td></tr>
<tr><td>凝结时间(h)，≥</td><td>3～8</td><td colspan="2">3～8</td><td>3～8</td><td>3～8</td></tr>
<tr><td>保水性(%)，≥</td><td>88</td><td colspan="2">88</td><td>88</td><td>88</td></tr>
<tr><td>14 天拉伸黏结强度(MPa)，≥</td><td>—</td><td>0.15</td><td>0.20</td><td>—</td><td>0.20</td></tr>
<tr><td>抗渗等级</td><td>—</td><td colspan="2">—</td><td>—</td><td>P6、P8、P10</td></tr>
</table>

3. 特种干混砂浆

(1)外观。粉状产品应均匀、无结块。双组份产品液料组分经搅拌后应呈均匀状态、无沉淀。粉料组分应均匀、无结块。

(2)干混瓷砖黏结砂浆的性能应符合表 4-99 的要求。

表 4-99 干混瓷砖黏结砂浆性能指标

<table>
<tr><td colspan="4">项 目</td><td>性能指标</td></tr>
<tr><td rowspan="8">基本性能</td><td rowspan="5">普通型</td><td rowspan="5">拉伸黏结强度(MPa)</td><td>未处理</td><td rowspan="5">≥0.5</td></tr>
<tr><td>浸水处理</td></tr>
<tr><td>热处理</td></tr>
<tr><td>冻融循环处理</td></tr>
<tr><td>晾置 20 min</td></tr>
<tr><td rowspan="3">快硬型</td><td rowspan="3">拉伸黏结强度(MPa)</td><td>24 h</td><td rowspan="2">≤0.5</td></tr>
<tr><td>晾置 10 min</td></tr>
<tr><td colspan="2">其他要求同普通型</td></tr>
<tr><td rowspan="6">可选性能</td><td colspan="3">滑移(mm)</td><td>≤0.5</td></tr>
<tr><td colspan="2" rowspan="5">拉伸黏结强度(MPa)</td><td>未处理</td><td rowspan="4">≥1.0</td></tr>
<tr><td>浸水处理</td></tr>
<tr><td>热处理</td></tr>
<tr><td>冻融循环处理</td></tr>
<tr><td>凉置 30 min</td><td>≥0.5</td></tr>
</table>

(3)干混耐磨地坪砂浆的性能应符合表 4-100 的要求。

表 4-100 干混耐磨地坪砂浆性能指标

<table>
<tr><td rowspan="2">项 目</td><td colspan="2">性能指标</td></tr>
<tr><td>Ⅰ型</td><td>Ⅱ型</td></tr>
<tr><td>集料含量偏差</td><td colspan="2">生产商控制指标的±5%</td></tr>
<tr><td>28 天抗压强度(MPa)</td><td>≥80.0</td><td>≥90.0</td></tr>
<tr><td>28 天抗折强度(MPa)</td><td>≥10.5</td><td>≥13.5</td></tr>
</table>

续上表

项　目	性能指标	
	Ⅰ型	Ⅱ型
耐磨度比(%)	≥300	≥350
表面强度(压痕直径)(mm)	≤3.30	≤3.10
颜色(与标准样比)	近似～微	
1. 近似表示用肉眼基本看不出色差,微表示用肉眼看似乎有点色差。 2. Ⅰ型为非金属氧化物集料干混耐磨地坪砂浆;Ⅱ型为金属氧化物或金属集料干混耐磨地坪砂浆		

(4)干混界面处理砂浆性能应符合表4-101的要求。

表4-101　干混界面处理砂浆性能指标

项　目			性能指标	
			Ⅰ型	Ⅱ型
剪切黏结强度(MPa)	7 d		≥1.0	≥0.7
	14 d		≥1.5	≥1.0
拉伸黏结强度(MPa)	未处理	7 d	≥0.4	≥0.3
		14 d	≥0.6	≥0.5
	浸水处理		≥0.5	≥0.3
	热处理			
	冻融循环处理			
	碱处理			
晾置时间(min)			—	≥10
Ⅰ型适用于水泥混凝土的界面处理;Ⅱ型适用于加气混凝土的界面处理				

(5)干混特种防水砂浆的性能应符合表4-102的要求。

表4-102　干混特种防水砂浆性能指标

项　目		性能指标	
		Ⅰ型(干粉类)	Ⅱ型(乳液类)
凝结时间	初凝时间(min)	≥45	≥45
	终凝时间(h)	≥12	≥24
抗渗压力(MPa)	7 d	≥1.0	
	28 d	≥1.5	
28天抗压强度(MPa)		≥24.0	
28天抗折强度(MPa)		≥8.0	
压折比		≤3.0	
拉伸黏结强度(MPa)	7 d	≥1.0	
	28 d	≥1.2	
耐碱性:饱和氢氧化钙溶液,168 h		无开裂、剥落	
耐热性:100 ℃水,5 h		无开裂、剥落	
抗冻性:－15～＋20 ℃,25次		无开裂、剥落	
28天收缩率(%)		≤0.15	

(6)干混自流平砂浆的性能应符合表4-103、4-104、4-105的要求。

表4-103 干混自流平砂浆性能指标

项目		性能指标
流动度(mm)	初始流动度	≥130
	20 min流动度	≥130
拉伸黏结强度(MPa)		≥1.0
耐磨性(g)		≤0.50
尺寸变化率(%)		−0.15~+0.15
抗冲击性		无开裂或脱离底板
24 h抗压强度(MPa)		≥6.0
24 h抗折强度(MPa)		≥2.0

表4-104 抗压强度等级

强度等级	C16	C20	C25	C30	C35	C40
28天抗压强度(MPa)	≥16	≥20	≥25	≥30	≥35	≥40

表4-105 抗折强度等级

强度等级	F4	F6	F7	F10
28天抗折强度(MPa)	≥4	≥6	≥7	≥10

(7)干混灌浆砂浆的性能应符合表4-106的要求。

表4-106 干混灌浆砂浆性能指标

项目		性能指标
粒径	4.75 mm方孔筛筛余(%)	≤2.0
凝结时间	初凝(min)	≥120
泌水率(%)		≤1.0
流动度(mm)	初始流动度	≥260
	30 min流动度	≥230
抗压强度(MPa)	1 d	≥22.0
	3 d	≥40.0
	28 d	≥70.0
竖向膨胀率(%)	1 d	≥0.020
钢筋握裹强度(圆钢)(MPa)	28 d	≥4.0
对钢筋锈蚀作用		应说明对钢筋有无锈蚀作用

(8)干混外保温黏结砂浆的性能应符合表4-107的要求。

表 4-107　干混外保温黏结砂浆性能指标

项　目		性能指标
拉伸黏结强度(与水泥砂浆)(MPa)	未处理	≥0.60
	浸水处理	≥0.40
拉伸黏结强度(与膨胀聚苯板)(MPa)	未处理	≥0.10 破坏界面在膨胀聚苯板上
	浸水处理	≥0.10 破坏界面在膨胀聚苯板上
可操作时间(h)		1.5～4.0

(9)干混外保温抹面砂浆的性能应符合表 4-108 的要求。

表 4-108　干混外保温抹面砂浆性能指标

项　目		性能指标
拉伸黏结强度(与膨胀聚苯板)(MPa)	未处理	≥0.10 破坏界面在膨胀聚苯板上
	浸水处理	≥0.10 破坏界面在膨胀聚苯板上
	冻融循环处理	≥0.10 破坏界面在膨胀聚苯板上
抗压强度/抗折强度		≤3.0
可操作时间(h)		1.5～4.0

(10)干混聚苯颗粒保温砂浆的性能应符合表 4-109 的要求。

表 4-109　干混聚苯颗粒保温砂浆性能指标

项　目	性能指标	项　目	性能指标
湿表观密度(kg/m³)	≤420	压剪黏结强度(kPa)	≥50
干表观密度(kg/m³)	180～250	线性收缩率(%)	≤0.3
导热系数[W/(m·k)]	≤0.060	软化系数	≥0.5
蓄热系数[W/(m²·k)]	≥0.95	难燃性	B1 级
抗压强度(kPa)	≥200		

(11)干混无机集料保温砂浆的性能应符合表 4-110 的要求。

表 4-110　干混无机集料保温砂浆性能指标

项　目	性能指标	
	Ⅰ型	Ⅱ型
分层度(mm)	≤20	≤20
堆积密度(kg/m³)	≤250	≤350
干密度(kg/m³)	240～300	301～400
抗压强度(MPa)	≥0.20	≥0.40
导热系数(平均温度 25℃)[W/(m·k)]	≤0.070	≤0.085
压剪黏结强度(kPa)	≥50	
线性收缩率(%)	≤0.30	
燃烧性能等级	应符合 GB 8624 规定的 A 级要求	

（五）验收批量

1. 湿拌砂浆

(1)用于交货检验的强度试样，湿拌砌筑砂浆应按 GB 50203 规定执行；湿拌地面砂浆应按 GB 50209 规定执行；湿拌抹灰砂浆和湿拌防水砂浆每一工作班取样不应少于一次。

(2)湿拌砂浆的稠度、密度、保水性、凝结时间和拉伸黏结强度检验试验的取样频率应与湿拌砂浆强度检验的取样频率一致。

(3)湿拌防水砂浆抗渗性能检验的试样，应每 100 m^3 相同配合比的砂浆，取样不少于一次，每一工作班相同配合比的砂浆不足 100 m^3 时，取样不应少于一次。

2. 干混砂浆

以不超过 400 t 或 4 天产量为一批。每批为一个取样单位。

（六）取样方法

1. 湿拌砂浆

(1)湿拌砂浆的交货检验应在交货地点采取。试样应随机从同一运输车中抽取，砂浆试样应在卸料过程中卸料量的 1/4 至 3/4 之间采取。

(2)交货湿拌砂浆试样的采取及稠度、保水性试验应在砂浆运到交货地点时开始算起 20 min内完成，试件的制作应在 30 min 内完成。

2. 干混砂浆

(1)交货检验的干混砂浆取样可抽取实物试样以检验结果为依据，也可以生产厂同批砂浆的检验报告为依据，采取何种方法验收由供需双方商定，并在合同中注明。

(2)交货检验以抽取实物试样的检验结果为验收依据时，供需双方应在发货前或交货地点共同取样和签封。每批的取样应随机进行，从 20 个以上不同部位取等量样品。普通干混砂浆试样总量不少于 80 kg，特种干混砂浆试样总量不少于 60 kg。

(3)交货检验以生产厂同批砂浆的检验报告为验收依据时，在发货前或交货时需方在同批砂浆中抽取试样，普通干混砂浆试样总量不少于 40 kg，特种干混砂浆试样总量不少于 30 kg。双方共同签封后保存，普通干混砂浆保存 3 个月，特种干混砂浆保存 6 个月（干混灌浆砂浆保存 3 个月）。在保存期内对砂浆质量有疑问时，双方将签封样品送省级及以上国家认可质量监督检验机构进行仲裁检验。

（七）样品数量

1. 湿拌砂浆

每个试验取样量应大于砂浆检验项目所需用量的 2 倍，且不宜少于 10 L。

2. 干混砂浆

普通干混砂浆试样总量不少于 80 kg，特种干混砂浆试样总量不少于 60 kg。

（八）检测项目

1. 湿拌砂浆交货检验项目见表 4-111。

表 4-111　湿拌砂浆交货检验项目

品种	交货检验项目	品种	交货检验项目
湿拌砌筑砂浆	强度、稠度、保水性	湿拌地面砂浆	强度、稠度、保水性
湿拌抹灰砂浆	强度、稠度、保水性、拉伸黏结强度	湿拌防水砂浆	强度、稠度、保水性、拉伸黏结强度、抗渗等级

2. 普通干混砂浆交货检验项目见表 4-112。

表 4-112　普通干混砂浆交货检验项目

品种	交货检验项目	品种	交货检验项目
干混砌筑砂浆	强度、保水性	干混地面砂浆	强度
干混抹灰砂浆	强度、保水性、拉伸黏结强度	干混普通防水砂浆	强度、保水性、拉伸黏结强度、抗渗等级

3. 特种干混砂浆交货检验项目见表 4-113。

表 4-113　特种干混砂浆交货检验项目

品种	交货检验项目	品种	交货检验项目
干混瓷砖黏结砂浆	晾置时间、拉伸黏结强度	干混灌浆砂浆	粒径、流动度、抗压强度、竖向膨胀率
干混耐磨地坪砂浆	外观、集料含量偏差、耐磨度比	干混外保温黏结砂浆	拉伸黏结原强度、可操作时间
干混界面处理砂浆	外观、7 天剪切黏结强度、7 天拉伸黏结原强度	干混外保温抹面砂浆	拉伸黏结原强度、可操作时间
干混特种防水砂浆	外观、凝结时间、抗渗压力、黏结强度	干混聚苯颗粒保温砂浆	湿表观密度
干混自流平砂浆	外观、流动度、抗压强度、抗折强度	干混无机集料保温砂浆	外观、堆积密度、分层度

(九)质量评定

1. 全部检验项目符合技术指标要求时，则判该批产品合格。若有一项不符合要求，则判该批产品不合格。

2. 其他特殊要求项目的检验结果符合合同要求为单项合格。

(十)使用注意事项

1. 各种材料必须分仓储存，并应有明显的标志。

2. 水泥按厂家、品种和等级分别储存，并注意防潮、防污染。

3. 细集料储存应保证其均匀性，地面应为能排水的硬质地面。

4. 矿物掺合料按品种、级别分别储存，严禁与水泥等其他粉状材料混杂。

5. 湿拌砂浆最短搅拌时间不应小于 90 s。

6. 湿拌砂浆生产中应测定细集料的含水率，每工班不少于 1 次。

7. 干混砂浆集料含水率应小于 0.5%。

第五节　砂浆现场试验

一、稠度试验

(一)试验目的

砂浆的稠度是反映砂浆流动性的主要指标，在很大程度上控制着砂浆的可施工性能，砂浆稠度试验的目的就是通过稠度试验反映砂浆的可施工性能，为不同的砌筑工程选用适合稠度的砂浆以及施工过程中砂浆流动性的控制。

(二)适用范围

适用于确定配合比或施工过程中控制砂浆的稠度，以达到控制用水量的目的。

(三)试验原理

砂浆的稠度是用一定几何形状和重量的标准圆锥体以其自身的重量自由地沉入砂浆混合物中沉度的厘米数来表示。

(四)执行标准

《建筑砂浆基本性能试验方法》(JGJ 70—2009)。

(五)仪器设备

1. 砂浆稠度测定仪,由试锥、容器和支座三部分组成。试锥由钢材或铜材制成,试锥高度为 145 mm,锥底直径为 75 mm,试锥连同滑杆的重量应为(300±2)g;盛载砂浆容器由钢板制成,筒高为 180 mm,锥底内径为 150 mm;支座分底座、支架及刻度显示三个部分,由铸铁、钢及其他金属制成。

2. 钢制捣棒:直径 10 mm、长 350 mm,端部磨圆。

3. 秒表等。

(六)试验准备

1. 建筑砂浆试验用料应从同一盘砂浆或同一车砂浆中取样。取样量应不少于试验所需量的 4 倍。

2. 施工中取样进行砂浆试验时,其取样方法和原则应按相应的施工验收规范执行。一般在使用地点的砂浆槽、砂浆运送车或搅拌机出料口,至少从三个不同部位取样。现场取来的试样,试验前应人工搅拌均匀。

3. 从取样完毕到开始进行各项性能试验不宜超过 15 min。

4. 施工中,每工班应对砂浆稠度检验一次。

(七)试验步骤

1. 用少量润滑油轻擦滑杆,再将滑杆上多余的油用吸油纸擦净,使滑杆能自由滑动;

2. 用湿布擦净盛浆容器和试锥表面,将砂浆拌和物一次装入容器,使砂浆表面低于容器口约 10 mm 左右。用捣棒自容器中心向边缘均匀地插捣 25 次,然后轻轻地将容器摇动或敲击 5～6 下,使砂浆表面平整,然后将容器置于稠度测定仪的底座上。

3. 拧松制动螺丝,向下移动滑杆,当试锥尖端与砂浆表面刚接触时,拧紧制动螺丝,使齿条侧杆下端刚接触滑杆上端,读出刻度盘上的读数(精确至 1 mm)。

4. 拧松制动螺丝,同时计时间,10 s 时立即拧紧螺丝,将齿条测杆下端接触滑杆上端,从刻度盘上读出下沉深度(精确至 1 mm),二次读数的差值即为砂浆的稠度值。

5. 盛装容器内的砂浆,只允许测定一次稠度,重复测定时,应重新取样测定。

(八)数据处理

取两次测定结果的平均值作为该砂浆的稠度值(精确至 1 mm)。如两次测定值之差大于 10 mm,应重新配料测定。

(九)试验注意事项

1. 标准试锥存放或使用时,应注意严加保护,不得碰伤标准锥体的外锥面和锥体尖端。

2. 将砂浆装入容器前,应将砂浆翻拌均匀。

3. 齿条测杆下端应接触滑杆上端,否则读数无效。

4. 试验完毕后,仪器应清洗干净,并涂上防锈油脂。

二、密度试验

(一)试验目的

测定砂浆拌和物捣实后的密度,主要是用以确定每立方米砂浆拌和物中组成材料的实际用量。

(二)适用范围

适用于测定砂浆拌和物捣实后的单位体积质量(即质量密度)。以确定每立方米砂浆拌和物中各组成材料的实际用量。

(三)试验原理

通过测量一定容器中砂浆的质量,利用密度计算公式求得砂浆的密度。

(四)执行标准

《建筑砂浆基本性能试验方法》(JGJ 70—2009)。

(五)仪器设备

1. 容量筒:金属制成,内径 108 mm,净高 109 mm,筒壁厚 2 mm,容积为 1 L。

2. 天平:称量 5 kg,感量 5 g。

3. 钢制捣棒:直径 10 mm,长 350 mm,端部磨圆。

4. 砂浆密度测定仪。

5. 振动台:振幅(0.5±0.05)mm,频率(50±3)Hz。

6. 秒表。

(六)试验准备

1. 建筑砂浆试验用料应从同一盘砂浆或同一车砂浆中取样。取样量应不少于试验所需量的 4 倍。

2. 施工中取样进行砂浆试验时,其取样方法和原则应按相应的施工验收规范执行。一般在使用地点的砂浆槽、砂浆运送车或搅拌机出料口,至少从三个不同部位取样。现场取来的试样,试验前应人工搅拌均匀。

3. 从取样完毕到开始进行各项性能试验不宜超过 15 min。

(七)试验步骤

1. 测定砂浆拌和物的稠度。

2. 用湿布擦净容量筒的内表面,称量容量筒质量 m_1,精确至 5 g。

3. 捣实可采用手工或机械方法。当砂浆稠度大于 50 mm 时,宜采用人工插捣法,当砂浆稠度不大于 50 mm 时,宜采用机械振动法。

采用人工插捣时,将砂浆拌和物一次装满容量筒,使稍有富余,用捣棒由边缘向中心均匀地插捣 25 次,插捣过程中如砂浆沉落到低于筒口,则应随时添加砂浆,再用木锤沿容器外壁敲击 5～6 下。

采用振动法时,将砂浆拌和物一次装满容量筒连同漏斗在振动台上振 10 s,振动过程中如砂浆沉入到低于筒口,应随时添加砂浆。

4. 捣实或振动后将筒口多余的砂浆拌和物刮去,使砂浆表面平整,然后将容量筒外壁擦净,称出砂浆与容量筒总质量 m_2,精确至 5 g。

(八)数据处理

砂浆拌和物的质量密度应按下式计算:

$$\rho=[(m_2-m_1)/V]\times 1\,000$$

式中 ρ——砂浆拌和物的质量密度,kg/m^3;

m_1——容量筒质量,kg;

m_2——容量筒及试样质量,kg;

V——容量筒容积,L。

取两次试验结果的算术平均值，精确至 10 kg/m³。

(九)试验注意事项

容量筒容积的校正，可采用一块能覆盖住容量筒顶面的玻璃板，先称出玻璃板和容量筒质量，然后向容量筒中灌入温度为(20±5)℃的饮用水，灌到接近上口时，一边不断加水，一边把玻璃板沿筒口徐徐推入盖严。应注意使玻璃板下不带入任何气泡。然后擦净玻璃板面及筒壁外的水分，称量容量筒、水和玻璃板质量(精确至 5 g)。后者与前者质量之差(以 kg 计)即为容量筒的容积(L)。

三、分层度试验

(一)试验目的

测定砂浆拌和物在运输及停放时的保水能力及砂浆内部各组分之间的相对稳定性，以评定其和易性。分层度愈大，表明砂浆保水性愈差，泌水离析现象严重。

(二)适用范围

适用于测定砂浆拌和物在运输及停放时内部组分的稳定性。

(三)试验原理

用配制好的砂浆在稠度测定仪上测得其沉入度，经 30 min 后，去掉上面 20 cm 厚的砂浆，剩余部分砂浆重新拌和后，再测定其沉入度，前后两次沉入度之差(以 cm 计)就是砂浆分层度。

(四)执行标准

《建筑砂浆基本性能试验方法》(JGJ 70—2009)。

(五)仪器设备

1. 砂浆分层度筒内径为 150 mm，上节高度为 200 mm，下节带底净高为 100 mm，用金属板制成，上、下层连接处需加宽到 3～5 mm，并设有橡胶热圈。

2. 振动台：振幅(0.5±0.05)mm，频率(50±3)Hz。

3. 稠度仪、木锤等。

(六)试验准备

1. 建筑砂浆试验用料应从同一盘砂浆或同一车砂浆中取样。取样量应不少于试验所需量的 4 倍。

2. 施工中取样进行砂浆试验时，其取样方法和原则应按相应的施工验收规范执行。一般在使用地点的砂浆槽、砂浆运送车或搅拌机出料口，至少从三个不同部位取样。现场取来的试样，试验前应人工搅拌均匀。

3. 从取样完毕到开始进行各项性能试验不宜超过 15 min。

(七)试验步骤

1. 首先将砂浆拌和物按稠度试验方法测定稠度。

2. 将砂浆拌和物一次装入分层度筒内，待装满后，用木锤在容器周围距离大致相等的四个不同部位轻轻敲击 1～2 下，如砂浆沉落到低于筒口，则应随时添加，然后刮去多余的砂浆并用抹刀抹平。

3. 静置 30 min 后，去掉上节 200 mm 砂浆，剩余的 100 mm 砂浆倒出放在拌和锅内拌 2 min，再按稠度试验方法测其稠度。前后测得的稠度之差即为该砂浆的分层度值(mm)。

（八）数据处理

1. 取两次试验结果的算术平均值作为该砂浆的分层度值。

2. 两次分层度试验值之差如大于 10 mm，应重新取样测定。

（九）试验注意事项

也可采用快速法测定分层度，其步骤如下。

1. 测定稠度。

2. 将分层度筒预先固定在振动台上，砂浆一次装入分层度筒内，振动 20 s。

3. 然后去掉上节 200 mm 砂浆，剩余 100 mm 砂浆倒出放在拌和锅内拌 2 min，再按稠度试验方法测其稠度，前后测得的稠度之差即为是该砂浆的分层度值。但如有争议时，以标准法为准。

四、保水性试验

（一）试验目的

测定砂浆的保水性。保水性是指砂浆保存水分的性能。若砂浆保水性不好，在运输、静置、砌筑过程中就会产生离析、泌水现象，施工困难。

（二）适用范围

适用于测定砂浆保水性，以判定砂浆拌和物在运输及停放时内部组分的稳定性。

（三）试验原理

用 2 kg 重物加压下砂浆上方滤纸吸水量与砂浆本身含水率的相互关系表示砂浆保水性能。

（四）执行标准

《建筑砂浆基本性能试验方法》(JGJ 70—2009)。

（五）仪器设备

1. 金属或硬塑料圆环试模，内径 100 mm、内部高度 25 mm。

2. 可密封的取样容器，应清洁、干燥。

3. 2 kg 的重物。

4. 医用棉纱，尺寸为 110 mm×110 mm，宜选用纱线稀疏，厚度较薄的棉纱。

5. 超白滤纸，符合《化学分析滤纸》(GB/T 1914)中速定性滤纸。直径 110 mm，200 g/m^2。

6. 2 片金属或玻璃的方形或圆形不透水片，边长或直径大于 110 mm。

7. 天平：量程 200 g，感量 0.1 g；量程 2 000 g，感量 1 g。

8. 烘箱。

（六）试验准备

1. 建筑砂浆试验用料应从同一盘砂浆或同一车砂浆中取样。取样量应不少于试验所需量的 4 倍。

2. 施工中取样进行砂浆试验时，其取样方法和原则应按相应的施工验收规范执行。一般在使用地点的砂浆槽、砂浆运送车或搅拌机出料口，至少从三个不同部位取样。现场取来的试样，试验前应人工搅拌均匀。

3. 从取样完毕到开始进行各项性能试验不宜超过 15 min。

（七）试验步骤

1. 称量下不透水片与干燥试模质量 m_1 和 8 片中速定性滤纸质量 m_2。

2. 将砂浆拌和物一次性填入试模，并用抹刀插捣数次，当填充砂浆略高于试模边缘时，用抹刀以45°角一次性将试模表面多余的砂浆刮去，然后再用抹刀以较平的角度在试模表面反方向将砂浆刮平。

3. 抹掉试模边的砂浆，称量试模、下不透水片与砂浆总质量 m_3。

4. 用2片医用棉纱覆盖在砂浆表面，再在棉纱表面放上8片滤纸，用不透水片盖在滤纸表面，以2 kg的重物把不透水片压着。

5. 静止2 min后移走重物及不透水片，取出滤纸(不包括棉砂)，迅速称量滤纸质量 m_4。

6. 从砂浆的配比及加水量计算砂浆的含水率，若无法计算，可按下述方法测定砂浆的含水率。

称取100 g砂浆拌和物试样，置于一干燥并已称重的盘中，在(105±5)℃的烘箱中烘干至恒重，砂浆含水率应按下式计算：

$$a=m_5/m_6$$

式中 α——砂浆含水率，%；

m_5——烘干后砂浆样本损失的质量，g；

m_6——砂浆样本的总质量，g。

砂浆含水率值应精确至0.1%。

(八)数据处理

砂浆保水性应按下式计算：

$$W=1-(m_4-m_2)/[a\times(m_3-m_1)]$$

式中 W——保水性，%；

m_1——下不透水片与干燥试模质量，g；

m_2——8片滤纸吸水前的质量，g；

m_3——试模、下不透水片与砂浆总质量，g；

m_4——8片滤纸吸水后的质量，g；

α——砂浆含水率，%。

取两次试验结果的平均值作为结果，如两个测定值中有1个超出平均值的5%，则此组试验结果无效。

五、立方体抗压强度试验

(一)试验目的

测定建筑砂浆立方体的抗压强度，以便确定砂浆的强度等级并可判断是否达到设计要求。

(二)适用范围

适用于测定砂浆立方体的抗压强度。

(三)试验原理

通过制作规定尺寸形状的砂浆试件，养护至规定龄期后测试其能承受的最大破坏力，利用强度等于压力除以受压面积的计算原理求得砂浆抗压强度。

(四)执行标准

《建筑砂浆基本性能试验方法》(JGJ 70—2009)。

《砌体结构工程施工质量验收规范》(GB 50203—2011)。

（五）仪器设备

1. 试模：尺寸为70.7 mm×70.7 mm×70.7 mm的带底试模，试模的内表面应机械加工，其不平度应为每100 mm不超过0.05 mm，组装后各相邻面的不垂直度不应超过±0.5°。

2. 钢制捣棒：直径为10 mm，长为350 mm，端部应磨圆。

3. 压力试验机：精度为1%，试件破坏荷载应不小于压力机量程的20%，且不大于全量程的80%。

4. 垫板：试验机上、下压板及试件之间可垫以钢垫板，垫板的尺寸应大于试件的承压面，其不平度应为每100 mm不超过0.02 mm。

5. 振动台：空载中台面的垂直振幅应为(0.5±0.05)mm，空载频率应为(50±3)Hz，空载台面振幅均匀度不大于10%，一次试验至少能固定（或用磁力吸盘）三个试模。

（六）试验准备

1. 取样

(1)建筑砂浆试验用料应从同一盘砂浆或同一车砂浆中取样。取样量应不少于试验所需量的4倍。

(2)施工中取样进行砂浆试验时，其取样方法和原则应按相应的施工验收规范执行。一般在使用地点的砂浆槽、砂浆运送车或搅拌机出料口，至少从三个不同部位取样。现场取来的试样，试验前应人工搅拌均匀。

(3)从取样完毕到开始进行各项性能试验不宜超过15 min。

(4)每一楼层或250 m^3 砌体中的各种强度等级的砂浆，每台搅拌机应至少检查一次，每次至少应制作一组试块。如果砂浆强度等级或配合比变更时，还应制作试块。基础砌体可按一个楼层计。

2. 试件的制作及养护

(1)采用立方体试件，每组试件3个。

(2)应用黄油等密封材料涂抹试模的外接缝，试模内涂刷薄层机油或脱模剂，将拌制好的砂浆一次性装满砂浆试模，成型方法根据稠度而定。当稠度≥50 mm时采用人工振捣成型，当稠度<50 mm时采用振动台振实成型。

①人工振捣：用捣棒均匀地由边缘向中心按螺旋方式插捣25次，插捣过程中如砂浆沉落低于试模口，应随时添加砂浆，可用油灰刀插捣数次，并用手将试模一边抬高5～10 mm各振动5次，使砂浆高出试模顶面6～8 mm。

②机械振动：将砂浆一次装满试模，放置到振动台上，振动时试模不得跳动，振动5～10 s或持续到表面出浆为止；不得过振。

(3)待表面水分稍干后，将高出试模部分的砂浆沿试模顶面刮去并抹平。

(4)试件制作后应在室温为(20±5)℃的环境下静置(24±2)h，当气温较低时，可适当延长时间，但不应超过两昼夜，然后对试件进行编号、拆模。试件拆模后应立即放入温度为(20±2)℃，相对湿度为90%以上的标准养护室中养护。养护期间，试件彼此间隔不小于10 mm，混合砂浆试件上面应覆盖以防有水滴在试件上。

（七）试验步骤

1. 试件从养护地点取出后应及时进行试验。试验前将试件表面擦试干净，测量尺寸，并检查其外观。并据此计算试件的承压面积，如实测尺寸与公称尺寸之差不超过1 mm，可按公称尺寸进行计算。

2. 将试件安放在试验机的下压板(或下垫板)上,试件的承压面应与成型时的顶面垂直,试件中心应与试验机下压板(或下垫板)中心对准。开动试验机,当上压板与试件(或上垫板)接近时,调整球座,使接触面均衡受压。承压试验应连续而均匀地加荷,加荷速度应为每秒钟0.25～1.5 kN(砂浆强度不大于5 MPa时,宜取下限;砂浆强度大于5 MPa时,宜取上限),当试件接近破坏而开始迅速变形时,停止调整试验机油门,直至试件破坏,然后记录破坏荷载。

(八)数据处理

1. 砂浆立方体抗压强度应按下式计算:

$$f_{m,cu}=N_u/A$$

式中 $f_{m,cu}$——砂浆立方体试件抗压强度,MPa;

N_u——试件破坏荷载,N;

A——试件承压面积,mm^2。

砂浆立方体试件抗压强度应精确至0.1 MPa。

以三个试件测值的算术平均值的1.3倍(f_2)作为该组试件的砂浆立方体试件抗压强度平均值(精确至0.1 MPa)。

当三个测值的最大值或最小值中如有一个与中间值的差值超过中间值的15%时,则把最大值及最小值一并舍除,取中间值作为该组试件的抗压强度值;如有两个测值与中间值的差值均超过中间值的15%时,则该组试件的试验结果无效。

2. 砂浆试件强度验收的合格标准应符合下列规定。

(1)同一验收批砂浆试块强度平均值应大于或等于设计强度等级值的1.10倍。

(2)同一验收批砂浆试块抗压强度的最小一组平均值应大于或等于设计强度等级值的85%。

(3)砌筑砂浆的验收批,同一类型、强度等级的砂浆试块不应少于3组;同一验收批砂浆只有1组或2组试块时,每组试块抗压强度平均值应大于或等于设计强度等级值的1.10倍;对于建筑结构的安全等级为一级或设计使用年限为50年及以上的房屋,同一验收批砂浆试块的数量不得少于3组。

第五章　工民建工程材料及现场检测

第一节　防 水 材 料

一、弹性体改性沥青防水卷材

（一）概　　述

以聚酯毡、玻纤毡玻纤增强聚酯毡为胎基，以苯乙烯-丁二烯-苯乙烯（SBS）热塑性弹性体作石油沥青改性剂，两面覆以隔离材料所制成的建筑防水卷材（简称 SBS 卷材）。

弹性体改性沥青防水卷材按胎基分为聚酯毡、玻纤毡、玻纤增强聚酯毡三种，按上表面隔离材料分为聚乙烯膜、细砂、矿物粒料。下表面隔离材料为细砂、聚乙烯膜。按材料性能分为Ⅰ型和Ⅱ型。

弹性体改性沥青防水卷材主要用于工业与民用建筑的屋面和地下防水工程。玻纤增强聚酯毡卷材可用于机械固定单层防水，但需通过抗风荷载试验。玻纤毡卷材适用于多层防水中的底层防水。

（二）执行标准

《弹性体改性沥青防水卷材》（GB 18242—2008）。

（三）相关标准

《建筑防水卷材试验方法 第 2 部分：沥青防水卷材 外观》（GB/T 328.2—2007）。

《建筑防水卷材试验方法 第 4 部分：沥青防水卷材 厚度、单位面积质量》（GB/T 328.4—2007）。

《建筑防水卷材试验方法 第 6 部分：沥青防水卷材 长度、宽度、平直度》（GB/T 328.6—2007）。

《建筑防水卷材试验方法 第 8 部分：沥青防水卷材 拉伸性能》（GB/T 328.8—2007）。

《建筑防水卷材试验方法 第 10 部分：沥青和高分子防水卷材 不透水性》（GB/T 328.10—2007）。

《建筑防水卷材试验方法 第 11 部分：沥青防水卷材 耐热性》（GB/T 328.11—2007）。

《建筑防水卷材试验方法 第 14 部分：沥青防水卷材 低温柔性》（GB/T 328.14—2007）。

《建筑防水卷材试验方法 第 17 部分：沥青防水卷材 矿物料粘附性》（GB/T 328.17—2007）。

《建筑防水卷材试验方法 第 18 部分：沥青防水卷材 撕裂性能（钉杆法）》（GB/T 328.18—2007）。

《建筑防水卷材试验方法 第 20 部分：沥青防水卷材 接缝剥离强度》（GB/T 328.20—2007）。

《建筑防水卷材试验方法 第 26 部分：沥青防水卷材 可溶物含量（浸涂材料含量）》（GB/T 328.26—2007）。

《建筑防水材料老化试验方法》(GB/T 18244—2000)。

《屋面工程质量验收规范》(GB 50207—2002)。

(四)性能指标

1. 单位面积质量、面积及厚度(表 5-1)

表 5-1 单位面积质量、面积及厚度

规格(公称厚度)(mm)		3			4			5		
上表面材料		PE	S	M	PE	S	M	PE	S	M
下表面材料		PE	PE、S		PE	PE、S		PE	PE、S	
面积(m^2/卷)	公称面积	10、15			10、7.5			7.5		
	偏差	±0.10			±0.10			±0.10		
单位面积质量(kg/m^2)		3.3	3.5	4.0	4.3	4.5	5.0	5.3	5.5	6.0
厚度(mm)	平均值,≥	3.0			4.0			5.0		
	最小单值	2.7			3.7			4.7		

注:PE—聚乙烯膜;S—细砂;M—矿物粒(片)料。

2. 外观

(1)成卷卷材应卷紧卷齐,端面里进外出不得超过 10 mm。

(2)成卷卷材在 4 ℃～50 ℃任一产品温度下展开,在距卷芯 1 000 mm 长度外不应有 10 mm以上的裂纹或粘结。

(3)胎基应浸透,不应有未被浸渍处。

(4)卷材表面必须平整,不允许有孔洞、缺边和裂口、疙瘩,矿物粒料粒度应均匀一致并紧密地粘附于卷材表面。

(5)每卷卷材的接头处不应超过 1 个,较短的一段不应少于 1 000 mm,接头应剪切整齐,并加长 150 mm。

3. 材料性能(表 5-2)

表 5-2 材料性能指标

序号	项目		指标				
			Ⅰ		Ⅱ		
			PY	G	PY	G	PYG
1	可溶物含量(g/m^2),≥	3 mm	2 100				—
		4 mm	2 900				—
		5 mm	3 500				
		试验现象	—	胎基不燃	—	胎基不燃	—
2	耐热性	℃	90		105		
		mm,≤	2				
		试验现象	无流淌、滴落				
3	低温柔性(℃)		−20		−25		
			无裂缝				
4	不透水性 30 min		0.3 MPa	0.2 MPa	0.3 MPa		

续上表

序号	项目		指标				
			Ⅰ		Ⅱ		
			PY	G	PY	G	PYG
5	拉力(N/50 mm)	最大峰拉力,≥	500	350	800	500	900
		次高峰拉力,≥	—	—	—	—	800
		试验现象	试件中部无沥青涂盖层开裂或与胎基分离现象				
6	延伸率,≥	最大峰时延伸率(%)	30	—	40	—	—
		第二峰时延伸率(%)	—		—		15
7	浸水后质量增加(%),≤	PE、S	1.0				
		M	2.0				
8	热老化	拉力保持率(%)	≥90				
		延伸率保持率(%)	≥80				
		低温柔性(℃)	−15		−20		
			无裂缝				
		尺寸变化率(%),≤	0.7	—	0.7	—	0.8
		质量损失(%),≤	1.0				
9	渗油性	张数,≤	2				
10	接缝剥离强度(N/mm)		1.5				
11	钉杆撕裂强度(N),≥		—				300
12	矿物粒料粘附性 b(g),≤		2.0				
13	卷材下表面沥青涂盖层厚度 c(mm),≥		1.0				
14	人工气候加速老化	外观	无滑动、流淌、滴落				
		拉力保持率(%),≥	80				
		低温柔度(℃)	−15		−20		
			无裂纹				

(五)验收批量

以同一类型、同一规格 10 000 m² 为一批,不足 10 000 m² 亦可为一批。

(六)取样方法

1. 在每批产品中,随机抽取 5 卷进行单位面积质量、面积、厚度及外观质量检查。

2. 从单位面积质量、面积、厚度及外观质量合格的卷材中,随机抽取 1 卷,开卷后距卷材端部 2 500 mm 切取 1 m 作为物理性能所用样片。

3. 根据《屋面工程质量验收规范》(GB 50207—2002)中施工现场抽样数量的规定:大于 1 000卷抽 5 卷,每 500～1 000 卷抽 4 卷,100～499 卷抽 3 卷,100 卷以下抽 2 卷,进行规格尺寸和外观质量检验,在外观质量检验合格的卷材中,任取一卷做物理性能检验。

（七）样品数量（表 5-3）

表 5-3　试件形状和数量

序号	试验项目		试件形状（纵向×横向）（mm）	数量（个）
1	可溶物含量		100×100	3
2	耐热性		125×100	纵向 3
3	低温柔性		150×25	纵向 10
4	不透水性		150×150	3
5	拉力及延伸率		(250～320)×50	纵横向各 5
6	浸水后质量增加		(250～320)×50	纵向 5
7	热老化	拉力及延伸率保持率	(250～320)×50	纵横向各 5
		低温柔性	150×25	纵向 10
		尺寸变化率及质量损失	(250～320)×50	纵向 5
8	渗油性		50×50	3
9	接缝剥离强度		400×200 搭接边处	纵向 2
10	钉杆撕裂强度		200×100	纵向 5
11	矿物粒料粘附性		265×50	纵向 3
12	卷材下表面沥青涂盖层厚度		200×50	横向 3
13	人工气候加速老化	拉力保持率	120×25	纵横向各 5
		低温柔性	120×25	纵向 10

（八）检测项目

单位面积质量、面积及厚度、外观质量、可溶物含量、不透水性、耐热度、拉力、最大拉力时延伸率、低温柔度、渗油性、卷材下表面沥青涂盖层厚度、撕裂强度、人工气候加速老化。

（九）质量评定

1. 单位面积质量、面积、厚度及外观判定

抽取的 5 卷样品检验结果符合各项指标规定时，判为单位面积质量、面积、厚度及外观合格。若有一项不符合指标要求，允许在该批产品中再随机抽取 5 卷样品，对不合格项进行复查。全部达到指标要求时判为合格；否则，判该批产品不合格。

2. 材料性能

可溶物含量、拉力、延伸率、吸水率、耐热性、接缝剥离强度、钉杆撕裂强度、矿物粒料粘附性、卷材下表面涂盖层厚度以其算术平均值达到标准规定的指标判为该项合格。不透水性以 3 个试件分别达到标准规定判为该项合格。低温柔性两面分别达到标准规定时判为该项合格。渗油性以最大值符合标准规定判为该项合格。热老化、人工气候加速老化各项结果达到规定时判为该项合格。

若有一项指标不符合规定，允许在该批产品中再随机抽取 5 卷，从中任取 1 卷对不合格项进行单项复验。达到标准规定时，则判该批产品性能合格。

3. 总判定

试验结果符合标准性能指标规定的全部要求时，判该批产品合格。

（十）使用注意事项

1. 外露使用采用上表面隔离材料为不透明的矿物粒料的防水卷材。地下工程防水采用

变卖隔离材料为细砂的防水材料。

2. 储存与运输时，不同类型、规格的产品应分别存放、不应混杂。避免日晒雨淋，注意通风。储存温度不应高于50℃，立放储存只能单层。

3. 运输过程中立放不超过两层，防止倾斜或横压，必要时加盖苫布。

4. 正常储存、运输条件下，储存期为一年。

二、塑性体改性沥青防水卷材

(一)概　　述

以聚酯毡、玻纤毡、玻纤增强聚酯毡为胎基，以无规聚丙烯(APP)或聚烯烃类聚合物(APAO、APO)作石油沥青改性剂，两面覆以隔离材料所制成的建筑防水卷材(简称APP卷材)。

塑性体改性沥青防水卷材按胎基分为聚酯毡、玻纤毡、玻纤增强聚酯毡三种，按上表面隔离材料分为聚乙烯膜、细砂、矿物粒料。下表面隔离材料为细砂、聚乙烯膜。按材料性能分为Ⅰ型和Ⅱ型。

塑性体改性沥青防水卷材主要用于工业与民用建筑的屋面和地下防水工程。玻纤增强聚酯毡卷材可用于机械固定单层防水，但需通过抗风荷载试验。玻纤毡卷材适用于多层防水中的底层防水。

(二)执行标准

《塑性体改性沥青防水卷材》(GB 18243—2008)。

(三)相关标准

《建筑防水卷材试验方法 第2部分：沥青防水卷材 外观》(GB/T 328.2—2007)。

《建筑防水卷材试验方法 第4部分：沥青防水卷材 厚度、单位面积质量》(GB/T 328.4—2007)。

《建筑防水卷材试验方法 第6部分：沥青防水卷材 长度、宽度、平直度》(GB/T 328.6—2007)。

《建筑防水卷材试验方法 第8部分：沥青防水卷材 拉伸性能》(GB/T 328.8—2007)。

《建筑防水卷材试验方法 第10部分：沥青和高分子防水卷材 不透水性》(GB/T 328.10—2007)。

《建筑防水卷材试验方法 第11部分：沥青防水卷材 耐热性》(GB/T 328.11—2007)。

《建筑防水卷材试验方法 第14部分：沥青防水卷材 低温柔性》(GB/T 328.14—2007)。

《建筑防水卷材试验方法 第17部分：沥青防水卷材 矿物料粘附性》(GB/T 328.17—2007)。

《建筑防水卷材试验方法 第18部分：沥青防水卷材 撕裂性能(钉杆法)》(GB/T 328.18—2007)。

《建筑防水卷材试验方法 第20部分：沥青防水卷材 接缝剥离强度》(GB/T 328.20—2007)。

《建筑防水卷材试验方法 第26部分：沥青防水卷材 可溶物含量(浸涂材料含量)》(GB/T 328.26—2007)。

《建筑防水材料老化试验方法》(GB/T 18244—2000)。

《屋面工程质量验收规范》(GB 50207—2002)。

(四)性能指标

1. 单位面积质量、面积及厚度(表 5-4)

表 5-4 单位面积质量、面积及厚度

规格(公称厚度)(mm)		3			4			5		
上表面材料		PE	S	M	PE	S	M	PE	S	M
下表面材料		PE	PE、S		PE	PE、S		PE	PE、S	
面积(m^2/卷)	公称面积	10、15			10、7.5			7.5		
	偏差	±0.10			±0.10			±0.10		
单位面积质量(kg/m^2)		3.3	3.5	4.0	4.3	4.5	5.0	5.3	5.5	6.0
厚度(mm)	平均值,≥	3.0			4.0			5.0		
	最小单值	2.7			3.7			4.7		

2. 外观

(1)成卷卷材应卷紧卷齐,端面里进外出不得超过 10 mm。

(2)成卷卷材在 4 ℃～60 ℃任一产品温度下展开,在距卷芯 1 000 mm 长度外不应有 10 mm以上的裂纹或粘结。

(3)胎基应浸透,不应有未被浸渍处。

(4)卷材表面必须平整,不允许有孔洞、缺边和裂口,矿物粒料粒度应均匀一致并紧密地粘附于卷材表面。

(5)每卷卷材的接头处不应超过 1 个,较短的一段不应少于 1 000 mm,接头应剪切整齐,并加长 150 mm。

3. 材料性能(表 5-5)

表 5-5 材料性能指标

序号	项 目		指 标				
			Ⅰ		Ⅱ		
			PY	G	PY	G	PYG
1	可溶物含量(g/m^2),≥	3 mm	2 100				—
		4 mm	2 900				—
		5 mm	3 500				
		试验现象	—	胎基不燃	—	胎基不燃	—
2	耐热性	℃	110		130		
		≤mm	2				
		试验现象	无流淌、滴落				
3	低温柔性(℃)		−7		−15		
			无裂缝				
4	不透水性(30 min)		0.3 MPa	0.2 MPa	0.3 MPa		
5	拉力(N/50 mm)	最大峰拉力,≥	500	350	800	500	900
		次高峰拉力,≥	—	—	—	—	800
		试验现象	试件中部无沥青涂盖层开裂或与胎基分离现象				

续上表

序号	项目		指标				
			Ⅰ		Ⅱ		
			PY	G	PY	G	PYG
6	延伸率,≥	最大峰时延伸率(%)	25	—	40	—	—
		第二峰时延伸率(%)	—		—		15
7	浸水后质量增加(%),≤	PE、S	1.0				
		M	2.0				
8	热老化	拉力保持率(%)	≥90				
		延伸率保持率(%)	≥80				
		低温柔性(℃)	−2		−10		
			无裂缝				
		尺寸变化率(%),≤	0.7	—	0.7	—	0.8
		质量损失(%),≤	1.0				
9	接缝剥离强度(N/mm)		1.0				
10	钉杆撕裂强度(N),≥		—				300
11	矿物粒料粘附性 b(g),≤		2.0				
12	卷材下表面沥青涂盖层厚度 c(mm),≥		1.0				
13	人工气候加速老化	外观	无滑动、流淌、滴落				
		拉力保持率(%),≥	80				
		低温柔度(℃)	−2		−10		
			无裂纹				

(五)验收批量

以同一类型、同一规格 10 000 m^2 为一批,不足 10 000 m^2 亦可以为一批。

(六)取样方法

1. 在每批产品中,随机抽取 5 卷进行卷重面积、外观质量检查。

2. 从卷重、面积、厚度及外观合格的卷材中,随机抽取 1 卷,开卷后距卷材端部 2 500 mm 切取 1 m 作为物理性能所用样片。

3. 根据《屋面工程质量验收规范》(GB 50207—2002)中施工现场抽样数量的规定:大于 1 000卷抽 5 卷,每 500～1 000 卷抽 4 卷,100～499 卷抽 3 卷,100 卷以下抽 2 卷,进行规格尺寸和外观质量检验,在外观质量检验合格的卷材中,任取一卷做物理性能检验。

(七)样品数量(表 5-6)

表 5-6　试件形状和数量

序号	试验项目	试件形状(纵向×横向)(mm)	数量(个)
1	可溶物含量	100×100	3
2	耐热性	125×100	纵向 3
3	低温柔性	150×25	纵向 10
4	不透水性	150×150	3

续上表

<table>
<tr><th>序号</th><th colspan="2">试验项目</th><th>试件形状(纵向×横向)(mm)</th><th>数量(个)</th></tr>
<tr><td>5</td><td colspan="2">拉力及延伸率</td><td>(250～320)×50</td><td>纵横向各5</td></tr>
<tr><td>6</td><td colspan="2">浸水后质量增加</td><td>(250～320)×50</td><td>纵向5</td></tr>
<tr><td rowspan="3">7</td><td rowspan="3">热老化</td><td>拉力及延伸率保持率</td><td>(250～320)×50</td><td>纵横向各5</td></tr>
<tr><td>低温柔性</td><td>150×25</td><td>纵向10</td></tr>
<tr><td>尺寸变化率及质量损失</td><td>(250～320)×50</td><td>纵向5</td></tr>
<tr><td>8</td><td colspan="2">接缝剥离强度</td><td>400×200搭接边处</td><td>纵向2</td></tr>
<tr><td>9</td><td colspan="2">钉杆撕裂强度</td><td>200×100</td><td>纵向5</td></tr>
<tr><td>10</td><td colspan="2">矿物粒料黏附性</td><td>265×50</td><td>纵向3</td></tr>
<tr><td>11</td><td colspan="2">卷材下表面沥青涂盖层厚度</td><td>200×50</td><td>横向3</td></tr>
<tr><td rowspan="2">12</td><td rowspan="2">人工气候加速老化</td><td>拉力保持率</td><td>120×25</td><td>纵横向各5</td></tr>
<tr><td>低温柔性</td><td>120×25</td><td>纵向10</td></tr>
</table>

(八)检测项目

单位面积质量、面积及厚度、外观质量、可溶物含量、不透水性 、耐热度 、拉力、延伸率、低温柔度、卷材下表面沥青涂盖层厚度、撕裂强度、人工气候加速老化。

(九)质量评定

1. 单位面积质量、面积、厚度及外观判定

抽取的5卷样品检验结果符合各项指标规定时,判为单位面积质量、面积、厚度及外观合格。若有一项不符合指标要求,允许在该批产品中再随机抽取五卷样品,对不合格项进行复查。全部达到指标要求时判为合格;否则,判该批产品不合格。

2. 材料性能

可溶物含量、拉力、延伸率、吸水率、耐热性、接缝剥离强度、钉杆撕裂强度、矿物粒料粘附性、卷材下表面涂盖层厚度以其算术平均值达到标准规定的指标判为该项合格。不透水性以3个试件分别达到标准规定判为该项合格。低温柔性两面分别达到标准规定时判为该项合格。热老化、人工气候加速老化各项结果达到规定时判为该项合格。

若有一项指标不符合规定,允许在该批产品中再随机抽取五卷,从中任取一卷对不合格项进行单项复验。达到标准规定时,则判该批产品性能合格。

3. 总判定

试验结果符合标准性能指标规定的全部要求时,判该批产品合格。

(十)使用注意事项

1. 上表面隔离材料为不透明矿物粒料的防水卷材适合于外露使用。地下工程防水采用表面隔离材料为细砂的防水材料。

2. 储存与运输时,不同类型、规格的产品应分别存放、不应混杂。避免日晒雨淋,注意通风。储存温度不应高于50℃,立放储存只能单层。

3. 运输过程中立放不超过两层,防止倾斜或横压,必要时加盖苫布。

4. 正常储存、运输条件下,储存期为一年。

三、高分子防水材料(片材)

(一)概　述

以高分子材料为主材料，以压延法或挤出法生产的均质片材(以下简称均质片)及以高分子材料复合(包括带织物加强层)的复合片材(以下简称复合片)和均质片材点粘合织物等材料的点粘(合)片材(以下简称点粘片)。主要用于建筑物屋面防水及地下工程的防水。见表5-7。

表 5-7　片材的分类

分类		代号	主要原材料
均质片	硫化橡胶类	JL1	三元乙丙橡胶
		JL2	橡胶(橡塑)共混
		JL3	氯丁橡胶、氯磺化聚乙烯、氯化聚乙烯等
		JL4	再生胶
	非硫化橡胶类	JF1	三元乙丙橡胶
		JF2	橡塑共混
		JF3	氯化聚乙烯
	树脂类	JS1	聚氯乙烯等
		JS2	乙烯醋酸乙烯、聚乙烯等
		JS3	乙烯醋酸乙烯改性沥青共混等
复合片	硫化橡胶类	FL	三元乙丙、丁基、氯丁橡胶、氯磺化聚乙烯等
	非硫化橡胶类	FF	氯化聚乙烯、乙丙、丁基、氯丁橡，氯磺化聚乙烯等
	树脂类	FS1	聚氯乙烯等
		FS2	聚乙烯等
点粘片	树脂类	DS1	聚氯乙烯等
		DS2	乙烯乙酸乙烯、聚乙烯等
		DS3	乙烯乙酸乙烯改性沥青共混物等

(二)执行标准

《高分子防水材料 第1部分:片材》(GB 18173.1—2006)。

(三)相关标准

《硫化橡胶或热塑性橡胶 拉伸应力应变性能的测定》(GB/T 528—2009)。

《硫化橡胶或热塑性橡胶 撕裂强度的测定(裤形、直角形和新月形试样)》(GB/T 529—2008)。

《硫化橡胶或热塑性橡胶 耐液体试验方法》(GB/T 1690—2010)。

《建筑防水材料老化试验方法》(GB/T 18244—2000)。

《硫化橡胶或热塑性橡胶 耐臭氧龟裂静态拉伸试验法》(GB/T 7762—2003)。

《橡胶物理试验方法试样制备和调节通用程序》(GB/T 2941—2006)。

《聚氯乙烯防水卷材》(GB/T 12952—2003)。

《氯化聚乙烯防水卷材》(GB/T 12953—2003)。

《屋面工程质量验收规范》(GB 50207—2002)。

(四)性能指标

1. 片材的规格

片材的规格尺寸及允许偏差见表 5-8、表 5-9,特殊规格由供需双方商定。

表 5-8 片材的规格尺寸

项 目	厚度(mm)	宽度(m)	长度(m)
橡胶类	1.0,1.2,1.5,1.8,2.0	1.0,1.1,1.2	20 以上
树脂类	0.5 以上	1.0,1.2,1.5,2.0	

注:橡胶类片材在每卷 20 m 长度中允许有一处接头,且最小块长度应不小于 3 m,并应加长 15 cm 备作搭接;树脂类片材在每卷至少 20 m 长度内不允许有接头。

表 5-9 允 许 偏 差

项 目	厚 度	宽 度	长 度
允许偏差(%)	±10%	±1%	不允许出现负值

2. 片材的外观质量

(1)片材表面应平整,不能有影响使用性能的杂质、机械损伤、折痕及异常粘着缺陷。

(2)在不影响使用的条件下,表面缺陷应符合下列规定。

①凹痕,深度不超过片材厚度的 30%;树脂类片材不超过 5%。

②气泡,深度不得超过片材厚度的 30%,每 1 m^2 不得超过 7 mm^2,但树脂类片材不允许有。

(3)片材的物理性能

①均质片、复合片、点粘片的性能应符合表 5-10~表 5-12 的规定。

表 5-10 均质片的物理性能

项 目		指 标									
		硫化橡胶类				非硫化橡胶类			树脂类		
		JL1	JL2	JL3	JL4	JF1	JF2	JF3	JS1	JS2	JS3
断裂拉伸强度(MPa)	常温,≥	7.5	6.0	6.0	2.2	4.0	3.0	5.0	10	16	14
	60 ℃,≥	2.3	2.1	1.8	0.7	0.8	0.4	1.0	4	6	5
扯断伸长率(%)	常温,≥	450	400	300	200	450	200	200	200	550	500
	−20 ℃,≥	200	200	170	100	200	100	100	15	350	300
撕裂强度(kN/m),≥		25	24	23	15	18	10	10	40	60	60
不透水性,30 min 无渗漏(MPa)		0.3	0.3	0.2	0.2	0.3	0.2	0.2	0.3	0.3	0.3
低温弯折温度(℃),≤		−40	−30	−30	−20	−30	−20	−20	−20	−35	−35
加热伸缩量(mm)	延伸,≤	2	2	2	2	2	4	4	2	2	2
	收缩,≤	4	4	4	4	4	6	10	6	6	6
热空气老化(80 ℃×168 h)	断裂拉伸强度保持率(%),≥	80	80	80	80	90	60	80	80	80	80
	扯断伸长率保持率(%),≥	70	70	70	70	70	70	70	70	70	70

续上表

项目		指标									
		硫化橡胶类				非硫化橡胶类			树脂类		
		JL1	JL2	JL3	JL4	JF1	JF2	JF3	JS1	JS2	JS3
耐碱性[饱和 $Ca(OH)_2$ 溶液，常温×168 h]	断裂拉伸强度保持率(%)，≥	80	80	80	80	80	70	70	80	80	80
	扯断伸长率保持率(%)，≥	80	80	80	80	90	80	70	80	90	90
臭氧老化(40 ℃×168 h)	伸长率 40%，500 pphm	无裂纹	—	—	—	无裂纹	—	—	—	—	—
	伸长率 20%，500 pphm	—	无裂纹	—	—	—	—	—	—	—	—
	伸长率 20%，100 pphm	—	—	无裂纹	无裂纹	—	无裂纹	无裂纹	—	—	—
人工候化	断裂拉伸强度保持率(%)	80	80	80	80	80	70	80	80	80	80
	扯断伸长率保持率(%)	70	70	70	70	70	70	70	70	70	70
粘结剥离强度	标准试验条件(N/mm)，≥	3.5									
	浸水保持率(%)	70									

表 5-11　复合片的物理性能

项目		种类			
		硫化橡胶类	非硫化橡胶类	树脂类	
		FL	FF	FS1	FS2
断裂拉伸强度(N/cm)	常温，≥	80	60	100	60
	60 ℃，≥	30	20	40	30
扯断伸长率(%)	常温，≥	300	250	150	400
	−20 ℃，≥	150	50	10	10
撕裂强度(N)，≥		40	20	20	20
不透水性，30 min 无渗漏(MPa)		0.3	0.3	0.3	0.3
低温弯折温度(℃)，≤		−35	−20	−30	−20
加热伸缩量(mm)	延伸，≤	2	2	2	2
	收缩，≤	4	4	2	4
热空老化(80 ℃×168 h)	断裂拉伸强度保持率(%)，≥	80	80	80	
	扯断伸长率保持率(%)，≥	70	70	70	
耐碱性[饱和 10% $Ca(OH)_2$ 溶液，常温×168 h]	断裂拉伸强度保持率(%)，≥	80	60	80	
	扯断伸长率保持率(%)，≥	80	60	80	

续上表

项目		种类			
		硫化橡胶类 FL	非硫化橡胶类 FF	树脂类	
				FS1	FS2
臭氧老化(40 ℃×168 h),200×10^{-8}		无裂纹	无裂纹	—	
人工候化	断裂拉伸强度保持率(%),≥	80	70	80	
	扯断伸长率保持率(%),≥	70	70	70	
粘结剥离强度	标准试验条件(N/mm),≥	1.0	1.6	1.5	1.5
	浸水保持率(常温×168 h)(%)	70	70	70	70
复合强度(N/mm),≥		—	—	—	9.8

表 5-12 点粘片的物理性能

项目		指标		
		DS1	DS2	DS3
断裂拉伸强度(N/cm)	常温,≥	10	18	14
	60 ℃,≥	4	5	5
扯断伸长率(%)	常温,≥	200	550	500
	−20 ℃,≥	15	300	300
撕裂强度(N),≥		40	60	60
不透水性,30 min 无渗漏(MPa)		0.3	0.3	0.3
低温弯折温度(℃)		−20	−35	−35
加热伸缩量(mm)	延伸,≤	2	2	2
	收缩,≤	6	6	6
热空老化(80 ℃×168 h)	断裂拉伸强度保持率(%),≥	80	80	80
	扯断伸长率保持率(%),≥	70	70	70
耐碱性[饱和 10% $Ca(OH)_2$ 溶液,常温×168 h]	断裂拉伸强度保持率(%),≥	80	60	80
	扯断伸长率保持率(%),≥	80	60	80
人工候化	断裂拉伸强度保持率(%),≥	80	80	80
	扯断伸长率保持率(%),≥	70	70	70
粘结剥离强度	标准试验条件(N/mm),≥	2.5		
	浸水保持率(常温×168 h)(%)	70	70	70
粘结点	剥离强度(kN/m)	1		
	常温下断裂拉伸强度(N/cm)	100	80	80
	常温下扯断伸长率(%)	150	400	400

②对于整体厚度小于 1.0 mm 的树脂类复合片材,扯断伸长率不得小于 50%,其他性能达到规定值的 80%以上。

③ 对于聚酯胎上涂覆三元乙丙橡胶的 FF 类片材,扯断伸长率不得小于 100%,其他性能

应符合复合片的规定。

（五）验收批量

同品种、同规格的5 000 m^2 片材为一批。如日产量超过8 000 m^2，则以8 000 m^2 为一批。

（六）取样方法

1. 随机抽取3卷进行规格尺寸和外观质量检验，在上述检验合格的样品中随机抽取一卷，去掉端部300 mm后裁取1 m做物理力学性能检验。

2. 根据《屋面工程质量验收规范》（GB 50207—2002）中施工现场抽样数量的规定：大于1 000卷抽5卷，500～1 000卷抽4卷，100～499卷抽3卷，100卷以下抽2卷，进行规格尺寸和外观质量检验，在外观质量检验合格的卷材中，任取一卷做物理性能检验。

（七）样品数量

材料性能试验样品数量为1 mm^2。

（八）检测项目

规格及外观质量、断裂拉伸强度、扯断伸长率、撕裂强度、不透水性、低温弯折、加热伸缩率、热空气老化、臭氧老化、耐碱性。

（九）质量评定

规格尺寸、外观质量及物理性能各项指标全部符合技术要求，则为合格品。若物理性能有一项指标不符合技术要求，应另取双倍试样进行该项复试，复试结果如仍不合格，则该批产品为不合格。

（十）使用注意事项

1. 片材在运输和储存时，应注意避免包装损坏，放置通风、干燥处，储存垛高不应超过平放五个片材卷高度，堆放时，应放置于干燥的水平地面上，避免阳光直射，禁止与酸、碱、油类及有机溶剂等接触，且远离热源。

2. 保存期一般不超过一年。

四、聚氯乙烯防水卷材

（一）概　　述

聚氯乙烯防水卷材是指适用于建筑防水工程用的以聚氯乙烯为主要原料制成的防水卷材，包括无复合层，用纤维单面复合及织物内增强的聚氯乙烯防水卷材。产品按有无复合层分类，无复合层的为N类、用纤维单面复合的为L类、织物内增强的为W类。每类产品按理化性能分为Ⅰ型和Ⅱ型。

（二）执行标准

《聚氯乙烯防水卷材》（GB 12952—2003）。

（三）相关标准

《建筑防水卷材试验方法》（GB/T 328—2007）。

《硫化橡胶或热塑性橡胶 拉伸应力应变性能的测定》（GB/T 528—2009）。

《建筑防水材料老化试验方法》（GB/T 18244—2000）。

《屋面工程质量验收规范》（GB 50207—2002）。

（四）性能指标

1. 尺寸偏差

长度、宽度不小于规定值的99.5%；厚度偏差和最小单值见表5-13。

表 5-13 聚氯乙烯防水卷材尺寸偏差

厚度	允许偏差	最小单值
1.2	±0.10	1.00
1.5	±0.15	1.30
2.0	±0.20	1.70

2. 外观

(1)卷材的接头不多于一处，其中较短的一段长度不少于 1.5 m，接头应剪切整齐并加长 150 mm。

(2)卷材表面应平整、边缘整齐，无裂纹、孔洞、粘结、气泡和疤痕。

3. 理化性能

(1)N 类无复合层的卷材理化性能见表 5-14。

表 5-14 N 类无复合层的卷材理化性能

<table>
<tr><th>序号</th><th colspan="2">项 目</th><th>Ⅰ型</th><th>Ⅱ型</th></tr>
<tr><td>1</td><td colspan="2">拉伸强度(MPa)，≥</td><td>8.0</td><td>12.0</td></tr>
<tr><td>2</td><td colspan="2">断裂伸长率(%)，≥</td><td>200</td><td>250</td></tr>
<tr><td>3</td><td colspan="2">热处理尺寸变化率(%)，≤</td><td>3.0</td><td>2.0</td></tr>
<tr><td>4</td><td colspan="2">低温弯折性</td><td>−20 ℃无裂纹</td><td>−25 ℃无裂纹</td></tr>
<tr><td>5</td><td colspan="2">抗穿孔性</td><td colspan="2">不渗水</td></tr>
<tr><td>6</td><td colspan="2">不透水性</td><td colspan="2">不透水</td></tr>
<tr><td>7</td><td colspan="2">剪切状态下的粘合性(N/mm)，≥</td><td colspan="2">3.0 或卷材破坏</td></tr>
<tr><td rowspan="4">8</td><td rowspan="4">热老化处理</td><td>外观</td><td colspan="2">无起泡、裂纹、粘结和孔洞</td></tr>
<tr><td>拉伸强度变化率(%)</td><td rowspan="2">±25</td><td rowspan="2">±20</td></tr>
<tr><td>断裂伸长率变化率(%)</td></tr>
<tr><td>低温弯折性</td><td>−15 ℃无裂纹</td><td>−20 ℃无裂纹</td></tr>
<tr><td rowspan="3">9</td><td rowspan="3">耐化学侵蚀</td><td>拉伸强度变化率(%)</td><td rowspan="2">±25</td><td rowspan="2">±20</td></tr>
<tr><td>断裂伸长率变化率(%)</td></tr>
<tr><td>低温弯折性</td><td>−15 ℃无裂纹</td><td>−20 ℃无裂纹</td></tr>
<tr><td rowspan="3">10</td><td rowspan="3">人工气候加速老化</td><td>拉伸强度变化率(%)</td><td rowspan="2">±25</td><td rowspan="2">±20</td></tr>
<tr><td>断裂伸长率变化率(%)</td></tr>
<tr><td>低温弯折性</td><td>−15 ℃无裂纹</td><td>−20 ℃无裂纹</td></tr>
</table>

注：非外露使用可以不考核人工气候加速老化性能。

(2)L 类及 W 类卷材理化性能见表 5-15。

表 5-15 L 类及 W 类卷材理化性能

序号	项 目	Ⅰ型	Ⅱ型
1	拉力(N/cm)，≥	100	160
2	断裂伸长率(%)，≥	150	200
3	热处理尺寸变化率(%)，≤	1.5	1.0
4	低温弯折性	−20 ℃无裂纹	−25 ℃无裂纹

续上表

序号	项 目		Ⅰ型	Ⅱ型
5	抗穿孔性		不渗水	
6	不透水性		不透水	
7	剪切状态下的粘和性(N/mm),≥	L类	3.0或卷材破坏	
		W类	6.0或卷材破坏	
8	热老化处理	外观	无起泡、裂纹、粘结和孔洞	
		拉力变化率(%)	±25	±20
		断裂伸长率变化率(%)		
		低温弯折性	−15 ℃无裂纹	−20 ℃无裂纹
9	耐化学侵蚀	拉力变化率(%)	±25	±20
		断裂伸长率变化率(%)		
		低温弯折性	−15 ℃无裂纹	−20 ℃无裂纹
10	人工气候加速老化	拉力变化率(%)	±25	±20
		断裂伸长率变化率(%)		
		低温弯折性	−15 ℃无裂纹	−20 ℃无裂纹

注:非外露使用可以不考核人工气候加速老化性能。

(五)验收批量

以10 000 m^2同类、同型的卷材为一批,不满10 000 m^2亦按一批计。

(六)取样方法

1. 在每批产品中随机抽取3卷进行尺寸偏差和外观检查,在此2项检查合格的样品中任取一卷,在距外层端部500 mm处裁取3 m进行其他项目的检验。

2. 根据《屋面工程质量验收规范》(GB 50207—2002)中施工现场抽样数量的规定:大于1 000卷抽5卷,每500~1000卷抽4卷,100~499卷抽3卷,100卷以下抽2卷,进行规格尺寸和外观质量检验,在外观质量检验合格的卷材中,任取一卷做物理性能检验。

(七)样品数量

距外层端部500 mm处裁取3 m。

(八)检测项目

尺寸偏差、外观、拉伸强度(拉力)、断裂伸长率、热处理尺寸变化率、低温弯折性、不透水性等。

(九)质量评定

1. 尺寸、外观

尺寸偏差和外观均符合规定时,判其尺寸偏差、外观合格。对不合格的,允许在该批产品中随机另取3卷重新检验,全部达到规定即判其尺寸偏差、外观合格,若仍有不符合规定的即判该批产品不合格。

2. 理化性能

(1)对于拉伸性能、热处理尺寸变化率、剪切状态下的粘合性以同一方向的算术平均值分别达到标准规定,即判该项合格。

(2)低温弯折性、抗穿孔性、不透水性所有试件都符合规定时,判该项合格,若有一个试件不符合规定则为不合格。

(3)实验结果全部符合理化性能规定时，判该批产品理化性能合格，若仅有一项不符合规定，允许在该批产品中随机另取一卷进行单项复测，合格则判该批产品理化性能合格，否则判该批产品理化性能不合格。

3. 总判定

试验结果符合尺寸偏差、外观、理化性能全部要求，且产品标记符合标准规定时判该批产品合格。

(十)使用注意事项

1. 贮存与运输时，不同类型、规格的产品应分别堆放，不应混杂。避免日晒雨淋，注意通风。贮存温度不应高于 45 ℃，平放贮存堆放高度不超过 5 层，立放单层堆放，禁止与酸、碱、油类及有机溶剂等接触。

2. 运输时防止倾斜或横压，必要时加盖苫布。

3. 在正常贮存、运输条件下，贮存期自生产日起为 1 年。

五、氯化聚乙烯防水卷材

(一)概　　述

适用于建筑防水工程用的以氯化聚乙烯为主要原料制成的防水卷材，包括无复合层、用纤维单面复合及织物内增强的氯化聚乙烯防水卷材。

(二)执行标准

《氯化聚乙烯防水卷材》(GB 12953—2003)。

(三)相关标准

《建筑防水卷材试验方法》(GB/T 328—2007)。

《硫化橡胶或热塑性橡胶 拉伸应力应变性能的测定》(GB/T 528—2009)。

《建筑防水材料老化试验方法》(GB/T 18244—2000)。

《屋面工程质量验收规范》(GB 50207—2002)。

(四)性能指标

1. 尺寸偏差

长度、宽度不小于规定值的 99.5%；厚度偏差和最小单值见表 5-16。

表 5-16　厚度偏差和最小单值　　单位：mm

厚度	允许偏差	最小单值
1.2	±0.10	1.00
1.5	±0.15	1.30
2.0	±0.20	1.70

2. 外观

(1)卷材的接头不多于一处，其中较短的一段长度不少于 1.5 m，接头应剪切整齐并加长 150 mm。

(2)卷材表面应平整、边缘整齐，无裂纹、孔洞、粘结、气泡和疤痕。

3. 理化性能

(1)N 类无复合层的卷材理化性能见表 5-17。

表 5-17　N类无复合层的卷材理化性能

序号	项　目		Ⅰ型	Ⅱ型
1	拉伸强度(MPa),≥		5.0	8.0
2	断裂伸长率(%),≥		200	300
3	热处理尺寸变化率(%),≤		3.0	纵向2.5,横向1.5
4	低温弯折性		−20 ℃无裂纹	−25 ℃无裂纹
5	抗穿孔性		不渗水	
6	不透水性		不透水	
7	剪切状态下的粘和性(N/mm),≥		3.0或卷材破坏	
8	热老化处理	外观	无起泡、裂纹、粘结和孔洞	
		拉伸强度变化率(%)	+50 −20	±20
		断裂伸长率变化率(%)	+50 −30	±20
		低温弯折性	−15 ℃无裂纹	−20 ℃无裂纹
9	耐化学侵蚀	拉伸强度变化率(%)	±30	±20
		断裂伸长率变化率(%)		
		低温弯折性	−15 ℃无裂纹	−20 ℃无裂纹
10	人工气候加速老化	拉伸强度变化率(%)	+50 −20	±20
		断裂伸长率变化率(%)	+50 −30	±20
		低温弯折性	−15 ℃无裂纹	−20 ℃无裂纹

注:非外露使用可以不考核人工气候加速老化性能。

(2)L类及W类卷材理化性能见表5-18。

表 5-18　L类及W类卷材理化性能

序号	项　目		Ⅰ型	Ⅱ型
1	拉力(N/cm),≥		70	120
2	断裂伸长率(%),≥		125	250
3	热处理尺寸变化率(%),≤		1.0	
4	低温弯折性		−20 ℃无裂纹	−25 ℃无裂纹
5	抗穿孔性		不渗水	
6	不透水性		不透水	
7	剪切状态下的粘和性(N/mm),≥	L类	3.0或卷材破坏	
		W类	6.0或卷材破坏	
8	热老化处理	外观	无起泡、裂纹、粘结和孔洞	
		拉力(%),≥	55	100
		断裂伸长率率(%),≥	100	200
		低温弯折性	−15 ℃无裂纹	−20 ℃无裂纹

续上表

序号	项　目		Ⅰ型	Ⅱ型
9	耐化学侵蚀	拉力(%),≥	55	100
		断裂伸长率率(%),≥	100	200
		低温弯折性	−15 ℃无裂纹	−20 ℃无裂纹
10	人工气候加速老化	拉力(%),≥	55	100
		断裂伸长率率(%),≥	100	200
		低温弯折性	−15 ℃无裂纹	−20 ℃无裂纹

注:非外露使用可以不考核人工气候加速老化性能。

(五)验收批量

以 10 000 m^2 同类、同型的卷材为一批,不满 10 000 m^2 亦按一批计。

(六)取样方法

1. 在每批产品中随机抽取 3 卷进行尺寸偏差和外观检查,在此 2 项检查合格的样品中任取一卷,在距外层端部 500 mm 处裁取 3 m 进行其他项目的检验。

2. 根据《屋面工程质量验收规范》(GB 50207—2002)中施工现场抽样数量的规定:大于 1 000卷抽 5 卷,每 500～1 000 卷抽 4 卷,100～499 卷抽 3 卷,100 卷以下抽 2 卷,进行规格尺寸和外观质量检验,在外观质量检验合格的卷材中,任取一卷做物理性能检验。

(七)样品数量

距外层端部 500 mm 处裁取 3 m。

(八)检测项目

尺寸偏差、外观、拉伸强度(拉力)、断裂伸长率、热处理尺寸变化率、低温弯折性、不透水性等。

(九)质量评定

1. 尺寸、外观

尺寸偏差和外观均符合规定时,判其尺寸偏差、外观合格。对不合格的,允许在该批产品中随机另取 3 卷重新检验,全部达到规定即判其尺寸偏差、外观合格,若仍有不符合规定的即判该批产品不合格。

2. 理化性能

(1)对于拉伸性能、热处理尺寸变化率、剪切状态下的粘合性以同一方向的算术平均值分别达到标准规定,即判该项合格。

(2)低温弯折性、抗穿孔性、不透水性所有试件都符合规定时,判该项合格,若有一个试件不符合规定则为不合格。

(3)实验结果全部符合理化性能规定时,判该批产品理化性能合格,若仅有一项不符合规定,允许在该批产品中随机另取一卷进行单项复测,合格则判该批产品理化性能合格,否则判该批产品理化性能不合格。

3. 总判定

试验结果符合尺寸偏差、外观、理化性能全部要求,且产品标记符合标准规定时判该批产品合格。

(十)使用注意事项

1. 贮存与运输时,不同类型、规格的产品应分别堆放,不应混杂。避免日晒雨淋,注意通风。贮存温度不应高于 45 ℃,平放贮存堆放高度不超过 5 层,立放单层堆放,禁止与酸、碱、油类及有机溶剂等接触。

2. 运输时防止倾斜或横压,必要时加盖苫布。

3. 在正常贮存、运输条件下,贮存期自生产日起为 1 年。

六、沥青复合胎柔性防水卷材

(一)概　　述

沥青复合胎柔性防水卷材是以涤棉无纺布-玻纤网格布复合毡为胎基,浸涂胶粉改性沥青,以细砂、聚乙烯膜、矿物粒(片)等位覆面材料制成的用于一般建筑防水工程的防水卷材。按物理力学性能分为Ⅰ型、Ⅱ型。按上表面材料分为:聚乙烯膜、细砂、矿物粒料。

(二)执行标准

《沥青复合胎柔性防水卷材》(JC/T 690—2008)。

(三)相关标准

《建筑防水卷材试验方法 第 4 部分:沥青防水卷材 厚度、单位面积质量》(GB/T 328.4—2007)。

《建筑防水卷材试验方法 第 6 部分:沥青防水卷材 长度、宽度、平直度》(GB/T 328.6—2007)。

《建筑防水卷材试验方法 第 8 部分:沥青防水卷材 拉伸性能》(GB/T 328.8—2007)。

《建筑防水卷材试验方法 第 10 部分:沥青和高分子防水卷材 不透水性》(GB/T 328.10—2007)。

《建筑防水卷材试验方法 第 11 部分:沥青防水卷材 耐热性》(GB/T 328.11—2007)。

《建筑防水卷材试验方法 第 14 部分:沥青防水卷材 低温柔性》(GB/T 328.14—2007)。

《建筑防水卷材试验方法 第 26 部分:沥青防水卷材 可溶物含量(浸涂材料含量)》(GB/T 328.26—2007)。

《建筑防水材料老化试验方法》(GB/T 18244—2000)。

《屋面工程质量验收规范》(GB 50207—2002)。

(四)性能指标

1. 单位面积质量、面积及厚度(表 5-19)

表 5-19　单位面积质量、面积及厚度

规格(公称厚度,mm)		3			4		
上表面材料		PE	S	M	PE	S	M
面积(m^2/卷)	公称面积	10			10,7.5		
	偏差	±0.10			±0.10		
单位面积质量(kg/m^2)		3.3	3.5	4.0	4.3	4.5	5.0
厚度(mm)	平均值,≥	3.0			4.0		
	最小单值	2.7			3.7		

注:PE—聚乙烯膜;S—细砂;M—矿物粒(片)料。

2. 外观

(1)成卷卷材应卷紧卷齐,端面里进外出不得超过 10 mm。

(2)成卷卷材在 4 ℃～45 ℃任一产品温度下展开，在距卷芯 1 000 mm 长度外不应有 10 mm以上的裂纹或粘结。

(3)胎基应浸透，不应有未被浸渍的条纹。

(4)卷材表面必须平整，不允许有孔洞、缺边和裂口、疙瘩，矿物粒料粒度应均匀一致并紧密地粘附于卷材表面。

(5)每卷卷材的接头不应超过 1 个，较短的一段不应少于 1 000 mm，接头应剪切整齐，并加长 150 mm。

3. 材料性能(表 5-20)

表 5-20　沥青复合胎柔性防水卷材材料性能

<table>
<tr><th rowspan="2">序号</th><th rowspan="2" colspan="2">项　目</th><th colspan="2">指　标</th></tr>
<tr><th>Ⅰ</th><th>Ⅱ</th></tr>
<tr><td rowspan="2">1</td><td rowspan="2">可溶物含量(g/m²)，≥</td><td>3 mm</td><td colspan="2">1 600</td></tr>
<tr><td>4 mm</td><td colspan="2">2 200</td></tr>
<tr><td rowspan="2">2</td><td rowspan="2" colspan="2">耐热性(℃)</td><td colspan="2">90</td></tr>
<tr><td colspan="2">无滑动、流淌、滴落</td></tr>
<tr><td rowspan="2">3</td><td rowspan="2" colspan="2">低温柔性(℃)</td><td>−5</td><td>−10</td></tr>
<tr><td colspan="2">无裂缝</td></tr>
<tr><td>4</td><td colspan="2">不透水性</td><td colspan="2">0.2 MPa，30 min 不透水</td></tr>
<tr><td rowspan="2">5</td><td rowspan="2">最大拉力(N/50 mm)</td><td>纵向，≥</td><td>500</td><td>600</td></tr>
<tr><td>横向，≥</td><td>400</td><td>500</td></tr>
<tr><td>6</td><td colspan="2">粘结剥离强度(N/mm)，≥</td><td colspan="2">0.5</td></tr>
<tr><td rowspan="4">7</td><td rowspan="4">热老化</td><td>拉力保持率(%)</td><td colspan="2">≥90</td></tr>
<tr><td rowspan="2">低温柔性(℃)</td><td>0</td><td>−5</td></tr>
<tr><td colspan="2">无裂缝</td></tr>
<tr><td>质量损失(%)，≤</td><td colspan="2">2.0</td></tr>
</table>

(五)验收批量

以同一类型、同一规格 10 000 m² 为一批量。不足 10 000 m² 的亦可按一批计。

(六)取样方法

从每批中抽取 5 卷进行单位面积质量、面积、厚度和外观检验。

从外观质量合格的产品中任取一卷，去除端部 2 500 mm，切取 1 m 做物理力学性能试验。

(七)样品数量

1 m 卷材。

(八)检测项目

单位面积质量、面积、厚度、外观、不透水性、耐热度、低温柔度、最大拉力。

(九)质量评定

1. 单位面积质量、面积、厚度及外观判定

抽取的 5 卷样品检验结果符合各项指标规定时，判为单位面积质量、面积、厚度及外观合格。若有一项不符合指标要求，允许在该批产品中再随机抽取 5 卷样品，对不合格项进行复

查。全部达到指标要求时判为合格；否则，判该批产品不合格。

2. 物理力学性能

可溶物含量、最大拉力、粘结剥离强度以其算术平均值达到标准规定的指标判为该项合格。不透水性、耐热度以3个试件分别达到标准规定判为该项合格。低温柔度以每面五个试件至少四个试件符合标准规定时为合格。两面均符合标准规定时判为该项合格。热老化各项结果达到规定时判为该项合格。

若有一项指标不符合规定，允许在该批产品中再随机抽取一卷，对不合格项进行单项复验。达到标准规定时，则判该批产品性能合格。

3. 总判定

试验结果符合标准性能指标规定的全部要求时，判该批产品合格。

(十)使用注意事项

1. 贮存与运输时，不同类型、规格的产品应分别堆放，不应混杂。避免日晒雨淋，注意通风。贮存温度不应高于45 ℃，立放贮存只能单层，运输过程中立放不超过两层。

2. 运输时防止倾斜或横压，必要时加盖苫布。

3. 在正常贮存、运输条件下，贮存期自生产日起六个月。

七、自粘聚合物改性沥青防水卷材

(一)概　　述

以自粘聚合物改性沥青为基材，非外露使用的无胎基或采用聚酯胎基增强的本体自粘防水卷材。产品按有无胎基增强分为无胎基(N类)和聚酯胎基(PY类)两类，无胎基按上表面材料分为聚乙烯膜、聚酯膜、无膜双面自粘三种。聚酯胎基类按上表面材料分为聚乙烯膜、细砂、无膜双面自粘三种。产品按性能分为Ⅰ型和Ⅱ型。

(二)执行标准

《自粘聚合物改性沥青防水卷材》(GB 23441—2009)。

(三)相关标准

《建筑防水卷材试验方法 第2部分:沥青防水卷材 外观》(GB/T 328.2—2007)。

《建筑防水卷材试验方法 第8部分:沥青防水卷材 拉伸性能》(GB/T 328.8—2007)。

《建筑防水卷材试验方法 第9部分:高分子防水卷材 拉伸性能》(GB/T 328.9—2007)。

《建筑防水卷材试验方法 第10部分:沥青和高分子防水卷材 不透水性》(GB/T 328.10—2007)。

《建筑防水卷材试验方法 第11部分:沥青防水卷材 耐热性》(GB/T 328.11—2007)。

《建筑防水卷材试验方法 第14部分:沥青防水卷材 低温柔性》(GB/T 328.14—2007)。

《建筑防水卷材试验方法 第18部分:沥青防水卷材 撕裂性能(钉杆法)》(GB/T 328.18—2007)。

《建筑防水卷材试验方法 第20部分:沥青防水卷材 接缝剥离强度》(GB/T 328.20—2007)。

《建筑防水卷材试验方法 第26部分:沥青防水卷材 可溶物含量(浸涂材料含量)》(GB/T 328.26—2007)。

《建筑防水材料老化试验方法》(GB/T 18244—2000)。

《屋面工程质量验收规范》(GB 50207—2002)。

（四）性能指标

1. 单位面积质量、面积及厚度

(1)面积不小于产品面积标记值的99%。

(2)由供需双方商定的规格，厚度N类不得小于1.2 mm，PY类不得小于2.0 mm。

(3)N类单位面积质量、厚度应符合表5-21的规定。

表5-21　N类单位面积质量、面积及厚度

规格(公称厚度，mm)		1.2	1.5	2.0
上表面材料		PE,PET,D	PE,PET,D	PE,PET,D
单位面积质量(kg/m^2)		1.2	1.5	2.0
厚度(mm)	平均值，≥	1.2	1.5	2.0
	最小单值	1.0	1.3	1.7

(4)PY类单位面积质量、面积及厚度应符合表5-22的要求。

表5-22　PY类单位面积质量、面积及厚度

规格(公称厚度，mm)		2.0		3.0		4.0	
上表面材料		PE,D	S	PE,D	S	PE,D	S
单位面积质量(kg/m^2)		2.1	2.2	3.1	3.2	4.1	4.2
厚度(mm)	平均值，≥	2.0		3.0		4.0	
	最小单值	1.8		2.7		3.7	

2. 外观

(1)成卷卷材应卷紧卷齐，端面里进外出不得超过20 mm。

(2)成卷卷材在4 ℃～45 ℃任一产品温度下展开，在距卷芯1 000 mm长度外不应有裂纹或长度10 mm以上的粘结。

(3)PY类产品，其胎基应浸透，不应有未被浸渍的浅色条纹。

(4)卷材表面必须平整，不允许有孔洞、缺边和裂口、疙瘩，上表面为细砂的，细砂应均匀一致并紧密地粘附于卷材表面。

(5)每卷卷材的接头处不应超过1个，较短的一段不应少于1 000 mm，接头应剪切整齐，并加长150 mm。

3. 物理力学性能(表5-23、表5-24)

表5-23　N类卷材物理力学性能

序号	项　目		指　标				
			PE		PET		D
			Ⅰ	Ⅱ	Ⅰ	Ⅱ	
1	拉伸性能，≥	拉力(N/50 mm)	150	200	150	200	—
		最大拉力时延伸率(%)	200		30		—
		沥青断裂延伸率(%)	250		150		450
		拉伸时现象	拉伸过程中，在膜断裂前无沥青涂层与膜分离现象				—
2	钉杆撕裂强度(N)，≥		60	110	30	40	—

续上表

<table>
<tr><td rowspan="3">序号</td><td rowspan="3" colspan="2">项　目</td><td colspan="5">指　标</td></tr>
<tr><td colspan="2">PE</td><td colspan="2">PET</td><td rowspan="2">D</td></tr>
<tr><td>Ⅰ</td><td>Ⅱ</td><td>Ⅰ</td><td>Ⅱ</td></tr>
<tr><td>3</td><td colspan="2">耐热度</td><td colspan="5">70 ℃滑动不超过 2 mm</td></tr>
<tr><td rowspan="2">4</td><td rowspan="2" colspan="2">低温柔性(℃)</td><td>−20</td><td>−30</td><td>−20</td><td>−30</td><td>−20</td></tr>
<tr><td colspan="5">无裂缝</td></tr>
<tr><td>5</td><td colspan="2">不透水性</td><td colspan="4">0.2 MPa、120 min 不透水</td><td>—</td></tr>
<tr><td rowspan="2">6</td><td rowspan="2">剥离强度
(N/mm)</td><td>卷材与卷材，≥</td><td colspan="5">1.0</td></tr>
<tr><td>卷材与铝板，≥</td><td colspan="5">1.5</td></tr>
<tr><td>7</td><td colspan="2">钉杆水密性</td><td colspan="5">通过</td></tr>
<tr><td>8</td><td colspan="2">渗油性，张数，≤</td><td colspan="5">2</td></tr>
<tr><td>9</td><td colspan="2">持粘性(min)，≥</td><td colspan="5">20</td></tr>
<tr><td rowspan="5">10</td><td rowspan="5">热老化</td><td>拉力保持率(%)，≥</td><td colspan="5">80</td></tr>
<tr><td>最大拉力时
延伸率(%)，≥</td><td colspan="2">200</td><td colspan="2">30</td><td>400(沥青层
断裂延伸率)</td></tr>
<tr><td rowspan="2">低温柔性(℃)</td><td>−18</td><td>−28</td><td>−18</td><td>−28</td><td>−18</td></tr>
<tr><td colspan="5">无裂缝</td></tr>
<tr><td>剥离强度，卷材与铝板
(N/mm)，≥</td><td colspan="5">1.5</td></tr>
<tr><td rowspan="2">11</td><td rowspan="2">热稳定性</td><td>外观</td><td colspan="5">无起鼓、皱褶、滑动、流淌</td></tr>
<tr><td>尺寸变化(%)，≤</td><td colspan="5">2</td></tr>
</table>

表 5-24　PY 类卷材物理力学性能

<table>
<tr><td rowspan="2">序号</td><td rowspan="2" colspan="3">项　目</td><td colspan="2">指　标</td></tr>
<tr><td>Ⅰ</td><td>Ⅱ</td></tr>
<tr><td rowspan="3">1</td><td rowspan="3" colspan="2">可溶物含量(g/m²)，≥</td><td>2.0 mm</td><td>1 300</td><td>—</td></tr>
<tr><td>3.0 mm</td><td colspan="2">2 100</td></tr>
<tr><td>4.0 mm</td><td colspan="2">2 900</td></tr>
<tr><td rowspan="4">2</td><td rowspan="4">拉伸性能</td><td rowspan="3">拉力(N/50 mm)，≥</td><td>2.0 mm</td><td>350</td><td>—</td></tr>
<tr><td>3.0 mm</td><td>450</td><td>600</td></tr>
<tr><td>4.0 mm</td><td>450</td><td>800</td></tr>
<tr><td colspan="2">最大拉力时延伸率(%)，≥</td><td>30</td><td>40</td></tr>
<tr><td>3</td><td colspan="3">耐热性</td><td colspan="2">70 ℃无滑动、流淌、滴落</td></tr>
<tr><td rowspan="2">4</td><td rowspan="2" colspan="3">低温柔性(℃)</td><td>−20</td><td>−30</td></tr>
<tr><td colspan="2">无裂缝</td></tr>
<tr><td>5</td><td colspan="3">不透水性</td><td colspan="2">0.3 MPa、120 min 不透水</td></tr>
<tr><td rowspan="2">6</td><td rowspan="2">剥离强度
(N/mm)</td><td colspan="2">卷材与卷材，≥</td><td colspan="2">1.0</td></tr>
<tr><td colspan="2">卷材与铝板，≥</td><td colspan="2">1.5</td></tr>
<tr><td>7</td><td colspan="3">钉杆水密性</td><td colspan="2">通过</td></tr>
<tr><td>8</td><td colspan="3">渗油性(张)，≤</td><td colspan="2">2</td></tr>
</table>

续上表

<table>
<tr><th rowspan="2">序号</th><th rowspan="2" colspan="2">项　目</th><th colspan="2">指　标</th></tr>
<tr><th>Ⅰ</th><th>Ⅱ</th></tr>
<tr><td>9</td><td colspan="2">持粘性(min),≥</td><td colspan="2">15</td></tr>
<tr><td rowspan="6">10</td><td rowspan="6">热老化</td><td>最大拉力时延伸率(%),≥</td><td>30</td><td>40</td></tr>
<tr><td rowspan="2">低温柔性(℃)</td><td>−18</td><td>−28</td></tr>
<tr><td colspan="2">无裂纹</td></tr>
<tr><td>剥离强度,卷材与铝板(N/mm),≥</td><td colspan="2">1.5</td></tr>
<tr><td>尺寸稳定性(%),≤</td><td>1.5</td><td>1.0</td></tr>
<tr><td>11</td><td colspan="2">自粘沥青再剥离强度(N/mm),≥</td><td colspan="2">1.5</td></tr>
</table>

(五)验收批量

以同一类型、同一规格 10 000 m^2 为一批,不足 10 000 m^2 亦作为一批。

(六)取样方法

1. 在每批产品中随机抽取五卷进行面积、厚度、外观、单位面积质量检查。

2. 在上述检查合格后,从中随机抽取一卷取至少 1.5 m^2 试样进行物理力学性能检测。

(七)样品数量

至少 1.5 m^2 试样。

(八)检测项目

单位面积质量、厚度、面积、外观、拉力、最大拉力时延伸率、沥青断裂延伸率、钉杆撕裂强度、低温柔性、耐热性、卷材与铝板剥离强度、持粘性、自粘沥青再剥离强度。

(九)质量评定

1. 面积、单位面积质量、厚度、外观

面积、单位面积质量、厚度、外观符合标准规定时,判其面积、单位面积质量、厚度、外观合格。若其中有一项不符合规定,允许从该批产品中再随机抽取 5 卷样品,对不合格项进行复查。如果全部达到标准规定时则判为合格;否则,判该批产品不合格。

2. 物理力学性能

试验结果符合标准规定,判该批产品物理力学性能合格。若其中仅有一项不符合标准规定,允许在该片产品中随机另抽取一卷进行单项复测。若该项符合标准规定,则判该批产品物理力学性能合格;否则,判该批产品不合格。

3. 总判定

试验结果符合标准技术指标全部要求时,判该批产品合格。

(十)使用注意事项

1. 贮存与运输时,不同类型、规格的产品应分别堆放,不应混杂。避免日晒雨淋,注意通风。贮存温度不应高于 45 ℃,卷材平放储存时码放高度不超过五层,立放贮存单层堆放。

2. 运输时防止倾斜或侧压,必要时加盖苫布。

3. 在正常贮存、运输条件下,贮存期自生产日起为一年。

八、预铺湿铺防水卷材

（一）概　　述

预铺湿铺防水卷材是指采用后浇混凝土或水泥砂浆拌和物粘结的防水卷材。预铺防水卷材用于地下防水等工程，直接与后浇结构混凝土拌和物粘结。湿铺防水卷材用于非外露防水工程，采用水泥砂浆与基层粘结，卷材间宜用自粘搭接。产品按施工方式分为预铺(Y)、湿铺(W)。按主体材料分为高分子防水卷材(P类)、沥青基聚酯胎防水卷材(PY类)。按粘结表面分为单面粘合(S)、双面粘合(D)，其中沥青基聚酯胎防水卷材宜为双面粘合。湿铺产品按性能分为Ⅰ型和Ⅱ型。

（二）执行标准

《预铺湿铺防水卷材》(GB 23457—2009)。

（三）相关标准

《建筑防水卷材试验方法　第2部分：沥青防水卷材　外观》(GB/T 328.2—2007)。

《建筑防水卷材试验方法　第5部分：高分子防水卷材　厚度、单位面积质量》(GB/T 328.5—2007)。

《建筑防水卷材试验方法　第8部分：沥青防水卷材　拉伸性能》(GB/T 328.8—2007)。

《建筑防水卷材试验方法　第9部分：高分子防水卷材　拉伸性能》(GB/T 328.9—2007)。

《建筑防水卷材试验方法　第10部分：沥青和高分子防水卷材　不透水性》(GB/T 328.10—2007)。

《建筑防水卷材试验方法　第11部分：沥青防水卷材　耐热性》(GB/T 328.11—2007)。

《建筑防水卷材试验方法　第14部分：沥青防水卷材　低温柔性》(GB/T 328.14—2007)。

《建筑防水卷材试验方法　第15部分：高分子防水卷材　低温弯折性》(GB/T 328.15—2007)。

《建筑防水卷材试验方法　第18部分：沥青防水卷材　撕裂性能(钉杆法)》(GB/T 328.18—2007)。

《建筑防水卷材试验方法　第20部分：沥青防水卷材　接缝剥离强度》(GB/T 328.20—2007)。

《建筑防水卷材试验方法　第24部分：沥青和高分子防水卷材　抗冲击性能》(GB/T 328.24—2007)。

《建筑防水卷材试验方法　第25部分：沥青和高分子防水卷材　抗静态荷载》(GB/T 328.25—2007)。

《建筑防水卷材试验方法　第26部分：沥青防水卷材　可溶物含量(浸涂材料含量)》(GB/T 328.26—2007)。

《建筑防水涂料试验方法》(GB/T 16777—2008)。

《屋面工程质量验收规范》(GB 50207—2002)。

（四）性能指标

1. 单位面积质量、面积及厚度

(1)面积不小于产品面积标记值的99%。

(2)PY类单位面积质量、厚度应符合表5-25的规定。

表 5-25　PY 类单位面积质量、面积及厚度

项　目		规　格	
		3.0 mm	4.0 mm
单位面积质量(kg/m²),≥		3.1	4.1
厚度(mm)	平均值,≥	3.0	4.0
	最小单值	2.7	3.7

(3)P 类预铺产品高分子主体材料厚度、卷材全厚度平均值都应不小于规定值。P 类湿铺产品的卷材全厚度平均值不小于规定值。

(4)其他规格由供需双方商定,但预铺 P 类产品高分子主体材料厚度不得小于 0.7 mm、卷材全厚度不小于 1.2 mm,预铺 PY 类厚度不得小于 4.0 mm。湿铺 P 类产品全厚度不得小于 1.2 mm,PY 类产品厚度不得小于 3.0 mm。

2. 外观

(1)成卷卷材应卷紧卷齐,端面里进外出不得超过 20 mm。

(2)成卷卷材在 4 ℃～45 ℃任一产品温度下展开,在距卷芯 1 000 mm 长度外不应有裂纹或长度 10 mm 以上的粘结。

(3)PY 类产品,其胎基应浸透,不应有未被浸渍的浅色条纹。

(4)卷材表面必须平整,不允许有孔洞、缺边和裂口、结块。

(5)每卷卷材的接头处不应超过 1 个,较短的一段不应少于 1 000 mm,接头应剪切整齐,并加长 150 mm。

3. 物理力学性能(表 5-26、表 5-27)

表 5-26　预铺防水卷材物理力学性能

序号	项　目		指　标	
			P	PY
1	可溶物含量(g/m²),≥		—	2 900
2	拉伸性能,≥	拉力(N/50 mm)	500	800
		膜断裂延伸率(%)	400	—
		最大拉力时延伸率(%)	—	40
3	钉杆撕裂强度(N),≥		400	200
4	冲击性能		直径(10±1) mm,无渗漏	
5	静态荷载		20 kg,无渗漏	
6	耐热性		70 ℃,2 h 无位移、流淌、滴落	
7	低温弯折性		−25 ℃,无裂纹	—
8	低温柔性		—	−25 ℃,无裂纹
9	渗油性(张数),≤		—	2
10	防窜水性		0.6 MPa 不窜水	
11	与后浇混凝土剥离强度(N/mm),≥	无处理	2.0	
		水泥粉污染表面	1.5	
		泥沙污染表面	1.5	
		紫外线老化	1.5	
		热老化	1.5	

续上表

序号	项　目		指　标	
			P	PY
12	与后浇混凝土浸水后剥离强度(N/mm),≥		1.5	
13	热老化	拉力保持率(%),≥	90	
		伸长率保持率(%),≥	80	
		低温弯折性	−23℃,无裂纹	—
		低温柔性(℃)	—	−23 ℃,无裂纹
14	热稳定性	外观	无起皱、滑动、流淌	
		尺寸变化(%),≤	2.0	

表 5-27　湿铺防水卷材物理力学性能

序号	项　目		指　标			
			P		PY	
			Ⅰ	Ⅱ	Ⅰ	Ⅱ
1	可溶物含量(g/m²),≥	3.0 mm	—		2 100	
		4.0 mm			2 900	
2	拉伸性能	拉力(N/50 mm),≥	150	200	400	600
		最大拉力时延伸率(%),≥	30	150	30	40
3	撕裂强度(N)		12	25	180	300
4	耐热性		70 ℃,2 h 无位移、流淌、滴落			
5	低温柔性(℃)		−15	−25	−15	−25
			无裂纹			
6	不透水性		0.3 MPa、120 min 不透水			
7	卷材与卷材剥离强度(N/mm),≥	无处理	1.0			
		热处理	1.0			
8	渗油性(张数),≤		2			
9	持粘性(min),≥		15			
10	与水泥砂浆剥离强度(N/mm),≥	无处理	2.0			
		热处理	1.5			
11	与水泥砂浆浸水后剥离强度(N/mm),≥		1.5			
12	热老化(70 ℃,168 h)	拉力保持率(%),≥	90			
		伸长率保持率(%),≥	80			
		低温柔性(℃)	−13	−23	−13	−23
			无裂纹			
13	热稳定性	外观	无起鼓、滑动、流淌			
		尺寸变化(%),≤	2.0			

(五)验收批量

以同一类型、同一规格 10 000 m² 为一批,不足 10 000 m² 亦作为一批。

(六)取样方法

1. 在每批产品中随机抽取5卷进行面积、厚度、外观、单位面积质量检查。

2. 在上述检查合格后，从中随机抽取一卷取至少1.5 m^2 试样进行物理力学性能检测。

(七)样品数量

至少1.5 m^2 试样。

(八)检测项目(表5-28)

表5-28 检验项目

序号	项目	Y		W	
		P	PY	P	PY
1	面积、厚度	✓	✓	✓	✓
2	单位面积质量	—	✓	—	✓
3	外观	✓	✓	✓	✓
4	可溶物含量	—	✓	—	✓
5	拉力	✓	✓	✓	✓
6	膜断裂伸长率	✓	—	—	—
7	最大拉力时伸长率	—	✓	✓	✓
8	撕裂强度	—	—	✓	✓
9	钉杆撕裂强度	✓	✓	—	—
10	低温弯折性	✓	—	—	—
11	低温柔性	—	✓	✓	✓
12	耐热性	✓	✓	✓	✓
13	渗油性	—	✓	—	✓
14	持粘性	—	—	✓	✓

(九)质量评定

1. 面积、单位面积质量、厚度、外观

面积、单位面积质量、厚度、外观符合标准规定时，判其面积、单位面积质量、厚度、外观合格。若其中有一项不符合规定，允许从该批产品中再随机抽取5卷样品，对不合格项进行复查。如果全部达到标准规定时则判为合格；否则，判该批产品不合格。

2. 物理力学性能

试验结果符合标准规定，判该批产品物理力学性能合格。若其中仅有一项不符合标准规定，允许在该片产品中随机另抽取一卷进行单项复测。若该项符合标准规定，则判该批产品物理力学性能合格；否则，判该批产品不合格。

3. 总判定

试验结果符合标准技术指标全部要求时，判该批产品合格。

(十)使用注意事项

1. 贮存与运输时，不同类型、规格的产品应分别堆放，不应混杂。避免日晒雨淋，注意通风。贮存温度不应高于45 ℃，卷材平放储存时码放高度不超过五层，立放贮存单层堆放。

2. 运输时防止倾斜或侧压，必要时加盖苫布。

3. 在正常贮存、运输条件下，贮存期自生产日起为一年。

九、改性沥青聚乙烯胎防水卷材

(一)概　述

以高密度聚乙烯膜为胎基,上下两面为改性沥青或自粘沥青,表面覆盖隔离材料制成的防水材料。适用于非外露的建筑与基础设施的防水工程。按产品的施工工艺分为热熔型和自粘型两种。热熔型产品按改性剂的成分分为改性氧化沥青防水卷材(O)、丁苯橡胶改性氧化沥青防水卷材(M)、高聚物改性沥青防水卷材(P)、高聚物改性沥青耐根穿刺防水卷材(R)四类。

(二)执行标准

《改性沥青聚乙烯胎防水卷材》(GB 18967—2009)。

(三)相关标准

《建筑防水卷材试验方法　第2部分:沥青防水卷材　外观》(GB/T 328.2—2007)。

《建筑防水卷材试验方法　第4部分:沥青防水卷材　厚度、单位面积质量》(GB/T 328.4—2007)。

《建筑防水卷材试验方法　第5部分:高分子防水卷材　厚度、单位面积质量》(GB/T 328.5—2007)。

《建筑防水卷材试验方法　第6部分:沥青防水卷材　长度、宽度、平直度》(GB/T 328.6—2007)。

《建筑防水卷材试验方法　第8部分:沥青防水卷材　拉伸性能》(GB/T 328.8—2007)。

《建筑防水卷材试验方法　第10部分:沥青和高分子防水卷材　不透水性》(GB/T 328.10—2007)。

《建筑防水卷材试验方法　第11部分:沥青防水卷材　耐热性》(GB/T 328.11—2007)。

《建筑防水卷材试验方法　第13部分:高分子防水卷材　尺寸稳定性》(GB/T 328.13—2007)。

《建筑防水卷材试验方法　第14部分:沥青防水卷材　低温柔性》(GB/T 328.14—2007)。

《建筑防水卷材试验方法　第20部分:沥青防水卷材　接缝剥离强度》(GB/T 328.20—2007)。

《屋面工程质量验收规范》(GB 50207—2002)。

(四)性能指标

1. 单位面积质量及规格尺寸(表5-29)

表5-29　单位面积质量及规格尺寸

公称厚度(mm)		2	3	4
单位面积质量(kg/m²)		2.1	3.1	4.2
每卷面积偏差(m²)		±0.2		
厚度(mm)	平均值,≥	2.0	3.0	4.0
	最小单值	1.8	2.7	3.7

2. 外观

(1)成卷卷材应卷紧卷齐,端面里进外出不得超过20 mm。

(2)成卷卷材在4 ℃～45 ℃任一产品温度下展开,在距卷芯1 000 mm长度外不应有裂纹或10 mm以上的粘结。

(3)卷材表面必须平整,不允许有孔洞、缺边和裂口、疙瘩等缺陷的存在。

(4)每卷卷材的接头处不应超过1个,较短的一段不应少于1 000 mm,接头应剪切整齐,并加长 150 mm。

3. 材料性能(表 5-30)

表 5-30　改性沥青聚乙烯胎防水卷材材料性能

序号	项　目			指　标				
				热熔型 T				自粘型 S
				O	M	P	R	M
1	不透水性			0.4 MPa、30 min 不透水				
2	耐热性(℃)			90				70
				无流淌、无起泡				
3	低温柔性(℃)			−5	−10	−20	−20	−20
				无裂纹				
4	拉伸性能	最大拉力(N/50 mm),≥	纵向	200			400	200
			横向					
		断裂延伸率(%),≥	纵向	120				
			横向					
5	尺寸稳定性		℃	90				70
			%,≤	2.5				
6	卷材下表面沥青涂层厚度(mm),≥			1.0				—
7	剥离强度(N/mm),≥	卷材与卷材		—				1.0
		卷材与铝板						1.5
8	钉杆水密性			—				通过
9	持粘性			—				15
10	自粘沥青再剥离强度(与铝板,N/mm),≥			—				1.5
11	热空气老化	纵向拉力(N/50 mm),≥		200			400	200
		纵向断裂延伸率(%),≥		120				
		低温柔性(℃)		5	0	−10	−10	−10
				无裂纹				

4. 耐根穿刺卷材应用性能

高聚物改性沥青耐根穿刺防水卷材的性能除符合上表的要求外,其耐根穿刺与耐霉菌腐蚀性能应符合表 5-31 的要求。

表 5-31　耐根穿刺与耐霉菌腐蚀性能

序号	项　目		技术指标
1	耐根穿刺性能		通过
2	耐霉菌腐蚀性	防霉等级	0 级或 1 级
		拉力保持率(%),≥	80
3	尺寸变化率(%),≤		1.0

(五)验收批量

以同一类型、同一规格 10 000 m^2 为一批,不足 10 000 m^2 时按一批计。

（六）取样方法

从每批产品中随机抽取5卷进行厚度、面积、卷重与外观检查。从上述检查合格的产品中随机抽取1卷进行物理力学性能试验。

（七）样品数量

取样至少1.5 m^2。

（八）检测项目

面积、单位面积质量、厚度、外观、不透水性、耐热性、低温柔性、拉伸性能、卷材下表面沥青涂层厚度、卷材与铝板剥离强度、持粘性、自粘沥青再剥离强度。

（九）质量评定

1. 单位面积质量及规格尺寸

在抽取的5样品中，检查结果均符合规定时，判定其单位面积质量及规格尺寸合格，若有一项不符合规定时，允许在该产品中另取5卷样品，对不合格项进行复查，如全部到达标准规定时则判为合格；若仍不符合标准。则判该批产品不合格。

2. 物理力学性能判定

耐热性、拉力、断裂伸长率、尺寸稳定性、卷材下表面涂层厚度以各项试验结果的平均值达到标准规定的指标时判为该项指标合格。

不透水性、钉杆水密性每组试件分别达到标准规定的指标时判为该项指标合格。

低温柔性两面分别达到标准规定时判为合格。

剥离强度、持粘性、自粘沥青再剥离强度、热空气老化各项试验结果达到规定时判为该项指标合格。

各项试验结果均符合规定时则判该批产品物理力学性能合格。若有一项不符合规定时，允许在该产品中再随机抽取一卷对不合格项进行单项复验。达到标准规定时，则判该批产品合格。

高聚物改性沥青耐根穿刺防水卷材符合应用性能要求时判定该批产品应用性能合格。

3. 总判定

试验结果均符合标准规定时，判该批产品合格。

（十）使用注意事项

1. 贮存与运输时，不同类型、规格的产品应分别堆放，不应混杂。避免日晒雨淋，注意通风。贮存温度不应高于45 ℃，卷材平放储存时码放高度不超过五层。

2. 运输时防止倾斜或侧压，必要时加盖苫布。

3. 在正常贮存、运输条件下，贮存期自生产日起为一年。

十、石油沥青纸胎油毡

（一）概　　述

石油沥青纸胎油毡（以下简称油毡）系采用低软化点石油沥青浸渍原纸，然后用高软化点石油沥青涂盖油纸两面，再涂或撒隔离材料所制成的一种纸胎防水卷材。按卷重和物理性能分为Ⅰ型、Ⅱ型、Ⅲ型。Ⅰ型、Ⅱ型用于辅助防水、保护隔离层、临时性建筑防水、防潮及包装等。Ⅲ型适用于屋面工程的多层防水。

（二）执行标准

《石油沥青纸胎油毡》(GB 326—2007)。

(三)相关标准

《建筑防水卷材试验方法　第8部分:沥青防水卷材　拉伸性能》(GB/T 328.8—2007)。

《建筑防水卷材试验方法　第10部分:沥青和高分子防水卷材　不透水性》(GB/T 328.10—2007)。

《建筑防水卷材试验方法　第11部分:沥青防水卷材　耐热性》GB/T 328.11—2007)。

《建筑防水卷材试验方法　第14部分:沥青防水卷材　低温柔性》(GB/T 328.14—2007)。

《建筑防水卷材试验方法　第26部分:沥青防水卷材　可溶物含量(浸透材料含量)》(GB/T 328.26—2007)。

《屋面工程质量验收规范》(GB 50207—2002)。

(四)性能指标

1. 卷重(表5-32)

表5-32　石油沥青纸胎油毡

(单位:kg)

类　型	Ⅰ型	Ⅱ型	Ⅲ型
卷重(kg/卷),≥	17.5	22.5	28.5

2. 面积

每卷油毡总面积为(20±0.3) m^2。

3. 外观

(1)成卷油毡宜卷紧、卷齐,端面里进外出不得超过10 mm。

(2)成卷油毡在10 ℃～45 ℃任一产品温度下展开,在距卷芯1 000 mm长度以外不应有10 mm以上的裂纹或粘结。

(3)纸胎必须浸透,不应有未被浸透的浅色的斑点,不应有胎基外露和涂油不均。

(4)毡面不应有孔洞、硌伤,长度20 mm以上的疙瘩、浆糊状粉浆或水渍以及距卷芯1 000 mm以外长度100 mm以上折纹、折皱;20 mm以内的边缘裂口或长20 mm、深20 mm以外的缺边不应超过4处。

(5)每卷油毡中允许有一处接头,其中较短的一段长度不应少于2 500 mm,接头处应剪切整齐,并加长150 mm。每批卷材中接头不得超过5%。

4. 物理性能(表5-33)

表5-33　物理性能指标

<table>
<tr><td colspan="2" rowspan="2">项　目</td><td colspan="6">指　标</td></tr>
<tr><td colspan="3">Ⅰ型</td><td colspan="2">Ⅱ型</td><td>Ⅲ型</td></tr>
<tr><td colspan="2">单位面积浸涂材料总量(g/m²),≥</td><td colspan="3">600</td><td colspan="2">750</td><td>1 000</td></tr>
<tr><td rowspan="2">不透水性</td><td>压力(MPa),≥</td><td colspan="3">0.02</td><td colspan="2">0.02</td><td>0.10</td></tr>
<tr><td>保持时间(min),≥</td><td>15</td><td>20</td><td>30</td><td>30</td><td>45</td><td>30</td></tr>
<tr><td colspan="2">吸水率(%),≤</td><td colspan="3">3.0</td><td colspan="2">2.0</td><td>1.0</td></tr>
<tr><td colspan="2">耐热度</td><td colspan="6">(85±2) ℃,2 h涂盖层无滑动、流淌和集中性气泡</td></tr>
<tr><td colspan="2">拉力(纵向)(N/50 mm),≥</td><td colspan="3">240</td><td colspan="2">270</td><td>340</td></tr>
<tr><td colspan="2">柔度</td><td colspan="6">(18±2) ℃,绕φ20 mm棒或弯板无裂纹</td></tr>
</table>

(五)验收批量

以同一类型的产品每1 500卷为一批,不足1 000卷者也按一批验收。

(六)取样方法

1. 抽样:随机抽取 5 卷进行卷重、面积和外观检查。

2. 将抽样的一卷卷材切除距外层卷头 2 500 mm 后顺纵向裁取长度为 600 mm 的全幅卷材两块,一块做物理性能试验用,另一块备用。

3. 根据《屋面工程质量验收规范》(GB 50207—2002)中施工现场抽样数量的规定:大于1 000卷抽 5 卷,每 500～1 000 卷抽 4 卷,100～499 卷抽 3 卷,100 卷以下抽 2 卷,进行规格尺寸和外观质量检验,在外观质量检验合格的卷材中,任取一卷做物理性能检验。

(七)样品数量

长度为 600 mm 的全幅卷材两块。

(八)检测项目

卷重、外观、面积、单位面积浸涂材料总量、不透水性、吸水率、耐热度、拉力、柔度。

(九)质量评定

1. 卷重、面积和外观

在抽取的 5 卷中检查结果符合标准要求时,判卷重、面积和外观合格。若其中有一些不符合要求,允许在该批产品中随机另抽 5 卷对不合格项进行复检。若达到要求则判卷重、面积和外观合格,若仍不符合要求,则判该批产品不合格。

2. 物理性能

浸涂材料总量、吸水率、拉力各项试验结果的平均值达到要求判该项合格。

不透水性、耐热度每组试件都达到要求判该项合格。

柔度每面 5 个试件中至少 4 个达到要求判该项合格。

各项检验结果符合标准指标时,则判该批产品物理性能合格。若仅有一项不符合指标要求,允许在该批产品中再随机抽取 1 卷,对不合格项进行单项复检,达到指标要求时,该批产品物理性能合格。否则判不合格。

3. 总判定

卷重、面积、外观和物理性能均达到相应等级指标规定时,判该批产品为相应等级产品合格。

(十)使用注意事项

1. 运输与储存时,不同类型、规格的产品应分别堆放,不应混杂。避免日晒雨淋,并注意通风。

2. 卷材应在 45 ℃以下立放,其高度不应超过两层。

3. 在正常运输、储存条件下,储存期自生产日期起 1 年。

十一、建筑石油沥青

(一)概　　述

建筑石油沥青指用于建筑屋面和地下防水的胶结料、制造涂料、油毡和防腐材料等的石油副产品。按针入度不同分为 10 号、30 号和 40 号三个牌号。

(二)执行标准

《建筑石油沥青》(GB/T 494—2010)。

(三)相关标准

《石油产品闪点与燃点测定法(开口杯法)》(GB/T 267—1988)。

《石油沥青软化点测定法》(GB/T 4507—1999)。

《石油沥青延度测定法》(GB/T 4508—2010)。

《石油沥青针入度测定法》(GB/T 4509—2010)。

《沥青取样法》(GB/T 11147—2010)。

《石油沥青溶解度测定法》(GB/T 11148—2008)。

《石油沥青蒸发损失测定法》(GB/T 11964—2008)。

(四)性能指标(表 5-34)

表 5-34　建筑石油沥青性能指标

项　目	质量指标		
	10号	30号	40号
针入度(25 ℃,100 g,5 s),1/10 mm	10～25	26～35	36～50
针入度(46 ℃,100 g,5 s),1/10 mm	实测值	实测值	实测值
针入度(0 ℃,200 g,5 s),1/10 mm,不小于	3	6	6
延度(25 ℃,5 cm/min)(cm),不小于	1.5	2.5	3.5
软化点(环球法,℃),不低于	95	75	60
溶解度(三氯乙稀,%),不小于	99.0		
蒸发损失(163 ℃,5 h)(%),不大于	1		
蒸发后 25 ℃针入度比(%),不小于	65		
闪点(开口杯法,℃),不低于	260		

注:测定蒸发损失后样品的针入度与原 25 ℃针入度比乘以 100 后所得的百分比,称为蒸发后针入度比。

(五)验收批量

同一生产厂、同一规格标号、同一批号的沥青,以 20 t 为一个取样单位,不足 20 t 亦按一个取样单位。

(六)取样方法

从每个取样单位的不同部位取不少于 5 处洁净试样,每次所取数量大致相等,共 2 kg 左右,分成两等份,一份送试验室,一份备用。

(七)样品数量

一个取样单位取 2 kg。

(八)检测项目

针入度、延度、软化点、溶解度、蒸发损失、蒸发后针入度、闪点。

(九)质量评定

若所有物理性能符合标准规定,则该产品为合格,若有 2 项不合格,则该产品为不合格,若有 1 项不合格,可在备用样中进行单项复验,复验合格,则该产品亦为合格。

第二节　装饰材料

一、陶瓷砖

(一)概　　述

由黏土或其他无机非金属原料制造的用于覆盖墙面和地面的薄板制品,陶瓷砖是在室温下通过挤压或干压或其他方法成型,干燥后,在满足性能要求的温度下烧制而成。陶瓷砖按成型方法和吸水率分类见表 5-35。

表 5-35 陶瓷砖按成型方法和吸水率分类表

<table>
<tr><td>成型方法</td><td>Ⅰ类
$E \leqslant 3\%$</td><td>Ⅱa类
$3\% < E \leqslant 6\%$</td><td>Ⅱb类
$6\% < E \leqslant 10\%$</td><td>Ⅲ类
$E > 10\%$</td></tr>
<tr><td rowspan="2">A(挤压)</td><td rowspan="2">AⅠ类</td><td>AⅡa1类</td><td>AⅡb1类</td><td rowspan="2">AⅢ类</td></tr>
<tr><td>AⅡa2类</td><td>AⅡb2类</td></tr>
<tr><td rowspan="2">B(干压)</td><td>BⅠa类
瓷质砖 $E \leqslant 0.5\%$</td><td rowspan="2">BⅡa类
细炻砖</td><td rowspan="2">BⅡb类
炻质砖</td><td rowspan="2">BⅢ类
陶质砖</td></tr>
<tr><td>BⅠb类
炻瓷砖 $0.5\% < E \leqslant 3\%$</td></tr>
</table>

(二)执行标准

《陶瓷砖》(GB/T 4100—2006)。

(三)相关标准

《陶瓷砖试验方法　第 1 部分:抽样和接收条件》(GB/T 3810.1—2006)。

《陶瓷砖试验方法　第 2 部分:尺寸和表面质量的检验》(GB/T 3810.2—2006)。

《陶瓷砖试验方法　第 3 部分:吸水率、显气孔率、表观相对密度和容重的测定》(GB/T 3810.3—2006)。

《陶瓷砖试验方法　第 4 部分:断裂模数和破坏强度的测定》(GB/T 3810.4—2006)。

《陶瓷砖试验方法　第 5 部分:用恢复系数确定砖的抗冲击性》(GB/T 3810.5—2006)。

《陶瓷砖试验方法　第 6 部分:无釉砖耐磨深度的测定》(GB/T 3810.6—2006)。

《陶瓷砖试验方法　第 7 部分:有釉砖表面耐磨性的测定》(GB/T 3810.7—2006)。

《陶瓷砖试验方法　第 8 部分:现行热膨胀的测定》(GB/T 3810.8—2006)。

《陶瓷砖试验方法　第 9 部分:抗热震性的测定》(GB/T 3810.9—2006)。

《陶瓷砖试验方法　第 10 部分:湿膨胀的测定》(GB/T 3810.10—2006)。

《陶瓷砖试验方法　第 11 部分:有釉砖抗釉裂性的测定》(GB/T 3810.11—2006)。

《陶瓷砖试验方法　第 12 部分:抗冻性的测定》(GB/T 3810.12—2006)。

《陶瓷砖试验方法　第 13 部分:耐化学腐蚀性的测定》(GB/T 3810.13—2006)。

《陶瓷砖试验方法　第 14 部分:耐污染性的测定》(GB/T 3810.14—2006)。

《陶瓷砖试验方法　第 15 部分:有釉砖铅和镉溶出量的测定》(GB/T 3810.15—2006)。

《陶瓷砖试验方法　第 16 部分:小色差的测定》(GB/T 3810.16—2006)。

《建筑饰面材料镜向光泽度测定方法》(GB/T 13891—2008)。

(四)性能指标

1. 挤压陶瓷砖($E \leqslant 3\%$AⅠ类),见表 5-36。

表 5-36 挤压陶瓷砖技术要求($E \leqslant 3\%$AⅠ类)性能指标

<table>
<tr><td colspan="4">技 术 要 求</td></tr>
<tr><td colspan="2">尺寸和表面质量</td><td>精细</td><td>普通</td></tr>
<tr><td rowspan="3">长度和宽度</td><td>每块砖(2 条或 4 条边)的平均尺寸相对于工作尺寸的允许偏差(%)</td><td>±1.0%,最大±2 mm</td><td>±2.0%,最大±4 mm</td></tr>
<tr><td>每块砖(2 条或 4 条边)的平均尺寸相对于 10 块砖(20 条或 40 条边)工作尺寸的允许偏差(%)</td><td>±1.0%</td><td>±1.5%</td></tr>
<tr><td colspan="3">制造商选择工作尺寸应满足下列要求:
a. 模数砖名义尺寸连接宽度允许在 3～11 mm 之间;
b. 非模数砖工作尺寸与名义尺寸之间的偏差不大于±3 mm</td></tr>
</table>

续上表

技术要求			
尺寸和表面质量		精细	普通
厚度 a. 厚度由制造商确定 b. 每块砖厚度的平均值相对于工作尺寸厚度的允许偏差(%)		±10%	±10%
边直度(正面) 相对于工作尺寸的最大允许偏差(%)		±0.5%	±0.6%
直角度 相对于工作尺寸的最大允许偏差(%)		±1.0%	±1.0%
表面平整度最大允许偏差(%)	相对于由工作尺寸计算的对角线的中心弯曲度	±0.5%	±1.5%
	相对于工作尺寸的边弯曲度	±0.5%	±1.5%
	相对于由工作尺寸计算的对角线的翘曲度	±0.8%	±1.5%
表面质量		至少95%的砖主要区域无明显缺陷	
物理性能		精细	普通
吸水率,质量分数		平均值≤3.0%, 单值≤3.3%	平均值≤3.0%, 单值≤3.3%
破坏强度(N)	厚度≥7.5 mm	≥1 100	≥1 100
	厚度<7.5 mm	≥600	≥600
断裂模数(MPa) 不适用于破坏强度≥3 000 N的砖		平均值≥23,单值≥18	平均值≥23,单值≥18
耐磨性	无釉地砖耐磨损体积(mm^3)	≤275	≤275
	有釉地砖表面耐磨性	报告陶瓷砖耐磨性级别和转数	
有釉砖抗釉裂性		经试验应无釉裂	
地砖摩擦系数		制造商应报告陶瓷地砖的摩擦系数和试验方法	
化学性能		精细	普通
耐污染性	有釉砖	最低3级	最低3级
	无釉砖		
抗化学腐蚀性	耐低浓度酸和碱 有釉砖 无釉砖	制造商应报告耐化学腐蚀等级	制造商应报告耐化学腐蚀等级
	耐家庭化学试剂和游泳池盐类 有釉砖 无釉砖	不低于GB级 不低于UB级	不低于GB级 不低于UB级

2. 干压陶瓷砖(E≤0.5%BⅠa类)——瓷质砖(表5-37)

表5-37 干压陶瓷砖(E≤0.5%BⅠa类)——瓷质砖性能指标

技术要求						
尺寸和表面质量		产品表面积S(cm^2)				
		S≤90	90<S≤190	190<S≤410	410<S≤1 600	S>1 600
长度和宽度	每块砖(2条或4条边)的平均尺寸相对于工作尺寸的允许偏差(%)	±1.2	±1.0	±0.75	±0.6	±0.5
		每块抛光砖(2条或4条边)的平均尺寸相对于工作尺寸的允许偏差为±1.0 mm				
	每块砖(2条或4条边)的平均尺寸相对于10块砖(20条或40条边)工作尺寸的允许偏差(%)	±0.75	±0.5	±0.5	±0.5	±0.4
	制造商选择工作尺寸应满足下列要求: a. 模数砖名义尺寸连接宽度允许在2~5 mm之间; b. 非模数砖工作尺寸与名义尺寸之间的偏差不大于±2%,最大5 mm					

续上表

<table>
<tr><th colspan="7">技 术 要 求</th></tr>
<tr><td colspan="2" rowspan="2">尺寸和表面质量</td><td colspan="5">产品表面积 S(cm²)</td></tr>
<tr><td>S≤90</td><td>90<S≤190</td><td>190<S≤410</td><td>410<S≤1 600</td><td>S>1 600</td></tr>
<tr><td colspan="2">厚度
a. 厚度由制造商确定
b. 每块砖厚度的平均值相对于工作尺寸厚度的允许偏差(%)</td><td>±10%</td><td>±10%</td><td>±5%</td><td>±5%</td><td>±5%</td></tr>
<tr><td colspan="2" rowspan="2">边直度(正面)
相对于工作尺寸的最大允许偏差(%)</td><td>±0.75</td><td>±0.5</td><td>±0.5</td><td>±0.5</td><td>±0.3</td></tr>
<tr><td colspan="5">抛光砖的边直度允许偏差为±0.2%</td></tr>
<tr><td colspan="2" rowspan="2">直角度
相对于工作尺寸的最大允许偏差(%)</td><td>±1.0</td><td>±0.6</td><td>±0.6</td><td>±0.6</td><td>±0.5</td></tr>
<tr><td colspan="5">抛光砖的直角度允许偏差为±0.2%,且最大偏差不大于2.0 mm。边长大于600 mm的砖,直角度用对边长度差和对角线长度差表示,最大偏差不大于2.0 mm</td></tr>
<tr><td rowspan="4">表面平整度最大允许偏差(%)</td><td>相对于由工作尺寸计算的对角线的中心弯曲度</td><td>±1.0</td><td>±0.5</td><td>±0.5</td><td>±0.5</td><td>±0.4</td></tr>
<tr><td>相对于工作尺寸的边弯曲度</td><td>±1.0</td><td>±0.5</td><td>±0.5</td><td>±0.5</td><td>±0.4</td></tr>
<tr><td>相对于由工作尺寸计算的对角线的翘曲度</td><td>±1.0</td><td>±0.5</td><td>±0.5</td><td>±0.5</td><td>±0.4</td></tr>
<tr><td colspan="6">抛光砖的表面平整度允许偏差为±0.2%,且最大偏差不大于2.0 mm。边长大于600 mm的砖,表面平整度用对上凸和下凹表示,最大偏差不大于2.0 mm</td></tr>
<tr><td colspan="2">表面质量</td><td colspan="5">至少95%的砖主要区域无明显缺陷</td></tr>
<tr><td colspan="2">物理性能</td><td colspan="5">要求</td></tr>
<tr><td colspan="2">吸水率,质量分数</td><td colspan="5">平均值≤0.5%,单值≤0.6%</td></tr>
<tr><td rowspan="2">破坏强度(N)</td><td>厚度≥7.5 mm</td><td colspan="5">≥1 300</td></tr>
<tr><td>厚度<7.5 mm</td><td colspan="5">≥700</td></tr>
<tr><td colspan="2">断裂模数(MPa)
不适用于破坏强度≥3 000 N的砖</td><td colspan="5">平均值≥35,单值≥32</td></tr>
<tr><td rowspan="2">耐磨性</td><td>无釉地砖耐磨损体积(mm³)</td><td colspan="5">≤175</td></tr>
<tr><td>有釉地砖表面耐磨性</td><td colspan="5">报告陶瓷砖耐磨性级别和转数</td></tr>
<tr><td colspan="2">有釉砖抗釉裂性</td><td colspan="5">经试验应无釉裂</td></tr>
<tr><td colspan="2">抗冻性</td><td colspan="5">经试验应无裂纹或剥落</td></tr>
<tr><td colspan="2">地砖摩擦系数</td><td colspan="5">制造商应报告陶瓷地砖的摩擦系数和试验方法</td></tr>
<tr><td colspan="2">抛光砖光泽度</td><td colspan="5">≥55</td></tr>
<tr><td colspan="2">化学性能</td><td colspan="5">要求</td></tr>
<tr><td>耐污染性</td><td>有釉砖</td><td colspan="5">最低3级</td></tr>
<tr><td rowspan="2">抗化学腐蚀性</td><td>耐低浓度酸和碱
有釉砖
无釉砖</td><td colspan="5">制造商应报告耐化学腐蚀等级</td></tr>
<tr><td>耐家庭化学试剂和游泳池盐类</td><td colspan="5">有釉砖不低于GB级
无釉砖不低于UB级</td></tr>
</table>

3. 干压陶瓷砖(0.5%<E≤3%BⅠb类)——炻瓷砖(表5-38)

表 5-38　干压陶瓷砖(0.5%<E≤3%BⅠb类)——炻瓷砖性能指标

技术要求					
尺寸和表面质量		产品表面积 S(cm^2)			
		S≤90	90<S≤190	190<S≤410	S>410
长度和宽度	每块砖(2条或4条边)的平均尺寸相对于工作尺寸的允许偏差(%)	±1.2	±1.0	±0.75	±0.6
	每块砖(2条或4条边)的平均尺寸相对于10块砖(20条或40条边)工作尺寸的允许偏差(%)	±0.75	±0.5	±0.5	±0.5
	制造商选择工作尺寸应满足下列要求： a. 模数砖名义尺寸连接宽度允许在2～5 mm之间； b. 非模数砖工作尺寸与名义尺寸之间的偏差不大于±2%，最大5 mm				
厚度 a. 厚度由制造商确定 b. 每块砖厚度的平均值相对于工作尺寸厚度的允许偏差(%)		±10%	±10%	±5%	±5%
边直度(正面) 相对于工作尺寸的最大允许偏差(%)		±0.75	±0.5	±0.5	±0.5
直角度 相对于工作尺寸的最大允许偏差(%)		±1.0	±0.6	±0.6	±0.6
表面平整度最大允许偏差(%)	相对于由工作尺寸计算的对角线的中心弯曲度	±1.0	±0.5	±0.5	±0.5
	相对于工作尺寸的边弯曲度	±1.0	±0.5	±0.5	±0.5
	相对于由工作尺寸计算的对角线的翘曲度	±1.0	±0.5	±0.5	±0.5
表面质量		至少95%的砖主要区域无明显缺陷			
物理性能		要求			
吸水率，质量分数		0.5%<E≤3，单个最大值≤3.3%			
破坏强度(N)	厚度≥7.5 mm	≥1 100			
	厚度<7.5 mm	≥700			
断裂模数(MPa) 不适用于破坏强度≥3 000 N的砖		平均值≥30，单值≥27			
耐磨性	无釉地砖耐磨损体积(mm^3)	≤175			
	有釉地砖表面耐磨性	报告陶瓷砖耐磨性级别和转数			
有釉砖抗釉裂性		经试验应无釉裂			
抗冻性		经试验应无裂纹或剥落			
地砖摩擦系数		制造商应报告陶瓷地砖的摩擦系数和试验方法			
化学性能		要求			
耐污染性	有釉砖	最低3级			
抗化学腐蚀性	耐低浓度酸和碱 有釉砖 无釉砖	制造商应报告耐化学腐蚀等级			
	耐家庭化学试剂和游泳池盐类	有釉砖不低于GB级 无釉砖不低于UB级			

4. 干压陶瓷砖(3%<E≤6%BⅡa类)——细炻砖(表5-39)

表 5-39　干压陶瓷砖（$3\%<E\leqslant6\%$BⅡa 类）——细炻砖性能指标

技术要求					
尺寸和表面质量		产品表面积 S（cm^2）			
		$S\leqslant90$	$90<S\leqslant190$	$190<S\leqslant410$	$S>410$
长度和宽度	每块砖（2 条或 4 条边）的平均尺寸相对于工作尺寸的允许偏差（%）	±1.2	±1.0	±0.75	±0.6
	每块砖（2 条或 4 条边）的平均尺寸相对于 10 块砖（20 条或 40 条边）工作尺寸的允许偏差（%）	±0.75	±0.5	±0.5	±0.5
	制造商选择工作尺寸应满足下列要求： a. 模数砖名义尺寸连接宽度允许在 2～5 mm 之间； b. 非模数砖工作尺寸与名义尺寸之间的偏差不大于±2%，最大 5 mm				
厚度 a. 厚度由制造商确定。 b. 每块砖厚度的平均值相对于工作尺寸厚度的允许偏差（%）		±10%	±10%	±5%	±5%
边直度（正面） 相对于工作尺寸的最大允许偏差（%）		±0.75	±0.5	±0.5	±0.5
直角度 相对于工作尺寸的最大允许偏差（%）		±1.0	±0.6	±0.6	±0.6
表面平整度最大允许偏差（%）	相对于由工作尺寸计算的对角线的中心弯曲度	±1.0	±0.5	±0.5	±0.5
	相对于工作尺寸的边弯曲度	±1.0	±0.5	±0.5	±0.5
	相对于由工作尺寸计算的对角线的翘曲度	±1.0	±0.5	±0.5	±0.5
表面质量		至少 95%的砖主要区域无明显缺陷			
物理性能		要求			
吸水率，质量分数		$3\%<E\leqslant6\%$，单个最大值≤6.5%			
破坏强度（N）	厚度≥7.5 mm	≥1 000			
	厚度<7.5 mm	≥600			
断裂模数（MPa） 不适用于破坏强度≥3 000 N 的砖		平均值≥22，单值≥20			
耐磨性	无釉地砖耐磨损体积（mm^3）	≤345			
	有釉地砖表面耐磨性	报告陶瓷砖耐磨性级别和转数			
有釉砖抗釉裂性		经试验应无釉裂			
抗冻性		经试验应无裂纹或剥落			
地砖摩擦系数		制造商应报告陶瓷地砖的摩擦系数和试验方法			
化学性能		要求			
耐污染性	有釉砖	最低 3 级			
抗化学腐蚀性	耐低浓度酸和碱 有釉砖 无釉砖	制造商应报告耐化学腐蚀等级			
	耐家庭化学试剂和游泳池盐类	有釉砖不低于 GB 级 无釉砖不低于 UB 级			

5. 干压陶瓷砖（$6\%<E\leqslant10\%$BⅡb 类）——炻质砖（表 5-40）

表 5-40　干压陶瓷砖（6%<E≤10% BⅡb类）——炻质砖性能指标

技术要求					
尺寸和表面质量		产品表面积 S(cm^2)			
		S≤90	90<S≤190	190<S≤410	S>410
长度和宽度	每块砖（2条或4条边）的平均尺寸相对于工作尺寸的允许偏差（%）	±1.2	±1.0	±0.75	±0.6
	每块砖（2条或4条边）的平均尺寸相对于10块砖（20条或40条边）工作尺寸的允许偏差（%）	±0.75	±0.5	±0.5	±0.5
	制造商选择工作尺寸应满足下列要求： a. 模数砖名义尺寸连接宽度允许在2～5 mm之间； b. 非模数砖工作尺寸与名义尺寸之间的偏差不大于±2%，最大5 mm				
厚度 a. 厚度由制造商确定。 b. 每块砖厚度的平均值相对于工作尺寸厚度的允许偏差（%）		±10%	±10%	±5%	±5%
边直度（正面） 相对于工作尺寸的最大允许偏差（%）		±0.75	±0.5	±0.5	±0.5
直角度 相对于工作尺寸的最大允许偏差（%）		±1.0	±0.6	±0.6	±0.6
表面平整度最大允许偏差（%）	相对于由工作尺寸计算的对角线的中心弯曲度	±1.0	±0.5	±0.5	±0.5
	相对于工作尺寸的边弯曲度	±1.0	±0.5	±0.5	±0.5
	相对于由工作尺寸计算的对角线的翘曲度	±1.0	±0.5	±0.5	±0.5
表面质量		至少95%的砖主要区域无明显缺陷			
物理性能		要求			
吸水率，质量分数		6%<E≤10%，单个最大值≤11%			
破坏强度（N）	厚度≥7.5 mm	≥800			
	厚度<7.5 mm	≥600			
断裂模数（MPa） 不适用于破坏强度≥3 000 N的砖		平均值≥18，单值≥16			
耐磨性	无釉地砖耐磨损体积（mm^3）	≤540			
	有釉地砖表面耐磨性	报告陶瓷砖耐磨性级别和转数			
有釉砖抗釉裂性		经试验应无釉裂			
抗冻性		经试验应无裂纹或剥落			
地砖摩擦系数		制造商应报告陶瓷地砖的摩擦系数和试验方法			
化学性能		要求			
耐污染性	有釉砖	最低3级			
抗化学腐蚀性	耐低浓度酸和碱 有釉砖 无釉砖	制造商应报告耐化学腐蚀等级			
	耐家庭化学试剂和游泳池盐类	有釉砖不低于GB级 无釉砖不低于UB级			

6. 挤压陶瓷砖（E>3% BⅢ类），见表5-41。

表 5-41　挤压陶瓷砖技术要求（$E>3\%$BⅢ类）性能指标

<table>
<tr><th colspan="4">技　术　要　求</th></tr>
<tr><th colspan="2">尺寸和表面质量</th><th>无间隔凸缘</th><th>有间隔凸缘</th></tr>
<tr><td rowspan="3">长度和宽度</td><td>每块砖（2条或4条边）的平均尺寸相对于工作尺寸的允许偏差（%）</td><td>L≤12 cm，±0.75%
L>12 cm，±0.50%</td><td>+0.6%
−0.3%</td></tr>
<tr><td>每块砖（2条或4条边）的平均尺寸相对于10块砖（20条或40条边）工作尺寸的允许偏差（%）</td><td>L≤12 cm，±0.5%
L>12 cm，±0.3%</td><td>±0.25%</td></tr>
<tr><td colspan="3">制造商选择工作尺寸应满足下列要求：
a. 模数砖名义尺寸连接宽度允许在3～11 mm之间；
b. 非模数砖工作尺寸与名义尺寸之间的偏差不大于±3 mm</td></tr>
<tr><td colspan="2">厚度
a. 厚度由制造商确定。
b. 每块砖厚度的平均值相对于工作尺寸厚度的允许偏差（%）</td><td>±10%</td><td>±10%</td></tr>
<tr><td colspan="2">边直度（正面）
相对于工作尺寸的最大允许偏差（%）</td><td>±0.3%</td><td>±0.3%</td></tr>
<tr><td colspan="2">直角度
相对于工作尺寸的最大允许偏差（%）</td><td>±0.5%</td><td>±0.3%</td></tr>
<tr><td rowspan="3">表面平整度最大允许偏差（%）</td><td>相对于由工作尺寸计算的对角线的中心弯曲度</td><td>+0.5%
−0.3%</td><td>+0.5%
−0.3%</td></tr>
<tr><td>相对于工作尺寸的边弯曲度</td><td>+0.5%
−0.3%</td><td>+0.5%
−0.3%</td></tr>
<tr><td>相对于由工作尺寸计算的对角线的翘曲度</td><td>±0.5%</td><td>±0.5%</td></tr>
<tr><td colspan="2">表面质量</td><td colspan="2">至少95%的砖主要区域无明显缺陷</td></tr>
<tr><td colspan="2">物理性能</td><td colspan="2">要求</td></tr>
<tr><td colspan="2">吸水率，质量分数</td><td colspan="2">平均值>10%，单个最小值>9%。
当平均值>20%时，制造商应说明</td></tr>
<tr><td rowspan="2">破坏强度（N）</td><td>厚度≥7.5 mm</td><td colspan="2">≥600</td></tr>
<tr><td>厚度<7.5 mm</td><td colspan="2">≥350</td></tr>
<tr><td colspan="2">断裂模数（MPa）
不适用于破坏强度≥3 000 N的砖</td><td colspan="2">平均值≥15，单值≥12</td></tr>
<tr><td colspan="2">耐磨性
有釉地砖表面耐磨性</td><td colspan="2">报告陶瓷砖耐磨性级别和转数</td></tr>
<tr><td colspan="2">有釉砖抗釉裂性</td><td colspan="2">经试验应无釉裂</td></tr>
<tr><td colspan="2">地砖摩擦系数</td><td colspan="2">制造商应报告陶瓷地砖的摩擦系数和试验方法</td></tr>
<tr><td colspan="2">化学性能</td><td colspan="2">要求</td></tr>
<tr><td>耐污染性</td><td>有釉砖</td><td colspan="2">最低3级</td></tr>
<tr><td rowspan="2">抗化学腐蚀性</td><td>耐低浓度酸和碱
有釉砖
无釉砖</td><td colspan="2">制造商应报告耐化学腐蚀等级</td></tr>
<tr><td>耐家庭化学试剂和游泳池盐类</td><td colspan="2">不低于GB级</td></tr>
</table>

（五）验收批量

由同一生产厂生产的同品种同规格同质量的产品组批。由同一生产厂生产的同品种同规格的产品批中提交检验批。一个检验批可以由一种或多种同质量产品构成。原则上只对检验批大于5 000 m^2 的砖进行全部项目的检验。对于检验批少于1 000 m^2 的砖，通常认为没有必要进行检验。

（六）取样方法

抽取样品的地点由供需双方商定。样品从检验批中随机抽取随机抽取。抽取时应抽取两个样本，第二个样本不一定要检验。

（七）样品数量

样品数量见表 5-42 中样本量一列。

（八）检测项目

尺寸偏差、表面质量、吸水率、破坏强度、断裂模数、抗热震性、抗釉裂性、抗冻性、抛光砖光泽度、耐磨性、抗冲击性、线性热膨胀系数、湿膨胀、小色差、地砖的摩擦系数、耐化学腐蚀性、耐家庭化学试剂和游泳池盐类、耐污染性、铅和镉的溶出量。

（九）质量评定

1. 计数检验

(1)第一样本检验得出的不合格品数等于或小于第一接收数 Ac_1 时，则该检验批可接收。第一样本检验得出的不合格品数等于或大于第一拒收数 Re_1 时，则该检验批可拒收。

(2)第一样本检验得出的不合格品数介于第一接收数 Ac_1 与第一拒收数 Re_1 之间时，应再抽取与第一样本大小相同的第二样本进行检验。

(3)若两次检验不合格品累计数等于或小于第二接收数 Ac_2 时，则该检验批可接收。若不合格品累计数等于或大于第二拒收数 Re_2 时，则该检验批拒收。

2. 计量检验

(1)若第一样本的检验结果的平均值满足要求，则该检验批可接收。

(2)若平均值不满足要求，应抽取与第一样本大小相同的第二样本。

(3)若两个样本所有检验结果的平均值满足要求，则该检验批可接收，不满足要求时，则该检验批可拒收。

表 5-42　抽样数量及结果判定

性能	样本量		计数检验				计量检验			
			第一样本		第一样本＋第二样本		第一样本		第一样本＋第二样本	
	第一次	第二次	接收数 Ac_1	拒收数 Re_1	接收数 Ac_2	拒收数 Re_2	接收	第二次抽样	接收	拒收
尺寸	10	10	0	2	1	2	—	—	—	—
表面质量	10	10	0	2	1	2				
	30	30	1	3	3	4				
	40	40	1	4	4	5				
	50	50	2	5	5	6				
	60	60	2	5	6	7				
	70	70	2	6	7	8				
	80	80	3	7	8	9				
	90	90	4	8	9	10				
	100	100	4	9	10	11				
	1 m^2	1 m^2	4%	9%	5%	＞5%				

续上表

性能	样本量 第一次	样本量 第二次	计数检验 第一样本 接收数 Ac_1	计数检验 第一样本 拒收数 Re_1	计数检验 第一样本＋第二样本 接收数 Ac_2	计数检验 第一样本＋第二样本 拒收数 Re_2	计量检验 第一样本 接收	计量检验 第一样本 第二次抽样	计量检验 第一样本＋第二样本 接收	计量检验 第一样本＋第二样本 拒收
吸水率	5	5	0	2	1	2	$X_1>L$	$X_1<L$	$X_2>L$	$X_2<L$
	10	10	0	2	1	2	$X_1<U$	$X_1>U$	$X_2<U$	$X_2>U$
断裂模数	7	7	0	2	1	2	$X_1>L$	$X_1<L$	$X_2>L$	$X_2<L$
	10	10	0	2	1	2				
破坏强度	7	7	0	2	1	2	$X_1>L$	$X_1<L$	$X_2>L$	$X_2<L$
	10	10	0	2	1	2				
无釉砖耐磨深度	5	5	0	2	1	2				
线性热膨胀系数	2	2	0	2	1	2				
抗釉裂性	5	5	0	2	1	2				
耐化学腐蚀性	5	5	0	2	1	2				
耐污染性	5	5	0	2	1	2				
抗冻性	10	—	0	1						
抗热震性	5	5	0	2	1	2				
湿膨胀	5	—	—	由制造商确定性能要求						
有釉砖耐磨性	11	—	—	由制造商确定性能要求						
摩擦系数	12	—	—	由制造商确定性能要求						
小色差	5	—	—	由制造商确定性能要求						
抗冲击性	5	—	—	由制造商确定性能要求						
铅和镉溶出量	5	—	—	由制造商确定性能要求						
光泽度	5	5	0	2	1	2	—	—	—	—

1. 尺寸偏差仅指单块面积不小于 4 cm^2 的砖。

2. 表面质量的检查，对于边长小于 600 mm 的砖，样本量至少 30 块，且面积不小于 1 m^2。对于边长不小于 600 mm 的砖，样本量至少 10 块，且面积不小于 1 m^2。

3. L 指下规格限，U 指上规格限

二、天然大理石建筑板材

(一)概　　述

天然大理石商业上指以大理岩为代表的一类装饰石材，包括碳酸盐岩和与其有关的变质岩，主要成分为碳酸盐矿物，一般质地较软。

天然大理石建筑板材按形状分为：普型板(PX)和圆弧板(HX 装饰面轮廓线的曲率半径处处相同的饰面板材)。分为：优等品(A)、一等品(B)、合格品(C)三个等级。

(二)执行标准

《天然大理石建筑板材》(GB/T 19766—2005)。

(三)相关标准

《天然饰面石材试验方法　第 1 部分：干燥、水饱和、冻融循环后压缩强度试验方法》(GB/T 9966.1—2001)。

《天然饰面石材试验方法　第 2 部分：干燥、水饱和弯曲强度试验方法》(GB/T 9966.2—2001)。

《天然饰面石材试验方法　第3部分:体积密度、真密度、真气孔率、吸水率试验方法》(GB/T 9966.3—2001)。

《天然饰面材料术语》(GB/T 13890—2008)。

《建筑饰面材料镜向光泽度测定方法》(GB/T 13891—2008)。

(四)性能指标

1. 尺寸允许偏差

(1)普型板规格尺寸允许偏差见表5-43。

表5-43　普通板规格尺寸允许偏差　(单位:mm)

项目		允许偏差		
		优等品	一等品	合格品
长度、宽度		0 −1.0		0 −1.5
厚度	≤12	±0.5	±0.8	±1.0
	>12	±1.0	±1.5	±2.0
干挂板材厚度		+2.0 0		+3.0 0

(2)圆弧板壁厚最小值应小于20 mm,规格尺寸允许偏差见表5-44。

表5-44　圆弧板规格尺寸允许偏差　(单位:mm)

项目	允许偏差		
	优等品	一等品	合格品
弦长	0 −1.0		0 −1.5
高度	0 −1.0		0 −1.5

2. 平面度允许公差

(1)普型板平面度允许公差见表5-45。

表5-45　普型板平面度允许公差见　(单位:mm)

板材长度	优等品	一等品	合格品
≤400	0.2	0.3	0.5
(400,800]	0.5	0.6	0.8
>800	0.7	0.8	1.0

(2)圆弧板直线度与线轮廓度允许公差见表5-46。

表5-46　圆弧板直线度与线轮廓度允许公差　(单位:mm)

项目		允许公差		
		优等品	一等品	合格品
直线度(按板材高度)	≤800	0.6	0.8	1.0
	>800	0.8	1.0	1.2
线轮廓度		0.8	1.0	1.2

3. 角度允许公差

(1)普型板角度允许公差见表 5-47。

表 5-47　普型板角度允许公差　　　　　　　　　　　　（单位：mm）

板材长度	优等品	一等品	合格品
≤400	0.3	0.4	0.5
>400	0.4	0.5	0.7

(2)圆弧板端面角度允许公差：优等品为 0.4 mm，一等品为 0.6 mm，合格品为 0.8 mm。普型板拼缝板材正面与侧面的夹角不得大于 90°。圆弧板侧面角 α 不小于 90°。

4. 外观质量

同一批板材的色调应基本调和，花纹应基本一致。板材正面的外观缺陷的质量要求应符合表 5-48 的规定。板材允许粘结和修补。粘结和修补后应不影响板材的装饰效果和物理性能。

表 5-48　外 观 质 量

<table>
<tr><th>名称</th><th>规 定 内 容</th><th>优等品</th><th>一等品</th><th>合格品</th></tr>
<tr><td>裂纹</td><td>长度超过 10 mm 的不允许条数(条)</td><td colspan="3">0</td></tr>
<tr><td>缺棱</td><td>长度不超过 8 mm，宽度不超过 1.5 mm(长度≤4 mm，宽度≤1 mm 不计)，每米长允许个数(个)</td><td rowspan="4">0</td><td rowspan="3">1</td><td rowspan="3">2</td></tr>
<tr><td>缺角</td><td>沿板板边长顺延方向，长度≤3 mm，宽度≤3 mm(长度≤2 mm，宽度≤2 mm 不计)，每块板允许个数(个)</td></tr>
<tr><td>色斑</td><td>面积不超过 6 cm²(面积小于 2 cm² 不计)，每块板允许个数(个)</td></tr>
<tr><td>砂眼</td><td>直径在 2 mm 以下</td><td>不明显</td><td>有，不影响装饰效果</td></tr>
</table>

5. 物理性能

镜面板材的镜面光泽值应不低于 70 光泽单位，若有特殊要求，由供需双方协商确定。其他物理性能应符合表 5-49 的规定。

表 5-49　物理性能指标

<table>
<tr><th>项 目</th><th>指 标</th><th colspan="2">项 目</th><th>指 标</th></tr>
<tr><td>体积密度(g/cm^3)，≥</td><td>2.30</td><td>干燥</td><td rowspan="2">弯曲强度(MPa)，≥</td><td rowspan="2">7.0</td></tr>
<tr><td>吸水率(%)，≤</td><td>0.50</td><td>水饱和</td></tr>
<tr><td>干燥压缩强度(MPa)，≥</td><td>50.0</td><td colspan="2">耐磨度(l/cm^3)，≥</td><td>10</td></tr>
</table>

(五)验收批量

同一品种、类别、等级的板材为一批。

(六)取样方法

1. 外观质量和尺寸偏差各项目及镜向光泽度的样品用随机抽样法从产品中抽取。

2. 吸水率、体积密度、弯曲强度、干燥压缩强度试样可从荒料上制取。

3. 镜向光泽度试样尺寸：300 mm×300 mm。

4. 体积密度、吸水率、试样尺寸：边长为 50 mm 的正的正立方体或直径、高度均为 50 mm 的圆柱体，尺寸偏差±0.5 mm。

5. 干燥、水饱和弯曲强度试样尺寸：

当试样厚度 H≤68 mm 时，宽度为 100 mm；

当试样厚度 H>68 mm 时，宽度为 1.5 H；

试样长度为：10×H+50 mm。

注：试样长度尺寸偏差±1 mm，宽度、厚度尺寸偏差±0.3 mm。

试样上应标明层理方向，两个受力面应平整且平行，正面与侧面夹角应为90°±5°。

（七）样品数量

1. 检测项目的取样数量见表5-50中的样本数。

表 5-50 取样数量及判定数 （单位：块）

批量范围	样本数	合格判定数，Ac	不合格判定数，Re
≤25	5	0	1
26～50	8	1	2
51～90	13	2	3
91～150	20	3	4
151～280	32	5	6
281～500	50	7	8
501～1 200	80	10	11
1 201～3 200	125	14	15
≥3 201	200	21	22

2. 镜向光泽度：5块。

3. 体积密度、吸水率：5块。

4. 干燥压缩强度：5块/组（垂直和平行层理各1组）。

5. 干燥、水饱和弯曲强度：5块/组（垂直和平行层理各2组）。

（八）检测项目

出厂检验项目如下。

1. 普通板：规格尺寸偏差、平面度公差、角度公差、镜向光泽度、外观质量。

2. 圆弧板：规格尺寸偏差、角度公差、直线度公差、线轮廓度公差、镜向光泽度、外观质量。

型式检验检验全部项目。

（九）质量评定

1. 单块板材的所有检验结果均符合技术要求中相应等级时，则判定该板材符合该等级。

2. 经检验后发现的等级不合格品数小于或等于表中合格判定数Ac，则判定该批符合该等级；若样本中发现的等级不合格品数大于或等于不合格判定数Re，则判定该批不符合该等级。

3. 体积密度、吸水率、弯曲强度、干燥压缩强度的试验结果中，有一项不符合标准规定时，则判定该批板材为不合格品。

三、天然花岗石建筑板材

（一）概 述

商业上指以花岗岩为代表的一类装饰石材，包括各类岩浆岩和花岗质的变质岩，一般质地较硬。花岗石是典型的火成岩（深成岩）。花岗石密度大，抗压强度高，吸水率极低，耐酸性强，不易风化变质，花岗石不抗火，某些花岗石含微量放射性元素。

花岗石板材按形状分类：毛光板（MG）、普型板（PX）、圆弧板（HX）、异形板（YX）。按表面加工程度分类：镜面板（JM）、细面板（YG）、粗面板（CM）。按加工质量、外观质量将板材为分优等品（A）、一等品（B）、合格品（C）。

(二)执行标准

《天然花岗石建筑板材》(GB/T 18601—2009)。

(三)相关标准

《天然饰面石材试验方法　第1部分:干燥、水饱和、冻融循环后压缩强度试验方法》(GB/T 9966.1—2001)。

《天然饰面石材试验方法　第2部分:干燥、水饱和弯曲强度试验方法》(GB/T 9966.2—2001)。

《天然饰面石材试验方法　第3部分:体积密度、真密度、真气孔率、吸水率试验方法》(GB/T 9966.3—2001)。

《天然饰面材料术语》(GB/T 13890—2008)。

《建筑饰面材料镜向光泽度测定方法》(GB/T 13891—2008)。

《建筑材料放射性核素限量》(GB 6566—2010)。

(四)性能指标

1. 天然花岗岩建筑板材的岩矿结构应符合商业花岗岩的定义范畴。

2. 毛光板的平面度公差和厚度偏差应符合表5-51的规定。

表5-51　毛光板的平面度公差和厚度偏差

项　目		技术指标					
		镜面和细面板材			粗面板材		
		优等品	一等品	合格品	优等品	一等品	合格品
平面度		0.80	1.00	1.50	1.50	2.00	3.00
厚度	≤12	±0.5	±1.0	+1.0 −1.5	—	—	—
	>12	±1.0	±1.5	±2.0	+1.0 −2.0	±2.0	+2.0 −3.0

3. 普型板规格尺寸允许偏差应符合表5-52的规定。

表5-52　普型板规格尺寸允许偏差　(单位:mm)

项　目		镜面和细面板材			粗面板材		
		优等品	一等品	合格品	优等品	一等品	合格品
长度、宽度		0 −1.0		0 −1.5	0 −1.0		0 −1.5
厚度	≤12	±0.5	±1.0	+1.0 −1.5	—		
	>12	±1.0	±1.5	±2.0	+1.0 −2.0	±2.0	+2.0 −3.0

4. 圆弧板壁厚最小值应不小于18 mm,规格尺寸允许偏差应符合表5-53的规定。

表5-53　圆弧板规格尺寸允许偏差　(单位:mm)

项　目	镜面和细面板材			粗面板材		
	优等品	一等品	合格品	优等品	一等品	合格品
弦长	0 −1.0		0 −1.5	0 −1.5	0 −2.0	0 −2.0
高度				0 −1.0	0 −1.0	0 −1.5

5. 普型板平面度允许公差应符合表 5-54 的规定。

表 5-54　普型板平面度允许公差　　　　(单位:mm)

项　目	镜面和细面板材			粗面板材		
	优等品	一等品	合格品	优等品	一等品	合格品
$L \leqslant 400$	0.20	0.35	0.50	0.60	0.80	1.00
$400 < L \leqslant 800$	0.50	0.65	0.80	1.20	1.50	1.80
$L > 800$	0.70	0.85	1.00	1.50	1.80	2.00

6. 圆弧板直线度与线轮廓度允许公差应符合表 5-55 的规定

表 5-55　圆弧板直线度与线轮廓度允许公差　　　　(单位:mm)

项　目		镜面和细面板材			粗面板材		
		优等品	一等品	合格品	优等品	一等品	合格品
直线度(按板高度)	≤800	0.80	1.00	1.20	1.00	1.20	1.50
	>800	1.00	1.20	1.50	1.50	1.50	1.50
线轮廓度		0.80	1.00	1.20	1.00	1.50	2.00

7. 普型板角度允许公差应符合表 5-56 的规定。

表 5-56　普型板角度允许公差

板材长度	优等品	一等品	合格品
$L \leqslant 400$	0.30	0.50	0.80
$L > 400$	0.40	0.60	1.00

8. 圆弧板端面角度允许公差:优等品为 0.40 mm,一等品为 0.60 mm,合格品为 0.80 mm。

9. 普型板拼缝板材正面与侧面的夹角不得大于 90°。圆弧板侧面角 α 应不小于 90°。

10. 镜面板材的镜像光泽度应不低于 80 光泽单位,特殊需要和圆弧板由供需双方协商确定。

11. 外观质量如下。

(1)同一批板材的色调应基本调和,花纹应基本一致。

(2)板材正面的外观缺陷的质量要求应符合表 5-57 的规定。

表 5-57　板材正面的外观缺陷的质量要求

缺陷名称	规　定　内　容	优等品	一等品	合格品
缺棱	长度不超过 10 mm,宽度不超过 1.2 mm(长度小于 5 mm,宽度小于 1.0 mm 不计),周边每米长允许个数(个)			
缺角	沿板材边,长度≤3 mm,宽度≤3 mm(长度≤2 mm,宽度≤2 mm 不计),每块板允许个数(个)		1	2
裂纹	长度不超过两端顺延至板边总长度的 1/10(长度小于 20 mm 的不计),每块板允许条数(条)	0		
色斑	面积不超过 15 mm×30 mm(面积小于 10 mm×10 mm 不计),每块板允许个数(个)			
色线	长度不超过两端顺延至板边总长度的 1/10(长度小于 40 mm 的不计),每块板允许条数(条)		2	3

12. 物理性能应符合表 5-58 的规定。

表 5-58 物理性能

项目		指标	
		一般用途	功能用途
体积密度(g/cm^3),≥		2.56	2.56
吸水率(%),≤		0.60	0.40
干燥、水饱和压缩强度(MPa),≥		100	131
干燥	弯曲强度(MPa),≥	8.0	8.3
水饱和			
耐磨度(l/cm^3),≥		25	25

13. 放射性

天然花岗石建筑板材应符合 GB 6566 的规定。

(五)验收批量

同一品种、类型、等级、同一供货批的板材为一批或按连续安装部位的板材为一批。

(六)取样方法

1. 外观质量和尺寸偏差各项目及镜向光泽度的试样随机抽样法从产品中抽取。

2. 吸水率、体积密度、弯曲强度、压缩强度试样可从荒料上制取。

3. 放射性控制试样应能代表该批产品的放射性水平。

4. 镜向光泽度试样、放射性试样尺寸:大于等于 300 mm×300 mm。

5. 体积密度、吸水率、干燥压缩强度试样尺寸:边长为 50 mm 的正立方体或直径、高度均为 50 mm 的圆柱体,尺寸偏差±0.5 mm。

6. 干燥、水饱和弯曲强度试样尺寸:

当试样厚度 $H \leqslant 68$ mm 时,宽度为 100 mm;

当试样厚度 $H > 68$ mm 时,宽度为 1.5 H;

试样长度为:$10 \times H + 50$ mm。

注:试样长度尺寸偏差±1 mm,宽度、厚度尺寸偏差±0.3 mm。

试样上应标明层理方向,两个受力面应平整且平行,正面与侧面夹角应为 90°±5°。

(七)样品数量

1. 检测项目的取样数量见表 5-59 中的样本数。

表 5-59 取样数量及判定数 (单位:块)

	样本数	合格判定数,Ac	不合格判定数,Re
≤25	5	0	1
26~50	8	1	2
51~90	13	2	3
91~150	20	3	4
151~280	32	5	6
281~500	50	7	8
501~1 200	80	10	11
1 201~3 200	125	14	15
≥3 201	200	21	22

2. 镜向光泽度:5 块。

3. 体积密度、吸水率:5 块。

4. 干燥压缩强度:5 块/组(垂直和平行层理各 1 组)。

5. 干燥、水饱和弯曲强度:5 块/组(垂直和平行层理各 2 组)。

(八)检测项目

出厂检验项目如下。

1. 普通板:规格尺寸偏差、平面度公差、角度公差、镜向光泽度、外观质量。

2. 圆弧板:规格尺寸偏差、角度公差、直线度公差、线轮廓度公差、外观质量。

3. 毛光板:厚度偏差、平面度公差、镜像光泽度、外观质量。

型式检验检验全部项目。

(九)质量评定

1. 单块板材的所有检验结果均符合技术要求中相应等级时,则判定该板材符合该等级。

2. 经检验后发现的等级不合格品数小于或等于表中合格判定数 Ac,则判定该批符合该等级;若样本中发现的等级不合格品数大于或等于不合格判定数 Re,则判定该批不符合该等级。

3. 体积密度、吸水率、弯曲强度、干燥压缩强度的试验结果中,有一项不符合标准规定时,则判定该批板材为不合格品。

四、天然石灰石建筑板材

(一)概　　述

石灰石建筑板材指由石灰岩加工而成用于建筑装饰用天然石灰石板材。石灰石主要是由方解石组成的沉积岩。按密度分为:低密度石灰石(密度不小于 1.76 g/cm^3 且不大于 2.16 g/cm^3)、中密度石灰石(密度不小于 2.16 g/cm^3 且不大于 2.56 g/cm^3)、高密度石灰石(密度不小于 2.56 g/cm^3)。按形状分类:毛光板(MG)、普型板(PX)、圆弧板(HX)、异形板(YX)。按加工质量、外观质量将板材为分优等品(A)、一等品(B)、合格品(C)。

(二)执行标准

《天然石灰石建筑板材》(GB/T 23453—2009)。

(三)相关标准

《天然饰面石材试验方法　第 1 部分:干燥、水饱和、冻融循环后压缩强度试验方法》(GB/T 9966.1—2001)。

《天然饰面石材试验方法　第 2 部分:干燥、水饱和弯曲强度试验方法》(GB/T 9966.2—2001)。

《天然饰面石材试验方法　第 3 部分:体积密度、真密度、真气孔率、吸水率试验方法》(GB/T 9966.3—2001)。

《天然饰面材料术语》(GB/T 13890—2008)。

《建筑饰面材料镜向光泽度测定方法》(GB/T 13891—2008)。

(四)性能指标

1. 毛光板的平面度公差和厚度偏差应符合表 5-60 的规定。

表 5-60　毛光板的平面度公差和厚度偏差

<table>
<tr><th colspan="2" rowspan="2">项　目</th><th colspan="3">技术指标</th></tr>
<tr><th>优等品</th><th>一等品</th><th>合格品</th></tr>
<tr><td colspan="2">平面度</td><td>0.80</td><td>1.00</td><td>1.50</td></tr>
<tr><td rowspan="2">厚度</td><td>≤12</td><td>±0.5</td><td>±0.8</td><td>±1.0</td></tr>
<tr><td>>12</td><td>±1.0</td><td>±1.5</td><td>±2.0</td></tr>
</table>

2. 普型板规格尺寸允许偏差应符合表 5-61 的规定

表 5-61　普型板规格尺寸允许偏差　（单位：mm）

<table>
<tr><th colspan="2" rowspan="2">项　目</th><th colspan="3">允许偏差</th></tr>
<tr><th>优等品</th><th>一等品</th><th>合格品</th></tr>
<tr><td colspan="2">长度、宽度</td><td colspan="2">0
−1.0</td><td>0
−1.5</td></tr>
<tr><td rowspan="2">厚度</td><td>≤12</td><td>±0.5</td><td>±0.8</td><td>±1.0</td></tr>
<tr><td>>12</td><td>±1.0</td><td>±1.5</td><td>±2.0</td></tr>
</table>

3. 圆弧板壁厚最小值应不小于 20 mm，规格尺寸允许偏差应符合表 5-62 的规定。

表 5-62　圆弧板规格尺寸允许偏差　（单位：mm）

<table>
<tr><th rowspan="2">项　目</th><th colspan="3">允许偏差</th></tr>
<tr><th>优等品</th><th>一等品</th><th>合格品</th></tr>
<tr><td>弦长</td><td colspan="2" rowspan="2">0
−1.0</td><td rowspan="2">0
−1.5</td></tr>
<tr><td>高度</td></tr>
</table>

4. 普型板平面度允许公差应符合表 5-63 的规定。

表 5-63　普型板平面度允许公差　（单位：mm）

<table>
<tr><th rowspan="2">项　目</th><th colspan="3">允许公差</th></tr>
<tr><th>优等品</th><th>一等品</th><th>合格品</th></tr>
<tr><td>$L \leqslant 400$</td><td>0.20</td><td>0.35</td><td>0.50</td></tr>
<tr><td>$400 < L \leqslant 800$</td><td>0.50</td><td>0.60</td><td>0.80</td></tr>
<tr><td>$L > 800$</td><td>0.70</td><td>0.80</td><td>1.00</td></tr>
</table>

5. 圆弧板直线度与线轮廓度允许公差应符合表 5-64 的规定。

表 5-64　圆弧板直线度与线轮廓度允许公差　（单位：mm）

<table>
<tr><th colspan="2" rowspan="2">项　目</th><th colspan="3">允许公差</th></tr>
<tr><th>优等品</th><th>一等品</th><th>合格品</th></tr>
<tr><td rowspan="2">直线度（按板高度）</td><td>≤800</td><td>0.60</td><td>0.80</td><td>1.00</td></tr>
<tr><td>>800</td><td>0.80</td><td>1.00</td><td>1.20</td></tr>
<tr><td colspan="2">线轮廓度</td><td>0.80</td><td>1.00</td><td>1.20</td></tr>
</table>

6. 普型板角度允许公差应符合表 5-65 的规定。

表 5-65 普型板角度允许公差

板材长度	优等品	一等品	合格品
$L \leqslant 400$	0.30	0.40	0.50
$L > 400$	0.40	0.50	0.70

7. 圆弧板端面角度允许公差：优等品为 0.40 mm，一等品为 0.60 mm，合格品为 0.80 mm。

8. 普型板拼缝板材正面与侧面的夹角不得大于 90°。圆弧板侧面角 α 应不小于 90°。

9. 镜面板材的镜像光泽度由供需双方协商确定。

10. 外观质量如下。

(1)同一批板材的色调应基本调和，花纹应基本一致。

(2)板材正面的外观缺陷的质量要求应符合表 5-66 的规定。

表 5-66 板材正面的外观缺陷

缺陷名称	规定内容	优等品	一等品	合格品
裂纹	长度不小于 10 mm 的不允许条数	0		
缺棱	长度不超过 8 mm，宽度不超过 1.5 mm(长度小于 4 mm，宽度小于 1.0 mm 不计)，周边每米长允许个数(个)	0	1	2
缺角	沿板材边，长度≤3 mm，宽度≤3 mm(长度≤2 mm，宽度≤2 mm 不计)，每块板允许个数(个)			
色斑	面积不超过 6 cm²(面积小于 2 cm² 不计)，每块板允许个数(个)			
砂眼	直径小于 2 mm		不明显	有，不影响装饰效果

11. 物理性能应符合表 5-67 的规定

表 5-67 物理性能

项目		指标		
		低密度石灰石	中密度石灰石	高密度石灰石
吸水率(%)，≤		12.0	7.5	3.0
干燥、水饱和压缩强度(MPa)，≥		12	28	55
干燥	弯曲强度(MPa)，≥	2.9	3.4	6.9
水饱和				
耐磨度(1/cm³)，≥		10	10	10

(五)验收批量

同一品种、类型、等级、同一供货批的板材为一批或按连续安装部位的板材为一批。

(六)取样方法

1. 外观质量和尺寸偏差各项目及镜向光泽度的试样随机抽样法从产品中抽取。

2. 吸水率、体积密度、弯曲强度、压缩强度试样可从荒料上制取。

3. 放射性控制试样应能代表该批产品的放射性水平。

4. 镜向光泽度试样、放射性试样尺寸：大于等于 300 mm×300 mm。

5. 体积密度、吸水率、干燥压缩强度试样尺寸：边长为 50 mm 的正立方体或直径、高度均为 50 mm 的圆柱体，尺寸偏差±0.5 mm。

6. 干燥、水饱和弯曲强度试样尺寸：

当试样厚度 $H \leqslant 68$ mm 时，宽度为 100 mm；

当试样厚度 $H > 68$ mm 时，宽度为 1.5 H；

试样长度为：$10 \times H + 50$ mm。

注：试样长度尺寸偏差±1 mm，宽度、厚度尺寸偏差±0.3 mm。

试样上应标明层理方向，两个受力面应平整且平行，正面与侧面夹角应为 90°±5°。

(七)样品数量

1. 检测项目的取样数量见表 5-68 中的样本数。

表 5-68　取样数量及判定数　　（单位：块）

批量范围	样本数	合格判定数，Ac	不合格判定数，Re
≤25	5	0	1
26～50	8	1	2
51～90	13	2	3
91～150	20	3	4
151～280	32	5	6
281～500	50	7	8
501～1 200	80	10	11
1 201～3 200	125	14	15
≥3 201	200	21	22

2. 镜向光泽度：5 块。

3. 体积密度、吸水率：5 块。

4. 干燥压缩强度：5 块/组(垂直和平行层理各 1 组)。

5. 干燥、水饱和弯曲强度：5 块/组(垂直和平行层理各 2 组)。

(八)检测项目

出厂检验项目如下。

1. 普通板：规格尺寸偏差、平面度公差、角度公差、镜向光泽度、外观质量。

2. 圆弧板：规格尺寸偏差、角度公差、直线度公差、线轮廓度公差、外观质量。

3. 毛光板：厚度偏差、平面度公差、镜像光泽度、外观质量。

型式检验检验全部项目。

(九)质量评定

1. 单块板材的所有检验结果均符合技术要求中相应等级时，则判定该板材符合该等级。

2. 经检验后发现的等级不合格品数小于或等于表中合格判定数 Ac，则判定该批符合该等级；若样本中发现的等级不合格品数大于或等于不合格判定数 Re，则判定该批不符合该等级。

3. 体积密度、吸水率、弯曲强度、干燥压缩强度的试验结果中，有一项不符合标准规定时，则判定该批板材为不合格品。

第三节　保温材料及制品

一、膨胀珍珠岩

(一)概　　述

由天然酸性火山玻璃质岩石(即珍珠岩)经焙烧膨胀而制成的粒状多孔材料，称为膨胀珍珠岩。

膨胀珍珠岩适用于温度在 73 K～1 073 K（－200 ℃～800 ℃）范围内作为绝热材料及用于制作绝热制品，配制建筑砂浆和轻质混凝土。

膨胀珍珠岩按堆积密度可分为 70，100，150，200，250 号五个标号。按物理性能分成优等品、一等品和合格品三个等级。

（二）执行标准

《膨胀珍珠岩》（JC/T 209—1992），1996。

（三）相关标准

《绝热材料及相关术语》（GB/T 4132—1996）。

《绝热材料稳态热阻及有关特性的测定　防护热板法》（GB/T 10294—2008）。

《绝热材料稳态热阻及有关特性的测定　热流计法》（GB/T 10295—2008）。

《绝热材料稳态传热性质的测定　圆球法》（GB 11833—1989）。

（四）性能指标

1. 堆积密度均匀性（表 5-69）

表 5-69　堆积密度均匀性

等　级	堆　积　密　度
一等品	5 袋试样中最大堆积密度或最小堆积密度与 5 袋试样堆积密度平均值之差的绝对值不超过 5 袋试样平均值 10%
二等品	5 袋试样中最大堆积密度或最小堆积密度与 5 袋试样堆积密度平均值之差的绝对值不超过 5 袋试样平均值 15%
合格品	5 袋试样堆积密度的平均值应符合《物理指标》表中的规定

2. 物理指标（表 5-70）

表 5-70　物 理 指 标

标号	堆积密度（kg/m³）	质量含水率（%）	粒度（%）				导热系数〔W/(m·K)〕		
			5 mm 筛孔筛余量	0.15 mm 筛孔通过量			平均温度（298±5）K 温度梯度（5～10）K/cm		
	最大值	最大值	最大值	最大值			最大值		
				优等品	一等品	合格品	优等品	一等品	合格品
70 号	70	2	2	2	4	6	0.047	0.049	0.051
100 号	100						0.052	0.054	0.056
150 号	150						0.058	0.060	0.062
200 号	200						0.064	0.066	0.068
250 号	250						0.070	0.072	0.074

（五）验收批量

以 100 m³ 为一个检验批量，不足 100 m³ 者亦视为一个检验批量。

（六）取样方法

不同位置随机抽取 5 包试样，将每包试样按四分法缩分至 0.008 m³，分别存放在干燥容器中。

（七）样品数量

取 0.04 m³。

(八)检测项目

堆积密度、质量含水率、粒度、导热系数。

(九)质量评定

每检验批量产品均应经过检验,检验结果应全部符合规定,若有一项批标不符合规定时,允许 2 次抽样,对全部指标进行复检,以复检结果作为最终判定结果。

(十)使用注意事项

1. 运输:运输中应防水、离散漏,严禁踩踏。

2. 贮存:产品应按标号、等级在室内堆放,堆放场地应平整、干燥。

二、钢丝网架水泥聚苯乙烯夹芯板

(一)概　　述

钢丝网架聚苯乙烯芯板(简称 GJ 板)是由三维空间焊接钢丝网架和内填阻燃型聚苯乙烯泡沫塑料板条(或整板)构成的网架芯板。

钢丝网架水泥聚苯乙烯夹芯板(简称 GSJ 板)是在 GJ 板两面分别喷抹水泥砂浆后形成的构件。即该板材外壁由壁厚不小于 25 mm 的三维空间焊接钢丝网架水泥砂浆作支承体,内填氧指数不小于 30 的聚苯乙烯泡沫塑料,周边有不小于 25 mm 厚的水泥砂浆包边的板材。分类情况见表 5-71。

表 5-71　分　类　表

序　　号	代　　号	阻燃型聚苯乙烯泡沫塑料内芯型式	连接两侧网片的腹丝型式
1	T	板条并接	之字条
2	TZ	整板	之字条
3	S	整板	相邻两排腹丝为反向斜插或之字形斜插(直插)短钢丝

注:钢板网架聚苯乙烯夹芯板可参照区分。

(二)执行标准

《钢丝网架水泥聚苯乙烯夹芯板》(JC 623—1996)。

(三)相关标准

《通用硅酸盐水泥》(GB 175—2007)。

《一般用途低碳钢丝》(YB/T 5294—2009)。

《建筑构件耐火试验方法》(GB 9978—2008)。

《绝热用模塑聚苯乙烯泡沫塑料》(GB 10801.1—2002)。

《建筑用砂》(GB/T 14684—2011)。

《建筑用卵石、碎石》(GB/T 14685—2011)。

(四)性能指标

1. GJ 板的表面和外观质量(表 5-72)

表 5-72　表面和外观质量

项次	项　目	质量要求
1	外观	表面清洁,不应有明显油污
2	钢丝锈点	焊点区以外不允许
3	焊点强度	抗拉力≥330 N,无过烧现象

续上表

项次	项　目	质量要求
4	焊点质量	之字条，腹丝与网片钢丝不允许漏焊、脱焊；网片漏焊、脱焊点不超过焊点数的8‰。且不应集中在一处，连续脱焊不应多于2点，板端200 mm区段内的焊点不允许脱焊、虚焊
5	钢丝挑头	板边挑头允许长度小于等于6 mm，插丝挑头小于等于5 mm；不得有5个以上漏剪、翘伸的钢丝挑头
6	横向钢丝排列	网片横向钢丝最大间距为60 mm，超过60 mm处应加焊钢丝，纵横向钢丝互相垂直
7	泡沫内芯板条局部自由松动	不得多于3处；单条自由松动不得超过1/2板长
8	泡沫内芯板条对接	泡沫板条全长对接不得超过3根，短于150 mm板条不得使用

2. GJ板的规格尺寸允许偏差(表5-73)

表5-73　尺寸允许偏差　(mm)

项次	项　目	允许偏差	项次	项　目	允许偏差
1	长	±10	8	泡沫内芯中心面位移	≤3
2	宽	±5	9	泡沫板条对接缝隙	≤2
3	厚	±2	10	两之字条距离或纵丝间距	±2
4	两对角线差	≤10	11	钢丝之字条波幅、波长或腹丝间距	±2
5	侧向弯曲	≤L/650	12	钢丝网片局部翘曲	≤5
6	泡沫板条宽度	±0.5	13	两钢丝网片中心面距离	±2
7	泡沫板条(或整板)的厚度	±2			

注：L为GJ板的长度。

3. GSJ板每平方米面积的重量(表5-74)

表5-74　每平方米面积的重量

板厚(mm)	构　造	每平方米面积的重量(kg)
100	板两面各有25 mm厚水泥砂浆	≤104
110	板两面各有30 mm厚水泥砂浆	≤124
130	板两面各有25 mm厚水泥砂浆加两面各有15 mm厚石膏涂层或轻质砂浆	≤140

4. GSJ板的建筑物理性能指标(表5-75)

表5-75　建筑物理性能指标

项次	项　目	指标值	备　注
1	热阻(m^2K/W)	≥0.65	厚100 mm板
2	隔声指数(dB)	≥40 ≥45	厚100 mm、110 mm板 厚130 mm板
3	抗冻性，次	25	试验后试体不得有剥落、开裂、起层等破坏现象

注：GSJ板的聚苯乙烯泡沫塑料内芯厚50 mm，砂浆表面作饰面处理。

5. GSJ板的建筑结构性能规定

(1)GSJ板的轴向荷载允许值见表5-76。

表 5-76　轴向荷载允许值

墙板高度(GJ 板的公称长度)(m)	2.5	3.6
两面各有 25 mm 厚水泥砂浆层全截面负重时(kN/m)	≥74.4	≥62.5
外墙处侧砂浆层伸出楼面 9.5 mm 时(kN/m)	≥46.1	≥40.2

注:水泥砂浆强度等级不低于 M10。

(2)GSJ 板的横向荷载允许值见表 5-77。

表 5-77　横向荷载允许值

GSJ 板实际长度(GJ 板的公称长度)(m)	横向荷载允许值,不小于(kN/m²)	GSJ 板实际长度(GJ 板的公称长度,m)	横向荷载允许值,不小于(kN/m²)
1.3	4.34	2.5	1.95
1.6	3.86	3.0	1.22
1.9	2.73	3.6	0.78
2.2	2.54		

注:两面各有 25 mm 厚水泥砂浆,强度等级不低于 M20。

6. 抗冲击性能

标准板(2.5 m)承受 10 kg 砂袋自落高度 1.0 m 的冲击大于 100 次不断裂。

7. GSJ 板的防火性能规定

(1)燃烧性能:按本标准施工的 GSJ 板的耐火性能应高于难燃烧材料。

(2)耐火极限。

不低于 1 h:两面各有 25 mm 厚或 30 mm 厚水泥砂浆层。

不低于 2 h:两面各有 25 mm 厚或 30 mm 厚水泥砂浆层加两面各有 15 mm 厚石膏涂层或轻质砂浆层。

(五)验收批量

同一类产品 100 块为一批,不足 100 块亦为一批。

(六)取样方法

外观质量:对每一构件用肉眼观察检查,当发现有缺陷时应进行测量。

其他试验项目用随机抽取法抽样。

(七)样品数量

规格尺寸项目每批抽取 5%,但不得少于 3 块;其他试验项目每个项目不得少于 3 块。

(八)检测项目

表面及外观质量、尺寸允许偏差、热阻、隔声指数、抗冻性、抗冲击性、燃烧性能、耐火极限、单位面积重量、建筑结构性能。

(九)质量评定

外观和尺寸允许偏差检验中,如有 2 块不合格,可进行第二次抽检,如仍有 2 块不合格,则该批为不合格品,其他项目的检验中如有一项不合格可进行复验,复验仍不合格,则该批为不合格品。

三、建筑隔墙用保温条板

(一)概　述

建筑隔墙用保温条板是以纤维为增强材料,以水泥(或碳酸钙、石膏)为胶凝材料,两种或两种以上不同功能材料复合而成的具有保温性能的隔墙条板。适用于工业与民用建筑的非承重用保温隔墙板。

(二)执行标准

《建筑隔墙用保温条板》(GB/T 23450—2009)。

(三)相关标准

《建筑材料放射性核素限量》(GB 6566—2010)。

《建筑材料及制品燃烧性能分级》(GB 8624—2006)。

《建筑构件耐火试验方法》(GB/T 9978—2008)。

(四)性能指标

1. 条板的外观质量应符合表 5-78 的规定。

表 5-78 条板的外观质量

序号	项 目	指 标
1	面层和夹芯层处裂缝	不允许
2	板的横向、纵向、侧向方向贯通裂缝	不允许
3	板面外露筋纤;飞边毛刺	不允许
4	板面裂缝,长度 50~100 mm,宽度 0.5~1.0 mm	≤2 处/板
5	缺棱掉角蜂窝,宽度×长度 10 mm×25 mm~20 mm×30 mm	≤2 处/板

2. 尺寸允许偏差(表 5-79)

表 5-79 尺寸允许偏差

序号	项 目	允许偏差	序号	项 目	允许偏差
1	长度	±5	4	板面平整度	≤2
2	宽度	±2	5	对角线差	≤6
3	厚度	±1	6	侧向弯曲	≤L/1 000

3. 物理性能(表 5-80)

表 5-80 物 理 性 能

序号	项 目	指 标		
		90 mm	120 mm	150 mm
1	抗冲击性能	经 5 次抗冲击试验后,板面无裂纹		
2	抗弯承载,板自重倍数	≥1.5		
3	抗压强度(MPa)	≥3.5		
4	软化系数	≥0.80		
5	面密度(kg/m²)	≤85	≤100	≤110
6	含水率(%)	≤8		
7	干燥收缩值(mm/m)	≤0.6		
8	空气声计权隔声量(dB)	≥35	≥40	≥45
9	吊挂力(N)	荷载 1 000 N 静置 24 h,板面无宽度超过 0.5 mm 的裂缝		
10	抗冻性	不应出现可见的裂纹且表面无变化		

序号	项　目	指　标		
		90 mm	120 mm	150 mm
11	耐火极限(h)	≥1		
12	燃烧性能	A1 或 A3 级		
13	传热系数	≤2.0		

4. 放射性核素限量

应满足 GB 6566 规定。

(五)验收批量

同类别、同规格的条板为一检验批,不足 151 块,按 151～280 块的批量算。

(六)取样方法

外观质量和尺寸偏差检验按 GB/T 2828.1 中正常二次抽样方案进行,样本大小见表 5-81。

表 5-81　外观质量和尺寸允许偏差项目检验抽样方案

批量范围 N	样本	样本大小		合格判定数		不合格判定数	
		n_1	n_2	Ac_1	Ac_2	Re_1	Re_2
151～280	1	8	—	0	—	2	—
	2	—	8	—	1	—	2
281～500	1	13	—	0	—	3	—
	2	—	13	—	3	—	4
501～1 200	1	20	—	1	—	3	—
	2	—	20	—	4	—	5
1 201～3 200	1	32	—	2	—	5	—
	2	—	32	—	6	—	7
3 201～10 000	1	50	—	3	—	6	—
	2	—	50	—	9	—	10
10 001～35 000	1	80	—	5	—	9	—
	2	—	80	—	12	—	13

面密度、抗弯承载、含水率等的样本从外观质量和尺寸偏差项目检验合格的产品中随机抽取,抽取方案见表 5-82。

表 5-82　物理性能项目检验抽检方案

序　号	项　目	第一样本	第二样本
1	抗弯承载(块)	1	2
2	面密度(组)	1	2
3	含水率(组)	1	2

(七)样品数量

见取样方法中抽样方案。

(八)检测项目

外观质量、尺寸允许偏差、面密度、抗弯承载、含水率。

(九)质量评定

1. 外观质量和尺寸允许偏差项目检验判定规则

(1)根据样本检验结果,若受检板的外观质量、尺寸允许偏差项目均符合相应规定时,则判该板是合格板,若受检板外现质量、尺寸允许偏差项目中有一项或一项以上不符合相应规定时,则判该板是不合格板。

(2)具体判定过程见表5-83。

表5-83 判定结果

$d_1 \leqslant Ac_1$	合格
$d_1 \geqslant Re_1$	不合格
$Ac_1 < d_1 < Re_1$	抽第二样本进行检验
$(d_1+d_2) \leqslant Ac_2$	合格
$(d_1+d_2) \geqslant Re_2$	不合格

2. 面密度、抗弯承载、含水率项目均符合相应规定时,则判该批产品为合格品;若两项以上检验不符合相应规定,则判该批产品为不合格。若有一个项目不合格,则对不合格项目抽第二样本进行检验,第二样本检验,若无任一结果不合格,则判该批产品为合格品,若仍有一个结果不合格则判该批产品为批不合格。

四、建筑外墙外保温用岩棉制品

(一)概　　述

岩棉板属于无机不燃保温材料,导热系数低,保温效果较好,板缝处不易出现裂缝。用于薄抹灰外墙外保温系统的岩棉制品主要是岩棉板和岩棉带。产品按垂直于表面的抗拉强度水平分级为带:TR80;板:TR15、TR10、TR7.5。

(二)执行标准

《建筑外墙外保温用岩棉制品》(GB/T 25975—2010)。

(三)相关标准

《绝热材料及相关术语》(GB/T 4132—1996)。

《矿物棉及其制品试验方法》(GB/T 5480—2008)。

《建筑材料燃烧性能分级方法》(GB 8624—2006)。

《绝热用岩棉、矿渣棉及其制品》(GB/T 11835—2007)。

《建筑用岩棉、矿渣棉绝热制品》(GB/T 19686—2005)。

(四)性能指标

1. 外观:表面平整,不应有妨碍使用的伤痕、污迹、破损。

2. 尺寸允许偏差。

板的尺寸允许偏差:长度允许偏差$^{+10}_{-3}$mm,宽度允许偏差$^{+5}_{-3}$mm,厚度允许偏差$^{+3}_{-3}$mm。

带的尺寸允许偏差:长度允许偏差$^{+10}_{-3}$mm,宽度允许偏差$^{+3}_{-3}$mm,厚度允许偏差$^{+2}_{-2}$mm。

3. 直角偏离度:应不大于5 mm/m。

4. 平整度偏差:应不超过6 mm。

5. 酸度系数:应不小于1.6。

6. 尺寸稳定性:长度、宽度和厚度的相对变化率均不大于1.0%。

7. 质量吸湿率：应不大于1%。

8. 憎水率：应不小于98.0%。

9. 短期吸水量：应不大于1.0 kg/m²。

10. 导热系数：

板的导热系数(平均温度25 ℃)应不大于0.040 W/(m·K)，有标称值时还应不大于其标称值；

带的导热系数(平均温度25 ℃)应不大于0.048 W/(m·K)，有标称值时还应不大于其标称值。

11. 垂直于表面的抗拉强度应不小于其标称水平，且在实际使用情况下应符合表5-84的规定。

表5-84 垂直于表面的抗拉强度

抗拉强度水平	抗拉强度	使用情况
TR80	≥80 kPa	岩棉带，采用黏结剂固定，可不附加锚栓
TR15	≥15 kPa	岩棉板，黏结的同时需加锚栓固定，也可采用型材法固定
TR10	≥10 kPa	岩棉板，黏结的同时需附加锚栓固定
TR7.5	≥7.5 kPa	岩棉板，黏结的同时需附加锚栓固定，锚栓应锚固在带有玻纤网布的增强防护层上

12. 压缩强度：应不小于其标称水平，且不小于40 kPa。

13. 燃烧性能，应符合GB 8624中A级均质材料不燃性的要求。

14. 特殊要求

有要求时，湿阻因子应不大于10，有标称值时还应不大于其标称值。

有要求时，降噪系数应不小于0.60，有标称值时还应不大于其标称值。

有要求时，长期吸水量应不大于3.0 kg/m²。

(五)验收批量

按检验批验收，批量大小见表5-85。

(六)取样方法

单位产品应从检查批中随机抽取。

(七)样品数量(表5-85)

表5-85 批量大小及样本数量

型式检验			出厂检验		
批量大小	样本大小		批量大小	样本大小	
板、带(m²)	第一样本	板、带(m²)	板、带(m²)	第一样本	总样本
≤1 500	2	4	≤3 000	2	4
2 500	3	6	5 000	3	6
5 000	5	10	10 000	5	10
9 000	8	16	18 000	8	16
15 000	13	26	>18 000	13	26
28 000	20	40	—	—	—
>28 000	32	64	—	—	—

(八)检测项目

外观、尺寸、直角偏离度、平整度、短期吸水量、垂直于表面的抗拉强度和压缩强度。

(九)质量评定

1. 所有的性能应看作独立的。产品品质以测定结果的修约值进行判定。

2. 外观、长度、宽度、厚度、直角偏离度和平整度等性能采用计数判定,一项性能不符合计数要求的,计一个缺陷。判定规则见表 5-86。

表 5-86 判定规则

样本大小		第一样本		总样本	
第一样本	总样本	*Ac*	*Re*	*Ac*	*Re*
Ⅰ	Ⅱ	Ⅲ	Ⅳ	Ⅴ	Ⅵ
2	4	0	2	1	2
3	6	0	3	3	4
5	10	1	3	4	5
8	16	2	5	6	7
13	26	3	6	9	10
20	40	5	9	12	13
32	64	7	11	18	19

检查开始的样本数,应等于上表中的第一样本大小。根据样本检查结果,若第一样本中相关性能的缺陷数小于或等于第一接收数,则该批的计数检查可接收。若第一样本中的缺陷数大于或等于第一拒收数,则判该批不合格。

若第一样本中相关性能的缺陷数在第一样本接收数和拒收数之间,则样本数应增至总样本数,并以总样本检查结果去判定。

若总样本数中的缺陷数小于或等于总样本接收数,则判该批计数检查可接收,若总样本中的缺陷数大于或等于总样本拒收数,则判该批不合格。

3. 短期吸水量、长期吸水量、垂直于表面的抗拉强度、压缩强度和燃烧性能按第一样本的测定值判定。若第一样本的测定值不合格,则判该批产品上述性能单项不合格。

4. 其他性能按测定试样的平均值判定。若第一样本的测定值合格,则判该批产品上述性能单项合格。若不合格,应再测量第二样本,并以两个样本测定结果的平均值作为批质量各项合格与否的判定。

5. 批质量的综合判定规则是:合格批的所有品质指标应同时符合合格要求,否则判该批产品不合格。

第四节 工民建工程现场检测

一、回弹法检测混凝土强度

(一)试验目的

回弹法是混凝土强度无损检测最常用的方法。它不会对结构或构件的力学性质和承载能力产生不利影响,在工程上已得到广泛应用。

(二)适用范围

1. 回弹法适用于工程结构普通混凝土抗压强度(以下简称混凝土强度)的检测。当对结构的混凝土强度有检测要求时可按本方法进行检测,检测结果可作为处理混凝土质量问题的一个依据。

2. 回弹法不适用于表层与内部质量有明显差异或内部存在缺陷的混凝土结构或构件的检测。

3. 使用回弹仪进行工程检测的人员应通过主管部门认可的专业培训,并应持有相应的资格证书。

4. 采用回弹法检测时,环境温度应为-4 ℃～40 ℃

(三)试验原理

回弹法是以在混凝土结构或构件上测得的回弹值和碳化深度来评定混凝土结构或构件强度的一种方法。回弹法使用的仪器为回弹仪,它是一种直射锤击式仪器,是用一弹击锤来冲击与混凝土表面接触的弹击杆,然后弹击锤向后弹回,并在回弹仪的刻度标尺上指示出回弹数值。回弹值的大小取决于与冲击能量有关的回弹能量,而回弹能量则反映了混凝土表层硬度与混凝土抗压强度之间的函数关系,即可以在混凝土的抗压强度与回弹值之间建立起一种函数关系,以回弹值来表示混凝土的抗压强度。

(四)执行标准

《回弹法检测混凝土抗压强度技术规程》(JGJ/T 23—2011)。

(五)仪器设备

1. 设备要求

混凝土回弹仪,可为数字式的,也可为指针直读式的。回弹仪应符合下列规定。

(1)水平弹击时,在弹击锤脱钩瞬间,回弹仪的标称能量应为 2.207 J。

(2)在弹击锤与弹击杆碰撞的瞬间,弹击拉簧应处于自由状态,且弹击锤起跳点应位于指针指示刻度尺上的“0”处。

(3)在洛氏硬度 HRC 为 60±2 的钢砧上,回弹仪的率定值应为 80±2。

(4)数字式回弹仪应带有指针直读示值系统;数字显示的回弹值与指针直读示值相差不应超过 1。

2. 回弹仪检定

回弹仪应由法定部门并按照国家现行标准《混凝土回弹仪》(JJG 817)对回弹仪进行检定,并在检定有效期内使用。回弹仪具有下列情况之一时应送检定单位检定。

(1)新回弹仪启用前。

(2)超过检定有效期限(有效期为半年)。

(3)数字式回弹仪数字显示的回弹值与指针直读示值相差大于 1。

(4)经常规保养后钢砧率定值不合格。

(5)遭受严重撞击或其他损害。

回弹仪的率定试验应符合下列规定。

(1)率定试验应在室温为(5～35)℃的条件下进行。

(2)表面应干燥、清洁,并应稳固地平放在刚度大的物体上。

(3)回弹值应取连续向下弹击三次的稳定回弹结果的平均值。

(4)率定试验应分四个方向进行,且每个方向弹击前,弹击杆应旋转 90°,每个方向的回弹平均值均应为 80±2。

3. 回弹仪保养

回弹仪具有下列情况之一时应进行常规保养：

(1)弹击超过 2 000 次；

(2)对检测值有怀疑时；

(3)在钢砧上的率定值不合格。

保养应按下列步骤进行。

(1)使弹击锤脱钩后取出机芯，然后卸下弹击杆，取出里面的缓冲压簧，并取出弹击锤，弹击拉簧和拉簧座。

(2)机芯各零部件应进行清洗，重点清洗中心导杆，弹击锤和弹击杆的内孔和冲击面，清洗后应在中心导杆上薄薄地涂抹钟表油，其他零部件均不得抹油。

(3)应清理机壳内壁，卸下刻度尺，并应检查指针，其摩擦力应为 0.5～0.8 N。

(4)不得旋转尾盖上已定位紧固的调零螺丝。不得自制或更换零部件。

(5)数字式回弹仪，还应按产品要求的维护程序进行维护。

(6)保养后应进行率定试验，在洛氏硬度 HRC 为 60±2 的钢砧上回弹仪的率定值应为 80±2。

(7)回弹仪使用完毕后应使弹击杆伸出机壳，清除弹击杆、杆前端球面以及刻度尺表面和外壳上的污垢、尘土。回弹仪不用时，应将弹击杆压入仪器内，经弹击后方可按下按钮锁住机芯，将回弹仪装入仪器箱，平放在干燥阴凉处。当数字式回弹仪长期不用时，应取出电池。

(六)试验准备

1. 工程资料收集

混凝土强度检测前应收集下列资料。

(1)工程名称及设计、施工、监理(或监督)和建设单位名称。

(2)结构或构件名称、外形尺寸、数量及混凝土强度等级。

(3)水泥品种、强度等级、安定性、厂名，砂、石种类，粒径，外加剂或掺合料品种、掺量，混凝土配合比等。

(4)施工时材料计量情况、模板、浇筑、养护情况及成型日期等。

(5)必要的设计图纸和施工记录。

(6)检测原因。

2. 制定检测方案

根据收集到的所检测混凝土的施工情况及检测原因等制定具体的检测方案。方案应包括所测构件是单个构件检测还是批量检测，具体抽样方案如何，对构件需进行的清理与加固以及检测数据如何处理，结果如何判定等做出具体规定。

单个构件检测适用于单个结构或构件的检测。对于一般构件，测区数不宜少于 10 个。当受检构件数量大于 30 个且不需提供单个构件推定强度或受检构件某一方向尺寸不大于 4.5 m且另一方向尺寸不大于 0.3 m 时，每个构件的测区数量可适当减少，但不应少于 5 个。相邻两测区的间距不应大于 2 m，测区离构件端部或施工缝边缘的距离不宜大于 0.5 m，且不宜小于 0.2 m。

批量检测适用于在相同的生产工艺条件下，混凝土强度等级相同、原材料、配合比、成型工艺、养护条件基本一致且龄期相近的同类结构或构件。按批进行检测的构件，抽检数量不得少于同批构件总数的30%且构件数量不得少于10件。当检验批构件数量大于30个时，抽样构件数量可适当调整。抽检构件时，应严格遵守“随机”的原则，使所选构件具有代表性。并宜由建设单位、监理单位、施工单位会同检测单位共同商定抽样的范围、数量和方法。

3. 检测构件准备

(1)测区应选在使回弹仪处于水平方向检测混凝土浇筑侧面，当不能满足这一要求时，可使回弹仪处于非水平方向检测混凝土浇筑侧面、表面或底面。

(2)测区宜选在构件的两个对称可测面上，也可选在一个可测面上且应均匀分布，在构件的重要部位及薄弱部位必须布置测区，并应避开预埋件。测区的面积不宜大于0.04 m^2。

(3)检测前用砂轮清除疏松层和杂物，清除粉末或碎屑，保证检测面清洁、平整。

(4)对弹击时产生颤动的薄壁、小型构件进行固定。

(5)对结构或构件的测区进行编号，在记录纸上描述测区布置示意图和外观质量情况。

(七)试验步骤

1. 回弹值测量

(1)检测时，回弹仪的轴线应始终垂直于结构或构件的混凝土检测面，缓慢施压，准确读数，快速复位。

(2)测点宜在测区范围内均匀分布，相邻两测点的净距不宜小于20 mm，测点距外露钢筋、预埋件的距离不宜小于30 mm，测点不应在气孔或外露石子上。同一测点只应弹击一次，每一测区应记取16个回弹值，每一测点的回弹值读数估读至1。

(3)检测泵送混凝土强度时，测区应选在混凝土浇筑侧面。

2. 碳化深度值测量

(1)回弹值测量完毕后，应在有代表性的位置上测量碳化深度值。测点数不应少于构件测区数的30%，取其平均值为该构件每测区的碳化深度值。当碳化深度值极差大于2.0 mm时，应在每一测区测量碳化深度值。

(2)碳化深度值测量，可采用适当的工具在测区表面形成直径约15 mm的孔洞，其深度应大于混凝土的碳化深度，孔洞中的粉末和碎屑应除净，并不得用水擦洗。同时，应采用浓度为1%的酚酞酒精溶液滴在孔洞内壁的边缘处，当已碳化与未碳化界线清楚时，再用深度测量工具测量已碳化与未碳化混凝土交界面到混凝土表面的垂直距离，测量不应少于3次，取其平均值，每次读数精确至0.25 mm。

(3)应取二次测量的平均值作为检测结果，并应精确至0.5 mm。

(八)数据处理

1. 回弹值计算

(1)计算测区平均回弹值。从该测区的16个回弹值中剔除3个最大值和3个最小值，余下的10个回弹值应按下式计算：

$$R_{m}=\frac{\sum_{i=1}^{10}R_i}{10}$$

式中 R_m——测区平均回弹值，精确至0.1；

R_i——第i个测点的回弹值。

(2)非水平方向检测混凝土浇筑侧面时应按下式修正：

$$R_m=R_{ma}+R_{aa}$$

式中　R_{ma}——非水平状态检测时测区的平均回弹值，精确至 0.1；

R_{aa}——非水平状态检测时回弹值修正值，按表 5-87 采用。

表 5-87　非水平状态检测时的回弹值修正值

R_m	检测角度							
	向上				向下			
	90	60	45	30	−30	−45	−60	−90
20	−6.0	−5.0	−4.0	−3.0	+2.5	+3.0	+3.5	+4.0
21	−5.9	−4.9	−4.0	−3.0	+2.5	+3.0	+3.5	+4.0
22	−5.8	−4.8	−3.9	−2.9	+2.4	+2.9	+3.4	+3.9
23	−5.7	−4.7	−3.9	−2.9	+2.4	+2.9	+3.4	+3.9
24	−5.6	−4.6	−3.8	−2.8	+2.3	+2.8	+3.3	+3.8
25	−5.5	−4.5	−3.8	−2.8	+2.3	+2.8	+3.3	+3.8
26	−5.4	−4.4	−3.7	−2.7	+2.2	+2.7	+3.2	+3.7
27	−5.3	−4.3	−3.7	−2.7	+2.2	+2.7	+3.2	+3.7
28	−5.2	−4.2	−3.6	−2.6	+2.1	+2.6	+3.1	+3.6
29	−5.1	−4.1	−3.6	−2.6	+2.1	+2.6	+3.1	+3.6
30	−5.0	−4.0	−3.5	−2.5	+2.0	+2.5	+3.0	+3.5
31	−4.9	−4.0	−3.5	−2.5	+2.0	+2.5	+3.0	+3.5
32	−4.8	−3.9	−3.4	−2.4	+1.9	+2.4	+2.9	+3.4
33	−4.7	−3.9	−3.4	−2.4	+1.9	+2.4	+2.9	+3.4
34	−4.6	−3.8	−3.3	−2.3	+1.8	+2.3	+2.8	+3.3
35	−4.5	−3.8	−3.3	−2.3	+1.8	+2.3	+2.8	+3.3
36	−4.4	−3.7	−3.2	−2.2	+1.7	+2.2	+2.7	+3.2
37	−4.3	−3.7	−3.2	−2.2	+1.7	+2.2	+2.7	+3.2
38	−4.2	−3.6	−3.1	−2.1	+1.6	+2.1	+2.6	+3.1
39	−4.1	−3.6	−3.1	−2.1	+1.6	+2.1	+2.6	+3.1
40	−4.0	−3.5	−3.0	−2.0	+1.5	+2.0	+2.5	+3.0
41	−4.0	−3.5	−3.0	−2.0	+1.5	+2.0	+2.5	+3.0
42	−3.9	−3.4	−2.9	−1.9	+1.4	+1.9	+2.4	+2.9
43	−3.9	−3.4	−2.9	−1.9	+1.4	+1.9	+2.4	+2.9
44	−3.8	−3.3	−2.8	−1.8	+1.3	+1.8	+2.3	+2.8
45	−3.8	−3.3	−2.8	−1.8	+1.3	+1.8	+2.3	+2.8
46	−3.7	−3.2	−2.7	−1.7	+1.2	+1.7	+2.2	+2.7
47	−3.7	−3.2	−2.7	−1.7	+1.2	+1.7	+2.2	+2.7
48	−3.6	−3.1	−2.6	−1.6	+1.1	+1.6	+2.1	+2.6
49	−3.6	−3.1	−2.6	−1.6	+1.1	+1.6	+2.1	+2.6
50	−3.5	−3.0	−2.5	−1.5	+1.0	+1.5	+2.0	+2.5

注：R_{ma} 小于 20 或大于 50 时，均分别按 20 或 50 查表，表中未列入的相应于 R_{ma} 的修正值 R_{ma} 可用内插法求得，精确至 0.1。

(3)水平方向检测混凝土浇筑顶面或底面时，应按下列公式修正：

$$R_m = R_m^t + R_a^t$$

$$R_m = R_m^b + R_a^b$$

式中　R_m^t,R_m^b——水平方向检测混凝土浇筑表面、底面时，测区的平均回弹值，精确至 0.1；

R_a^t,R_a^b——混凝土浇筑表面、底面回弹值的修正值，按表 5-88 采用。

表 5-88　不同浇筑面的回弹值修正值

R_m^t 或 R_m^b	表面修正值(R_a^t)	底面修正值(R_a^b)	R_m^t 或 R_m^b	表面修正值(R_a^t)	底面修正值(R_a^b)
20	+2.5	−3.0	36	+0.9	−1.4
21	+2.4	−2.9	37	+0.8	−1.3
22	+2.3	−2.8	38	+0.7	−1.2
23	+2.2	−2.7	39	+0.6	−1.1
24	+2.1	−2.6	40	+0.5	−1.0
25	+2.0	−2.5	41	+0.4	−0.9
26	+1.9	−2.4	42	+0.3	−0.8
27	+1.8	−2.3	43	+0.2	−0.7
28	+1.7	−2.2	44	+0.1	−0.6
29	+1.6	−2.1	45	0	−0.5
30	+1.5	−2.0	46	0	−0.4
31	+1.4	−1.9	47	0	−0.3
32	+1.3	−1.8	48	0	−0.2
33	+1.2	−1.7	49	0	−0.1
34	+1.1	1.6	50	0	0
35	+1.0	−1.5	—	—	—

注：R_m^t 或 R_m^b 小于 20 或大于 50 时，均分别按 20 或 50 查表。表中有关混凝土浇筑表面的修正系数，是指一般原浆抹面的修正值；表中有关混凝土浇筑底面的修正系数，是指构件底面与侧面采用同一类模板在正常浇筑情况下的修正值。表中未列入的相应于 R_m^t 或 R_m^b 的 R_a^t 或 R_a^b 值，可用内插法求得，精确至 0.1。

(4)当检测时回弹仪为非水平方向且测试面为非混凝土的浇筑侧面时，应先对回弹值进行角度修正，再对修正后的值进行浇筑面修正。

2. 混凝土强度换算值的计算

(1)混凝土强度换算值可采用以下三类测强曲线计算。

①统一测强曲线：由全国有代表性的材料、成型养护工艺配制的混凝土试件，通过试验所建立的曲线。

②地区测强曲线：由本地区常用的材料、成型养护工艺配制的混凝土试件，通过试验所建立的曲线。

③专用测强曲线：由与结构或构件混凝土相同的材料、成型养护工艺配制的混凝土试件，通过试验所建立的曲线。

检测单位应按专用测强曲线、地区测强曲线、统一测强曲线的次序选用测强曲线。

(2)使用统一测强曲线的条件。

①普通混凝土采用的材料，拌和用水符合现行国家有关标准。

②采用普通成型工艺。

③采用符合现行国家标准规定的模板。

④自然养护或蒸气养护出池后经自然养护 7 日以上且混凝土表层为干燥状态。

⑤自然养护且龄期为 14～1 000 天。

⑥抗压强度为 10～60 MPa。

⑦当有下列情况之一时，测区混凝土强度值不得按全国统一曲线换算。但可制定专用测强曲线或通过试验进行修正。

a. 粗集料最大粒径大于 60 mm。

b. 特种成型工艺制作的混凝土。

c. 检测部位曲率半径小于 250 mm。

d. 潮湿或浸水混凝土。

(3)依据全国统一曲线计算混凝土强度换算值。

①结构或构件第 i 个测区混凝土强度换算值，按计算所得的平均回弹值(R_m)及所测得的平均碳化深度值(d_m)由全国统一曲线制得的表中查出。

当检测条件与测强曲线的适用条件有较大差异时，可采用同条件试件或钻取混凝土芯样进行修正，试件或钻取芯样数量不应少于 6 个，钻取芯样时每个部位应钻取一个芯样。计算时，测区混凝土强度换算值应乘以修正系数。修正系数应按下列公式计算：

$$\eta = \frac{1}{n}\sum_{i=1}^{n} f_{cu,i}/f_{cu,i}^{c}$$

$$\eta = \frac{1}{n}\sum_{i=1}^{n} f_{cor,i}/f_{cu,i}^{c}$$

式中 η——修正系数，精确到 0.01；

$f_{cu,i}$——第 i 个混凝土立方体试件(边长为 150 mm)的抗压强度值，精确到 0.1 MPa；

$f_{cor,i}$——第 i 个混凝土芯样试件的抗压强度值，精确到 0.1 MPa；

$f_{cu,i}^{c}$——对应于第 i 个试件或芯样部位回弹值和碳化深度值的混凝土强度换算值；

n——试件数。

②结构或构件的测区混凝土强度平均值根据各测区的混凝土强度换算值计算。当测区数为 10 个及以上时，应计算强度标准差。平均值及标准差应按下列公式计算：

$$m_{f_{cu}^{c}} = \frac{\sum_{i=1}^{n} f_{cu,i}^{c}}{n}$$

$$S_{f_{cu}^{c}} = \sqrt{\frac{\sum_{i=1}^{n}(f_{cu,i}^{c})^2 - n(m_{f_{cu}^{c}})^2}{n-1}}$$

式中 $m_{f_{cu}^{c}}$——结构或构件测区混凝土强度换算值的平均值(MPa)，精确至 0.1 MPa；

n——对于单个检测的构件，取一个构件的测区数；对批量检测的构件，取被抽检构件测区数之和；

$S_{f_{cu}^{c}}$——结构或构件测区混凝土强度换算值的标准差(MPa)，精确至 0.01 MPa。

③结构或构件的混凝土强度推定值($f_{cu,e}$)按下列公式确定。

a. 当该结构或构件测区数少于 10 个时：

$$f_{cu,e} = f_{cu,min}^{c}$$

式中　$f^c_{cu,min}$——构件中最小的测区混凝土强度换算值。

b. 当该结构或构件的测区强度值中出现小于 10.0 MPa 时：

$$f_{cu,e}<10.0\ \text{MPa}$$

c. 当该结构或构件测区数不少于 10 个或按批量检测时，应按下列公式计算：

$$f_{cu,e}=m_{f^c_{cu}}-1.645S_{f^c_{cu}}$$

d. 当批量检测时，应按下式计算：

$$f_{cu,e}=m_{f^c_{cu}}-kS_{f^c_{cu}}$$

k 为推定系数，宜取 1.645。当需要进行推定强度区间时，可按国家现行有关标准的规定取值。

对按批量检测的构件，当该批构件混凝土强度标准差出现下列情况之一时则该批构件应全部按单个构件检测：

当该批构件混凝土强度平均值小于 25 MPa 时，$S_{f^c_{cu}}>4.5$；

当该批构件混凝土强度平均值不小于 25 MPa 时，$S_{f^c_{cu}}>5.5$。

(九)试验注意事项

1. 仪器设备在规定指标值范围内是检测准确的前提，混凝土回弹仪必须在检定有效期内且率定合格方可用于检测。

2. 操作人员应持证上岗。回弹仪操作的基本要求是：回弹仪与检测面始终保持垂直状态，用力均匀缓慢，不晃动，读取快速。

3. 测区布置必须有代表性。

二、钢筋保护层厚度及钢筋位置检测

(一)试验目的

检测钢筋混凝土中钢筋位置、直径、间距和混凝土保护层厚度。

(二)适用范围

可用于现有钢筋混凝土工程及新建钢筋混凝土结构施工质量的检验，可测定钢筋的位置、走向及布筋情况，已知钢筋直径检测混凝土保护层的厚度，未知直径时同时估测钢筋的直径和保护层厚度。此外，也可对非磁性和非导电介质中的磁性体及导电体进行探测，如墙体内的电缆、水暖管道的检测。

一般钢筋保护层测定仪可检测保护层厚度为 10～150 mm，钢筋直径为 6～50 mm。

(三)试验原理

钢筋保护层测定仪主要利用电磁脉冲探测非磁性和非导电介质中的磁性体。主要由信号发射、接收、信号处理、显示、键盘操作、数据传输等单元组成，首先由信号发射单元向混凝土内部发射脉冲电磁波，当混凝土内部有钢筋存在时，钢筋产生二次感应磁场，并由信号接收单元接收钢筋感应的二次磁场，根据不同直径和不同保护层厚度的钢筋产生的二次场强度不同，信号处理单元对接收的信号进行处理、运算后以数值和指示条的形式显示出来。

(四)执行标准

《混凝土结构工程施工质量验收规范》(GB 50204—2002)。

(五)仪器设备

钢筋保护层测定仪：仪器应具有产品合格证，并在仪器的明显位置上具有唯一性标识，包括名称、型号、出厂编号等。

仪器应定期进行校准，正常情况下，仪器校准有效期为一年。

发生下列情况之一时，应对仪器进行校准：新仪器启用前；超过校准有效期限；检测数据异常，无法进行调整；经过维修或更换主要零配件（如探头、天线等）。

（六）试验准备（指取样及样品加工等）

检测前宜具备下列资料：工程名称及建设、设计、施工、监理单位名称；结构或构件名称以及相应的钢筋设计图纸资料；混凝土是否采用带有铁磁性的原材料配制；检测部位钢筋品种、牌号、设计规格、设计保护层厚度、结构构件中是否有预留管道、金属预埋件等；必要的施工记录等相关资料；检测原因。

钢筋保护层厚度检验的结构部位和构件数量，应符合下列要求。

钢筋保护层厚度检验的结构部位，应由监理（建设）、施工等各方根据结构构件的重要性共同选定。

对梁类、板类构件，应各抽取构件数量的 2% 且不少于 5 个构件进行检验；当有悬挑构件时，抽取的构件中是挑梁类、板类构件所占比例均不宜小于 50%。

对选定的梁类构件，应对全部纵向受力钢筋的保护层厚度进行检验；对选定的板类构件，应抽取不少于 6 根纵向受力钢筋的保护层厚度进行检验。对每根钢筋，应在有代表性的部位测量 1 点。

（七）试验步骤

目前，市场上出售的钢筋保护层测定仪虽然测试原理、测试步骤基本相同，但不同厂家仪器的使用在细节上均有不同，现把 DJGW-2A 钢筋位置测定仪的检测步骤详述如下。

1. 开机及设置

(1)将探头与主机连接（单点测量）。

(2)按下仪器面板的电源开关键，仪器上电，开始工作

(3)功能选择

在启动界面按任意键，进入主菜单界面，按↑、↓键，选择相应功能，然后按确定键进入相应功能界面。

在确认进入任何一种测试方法前使探头远离金属物，置于空中，此时探头自动进行零校准。

编号设置：按↑键后光标在编号处闪烁，按←、→键移动光标位置，按↑、↓键可以调整光标处的数值，完成后按确定键确认设置，按取消键放弃设置。

直径设置：按↓键后光标在直径处闪烁，再按↑、↓键即可对直径设置，完成后按确认键返回。

量程选择：按→键量程切换，在右侧显示▬为第一量程，█ 为第二量程。

直径测试：按选项键（剖面测试、网格测试无此功能）。

仪器清零：在测试界面中将探头放在空气中按测试键即可。清零后黑色滚动条下方的 5 位数值应为零。

2. 厚度测试方法

黑色滚动条的长短表示探头接近或离开钢筋，在钢筋正上方时，滚动条最长；当前厚度值的大小同样表示探头接近或离开钢筋，在钢筋正上方时数值最小。

测试时移动探头黑色滚动条增长，当前厚度值减小，表示探头接近离钢筋正上方或在正上方。当探头扫描过钢筋正上方时，仪器报警提示，同时仪器记录下钢筋的保护层厚度值，显示

在保护层厚度右侧的位置上，如需保存按确认键保存，存储根数自动加1，该次测试完成，可以继续下一根钢筋的测试。

3. 位置测试方法

移动探头在听到报警声后表明探头已过钢筋，此时应将探头慢慢往回平移，使当前厚度值最小或黑色滚动条最长，表明探头位于钢筋的正上方，探头的中心线即为钢筋的位置。

4. 直径测试

按上述位置测试方法找到钢筋的位置，保持探头不动，按选项键此时在直径测量的右侧显示两组数据，前一数值为测试的直径值，后一数值为测试的厚度值。

(八)数据处理

钢筋保护层厚度检验时，纵向受力钢筋保护层厚度的允许偏差对梁类构件为＋10 mm，－7 mm；对板类构件为＋8 mm，－5 mm。对梁类、板类构件纵向受力钢筋的保护层厚度应分别进行验收。

结构实体钢筋保护层厚度验收合格应符合下列规定：当全部钢筋保护层厚度检验的合格点率为90％及以上时，钢筋保护层厚度的检验结果应判为合格。

当全部钢筋保护层厚度检验的合格点率小于90％但不小于80％，可再抽取相同数量的构件进行检验；当按两次抽样总和计算的合格点率为90％及以上时，钢筋保护层厚度的检验结果仍应判为合格；每次抽样检验结果中不合格点的最大偏差均不应大于规范规定允许偏差的1.5倍。

第六章　钢结构工程材料及现场试验

第一节　钢结构用钢材

我国的钢结构用钢材质主要为碳素结构钢、优质碳素结构钢和低合金高强度结构钢三种，另外，耐候结构钢、铸造碳钢件等在某些情况下也有应用。钢结构所用钢材主要为热轧成型的钢板和型钢以及冷加工成型的冷轧薄钢板和冷弯薄壁型钢等。

1. 钢板

钢板有厚钢板、薄钢板、扁钢（或带钢）之分。厚钢板常用做大型梁、柱等实腹式构件的翼缘和腹板以及节点板等；薄钢板主要用来制造冷弯薄壁型钢；扁钢可用做焊接组合梁、柱的翼缘板、各种连接板、加劲肋等。

2. 热轧型钢

常用的有角钢、工字钢、槽钢、H 型钢、钢管等。

角钢分为等边（也叫等肢）的和不等边（也叫不等肢）的两种，主要用来制作桁架等格构式结构的杆件和支撑等连接杆件。角钢型号的表示方法为在符号“∟”后加“长边宽×短边宽×厚度”（对不等边角钢，如 L125×80×8），或加“边长×厚度”（对等边角钢，如 L125×8）。

工字钢有普通工字钢、轻型工字钢和 H 型钢三种。普通工字钢和轻型工字钢的两个主轴方向的惯性矩相差较大，不宜单独用作受压构件，而宜用作腹板平面内受弯的构件，或由工字钢和其他型钢组成的组合构件或格构式构件。宽翼缘 H 型钢平面内外的回转半径较接近，可单独用作受压构件。

普通工字钢的型号用符号“I”后加截面高度的厘米数来表示，20 号以上的工字钢，又按腹板的厚度不同，分为 a、b 或 a、b、c 等类别。轻型工字钢的翼缘要比普通工字钢的翼缘宽而薄，回转半径较大。

H 型钢与普通工字钢相比，其翼缘板的内外表面平行，便于与其他构件连接。H 型钢的基本类型可分为宽翼缘（HW）、中翼缘（HM）及窄翼缘（HN）三类。还可剖分成 T 型钢供应，代号分别为 TW、TM、TN。H 型钢和相应的 T 型钢的型号分别为代号后加“高度 H×宽度 B×腹板厚度 t_1×翼缘厚度 t_2”。宽翼缘和中翼缘 H 型钢可用于钢柱等受压构件，窄翼缘 H 型钢则适用于钢梁等受弯构件。

槽钢有普通槽钢和轻型槽钢二种。适于作檩条等双向受弯的构件，也可用其组成组合或格构式构件。槽钢的型号与工字钢相似。

钢管有无缝钢管和焊接钢管两种。由于回转半径较大，常用作桁架、网架、网壳等平面和空间格构式结构的杆件；在钢管混凝土柱中也有广泛的应用。型号可用代号“D”后加“外径 d×壁厚 t”表示，如 D180×8 等。

3. 冷弯薄壁型钢

冷弯薄避型钢采用 1.5～6 mm 厚的钢板经冷弯和辊压成型的型材和采用 0.4～1.6 mm

的薄钢板经辊压成型的压型钢板。其截面形式和尺寸均可按受力特点合理设计，能充分利用钢材的强度，节约钢材，在国内外轻钢建筑结构中被广泛地应用。

一、碳素结构钢

（一）概　　述

碳素结构钢通常用于焊接、铆接、栓接工程结构用热轧钢板、钢带、型钢和钢棒。分为Q195、Q215、Q235、Q255和Q275四种牌号，根据化学成分和冲击韧性的不同划分为A、B、C、D共4个质量等级，按字母顺序由A到D，表示质量等级由低到高。“F”代表沸腾钢，符号“Z”和“TZ”分别代表镇静钢和特种镇静钢。在具体标注时“Z”和“TZ”可以省略。例如Q235B代表屈服点为235 N/mm^{2}的B级镇静钢。

钢结构工程中常用的碳素结构钢为Q235牌号，在冷弯薄壁型钢结构的压型钢板设计中，如由刚度条件而非强度条件起控制作用时，也允许采用Q215牌号的钢材。

（二）执行标准

《碳素结构钢》(GB 700—2006)。

（三）相关标准

《金属材料　拉伸试验　第一部分　室温试验方法》(GB/T 228.1—2010)。

《金属材料　弯曲试验方法》(GB/T 232—2010)。

《钢的成品化学成分允许偏差》(GB/T 222—2006)。

《钢板和钢带包装、标志及质量证明书的一般规定》(GB/T 247—2008)。

《型钢验收、包装、标志及质量证明书的一般规定》(GB/T 2101—2008)。

《钢及钢产品力学性能试验取样位置及试样制备》(GB/T 2975—1998)。

《钢结构工程施工质量验收规范》(GB 50205—2001)。

《热轧型钢》(GB/T 706—2008)。

《热轧H型钢和剖分T型钢》(GB/T 11263—2010)。

《冷弯型钢》(GB/T 6725—2008)。

《厚度方向性能钢板》(GB/T 5313—2010)。

《碳素结构钢和低合金结构钢　热轧薄钢板和钢带》(GB 912—2008)。

《碳素结构钢和低合金结构钢　热轧厚钢板和钢带》(GB/T 3274—2007)。

（四）性能指标

1. 拉伸和冲击试验结果应符合表6-1的规定。

表6-1　碳素结构钢拉伸和冲击性能

牌号	等级	屈服强度(MPa)，不小于						抗拉强度(MPa)	断后伸长率(%)，不小于					V型冲击试验	
		厚度(或直径，mm)							厚度(或直径，mm)					温度(℃)	冲击吸收功(J)，不小于
		≤16	>16 ≤40	>40 ≤60	>60 ≤100	>100 ≤150	>150 ≤200		≤40	>40 ≤60	>60 ≤100	>100 ≤150	>150 ≤200		
Q195	—	195	185	—	—	—	—	315～430	33	—	—	—	—	—	—
Q215	A	215	205	195	185	175	165	335～450	31	30	29	27	26	—	—
	B													+20	27

续上表

<table>
<tr><th rowspan="3">牌号</th><th rowspan="3">等级</th><th colspan="6">屈服强度(MPa),不小于</th><th rowspan="3">抗拉强度
(MPa)</th><th colspan="5">断后伸长率(%),不小于</th><th colspan="2">V型冲击试验</th></tr>
<tr><th colspan="6">厚度(或直径,mm)</th><th colspan="5">厚度(或直径,mm)</th><th rowspan="2">温度
(℃)</th><th rowspan="2">冲击吸收功
(J),不小于</th></tr>
<tr><th>≤16</th><th>>16
≤40</th><th>>40
≤60</th><th>>60
≤100</th><th>>100
≤150</th><th>>150
≤200</th><th>≤40</th><th>>40
≤60</th><th>>60
≤100</th><th>>100
≤150</th><th>>150
≤200</th></tr>
<tr><td rowspan="4">Q235</td><td>A</td><td rowspan="4">235</td><td rowspan="4">225</td><td rowspan="4">215</td><td rowspan="4">215</td><td rowspan="4">195</td><td rowspan="4">185</td><td rowspan="4">370～500</td><td rowspan="4">26</td><td rowspan="4">25</td><td rowspan="4">24</td><td rowspan="4">22</td><td rowspan="4">21</td><td>—</td><td>—</td></tr>
<tr><td>B</td><td>+20</td><td rowspan="3">27</td></tr>
<tr><td>C</td><td>0</td></tr>
<tr><td>D</td><td>−20</td></tr>
<tr><td rowspan="4">Q275</td><td>A</td><td rowspan="4">275</td><td rowspan="4">265</td><td rowspan="4">255</td><td rowspan="4">245</td><td rowspan="4">225</td><td rowspan="4">215</td><td rowspan="4">410～540</td><td rowspan="4">22</td><td rowspan="4">21</td><td rowspan="4">20</td><td rowspan="4">18</td><td rowspan="4">17</td><td>—</td><td>—</td></tr>
<tr><td>B</td><td>+20</td><td rowspan="3">27</td></tr>
<tr><td>C</td><td>0</td></tr>
<tr><td>D</td><td>−20</td></tr>
<tr><td colspan="16">Q195的屈服强度仅供参考,不作交货条件。厚度大于100 mm的钢材,抗拉强度下限允许降低20 MPa。宽带钢(包括剪切钢板)抗拉强度上限不作交货条件。厚度小于25 mm的Q235B级钢材,如供方能保证冲击吸收功值合格,经需方同意,可不作检验</td></tr>
</table>

2. 钢材的弯曲试验结果应符合表6-2的规定。

表6-2　碳素结构钢弯曲性能

<table>
<tr><th rowspan="4">牌　号</th><th rowspan="4">试样方向</th><th colspan="2">冷弯试验180° $B=2a$</th></tr>
<tr><th colspan="2">厚度(或直径,mm)</th></tr>
<tr><th>≤60</th><th>60～100</th></tr>
<tr><th colspan="2">弯心直径 d</th></tr>
<tr><td rowspan="2">Q195</td><td>纵</td><td>0</td><td rowspan="2">—</td></tr>
<tr><td>横</td><td>$0.5a$</td></tr>
<tr><td rowspan="2">Q215</td><td>纵</td><td>$0.5a$</td><td>$1.5a$</td></tr>
<tr><td>横</td><td>a</td><td>$2a$</td></tr>
<tr><td rowspan="2">Q235</td><td>纵</td><td>a</td><td>$2a$</td></tr>
<tr><td>横</td><td>$1.5a$</td><td>$2.5a$</td></tr>
<tr><td rowspan="2">Q275</td><td>纵</td><td>$1.5a$</td><td>$2.5a$</td></tr>
<tr><td>横</td><td>$2a$</td><td>$3a$</td></tr>
<tr><td colspan="4">B为试样宽度,a为试样厚度或直径。钢材厚度大于100 mm时,弯曲试验由双方协商确定</td></tr>
</table>

(五)验收批量

钢材应成批进行验收,每批由同一牌号、同一炉罐号、同一尺寸、同一交货状态组成,重量不得大于60 t。A级钢或B级钢允许同一牌号、同一质量等级、同一冶炼和浇筑方法,不同炉罐号组成混合批,但每炉罐号含碳量之差不得大于0.02%,含锰量之差不得大于0.15%。

(六)取样方法

钢材试样的取样应按照GB/T 2975标准的规定进行。拉伸和冷弯试验,钢板、钢带试样的纵向轴线应垂直于轧制方向;型钢、钢棒和受宽度限制的窄钢带试样的纵向轴线应平行于轧制方向。冲击试样的纵向轴线应平行轧制方向，可以保留一个轧制面。

(七)样品数量

1. 拉伸试验试样:1 根。

2. 弯曲试验试样:1 根。

3. 化学成分分析试样:1 块(同时进行力学性能试验可不再送样)。

4. 冲击试验:3 个。

(八)检测项目

1. 拉伸试验。

2. 弯曲试验。

3. 化学成分分析。

4. 冲击试验(厚度不小于 12 mm 或直径不小于 16 mm 的钢材应做冲击试验)。

(九)质量评定

1. 所检项目符合标准规定要求时，判定该批成批合格。

2. 拉伸和弯曲等仅规定单个值的项目试验结果不符合标准规定，按下列规定进行复检。

(1)试验单元是单件产品时，应对不合格项目做相同类型的双倍试验，双倍试验应全部合格，否则，产品应拒收。

(2)试验单元不是单件产品时，除非另有协议，供方可以将抽样产品从试验单元中挑出，也可不挑出。

如果抽样产品不从试验单元中挑出，应从同一批中再任取双倍数量的试样进行该不合格项目的复检，复检结果应全部合格。

如果抽样产品从试验单元中挑出，应随机从同一试验单元中选出另外两个抽样产品。然后从两个抽样产品中分别制取的试样，在与第一次试验相同的条件下再做一次同类型的试验，其试验结果应全部合格。

3. 夏比(V 型缺口)冲击吸收功值按一组 3 个试样单值的算术平均值计算，允许其中 1 个试样的单个值低于规定值，但不得低于规定值的 70%。如果没有满足上述条件，可从同一抽样产品上再取 3 个试样进行试验，先后 6 个试样的平均值不得低于规定值，允许有 2 个试样低于规定值，但其中低于规定值 70%的试样只允许 1 个。

试验结果不符合上述规定时，抽样产品应报废，再从该检验批的剩余部分取两个抽样产品，在每个抽样产品上各选取新的一组 3 个试样，这两组试样的复验结果均应合格，否则该批产品不得交货。

二、低合金高强度结构钢

(一)概　述

低合金高强度结构钢适用于一般结构和工程用低合金高强度结构钢钢板、钢带、型钢、钢棒等。强度的提高主要依靠添加少量几种合金元素来达到，合金元素的总量低于 5%，故称为低合金高强度钢。有 Q345、Q390、Q420、Q460、Q500、Q550、Q620、Q690 共 8 种牌号，按化学成分和冲击韧性各划分为 A、B、C、D、E 共 5 个质量等级，字母顺序越靠后的钢材质量越高。

（二）执行标准

《低合金高强度结构钢》(GB/T 1591—2008)。

（三）相关标准

《金属材料　拉伸试验　第一部分　室温试验方法》(GB/T 228.1—2010)。

《金属材料　弯曲试验方法》(GB/T 232—2010)。

《钢的成品化学成分允许偏差》(GB/T 222—2006)。

《钢板和钢带包装、标志及质量证明书的一般规定》(GB/T 247—2008)。

《型钢验收、包装、标志及质量证明书的一般规定》(GB/T 2101—2008)。

《钢及钢产品力学性能试验取样位置及试样制备》(GB/T 2975—1998)。

《钢结构工程施工质量验收规范》(GB 50205—2001)。

《热轧 H 型钢和剖分 T 型钢》(GB/T 11263—2010)。

《冷弯型钢》(GB/T 6725—2008)。

《碳素结构钢和低合金结构钢　热轧薄钢板和钢带》(GB 912—2008)。

《碳素结构钢和低合金结构钢　热轧厚钢板和钢带》(GB/T 3274—2007)。

（四）性能指标

1. 钢材的拉伸性能应符合表 6-3。

2. 夏比(V 型)冲击试验的试验温度和冲击吸收能量应符合表 6-4。

3. Z 向钢厚度方向断面收缩率应符合 GB/T 5313 的规定。

4. 当需方要求做弯曲试验时，弯曲试验应符合表 6-5。

（五）验收批量

钢材应成批进行验收，每批由同一牌号、同一质量等级、同一炉罐号、同一规格、同一轧制制度或同一热处理制度的钢材组成，重量不得大于 60 t。A 级钢或 B 级钢允许同一牌号、同一质量等级、同一冶炼和浇筑方法、不同炉罐号组成混合批，但每批不得多于 6 个炉罐号，且各炉罐号含碳量之差不得大于 0.02%，含锰量之差不得大于 0.15%。

对于 Z 向钢的组批，应符合 GB/T 5313 的规定。

（六）取样方法

钢材试样的取样应按照 GB/T 2975 的规定进行。

（七）样品数量

1. 拉伸试验试样：1 根。

2. 弯曲试验试样：1 根。

3. 化学成分分析试样：1 块(同时进行力学性能试验可不再送样)。

4. 冲击试验：3 个。

（八）检测项目

1. 拉伸试验。

2. 弯曲试验。

3. 化学成分分析。

4. 冲击试验(厚度不小于 6 mm 或直径不小于 12 mm 的钢材应做冲击试验)。

（九）质量评定

1. 所检项目符合标准规定要求时，判定该批成批合格。

2. 拉伸和弯曲等仅规定单个值的项目试验结果不符合标准规定，按下列规定进行复检。

表 6-3　钢材的拉伸性能

牌号	质量等级	拉伸性能																					
		以下公称厚度(直径,边长)下屈服强度(MPa)									以下公称厚度(直径,边长)抗拉强度(MPa)							断后伸长率(%) 公称厚度(直径,边长)					
		≤16	>16 ≤40	>40 ≤63	>63 ≤80	>80 ≤100	>100 ≤150	>150 ≤200	>200 ≤250	>250 ≤400	≤40	>40 ≤63	>63 ≤80	>80 ≤100	>100 ≤150	>150 ≤250	>250 ≤400	≤40	>40 ≤63	>63 ≤100	>100 ≤150	>150 ≤250	>250 ≤400
Q345	A	≥345	≥335	≥325	≥315	≥305	≥285	≥275	≥265	—	470～630	470～630	470～630	470～630	450～600	450～600	—	≥20	≥19	≥19	≥18	≥17	—
	B																						
	C																	≥21	≥20	≥20	≥19	≥18	
	D									≥265							450～600						≥17
	E																						
Q390	A B C D E	≥390	≥370	≥350	≥330	≥330	≥310	—	—	—	490～650	490～650	490～650	490～650	470～620	—	—	≥20	≥19	≥19	≥18	—	—
Q420	A B C D E	≥420	≥400	≥380	≥360	≥360	≥340	—	—	—	520～680	520～680	520～680	520～680	500～650	—	—	≥19	≥18	≥18	≥18	—	—
Q460	C D E	≥460	≥440	≥420	≥400	≥400	≥380	—	—	—	550～720	550～720	550～720	550～720	530～700	—	—	≥17	≥16	≥16	≥16	—	—
Q500	C D E	≥500	≥480	≥470	≥450	≥440	—	—	—	—	610～770	600～760	590～750	540～730	—	—	—	≥17	≥17	≥17	—	—	—
Q550	C D E	≥550	≥530	≥520	≥500	≥490	—	—	—	—	670～830	620～810	600～790	590～780	—	—	—	≥16	≥16	≥16	—	—	—
Q620	C D E	≥620	≥600	≥590	≥570	—	—	—	—	—	710～880	690～880	670～860	—	—	—	—	≥15	≥15	≥15	—	—	—
Q690	C D E	≥690	≥670	≥660	≥640	—	—	—	—	—	770～940	750～920	730～900	—	—	—	—	≥14	≥14	≥14	—	—	—
宽度不小于 600 mm 扁平材,拉伸试验取横向试样;宽度小于 600 mm 的扁平材、型材及棒材取纵向试样,断后伸长率最小值应相应提高 1%																							

表 6-4　夏比冲击试验的试验温度和冲击吸收能量

<table>
<tr><th rowspan="3">牌　号</th><th rowspan="3">质量等级</th><th rowspan="3">试验温度(℃)</th><th colspan="3">冲击吸收能量</th></tr>
<tr><th colspan="3">公称厚度 t(直径、边长)</th></tr>
<tr><th>12 mm≤t≤150 mm</th><th>150 mm<t≤250 mm</th><th>250 mm<t≤400 mm</th></tr>
<tr><td rowspan="4">Q345</td><td>B</td><td>20</td><td rowspan="4">≥34</td><td rowspan="4">≥27</td><td rowspan="2">—</td></tr>
<tr><td>C</td><td>0</td></tr>
<tr><td>D</td><td>−20</td><td rowspan="2">27</td></tr>
<tr><td>E</td><td>−40</td></tr>
<tr><td rowspan="4">Q390</td><td>B</td><td>20</td><td rowspan="4">≥34</td><td rowspan="4">—</td><td rowspan="4">—</td></tr>
<tr><td>C</td><td>0</td></tr>
<tr><td>D</td><td>−20</td></tr>
<tr><td>E</td><td>−40</td></tr>
<tr><td rowspan="4">Q420</td><td>B</td><td>20</td><td rowspan="4">≥34</td><td rowspan="4">—</td><td rowspan="4">—</td></tr>
<tr><td>C</td><td>0</td></tr>
<tr><td>D</td><td>−20</td></tr>
<tr><td>E</td><td>−40</td></tr>
<tr><td rowspan="3">Q460</td><td>C</td><td>0</td><td rowspan="3">≥34</td><td>—</td><td>—</td></tr>
<tr><td>D</td><td>−20</td><td>—</td><td>—</td></tr>
<tr><td>E</td><td>−40</td><td>—</td><td>—</td></tr>
<tr><td rowspan="3">Q500、Q550、Q620、Q690</td><td>C</td><td>0</td><td>≥55</td><td>—</td><td>—</td></tr>
<tr><td>D</td><td>−20</td><td>≥47</td><td>—</td><td>—</td></tr>
<tr><td>E</td><td>−40</td><td>≥31</td><td>—</td><td>—</td></tr>
<tr><td colspan="6">冲击试验取纵向试样</td></tr>
</table>

表 6-5　弯 曲 试 验

<table>
<tr><th rowspan="3">牌号</th><th rowspan="3">试样方向</th><th colspan="2">180°弯曲试验[d=弯心直径,a=试样厚度(直径)]</th></tr>
<tr><th colspan="2">钢材厚度(直径,边长)</th></tr>
<tr><th>≤16 mm</th><th>>16 mm 且≤100 mm</th></tr>
<tr><td>Q345
Q390
Q420
Q460</td><td>宽度不小于 600 mm 扁平材,拉伸试验取横向试样。宽度小于 600 mm 的扁平材、型材及棒材取纵向试样</td><td>$2a$</td><td>$3a$</td></tr>
</table>

(1)试验单元是单件产品时,应对不合格项目做相同类型的双倍试验,双倍试验应全部合格,否则,产品应拒收。

(2)试验单元不是单件产品时,除非另有协议,供方可以将抽样产品从试验单元中挑出,也可不挑出。

如果抽样产品不从试验单元中挑出,应从同一批中再任取双倍数量的试样进行该不合格项目的复检,复检结果应全部合格。

如果抽样产品从试验单元中挑出,应随机从同一试验单元中选出另外两个抽样产品。然后从两个抽样产品中分别制取的试样,在与第一次试验相同的条件下再做一次同类型的试验,其试验结果应全部合格。

3. 夏比(V型缺口)冲击吸收功值按一组3个试样单值的算术平均值计算，允许其中1个试样的单个值低于规定值，但不得低于规定值的70%。如果没有满足上述条件，可从同一抽样产品上再取3个试样进行试验，先后6个试样的平均值不得低于规定值，允许有2个试样低于规定值，但其中低于规定值70%的试样只允许1个。

试验结果不符合上述规定时，抽样钢材应不予验收，再从该检验批的剩余部分取两个抽样产品，在每个抽样产品上各选取新的一组3个试样，这两组试样的复验结果均应合格，否则该批产品不得交货。

三、优质碳素结构钢

(一)概　　述

优质碳素结构钢与碳素结构钢的主要区别在于钢中含杂质元素较少，磷、硫等有害元素的含量均不大于0.035%，其他缺陷的限制也较严格，具有较好的综合性能。适用于直径或厚度不大于250 mm的优质碳素结构钢棒材。钢材按冶金质量等级分为：优质钢、高级优质钢(A)、特级优质钢(E)。按使用加工方法分为两类：压力加工用钢UP(包括热压力加工用钢UHP、顶锻用钢UF、冷拔坯料用钢UCD)、切削加工用钢UC。

(二)执行标准

《优质碳素结构钢》(GB/T 699—1999)。

(三)相关标准

《金属材料　拉伸试验　第一部分　室温试验方法》(GB/T 228.1—2010)。

《金属材料　弯曲试验方法》(GB/T 232—2010)。

《钢的成品化学成分允许偏差》(GB/T 222—2006)。

《钢板和钢带包装、标志及质量证明书的一般规定》(GB/T 247—2008)。

《型钢验收、包装、标志及质量证明书的一般规定》(GB/T 2101—2008)。

《钢及钢产品力学性能试验取样位置及试样制备》(GB/T 2975—1998)。

《钢结构工程施工质量验收规范》(GB 50205—2001)。

《碳素结构钢和低合金结构钢　热轧薄钢板和钢带》(GB 912—2008)。

《碳素结构钢和低合金结构钢　热轧厚钢板和钢带》(GB/T 3274—2007)。

(四)性能指标(表6-6)

表6-6　优质碳素结构钢性能指标

序号	牌号	试样毛坯尺寸(mm)	推荐热处理(℃)			力学性能					钢材交货状态硬度HBS10/3 000,不大于	
			正火	淬火	回火	σ_b(MPa)	σ_s(MPa)	δ_5(%)	ψ(%)	A_{ku2}(J)		
						不小于					未热处理钢	退火钢
1	08F	25	930	—	—	295	175	35	60	—	131	—
2	10F	25	930	—	—	315	185	33	55	—	137	—
3	15F	25	920	—	—	355	205	29	55	—	143	—
4	08	25	930	—	—	325	195	33	60	—	131	—
5	10	25	930	—	—	335	205	31	55	—	137	—
6	15	25	920	—	—	375	225	27	55	—	143	—

续上表

序号	牌号	试样毛坯尺寸(mm)	推荐热处理(℃)			力学性能					钢材交货状态硬度HBS10/3 000,不大于	
			正火	淬火	回火	σ_b(MPa)	σ_s(MPa)	δ_5(%)	ψ(%)	A_{ku2}(J)		
						不小于					未热处理钢	退火钢
7	20	25	910	—	—	410	245	25	55	—	156	—
8	25	25	900	870	600	450	275	23	50	71	170	—
9	30	25	880	860	600	490	295	21	50	63	179	—
10	35	25	870	850	600	530	315	20	45	55	197	—
11	40	25	860	840	600	570	335	19	45	47	217	187
12	45	25	850	840	600	600	335	16	40	39	229	197
13	50	25	830	830	600	630	375	14	40	31	241	207
14	55	25	820	820	600	645	380	13	35	—	255	217
15	60	25	810	—	—	675	400	12	35	—	255	229
16	65	25	810	—	—	695	410	10	30	—	255	229
17	70	25	790	—	—	715	420	9	30	—	269	229
18	75	试样	—	820	480	1 080	880	7	30	—	285	241
19	80	试样	—	820	480	1 080	930	6	30	—	285	241
20	85	试样	—	820	480	1 130	980	6	30	—	302	255
21	15Mn	25	920	—	—	410	245	26	55	—	163	—
22	20Mn	25	910	—	—	450	275	24	50	—	197	—
23	25Mn	25	900	870	600	490	295	22	50	71	207	—
24	30Mn	25	880	860	600	540	315	20	45	63	217	187
25	35Mn	25	870	850	600	560	335	18	45	55	229	197
26	40Mn	25	860	840	600	590	355	17	45	47	229	207
27	45Mn	25	850	840	600	620	375	15	40	39	241	217
28	50Mn	25	830	830	600	645	390	13	40	31	255	217
29	60Mn	25	810	—	—	695	410	11	35	—	269	229
30	65Mn	25	830	—	—	735	430	9	30	—	285	229
31	70Mn	25	790	—	—	785	450	8	30	—	285	229

1. 用热处理(正火)毛坯制成的试样测定钢材的纵向力学性能(不包括冲击吸收功)应符合此表的规定。以热轧或热锻状态交货的钢材,如供方能保证力学性能合格时,可不进行试验。

2. 直径小于 16 mm 的回钢和厚度不大于 12 mm 的方钢、扁钢,不作冲击试验。

3. 所列的力学性能仅适用于截面尺寸不大于 80 mm 的钢材。对大于 80 mm 的钢材,允许其断后伸长率、断面收缩率比表中的规定分别降低 2%(绝对值)及 5%(绝对值)。

用尺寸 80～120 mm 的钢材改锻(轧)成 70～80 mm 的试料取样检验时,其试验结果应符合此表规定。

用尺寸 120～250 mm 的钢材改锻(轧)成 90～100 mm 的试料取样检验时,其试验结果应符合此表规定。

4. 切削加工用钢材或冷拔坯料用钢材交货状态硬度应符合此表规定

(五)验收批量

钢材应按批检查和验收。每批由同一炉(罐)号、同一加工方法、同一尺寸、同一交货状态

[或同一热处理制度(炉次)]和同一表面状态的钢材组成。

(六)取样方法

钢材试样的取样应按照 GB/T 2975 的规定进行。

(七)样品数量

1. 拉伸试验试样:2 根。

2. 弯曲试验试样:2 根。

3. 化学成分分析试样:1 块。

4. 冲击试验:2 个。

(八)检测项目

1. 拉伸试验。

2. 弯曲试验。

3. 化学成分分析。

4. 冲击试验。

(九)质量评定

1. 所检项目符合标准规定要求时,判定该批成批合格。

2. 拉伸和弯曲等仅规定单个值的项目试验结果不符合标准规定,按下列规定进行复检。

(1)试验单元是单件产品时,应对不合格项目做相同类型的双倍试验,双倍试验应全部合格,否则,产品应拒收。

(2)试验单元不是单件产品时,除非另有协议,供方可以将抽样产品从试验单元中挑出,也可不挑出。

如果抽样产品不从试验单元中挑出,应从同一批中再任取双倍数量的试样进行该不合格项目的复检,复检结果应全部合格。

如果抽样产品从试验单元中挑出,应随机从同一试验单元中选出另外两个抽样产品。然后从两个抽样产品中分别制取的试样,在与第一次试验相同的条件下再做一次同类型的试验,其试验结果应全部合格。

3. 夏比(V 型缺口)冲击吸收功值按一组 3 个试样单值的算术平均值计算,允许其中 1 个试样的单个值低于规定值,但不得低于规定值的 70%。如果没有满足上述条件,可从同一抽样产品上再取 3 个试样进行试验,先后 6 个试样的平均值不得低于规定值,允许有 2 个试样低于规定值,但其中低于规定值 70%的试样只允许 1 个。

试验结果不符合上述规定时,抽样钢材应不予验收,再从该检验批的剩余部分取两个抽样产品,在每个抽样产品上各选取新的一组 3 个试样,这两组试样的复验结果均应合格,否则该批产品不得交货。

四、耐候结构钢

(一)概　　述

通过添加少量的合金元素如 Cu、P、Cr、Ni 等,使其在金属基体表面上形成保护层,以提高耐大气腐蚀性能的钢材称为耐候钢。适用于车辆、桥梁、集装箱、建筑、塔架和其他结构的螺栓连接、铆接和焊接的结构件,钢材形式有热轧和冷轧的钢板、钢带和型钢。耐候结构钢的分类见表 6-7。

表 6-7 耐候结构钢的分类

类别	牌 号	生产方式	用 途
高耐候钢	Q295GNH、Q355GNH	热轧	车辆、集装箱、建筑、塔架或其他结构件等结构用，与焊接耐候钢相比，具有较好的耐大气腐蚀性能
	Q265GNH、Q310GNH	冷轧	
焊接耐候钢	Q235NH、Q295NH、Q355NH、Q415NH、Q460NH、Q500NH、Q550NH	热轧	车辆、集装箱、建筑、塔架或其他结构件等结构用，与高耐候钢相比，具有较好的焊接性能

钢的牌号由“屈服强度”、“高耐候”或“耐候”的汉语拼音首位字“QFQD”“GNH”或“NH”、屈服强度的下限值以及质量等级（A、B、C、D、E）组成。

（二）执行标准

《耐候结构钢》（GB/T 4171—2008）。

（三）相关标准

《金属材料 拉伸试验 第一部分 室温试验方法》（GB/T 228.1—2010）。

《金属材料 弯曲试验方法》（GB/T 232—2010）。

《钢的成品化学成分允许偏差》（GB/T 222—2006）。

《钢板和钢带包装、标志及质量证明书的一般规定》（GB/T 247—2008）。

《型钢验收、包装、标志及质量证明书的一般规定》（GB/T 2101—2008）。

《钢及钢产品力学性能试验取样位置及试样制备》（GB/T 2975—1998）。

《钢结构工程施工质量验收规范》（GB 50205—2001）。

（四）性能指标

1. 力学及工艺性能（表 6-8）

表 6-8 耐候钢的力学性能和工艺性能

牌号	拉伸试验									180°弯曲试验弯心直径		
	下屈服强度（MPa），不小于				抗拉强度（MPa）	断后伸长率（%），不小于						
	≤16	16～40	40～60	＞60		≤16	16～40	40～60	＞60	≤6	6～16	＞16
Q235NH	235	225	215	215	360～510	25	25	24	23	a	a	$2a$
Q295NH	295	285	275	255	430～560	24	24	23	22	a	$2a$	$3a$
Q295GNH	295	285	—	—	430～560	24	24	—	—	a	$2a$	$3a$
Q355NH	355	345	335	325	490～630	22	22	21	20	a	$2a$	$3a$
Q355GNH	355	345	—	—	490～630	22	22	—	—	a	$2a$	$3a$
Q415NH	415	405	395	—	520～680	22	22	20	—	a	$2a$	$3a$
Q460NH	460	450	440	—	570～730	20	20	19	—	a	$2a$	$3a$
Q500NH	500	490	480	—	600～760	18	16	15	—	a	$2a$	$3a$
Q550NH	550	540	530	—	620～780	16	16	15	—	a	$2a$	$3a$
Q265GNH	265	—	—	—	≥410	27	—	—	—	a	—	—
Q310GNH	310	—	—	—	≥450	26	—	—	—	a	—	—

2. 冲击性能（表 6-9）

表 6-9　耐候钢的冲击性能

质量等级	V 型缺口冲击试验		
	试样方向	温度(℃)	冲击吸收能量 KV_2(J)
A	纵向	—	—
B		+20	≥47
C		0	≥34
D		−20	≥34
E		−40	≥27

(五)验收批量

钢材应成批验收。每批由同一牌号、同一炉号、同一规格、同一轧制制度和同一交货状态的钢材组成;冷轧产品每批重量不得超过 30 t。

(六)取样方法

钢材试样的取样应按照 GB/T 2975 的规定进行。

(七)样品数量

1. 拉伸试验试样:1 根。

2. 弯曲试验试样:1 根。

3. 化学成分分析试样:1 块(同时进行力学性能试验可不再送样)。

4. 冲击试验:3 个。

(八)检测项目

1. 拉伸试验。

2. 弯曲试验。

3. 化学成分分析。

4. 冲击试验(厚度不小于 6 mm 或直径不小于 12 mm 的钢材应做冲击试验)。

(九)质量评定

1. 所检项目符合标准规定要求时,判定该批成批合格。

2. 拉伸和弯曲等仅规定单个值的项目试验结果不符合标准规定,按下列规定进行复检。

(1)试验单元是单件产品时,应对不合格项目做相同类型的双倍试验,双倍试验应全部合格,否则,产品应拒收。

(2)试验单元不是单件产品时,除非另有协议,供方可以将抽样产品从试验单元中挑出,也可不挑出。

如果抽样产品不从试验单元中挑出,应从同一批中再任取双倍数量的试样进行该不合格项目的复检,复检结果应全部合格。

如果抽样产品从试验单元中挑出,应随机从同一试验单元中选出另外两个抽样产品。然后从两个抽样产品中分别制取的试样,在与第一次试验相同的条件下再做一次同类型的试验,其试验结果应全部合格。

3. 夏比(V 型缺口)冲击吸收功值按一组 3 个试样单值的算术平均值计算,允许其中 1 个试样的单个值低于规定值,但不得低于规定值的 70%。如果没有满足上述条件,可从同一抽样产品上再取 3 个试样进行试验,先后 6 个试样的平均值不得低于规定值,允许有 2 个试样低于规定值,但其中低于规定值 70%的试样只允许 1 个。

试验结果不符合上述规定时，抽样钢材应不予验收，再从该检验批的剩余部分取两个抽样产品，在每个抽样产品上各选取新的一组 3 个试样，这两组试样的复验结果均应合格，否则该批产品不得交货。

第二节　螺栓及连接副

一、钢结构用高强度大六角头螺栓连接副

（一）概　　述

钢结构用高强度大六角头螺栓、大六角螺母、垫圈及连接副适用于铁路和公路桥梁、锅炉钢结构、工业厂房、高层民用建筑、塔桅结构、起重机械及其他钢结构摩擦型高强度螺栓连接。螺纹规格为 M12～M30。

螺栓、螺母、垫圈的性能等级和材料应符合表 6-10 的规定。

表 6-10　性能等级与材料表

类别	性能等级	材料	标准编号	适用规格
螺栓	10.9S	20MnTiB ML20 MnTiB	GB/T 3077 GB/T 6478	≤M24
		35VB	GB/T 1231	≤M30
	8.8S	45,35	GB/T 699	≤M20
		20MnTiB、40Cr ML20 MnTiB	GB/T 3077 GB/T 6478	≤M24
		35CrMo	GB/T 3077	≤M30
		35VB	GB/T 1231	
螺母	10H	45,35	GB/T 699	—
	8H	ML35	GB/T 6478	—
垫圈	35HRC～45HRC	45,35	GB/T 699	—

螺栓、螺母、垫圈的使用配合需按表 6-11 的规定。

表 6-11　螺栓、螺母、垫圈使用配合表

类别	螺栓	螺母	垫圈
型式尺寸	按 GB/T 1228 规定	按 GB/T 1229 规定	按 GB/T 1230 规定
性能等级	10.9S	10H	35HRC～45HRC
	8.8S	8H	35HRC～45HRC

（二）执行标准

《钢结构用高强度大六角头螺栓、大六角螺母、垫圈技术条件》（GB/T 1231—2006）。

《钢结构用高强度大六角头螺栓》（GB/T 1228—2006）。

（三）相关标准

《紧固件　外螺纹零件的末端》（GB/T 2—2001）。

《紧固件标记方法》（GB/T 1237—2000）。

《紧固件　螺栓、螺钉、螺柱及螺母　尺寸代号和标注》（GB/T 5276—1985）。

《金属材料　拉伸试验　第1部分室温试验方法》(GB/T 228.1—2010)。

《金属材料　夏比摆锤冲击试验方法》(GB/T 229—2007)。

《金属材料　洛氏硬度试验　第1部分:试验方法(A、B、C、D、E、F、G、H、K、N、T标尺)》(GB/T 230.1—2009)。

《优质碳素结构钢》(GB/T 699—1999)。

《合金结构钢》(GB/T 3077—1999)。

《钢结构工程施工质量验收规范》(GB 50205—2001)。

(四)性能指标

1. 机械性能

(1)螺栓实物机械性能

进行螺栓实物楔负载试验时,拉力载荷应在表6-12规定的范围内,且断裂发生在螺纹部分或螺纹与螺杆交接处。

表6-12　楔负载试验载荷

螺纹规格			M12	M16	M20	(M22)	M24	(M27)	M30
公称应力截面积(mm^2)			84.3	157	245	303	353	459	561
性能等级	10.9S	拉力载荷(kN)	87.7～104.5	163～195	255～304	315～376	367～438	477～569	583～696
	8.8S		70～86	130～162	203～252	251～312	293～364	381～473	446～578

当螺栓 $l/d \leqslant 3$ 时,如不能做楔负载试验,允许做拉力载荷试验或芯部硬度试验。拉力载荷应符合上表规定,芯部硬度应符合表6-13的规定。

表6-13　芯部硬度表

性能等级	维氏硬度		洛氏硬度	
	min	max	min	max
10.9S	312HV30	367HV30	33HRC	39HRC
8.8S	249HV30	296HV30	24HRC	31HRC

(2)螺母机械性能

螺母的保证载荷应符合表6-14的规定。

表6-14　螺母保证载荷表

螺纹规格			M12	M16	M20	(M22)	M24	(M27)	M30
性能等级	10.9S	保证载荷(kN)	87.7	163	255	315	367	477	583
	8.8S		70	130	203	251	293	381	466

螺母硬度应符合表6-15的规定。

表6-15　螺 母 硬 度

性能等级	维氏硬度		洛氏硬度	
	min	max	min	max
10H	222HV30	304HV30	98HRB	32HRC
8H	206HV30	289HV30	95HRB	30HRC

(3)垫圈的硬度

垫圈的硬度为 329HV30～436HV30(35HRC～45HRC)。

2. 连接副的扭矩系数

高强度大六角头螺栓连接副应按保证扭矩系数供货，同批连接副的扭矩系数平均值为 0.110～0.150，扭矩系数标准偏差应小于或等于 0.010 0。每一连接副包括一个螺栓、一个螺母、2 个垫圈，并应分属同批制造。扭矩系数保证期为自出厂之日起 6 个月，用户如需延长保证期，可由供需双方协议解决。

3. 螺栓、螺母的螺纹

螺纹的基本尺寸按 GB/T 196 粗牙普通螺纹的规定。螺栓螺纹公差带按 GB/T 197 的 6g，螺母螺纹公差带按 GB/T 197 的 6H。螺纹牙侧表面粗糙度的最大参数值 R_a 应为 12.5 μm。

4. 表面缺陷

螺栓、螺母的表面缺陷分别按 GB/T 5779.1 和 GB/T 5779.2 的规定。

5. 表面处理

螺栓、螺母和垫圈均应进行保证连接副扭矩系数的防锈的表面处理，表面处理工艺由制造厂选择。

6. 高强度螺栓连接摩擦面的抗滑移系数检验

抗滑移系数的确定应根据不同的试验方法采取不同的方法确定，按预拉力平均值取用的情况，应采用三个试件的平均值作为抗滑移系数最终结果。试验结果应符合设计要求。

(五)验收批量

1. 同一性能等级、材料、炉号、螺纹规格、长度(当螺栓长度≤100 mm 时，长度相差≤15 mm；螺栓长度>100 mm 时，长度相差≤20 mm，可视为同一长度)、机械加工、热处理工艺、表面处理工艺的螺栓为同批；同一性能等级、材料、炉号、螺纹规格、机械加工、热处理工艺、表面处理工艺的螺母为同批；同一性能等级、材料、炉号、规格、机械加工、热处理工艺、表面处理工艺的垫圈为同批。分别由同批螺栓、螺母、垫圈组成的连接副为同批连接副。同批连接副的最大量为 3 000 套。

2. 高强度螺栓连接摩擦面的抗滑移系数检验试件采用双摩擦面的二栓拼接的拉力试件；按分部(子分部)工程划分规定的工程量最大不超过 2 000 t 为一批。试件表面处理工艺与工程设计要求相同。

(六)取样方法

1. 螺栓楔负载、螺母保证载荷、螺母硬度和垫圈硬度、高强度螺栓连接副扭距系数复验：分别按批随机抽取 8 件(套)螺栓、螺母、垫圈或连接副。

2. 抗滑移系数检验试件：试件与所代表的钢结构构件应为同一材质，同批制作，采用同一摩擦面处理工艺和具有相同表面状态，并应用同批同一性能等级的高强度螺栓连接副连接，在同一环境条件下存放，试件板要求见表 6-16。

表 6-16　抗滑移系数检验试件要求(mm)

螺栓直径 d	16	20	22	24	27	30
板宽 b	100	100	105	110	120	120

板厚 t_1、t_2 应根据钢结构工程中有代表性的板材厚度确定，同时应考虑在摩擦面滑移之前，试件钢板的净截面始终处于弹性状态，t_2 宜选用工程实际板厚的 1/2，其材质和表面处理

工艺必须与工程实际相同。

(七)样品数量

1. 螺栓楔负载、螺母保证载荷、螺母硬度和垫圈硬度试样为8件。

2. 高强度螺栓连接副扭距系数复验:螺栓连接副8套。

3. 高强度螺栓连接摩擦面的抗滑移系数检验:3组试件。

(八)检测项目

1. 螺栓楔负载、螺母保证载荷、螺母硬度和垫圈硬度。

2. 高强度大角六头螺栓连接副扭距系数复验。

3. 高强度螺栓连接摩擦面的抗滑移系数检验。

(九)质量评定

1. 螺栓楔负载、螺母保证载荷、螺母硬度和垫圈硬度试验结果均符合相关技术性能指标要求为合格。

2. 同批连接副的扭矩系数平均值为0.110～0.150,扭矩系数标准偏差小于或等于0.010 0为合格。

3. 抗滑移系数检验结果应符合设计要求。

二、钢结构用扭剪型高强度螺栓连接副

(一)概　述

扭剪型高强度螺栓连接副指适用于工业与民用建筑、桥梁、塔桅结构、锅炉钢结构、起重机械及其他钢结构用螺纹规格为M16～M30扭剪型高强度螺栓连接副。螺栓连接副包括一个螺栓、一个螺母和一个垫圈。螺栓、螺母、垫圈的性能等级和推荐材料按表6-17的规定。经供需双方协议,也可使用其他材料,但应在订货合同中注明,并在螺栓或螺母产品上增加标志T(紧跟S或H)。

表6-17　性能等级和推荐材料

类别	性能等级	推荐材料	标准	适用规格
螺栓	10.9S	20MnTiB ML20MnTiB	GB/T 3077 GB/T 6478	≤M24
		35VB 35CrMn	GB/T 3632 GB/T 3077	M27、M30
螺母	10H	45,35 ML35	GB/T 699 GB/T 6478	≤M30
垫圈	—	45,35	GB/T 699	

(二)执行标准

《钢结构用扭剪型高强度螺栓连接副》(GB/T 3632—2008)。

(三)相关标准

《紧固件　验收检查》(GB/T 90.1—2002)。

《普通螺纹　基本尺寸》(GB/T 196—2003)。

《普通螺纹　公差》(GB/T 197—2003)。

《金属材料　拉伸试验　第1部分:室温试验方法》(GB/T 228.1—2010)。

《金属材料　夏比摆锤冲击试验方法》(GB/T 229—2007)。

《金属材料　洛氏硬度试验　第1部分:试验方法(A、B、C、D、E、F、G、H、K、N、T标尺)》(GB/T 230.1—2009)。

《优质碳素结构钢》(GB/T 699—1999)。

《紧固件的标记方法》(GB/T 1237—2000)。

《合金结构钢》(GB/T 3077—1999)。

《冷镦和冷挤压用钢》(GB/T 6478—2001)。

《钢结构工程施工质量验收规范》(GB 50205—2001)。

(四)性能指标

1. 机械性能

(1)螺栓实物机械性能

对螺栓实物进行楔负载试验时,当拉力载荷在表6-18的规定范围内,断裂应发生在螺纹部分或螺纹与螺杆交接处。当螺栓 $l/d \leqslant 3$ 时,如不能进行楔负载试验,允许用拉力载荷试验,允许用拉力载荷试验或芯部硬度试验代替楔负载试验。拉力载荷应符合表6-18的规定,芯部硬度符合表6-19的规定。

表6-18　楔负载(拉力载荷)试验

螺纹规格 d		M16	M20	M22	M24	M27	M30
公称应力截面积 $A_s(mm^2)$		157	245	303	353	459	561
10.9S	拉力载荷(kN)	163～195	255～304	315～376	367～438	477～569	583～696

表6-19　芯部硬度

性能等级	维氏硬度		洛氏硬度	
	min	max	min	max
10.9S	3A2 HV30	367 HV30	33 HRC	39 HRC

(2)螺母机械性能

①保证载荷

螺母的保证载荷应符合表6-20的规定。

表6-20　保证载荷

螺纹规格 D		M16	M20	M22	M24	M27	M30
公称应力截面积 $A_s(mm^2)$		157	245	303	353	459	561
保证应力 S_p(MPa)		1 040					
10H	保证载荷($A_s \times S_p$)(kN)	163	255	315	367	477	583

②硬度

螺母的硬度应符合表6-21的规定。

表6-21　螺母硬度

性能等级	洛氏硬度		维氏硬度	
	min	max	min	max
10H	98 HRB	32 HRC	222 HV30	304 HV30

(3)垫圈硬度

垫圈的硬度为 329 HV30～436 HV30(35 HRC～45 HRC)。

2. 连接副紧固轴力

连接副紧固轴力应符合表 6-22 的规定。

表 6-22　连接副紧固轴力

螺纹规格		M16	M20	M22	M24	M27	M30
紧固轴力的平均值(kN)	公称	110	171	209	248	319	391
	min	100	155	190	225	290	355
	max	121	188	230	272	351	430
紧固轴力标准偏差 a(kN),≤		10.0	15.5	19.0	22.5	29.0	35.5

当螺栓长度小于表 6-23 中规定数值时,可不进行紧固轴力试验。

表 6-23　不进行紧固轴力试验的螺栓长度

螺纹规格	M16	M20	M22	M24	M27	M30
1	50	55	60	65	70	75

3. 螺栓、螺母的螺纹

螺纹的基本尺寸应符合 GB/T 196 对粗牙普通螺纹的规定,螺栓螺纹公差带应符合 6g (GB/T 197),螺母螺纹公差带应符合 6H(GB/T 197)的规定。

4. 表面缺陷

螺栓、螺母的表面缺陷应符合 GB/T 5779.1 或 GB/T 5779.2 的规定。垫圈表面不允许有裂纹、毛刺、浮锈和影响使用的凹痕、划伤。

5. 其他尺寸及形位公差

螺栓、螺母、垫圈的其他尺寸及形位公差应符合 GB/T 3103.1 或 GB/T 3103.2 有关 C 级产品的规定。

6. 表面处理

为保证连接副紧固轴力和防锈性能、螺栓、螺母和垫圈应进行表面处理(可以是相同的或不同的),并由制造者确定,经处理后的连接副紧固轴力应符合标准的规定。

7. 扭剪型高强度螺栓连接副预拉力复验

复验螺栓连接副的预拉力平均值和标准偏差应符合表 6-24 的规定。

表 6-24　预拉力平均值和标准偏差

螺栓直径(mm)	16	20	(22)	24
紧固预拉力的平均值 $\bar{P}$(kN)	99～120	154～186	191～231	222～270
标准偏差 σ_P	10.1	15.7	19.5	22.7

8. 高强度螺栓连接摩擦面的抗滑移系数检验

抗滑移系数的确定应根据不同的试验方法采取不同的方法确定,按预拉力平均值取用的情况,应采用三个试件的平均值作为抗滑移系数最终结果。试验结果应符合设计要求。

(五)验收批量

1. 同一材料、炉号、螺纹规格、长度(当螺栓长度小于等于 100 mm 时,长度相差小于等于 15 mm;螺栓长度大于 100 mm 时,长度相差小于等于 20 mm,可视为同一长度)、机械加工、热处理工艺及表面处理工艺的螺栓为同批；同一材料、炉号、螺纹规格、机械加工、热处理工艺及表面处理工艺的螺母为同批；同一材料、炉号、规格、机械加工、热处理工艺及表面处理工艺的垫圈为同批。分别由同批螺栓、螺母及垫圈组成的连接副为同批连接副。同批钢结构用扭剪型高强度螺栓连接副的最大数量为 3 000 套。

2. 高强度螺栓连接摩擦面的抗滑移系数检验试件采用双摩擦面的二栓拼接的拉力试件；按分部(子分部)工程划分规定的工程量最大不超过 2 000 t 为一批。试件表面处理工艺与工程设计要求相同。

3. 扭剪型高强度螺栓连接副终拧时，因构造原因无法使用专用扳手终拧掉梅花头时，采用扭矩法进行终拧时，需进行扭矩系数复验。

(六)取样方法

1. 扭剪型高强度螺栓连接副预拉力复验：分别按批随机抽取 8 套连接副。

2. 抗滑移系数检验试件：试件与所代表的钢结构构件应为同一材质，同批制作，采用同一摩擦面处理工艺和具有相同表面状态，并应用同批同一性能等级的高强度螺栓连接副连接，在同一环境条件下存放，试件板要求见表 6-25。

表 6-25　试件板要求

螺栓直径 d	16	20	22	24	27	30
板宽 b	100	100	105	110	120	120

板厚 t_1、t_2 应根据钢结构工程中有代表性的板材厚度确定，同时应考虑在摩擦面滑移之前，试件钢板的净截面始终处于弹性状态，t_2 宜选用工程实际板厚的 1/2，其材质和表面处理工艺必须与工程实际相同。

3. 螺栓楔负载、螺母保证载荷、螺母硬度和垫圈硬度的检验按批随机抽取。

(七)样品数量

1. 扭剪型高强度螺栓连接副预拉力复验：螺栓连接副 8 套。

2. 扭剪型高强度螺栓连接副扭距系数复验：螺栓连接副 8 套。

3. 高强度螺栓连接摩擦面的抗滑移系数检验：3 组试件。

4. 螺栓楔负载、螺母保证载荷、螺母硬度和垫圈硬度的检验样本为 8 个。

(八)检测项目

1. 连接副预拉力复验。

2. 连接副扭矩系数复验(当采用扭矩法施工时)。

3. 抗滑移系数检验。

4. 螺栓楔负载、螺母保证载荷、螺母硬度和垫圈硬度检验。

(九)质量评定

1. 螺栓楔负载、螺母保证载荷、螺母硬度和垫圈硬度试验结果均符合相关技术性能指标要求为合格。

2. 预拉力复验应符合相关技术指标的要求。

3. 抗滑移系数检验结果应符合设计要求。

三、钢网架螺栓球节点用高强度螺栓

(一)概　述

钢网架螺栓球节点连接用高强度螺栓性能等级和推荐材料应符合表 6-26 的规定。

表 6-26　螺栓性能等级和推荐材料

螺纹规格	性能等级	推荐材料	材料标准编号
M12～M24	10.9S	20MnTiB、40Cr、35CrMo	GB 3077
M27～M36		35VB、40Cr、35CrMo	GB/T 16939、GB 3077
M39～M64×4	9.8S	35CrMo、40Cr	GB 3077

（二）执行标准

《钢网架螺栓球节点用高强度螺栓》(GB/T 16939—1997)。

（三）相关标准

《紧固件　验收检查》(GB/T 90.1—2002)。

《普通螺纹　基本尺寸》(GB/T 196—2003)。

《普通螺纹　公差》(GB/T 197—2003)。

《金属材料　拉伸试验　第1部分室温试验方法》(GB/T 228.1—2010)。

《金属材料　夏比摆锤冲击试验方法》(GB/T 229—2007)。

《金属材料　洛氏硬度试验　第1部分:试验方法(A、B、C、D、E、F、G、H、K、N、T标尺)》(GB/T 230.1—2009)。

《优质碳素结构钢》(GB/T 699—1999)。

《紧固件的标记方法》(GB/T 1237—2000)。

《合金结构钢》(GB/T 3077—1999)。

《钢结构工程施工质量验收规范》(GB 50205—2001)。

（四）性能指标

1. 拉力载荷

螺栓应进行拉力载荷试验,其值应符合表 6-27 的规定。

表 6-27　螺栓拉力载荷试验

螺纹规格 d	M12	M14	M16	M20	M22	M24	M27	M30	M33	M36
性能等级	10.9S									
应力截面积 A_s(mm²)	84.3	115	157	245	303	353	359	561	694	817
拉力载荷(kN)	88～105	120～143	163～195	255～304	315～376	367～438	477～569	583～696	722～861	80～103

螺纹规格 d	M39	M42	M45	M48	M52	M56×4	M60×4	M64×4
性能等级	9.8S							
应力截面积 A_s(mm²)	976	1 120	1 310	1 470	1 760	2 144	2 485	2 851
拉力载荷(kN)	878～1 074	1 008～1 232	1 179～1 441	1 323～1 617	1 584～1 936	1 930～2 358	2 237～2 734	2 566～3 136

2. 硬度

螺纹规格为 M39～M64×4 的螺栓可用硬度试验代替拉力载荷试验。常规硬度值为 32HRC～37HRC,如对试验有争议时,应进行芯部硬度试验,其硬度值应不低于 28HRC。如对硬度试验有争议时,应进行螺栓实物的拉力载荷试验,并以此为仲裁试验。拉力载荷值应符合上表的规定。

3. 表面探伤

利用目测或磁粉探伤观察螺栓表面缺陷，对建筑结构安全等级为一级，跨度 40 m 及以上的螺栓球节点钢网架结构用螺栓：表面不得有淬火裂缝、锻造裂缝、锻造爆裂、剪切爆裂、原材料的裂纹和条痕、凹痕、皱纹、切痕、损伤。对其他工程其表面缺陷不得超过各种缺陷的极限。

(五)验收批量

1. 同一性能等级、材料牌号、炉号、规格、机械加工、热处理及表面处理工艺的螺栓为同批。

2. 最大批量：对小于等于 M36 为 5 000 件；对大于 M36 为 2 000 件。

3. 螺纹规格为 M39～M64×4 的螺栓可用硬度试验代替拉力载荷试验。

(六)取样方法

1. 在同批随机抽样。

2. 表面缺陷试验：可选择 20 件的样本或 80 件的样本。

(七)样品数量

1. 实物拉力载荷试验：3 件。

2. 最高硬度试验：2 件。

3. 表面缺陷试验：20 件。

(八)检测项目

1. 实物拉力载荷试验。

2. 最高硬度试验。

3. 表面缺陷试验。

(九)质量评定

实物拉力载荷试验、最高硬度试验、表面缺陷试验所有试验结果均符合标准相关技术指标要求为合格，否则判该批产品不合格。

第三节 焊 条

一、碳钢焊条

(一)概 述

碳钢焊条(其熔敷金属抗拉强度均小于等于 500 MPa)适用碳钢及低强度的低合金钢焊接。

(二)执行标准

《碳钢焊条》(GB/T 5117—1995)。

(三)相关标准

《碳素结构钢》(GB 700—2006)。

《低合金高强度结构钢》(GB/T 1591—2008)。

《焊接接头拉伸试验方法》(GB 2651—2008)。

《焊缝级熔敷金属拉伸试验方法》(GB 2652—2008)。

《焊接接头冲击试验方法》(GB 2650—2008)。

《焊接接头弯曲及压扁试验方法》(GB 2653—2008)。

《钢结构工程施工质量验收规范》(GB 50205—2001)。

（四）性能指标

1. 焊条尺寸应符合表 6-28 的规定。

表 6-28　焊 条 尺 寸　（单位 mm）

焊条直径		焊条长度	
基本尺寸	极限偏差	基本尺寸	极限偏差
1.6	±0.05	200～250	±2.0
2.0		250～350	
2.5(允许用 2.4 或 2.6 代替)			
3.2(允许用 3.0 代替)		350～450	
4.0			
5.0(允许用 4.8 代替)			
5.6		450～700	
6.0(允许用 5.8 代替)			
6.4			
8.0			

对不大于 4.0 mm 直径的焊条，夹持端长度为 10～30 mm；对不小于 5.0 mm 直径的焊条，夹持端长度为 15～35 mm。

2. 药皮

(1)焊芯和药皮不应有影响焊接质量的缺陷。

(2)焊条引弧端药皮应倒角，焊芯端面应露出，以保证易于引弧。焊条露芯应符合如下规定：低氢型焊条，沿长度方向的露芯长度不应大于焊芯直径的 1/2 或 16 mm 两者的较小值。其他型号焊条，沿长度方向的露芯长度不应大于焊芯直径的 2/3 或 24 mm 两者的较小值。各种直径焊条沿圆周方向的露芯不应大于圆周的一半。

(3)焊条偏心度应符合如下规定：直径不大于 2.5 mm 焊条，偏心度不应大于 7%，直径为 3.2 mm 和 4.0 mm 焊条，偏心度不应大于 5%，直径不小于 5.0 mm 焊条，偏心度不应大于 4%。

3. T 型接头角焊缝

(1)角焊缝表面经肉眼检查应无裂纹、焊瘤、夹渣及表面气孔，允许有个别短而且深度小于 1 mm 的咬边。

(2)角焊缝的焊脚尺寸应符合表 6-29 的要求。

表 6-29　角焊缝尺寸　（单位 mm）

焊条型号	焊条直径	试板尺寸		焊接位置	最大焊脚尺寸
		板厚	板长(不小于)		
E4300 EXX01 EXX03 E4312 E4313	1.6,2.0	4.0	150	立、仰	≤3.2
	2.5		250		
	3.2	5.0	300		≤4.8
	4.0	10.0			≤6.4
	5.0	12.0			≤9.5
	5.6		300,400	平	≥6.4
	6.0				
	6.4,8.0		400		≥8.0

续上表

焊条型号	焊条直径	试板尺寸		焊接位置	最大焊脚尺寸
		板厚	板长(不小于)		
E4300 EXX10 EXX11	2.5	4.0	250	立、仰	≤4.0
	3.2	5.0	300		≤4.8
	4.0	10.0			≤6.4
	5.0				≤8.0
	5.6,6.0, 6.4,8.0	12.0	400	平	≥6.4
E5014	2.5	4.0	300	立、仰	≤4.0
	3.2	5.0			≤4.8
	4.0	10.0			≤8.0
	5.0			平	≥6.4
	5.6,6.0		300,400		
	6.4,8.0	16.0	400		≥8.0
EXX15 EXX16	2.5	4.0	250	立、仰	≤4.0
	3.2	6.0	300		≤4.8
	4.0	10.0			≤8.0
	5.0			平	≥4.8
	5.6,6.0	12.0	300,400		≥6.4
	6.4,8.0		400		≥8.0
E5018	2.5	4.0	250,300	立、仰	≤4.8
	3.2	6.0	300		≤6.4
	4.0	10.0			≤8.0
	5.0			平	≥6.4
	5.6,6.0	12.0	300,400		
	6.4,8.0		400		≥8.0
E4320	3.2	6.0	300	平	≥3.2
	4.0	10.0			≥4.0
	5.0		300,400		≥4.8
	5.6,6.0	12.0	400		≥6.4
	6.4,8.0				≥8.0
EXX23 EXX24 EXX27 EXX28	2.5	6.0	250	平	≥4.0
	3.2		300		
	4.0	10.0			≥4.8
	5.0		300,400		≥6.4
	5.6,6.0	12.0	400,650		
	6.4,8.0				≥8.0
E5048	3.2	6.0	300	立向下、仰	≤6.4
	4.0	10.0			≤8.0
	5.0		300,400	平、立向下	≥6.4

(3)凸形角焊缝的凸度及角焊缝的两焊脚长度之差应符合表 6-30 的规定。

表 6-30　凸度及两焊脚长度之差　　(单位 mm)

焊脚尺寸	凸度(不大于)	两焊脚之差(不大于)
≤3.2	1.2	0.8
≤4.0	1.2	1.2
≤4.8	1.6	1.6
≤5.6	1.6	2.0
≤6.4	1.6	2.4
≤7.1	1.6	2.8
≤8.0	2.0	3.2
≤8.7	2.0	3.6
≤9.5	2.0	4.0

(4)角焊缝的两纵向断裂表面经肉眼检查应无裂纹。焊缝根部未熔合的总长度应不大于焊缝总长度的 20%。对于 FA312,FA313 和 E5014 型焊条施焊的角焊缝,当未熔合的深度不大于最小焊脚的 25%时,允许连续存在;对于其他型号焊条施焊的角焊缝,当未熔合的深度不大于最小焊脚的 25%时,连续未熔合的长度不应大于 25 mm。角焊缝试验不检验内部气孔。

4. 力学性能

(1)熔敷金属拉伸试验及 E4322 型焊条焊缝横向拉伸试验结果应符合表 6-31 规定。

表 6-31　拉伸试验要求

焊条型号	抗拉强度		屈服点		伸长率
	MPa	kgf/mm²	MPa	kgf/mm²	%
E43 系列					
E4300,E4301,E4303,E4310,E4311,E4315,E4316,E4320,E4323,E4327,E4328	420	(43)	330	(34)	22
E4312,E4313,E4324	420	(43)	330	(34)	17
E4322	420	(43)	不要求		
E50 系列					
E5001,E5003,E5010,E5011	490	(50)	400	(41)	20
E5015,E5016,E5018,E5027,E5028,E5048	490	(50)	400	(41)	22
E5014,E5023,E5024	490	(50)	400	(41)	17
E5018M	490	(50)	365～500	(37～51)	24

注:1. 表中的单值均为最小值。

2. E5024-1 型焊条的伸长率最低值为 22%。

3. E5018M 型焊条熔敷金属抗拉强度名义上是 490 MPa (50 kgf/mm²),直径为 2.5 mm 焊条的屈服点不大于 530 MPa(54 kgf/mm²)。

(2)焊缝金属夏比 V 型缺口冲击试验结果应符合表 6-32 的规定。

(3)E4322 型焊条焊缝金属纵向弯曲试样经弯曲后,在焊缝上不应有大于 3.2 mm 的裂纹。

5. 焊缝射线检验

根据 GB 3323 进行评定,评定等级不低于工程要求焊缝等级。

表 6-32　夏比 V 型缺口冲击试验

焊条型号	冲击吸收功(J)，不小于	试验温度(℃)	备　注
EXX10，EXX11，EXX15，EXX16，EXX18，EXX27，E5048	27	−30	以 5 个试样中 3 个值的平均值评定。在计算 5 个试样中 3 个值的平均值时，5 个值中的最大值和最小值应舍去，余下的 3 个值要有两个值不小于 27 J，另一个值不小于 20 J
EXX01，EXX28，E5024-1		−20	
E4300，EXX03，EXX23	27	0	
E5015-1，E5016-1，E5018-1		−46	
E5018M	67	−30	以五个试样的平均值评定。用 5 个试样的值计算平均值，这 5 个值中要有 4 个值不小于 67 J，另一个值不小于 54 J
E4312，E4313，E4320，E4322，E5014，EXX24	—	—	

注：1. 在计算 5 个试样中 3 个值的平均值时，5 个值中的最大值和最小值应舍去，余下的 3 个值要有两个值不小于 27 J，另一个值不小于 20 J。

2. 用 5 个试样的值计算平均值，这 5 个值中要有 4 个值不小于 67 J，另一个值不小于 54 J。

(五)验收批量

每批焊条由同一批号焊芯，同一批号主要涂料原料，以同样涂料配方及制造工艺制成。EXX01，EXX03，E4313 型焊条的每批最高量为 100 t，其他型号焊条的每批最高量 50 t。

(六)取样方法

1. 每批焊条试验时，按照需要数量至少在 3 个部位平均取有代表性的样品。

2. 直径不大于 3.2 mm 焊条，一般不进行角焊缝，力学性能及射线探伤试验。其性能可以根据直径 40 mm 焊条的检验结果判定。如需要检验时，按相应规定进行。

3. 含水量检验：取同一包中三根焊条密封送样。

4. 试验用母材。

所有试验用母材应采用符合 GB 700 规定的 Q235A 级、B 级，Q255A 级、B 级或与焊条熔敷金属化学成分和力学性能相当的其他材料。EXX15，EXX16，E5018，EXX28 及 E5048 型焊条也可采用 GB/T 1591 规定的 16Mn 或其他相当的材料。

5. T 型接头角焊缝试件。

试板由立板和底板组成，立板与底板的结合面应进行机械加工，底板应平直、光洁，以保证两板结合处无明显缝隙。每个焊接位置制备一套试板。试件加工样式如图 6-1 所示。

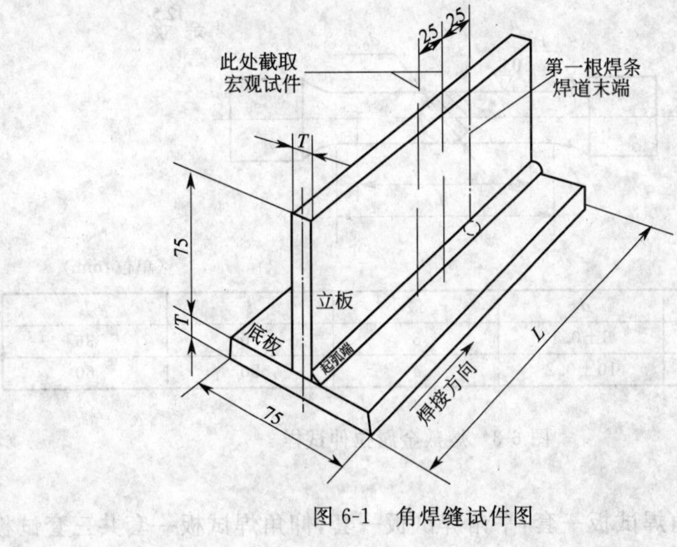

图 6-1　角焊缝试件图

6. 焊缝射线检验及力学性能试件的试样制备如图 6-2、图 6-3、图 6-4、图 6-5 所示。

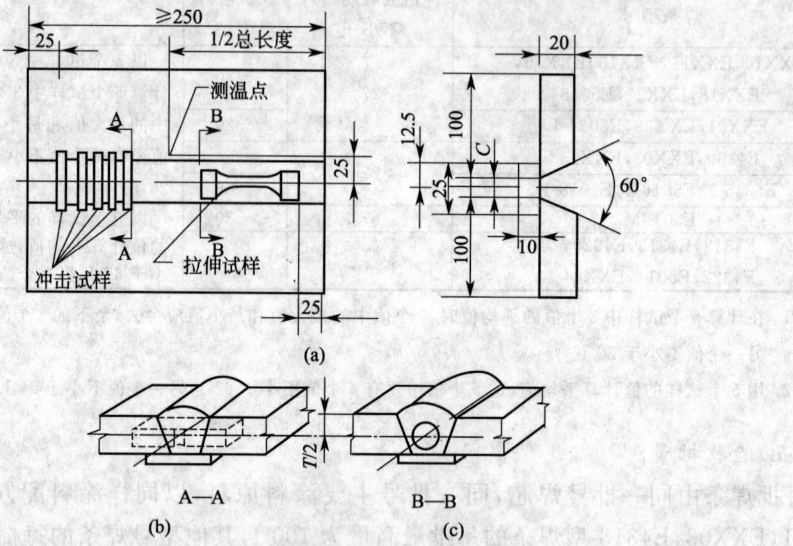

焊条直径 (mm)	最小板厚 T (mm)	根部间隙 C (mm)	每层焊道数 (道)	焊层数 (层)
2.5	12	10	2	—
3.2		13		5～7
4.0	20	16		7～9
5.0		20		6～8
5.6		23		
6.0				
6.4	25	25		9～11
8.0	32	28		10～12

图 6-2　射线探伤及力学性能试件

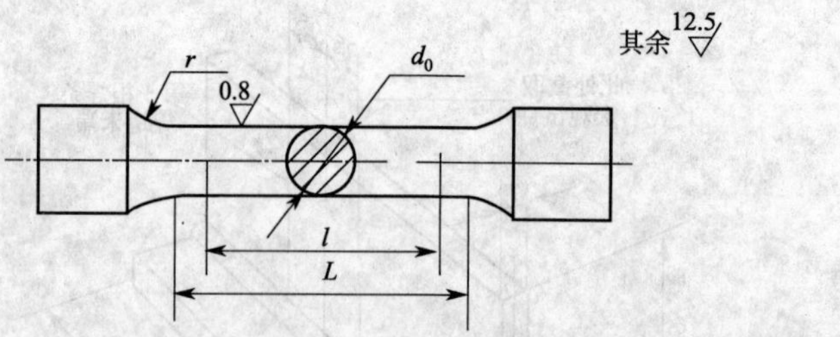

(单位:mm)

焊条直径	d_0	r_x 最小	l	L
≤3.2	6±0.1	3	30	36
≥4.0	10±0.2	4	50	60

图 6-3　熔敷金属拉伸试样

（七）样品数量

1. 角焊缝试验:立角焊试板一套,平角焊试板一套,仰角焊试板一套共三套试板。

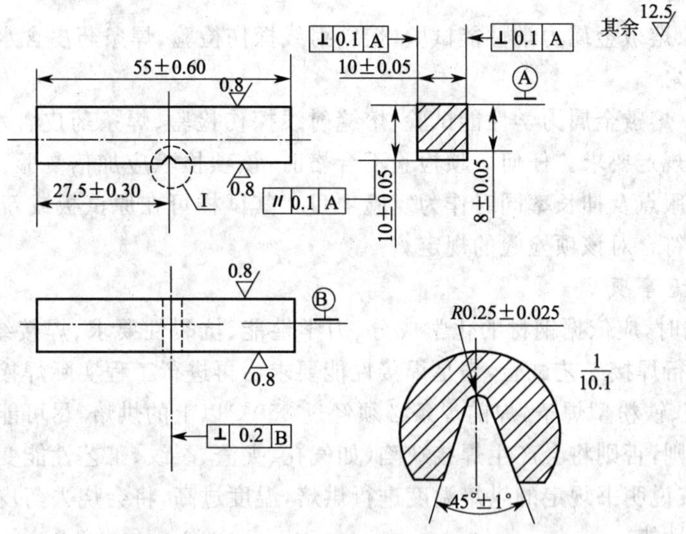

图 6-4 夏比 V 型冲击试样

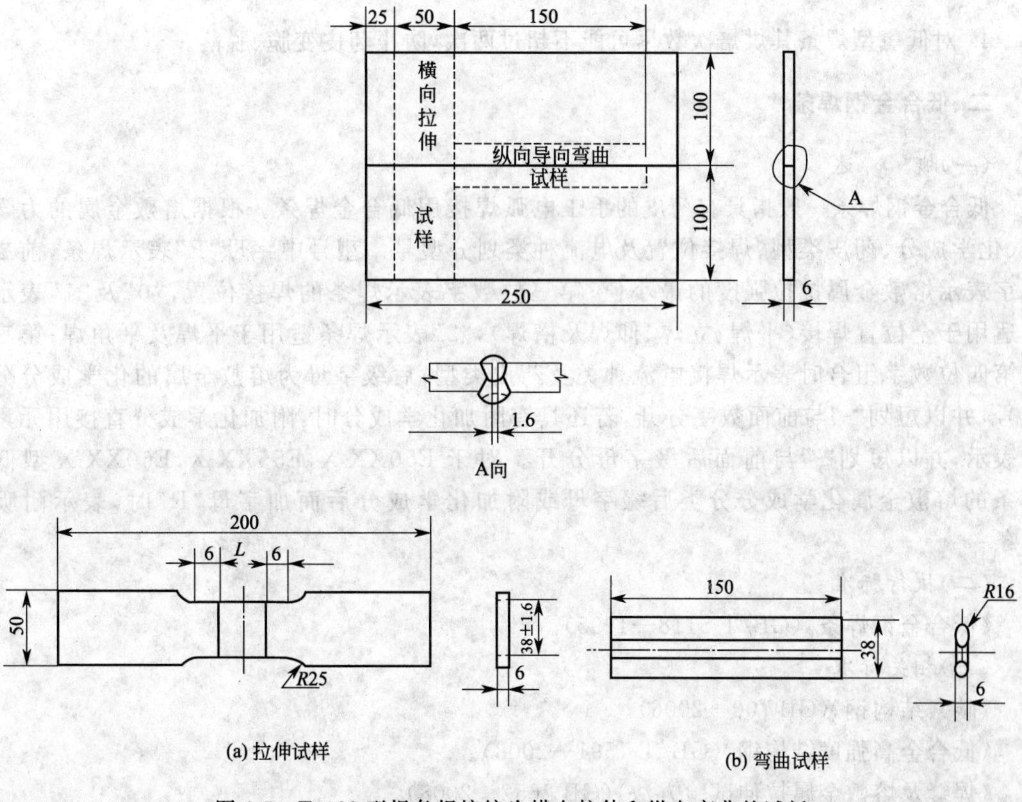

图 6-5 E4322 型焊条焊接接头横向拉伸和纵向弯曲的试板

2. 射线擦伤检验:对进行熔敷金属;力学性能的试板进行检验。

3. 熔敷金属力学性能检验:试板一块分割后进行冲击试验和拉伸试验,分别加工拉伸试样和冲击试样各一件进行试验。

4. 焊条药皮含水量检验:三根焊条中部药皮混合,取 4 g 作为试样。

（八）检测项目

角焊缝检验、熔敷金属力学性能试验、熔缝射线探伤检验、焊条药皮含水量检验。

（九）质量评定

角焊缝检验、熔敷金属力学性能试验、熔缝射线探伤检验、焊条药皮含水量检验各项检验结果应符合标准规定要求。任何一项检验不合格时，该项检验应加倍复验。当复验拉伸试验时，抗拉强度、屈服点及伸长率同时作为复验项目。其试样可在原试板或新焊的试板上截取。加倍复验结果应符合对该项检验的规定。

（十）使用注意事项

1. 选择焊条时，应依据钢材的化学成分、力学性能、抗裂性要求、焊接结构形状等因素选择，必要时，先进行焊接工艺试验，满足焊接性能要求后再进行工程实际焊接。

2. 对低氢型、铁粉型焊条，焊前焊条必须经过350℃以上的烘焙，尽可能做至随烘随用，用多少烘多少的原则，否则将会产生焊接缺陷（如气孔、夹渣、裂纹、工艺性能变坏等）。对纤维素型焊条，应严格按说明书规定的烘焙温度进行烘焙，温度过高，将会烧去药皮中的纤维素，破坏焊条固有的工艺性能。

3. 使用低氢型焊条时，焊工应居于上风位置，加强排风，防止焊接烟尘对身体的危害。

4. 对低氢型焊条其烘焙次数尽可能不超过两次，防止药皮变脆、脱落。

二、低合金钢焊条

（一）概　　述

低合金钢焊条一般指具有药皮的手工电弧焊接用低合金焊条。根据熔敷金属的力学性能、化学成分、药皮类型、焊接位置及电流种类划分型号。型号中字母“E”表示焊条，前二位数字表示熔敷金属抗拉强度的最小值；第三位数字表示焊条的焊接位置，“0”及“1”表示焊条适用于全位置焊接（平焊、立焊、仰焊及横焊），“2”表示焊条适用于平焊及平角焊；第三位和第四位数字组合时表示焊接电流种类及药皮类型；后级字母为熔敷金属的化学成分分类代号，并以短划“-”与前面数字分开，若还具有附加化学成分时，附加化学成分直接用元素符号表示，并以短划“-”与前面后缀字母分开。对于E50XX-X，E55XX-X，E60XX-X型低氢焊条的熔敷金属化学成分分类后缀字母或附加化学成分后面加字母“R”时，表示耐吸潮焊条。

（二）执行标准

《低合金钢焊条》（GB/T 5118—1995）。

（三）相关标准

《碳素结构钢》（GB 700—2006）。

《低合金高强度结构钢》（GB/T 1591—2008）。

《焊缝及熔敷金属拉伸试验方法》（GB 2652—2008）。

《焊接接头冲击试验方法》（GB 2650—2008）。

《钢熔化焊对接接头射线照相和质量分级》（GB 3323—2005）。

《钢结构工程施工质量验收规范》（GB 50205—2001）。

（四）性能指标

1. 焊条尺寸应符合表6-33的规定。

表 6-33　焊条尺寸(mm)

焊条直径		焊条长度	
基本尺寸	极限偏差	基本尺寸	极限偏差
2.0,2.5	±0.05	250～350	±2
3.2,4.0,5.0		350～450	
5.6,6.0,6.4,8.0		450～700	

允许用直径 2.4 mm 或 2.6 mm 焊条代替直径 2.5 mm 的焊条，直径 3.0 mm 焊条代替直径 3.2 mm 的焊条，直径 4.8 mm 焊条代替直径 5.0 mm 的焊条，直径 5.8 mm 焊条代替直径 6.0 mm的焊条。

对不大于 4.0 mm 直径的焊条，夹持端长度为 10～30 mm；对不小于 5.0 mm 直径的焊条，夹持端长度为 15～35 mm。

2. 药皮。

(1)焊芯和药皮不应有影响焊接质量的缺陷。

(2)焊条引弧端药皮应倒角，焊芯端面应露出，以保证易于引弧。焊条露芯应符合如下规定。

EXX15-X、EXX16-X 和 EXX18-X 型焊条，沿长度方向的露芯长度不应大于焊芯直径的 1/2 或 1.6 mm 两者的较小值。其他型号焊条，沿长度方向的露芯长度不应大于焊芯直径的 2/3 或 2.4 mm 两者的较小值。各种直径焊条沿圆周方向的露芯不应大于圆周的一半。

(3)焊条偏心度应符合如下规定：直径不大于 2.5 mm 焊条，偏心度不应大于 7%，直径为 3.2 mm 和 4.0 mm 焊条，偏心度不应大于 5%，直径不小于 5.0 mm 焊条，偏心度不应大于 4%。

3. T 型接头角焊缝。

(1)角焊缝表面经肉眼检查应无裂纹、焊瘤、夹渣及表面气孔，允许有个别短而且深度小于 1 mm 的咬边。

(2)角焊缝的焊脚尺寸应符合表 6-34 的要求。

表 6-34　角焊缝尺寸(mm)

焊条型号	焊条直径	试板尺寸		焊接位置	最大焊脚尺寸
		板厚	板长，不小于		
EXX10-X EXX11-X	2.0,2.5	4	250	立、仰	≤4.0
	3.2	6	300		≤4.8
	4.0	10	350		≤6.4
	5.0				≤8.0
	5.6,6.0,6.4	12	450	平	≥6.4
EXX00-X EXX03-X EXX13-X	2.0,2.5	4	250	立、仰	≤4.0
	3.2	6	300		≤4.8
	4.0	10	350		≤6.4
	5.0	12			≤9.6

续上表

焊条型号	焊条直径	试板尺寸		焊接位置	最大焊脚尺寸
		板厚	板长,不小于		
EXX15-X EXX16-X	2.0,2.5	4	250	立、仰	≤4.0
	3.2	6	300		≤4.8
	4.0	10	350		≤8.0
	5.0			平	≥4.8
	5.6,6.0,6.4	12	450		≥7.2
EXX18-X	2.0,2.5	4	250	立、仰	≤4.8
	3.2	6	300		≤6.4
	4.0	10	350		≤8.0
	5.0			平	≥6.4
	6.0	12	450		≥8.0
E5020-X E5027-X	3.0	6	300		≥3.2
	4.0	10.0	350		≤8.0
	5.0				≥6.4
	5.6,6.0,6.4	12	450		≥7.2

(3)凸形角焊缝的凸度及角焊缝的两焊脚长度之差应符合表 6-35 的规定。

表 6-35　凸度及两焊脚长度之差(mm)

焊脚尺寸	凸度,不大于	两焊脚之差,不大于	焊脚尺寸	凸度,不大于	两焊脚之差,不大于
≤3.2	1.2	0.8	≤7.2	1.6	2.8
≤4.0		1.2	≤8.0	2.0	3.2
≤4.8	1.6	1.6	≤8.7		3.6
≤5.6		2.0	≤9.6		4.0
≤6.4		2.4			

(4)角焊缝的两纵向断裂表面经肉眼检查应无裂纹。焊缝根部未熔合的总长度应不大于焊缝总长度的 20%。连续未熔合的长度不应大于 25 mm。角焊缝试验不检验内部气孔。

4. 力学性能。

(1)熔敷金属拉伸试验结果应符合表 6-36 的规定。

表 6-36　拉伸试验要求

焊条型号	抗拉强度		屈服点		伸长率
	MPa	kgf/mm²	MPa	kgf/mm²	%
E5003-X	490	(50)	390	(40)	20
E5010-X,E5011-X, E5015-X,E5016-X, E5018-X,E5020-X, E5027-X					22
E5500-X,E5503-X	540	(55)	440	(45)	16
E5510-X,E5511-X					17
E5513-X					16
E5515-X					17

续上表

<table>
<tr><th rowspan="2">焊条型号</th><th colspan="2">抗拉强度</th><th colspan="2">屈服点</th><th>伸长率</th></tr>
<tr><th>MPa</th><th>kgf/mm²</th><th>MPa</th><th>kgf/mm²</th><th>%</th></tr>
<tr><td>E5516-X,E5518-X</td><td rowspan="2">540</td><td rowspan="2">(55)</td><td>440</td><td>(45)</td><td>17</td></tr>
<tr><td>E5516-C3,E5518-C3</td><td>440～540</td><td>(45～55)</td><td>22</td></tr>
<tr><td>E6000-X</td><td rowspan="5">590</td><td rowspan="5">(60)</td><td rowspan="5">490</td><td rowspan="5">(50)</td><td>14</td></tr>
<tr><td>E6010-X,E6011-X</td><td>15</td></tr>
<tr><td>E6013-X</td><td>14</td></tr>
<tr><td>E6015-X,E6016-X,
E6018-X</td><td>15</td></tr>
<tr><td>E6018-M</td><td>22</td></tr>
<tr><td>E7010-X,E7011-X</td><td rowspan="4">690</td><td rowspan="4">(70)</td><td rowspan="4">590</td><td rowspan="4">(60)</td><td>15</td></tr>
<tr><td>E7013-X</td><td>13</td></tr>
<tr><td>E7015-X,E7016-X,
E7018-X</td><td>15</td></tr>
<tr><td>E7018M</td><td>18</td></tr>
<tr><td>E7515-X,E7516-X,
E7518-X</td><td rowspan="2">740</td><td rowspan="2">(75)</td><td rowspan="2">640</td><td rowspan="2">(65)</td><td>13</td></tr>
<tr><td>E7518-M</td><td>18</td></tr>
<tr><td>E8015-X,E8016-X,
E8018-X</td><td>780</td><td>(80)</td><td>690</td><td>(70)</td><td>13</td></tr>
<tr><td>E8515-X,E8516-X,
E8518-X</td><td rowspan="2">830</td><td rowspan="2">(85)</td><td rowspan="2">740</td><td rowspan="2">(75)</td><td>12</td></tr>
<tr><td>E8518-M,E8518-M1</td><td>15</td></tr>
<tr><td>E9015-X,E9016-X,
E9018-X</td><td>880</td><td>(90)</td><td>780</td><td>(80)</td><td rowspan="2">12</td></tr>
<tr><td>E10015-X,E10016-X,
E10018-X</td><td>980</td><td>(100)</td><td>880</td><td>(90)</td></tr>
</table>

注:1. 表中的单值均为最小值。

2. E50XX-X 型焊后状态下的屈服强度不小于 410 MPa(42 kgf/mm²)。

3. E8518-Ml 焊条的抗拉强度一般不小于 830 MPa(85 kgf/mm²)。如果供需双方达成协议时也可例外。

4. 带附加化学成分的焊条型号应符合相应不带附加化学成分的力学性能。

5. 对 E55XX-B3-VWB 型焊条的屈服强度不小于 340 MPa(35 kgf/mm²)。

(2)焊缝金属夏比 V 型缺口冲击试验结果应符合表 6-37 的规定。

表 6-37　夏比 V 型缺口冲击试验

焊条型号	冲击吸收功(J),不小于	试验温度
E5015-A1,E5016-A1,E5018-A1, E5515-B1,E5516-B1,E5518-B1, E5515-B2,E5515-B2L,E5516-B2, E5518-B2,E5518-B2L, E5500-B2-V,E5515-B2-V, E5515-B2-VNb,E5515-B2-VW, E5515-B3-VWB,E5515-B3-VNb, E6000-B3,E6015-B3L, E6015-B3,E6016-B3, E6018-B3,E6018-B3L, E5515-B4L,E5516-B5,	27	常温

续上表

焊条型号	冲击吸收功(J),不小于	试验温度
E5518-NM,E5515-C3,E5516-C3,E5518-C3	27	−40
E5516-D3,E5518-D3,E6015-D1,E6016-D1,E6018-D1		−30
E7015-D2,E7016-D2,E7018-D2	27	−30
E6018-M,E7018-M,E7518-M,E8518-M		−50
E8518-M1	68	−20
E5018-W,E5518-W	27	
E5515-C1,E5516-C1,E5518-C1		−60
E5015-C1L,E5016-C1L,E5018-C1L E5516-C2,E5518-C2		−70
E5015-C2L,E5016-C2L,E5018-C2L		−100
EXXXX-E	54	−40

5. 焊缝射线检验。

根据 GB 3323 进行评定,评定等级不低于工程要求焊缝等级。

(五)验收批量

每批焊条由同一批号焊芯,同一批号主要涂料原料,以同样涂料配方及制造工艺制成。每批焊条最高量应符合表 6-38 的规定:

表 6-38　焊条最高批量

焊条型号	每批最高量(t)
EXX03-X　EXX13-X	50
EXX00-X　EXX10-X EXX11-X　EXX15-X EXX16-X　EXX18-X EXX20-X　EXX27-X	30

(六)取样方法

1. 每批焊条试验时,按照需要数量至少在 3 个部位平均取有代表性的样品。

2. 试验用母材如下。

(1)角焊缝试验用母材采用抗拉强度相当于试验焊条熔敷金属规定抗拉强度的低合金钢。

(2)化学分析试验用母材采用 GB 700 规定的 Q235A 级、B 级,Q255A 级、B 级,GB 1591 规定的 16Mn,或与试验焊条熔敷金属化学成分相当的其他牌号低合金钢。

(3)射线探伤、拉伸及冲击试验用母材采用与试验焊条熔敷金属化学成分相当的低合金钢。如母材化学成分与试验焊条熔敷金属化学成分不相当时,应先用试验焊条(直径及批号不限)在坡口面及垫板面堆焊隔离层,隔离层厚度加工后不小于 3 mm。在确保熔敷金属不受母材影响的情况下,也可采用其他方法。

3. T 形接头角焊缝试件。

试板由立板和底板组成,立板与底板的结合面应进行机械加工,底板应平直、光洁,以保证两板结合处无明显缝隙。每个焊接位置制备一套试板。试件加工样式如图 6-6 所示。

4. 焊缝射线检验及力学性能试件的试样制备如图 6-7～图 6-9 所示。

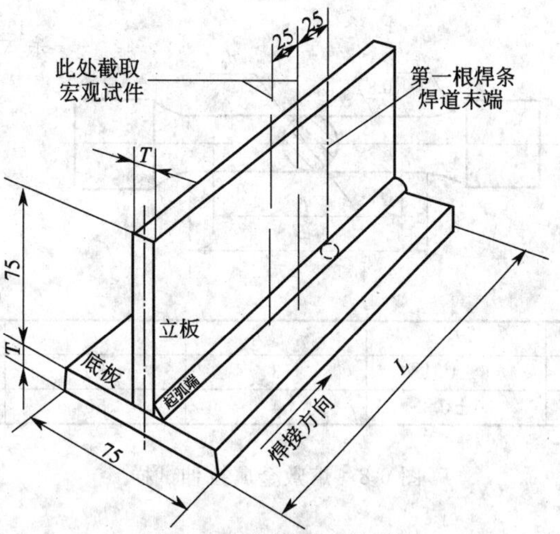

图 6-6　角焊缝试件图

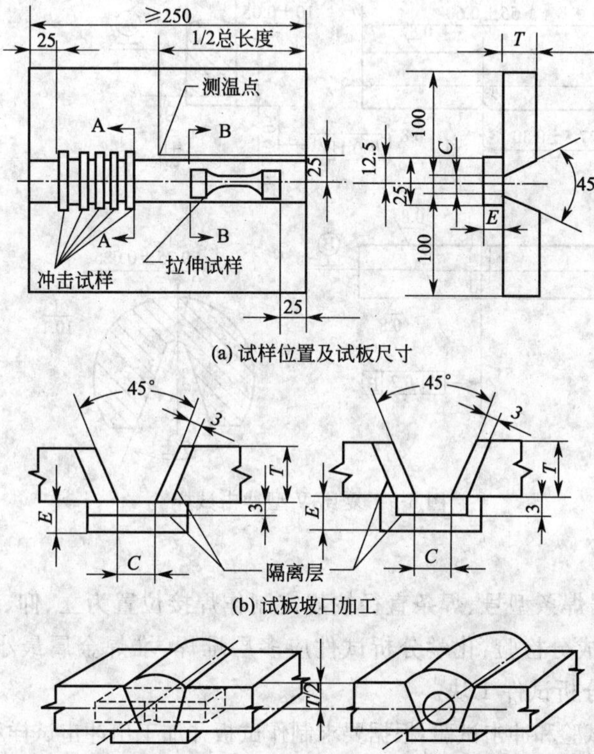

焊条直径（mm）	最小板厚 T（mm）	根部间隙 C（mm）	垫板厚 E（mm）	全摆动焊层（层）	不全摆动焊层		
					焊层(层)	每层焊道数(道)	焊层数(层)
2.0　2.5	12	6	6	—	—	—	—
3.2				1	2～顶层	2	5～7
4.0	20	13	10				7～9
5.0　5.6				1～2	3～顶层		6～8
6.0　6.4	25		12	1～3	4～顶层		9～11
8.0	32						10～12

注：1. 直径 2.0 mm 和 2.5 mm 焊条的射线探伤试验试板厚度可为 6.0 mm。

2. 记录直径 2.0 mm 和 2.5 mm 焊条焊道数和焊层数。

图 6-7　射线探伤及力学性能试件

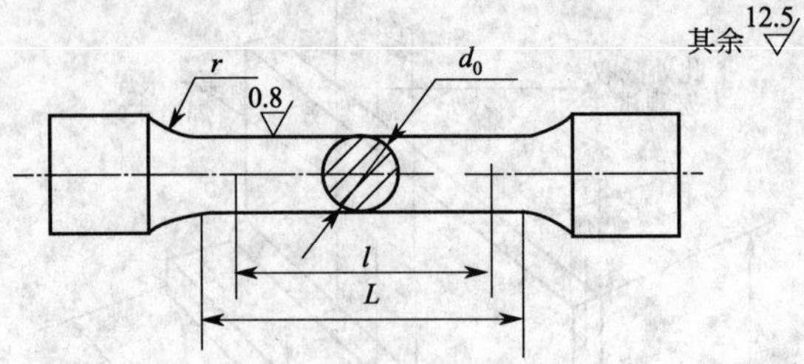

(单位:mm)

焊条直径	d_0	r_t 最小	l	L
≤3.2	6±0.1	3	30	36
≥4.0	10±0.2	4	50	60

图 6-8 熔敷金属拉伸试样

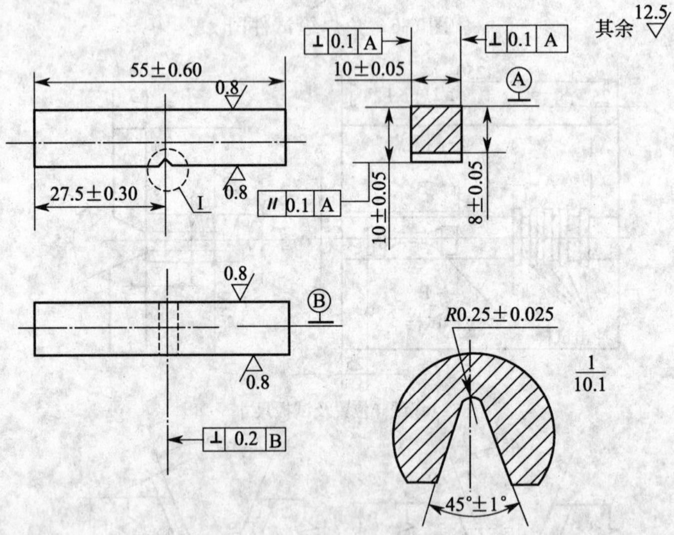

图 6-9 夏比 V 型冲击试样

(七)样品数量

1. 焊缝检验:根据焊条型号、焊条直径按规定制作焊接位置为立、仰、平焊试件 1 块。

2. 熔敷金属化学成分检验:化学分析试件应多层堆焊,堆焊金属最小尺寸及取样部位按相关规范执行。化学分析试件 1 块。

3. 熔敷金属拉伸试验和冲击试验:根据要求制作试板并加工出冲击试样和拉伸试样各 1 个。

4. 焊缝射线探伤试验:对力学性能试板(一块)进行试验,应在试板上截取拉伸和冲击试样之前进行。

5. 药皮含水量试验:3 根焊条。

(八)检测项目

角焊缝检测、熔敷金属化学成分检验、熔敷金属拉伸试验、熔敷金属冲击试验、焊缝射线探伤试验、焊条药皮含水量试验。直径不大于 3.2 mm 焊条一般不进行角焊缝、力学性能及射线探伤试验。其性能可以根据直径 4.0 mm 焊条的检验结果判定。如需要试验时,按相应规定进行。

(九)质量评定

角焊缝检验、熔敷金属力学性能试验、熔缝射线探伤检验、焊条药皮含水量检验各项检验结果应符合标准规定要求。任何一项检验不合格时，该项检验应加倍复验。当复验拉伸试验时，抗拉强度、屈服点及伸长率同时作为复验项目。其试样可在原试板或新焊的试板上截取。加倍复验结果应符合对该项检验的规定。

(十)使用注意事项

1. 低合金钢的焊接。一般依钢材的强度等级来选用相应的焊条。同时还需根据钢材焊接性，母材成分的过渡、焊接结构尺寸、形状、坡口和受力情况等影响，进行综合考虑。在焊缝冷却速度较快，使强度增高，焊缝接头容易产生裂纹的不利情况下，往往可选用比母材强度低一级的焊条。如遇厚板多层焊或焊后进行正火处理等情况，则需防止焊缝强度过低现象。

2. 对同一强度等级的酸性焊条或碱性焊条的选用，主要取决于焊接件的结构形状(简单或复杂)、钢板厚度(刚度小或大)、工作条件(静载荷或动载荷)和钢材的抗裂性能等方面。通常要求塑性好、冲击韧性高，低温性能好、抗裂能力强，选用碱性焊条。如直流电源有困难，可选用交直流两用的碱性焊条。

3. 对于碳钢与低合金钢，或者低合金钢与低合金钢之间的异钢焊接接头，一般选用与强度等级较低的钢材相应的焊接材料。

4. 对使用条件特殊的钢种和焊接结构，可选用专用焊条。

三、不锈钢焊条

(一)概　述

不锈钢焊条可分为铬不锈钢焊条和铬镍不锈钢焊条，铬不锈钢具有一定的耐蚀(氧化性酸、有机酸、气蚀)耐热和耐蚀性能。但铬不锈钢一般情况下可焊性较差，应注意焊接工艺、热处理条件及选用合适的电焊条。铬镍不锈钢焊条具有良好耐腐蚀性和抗氧化性。

手工电弧焊接用的不锈钢焊条，其熔敷金属中铬含量应大于 10.50%，铁的含量应超过其他任何元素。

(二)执行标准

《不锈钢焊条》(GB/T 983—1995)。

(三)相关标准

《焊缝及熔敷金属拉伸试验方法》(GB/T 2652—2008)。

《不锈钢　硫酸－硫酸铜腐蚀试验方法》(GB 4334.5—2000)。

《钢结构工程施工质量验收规范》(GB 50205—2001)。

(四)性能指标

1. 尺寸

焊条尺寸应符合表 6-39 的规定。

表 6-39　焊条尺寸(mm)

焊条直径		焊条长度	
基本尺寸	极限偏差	基本尺寸	极限偏差
1.6,2.0	−0.08	220～260	±2.0
2.5		230～350	
3.2,允许用 3.0 代替		300～460	
4.0,5.0,6.0(允许用 5.8 代替)		340～460	

对不大于 4.0 mm 直径的焊条，夹持端长度为 10～30 mm，对不小于 5.0 mm 直径的焊条，夹持端长度为 20～40 mm。

2. 药皮

(1)焊条药皮上不应有影响焊接质量的裂纹、气泡、杂质及剥落等缺陷。

(2)焊条引弧端药皮应倒角，焊芯端面应露出，以保证易于引弧，焊条露芯应符合如下规定：直径不大于 2.0 mm 焊条，沿长度方向的露芯长度不应大于 1.6 mm；直径为 2.5 mm 及 3.2 mm 焊条，沿长度方向的露芯长度不应大于 2.0 mm；直径大于 3.2 mm 焊条，沿长度方向的露芯长度不应大于 3.2 mm，各种焊条直径沿圆周方向的露芯均不应大于圆周的一半。

(3)焊条药皮应具有足够的强度，不致在正常搬运或使用过程中损坏。

(4)焊条偏心度应符合如下规定：直径不大于 2.5 mm 焊条，偏心度不应大于 7%，直径为 3.2 mm 和 4.0 mm 焊条，偏心度不应大于 5%，直径不小于 5.0 mm 焊条，偏心度不应大于 4%。

3. T 型接头角焊缝

(1)角焊缝表面经肉眼检查应无裂纹、焊瘤、夹渣及表面气孔。

(2)角焊缝断面经磨光、腐蚀后应符合如下规定。

每侧角焊缝均应熔到或熔过两板的交接点。

每侧凸型焊缝的凸度不允许超过其最大允许凸度；焊脚尺寸为 3.2 mm 时凸度不超过 1.2 mm；焊脚尺寸为 4.8 mm 时凸度不超过 1.4 mm；焊脚尺寸为 6.4 mm 时凸度不超过 1.6 mm；焊脚尺寸为 8.0 mm 时凸度不超过 1.8 mm；焊脚尺寸为 9.5 mm 时凸度不超过 2.0 mm。

经肉眼检查，角焊缝横断面不得有裂纹。

焊缝不得有夹渣和气孔。

每侧角焊缝的焊脚尺寸应符合表 6-40 的要求。

表 6-40　角焊缝尺寸(mm)

<table>
<tr><th>焊条直径</th><th>板厚</th><th>焊接位置</th><th>最大焊脚尺寸</th><th>两焊脚长度之差</th></tr>
<tr><td rowspan="2">3.2</td><td rowspan="2">6.0</td><td>立焊</td><td>6.4</td><td rowspan="10">≤1.6</td></tr>
<tr><td>横焊，仰焊</td><td>4.8</td></tr>
<tr><td rowspan="2">3.2*</td><td rowspan="2">9.0 或 13.0</td><td>立焊</td><td>9.5</td></tr>
<tr><td>横焊，仰焊</td><td>6.4</td></tr>
<tr><td rowspan="2">4.0</td><td rowspan="2">6.0 或 9.0</td><td>立焊</td><td>8.0</td></tr>
<tr><td>横焊，仰焊</td><td>6.4</td></tr>
<tr><td rowspan="2">4.0*</td><td rowspan="2">13.0</td><td>立焊</td><td>13.0</td></tr>
<tr><td>横焊，仰焊</td><td>8.0</td></tr>
<tr><td>5.0</td><td rowspan="2">10.0</td><td>立焊</td><td>8.0</td></tr>
<tr><td>6.0</td><td>横焊，仰焊</td><td>9.5</td></tr>
</table>

注：* 仅适用于 EXXX-17 型焊条。

4. 熔敷金属力学性能

每批焊条的熔敷金属力学性能，其结果应符合表 6-41 的要求。

表 6-41　熔敷金属力学性能

<table>
<tr><th>焊条型号</th><th>抗拉强度(MPa)</th><th>伸长率(%)</th><th>热处理</th></tr>
<tr><td>E209-XX</td><td>690</td><td rowspan="3">15</td><td rowspan="24">—</td></tr>
<tr><td>E219-XX</td><td>620</td></tr>
<tr><td>E240-XX</td><td>690</td></tr>
<tr><td>E307-XX</td><td>590</td><td>30</td></tr>
<tr><td>E308-XX</td><td rowspan="2">550</td><td rowspan="5">35</td></tr>
<tr><td>E308H-XX</td></tr>
<tr><td>E308L-XX</td><td>520</td></tr>
<tr><td>E308Mo-XX</td><td>550</td></tr>
<tr><td>E308MoL-XX</td><td>520</td></tr>
<tr><td>E309-XX</td><td>550</td><td rowspan="6">25</td></tr>
<tr><td>E309L-XX</td><td>520</td></tr>
<tr><td>E309Nb-XX</td><td rowspan="2">550</td></tr>
<tr><td>E309Mo-XX</td></tr>
<tr><td>E309MoL-XX</td><td>540</td></tr>
<tr><td>E310-XX</td><td>550</td></tr>
<tr><td>E310H-XX</td><td>620</td><td>10</td></tr>
<tr><td>E310Nb-XX</td><td rowspan="2">550</td><td rowspan="2">25</td></tr>
<tr><td>E310Mo-XX</td></tr>
<tr><td>E312-XX</td><td>660</td><td>22</td></tr>
<tr><td>E316-XX</td><td rowspan="2">520</td><td rowspan="3">30</td></tr>
<tr><td>E316H-XX</td></tr>
<tr><td>E316L-XX</td><td>490</td></tr>
<tr><td>E317-XX</td><td>550</td><td rowspan="6">25</td></tr>
<tr><td>E317L-XX</td><td>520</td></tr>
<tr><td>E317MoCu-XX</td><td rowspan="2">540</td><td rowspan="13">—</td></tr>
<tr><td>E317MoCuL-XX</td></tr>
<tr><td>E318-XX</td><td>550</td></tr>
<tr><td>E318V-XX</td><td>540</td></tr>
<tr><td>E320-XX</td><td>550</td><td rowspan="2">30</td></tr>
<tr><td>E320LR-XX</td><td rowspan="2">520</td></tr>
<tr><td>E330-XX</td><td>25</td></tr>
<tr><td>E330H-XX</td><td>620</td><td>10</td></tr>
<tr><td>E330MoMnWNb-XX</td><td>590</td><td>25</td></tr>
<tr><td>E347-XX</td><td>520</td><td>25</td></tr>
<tr><td>E349-XX</td><td>690</td><td>25</td></tr>
<tr><td>E383-XX</td><td rowspan="2">520</td><td rowspan="2">30</td></tr>
<tr><td>E385-XX</td></tr>
</table>

续上表

焊条型号	抗拉强度(MPa)	伸长率(%)	热处理
E410-XX	450	20	试件在 730 ℃～760 ℃时保温 1 h,以不超过60 ℃/h的速度随炉冷至 315 ℃,然后空冷
E410NiMo-XX	760	15	试件在 595 ℃～620 ℃时保温 1 h,然后空冷
E430-XX	450	20	试件在 760 ℃～790 ℃时保温 2 h,以不超过 55 ℃/h 的速度随炉冷至 595 ℃,然后空冷
E502-XX	420		试件在 840 ℃～870 ℃时保温 2 h,以不超过 55 ℃/h 的速度随炉冷至 595 ℃,然后空冷
E505-XX			
E630-XX	930	7	试件在 1 025 ℃～1 050 ℃时保温 1 h后空冷到室温,随后再加热至 610 ℃～630 ℃保温4 h,进行沉淀硬化处理,然后空冷到室温
E16-8-2-XX	550	35	—
E16-25MoN-XX	610	30	
E7Cr-XX	420	20	试件在 840 ℃～870 ℃时保温 2 h,以不超过 55 ℃/h的速度随炉冷至 595 ℃,然后空冷
E5MoV-XX	540	14	试件在 740 ℃～760 ℃时保温 4 h,然后空冷
E9Mo-XX	590	16	试件在 730 ℃～750 ℃时保温 4 h,然后空冷
E11MoVNi-XX	730	15	
E11MoVNiW-XX			
E2209-XX	690	20	—
E2553-XX	760	15	

(五)验收批量

每批焊条又同一批号焊芯,同一批号主要涂料原料,以同样涂料配方及制造工艺制成,每批焊条最高重量为 10 t。

(六)取样方法

1. 焊条应在同一批中至少三个部位平均取有代表性的足够数量的样品。

2. 角焊缝试件。

(1)角焊缝试验用母材要求如下:奥氏体型及 E630 型焊条应采用与熔敷金属化学成分相当的不锈钢板,或者为 0Cr19Ni9 或 0Cr19Ni9Ti 型钢板。E410、E410NiMo、E430 型焊条应采用 0Cr13 或 1Cr13 型不锈钢板。其余类型焊条应采用与熔敷金属化学成分相当的耐热钢板或碳钢、低合金钢板。

(2)试件由立板和底板组成,具体尺寸如图 6-10 所示。分别制作横角焊试件一块,立角焊试件一个,仰角焊试件一个。

3. 熔敷金属拉伸试验试件。

(1)用的母材应为与熔敷金属化学成分相当的不锈钢板。如母材化学成分与熔敷金属化学成分不相当,应先用试验焊条(直径及批号不限)在坡口面及垫板面堆焊隔离层,隔离层厚度加工后不得小于 3.0 m 即在确保熔敷金属不受母材影响的情况下,也可以采用其他方法。但仲裁试验时,必须采用与熔敷金属化学成分相当的不锈钢板或坡口面及垫板面有隔离层的试板。

(2)拉伸试件在平焊位置焊接如图 6-11 所示。

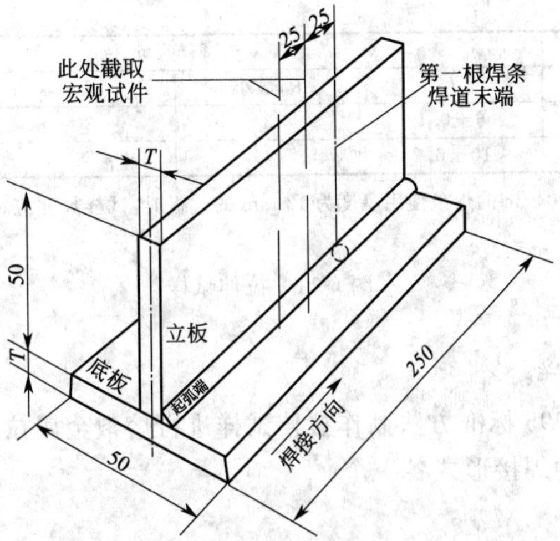

图 6-10　角焊缝试件图样

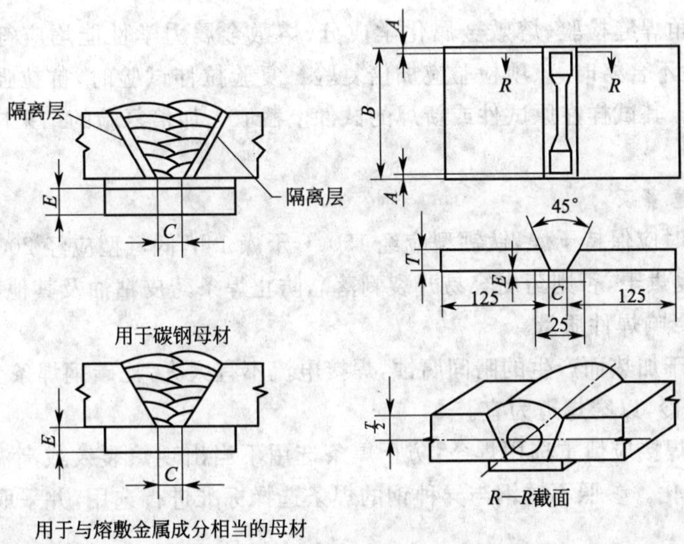

（单位：mm）

焊条直径	试板尺寸				
	T，最小	A，最小	B，最小	C	E
3.2	12	7	80		5
4.0～6.0	20	7	120	13	6

注：直径为 4.0 mm 焊条也可以使用厚度为 12 mm 的试板，试板尺寸符合对 3.2 mm 焊条所做的规定，仲裁试验时，4.0 mm 焊条必须使用厚度为 20 mm 的试板。

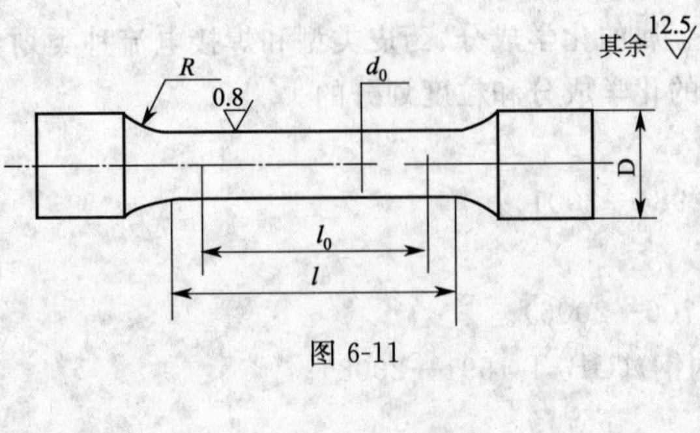

图 6-11

（单位：mm）

焊条直径	试样尺寸			
	d_0	R，最小	l_0	l
3.2	6±0.1	3	30	36
4.0～6.0	10±0.2	4	50	60

注：直径为 4.0 mm 的焊条使用厚度为 12 mm 的试板时，试样尺寸应符合对 3.2 mm 焊条所做的规定。

图 6-11　拉伸试样

（七）样品数量

1. 熔敷金属拉伸试样：1 个。

按照 GB/T 983—1995 标准方法制作拉伸试样进行熔敷金属拉伸试验。

2. 角焊缝试样：各种焊接形式各 1 个。

（八）检测项目

T 形接头角焊缝检查、熔敷金属化学成分、熔敷金属力学性能。

（九）质量评定

每批焊条的角焊缝检验、熔敷金属化学成分、熔敷金属力学性能均应符合标准规定为合格，任何一项检验不合格时，该项检验应加倍复验。复验拉伸试验时，抗拉强度及伸长率应同时作为复验项目。其试样在原试件或新焊的试件上截取。加倍复验的结果应符合对该项检验的规定。

（十）使用注意事项

1. 焊条使用时应保持干燥，钛钙型应经 150 ℃干燥 1 h，低氢型应经 200 ℃～250 ℃干燥 1 h（不能多次重复烘干，否则药皮容易开裂剥落），防止焊条药皮粘油及其他脏物，以免致使焊缝增加含碳量和影响焊件质量。

2. 为防止由于加热而产生的晴间腐蚀，焊接电流不宜太大，比碳钢焊条少 20%左右，电弧不宜过长，层间快冷，以窄焊道为宜。

3. 异种钢的焊接应慎重选用焊条，防止焊条选用不当出现热裂纹或高温热处理后引起 σ 相析出，使金属脆化。参照不锈钢与异种钢的焊条选择标准进行选用，并采取适当焊接工艺。

四、堆焊焊条

（一）概　　述

堆焊是在工件的任意部位焊敷一层特殊的合金面，其目的是提高工作面的耐磨损、耐腐蚀和耐热等性能，以降低成本，提高综合性能和使用寿命，用于这种用途的焊条就是堆焊焊条，堆焊时一般根据使用要求来选用不同合金系统和不同硬度等级的焊条。表面耐磨堆焊用手工电焊条应符合 GB/T 984—2001 标准要求。

焊条型号根据熔敷金属的化学成分、药皮类型和焊接电流种类划分，仅有碳化钨管状焊条型号根据芯部碳化钨粉的化学成分和粒度划分的。

（二）执行标准

《堆焊焊条》（GB/T 984—2001）。

（三）相关标准

《碳素结构钢》（GB 700—2006）。

《低合金高强度结构钢》（GB/T 1591—2008）。

《金属材料洛氏硬度试验　第1部分:试验方法(A、B、C、D、E、F、G、H、K、N、T标尺)》(GB/T 230.1—2009)。

《金属材料　布氏硬度试验　第1部分:试验方法》(GB/T 231.1—2009)。

《焊接接头硬度试验法》(GB 2654—2008)。

《钢结构工程施工质量验收规范》(GB 50205—2001)。

(四)性能指标

1. 焊条夹持端长度为15～30 mm,焊条其他尺寸应符合表6.42的规定。

表6-42　焊条尺寸(mm)

<table>
<tr><th>类别</th><th colspan="2">冷拔焊芯</th><th colspan="2">铸造焊芯</th><th colspan="2">复合焊芯</th><th colspan="2">碳化钨焊芯</th></tr>
<tr><td></td><td>直径</td><td>长度</td><td>直径</td><td>长度</td><td>直径</td><td>长度</td><td>直径</td><td>长度</td></tr>
<tr><td rowspan="7">基本尺寸</td><td>2.0</td><td rowspan="2">230～300</td><td rowspan="4">3.2
4.0
5.0</td><td rowspan="4">230～350</td><td rowspan="4">3.2
4.0
5.0</td><td rowspan="4">230～350</td><td rowspan="4">2.5
3.2
4.0
5.0</td><td rowspan="4">230～350</td></tr>
<tr><td>2.5</td></tr>
<tr><td>3.2</td><td rowspan="2">300～450</td></tr>
<tr><td>4.0</td></tr>
<tr><td>5.0</td><td rowspan="3">350～450</td><td rowspan="3">6.0
8.0</td><td rowspan="3">300～350</td><td rowspan="3">6.0
8.0</td><td rowspan="3">350～450</td><td rowspan="3">6.0
8.0</td><td rowspan="3">350～450</td></tr>
<tr><td>6.0</td></tr>
<tr><td>8.0</td></tr>
<tr><td>极限偏差</td><td>±0.08</td><td>±3.0</td><td>±0.5</td><td>±10</td><td>±0.5</td><td>±10</td><td>±1.0</td><td>±10</td></tr>
</table>

2. 药皮。

(1)焊芯和药皮不应有影响焊缝质量均匀性的缺陷。

(2)焊条引弧端药皮应倒角,焊芯端面应露出,但露芯长度应不大于2 mm。

(3)焊条偏心度应符合如下规定:对于冷拔焊芯的焊条,直径小于等于4.0 mm的,偏心度应不大于7%;直径大于4.0 mm的,偏心度应不大于5%;对于铸造焊芯的焊条,偏心度应不大于10%;对于其他焊芯的焊条,偏心度由供需双方商定。

(4)药皮应具有足够的强度,不应在正常的搬运和使用过程中损坏。

(5)药皮应具有一定的耐潮性,不应在开启包装后很快吸潮而影响使用。

3. 工艺性能。

(1)电弧应容易引燃,在焊接过程中电弧燃烧平稳。药皮应均匀熔化,无成块脱落现象。焊接过程中不应有过大、过多的飞溅。焊接成型正常,熔渣容易清除。

(2)熔敷金属不允许存在影响适用性能的缺陷。

4. 硬度和化学成分。

熔敷金属的化学成分硬度平均值符合GB 984要求。

(五)验收批量

每批焊条由同一批焊芯(或钢带),同一批号主要涂料(或药芯)原料,以同样配方和制造工艺制成,每批最高数量如下:EDP型焊条,每批最高数量为10 t。其他型焊条,每批最高数量为5 t。

(六)取样方法

1. 每批焊条检验时,按照需要数量至少在三个部位平均取有代表性的样品。

2. 试验用母材应采用GB/T 700规定的Q235A级、B级等低碳钢,也可采用GB/T 1591

规定的 16Mn 等低合金钢。根据供需双方协议，也可采用其他材质。

3. 试件(图 6-12，表 6-43、表 6-44)。在厚度等于或大于 16 mm 的钢板上平焊位置进行堆焊，堆焊至少 4 层，每道焊缝不得大于焊条直径的 4 倍。堆焊时每焊完一道，应冷却至(100±10)℃再开始焊下道焊缝。该试样在进行完熔敷金属硬度试验后，可取样进行化学分析。

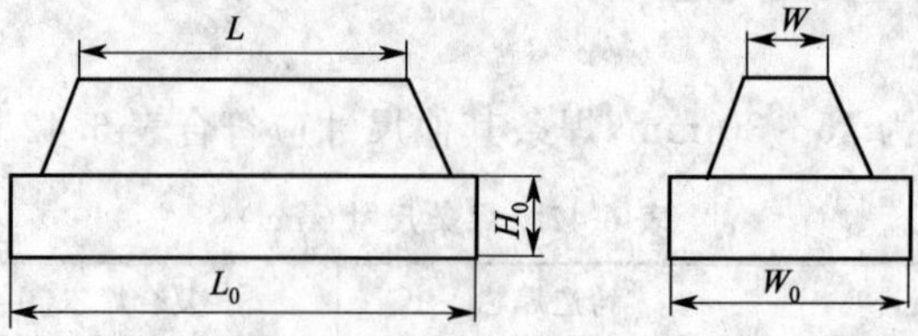

图 6-12　堆焊试样

表 6-43　化学分析堆焊试件最小尺寸(mm)

焊条直径	L	W	取样位置距试板上表面最小距离
2.0,2.5	40	13	13
3.2,4.0,5.0	50	13	16
6.0,8.0	65	13	19

表 6-44　硬度试验堆焊试件最小尺寸(mm)

试板尺寸			堆焊试件最小尺寸	
L_0	W_0	H_0	L	W
100	50	≥16	70	15

注：测定布氏硬度时，尺寸 W 为 25 mm。

(七)样品数量

1. 焊条焊接工艺性能检验：平焊位置试验 1 个。

2. 硬度试验：试样 1 个。

3. 化学分析：试样 1 个。

(八)检测项目

焊条焊接工艺性能、化学分析、硬度试验。

(九)质量评定

各检验项目试验结果符合标准规定判为合格，任何一项检验不合格时，该项应加倍复验。加倍复验结果应符合对该项检验的规定。

(十)使用注意事项

1. 堆焊工作及工作条件十分复杂，堆焊时必须根据不同要求选用合适的焊条。不同的工件和堆焊焊条要采用不同的堆焊工艺，才能获得满意的堆焊效果。

2. 焊前预热，控制层间温度，焊后缓冷。预热温度、缓冷条件决定堆焊层的质量。

3. 焊后进行消除应力热处理。

4. 必要时，堆焊层与母材之间堆焊过渡层(用碳当量低、韧性高的焊条)。

参 考 文 献

[1] 上海市基础工程公司.建筑地基基础工程施工质量验收规范(GB 50202—2002)[S].北京:中国计划出版社,2002.

[2] 南京水利科学研究院.土工试验方法(GB 50123—1999)[S].北京:中国计划出版社,1999.

[3] 交通部公路科学研究院.公路土工试验规程(JTG E40—2007)[S].北京:人民交通出版社,1999.

[4] 中铁第一勘察设计院集团有限公司.铁路工程土工试验规程(TB 10102—2010)[S].北京:中国铁道出版社,2011.

[5] 苏州混凝土水泥制品研究院,苏州中材建筑建材设计院.先张法预应力混凝土管桩(GB 13476—2009)[S].北京:中国标准出版社,2009.

[6] 中国建筑材料科学研究总院.通用硅酸盐水泥(GB 175—2007)[S].北京:中国建筑工业出版社,2007.

[7] 中国建筑材料科学研究院.道路硅酸盐水泥(GB 13693—2005)[S].北京:中国标准出版社,2005.

[8] 中国建筑材料科学研究院.硫铝酸盐水泥(GB 20472—2006)[S].北京:中国标准出版社,2007.

[9] 中国建筑材料科学研究总院.普通混凝土用砂、石质量及检验方法标准(JGJ 52—2006)[S].北京:中国建筑工业出版社,2007.

[10] 中国建筑科学研究院,建筑材料工业技术监督研究中心.轻集料及其试验方法,第1部分:轻集料(GB/T 17431.1—2010)[S].北京:中国标准出版社,2010.

[11] 中国建筑材料科学研究总院.混凝土用水标准(JGJ 63—2006)[S].北京:中国建筑工业出版社,2006.

[12] 中国建筑材料科学研究总院.混凝土膨胀剂(GB 23439—2009)[S].北京:中国标准出版社,2009.

[13] 中国建筑材料科学研究总院.混凝土防冻剂(JC 475—2004)[S].北京:中国建筑工业出版社,2005.

[14] 中国建筑材料科学研究总院.砂浆、混凝土防水剂(JC 474—2008)[S].北京:中国建材工业出版社,2008.

[15] 中国建筑材料科学研究总院.喷射混凝土用速凝剂(JC 477—2005)[S].北京:中国建材工业出版社,2005.

[16] 中国建筑材料科学研究总院,长江科学院.用于水泥和混凝土中的粉煤灰(GB/T 1596—2005)[S].北京:中国标准出版社,2005.

[17] 中国建筑材料科学研究总院.用于水泥和混凝土中的粒化高炉矿渣粉(GB/T 18046—2008)[S].北京:中国标准出版社,2008.

[18] 中国建筑材料科学研究院水泥科学与新型建筑材料研究所.高强高性能混凝土用矿物外加剂(GB/T 18736—2002)[S].北京:中国标准出版社,2002.

[19] 马鞍山钢铁股份有限公司.低碳钢热轧圆盘条(GB/T 701—2008)[S].北京:中国标准出版社,2008.

[20] 国家建筑钢材质量监督检测中心.钢筋混凝土用钢　第1部分　热轧光圆钢筋(GB 1499.1—2008)[S].北京:中国标准出版社,2008.

[21] 中冶集团建筑研究总院.钢筋混凝土用钢　第2部分　热轧带肋钢筋(GB 1499.2—2007)[S].北京:中国标准出版社,2007.

[22] 上海第三钢铁厂.钢筋混凝土用余热处理钢筋(GB 13014—1991)[S].北京:中国标准出版社,2008.

[23] 中国京冶技术工程有限公司.冷轧带肋钢筋(GB 13788—2008)[S].北京:中国标准出版社,2008.

[24] 北京市建筑设计研究院.冷轧扭钢筋(JG 190—2006)[S].北京:中国标准出版社,2006.

[25] 中冶建筑研究总院有限公司.钢筋混凝土用钢　第3部分　钢筋焊接网(GB/T 1499.3—2010)[S].北

京：中国标准出版社，2010.
[26] 陕西省建筑科学研究院.钢筋焊接及验收规程(JGJ 18—2003)[S].北京：中国建筑工业出版社，2003.
[27] 中国建筑科学研究院.钢筋机械连接技术规程(JGJ 107—2010)[S].北京：中国建筑工业出版社，2010.
[28] 中国建筑科学研究院.普通混凝土配合比设计规程(JGJ 55—2011)[S].北京：中国建筑工业出版社，2011.
[29] 中国建筑科学研究院.普通混凝土拌和物性能试验方法标准(GB/T 50080—2002)[S].北京：中国建筑工业出版社，2003.
[30] 中国建筑科学研究院.混凝土结构工程施工质量验收规范(GB 50204—2002)[S].北京：中国建筑工业出版社，2011.
[31] 中国建筑科学研究院.混凝土强度检验评定标准(GB 50107—2010)[S].北京：中国建筑工业出版社，2010.
[32] 中国建筑科学研究院.预拌混凝土(GB/T 14902—2003)[S].北京：中国标准出版社，2003.
[33] 中国建筑科学研究院.普通混凝土长期性能和耐久性能试验方法标准(GB/T 50082—2009)[S].北京：中国建筑工业出版社，2009.
[34] 中国建筑材料科学研究院.砌筑水泥(GB/T 3183—2003)[S].北京：中国标准出版社，2003.
[35] 湖北省黄石市建材化工总厂.建筑生石灰(JC/T 479—1992)[S].北京：中国标准出版社，1992.
[36] 北京市建材化工厂.建筑生石灰粉(JC/T 480—1992)[S].北京：中国标准出版社，1992.
[37] 大连白灰厂.建筑消石灰粉(JC/T 481—1992)[S].北京：中国标准出版社，1992.
[38] 西安墙体材料研究设计院.烧结普通砖(GB 5101—2003)[S].北京：中国标准出版社，2003.
[39] 国家建筑材料工业局西安砖瓦研究所.烧结空心砖和空心砌块(GB 13545—2003)[S].北京：中国标准出版社，2003.
[40] 中国新型建筑材料公司常州建筑材料研究设计所.粉煤灰砖(JC 239-2001)[S].北京：国家建筑材料工业局标准化研究所出版发行，2001.
[41] 中国新型建筑材料公司常州建筑材料研究设计所.蒸压灰砂砖(GB 11945—1999)[S].北京：中国标准出版社，1999.
[42] 中国建材西安墙体材料研究设计院.混凝土实心砖(GB/T 21144—2007)[S].北京：中国标准出版社，2007.
[43] 浙江省新型墙体材料行业协会.混凝土多孔砖(JC 943—2004)[S].北京：中国建材工业出版社，2004.
[44] 河南建筑材料研究设计院.普通混凝土小型空心砌块(GB 8239—1997)[S].北京：中国标准出版社，1997.
[45] 中国建筑科学研究院建筑工程材料及制品研究所.轻集料混凝土小型空心砌块(GB/T 15229—2002)[S].北京：中国标准出版社，2002.
[46] 中国新型建筑材料公司常州建筑材料研究设计所.蒸压加气混凝土砌块(GB 11968—2006)[S].北京：中国标准出版社，2006.
[47] 中国建筑材料科学研究总院.粉煤灰混凝土小型空心砌块(JC/T 862—2008)[S].北京：中国建材工业出版社，2008.
[48] 中国建筑材料科学研究总院.泡沫混凝土砌块(JC/T 1062—2007)[S].北京：中国建材工业出版社，2007.
[49] 国家住宅与居住环境工程技术研究中心.建筑用轻质隔墙条板(GB/T 23541—2009)[S].北京：中国标准出版社，2009.
[50] 国家建筑材料工业墙体屋面材料质量监督检验测试中心.灰渣混凝土空心隔墙板(GB/T 23449—2009)[S].北京：中国标准出版社，2009.
[51] 西省建筑科学研究院.砌筑砂浆配合比设计规程(JGJ 98—2010)[S].北京：中国建筑工业出版社，2010.

[52] 中国建筑材料科学研究总院.混凝土小型空心砌块和混凝土砖砌筑砂浆(JC 860—2008)[S].北京:中国建材工业出版社,2008.

[53] 中国建筑科学研究院.预拌砂浆(JG/T 230—2007)[S].北京:中国标准出版社,2009.

[54] 陕西省建筑科学研究院.建筑砂浆基本性能试验方法(JGJ 70—2009)[S].北京:中国建筑工业出版社,2009.

[55] 陕西省建筑科学研究设计院.砌体结构工程施工质量验收规范(GB 50203—2011)[S].北京:中国建筑工业出版社,2011.

[56] 中国建筑防水材料工业协会.弹性体改性沥青防水卷材(GB 18242—2008)[S].北京:中国标准出版社,2008.

[57] 中国建筑防水材料工业协会.塑性体改性沥青防水卷材(GB 18243—2008)[S].北京:中国标准出版社,2008.

[58] 北京市化工产品质量监督检验站.高分子防水材料　第1部分:片材(GB 18173.1—2006)[S].北京:中国标准出版社,2006.

[59] 中国化学建筑材料公司苏州防水材料研究所.聚氯乙烯防水卷材(GB 12952—2003)[S].北京:中国标准出版社,2003.

[60] 中国化学建筑材料公司苏州防水材料研究所.氯化聚乙烯防水卷材(GB 12953—2003)[S].北京:中国标准出版社,2003.

[61] 建材工业技术监督研究中心.沥青复合胎柔性防水卷材(JC/T 690—2008)[S].北京:中国建材工业出版社,2008.

[62] 建筑材料工业技术监督研究中心.自粘聚合物改性沥青防水卷材(GB 23441—2009)[S].北京:中国标准出版社,2009.

[63] 中国化学建筑材料公司苏州防水材料研究设计所.预铺湿铺防水卷材(GB 23457—2009)[S].北京:中国标准出版社,2009.

[64] 建筑材料工业技术监督研究中心.改性沥青聚乙烯胎防水卷材(GB 18967—2009)[S].北京:中国标准出版社,2009.

[65] 中国化学建筑材料公司苏州防水材料研究设计所.石油沥青纸胎油毡(GB 326—2007)[S].北京:中国标准出版社,2007.

[66] 中国石油大学(华东)重质油研究所.建筑石油沥青(GB/T 494—2010)[S].北京:中国标准出版社,2011.

[67] 咸阳陶瓷研究设计院.陶瓷砖(GB/T 4100—2006)[S].北京:中国标准出版社,2007.

[68] 国家建筑材料工业石材质量监督检验测试中心,建筑材料工业技术监督研究中心.天然大理石建筑板材(GB/T 19766—2005)[S].北京:中国标准出版社,2005.

[69] 中材人工晶体研究院(国家石材质量监督检验中心).天然花岗石建筑板材(GB/T 18601—2009)[S].北京:中国标准出版社,2009.

[70] 中材人工晶体研究院(国家石材质量监督检验中心).天然石灰石建筑板材(GB/T 23453—2009)[S].北京:中国标准出版社,2009.

[71] 河南建筑材料研究设计院.膨胀珍珠岩(JC/T 209—1992)[S].北京:中国标准出版社,1996.

[72] 国家建筑材料工业局苏州混凝土水泥制品研究院.钢丝网架水泥聚苯乙烯夹芯板(JC 623—1996)[S].北京:国家建筑材料工业局标准化研究所,1996.

[73] 国家建筑材料工业墙体屋面材料质量监督检验测试中心.建筑隔墙用保温条板(GB/T 23450—2009)[S].北京:中国标准出版社.2009.

[74] 南京玻璃纤维研究设计院.建筑外墙外保温用岩棉制品(GB/T 25975—2010)[S].北京:中国标准出版社,2011.

[75] 陕西省建筑科学研究院和浙江海天建设集团有限公司.回弹法检测混凝土抗压强度技术规程(JGJ/T

23—2011)[S]. 北京：中国建筑工业出版社，2011.
[76] 中国建筑科学研究院. 混凝土结构工程施工质量验收规范(GB 50204—2002)[S]. 北京：中国建筑工业出版社，2002.
[77] 冶金工业信息标准研究院. 碳素结构钢(GB 700—2006)[S]. 北京：中国标准出版社，2007.
[78] 鞍钢股份有限公司. 低合金高强度结构钢(GB/T 1591—2008)[S]. 北京：中国标准出版社，2009.
[79] 冶金部信息标准研究院. 优质碳素结构钢(GB/T 699—1999)[S]. 北京：中国标准出版社，2000.
[80] 鞍钢股份有限公司. 耐候结构钢(GB/T 4171—2008)[S]. 北京：中国标准出版社，2009.
[81] 铁道科学研究院. 钢结构用高强度大六角头螺栓、大六角螺母、垫圈技术条件(GB/T 1231—2006)[S]. 北京：中国标准出版社，2006.
[82] 中国铁道科学研究院. 钢结构用高强度大六角头螺栓(GB/T 1228—2006)[S]. 北京：中国标准出版社，2006.
[83] 中冶集团建筑研究总院和中机生产力促进中心. 钢结构用扭剪型高强度螺栓连接副(GB/T 3632—2008)[S]. 北京：中国标准出版社，2008.
[84] 机械工业部机械科学研究院. 钢网架螺栓球节点用高强度螺栓(GB/T 16939—1997)[S]. 北京：中国标准出版社，1998.
[85] 机械工业部哈尔滨焊接研究所. 碳钢焊条(GB/T 5117—1995)[S]. 北京：中国标准出版社，2009.
[86] 机械工业部哈尔滨焊接研究所. 低合金钢焊条(GB/T 5118—1995)[S]. 北京：中国标准出版社，2009.
[87] 机械工业部哈尔滨焊接研究所. 不锈钢焊条(GB/T 983—1995)[S]. 北京：中国标准出版社，2009.
[88] 国家焊接材料质量监督检验中心. 堆焊焊条(GB/T 984—2001)[S]. 北京：中国标准出版社，2001.
[89] 侯永生. 粉煤灰对混凝土性能的影响[J]. 建材技术与应用，2005(2).
[90] 侯永生. 水玻璃系混凝土养护剂的研究[J]. 山西建筑，2005(10).
[91] 侯永生. 混凝土收缩与非受力裂缝[J]. 山西建筑，2005(11).
[92] 孙开华，侯永生. 金刚砂灰粉混凝土活性掺合料的研究[J]. 山西建筑，2004(5).
[93] 侯永生，刘桂君，王联芳，等. 混凝土的配制及施工技术[M]. 北京：中国铁道出版社，2010.
[94] 侯永生. 客运专线铁路改良土填筑施工技术[J]. 粉煤灰综合应用，2010(3).
[95] 黄武军. 国内外工程质量检测行业发展现状的研究[J]. 工程质量，2005(6).

附录　建筑工程试验检测相关法律法规

附录A　中华人民共和国计量法

（主席令1985年第28号）

第一章　总　　则

第一条　为了加强计量监督管理，保障国家计量单位制的统一和量值的准确可靠，有利于生产、贸易和科学技术的发展，适应社会主义现代化建设的需要，维护国家、人民的利益，制定本法。

第二条　在中华人民共和国境内，建立计量基准器具、计量标准器具，进行计量检定，制造、修理、销售、使用计量器具，必须遵守本法。

第三条　国家采用国际单位制。国际单位制计量单位和国家选定的其他计量单位，为国家法定计量单位。国家法定计量单位的名称、符号由国务院公布。

非国家法定计量单位应当废除。废除的办法由国务院制定。

第四条　国务院计量行政部门对全国计量工作实施统一监督管理。县级以上地方人民政府计量行政部门对本行政区域内的计量工作实施监督管理。

第二章　计量基准器具、计量标准器具和计量检定

第五条　国务院计量行政部门负责建立各种计量基准器具，作为统一全国量值的最高依据。

第六条　县级以上地方人民政府计量行政部门根据本地区的需要，建立社会公用计量标准器具，经上级人民政府计量行政部门主持考核合格后使用。

第七条　国务院有关主管部门和省、自治区、直辖市人民政府有关主管部门，根据本部门的特殊需要，可以建立本部门使用的计量标准器具，其各项最高计量标准器具经同级人民政府计量行政部门主持考核合格后使用。

第八条　企业、事业单位根据需要，可以建立本单位使用的计量标准器具，其各项最高计量标准器具经有关人民政府计量行政部门主持考核合格后使用。

第九条　县级以上人民政府计量行政部门对社会公用计量标准器具，部门和企业、事业单位使用的最高计量标准器具，以及用于贸易结算、安全防护、医疗卫生、环境监测方面的列入强制检定目录的工作计量器具，实行强制检定。未按照规定申请检定或者检定不合格的，不得使用。实行强制检定的工作计量器具的目录和管理办法，由国务院制定。

对前款规定以外的其他计量标准器具和工作计量器具，使用单位应当自行定期检定或者送其他计量检定机构检定，县级以上人民政府计量行政部门应当进行监督检查。

第十条　计量检定必须按照国家计量检定系统表进行。国家计量检定系统表由国务院计量行政部门制定。

计量检定必须执行计量检定规程。国家计量检定规程由国务院计量行政部门制定。没有

国家计量检定规程的，由国务院有关主管部门和省、自治区、直辖市人民政府计量行政部门分别制定部门计量检定规程和地方计量检定规程，并向国务院计量行政部门备案。

第十一条　计量检定工作应当按照经济合理的原则，就地就近进行。

第三章　计量器具管理

第十二条　制造、修理计量器具的企业、事业单位，必须具备与所制造、修理的计量器具相适应的设施、人员和检定仪器设备，经县级以上人民政府计量行政部门考核合格，取得《制造计量器具许可证》或者《修理计量器具许可证》。

制造、修理计量器具的企业未取得《制造计量器具许可证》或者《修理计量器具许可证》的，工商行政管理部门不予办理营业执照。

第十三条　制造计量器具的企业、事业单位生产本单位未生产过的计量器具新产品，必须经省级以上人民政府计量行政部门对其样品的计量性能考核合格，方可投入生产。

第十四条　未经国务院计量行政部门批准，不得制造、销售和进口国务院规定废除的非法定计量单位的计量器具和国务院禁止使用的其他计量器具。

第十五条　制造、修理计量器具的企业、事业单位必须对制造、修理的计量器具进行检定，保证产品计量性能合格，并对合格产品出具产品合格证。

县级以上人民政府计量行政部门应当对制造、修理的计量器具的质量进行监督检查。

第十六条　进口的计量器具，必须经省级以上人民政府计量行政部门检定合格后，方可销售。

第十七条　使用计量器具不得破坏其准确度，损害国家和消费者的利益。

第十八条　个体工商户可以制造、修理简易的计量器具。

制造、修理计量器具的个体工商户，必须经县级人民政府计量行政部门考核合格，发给《制造计量器具许可证》或者《修理计量器具许可证》后，方可向工商行政管理部门申请营业执照。

个体工商户制造、修理计量器具的范围和管理办法，由国务院计量行政部门制定。

第四章　计 量 监 督

第十九条　县级以上人民政府计量行政部门，根据需要设置计量监督员。计量监督员管理办法，由国务院计量行政部门制定。

第二十条　县级以上人民政府计量行政部门可以根据需要设置计量检定机构，或者授权其他单位的计量检定机构，执行强制检定和其他检定、测试任务。

执行前款规定的检定、测试任务的人员，必须经考核合格。

第二十一条　处理因计量器具准确度所引起的纠纷，以国家计量基准器具或者社会公用计量标准器具检定的数据为准。

第二十二条　为社会提供公证数据的产品质量检验机构，必须经省级以上人民政府计量行政部门对其计量检定、测试的能力和可靠性考核合格。

第五章　法 律 责 任

第二十三条　未取得《制造计量器具许可证》、《修理计量器具许可证》制造或者修理计量器具的，责令停止生产、停止营业，没收违法所得，可以并处罚款。

第二十四条　制造、销售未经考核合格的计量器具新产品的，责令停止制造、销售该种新产品，没收违法所得，可以并处罚款。

第二十五条　制造、修理、销售的计量器具不合格的，没收违法所得，可以并处罚款。

第二十六条　属于强制检定范围的计量器具，未按照规定申请检定或者检定不合格继续使用的，责令停止使用，可以并处罚款。

第二十七条　使用不合格的计量器具或者破坏计量器具准确度，给国家和消费者造成损失的，责令赔偿损失，没收计量器具和违法所得，可以并处罚款。

第二十八条　制造、销售、使用以欺骗消费者为目的的计量器具的，没收计量器具和违法所得，处以罚款；情节严重的，并对个人或者单位直接责任人员按诈骗罪或者投机倒把罪追究刑事责任。

第二十九条　违反本法规定，制造、修理、销售的计量器具不合格，造成人身伤亡或者重大财产损失的，比照《刑法》第一百八十七条的规定，对个人或者单位直接责任人员追究刑事责任。

第三十条　计量监督人员违法失职，情节严重的，依照《刑法》有关规定追究刑事责任；情节轻微的，给予行政处分。

第三十一条　本法规定的行政处罚，由县级以上地方人民政府计量行政部门决定。本法第二十七条规定的行政处罚，也可以由工商行政管理部门决定。

第三十二条　当事人对行政处罚决定不服的，可以在接到处罚通知之日起十五日内向人民法院起诉；对罚款、没收违法所得的行政处罚决定期满不起诉又不履行的，由作出行政处罚决定的机关申请人民法院强制执行。

第六章　附　　则

第三十三条　中国人民解放军和国防科技工业系统计量工作的监督管理办法，由国务院、中央军事委员会依据本法另行制定。

第三十四条　国务院计量行政部门根据本法制定实施细则，报国务院批准施行。

第三十五条　本法自一九八六年七月一日起施行。

附录 B　中华人民共和国计量法实施细则

(1987 年 1 月 19 日国务院批准)

(1987 年 2 月 1 日国家计量局发布)

第一章　总　　则

第一条　根据《中华人民共和国计量法》的规定，制定本细则。

第二条　国家实行法定计量单位制度。国家法定计量单位的名称、符号和非国家法定计量单位的废除办法，按照国务院关于在我国统一实行法定计量单位的有关规定执行。

第三条　国家有计划地发展计量事业，用现代计量技术装备各级计量检定机构，为社会主义现代化建设服务，为工农业生产、国防建设、科学实验、国内外贸易以及人民的健康、安全提供计量保证，维护国家和人民的利益。

第二章　计量基准器具和计量标准器具

第四条　计量基准器具(简称计量基准，下同)的使用必须具备下列条件：

（一）经国家鉴定合格；

（二）具有正常工作所需要的环境条件；

（三）具有称职的保存、维护、使用人员；

（四）具有完善的管理制度。

符合上述条件的，经国务院计量行政部门审批并颁发计量基准证书后，方可使用。

第五条　非经国务院计量行政部门批准，任何单位和个人不得拆卸、改装计量基准，或者自行中断其计量检定工作。

第六条　计量基准的量值应当与国际上的量值保持一致。国务院计量行政部门有权废除技术水平落后或者工作状况不适应需要的计量基准。

第七条　计量标准器具（简称计量标准，下同）的使用，必须具备下列条件：

（一）经计量检定合格；

（二）具有正常工作所需要的环境条件；

（三）具有称职的保存，维护、使用人员；

（四）具有完善的管理制度。

第八条　社会公用计量标准对社会上实施计量监督具有公证作用。县级以上地方人民政府计量行政部门建立的本行政区域内最高等级的社会公用计量标准，须向上一级人民政府计量行政部门申请考核；其他等级的，由当地人民政府计量行政部门主持考核。

经考核符合本细则第七条规定条件并取得考核合格证的，由当地县级以上人民政府计量行政部门审批颁发社会公用计量标准证书后，方可使用。

第九条　国务院有关主管部门和省、自治区、直辖市人民政府有关主管部门建立的本部门各项最高计量标准，经同级人民政府计量行政部门考核，符合本细则第七条规定条件并取得考核合格证的，由有关主管部门批准使用。

第十条　企业、事业单位建立本单位各项最高计量标准，须向与其主管部门同级的人民政府计量行政部门申请考核。乡镇企业向当地县级人民政府计量行政部门申请考核。经考核符合本细则第七条规定条件并取得考核合格证的，企业、事业单位方可使用，并向其主管部门备案。

第三章　计 量 检 定

第十一条　使用实行强制检定的计量标准的单位和个人，应当向主持考核该项计量标准的有关人民政府计量行政部门申请周期检定。

使用实行强制检定的工作计量器具的单位和个人，应当向当地县（市）级人民政府计量行政部门指定的计量检定机构申请周期检定。当地不能检定的，向上一级人民政府计量行政部门指定的计量检定机构申请周期检定。

第十二条　企业、事业单位应当配备与生产、科研、经营管理相适应的计量检测设施，制定具体的检定管理办法和规章制度，规定本单位管理的计量器具明细目录及相应的检定周期，保证使用的非强制检定的计量器具定期检定。

第十三条　计量检定工作应当符合经济合理、就地就近的原则，不受行政区划和部门管辖的限制。

第四章　计量器具的制造和修理

第十四条　企业、事业单位申请办理“制造计量器具许可证”，由与其主管部门同级的人民政府计量行政部门进行考核；乡镇企业由当地县级人民政府计量行政部门进行考核。经考核合格，取得“制造计量器具许可证”的，准予使用国家统一规定的标志，有关主管部门方可批准生产。

第十五条　对社会开展经营性修理计量器具的企业、事业单位，办理“修理计量器具许可证”，可直接向当地县(市)级人民政府计量行政部门申请考核。当地不能考核的，可以向上一级地方人民政府计量行政部门申请考核。经考核合格取得“修理计量器具许可证”的，方可准予使用国家统一规定的标志和批准营业。

第十六条　制造、修理计量器具的个体工商户，须在固定的场所从事经营。申请“制造计量器具许可证”或者“修理计量器具许可证”，按照本细则第十五条规定的程序办理。凡易地经营的，须经所到地方的人民政府计量行政部门验证核准后方可申请办理营业执照。

第十七条　对申请“制造计量器具许可证”和“修理计量器具许可证”的企业、事业单位或个体工商户进行考核的内容为：

(一)生产设施；

(二)出厂检定条件；

(三)人员的技术状况；

(四)有关技术文件和计量规章制度。

第十八条　凡制造在全国范围内从未生产过的计量器具新产品，必须经过定型鉴定。定型鉴定合格后，应当履行型式批准手续，颁发证书。在全国范围内已经定型，而本单位未生产过的计量器具新产品，应当进行样机试验。样机试验合格后，发给合格证书。凡未经型式批准或者未取得样机试验合格证书的计量器具，不准生产。

第十九条　计量器具新产品定型鉴定，由国务院计量行政部门授权的技术机构进行；样机试验由所在地方的省级人民政府计量行政部门授权的技术机构进行。计量器具新产品的型式，由当地省级人民政府计量行政部门批准。省级人民政府计量行政部门批准的型式，经国务院计量行政部门审核同意后，作为全国通用型式。

第二十条　申请计量器具新产品定型鉴定和样机试验的单位，应当提供新产品样机及有关技术文件、资料。负责计量器具新产品定型鉴定和样机试验的单位，对申请单位提供的样机和技术文件、资料必须保密。

第二十一条　对企业、事业单位制造、修理计量器具的质量，各有关主管部门应当加强管理，县级以上人民政府计量行政部门有权进行监督检查，包括抽检和监督试验。凡无产品合格印、证，或者经检定不合格的计量器具，不准出厂。

第五章　计量器具的销售和使用

第二十二条　外商在中国销售计量器具，须比照本细则第十八条的规定向国务院计量行政部门申请型式批准。

第二十三条　县级以上地方人民政府计量行政部门对当地销售的计量器具实施监督检查。凡没有产品合格印、证和“制造计量器具许可证”标志的计量器具不得销售。

第二十四条　任何单位和个人不得经营销售残次计量器具零配件，不得使用残次零配件组装和修理计量器具。

第二十五条　任何单位和个人不准在工作岗位上使用无检定合格印、证或者超过检定周期以及经检定不合格的计量器具。在教学示范中使用计量器具不受此限。

第六章 计 量 监 督

第二十六条 国务院计量行政部门和县级以上地方人民政府计量行政部门监督和贯彻实施计量法律、法规的职责是：

(一)贯彻执行国家计量工作的方针、政策和规章制度，推行国家法定计量单位；

(二)制定和协调计量事业的发展规划，建立计量基准和社会公用计量标准，组织量值传递；

(三)对制造、修理、销售、使用计量器具实施监督；

(四)进行计量认证，组织仲裁检定，调解计量纠纷；

(五)监督检查计量法律、法规的实施情况，对违反计量法律、法规的行为，按照本细则的有关规定进行处理。

第二十七条 县级以上人民政府计量行政部门的计量管理人员，负责执行计量监督、管理任务；计量监督员负责在规定的区域、场所巡回检查，并可根据不同情况在规定的权限内对违反计量法律、法规的行为，进行现场处理，执行行政处罚。计量监督员必须经考核合格后，由县级以上人民政府计量行政部门任命并颁发监督员证件。

第二十八条 县级以上人民政府计量行政部门依法设置的计量检定机构，为国家法定计量检定机构。其职责是：负责研究建立计量基准、社会公用计量标准，进行量值传递，执行强制检定和法律规定的其他检定、测试任务，起草技术规范，为实施计量监督提供技术保证，并承办有关计量监督工作。

第二十九条 国家法定计量检定机构的计量检定人员，必须经县级以上人民政府计量行政部门考核合格，并取得计量检定证件。其他单位的计量检定人员，由其主管部门考核发证。无计量检定证件的，不得从事计量检定工作。计量检定人员的技术职务系列，由国务院计量行政部门会同有关主管部门制定。

第三十条 县级以上人民政府计量行政部门可以根据需要，采取以下形式授权其他单位的计量检定机构和技术机构，在规定的范围内执行强制检定和其他检定、测试任务：

(一)授权专业性或区域性计量检定机构，作为法定计量检定机构；

(二)授权建立社会公用计量标准；

(三)授权某一部门或某一单位的计量检定机构，对其内部使用的强制检定计量器具执行强制检定；

(四)授权有关技术机构，承担法律规定的其他检定、测试任务。

第三十一条 根据本细则第三十条规定被授权的单位，应当遵守下列规定：

(一)被授权单位执行检定、测试任务的人员，必须经授权单位考核合格；

(二)被授权单位的相应计量标准，必须接受计量基准或者社会公用计量标准的检定；

(三)被授权单位承担授权的检定、测试工作，须接受授权单位的监督；

(四)被授权单位成为计量纠纷中当事人一方时，在双方协商不能自行解决的情况下，由县级以上有关人民政府计量行政部门进行调解和仲裁检定。

第七章 产品质量检验机构的计量认证

第三十二条 为社会提供公证数据的产品质量检验机构，必须经省级以上人民政府计量行政部门计量认证。

第三十三条　产品质量检验机构计量认证的内容：

(一)计量检定、测试设备的性能；

(二)计量检定、测试设备的工作环境和人员的操作技能；

(三)保证量值统一、准确的措施及检测数据公正可靠的管理制度。

第三十四条　产品质量检验机构提出计量认证申请后，省级上人民政府计量行政部门应指定所属的计量检定机构或者被授权的技术机构按照本细则第三十三条规定的内容进行考核。考核合格后，由接受申请的省级以上人民政府计量行政部门发给计量认证合格证书。未取得计量认证合格证书的，不得开展产品质量检验工作。

第三十五条　省级以上人民政府计量行政部门有权对计量认证合格的产品质量检验机构，按照本细则第三十三条规定的内容进行监督检查。

第三十六条　已经取得计量认证合格证书的产品质量检验机构、需新增检验项目时，应按照本细则有关规定，申请单项计量认证。

第八章　计量调解和仲裁检定

第三十七条　县级以上人民政府计量行政部门负责计量纠纷的调解和仲裁检定，并可根据司法机关、合同管理机关、涉外仲裁机关或者其他单位的委托，指定有关计量检定机构进行仲裁检定。

第三十八条　在调解、仲裁及案件审理过程中，任何一方当事人均不得改变与计量纠纷有关的计量器具的技术状态。

第三十九条　计量纠纷当事人对仲裁检定不服的，可以在接到仲裁检定通知书之日起十五日内向上一级人民政府计量行政部门申诉。上一级人民政府计量行政部门进行的仲裁检定为终局仲裁检定。

第九章　费　用

第四十条　建立计量标准申请考核，使用计量器具申请检定，制造计量器具新产品申请定型和样机试验，制造、修理计量器具申请许可证，以及申请计量认证和仲裁检定，应当缴纳费用，具体收费办法或收费标准，由国务院计量行政部门会同国家财政，物价部门统一制定。

第四十一条　县级以上人民政府计量行政部门实施监督检查所进行的检定和试验不收费。被检查的单位有提供样机和检定试验条件的义务。

第四十二条　县级以上人民政府计量行政部门所属的计量检定机构，为贯彻计量法律、法规，实施计量监督提供技术保证所需要的经费，按照国家财政管理体制的规定，分别列入各级财政预算。

第十章　法律责任

第四十三条　违反本细则第二条规定，使用非法定计量单位的，责令其改正；属出版物的，责令其停止销售，可并处一千元以下的罚款。

第四十四条　违反《中华人民共和国计量法》第十四条规定，制造、销售和进口国务院规定废除的非法定计量单位的计量器具和国务院禁止使用的其他计量器具，责令其停止制造、销售和进口，没收计量器具和全部违法所得，可并处相当其违法所得百分之十至百分之五十的罚款。

第四十五条　部门和企业、事业单位的各项最高计量标准，未经有关人民政府计量行政部门考核合格而开展计量检定的，责令其停止使用，可并处一千元以下的罚款。

第四十六条　属于强制检定范围的计量器具，未按照规定申请检定和属于非强制检定范围的计量器具未自行定期检定或者送其他计量检定机构定期检定的，以及经检定不合格继续使用的，责令其停止使用，可并处一千元以下的罚款。

第四十七条　未取得《制造计量器具许可证》或者《修理计量器具许可证》制造、修理计量器具的，责令其停止生产、停止营业，封存制造、修理的计量器具，没收全部违法所得，可并处相当其违法所得百分之十至百分之五十的罚款。

第四十八条　制造、销售未经型式批准或样机试验合格的计量器具新产品的，责令其停止制造、销售，封存该种新产品，没收全部违法所得，可并处三千以下的罚款。

第四十九条　制造、修理的计量器具未经出厂检定或者经检定不合格而出厂的，责令其停止出厂，没收全部违法所得；情节严重的，可并处三千元以下的罚款。

第五十条　进口计量器具，未经省级以上人民政府计量行政部门检定合格而销售的，责令其停止销售，封存计量器具，没收全部违法所得，可并处其销售额百分之十至百分之五十的罚款。

第五十一条　使用不合格计量器具或者破坏计量器具准确度和伪造数据，给国家和消费者造成损失的，责令其赔偿损失，没收计量器具和全部违法所得，可并处两千元以下的罚款。

第五十二条　经营销售残次计量器具零配件的，责令其停止经营销售，没收残次计量器具零配件和全部违法所得，可并处两千元以下的罚款；情节严重的，由工商行政管理部门吊销其营业执照。

第五十三条　制造、销售、使用以欺骗消费者为目的的计量器具的单位和个人，没收其计量器具和全部违法所得，可并处两千元以下的罚款；构成犯罪的，对个人或者单位直接责任人员，依法追究刑事责任。

第五十四条　个体工商户制造、修理国家规定范围以外的计量器具或者不按照规定场所从事经营活动的，责令其停止制造、修理，没收全部违法所得，可并处以五百元以下的罚款。

第五十五条　未取得计量认证合格证书的产品质量检验机构，为社会提供公证数据的，责令其停止检验，可并处一千元以下的罚款。

第五十六条　伪造、盗用、倒卖强制检定印、证的，没收其非法检定印、证和全部违法所得，可并处二千元以下的罚款；构成犯罪的，依法追究刑事责任。

第五十七条　计量监督管理人员违法失职，徇私舞弊，情节轻微的，给予行政处分；构成犯罪的，依法追究刑事责任。

第五十八条　负责计量器具新产品定型鉴定、样机试验的单位，违反本细则第二十条第二款规定的，应当按照国家有关规定，赔偿申请单位的损失，并给予直接责任人员行政处分；构成犯罪的，依法追究刑事责任。

第五十九条　计量检定人员有下列行为之一的，给予行政处分；构成犯罪的，依法追究刑事责任。

（一）伪造检定数据的；

（二）出具错误数据，给送检一方造成损失的；

（三）违反计量检定规程进行计量检定的；

（四）使用未经考核合格的计量标准开展检定的；

（五）未取得计量检定证件执行计量检定的。

第六十条　本细则规定的行政处罚，由县级以上地方人民政府计量行政部门决定。罚款一万元以上的，应当报省级人民政府计量行政部门决定。没收违法所得及罚款一律上缴国库。

本细则第五十一条规定的行政处罚，也可以由工商行政管理部门决定。

第十一章　附　　则

第六十一条　本细则下列用语的含义是：

（一）计量器具是指能用以直接或间接测出被测对象量值的装置、仪器仪表、量具和用于统一量值的标准物质，包括计量基准、计量标准、工作计量器具。

（二）计量检定是指为评定计量器具的计量性能，确定其是否合格所进行的全部工作。

（三）定型鉴定是指对计量器具新产品样机的计量性能进行全面审查、考核。

（四）计量认证是指政府计量行政部门对有关技术机构计量检定、测试的能力和可靠性进行的考核和证明。

（五）计量检定机构是指承担计量检定工作的有关技术机构。

（六）仲裁检定是指用计量基准或者社会公用计量标准所进行的以裁决为目的的计量检定、测试活动。

第六十二条　中国人民解放军和国防科技工业系统涉及本系统以外的计量工作的监督管理，亦适用本细则。

第六十三条　本细则有关的管理办法、管理范围和各种印、证、标志，由国务院计量行政部门制定。

第六十四条　本细则由国务院计量行政部门负责解释。

第六十五条　本细则自发布之日起施行。

附录C　中华人民共和国产品质量法

（全国人大常委会2000年修正）

第一章　总　　则

第一条　为了加强对产品质量的监督管理，提高产品质量水平，明确产品质量责任，保护消费者的合法权益，维护社会经济秩序，制定本法。

第二条　在中华人民共和国境内从事产品生产、销售活动，必须遵守本法。本法所称产品是指经过加工、制作，用于销售的产品。建设工程不适用本法规定；但是，建设工程使用的建筑材料、建筑构配件和设备，属于前款规定的产品范围的，适用本法规定。

第三条　生产者、销售者应当建立健全内部产品质量管理制度，严格实施岗位质量规范、质量责任以及相应的考核办法。

第四条　生产者、销售者依照本法规定承担产品质量责任。

第五条　禁止伪造或者冒用认证标志等质量标志；禁止伪造产品的产地，伪造或者冒用他人的厂名、厂址；禁止在生产、销售的产品中掺杂、掺假，以假充真，以次充好。

第六条　国家鼓励推行科学的质量管理方法，采用先进的科学技术，鼓励企业产品质量达到并且超过行业标准、国家标准和国际标准。对产品质量管理先进和产品质量达到国际先进水平、成绩显著的单位和个人，给予奖励。

第七条　各级人民政府应当把提高产品质量纳入国民经济和社会发展规划，加强对产品质量工作的统筹规划和组织领导，引导、督促生产者、销售者加强产品质量管理，提高产品质量，组织各有关部门依法采取措施，制止产品生产、销售中违反本法规定的行为，保障本法的施行。

第八条　国务院产品质量监督部门主管全国产品质量监督工作。国务院有关部门在各自的职责范围内负责产品质量监督工作。县级以上地方产品质量监督部门主管本行政区域内的产品质量监督工作。县级以上地方人民政府有关部门在各自的职责范围内负责产品质量监督工作。法律对产品质量的监督部门另有规定的，依照有关法律的规定执行。

第九条　各级人民政府工作人员和其他国家机关工作人员不得滥用职权、玩忽职守或者徇私舞弊，包庇、放纵本地区、本系统发生的产品生产、销售中违反本法规定的行为，或者阻挠、干预依法对产品生产、销售中违反本法规定的行为进行查处。各级地方人民政府和其他国家机关有包庇、放纵产品生产、销售中违反本法规定的行为的，依法追究其主要负责人的法律责任。

第十条　任何单位和个人有权对违反本法规定的行为，向产品质量监督部门或者其他有关部门检举。产品质量监督部门和有关部门应当为检举人保密，并按照省、自治区、直辖市人民政府的规定给予奖励。

第十一条　任何单位和个人不得排斥非本地区或者非本系统企业生产的质量合格产品进入本地区、本系统。

第二章　产品质量的监督

第十二条　产品质量应当检验合格，不得以不合格产品冒充合格产品。

第十三条　可能危及人体健康和人身、财产安全的工业产品，必须符合保障人体健康和人身、财产安全的国家标准、行业标准；未制定国家标准、行业标准的，必须符合保障人体健康和人身、财产安全的要求。禁止生产、销售不符合保障人体健康和人身、财产安全的标准和要求的工业产品。具体管理办法由国务院规定。

第十四条　国家根据国际通用的质量管理标准，推行企业质量体系认证制度。企业根据自愿原则可以向国务院产品质量监督部门认可的或者国务院产品质量监督部门授权的部门认可的认证机构申请企业质量体系认证。经认证合格的，由认证机构颁发企业质量体系认证证书。

国家参照国际先进的产品标准和技术要求，推行产品质量认证制度。企业根据自愿原则可以向国务院产品质量监督部门认可的或者国务院产品质量监督部门授权的部门认可的认证机构申请产品质量认证。经认证合格的，由认证机构颁发产品质量认证证书，准许企业在产品或者其包装上使用产品质量认证标志。

第十五条　国家对产品质量实行以抽查为主要方式的监督检查制度，对可能危及人体健康和人身、财产安全的产品，影响国计民生的重要工业产品以及消费者、有关组织反映有质量问题的产品进行抽查。抽查的样品应当在市场上或者企业成品仓库内的待销产品中随机抽取。监督抽查工作由国务院产品质量监督部门规划和组织。县级以上地方产品质量监督部门在本行政区域内也可以组织监督抽查。法律对产品质量的监督检查另有规定的，依照有关法律的规定执行。

国家监督抽查的产品，地方不得另行重复抽查；上级监督抽查的产品，下级不得另行重复抽查。

根据监督抽查的需要，可以对产品进行检验。检验抽取样品的数量不得超过检验的合理需要，并不得向被检查人收取检验费用。监督抽查所需检验费用按照国务院规定列支。

生产者、销售者对抽查检验的结果有异议的，可以自收到检验结果之日起十五日内向实施监督抽查的产品质量监督部门或者其上级产品质量监督部门申请复检，由受理复检的产品质量监督部门作出复检结论。

第十六条　对依法进行的产品质量监督检查，生产者、销售者不得拒绝。

第十七条　依照本法规定进行监督抽查的产品质量不合格的，由实施监督抽查的产品质量监督部门责令其生产者、销售者限期改正。逾期不改正的，由省级以上人民政府产品质量监督部门予以公告；公告后经复查仍不合格的，责令停业，限期整顿；整顿期满后经复查产品质量仍不合格的，吊销营业执照。

监督抽查的产品有严重质量问题的，依照本法第五章的有关规定处罚。

第十八条　县级以上产品质量监督部门根据已经取得的违法嫌疑证据或者举报，对涉嫌违反本法规定的行为进行查处时，可以行使下列职权：

（一）对当事人涉嫌从事违反本法的生产、销售活动的场所实施现场检查；

（二）向当事人的法定代表人、主要负责人和其他有关人员调查、了解与涉嫌从事违反本法的生产、销售活动有关的情况；

（三）查阅、复制当事人有关的合同、发票、账簿以及其他有关资料；

（四）对有根据认为不符合保障人体健康和人身、财产安全的国家标准、行业标准的产品或者有其他严重质量问题的产品，以及直接用于生产、销售该项产品的原辅材料、包装物、生产工具，予以查封或者扣押。

县级以上工商行政管理部门按照国务院规定的职责范围，对涉嫌违反本法规定的行为进行查处时，可以行使前款规定的职权。

第十九条　产品质量检验机构必须具备相应的检测条件和能力，经省级以上人民政府产品质量监督部门或者其授权的部门考核合格后，方可承担产品质量检验工作。法律、行政法规对产品质量检验机构另有规定的，依照有关法律、行政法规的规定执行。

第二十条　从事产品质量检验、认证的社会中介机构必须依法设立，不得与行政机关和其他国家机关存在隶属关系或者其他利益关系。

第二十一条　产品质量检验机构、认证机构必须依法按照有关标准，客观、公正地出具检验结果或者认证证明。

产品质量认证机构应当依照国家规定对准许使用认证标志的产品进行认证后的跟踪检查；对不符合认证标准而使用认证标志的，要求其改正；情节严重的，取消其使用认证标志的资格。

第二十二条　消费者有权就产品质量问题，向产品的生产者、销售者查询；向产品质量监督部门、工商行政管理部门及有关部门申诉，接受申诉的部门应当负责处理。

第二十三条　保护消费者权益的社会组织可以就消费者反映的产品质量问题建议有关部门负责处理，支持消费者对因产品质量造成的损害向人民法院起诉。

第二十四条　国务院和省、自治区、直辖市人民政府的产品质量监督部门应当定期发布其监督抽查的产品的质量状况公告。

第二十五条　产品质量监督部门或者其他国家机关以及产品质量检验机构不得向社会推荐生产者的产品；不得以对产品进行监制、监销等方式参与产品经营活动。

第三章 生产者、销售者的产品质量责任和义务

第一节 生产者的产品质量责任和义务

第二十六条 生产者应当对其生产的产品质量负责。

产品质量应当符合下列要求：

(一)不存在危及人身、财产安全的不合理的危险，有保障人体健康和人身、财产安全的国家标准、行业标准的，应当符合该标准；

(二)具备产品应当具备的使用性能，但是，对产品存在使用性能的瑕疵作出说明的除外；

(三)符合在产品或者其包装上注明采用的产品标准，符合以产品说明、实物样品等方式表明的质量状况。

第二十七条 产品或者其包装上的标识必须真实，并符合下列要求：

(一)有产品质量检验合格证明；

(二)有中文标明的产品名称、生产厂厂名和厂址；

(三)根据产品的特点和使用要求，需要标明产品规格、等级、所含主要成分的名称和含量的，用中文相应予以标明；需要事先让消费者知晓的，应当在外包装上标明，或者预先向消费者提供有关资料；

(四)限期使用的产品，应当在显著位置清晰地标明生产日期和安全使用期或者失效日期；

(五)使用不当，容易造成产品本身损坏或者可能危及人身、财产安全的产品，应当有警示标志或者中文警示说明。

裸装的食品和其他根据产品的特点难以附加标识的裸装产品，可以不附加产品标识。

第二十八条 易碎、易燃、易爆、有毒、有腐蚀性、有放射性等危险物品以及储运中不能倒置和其他有特殊要求的产品，其包装质量必须符合相应要求，依照国家有关规定作出警示标志或者中文警示说明，标明储运注意事项。

第二十九条 生产者不得生产国家明令淘汰的产品。

第三十条 生产者不得伪造产地，不得伪造或者冒用他人的厂名、厂址。

第三十一条 生产者不得伪造或者冒用认证标志等质量标志。

第三十二条 生产者生产产品，不得掺杂、掺假，不得以假充真、以次充好，不得以不合格产品冒充合格产品。

第二节 销售者的产品质量责任和义务

第三十三条 销售者应当建立并执行进货检查验收制度，验明产品合格证明和其他标识。

第三十四条 销售者应当采取措施，保持销售产品的质量。

第三十五条 销售者不得销售国家明令淘汰并停止销售的产品和失效、变质的产品。

第三十六条 销售者销售的产品的标识应当符合本法第二十七条的规定。

第三十七条 销售者不得伪造产地，不得伪造或者冒用他人的厂名、厂址。

第三十八条 销售者不得伪造或者冒用认证标志等质量标志。

第三十九条 销售者销售产品，不得掺杂、掺假，不得以假充真、以次充好，不得以不合格产品冒充合格产品。

第四章 损害赔偿

第四十条 售出的产品有下列情形之一的，销售者应当负责修理、更换、退货；给购买产品

的消费者造成损失的，销售者应当赔偿损失：

（一）不具备产品应当具备的使用性能而事先未作说明的；

（二）不符合在产品或者其包装上注明采用的产品标准的；

（三）不符合以产品说明、实物样品等方式表明的质量状况的。

销售者依照前款规定负责修理、更换、退货、赔偿损失后，属于生产者的责任或者属于向销售者提供产品的其他销售者（以下简称供货者）的责任的，销售者有权向生产者、供货者追偿。

销售者未按照第一款规定给予修理、更换、退货或者赔偿损失的，由产品质量监督部门或者工商行政管理部门责令改正。

生产者之间，销售者之间，生产者与销售者之间订立的买卖合同、承揽合同有不同约定的，合同当事人按照合同约定执行。

第四十一条　因产品存在缺陷造成人身、缺陷产品以外的其他财产（以下简称他人财产）损害的，生产者应当承担赔偿责任。

生产者能够证明有下列情形之一的，不承担赔偿责任：

（一）未将产品投入流通的；

（二）产品投入流通时，引起损害的缺陷尚不存在的；

（三）将产品投入流通时的科学技术水平尚不能发现缺陷的存在的。

第四十二条　由于销售者的过错使产品存在缺陷，造成人身、他人财产损害的，销售者应当承担赔偿责任。

销售者不能指明缺陷产品的生产者也不能指明缺陷产品的供货者的，销售者应当承担赔偿责任。

第四十三条　因产品存在缺陷造成人身、他人财产损害的，受害人可以向产品的生产者要求赔偿，也可以向产品的销售者要求赔偿。属于产品的生产者的责任，产品的销售者赔偿的，产品的销售者有权向产品的生产者追偿。属于产品的销售者的责任，产品的生产者赔偿的，产品的生产者有权向产品的销售者追偿。

第四十四条　因产品存在缺陷造成受害人人身伤害的，侵害人应当赔偿医疗费、治疗期间的护理费、因误工减少的收入等费用；造成残疾的，还应当支付残疾者生活自助具费、生活补助费、残疾赔偿金以及由其扶养的人所必需的生活费等费用；造成受害人死亡的，并应当支付丧葬费、死亡赔偿金以及由死者生前扶养的人所必需的生活费等费用。

因产品存在缺陷造成受害人财产损失的，侵害人应当恢复原状或者折价赔偿。受害人因此遭受其他重大损失的，侵害人应当赔偿损失。

第四十五条　因产品存在缺陷造成损害要求赔偿的诉讼时效期间为二年，自当事人知道或者应当知道其权益受到损害时起计算。

因产品存在缺陷造成损害要求赔偿的请求权，在造成损害的缺陷产品交付最初消费者满十年丧失；但是，尚未超过明示的安全使用期的除外。

第四十六条　本法所称缺陷，是指产品存在危及人身、他人财产安全的不合理的危险；产品有保障人体健康和人身、财产安全的国家标准、行业标准的，是指不符合该标准。

第四十七条　因产品质量发生民事纠纷时，当事人可以通过协商或者调解解决。当事人不愿通过协商、调解解决或者协商、调解不成的，可以根据当事人各方的协议向仲裁机构申请仲裁；当事人各方没有达成仲裁协议或者仲裁协议无效的，可以直接向人民法院起诉。

第四十八条　仲裁机构或者人民法院可以委托本法第十九条规定的产品质量检验机构，

对有关产品质量进行检验。

第五章 罚 则

第四十九条　生产、销售不符合保障人体健康和人身、财产安全的国家标准、行业标准的产品的，责令停止生产、销售，没收违法生产、销售的产品，并处违法生产、销售产品（包括已售出和未售出的产品，下同）货值金额等值以上三倍以下的罚款；有违法所得的，并处没收违法所得；情节严重的，吊销营业执照；构成犯罪的，依法追究刑事责任。

第五十条　在产品中掺杂、掺假，以假充真，以次充好，或者以不合格产品冒充合格产品的，责令停止生产、销售，没收违法生产、销售的产品，并处违法生产、销售产品货值金额百分之五十以上三倍以下的罚款；有违法所得的，并处没收违法所得；情节严重的，吊销营业执照；构成犯罪的，依法追究刑事责任。

第五十一条　生产国家明令淘汰的产品的，销售国家明令淘汰并停止销售的产品的，责令停止生产、销售，没收违法生产、销售的产品，并处违法生产、销售产品货值金额等值以下的罚款；有违法所得的，并处没收违法所得；情节严重的，吊销营业执照。

第五十二条　销售失效、变质的产品的，责令停止销售，没收违法销售的产品，并处违法销售产品货值金额二倍以下的罚款；有违法所得的，并处没收违法所得；情节严重的，吊销营业执照；构成犯罪的，依法追究刑事责任。

第五十三条　伪造产品产地的，伪造或者冒用他人厂名、厂址的，伪造或者冒用认证标志等质量标志的，责令改正，没收违法生产、销售的产品，并处违法生产、销售产品货值金额等值以下的罚款；有违法所得的，并处没收违法所得；情节严重的，吊销营业执照。

第五十四条　产品标识不符合本法第二十七条规定的，责令改正；有包装的产品标识不符合本法第二十七条第（四）项、第（五）项规定，情节严重的，责令停止生产、销售，并处违法生产、销售产品货值金额百分之三十以下的罚款；有违法所得的，并处没收违法所得。

第五十五条　销售者销售本法第四十九条至第五十三条规定禁止销售的产品，有充分证据证明其不知道该产品为禁止销售的产品并如实说明其进货来源的，可以从轻或者减轻处罚。

第五十六条　拒绝接受依法进行的产品质量监督检查的，给予警告，责令改正；拒不改正的，责令停业整顿；情节特别严重的，吊销营业执照。

第五十七条　产品质量检验机构、认证机构伪造检验结果或者出具虚假证明的，责令改正，对单位处五万元以上十万元以下的罚款，对直接负责的主管人员和其他直接责任人员处一万元以上五万元以下的罚款；有违法所得的，并处没收违法所得；情节严重的，取消其检验资格、认证资格；构成犯罪的，依法追究刑事责任。

产品质量检验机构、认证机构出具的检验结果或者证明不实，造成损失的，应当承担相应的赔偿责任；造成重大损失的，撤销其检验资格、认证资格。产品质量认证机构违反本法第二十一条第二款的规定，对不符合认证标准而使用认证标志的产品，未依法要求其改正或者取消其使用认证标志资格的，对因产品不符合认证标准给消费者造成的损失，与产品的生产者、销售者承担连带责任；情节严重的，撤销其认证资格。

第五十八条　社会团体、社会中介机构对产品质量作出承诺、保证，而该产品又不符合其承诺、保证的质量要求，给消费者造成损失的，与产品的生产者、销售者承担连带责任。

第五十九条　在广告中对产品质量作虚假宣传，欺骗和误导消费者的，依照《中华人民共和国广告法》的规定追究法律责任。

第六十条　对生产者专门用于生产本法第四十九条、第五十一条所列的产品或者以假充真的产品的原辅材料、包装物、生产工具，应当予以没收。

第六十一条　知道或者应当知道属于本法规定禁止生产、销售的产品而为其提供运输、保管、仓储等便利条件的，或者为以假充真的产品提供制假生产技术的，没收全部运输、保管、仓储或者提供制假生产技术的收入，并处违法收入百分之五十以上三倍以下的罚款；构成犯罪的，依法追究刑事责任。

第六十二条　服务业的经营者将本法第四十九条至第五十二条规定禁止销售的产品用于经营性服务的，责令停止使用；对知道或者应当知道所使用的产品属于本法规定禁止销售的产品的，按照违法使用的产品（包括已使用和尚未使用的产品）的货值金额，依照本法对销售者的处罚规定处罚。

第六十三条　隐匿、转移、变卖、损毁被产品质量监督部门或者工商行政管理部门查封、扣押的物品的，处被隐匿、转移、变卖、损毁物品货值金额等值以上三倍以下的罚款；有违法所得的，并处没收违法所得。

第六十四条　违反本法规定，应当承担民事赔偿责任和缴纳罚款、罚金，其财产不足以同时支付时，先承担民事赔偿责任。

第六十五条　各级人民政府工作人员和其他国家机关工作人员有下列情形之一的，依法给予行政处分；构成犯罪的，依法追究刑事责任：

（一）包庇、放纵产品生产、销售中违反本法规定行为的；

（二）向从事违反本法规定的生产、销售活动的当事人通风报信，帮助其逃避查处的；

（三）阻挠、干预产品质量监督部门或者工商行政管理部门依法对产品生产、销售中违反本法规定的行为进行查处，造成严重后果的。

第六十六条　产品质量监督部门在产品质量监督抽查中超过规定的数量索取样品或者向被检查人收取检验费用的，由上级产品质量监督部门或者监察机关责令退还；情节严重的，对直接负责的主管人员和其他直接责任人员依法给予行政处分。

第六十七条　产品质量监督部门或者其他国家机关违反本法第二十五条的规定，向社会推荐生产者的产品或者以监制、监销等方式参与产品经营活动的，由其上级机关或者监察机关责令改正，消除影响，有违法收入的予以没收；情节严重的，对直接负责的主管人员和其他直接责任人员依法给予行政处分。

产品质量检验机构有前款所列违法行为的，由产品质量监督部门责令改正，消除影响，有违法收入的予以没收，可以并处违法收入一倍以下的罚款；情节严重的，撤销其质量检验资格。

第六十八条　产品质量监督部门或者工商行政管理部门的工作人员滥用职权、玩忽职守、徇私舞弊，构成犯罪的，依法追究刑事责任；尚不构成犯罪的，依法给予行政处分。

第六十九条　以暴力、威胁方法阻碍产品质量监督部门或者工商行政管理部门的工作人员依法执行职务的，依法追究刑事责任；拒绝、阻碍未使用暴力、威胁方法的，由公安机关依照治安管理处罚条例的规定处罚。

第七十条　本法规定的吊销营业执照的行政处罚由工商行政管理部门决定，本法第四十九条至第五十七条、第六十条至第六十三条规定的行政处罚由产品质量监督部门或者工商行政管理部门按照国务院规定的职权范围决定。法律、行政法规对行使行政处罚权的机关另有规定的，依照有关法律、行政法规的规定执行。

第七十一条　对依照本法规定没收的产品，依照国家有关规定进行销毁或者采取其他方式处理。

第七十二条　本法第四十九条至第五十四条、第六十二条、第六十三条所规定的货值金额以违法生产、销售产品的标价计算；没有标价的，按照同类产品的市场价格计算。

第六章　附　　则

第七十三条　军工产品质量监督管理办法，由国务院、中央军事委员会另行制定。因核设施、核产品造成损害的赔偿责任，法律、行政法规另有规定的，依照其规定。

第七十四条　本法自 1993 年 9 月 1 日起施行。

附：刑法有关条款

第一百六十七条　伪造、变造或者盗窃、抢夺、毁灭国家机关、企业、事业单位、人民团体的公文、证件、印章的，处三年以下有期徒刑、拘役、罚金或者剥夺政治权利。

第一百五十七条　以暴力、威胁方法阻碍国家工作人员依法执行职务的，或者拒不执行人民法院已经发生法律效力的判决、裁定的，处三年以下有期徒刑、拘役、管或者剥夺政治权利制；情节严重的，处三年以上、十年以下有期徒刑。

附录 D　建设工程质量管理条例

（国务院 2000 第 279 号令）

第一章　总　　则

第一条　为了加强对建设工程质量的管理，保证建设工程质量，保护人民生命和财产安全，根据《中华人民共和国建筑法》，制定本条例。

第二条　凡在中华人民共和国境内从事建设工程的新建、扩建、改建等有关活动及实施对建设工程质量监督管理的，必须遵守本条例。本条例所称建设工程，是指土木工程、建筑工程、线路管道和设备安装工程及装修工程。

第三条　建设单位、勘察单位、设计单位、施工单位、工程监理单位依法对建设工程质量负责。

第四条　县级以上人民政府建设行政主管部门和其他有关部门应当加强对建设工程质量的监督管理。

第五条　从事建设工程活动，必须严格执行基本建设程序，坚持先勘察、后设计、再施工的原则。县级以上人民政府及其有关部门不得超越权限审批建设项目或者擅自简化基本建设程序。

第六条　国家鼓励采用先进的科学技术和管理方法，提高建设工程质量。

第二章　建设单位的质量责任和义务

第七条　建设单位应当将工程发包给具有相应资质等级的单位。建设单位不得将建设工程肢解发包。

第八条　建设单位应当依法对工程建设项目的勘察、设计、施工、监理以及与工程建设有关的重要设备、材料等的采购进行招标。

第九条　建设单位必须向有关的勘察、设计、施工、工程监理等单位提供与建设工程有关的原始资料。原始资料必须真实、准确、齐全。

第十条　建设工程发包单位不得迫使承包方以低于成本的价格竞标，不得任意压缩合理工期。建设单位不得明示或者暗示设计单位或者施工单位违反工程建设强制性标准，降低建设工程质量。

第十一条　建设单位应当将施工图设计文件报县级以上人民政府建设行政主管部门或者其他有关部门审查。施工图设计文件审查的具体办法，由国务院建设行政主管部门会同国务院其他有关部门制定。施工图设计文件未经审查批准的，不得使用。

第十二条　实行监理的建设工程，建设单位应当委托具有相应资质等级的工程监理单位进行监理，也可以委托具有工程监理相应资质等级并与被监理工程的施工承包单位没有隶属关系或者其他利害关系的该工程的设计单位进行监理。

下列建设工程必须实行监理：

(一)国家重点建设工程；

(二)大中型公用事业工程；

(三)成片开发建设的住宅小区工程；

(四)利用外国政府或者国际组织贷款、援助资金的工程；

(五)国家规定必须实行监理的其他工程。

第十三条　建设单位在领取施工许可证或者开工报告前，应当按照国家有关规定办理工程质量监督手续。

第十四条　按照合同约定，由建设单位采购建筑材料、建筑构配件和设备的，建设单位应当保证建筑材料、建筑构配件和设备符合设计文件和合同要求。

建设单位不得明示或者暗示施工单位使用不合格的建筑材料、建筑构配件和设备。

第十五条　涉及建筑主体和承重结构变动的装修工程，建设单位应当在施工前委托原设计单位或者具有相应资质等级的设计单位提出设计方案；没有设计方案的，不得施工。

房屋建筑使用者在装修过程中，不得擅自变动房屋建筑主体和承重结构。

第十六条　建设单位收到建设工程竣工报告后，应当组织设计、施工、工程监理等有关单位进行竣工验收。建设工程竣工验收应当具备下列条件：

(一)完成建设工程设计和合同约定的各项内容；

(二)有完整的技术档案和施工管理资料；

(三)有工程使用的主要建筑材料、建筑构配件和设备的进场试验报告；

(四)有勘察、设计、施工、工程监理等单位分别签署的质量合格文件；

(五)有施工单位签署的工程保修书。建设工程经验收合格的，方可交付使用。

第十七条　建设单位应当严格按照国家有关档案管理的规定，及时收集、整理建设项目各环节的文件资料，建立、健全建设项目档案，并在建设工程竣工验收后，及时向建设行政主管部门或者其他有关部门移交建设项目档案。

第三章　勘察、设计单位的质量责任和义务

第十八条　从事建设工程勘察、设计的单位应当依法取得相应等级的资质证书，并在其资质等级许可的范围内承揽工程。禁止勘察、设计单位超越其资质等级许可的范围或者以其他勘察、设计单位的名义承揽工程。禁止勘察、设计单位允许其他单位或者个人以本单位的名义承揽工程。勘察、设计单位不得转包或者违法分包所承揽的工程。

第十九条　勘察、设计单位必须按照工程建设强制性标准进行勘察、设计，并对其勘察、设

计的质量负责。注册建筑师、注册结构工程师等注册执业人员应当在设计文件上签字,对设计文件负责。

第二十条　勘察单位提供的地质、测量、水文等勘察成果必须真实、准确。

第二十一条　设计单位应当根据勘察成果文件进行建设工程设计。设计文件应当符合国家规定的设计深度要求,注明工程合理使用年限。

第二十二条　设计单位在设计文件中选用的建筑材料、建筑构配件和设备,应当注明规格、型号、性能等技术指标,其质量要求必须符合国家规定的标准。除有特殊要求的建筑材料、专用设备、工艺生产线等外,设计单位不得指定生产厂、供应商。

第二十三条　设计单位应当就审查合格的施工图设计文件向施工单位作出详细说明。

第二十四条　设计单位应当参与建设工程质量事故分析,并对因设计造成的质量事故,提出相应的技术处理方案。

第四章　施工单位的质量责任和义务

第二十五条　施工单位应当依法取得相应等级的资质证书,并在其资质等级许可的范围内承揽工程。禁止施工单位超越本单位资质等级许可的业务范围或者以其他施工单位的名义承揽工程。禁止施工单位允许其他单位或者个人以本单位的名义承揽工程。施工单位不得转包或者违法分包工程。

第二十六条　施工单位对建设工程的施工质量负责。施工单位应当建立质量责任制,确定工程项目的项目经理、技术负责人和施工管理负责人。建设工程实行总承包的,总承包单位应当对全部建设工程质量负责;建设工程勘察、设计、施工、设备采购的一项或者多项实行总承包的,总承包单位应当对其承包的建设工程或者采购的设备的质量负责。

第二十七条　总承包单位依法将建设工程分包给其他单位的,分包单位应当按照分包合同的约定对其分包工程的质量向总承包单位负责,总承包单位与分包单位对分包工程的质量承担连带责任。

第二十八条　施工单位必须按照工程设计图纸和施工技术标准施工,不得擅自修改工程设计,不得偷工减料。施工单位在施工过程中发现设计文件和图纸有差错的,应当及时提出意见和建议。

第二十九条　施工单位必须按照工程设计要求、施工技术标准和合同约定,对建筑材料、建筑构配件、设备和商品混凝土进行检验,检验应当有书面记录和专人签字;未经检验或者检验不合格的,不得使用。

第三十条　施工单位必须建立、健全施工质量的检验制度,严格工序管理,作好隐蔽工程的质量检查和记录。隐蔽工程在隐蔽前,施工单位应当通知建设单位和建设工程质量监督机构。

第三十一条　施工人员对涉及结构安全的试块、试件以及有关材料,应当在建设单位或者工程监理单位监督下现场取样,并送具有相应资质等级的质量检测单位进行检测。

第三十二条　施工单位对施工中出现质量问题的建设工程或者竣工验收不合格的建设工程,应当负责返修。

第三十三条　施工单位应当建立、健全教育培训制度,加强对职工的教育培训;未经教育培训或者考核不合格的人员,不得上岗作业。

第五章　工程监理单位的质量责任和义务

第三十四条　工程监理单位应当依法取得相应等级的资质证书，并在其资质等级许可的范围内承担工程监理业务。禁止工程监理单位超越本单位资质等级许可的范围或者以其他工程监理单位的名义承担工程监理业务。禁止工程监理单位允许其他单位或者个人以本单位的名义承担工程监理业务。工程监理单位不得转让工程监理业务。

第三十五条　工程监理单位与被监理工程的施工承包单位以及建筑材料、建筑构配件和设备供应单位不得有隶属关系或者其他利害关系的，不得承担该项建设工程的监理业务。

第三十六条　工程监理单位应当依照法律、法规以及有关技术标准、设计文件和建设工程承包合同，代表建设单位对施工质量实施监理，并对施工质量承担监理责任。

第三十七条　工程监理单位应当选派具备相应资格的总监理工程师和监理工程师进驻施工现场。未经监理工程师签字，建筑材料、建筑构配件和设备不得在工程上使用或者安装，施工单位不得进行下一道工序的施工。未经总监理工程师签字，建设单位不拨付工程款，不进行竣工验收。

第三十八条　监理工程师应当按照工程监理规范的要求，采取旁站、巡视和平行检验等形式，对建设工程实施监理。

第六章　建设工程质量保修

第三十九条　建设工程实行质量保修制度。

建设工程承包单位在向建设单位提交工程竣工验收报告时，应当向建设单位出具质量保修书。质量保修书中应当明确建设工程的保修范围、保修期限和保修责任等。

第四十条　在正常使用条件下，建设工程的最低保修期限为：

(一)基础设施工程、房屋建筑的地基基础工程和主体结构工程，为设计文件规定的该工程的合理使用年限。

(二)屋面防水工程、有防水要求的卫生间、房间和外墙面的防渗漏，为5年。

(三)供热与供冷系统，为2个采暖期、供冷期。

(四)电气管线、给排水管道、设备安装和装修工程，为2年。其他项目的保修期限由发包方与承包方约定。

建设工程的保修期，自竣工验收合格之日起计算。

第四十一条　建设工程在保修范围和保修期限内发生质量问题的，施工单位应当履行保修义务，并对造成的损失承担赔偿责任。

第四十二条　建设工程在超过合理使用年限后需要继续使用的，产权所有人应当委托具有相应资质等级的勘察、设计单位鉴定，并根据鉴定结果采取加固、维修等措施，重新界定使用期。

第七章　监 督 管 理

第四十三条　国家实行建设工程质量监督管理制度。国务院建设行政主管部门对全国的建设工程质量实施统一监督管理。国务院铁路、交通、水利等有关部门按照国务院规定的职责分工，负责对全国的有关专业建设工程质量的监督管理。县级以上地方人民政府建设行政主管部门对本行政区域内的建设工程质量实施监督管理。县级以上地方人民政府交通、水利等有关部门在各自的职责范围内，负责对本行政区域内的专业建设工程质量的监督管理。

第四十四条　国务院建设行政主管部门和国务院铁路、交通、水利等有关部门应当加强对有关建设工程质量的法律、法规和强制性标准执行情况的监督检查。

第四十五条　国务院发展计划部门按照国务院规定的职责，组织稽察特派员，对国家出资的重大建设项目实施监督检查。国务院经济贸易主管部门按照国务院规定的职责，对国家重大技术改造项目实施监督检查。

第四十六条　建设工程质量监督管理，可民由建设行政主管部门或者其他有关部门委托的建设工程质量监督机构具体实施。

从事房屋建筑工程和市政基础设施工程质量监督的机构，必须按照国家有关规定经国务院建设行政主管部门或者省、自治区、直辖市人民政府建设行政主管部门考核；从事专业建设工程质量监督的机构，必须按照国家有关规定经国务院有关部门或者省、自治区、直辖市人民政府有关部门考核。经考核合格后，方可实施质量监督。

第四十七条　县级以上地方人民政府建设行政主管部门和其他有关部门应当加强对有关建设工程质量的法律、法规和强制性标准执行情况的监督检查。

第四十八条　县级以上人民政府建设行政主管部门和其他有关部门履行监督检查职责时，有权采取下列措施：

(一)要求被检查的单位提供有关工程质量的文件和资料；

(二)进入被检查单位的施工现场进行检查；

(三)发现有影响工程质量的问题时，责令改正。

第四十九条　建设单位应当自建设工程竣工验收合格之日起 15 日内，将建设工程竣工验收报告和规划、公安消防、环保等部门出具的认可文件或者准许使用文件报建设行政主管部门或者其他有关部门备案。

建设行政主管部门或者其他有关部门发现建设单位在竣工验收过程中有违反国家有关建设工程质量管理规定行为的，责令停止使用，重新组织竣工验收。

第五十条　有关单位和个人对县级以上人民政府建设行政主管部门和其他有关部门进行的监督检查应当支持与配合，不得拒绝或者阻碍建设工程质量监督检查人员依法执行职务。

第五十一条　供水、供电、供气、公安消防等部门或者单位不得明示或者暗示建设单位、施工单位购买其指定的生产供应单位的建筑材料、建筑构配件和设备。

第五十二条　建设工程发生质量事故，有关单位应当在 24 小时内向当地建设行政主管部门和其他有关部门报告。对重大质量事故，事故发生地的建设行政主管部门和其他有关部门应当按照事故类别和等级向当地人民政府和上级建设行政主管部门和其他有关部门报告。

特别重大质量事故的调查程序按照国务院有关规定办理。

第五十三条　任何单位和个人对建设工程的质量事故、质量缺陷都有权检举、控告、投诉。

第八章　罚　　则

第五十四条　违反本条例规定，建设单位将建设工程发包给不具有相应资质等级的勘察、设计、施工单位或者委托给不具有相应资质等级的工程监理单位的，责令改正，处 50 万元以上 100 万元以下的罚款。

第五十五条　违反本条例规定，建设单位将建设工程肢解发包的，责令改正，处工程合同价款 0.5%以上 1%以下的罚款；对全部或者部分使用国有资金的项目，并可以暂停项目执行或者暂停资金拨付。

第五十六条　违反本条例规定，建设单位有下列行为之一的，责令改正，处20万元以上50万元以下的罚款：

(一)迫使承包方以低于成本的价格竞标的；

(二)任意压缩合理工期的；

(三)明示或者暗示设计单位或者施工单位违反工程建设强制性标准，降低工程质量的；

(四)施工图设计文件未经审查或者审查不合格，擅自施工的；

(五)建设项目必须实行工程监理而未实行工程监理的；

(六)未按照国家规定办理工程质量监督手续的；

(七)明示或者暗示施工单位使用不合格的建筑材料、建筑构配件和设备的；

(八)未按照国家规定将竣工验收报告、有关认可文件或者准许使用文件报送备案的。

第五十七条　违反本条例规定，建设单位未取得施工许可证或者开工报告未经批准，擅自施工的，责令停止施工，限期改正，处工程合同价款1%以上2%以下的罚款。

第五十八条　违反本条例规定，建设单位有下列行为之一的，责令改正，处工程合同价款2%以上4%以下的罚款；造成损失的，依法承担赔偿责任：

(一)未组织竣工验收，擅自交付使用的；

(二)验收不合格，擅自交付使用的；

(三)对不合格的建设工程按照合格工程验收的。

第五十九条　违反本条例规定，建设工程竣工验收后，建设单位未向建设行政主管部门或者其他有关部门移交建设项目档案的，责令改正，处1万元以上10万元以下的罚款。

第六十条　违反本条例规定，勘察、设计、施工、工程监理单位超越本单位资质等级承揽工程的，责令停止违法行为，对勘察、设计单位或者工程监理单位处合同约定的勘察费、设计费或者监理酬金1倍以上2倍以下的罚款；对施工单位处工程合同价款2%以上4%以下的罚款，可以责令停业整顿，降低资质等级；情节严重的，吊销资质证书；有违法所得的，予以没收。

未取得资质证书承揽工程的，予以取缔，依照前款规定处以罚款；有违法所得的，予以没收。

以欺骗手段取得资质证书承揽工程的，吊销资质证书，依照本条第一款规定处以罚款；有违法所得的，予以没收。

第六十一条　违反本条例规定，勘察、设计、施工、工程监理单位允许其他单位或者个人以本单位名义承揽工程的，责令改正，没收违法所得，对勘察、设计单位和工程监理单位处合同约定的勘察费、设计费和监理酬金1倍以上2倍以下的罚款；对施工单位处工程合同价款2%以上4%以下的罚款；可以责令停业整顿，降低资质等级；情节严重的，吊销资质证书。

第六十二条　违反本条例规定，承包单位将承包的工程转包或者违法分包的，责令改正，没收违法所得，对勘察、设计单位处合同约定的勘察费、设计费25%以上50%以下的罚款；对施工单位处工程合同价款0.5%以上1%以下的罚款；可以责令停业整顿，降低资质等级；情节严重的，吊销资质证书。

工程监理单位转让工程监理业务的，责令改正，没收违法所得，处合同约定的监理酬金25%以上50%以下的罚款；可以责令停业整顿，降低资质等级；情节严重的，吊销资质证书。

第六十三条　违反本条例规定，有下列行为之一的，责令改正，处10万元以上30万元以下的罚款：

(一)勘察单位未按照工程建设强制性标准进行勘察的；

(二)设计单位未根据勘察成果文件进行工程设计的；

(三)设计单位指定建筑材料、建筑构配件的生产厂、供应商的；

(四)设计单位未按照工程建设强制性标准进行设计的。

有前款所列行为，造成重大工程质量事故的，责令停业整顿，降低资质等级；情节严重的，吊销资质证书；造成损失的，依法承担赔偿责任。

第六十四条　违反本条例规定，施工单位在施工中偷工减料的，使用不合格的建筑材料、建筑构配件和设备的，或者有不按照工程设计图纸或者施工技术标准施工的其他行为的，责令改正，处工程合同价款2%以上4%以下的罚款；造成建设工程质量不符合规定的质量标准的，负责返工、修理，并赔偿因此造成的损失；情节严重的，责令停业整顿，降低资质等级或者吊销资质证书。

第六十五条　违反本条例规定，施工单位未对建筑材料、建筑构配件、设备和商品混凝土进行检验，或者未对涉及结构安全的试块、试件以及有关材料取样检测的，责令改正，处10万元以上20万元以下的罚款；情节严重的，责令停业整顿，降低资质等级或者吊销资质证书；造成损失的，依法承担赔偿责任。

第六十六条　违反本条例规定，施工单位不履行保修义务或者拖延履行保修义务的，责令改正，处10万元以上20万元以下的罚款，并对在保修期内因质量缺陷造成的损失承担赔偿责任。

第六十七条　工程监理单位有下列行为之一的，责令改正，处50万元以上100万元以下的罚款，降低资质等级或者吊销资质证书；有违法所得的，予以没收；造成损失的，承担连带赔偿责任：

(一)与建设单位或者施工单位串通，弄虚作假、降低工程质量的；

(二)将不合格的建设工程、建筑材料、建筑构配件和设备按照合格签字的。

第六十八条　违反本条例规定，工程监理单位与被监理工程的施工承包单位以及建筑材料、建筑构配件和设备供应单位有隶属关系或者其他利害关系承担该项建设工程的监理业务的，责令改正，处5万元以上10万元以下的罚款，降低资质等级或者吊销资质证书；有违法所得的，予以没收。

第六十九条　违反本条例规定，涉及建筑主体或者承重结构变动的装修工程，没有设计方案擅自施工的，责令改正，处50万元以上100万元以下的罚款；房屋建筑使用者在装修过程中擅自变动房屋建筑主体和承重结构的，责令改正，处5万元以上10万元以下的罚款。

有前款所列行为，造成损失的，依法承担赔偿责任。

第七十条　发生重大工程质量事故隐瞒不报、谎报或者拖延报告期限的，对直接负责的主管人员和其他责任人员依法给予行政处分。

第七十一条　违反本条例规定，供水、供电、供气、公安消防等部门或者单位明示或者暗示建设单位或者施工单位购买其指定的生产供应单位的建筑材料、建筑构配件和设备的，责令改正。

第七十二条　违反本条例规定，注册建筑师、注册结构工程师、监理工程师等注册执业人员因过错造成质量事故的，责令停止执业1年；造成重大质量事故的，吊销执业资格证书，5年以内不予注册；情节特别恶劣的，终身不予注册。

第七十三条　依照本条例规定，给予单位罚款处罚的，对单位直接负责的主管人员和其他直接责任人员处单位罚款数额5%以上10%以下的罚款。

第七十四条　建设单位、设计单位、施工单位、工程监理单位违反国家规定，降低工程质量标准，造成重大安全事故，构成犯罪的，对直接责任人员依法追究刑事责任。

第七十五条　本条例规定的责令停业整顿，降低资质等级和吊销资质证书的行政处罚，由颁发资质证书的机关决定；其他行政处罚，由建设行政主管部门或者其他有关部门依照法定职权决定。依照本条例规定被吊销资质证书的，由工商行政管理部门吊销其营业执照。

第七十六条　国家机关工作人员在建设工程质量监督管理工作中玩忽职守、滥用职权、徇私舞弊，构成犯罪的，依法追究刑事责任；尚不构成犯罪的，依法给予行政处分。

第七十七条　建设、勘察、设计、施工、工程监理单位的工作人员因调动工作、退休等原因离开该单位后，被发现在该单位工作期间违反国家有关建设工程质量管理规定，造成重大工程质量事故的，仍应当依法追究法律责任。

第九章　附　　则

第七十八条　本条例所称肢解发包，是指建设单位将应当由一个承包单位完成的建设工程分解成若干部分发包给不同的承包单位的行为。

本条例所称违法分包，是指下列行为：

(一)总承包单位将建设工程分包给不具备相应资质条件的单位的；

(二)建设工程总承包合同中未有约定，又未经建设单位认可，承包单位将其承包的部分建设工程交由其他单位完成的；

(三)施工总承包单位将建设工程主体结构的施工分包给其他单位的；

(四)分包单位将其承包的建设工程再分包的。

本条例所称转包，是指承包单位承包建设工程，不履行合同约定的责任和义务，将其承包的全部建设工程转给他人或者将其承包的全部建设工程肢解以后以分包的名义分别转给其他单位承包的行为。

第七十九条　本条例规定的罚款和没收的违法所得，必须全部上缴国库。

第八十条　抢险救灾及其他临时性房屋建筑和农民自建低层住宅的建设活动，不适用本条例。

第八十一条　军事建设工程的管理，按照中央军事委员会的有关规定执行。

第八十二条　本条例自2000年1月30日起施行。

附：刑法有关条款，第一百三十七条　建设单位、设计单位、施工单位、工程监理单位违反国家规定，降低工程质量标准，造成重大安全事故的，对直接责任人员处五年以下有期徒刑或者拘役，并处罚金；后果特别严重的，处五年以上十年以下有期徒刑，并处罚金。

附录E　建设工程质量检测管理办法

(建设部2005年第141号令)

第一条　为了加强对建设工程质量检测的管理，根据《中华人民共和国建筑法》、《建设工程质量管理条例》，制定本办法。

第二条　申请从事对涉及建筑物、构筑物结构安全的试块、试件以及有关材料检测的工程质量检测机构资质，实施对建设工程质量检测活动的监督管理，应当遵守本办法。

本办法所称建设工程质量检测(以下简称质量检测)，是指工程质量检测机构(以下简称检测机构)接受委托,依据国家有关法律、法规和工程建设强制性标准,对涉及结构安全项目的抽样检测和对进入施工现场的建筑材料、构配件的见证取样检测。

第三条　国务院建设主管部门负责对全国质量检测活动实施监督管理,并负责制定检测机构资质标准。省、自治区、直辖市人民政府建设主管部门负责对本行政区域内的质量检测活动实施监督管理,并负责检测机构的资质审批。市、县人民政府建设主管部门负责对本行政区域内的质量检测活动实施监督管理。

第四条　检测机构是具有独立法人资格的中介机构。检测机构从事本办法附件一规定的质量检测业务,应当依据本办法取得相应的资质证书。检测机构资质按照其承担的检测业务内容分为专项检测机构资质和见证取样检测机构资质。检测机构资质标准由附件二规定。检测机构未取得相应的资质证书,不得承担本办法规定的质量检测业务。

第五条　申请检测资质的机构应当向省、自治区、直辖市人民政府建设主管部门提交下列申请材料:

(一)《检测机构资质申请表》一式三份;

(二)工商营业执照原件及复印件;

(三)与所申请检测资质范围相对应的计量认证证书原件及复印件;

(四)主要检测仪器、设备清单;

(五)技术人员的职称证书、身份证和社会保险合同的原件及复印件;

(六)检测机构管理制度及质量控制措施。

《检测机构资质申请表》由国务院建设主管部门制定式样。

第六条　省、自治区、直辖市人民政府建设主管部门在收到申请人的申请材料后,应当即时作出是否受理的决定,并向申请人出具书面凭证;申请材料不齐全或者不符合法定形式的,应当在 5 日内一次性告知申请人需要补正的全部内容。逾期不告知的,自收到申请材料之日起即为受理。

省、自治区、直辖市建设主管部门受理资质申请后,应当对申报材料进行审查,自受理之日起 20 个工作日内审批完毕并作出书面决定。对符合资质标准的,自作出决定之日起 10 个工作日内颁发《检测机构资质证书》,并报国务院建设主管部门备案。

第七条　《检测机构资质证书》应当注明检测业务范围,分为正本和副本,由国务院建设主管部门制定式样,正、副本具有同等法律效力。

第八条　检测机构资质证书有效期为 3 年。资质证书有效期满需要延期的,检测机构应当在资质证书有效期满 30 个工作日前申请办理延期手续。

检测机构在资质证书有效期内没有下列行为的,资质证书有效期届满时,经原审批机关同意,不再审查,资质证书有效期延期 3 年,由原审批机关在其资质证书副本上加盖延期专用章;检测机构在资质证书有效期内有下列行为之一的,原审批机关不予延期:

(一)超出资质范围从事检测活动的;

(二)转包检测业务的;

(三)涂改、倒卖、出租、出借或者以其他形式非法转让资质证书的;

(四)未按照国家有关工程建设强制性标准进行检测,造成质量安全事故或致使事故损失扩大的;

(五)伪造检测数据,出具虚假检测报告或者鉴定结论的。

第九条　检测机构取得检测机构资质后,不再符合相应资质标准的,省、自治区、直辖市人民政府建设主管部门根据利害关系人的请求或者依据职权,可以责令其限期改正;逾期不改的,可以撤回相应的资质证书。

第十条 任何单位和个人不得涂改、倒卖、出租、出借或者以其他形式非法转让资质证书。

第十一条 检测机构变更名称、地址、法定代表人、技术负责人,应当在3个月内到原审批机关办理变更手续。

第十二条 本办法规定的质量检测业务,由工程项目建设单位委托具有相应资质的检测机构进行检测。委托方与被委托方应当签订书面合同。

检测结果利害关系人对检测结果发生争议的,由双方共同认可的检测机构复检,复检结果由提出复检方报当地建设主管部门备案。

第十三条 质量检测试样的取样应当严格执行有关工程建设标准和国家有关规定,在建设单位或者工程监理单位监督下现场取样。提供质量检测试样的单位和个人,应当对试样的真实性负责。

第十四条 检测机构完成检测业务后,应当及时出具检测报告。检测报告经检测人员签字、检测机构法定代表人或者其授权的签字人签署,并加盖检测机构公章或者检测专用章后方可生效。检测报告经建设单位或者工程监理单位确认后,由施工单位归档。

见证取样检测的检测报告中应当注明见证人单位及姓名。

第十五条 任何单位和个人不得明示或者暗示检测机构出具虚假检测报告,不得篡改或者伪造检测报告。

第十六条 检测人员不得同时受聘于两个或者两个以上的检测机构。

检测机构和检测人员不得推荐或者监制建筑材料、构配件和设备。

检测机构不得与行政机关,法律、法规授权的具有管理公共事务职能的组织以及所检测工程项目相关的设计单位、施工单位、监理单位有隶属关系或者其他利害关系。

第十七条 检测机构不得转包检测业务。

检测机构跨省、自治区、直辖市承担检测业务的,应当向工程所在地的省、自治区、直辖市人民政府建设主管部门备案。

第十八条 检测机构应当对其检测数据和检测报告的真实性和准确性负责。

检测机构违反法律、法规和工程建设强制性标准,给他人造成损失的,应当依法承担相应的赔偿责任。

第十九条 检测机构应当将检测过程中发现的建设单位、监理单位、施工单位违反有关法律、法规和工程建设强制性标准的情况,以及涉及结构安全检测结果的不合格情况,及时报告工程所在地建设主管部门。

第二十条 检测机构应当建立档案管理制度。检测合同、委托单、原始记录、检测报告应当按年度统一编号,编号应当连续,不得随意抽撤、涂改。

检测机构应当单独建立检测结果不合格项目台账。

第二十一条 县级以上地方人民政府建设主管部门应当加强对检测机构的监督检查,主要检查下列内容:

(一)是否符合本办法规定的资质标准;

(二)是否超出资质范围从事质量检测活动;

(三)是否有涂改、倒卖、出租、出借或者以其他形式非法转让资质证书的行为;

(四)是否按规定在检测报告上签字盖章,检测报告是否真实;

（五）检测机构是否按有关技术标准和规定进行检测；

（六）仪器设备及环境条件是否符合计量认证要求；

（七）法律、法规规定的其他事项。

第二十二条　建设主管部门实施监督检查时，有权采取下列措施：

（一）要求检测机构或者委托方提供相关的文件和资料；

（二）进入检测机构的工作场地（包括施工现场）进行抽查；

（三）组织进行比对试验以验证检测机构的检测能力；

（四）发现有不符合国家有关法律、法规和工程建设标准要求的检测行为时，责令改正。

第二十三条　建设主管部门在监督检查中为收集证据的需要，可以对有关试样和检测资料采取抽样取证的方法；在证据可能灭失或者以后难以取得的情况下，经部门负责人批准，可以先行登记保存有关试样和检测资料，并应当在 7 日内及时作出处理决定，在此期间，当事人或者有关人员不得销毁或者转移有关试样和检测资料。

第二十四条　县级以上地方人民政府建设主管部门，对监督检查中发现的问题应当按规定权限进行处理，并及时报告资质审批机关。

第二十五条　建设主管部门应当建立投诉受理和处理制度，公开投诉电话号码、通讯地址和电子邮件信箱。

检测机构违反国家有关法律、法规和工程建设标准规定进行检测的，任何单位和个人都有权向建设主管部门投诉。建设主管部门收到投诉后，应当及时核实并依据本办法对检测机构作出相应的处理决定，于 30 日内将处理意见答复投诉人。

第二十六条　违反本办法规定，未取得相应的资质，擅自承担本办法规定的检测业务的，其检测报告无效，由县级以上地方人民政府建设主管部门责令改正，并处 1 万元以上 3 万元以下的罚款。

第二十七条　检测机构隐瞒有关情况或者提供虚假材料申请资质的，省、自治区、直辖市人民政府建设主管部门不予受理或者不予行政许可，并给予警告，1 年之内不得再次申请资质。

第二十八条　以欺骗、贿赂等不正当手段取得资质证书的，由省、自治区、直辖市人民政府建设主管部门撤销其资质证书，3 年内不得再次申请资质证书；并由县级以上地方人民政府建设主管部门处以 1 万元以上 3 万元以下的罚款；构成犯罪的，依法追究刑事责任。

第二十九条　检测机构违反本办法规定，有下列行为之一的，由县级以上地方人民政府建设主管部门责令改正，可并处 1 万元以上 3 万元以下的罚款；构成犯罪的，依法追究刑事责任：

（一）超出资质范围从事检测活动的；

（二）涂改、倒卖、出租、出借、转让资质证书的；

（三）使用不符合条件的检测人员的；

（四）未按规定上报发现的违法违规行为和检测不合格事项的；

（五）未按规定在检测报告上签字盖章的；

（六）未按照国家有关工程建设强制性标准进行检测的；

（七）档案资料管理混乱，造成检测数据无法追溯的；

（八）转包检测业务的。

第三十条　检测机构伪造检测数据，出具虚假检测报告或者鉴定结论的，县级以上地方人民政府建设主管部门给予警告，并处 3 万元罚款；给他人造成损失的，依法承担赔偿责任；构成犯罪的，依法追究其刑事责任。

第三十一条　违反本办法规定，委托方有下列行为之一的，由县级以上地方人民政府建设主管部门责令改正，处1万元以上3万元以下的罚款：

（一）委托未取得相应资质的检测机构进行检测的；

（二）明示或暗示检测机构出具虚假检测报告，篡改或伪造检测报告的；

（三）弄虚作假送检试样的。

第三十二条　依照本办法规定，给予检测机构罚款处罚的，对检测机构的法定代表人和其他直接责任人员处罚款数额5%以上10%以下的罚款。

第三十三条　县级以上人民政府建设主管部门工作人员在质量检测管理工作中，有下列情形之一的，依法给予行政处分；构成犯罪的，依法追究刑事责任：

（一）对不符合法定条件的申请人颁发资质证书的；

（二）对符合法定条件的申请人不予颁发资质证书的；

（三）对符合法定条件的申请人未在法定期限内颁发资质证书的；

（四）利用职务上的便利，收受他人财物或者其他好处的；

（五）不依法履行监督管理职责，或者发现违法行为不予查处的。

第三十四条　检测机构和委托方应当按照有关规定收取、支付检测费用。没有收费标准的项目由双方协商收取费用。

第三十五条　水利工程、铁道工程、公路工程等工程中涉及结构安全的试块、试件及有关材料的检测按照有关规定，可以参照本办法执行。节能检测按照国家有关规定执行。

第三十六条　本规定自2005年11月1日起施行。

附件一、质量检测的业务内容

一、专项检测

（一）地基基础工程检测

1. 地基及复合地基承载力静载检测；

2. 桩的承载力检测；

3. 桩身完整性检测；

4. 锚杆锁定力检测。

（二）主体结构工程现场检测

1. 混凝土、砂浆、砌体强度现场检测；

2. 钢筋保护层厚度检测；

3. 混凝土预制构件结构性能检测；

4. 后置埋件的力学性能检测。

（三）建筑幕墙工程检测

1. 建筑幕墙的气密性、水密性、风压变形性能、层间变位性能检测；

2. 硅酮结构胶相容性检测。

（四）钢结构工程检测

1. 钢结构焊接质量无损检测；

2. 钢结构防腐及防火涂装检测；

3. 钢结构节点、机械连接用紧固标准件及高强度螺栓力学性能检测；

4. 钢网架结构的变形检测。

二、见证取样检测

1. 水泥物理力学性能检验；

2. 钢筋(含焊接与机械连接)力学性能检验；

3. 砂、石常规检验；

4. 混凝土、砂浆强度检验；

5. 简易土工试验；

6. 混凝土掺加剂检验；

7. 预应力钢绞线、锚夹具检验；

8. 沥青、沥青混合料检验。

附件二、检测机构资质标准

一、专项检测机构和见证取样检测机构应满足下列基本条件：

(一)专项检测机构的注册资本不少于 100 万元人民币，见证取样检测机构不少于 80 万元人民币；

(二)所申请检测资质对应的项目应通过计量认证；

(三)有质量检测、施工、监理或设计经历，并接受了相关检测技术培训的专业技术人员不少于 10 人；边远的县(区)的专业技术人员可不少于 6 人；

(四)有符合开展检测工作所需的仪器、设备和工作场所；其中，使用属于强制检定的计量器具，要经过计量检定合格后，方可使用；

(五)有健全的技术管理和质量保证体系。

二、专项检测机构除应满足基本条件外，还需满足下列条件：

(一)地基基础工程检测类

专业技术人员中从事工程桩检测工作 3 年以上并具有高级或者中级职称的不得少于 4 名，其中 1 人应当具备注册岩土工程师资格。

(二)主体结构工程检测类

专业技术人员中从事结构工程检测工作 3 年以上并具有高级或者中级职称的不得少于 4 名，其中 1 人应当具备二级注册结构工程师资格。

(三)建筑幕墙工程检测类

专业技术人员中从事建筑幕墙检测工作 3 年以上并具有高级或者中级职称的不得少于 4 名。

(四)钢结构工程检测类

专业技术人员中从事钢结构机械连接检测、钢网架结构变形检测工作 3 年以上并具有高级或者中级职称的不得少于 4 名，其中 1 人应当具备二级注册结构工程师资格。

三、见证取样检测机构除应满足基本条件外，专业技术人员中从事检测工作 3 年以上并具有高级或者中级职称的不得少于 3 名；边远的县(区)可不少于 2 人。